2025 필기

Engineer of Forestry

산림기사 상

조림학·임업경영학

김정호 엮음

BM (주)도서출판 성안당

■ 도서 A/S 안내

성안당에서 발행하는 모든 도서는 저자와 출판사, 그리고 독자가 함께 만들어 나갑니다.

좋은 책을 펴내기 위해 많은 노력을 기울이고 있습니다. 혹시라도 내용상의 오류나 오탈자 등이 발견되면 **"좋은 책은 나라의 보배"**로서 우리 모두가 함께 만들어 간다는 마음으로 연락주시기 바랍니다. 수정 보완하여 더 나은 책이 되도록 최선을 다하겠습니다.

성안당은 늘 독자 여러분들의 소중한 의견을 기다리고 있습니다. 좋은 의견을 보내주시는 분께는 성안당 쇼핑몰의 포인트(3,000포인트)를 적립해 드립니다.

잘못 만들어진 책이나 부록 등이 파손된 경우에는 교환해 드립니다.

저자 문의 e-mail : domagim@gmail.com(김정호)

본서 기획자 e-mail : coh@cyber.co.kr(최옥현)

홈페이지 : http://www.cyber.co.kr 전화 : 031) 950-6300

머리말

환영합니다.

국가기술 자격시험을 공부하는 것은 새로운 세상을 향해 떠나는 여행과 같습니다. 여러분의 행복한 여행길에 동반자로 선택받은 저는 행복한 사람입니다. 제가 공부하는 과정이 행복했던 것과 마찬가지로 여러분의 여행도 행복한 과정이 되시길 바랍니다.

자격증을 취득한다는 것은 새로운 눈과 귀를 얻는 것과 같습니다. 공부를 해서 자격증을 취득할 수준의 지식을 습득하면 들리지 않던 것이 들리고, 보이지 않던 것이 보입니다. 이미 보이던 것은 더 선명하게 보이고, 작은 소리는 더 크게 들릴 것입니다. 산림기사 자격증을 취득하게 되면 숲의 소리에 귀 기울이게 되고, 숲을 볼 수 있는 새로운 눈이 생길 것입니다.

하지만 이 과정이 마냥 행복하지는 않습니다. 학원이나 대학에서 열매만 생각하며 고통스럽게 공부하시는 분들을 많이 뵙게 됩니다. 책을 처음부터 시작해서 바로 암기하며, 끝까지 읽으면 마지막 책장을 덮을 때 완전한 공부가 끝날 것이라고 착각을 하는 분도 봤습니다. 자격증을 취득한 뒤에 오는 결과만을 생각하며 원대한 희망에 부풀어서, 또는 독한 결심을 하고 책장을 여시는 분들도 뵈었습니다. 이런 분들이 공부를 용두사미로 마치거나 힘들게 하는 것을 보면 참으로 안타깝습니다.

새로운 지식을 습득하는 것은 암기에서 시작합니다. 이해가 우선이라고 생각하시는 분들도 많이 계시지만 암기가 선행되어야 이해도 있습니다. 첫 단추는 암기입니다. 인도인들이 "위대한 영혼"이라고 찬양하는 간디의 자서전을 보면 매일 힌두교 성전인 "베다"를 조금씩 암기하는 장면이 나옵니다. 이해를 하는 것이 아니라, 외우고 받아들입니다. 외우면 내가 외운 내용에 포함된 단어들을 이해하고 있지 못하다는 것을 알게 됩니다. 그러면 그 단어들을 다시 찾아 외우면서 그 단어가 문맥에서 가진 뜻을 알게 됩니다.

매일 조금씩 암기하다 보면 어느 사이 두꺼운 책을 거의 다 암기하게 됩니다. 하루에 두어 시간 정도 투자를 하신다면 두세 달이면 70%의 내용을 이해하고 암기하게 됩니다. 그러면 시험은 통과하게 되는 겁니다. 참 쉽죠? 조금씩 암기하면서 낯선 내용을 암기하고 있는 자신을 칭찬해 주세요. 그러면 낯선 내용을 공부하고 있는 내가 행복하게 됩니다. 행복한 공부는 어렵지 않습니다. 하나 둘씩 암기해 가면서 자신을 칭찬하는 것이 행복한 공부 방법이며, 새로운 세상에 들어서는 여행 방법입니다. 여러분의 행복한 여행에 동반하게 되어 영광입니다.

"산림하는 남자" 김정호 드림

이 책의 특징

산림기사 자격뿐만 아니라 산림자원직 공무원 시험도 대비할 수 있도록 핵심적인 내용과 문제로 구성하였습니다. 굵게 표시한 중요 내용은 꼭 암기하시기 바랍니다.

③ 난온대림은 북위 35° 이남(연평균 기온 14℃ 이상)의 남해안 지역에 붉가시나무, 후박나무, 동백나무 등의 수종이 자란다.

④ 냉온대림은 개마고원을 제외한 전역에 서나무, 참나무, 때죽나무, 일본잎갈나무, 전나무, 느릅나무 등의 수종이 자란다.

⑤ 온대림의 서식 한계선은 위도가 높아질수록 낮은 고도에서 나타난다. 위도는 높아질수록 기온이 낮아지고, 고도도 높아질수록 기온이 낮아진다. 그러므로 온대림은 위도가 높아질수록 낮은 고도에서 나타난다.

⑥ **난대림은 연평균 기온이 14℃ 이상이거나, 한랭지수가 −10 이상인 지역에 분포**하며 특징적인 수종은 아왜나무, 멀구슬나무, 후피향나무, 녹나무, 생달나무, 동백나무, 비쭈기나무, 사철나무, 가시나무, 참가시나무, 돈나무(섬엄나무), 감탕나무, 후박나무, 모새나무, 구실잣밤나무, 메밀잣밤나무, 식나무 등이다.

Part1 조림학

③ 한대림 및 기타

① 연평균 기온 6℃ 이하의 북극 주위의 숲을 한대림이라고 한다.

② 노르웨이, 스웨덴, 핀란드, 시베리아를 포함한 러시아의 북부지역 및 캐나다 등지에 주로 분포한다.

③ 한대림의 대표적인 수종(樹種)은 침엽수림이다.

④ 한대림은 세계 산림면적의 25% 정도이며, 대부분 러시아에 있다.

㉠ 임목 : 숲에서 자라고 있는 나무

㉡ 축적 : 나무의 부피

㉢ 축척 : 지도의 축소 비율

실력 확인 문제

1. 활엽 수종들의 속명만 나열한 것은?

① *Juniperus, Platanus, Taxus, Thuja*

② *Cryptomeria, Magnolia, Platanus, Quercus*

③ *Buxus, Carpinus, Cornus, Taxus*

④ *Acer, Betula, Magnolia, Platanus*

해설

① 향나무속, 버즘나무속, 주목속, 측백나무속 ② 삼나무속, 목련속, 버즘나무속, 참나무속

③ 회양목속, 서어나무속, 층층나무속, 주목속 ④ 단풍나무속, 자작나무속, 목련속, 버즘나무

활엽수종은 밑씨가 씨방 안에 있는 수종이다.

Chapte

핵심이론을 문제로 바로 확인하고 복습할 수 있도록 [실력 확인 문제]를 수록하였습니다.

핵심이론을 학습한 후 실력을 확인할 수 있도록 과목별 [실력점검문제]를 자세한 해설과 함께 수록하였습니다.

산림기사 필기

실력점검문제

01 수목의 기공 개폐에 대한 설명으로 옳지 않은 것은?

① 30~35℃ 이상 온도가 올라가면 기공이 닫힌다.

② 기공은 아침에 해가 뜰 때 열리며 저녁에는 서서히 닫힌다.

③ 잎의 수분 퍼텐셜이 높아지면 수분 스트레스가 커지며 기공이 닫힌다.

④ 엽육 조직의 세포 간극에 있는 이산화탄소 농도가 높으면 기공이 닫힌다.

해설 잎의 수분 퍼텐셜이 낮아지면 수분 스트레스가 커지며 기공이 닫힌다.

02 우리나라의 천연림 보육 사업에서 적용하고 있는 수형급이 아닌 것은?

① 미래목

② 중용목

③ 중간목

④ 방해목

해설
- 천연림 보육에 적용하는 수형급은 미래목, 중용목, 보호목, 방해목으로 분류한다.
- 인공림에 적용하는 수형급은 미래목, 중용목, 보호목, 방해목과 밀도 유지를 위해 남기는 무관목으로 분류한다.
- 데라사끼의 수관급에서 중간목(중립목)은 자람이 늦지만 피압되지 않은 3급목을 말한다.

03 다음은 판갈이 작업에 대한 설명이다. 가장 옳지 않은 것은?

① 땅이 비옥할수록 성장속도가 빠르므로 판갈이 밀도는 소식하는 것이 좋다.

② 판갈이 작업 시기로는 가을이 알맞다.

③ 지하부와 지상부의 균형이 잘 잡힌 묘목을 양성할 수 있다.

④ 참나무류는 만 2년생이 되어 측근이 발달한 후에 판갈이 작업하는 것이 좋다.

해설 판갈이 작업 시기는 봄이 알맞다.

04 다음 제시된 수종 중 실온저장법으로 저장할 수 있는 수종을 가장 바르게 제시한 것은?

① 목련, 칠엽수

② 편백, 삼나무

③ 밤나무, 가시나무

④ 신갈나무, 가래나무

해설 실온저장법은 종자를 건조한 상태에서 창고, 지하실 등에 두어 저장하는 방법이다. 소나무류, 낙엽송류, 삼나무, 편백나무, 가문비나무 등 알이 작은 종자는 온도가 높고, 공기의 공급이 충분하며, 습기가 있을 때는 발아력을 잃게 되므로 용기에 넣어 건조한 곳에 둔다.

정답 01. ③ 02. ③ 03. ② 04. ②

실력점검문제 | 189

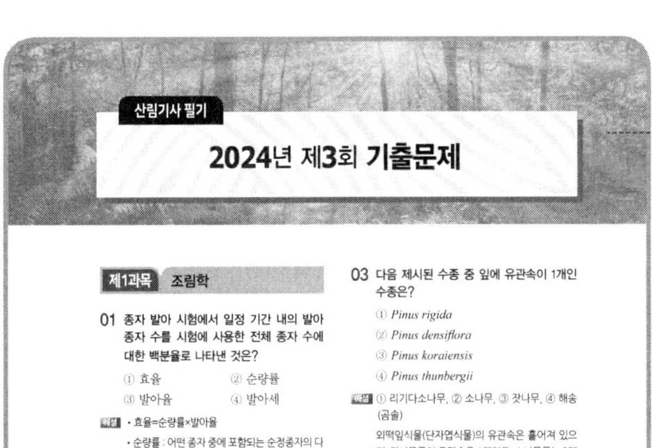

산림기사 필기

2024년 제3회 기출문제

제1과목 조림학

01 종자 발아 시험에서 일정 기간 내의 발아 종자 수를 시험에 사용한 전체 종자 수에 대한 백분율로 나타낸 것은?

① 효율 ② 순량률
③ 발아율 ④ 발아세

해설 • 효율=순량률×발아율
• 순량률 : 어떤 종자 중에 포함되는 순정종자의 다소를 순도라 하고, 이것을 %로 표시한 것이다.
• 발아세 : 발아시험에 있어서 일정한 기간 내(대다수가 고르게 발아하는 기간)에 발아하는 종자 수의 비율(%)을 말하며, 발아율보다 그 수치가 작다.

02 순림에 대한 설명으로 옳은 것은?

① 입지 자원을 골고루 이용할 수 있다.
② 경제적으로 가치 있는 나무를 대량으로 생산할 수 있다.
③ 숲의 구성이 단조로우며 병충해, 풍해에 대한 저항력이 강하다.
④ 침엽수로만 형성된 순림에서는 임지의 악화가 초래되는 일이 없다.

해설 한 가지 수종으로 구성된 산림을 순림이라 하며, 가장 유리한 수종만으로 임분을 형성할 수 있다.

03 다음 제시된 수종 중 잎에 유관속이 1개인 수종은?

① *Pinus rigida*
② *Pinus densiflora*
③ *Pinus koraiensis*
④ *Pinus thunbergii*

해설 ① 리기다소나무, ② 소나무, ③ 잣나무, ④ 해송(곰솔)
외떡잎식물(단자엽식물)의 유관속은 흩어져 있으며, 잣나무류의 유관속은 1개이고, 소나무류는 2개이다.

04 종자의 검사 방법에 대한 설명으로 옳은 것은?

① 효율은 발아율과 순량율의 곱으로 계산한다.
② 실중은 종자 1L에 대한 무게를 kg 단위로 나타낸 것이다.
③ 순량율은 전체시료 무게를 순정종자 무게에 대한 백분율로 나타낸 것이다.
④ 발아세는 발아시험기간 동안 발아입수를 시료수에 대한 백분율로 나타낸 것이다.

해설 효율은 발아율과 순량율을 곱하여 구한다.

정답 01. ③ 02. ② 03. ③ 04. ①

2024년 제3회 기출문제 | 24-3-01

2016년~2024년 기출문제를 자세한 해설과 함께 수록하였기에, 문제를 풀면서 다시 한번 실력을 점검하고 복습할 수 있도록 하였습니다.

과목별 중요 내용 무료 동영상 강의 제공

과목별 내용 중 저자가 강조하는 중요한 핵심 내용을 무료 동영상 강의로 제공하여 시험 공부를 시작할 때 참고할 수 있는 중요한 내용을 안내하였다(유튜브에서 **"산림하는 남자"**로 검색하거나 성안당 도서몰(https://www.cyber.co.kr)의 [자료실]에서 URL을 제공).

시험안내

1. 시행처 : 한국산업인력공단

2. 관련 학과 : 대학의 임학과, 산림자원학과 등 산림관련 학과

3. 시험과목

– 필기 : 5개 과목(조림학, 산림보호학, 임업경영학, 임도공학, 사방공학)

– 실기 : 산림경영 계획 편성 및 산림토목 실무

4. 검정방법

– 필기 : 객관식 4지 택일형, 과목당 20문항(과목당 30분)

– 실기 : 복합형[필답형(1시간 30분, 50점)+작업형(2시간30분, 50점)]

5. 합격기준

– 필기 : 100점을 만점으로 하여 과목당 40점 이상, 전과목 평균 60점 이상

– 실기 : 100점을 만점으로 하여 60점 이상

6. 진로 및 전망

산림청, 임업연구원, 각 시·도 산림부서, 임업관련 기관이나 산림경영업체, 임업연구원 등에 진출 가능하고, 「산림법」에 따라 임업지도사 자격을 취득하여 산림조합중앙회, 산림조합에 임업기술지도원으로 진출할 수 있다. 인구의 증가와 생활 수준의 향상으로 인해 공익재 또는 소비재로서의 산림의 역할에 많은 관심이 고조되고 있을 뿐 아니라, 정보화 시대에 따른 종이 소비의 증가와 주거환경에서의 목재 자원의 이용 또한 다양화되고 있다. 최근에는 환경오염에 관한 유력한 대안으로 산림이 인간의 중요한 자연환경으로서 인식되고 있으며, 고도산업 사회에서의 유용한 자원으로 새롭게 각광을 받고 있다. 산림공학은 산림과학의 한 주요 분야로서, 산림에 필요한 공학적 기술 분야를 담당한다. 산림자원을 효율적이고 합리적으로 개발하기 위해서는 임도의 개설, 사방, 수문, 벌출이 필요하며, 산림이 종합적으로 개발되어야 인간의 생활환경에 알맞은 산림의 공익적 기능이 발휘될 수 있다. 우리나라는 산림이 국토의 약 64%를 점유하는 산림 국가라 볼 수 있다. 앞으로는 산림자원의 효율적 이용 및 개발에 관심이 증대될 것이며, 관련 자격 취득자가 증가될 것으로 보인다.

목차

PART 1 조림학

CHAPTER 7 산림휴양

PART 3 기출문제

part 1

조림학

CHAPTER

1 산림 일반

section 1 국내 · 외 산림현황

1 열대림

① 열대림은 남북회귀선 사이의 연평균 기온이 21℃ 이상인 지역의 숲이다.

② 연간 강우량과 계절에 따라 열대다우림, 열대계절림, 사바나 등으로 나눈다. 수관밀도에 의하여 폐쇄림과 소림으로 구분하기도 한다.

③ 우리나라에는 분포하지 않는다.

[온량지수와 수림대의 관계]

지수	수림대	토양	
온량지수 55 이하	아한대 침엽수림	회백색 포드졸	성대토양
온량지수 55 이상 한랭지수 −10 이하	온대 낙엽광엽수림	회갈색 포드졸	
		갈색 산림토양	
한랭지수 −10 이상	난대 상록광엽수림	적색 라테라이트	
무관	기후대 별로 다름	화산회토	간대토양

㉠ 성대토양 : 주로 기후의 영향을 받아 생성된 토양

㉡ 간대토양 : 주로 토양 모재의 영향을 받아 생성된 토양

㉢ 온량지수 : 월 평균기온에서 5도를 뺀 값 중에서 양수에 해당하는 값만 합한 값

㉣ 한랭지수 : 월 평균기온에서 5도를 뺀 값 중에서 음수에 해당하는 값만 합한 값

2 온대림

① 월 평균기온이 10~20℃가 4~11개월 사이의 사계절이 뚜렷한 지역의 숲을 온대림이라고 한다.

② 온대림의 식생은 가시나무류와 같은 수종으로 구성되는 상록수림과 참나무류와 같은 수종으로 구성되는 낙엽수림으로 구분할 수 있다.

③ 난온대림은 북위 35° 이남(연평균 기온 14℃ 이상)의 남해안 지역에 북가시나무, 후박나무, 동백나무 등의 수종이 자란다.

④ 냉온대림은 개마고원을 제외한 전역에 서나무, 참나무, 때죽나무, 일본잎갈나무, 전나무, 느릅나무 등의 수종이 자란다.

⑤ 온대림의 서식 한계선은 위도가 높아질수록 낮은 고도에서 나타난다. 위도는 높아질수록 기온이 낮아지고, 고도도 높아질수록 기온이 낮아진다. 그러므로 온대림은 위도가 높아질수록 낮은 고도에서 나타난다.

⑥ **난대림은 연평균 기온이 14℃ 이상이거나, 한랭지수가 －10 이상인 지역에 분포**하며 특징적인 수종은 아왜나무, 멀구슬나무, 후피향나무, 녹나무, 생달나무, 동백나무, 비쭈기나무, 사철나무, 가시나무, 참가시나무, 돈나무(섬엄나무), 감탕나무, 후박나무, 모새나무, 구실잣밤나무, 메밀잣밤나무, 식나무 등이다.

3 한대림 및 기타

① 연평균 기온 6℃ 이하의 북극 주위의 숲을 한대림이라고 한다.

② 노르웨이, 스웨덴, 핀란드, 시베리아를 포함한 러시아의 북부지역 및 캐나다 등지에 주로 분포한다.

③ 한대림의 대표적인 수종(樹種)은 침엽수림이다.

④ 한대림은 세계 산림면적의 25% 정도이며, 대부분 러시아에 있다.

㉠ 임목 : 숲에서 자라고 있는 나무

㉡ 축적 : 나무의 부피

㉢ 축척 : 지도의 축소 비율

실력 확인 문제

1. 활엽 수종들의 속명만 나열한 것은?

① *Juniperus, Platanus, Taxus, Thuja*

② *Cryptomeria, Magnolia, Platanus, Quercus*

③ *Buxus, Carpinus, Cornus, Taxus*

④ *Acer, Betula, Magnolia, Platanus*

해설

① 향나무속, 버즘나무속, 주목속, 측백나무속

② 삼나무속, 목련속, 버즘나무속, 참나무속

③ 회양목속, 서어나무속, 층층나무속, 주목속

④ 단풍나무속, 자작나무속, 목련속, 버즘나무속

활엽수종은 밑씨가 씨방 안에 있는 수종이다.

정답 ④

2. 우리나라 산림대에 대한 설명으로 옳지 않은 것은?

① 생달나무, 후박나무, 녹나무 등은 난대림의 특징 수종이다.

② 참나무류는 온대림의 대표적인 특징 수종 중 하나이다.

③ 온대림의 한계선은 위도가 높아질수록 높은 고도에서 나타난다.

④ 눈잣나무는 설악산의 고도 1,500m 이상에서 주로 출현한다.

해설

온대림의 서식한계선은 위도가 높아질수록 낮은 고도에서 나타난다. 높은 고도에서는 한대림이 나타난다.

기후대별 임상의 입목축적(단위 : m^3/ha)

(한국임업진흥원, 2012)

임상	온대 북부	온대 중부	온대 남부	난대	평균
침엽수림	161	133	126	101	130
활엽수림	145	125	110	88	125
혼효림	158	133	123	109	133
평균	154	131	122	102	130

정답 ③

3. 낙엽성 침엽수에 해당하는 수종은?

① *Pinus thubergii*

② *Juniperus chinensis*

③ *Taxopdium distichum*

④ *Cryptomeria japonica*

해설

① 해송, 소나무과, ② 향나무, 측백나무과, ③ 낙우송, 낙우송과,④ 삼나무, 낙우송과

낙우송, 메타쉐쿼이아, 낙엽송 등은 낙엽이 지는 침엽수(겉씨식물)이다.

정답 ③

section 2 산림의 분류

1 순림과 혼효림

1) 순림

숲에 침엽수 한 가지가 자라거나, 한 가지의 수종만이 자랄 때 이 숲을 순림(純林, pure forest)이라고 한다.

2) 순림의 형성 원인

① **기후 조건이 극단성을 지니고 있어** 어떤 한 수종의 생존에만 유리한 경우에 순림을 형성

하기 쉽다.

② **입지 조건이 극단성을 지니고 있을 경우**에 순림을 형성하기 쉽다. 토양이 토박한 곳에서는 소나무, 습한 산성 땅에서는 가문비나무류, 또 습한 낮은 땅에서는 오리나무류가 순림을 잘 형성한다.

③ 사시나무나 자작나무류, 방크스소나무는 산화 수종(山火樹種, fire species)이라 하여 내화성이 강하기 때문에 산불이 난 곳에 단순림을 잘 형성한다.

④ **강한 음수 수종(陰樹樹種)**은 다른 나무에 피음(被陰)을 주어 경쟁에 이겨 단순림을 잘 형성한다(전나무류, 가문비나무류, 사탕단풍나무 등). 또, 도토리처럼 종자에 다량의 저장 양분을 축적하고 있는 수종은 어릴 때 묘목 간의 경쟁에서 이겨 단순림을 잘 형성한다.

⑤ 인공조림 시에 산림갱신이 용이하고 간벌 등의 작업이 용이한 단순림으로 조성한다.

3) 순림의 장점

① 가장 유리한 수종만으로 임분을 형성할 수 있다.

② 산림 작업과 경영이 간편하고 경제적으로 수행될 수 있다.

③ 임목의 벌채 비용(代採費用)과 시장성이 유리하게 될 수 있다.

④ 원하는 수종으로 쉽게 임분을 조성할 수 있다.

⑤ 양수로 순림을 만들면 엽량 생산(葉量生塵)이 증가되므로 사료로 이용될 때에는 그만큼 유리하다.

⑥ 경관상 더 아름다울 수 있다.

가) 혼효림

① 숲에 침엽수와 활엽수가 섞여 있을 때 이 숲을 혼효림(混鴻林, mixed forest)이라고 한다.

나) 혼효림의 형성 원인

① 혼효림은 자연 상태에서 볼 수 있고, 중부지방에서는 소나무와 신갈나무, 졸참나무의 혼효림을 볼 수 있다.

② 따듯한 지방에서 형성되는 경향이 있고 입지조건이 좋은 곳에서는 자연적으로 발생한다.

- 입지조건 : 나무가 자랄 수 있는 환경의 상태입지 = 환경

다) 혼효림의 장점

① 심근성 수종(深根性樹種)과 천근성 수종(淺根性樹種)이 혼생할 때 바람에 대한 저항성이 증가하고, 토양 단면에 대한 공간적 이용이 효과적으로 될 수 있다.

② 유기물의 분해가 더 빨라져 무기 양료의 순환이 더 잘 된다.

③ 수관(樹冠)에 의한 공간의 이용이 효과적으로 된다.

④ 혼효림 내의 기후 상태는 그 변화의 폭이 좁아진다.

⑤ 각종 피해 인자에 대한 저항력이 증가하고, 활엽수림 내에 소나무류나 가문비나무가 있을 때 목재 부후균(木材魔析園)에 대하여 더 큰 저항력을 나타낸다.

⑥ 혼효림에서의 벌채 작업은 주벌인 경우는 관계없지만 간벌 작업의 경우 시간과 자본이 많이 들어 작업상 상당히 불리하다. 반면 천연갱신이 용이하고 입지이용도가 높다.

참고

㉠ 심근성 수종 : 뿌리를 깊게 내리며 자라는 나무의 종류
㉡ 혼생 : 섞여서 자라남
㉢ 양료 : 양분
㉣ 무기양료 : 광물성 양분
㉤ 부후 : 썩음, 부패됨
㉥ 벌채 : 나무를 베어 냄
- 주벌 : 숲에 있는 나무를 마지막으로 수확하기 위한 벌채
- 간벌 : 숲에 있는 나무를 솎아 베어 밀도를 조절하기 위한 벌채

㉦ 수관 : 나무에서 가지와 잎이 차지하고 있는 부분
㉧ 인자(因子)
- 생명현상에 있어서 어떤 결과나 작용의 원인이 되는 요소
- 어떤 사물의 원인으로 작용하여 그것을 성립시키는 요소
- 수학에서 공식을 이루는 구성요소

㉨ 근맹아 : 뿌리로부터 발생한 움싹
㉩ 맹아 : 자연적으로는 움이 돋을 부위가 아닌 가지나 뿌리에서 발생한 움 또는 움싹
㉪ 연료림 : 땔감을 위해 조성한 숲 또는 땔감을 채취하는 숲

2 동령림과 이령림

1) 동령림(同齡林)

① 숲에 있는 나무의 나이가 거의 같을 때 이 숲을 동령림이라고 한다.

② 일반적으로 **임령의 범위가 평균 임령의 20% 이내**이면 동령림으로 볼 수 있지만 자연 상태에서 거의 볼 수 없다.

2) 이령림(異齡林)

① 자연 상태의 숲에서 흔히 볼 수 있는 것으로 나무의 생리적 연령이 다른 숲을 이령림이라고 한다.

② 우리나라 서해안에 있는 해송림(海松林)에서 수관이 두 개의 층을 형성하고 있는 이층림(二層林)과 열대 지방에서 흔히 볼 수 있는 다층림(多層林)이 이령림의 대표적인 예다.

3 교림과 왜림

1) 교림

① 숲을 구성하는 나무가 종자로부터 발달한 **키가 큰 나무**가 대부분인 숲을 교림이라고 한다.

② 침엽 수종은 교림을 형성하는 경우가 많다.

2) 왜림

① 숲을 구성하는 나무가 움이나 근맹아로부터 발달하여 **키가 작은 나무들**로 구성되어 있는 숲을 왜림이라고 한다.

② 왜림은 대체로 활엽 수종으로 구성된다. 삼나무와 미국의 레드우드(coast red wood)는 맹아로써 용재를 생산하는 숲이지만 키가 큰 나무가 숲을 형성하기 때문에 교림에 해당된다.

③ 왜림은 연료림(際料林)으로 흔히 이용된다.

3) 중림

① 교림 수종과 왜림 수종이 같은 임지에서 자랄 때 이를 중림이라고 한다.

4 천연림과 인공림

1) 천연림(天然林)

맹아나 나무에서 떨어진 씨앗에 의해 갱신이 이루어진 숲을 천연림이라고 한다.

2) 인공림(人工林)

① 씨앗을 뿌리거나 나무를 심어서 만든 숲을 인공림이라고 한다.

② 대규모의 경제림은 대부분 인공림이다.

③ 인공림은 일정한 면적을 같은 해에 만들기 때문에 대부분 동령림이다.

3) 원시림

① 원시림과 천연림은 비슷한 의미로 오해할 수 있지만, 원시림은 더욱 오랫동안 사람의 손길이 닿지 않은 숲이나 산불, 극심한 병충해 등에 의해 피해를 받은 적이 없는 숲을 원시림이라고 한다.

② 완전한 자연 상태의 숲이지만 우리나라에는 거의 존재하지 않는다.

5 소유 주체에 따른 숲의 분류

① 국유림 : 국가 소유의 숲

② 사유림 : 개인이 소유한 숲

③ 공유림 : 지방자치단체나 법률에 의한 공공단체가 소유한 산림

6 숲의 기능에 따른 분류

① 산림자원의 조성 및 관리에 관한 법률에 의한 구분

② 자연환경보전림, 생활환경보전림, 수원함양림, 산지재해방지림, 산림휴양림, 목재생산림

7 1차림과 2차림

① 1차림은 2차림에 대응되는 개념으로 자연림을 의미한다. 인간간섭이나 재해에 의한 교란의 흔적을 보이는 종이 포함되지 않은 숲이다.

② 2차림은 여러 가지 교란에 의해 생성 및 발달된 산림으로 인간간섭이나 재해에 의한 교란의 흔적을 보여주는 종으로 구성된다.

8 기타 분류

1) 경제림과 보안림

① 경제림 : 기업 경영의 대상이 되는 숲, 생산성과 수익성을 높이기 위한 목적, 즉 목재 생산을 위주로 하여 경영된다.

② 보안림 : 목재 생산보다는 공익적 기능을 위해 법으로 지정한 산림을 보안림이라고 한다. 산림보호법이 제정되면서 현재는 거의 사용되지 않는다.

2) 침엽수림과 활엽수림

① 침엽수림 : 침엽수가 대부분인 숲

② 활엽수림 : 활엽수가 대부분인 숲

③ 혼효림 : 침엽수나 활엽수 중 하나가 25% 이상 섞여서 자라는 숲

[산림의 기능별 관리 목표, 대상 및 원칙]

구분	관리 목표	관리 대상	관리 원칙(기본 방향)
목재 생산림	국민경제활동에 필요한 양질의 목재를 지속적·효율적으로 생산·공급	보전국유림, 임업진흥권역 안의 목재 생산을 위한 산림 등	목표생산재를 설정하고 최소의 투입으로 최대의 효과 창출
수원 함양림	수원함양기능과 수질정화기능이 고도로 증진되는 산림	수원함양보호구역, 상수원보호구역 산림, 한강, 영산강, 섬진강, 금강, 낙동강 수계 관련법에 의한 영향권 안의 산림 등	다층혼효림
산지재해 방지림	산사태, 토사 유출, 대형 산불, 산림병 해충 등 산림재해에 강한 산림	산사태, 토사 유출 우려지, 과밀지, 대형 산불이 우려되는 침엽수 단순림, 소나무재선충병 피해 지역 및 병해충 피해 우려 지역	병해충에 강하고 생태적으로 건강한 다층혼효림, 내화수림대가 포함된 혼효림
자연환경 보전림	보호할 가치가 있는 산림자원이 건강하게 보전될 수 있는 산림	생태, 문화, 역사, 학술적 가치를 보전하기 위하여 관리하는 산림(개별법에 의한 문화재보호구역 산림, 사찰림, 백두대간보호지역 산림, 보전녹지지역산림, 자연공원 등)	해당 개별 법의 지정, 결정 취지에 맞게 관리
산림 휴양림	다양한 휴양기능을 발휘하는 산림	자연휴양림, 휴양기능 증진을 위해 필요하다고 인정되는 산림	다층림 또는 다층혼효림
생활환경 보전림	도시와 생활권 주변의 경관 유지 등 쾌적한 환경 제공	미세먼지 저감 숲, 도시림, 경관림, 풍치보안림, 비사방비보안림, 도시공원의 산림, 개발제한구역 산림 등	유형별로 별도 구분

section 3 산림의 역사

1 지질시대와 산림의 형성

1) 지질시대의 구분

지각이 처음 생성된 이후부터 인류의 역사가 시작되기 전인 1만 년 전까지를 지질시대라 한다. 선캄브리아대(38억 년~5.6억 년 전)는 지구가 탄생한 이후 안정된 지구의 모습을 찾아가는 시기를 말한다. 고생대(~2.3억 년 전)는 척추동물을 제외한 동물이 출현하는 시기이며 캄브리아기, 오르도비스기, 실루리아기, 데본기, 석탄기, 페름기로 구분한다. 중생대(~7천만 년 전)는 파충류가 번성하였고, 일부 포유류가 등장한 시기이며 트라이아이스기, 쥐라기, 백악기로 구분한다. 신생대(7천만 년 전까지)는 포유류가 번성하였고, 히말라야 산맥과 알프스 산맥이 형성된 시기로 제3기, 제4기로 구분한다.

※ 지구 4개 지질시대 : 선캄브리아대, 고생대, 중생대, 신생대

① 선캄브리아대

- 40억~5억 7천만 년 전
- 바다 : 미생물, 해조류, 해면류 등 하등생물
- 남조류 : 광합성으로 대기에 산소 배출
- 우리나라 : 이 시대 지층이 전 국토의 42%, 가장 넓은 분포

② 고생대

- 5억 7천만 년~2억 5천만 년 전
- 다세포 동물 출현, 원시어류와 산호, 다양한 무척추동물 출현, 곤충과 양서류 번성, 삼엽충 쇠퇴
- 처음으로 육상동물 출현
- 양치식물(속새, 고사리) ,양서동물, 곤충

③ 중생대

- 2억 5천만 년~6천 5백만 년 전
- 지각변동으로 대륙 분리
- 지구가 온난 건조해짐(고등생물 증가)
- 겉씨식물 출현(침엽수, 소철류, 은행 등)
- 양치식물 번성, 공룡 출현
- 중생대 말기 속씨식물 출현, 다양한 동 · 식물 번성
- 기상이변으로 공룡 등 수많은 생물 멸종

④ 신생대(6천 5백만 년~1만 년 전)

- 포유류, 조류, 속씨식물 번성
- 신생대 후기 : 속씨 · 초본식물 진화, 번성
- 1만 년 전 빙하기 이후 : 대부분의 숲 번성
- 3만 년 전 현생 인류 출현
- 인간 활동 증가, 숲 면적 감소, 육지 면적 30% 숲이 점차 감소
- 내부 종의 출현과 숲의 파괴로 인한 내부 종의 소멸 진행 중

2) 산림의 형성

① 실루리아기에서 데본기에 걸쳐 양치식물(석송, 속새류, 고사리)이 등장하였다.

② 데본기 양치식물이 점차 내륙으로 확대, 중기에 이르러 지구상의 최초의 숲을 이루게 되었으나 오늘날의 숲과는 차이가 크다.

③ **석탄기에 대형 양치식물이 거대한 숲을 형성하여 지구를 덮었다.**

④ 석탄기의 숲은 울창한 산림이었지만 어둡고 조용한 침묵의 숲으로 조산 운동으로 땅에 묻혀 지금의 화석연료를 제공한다.

⑤ **페름기**에는 새롭게 형성된 지층으로부터 소철, 종려나무, 소나무, 전나무, 은행나무 등의 **겉씨식물이 등장**하여 새로운 숲을 형성한다.

⑥ 중생대 백악기에 이르러 플라타너스와 같은 속씨식물, 활엽수가 등장하여 진정한 숲의 모습이 시작되었다.

※ 인류의 조상으로 여겨지는 오스트랄로피테쿠스는 신생대 3기(5백만 년 전)에 나타났다.

2 산림의 변화과정 등 기타

① 극상(climax) : 1차 천이의 진행으로 최종적으로 내음성이 강한 교목이 우점하게 된 음수림

② 지역극상(토양극상, edaphic climax) : 방목과 같은 지속적인 간섭으로 목초지 상태가 지속되는 현상

③ 교란(disturbance) : 태풍, 병해, 충해 또는 사람의 활동 기인

④ 퇴행천이(recessive succession) : 교란으로 동식물 균형이 무너진 상태(산림쇠퇴, forest decline)

1) 1차 천이(primary succession)

한해살이풀 → 여러해살이 풀 → 관목(shrub) → 양수성 교목(shade intolerant tree) → 내음성이 큰 교목의 우점

2) 2차 천이(secondary succession)

① **교란 발생으로 인해 진행된 천이**

② 1차 천이와의 차이 : 토양에 충분한 유기물, 한해 및 여러해살이 초본, 관목, 교목 일시에 성장

③ 다차원적 천이계열 생태적 요인

㉠ 수종의 침입, 빛의 흡수와 차단, 공간, 토양수분 및 양분 등에 대한 경쟁(빛, 공간, 수분, 양분)

㉡ 유기물 집적을 기본으로 하는 토양 생성작용 등 → 식물의 생장과 번식 기능의 진화에 영향을 끼쳐온 생태적 요소들

㉢ 우리나라 농경지 2차 천이 사례

- 한해살이풀 → 여러해살이 풀 → 관목류 → 양수성 교목 → 참나무류 → 서어나무, 까치박달나무

참고 주요 수종의 학명

서어나무(*Carpinus laxiflora*), 까치박달나무(*Carpinus cordata*), 낙엽송(*Larix leptolepis*), 박달나무(*Betula schmidtii*), 물박달나무(*Betula davurica*)

㉤ 천이 관련 용어정리

- 종내경쟁(intraspecific competition) : 같은 종의 개체군 내에서 일어나는 경쟁
- 종간경쟁(interspecific competition) : 군집 내의 개체군 사이에서 일어나는 경쟁
- 천이 진행의 경쟁과 공생의 결과물이다.
- 경쟁은 다른 종뿐 아니라 같은 종 안에서도 일어난다.

예 우세목, 열세목 : 솎아베기로 숲 가꾸기의 목적에 따라 우세목이나 열세목을 제거하여 최종 수확목의 경쟁을 완화해야 한다.

개념 확인 문제

다음을 읽고 옳은 것은 ○표, 옳지 않은 것은 X표 하시오.

1. 천연림은 완전한 자연 상태의 숲이다. (　　)
2. 단순림보다 혼효림이 각종 피해에 대한 저항력이 크다. (　　)
3. 침엽수 단순림은 산사태가 발생하기 쉽다. (　　)

해설

- 천연림은 자연의 힘으로 갱신된 숲이다.
- 천연림은 천연하종 갱신과 맹아갱신에 의해 만들어진다.

정답 **1.** × **2.** ○ **3.** ○

CHAPTER

2 조림 일반

section 1 수목의 분류

1 수목의 분류

1) 수목의 정의

측방분열 조직을 가지고 있어 직경생장을 하는 식물을 나무, 즉 수목으로 분류한다. 대나무와 야자나무는 직경생장을 하지 않으므로 풀로 분류한다. 목재로 이용되기 때문에 나무라는 이름이 붙었다. 청미래덩굴과 청가시덩굴 또한 직경생장을 하지 않으므로 나무로 볼 수 없지만, 겨울에 지상부가 나무와 같이 살아남기 때문에 관례적으로 수목도감에 실려 있는 풀이다.

① 수목(樹木)이란?

- 樹木의 樹는 나무 목(木), 악기 이름 주(壴), 마디 촌(寸)으로 구성되어 있다.
- 木은 상형문자로서 가지와 뿌리가 달린 나무를 의미하고, 풀(草)과 달리 뿌리가 강조되어 있다.
- 壴의 土는 나무가 자라는 흙을, 豆는 제사에 사용하는 그릇처럼 윗부분이 넓은 수관의 모양을 나타낸다.
- 寸은 손 手와 같은 뜻으로도 사용되는데, 이것은 나무를 손으로 심는다는 것을 나타낸다.
- 부수인 나무 木을 제외한 세울 수(尌)는 설 립(立) 자와 같은 뜻으로 사용되었는데, 나무 자체가 서 있는 상태를 나타낸다.
- 수목의 木은 베어 낸 나무, 즉 木材를 나타낸다. 수목이란 한자어는 살아서 서 있는 나무와 베어진 나무를 통틀어 말한다.

② 나무의 직경생장

- 나무의 직경생장은 **형성층의 분열**로 이루어진다.
- 나무의 직경생장은 줄기 끝에서 생성된 옥신에 형성층이 자극을 받아 시작된다. 수간 위에서 아래로 점진적으로 형성층이 자라기 시작한다.
- 눈과 잎에서 생산되는 **지베렐린(ga)과 뿌리에서 생산되는 사이토키닌의 상호작용**에 의해 뿌리의 생장이 결정된다.(Kossuth & Ross, 1987)

– 직경생장은 정단조직에서 생산되는 **지베렐린과 사이토키닌이 형성층의 생장을 결정**한다.(Kramer & Kozlowski, 1979)

2) 수목의 분류

– 나무는 배주(밑씨, ovule)의 형태에 따라 겉씨식물과 속씨식물로 나눌 수 있다. 배주가 노출되면 나자식물(겉씨식물), 배주가 씨방 안에 들어가 있으면 피자식물(속씨식물)이다.

– 피자식물인 활엽수는 어릴 때는 원추형 수관을 가지며, 자라면서 정아우세현상이 약해지면서 넓은 수관을 가지게 된다. 나자식물인 침엽수는 정아우세현상이 유지되어 원추형 수관을 유지하여 좁은 수관을 가진다.

– 씨앗의 형성과정에 있어 **속씨식물은 중복수정을 하고, 겉씨식물은 단수정을 한다.** 그 결과 피자식물의 배젖은 염색체 수에서 배젖은 극핵(2n)과 한 개의 정핵(n)이 결합하여 3n이 되고, **나자식물의 배젖은 단수정의 결과로 핵상이 n이 된다.**

참고 암꽃의 밑씨 형성 과정

수분이 이루어질 무렵 난모세포는 비로소 감수분열을 한다.(Owens & Blake, 1985) 감수분열을 통해 4개의 난모세포를 만들고, 그중에서 하나가 살아남아서 연속적으로 핵분열을 한다. 핵분열을 통해 한 세포 내에 수백 개의 핵이 있는 상태가 된다. 이 중 몇 개의 세포가 분열하여 여러 개의 장란기(archegonium)를 형성한다. 한 개의 배주 안에 1개 이상 최고 100개까지 장란기가 형성되며, 각 장란기마다 난자가 생기기 때문에 다배현상(polyembryony)의 근원이 된다.

① 피자식물

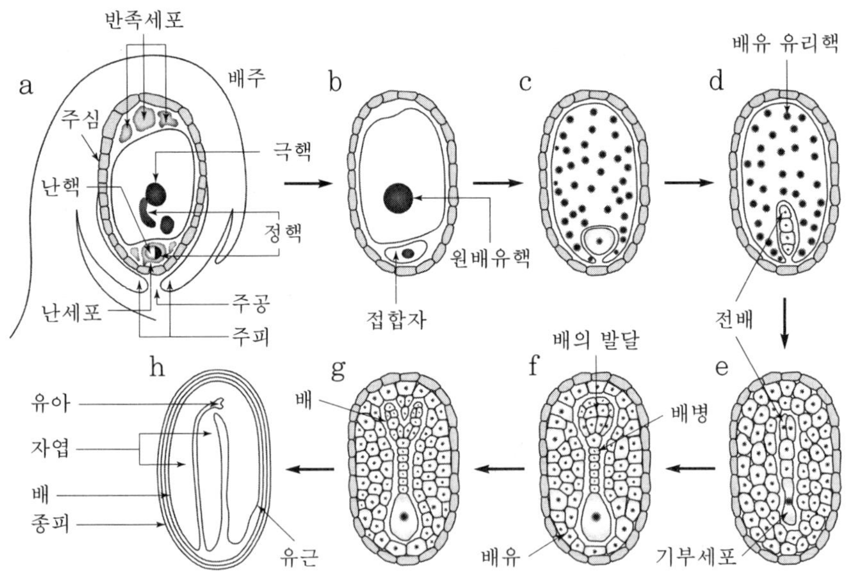

▲ 피자식물의 종자 형성 과정

– 피자식물(angiosperms)은 **밑씨(ovule)가 씨방에 싸여 있는 식물**을 의미한다.
– 대부분의 활엽수는 피자식물에 속한다.

② 나자식물

– 나자식물은 배주(ovule)가 노출되어 대포자엽(megasporophyll) 혹은 실편(ovulate scale)의 표면에 부착되어 있는 식물을 의미하며, 배주가 자방(ovary) 안에 감추어져 있는 피자식물(angiosperms)과 분류학적으로 다른 강(class)에 속한다.
– 생식세포가 수정 직전에 두 개의 정핵을 만들고 이 중에서 큰 정핵(n)이 장란기 안에 있는 난자(n)와 결합하여 2n의 배를 형성한다. 이때 **자성배우체는 수정되지 않기 때문에 난자만이 수정되는 단일수정(single fertilization)을 하게 되며,** 자성 배우체는 1n으로써 독자적으로 자라서 양분저장조직(피자식물의 배유에 해당함) 역할을 한다.
– 겉씨식물의 꽃은 어린 꽃밥(anther) 안에 화분모세포가 만들어지고, 이것이 감수분열하여 4개의 꽃가루를 만든다. 이 4개의 꽃가루가 소포자체다.

참고 식물의 구분

- 선태식물 : 이끼식물. 최초로 육상생활에 적응한 식물의 뿌리, 줄기, 가지, 잎의 구분이 없고 꽃이 피지 않는다. 관다발도 없다.
- 양치식물 : 관다발은 있지만 꽃이 피지 않고, 포자로 번식한다. 뿌리, 줄기, 잎이 구분된다.
- 구과식물 : 방울열매를 만드는 식물이다. 뾰족한 잎이 특징이어서 침엽수로 부른다.
- 현화식물 : 생식기관으로 꽃이 피며, **밑씨(배주, ovule)가 씨방 안에 들어 있어서 속씨식물로 부른다.** 대부분의 활엽수가 여기에 속한다.

– 대부분의 침엽수는 나자식물에 속한다. 은행나무의 경우는 잎이 넓어 활엽수로 착각하기 쉽지만 잎의 해부학적인 구조가 침엽에 속하며, 나자식물이다.

참고 나자식물과 피자식물

- 나자식물 : 밑씨가 드러나 있는 식물
- 피자식물 : 밑씨가 씨방 안에 있는 식물

2 수목의 구조와 형태

1) 수목의 구조와 형태

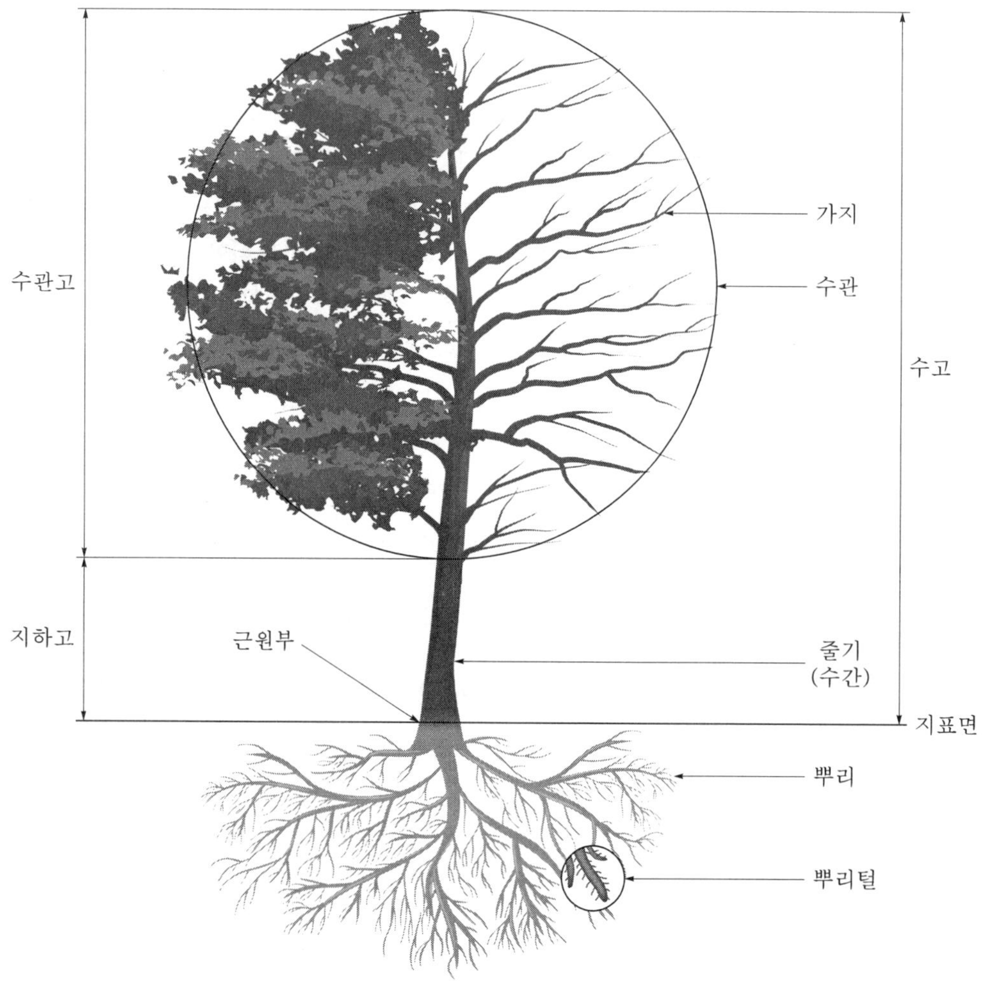

▲ 수목의 각 부위 명칭

① 줄기 : 살아있는 수목의 줄기는 외형적으로는 나무의 몸통에 해당하며, 뿌리와 가지를 연결하며 물질을 저장하거나 통과시킨다. 껍질에 싸여 보호되고 있으며 해마다 직경생장을 계속하여 나이테를 만든다.

② 가지 : 수목의 가지는 줄기에 붙어있는 부분으로 나무의 팔과 다리에 해당하며, 줄기와 잎을 연결한다. 줄기보다 얇은 껍질에 싸여 보호되고, 해마다 새로운 가지가 생성되며, 가지는 해마다 생장을 계속하며 나이테를 만든다.

③ 잎 : 엽록소를 가지며 유기물질(有機物質)을 생산하는 기관으로 잎들과 가지가 줄기와 함께 수관을 이룬다.

④ 뿌리 : 땅속으로 뻗어 몸체를 고정하고, 무거운 지상 부분(地上部分)을 지탱하며, 각종 무기 양분을 흡수하여 줄기를 통해 잎으로 보낸다.

2) 줄기의 형태

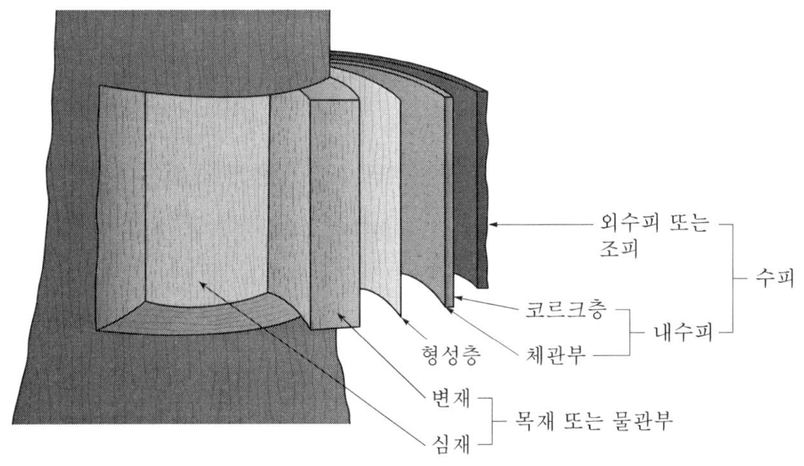

▲ 수간의 기본 구조

개념 확인 문제

다음을 읽고 옳은 것은 ○표, 옳지 않은 것은 X표 하시오.

1. 은행나무는 활엽수이다. (　　)
2. 활엽수는 모두 속씨식물이다. (　　)
3. 피자식물의 배젖은 핵상이 3n이다. (　　)

해설

1. 은행나무는 겉씨식물로 침엽수로 분류된다.

3. 나자식물의 배젖은 n, 피자식물의 배젖은 3n의 핵상을 가진다.

정답 **1.** × **2.** ○ **3.** ○

3) 수관의 형태

① 수종에 따라 고유하고 특색 있는 수관의 모양을 가지며 나무마다 변화가 크다.

② 유전적인 영향을 크게 받고 환경조건에 따라 달라진다.

③ 줄기와 가지의 길이가 길어지는 신장생장 방식에 따라 주축성간형과 분지성간형으로 구분하고 **주축성간형을 단축분지, 분지성간형을 가축분지로 부른다.**

④ 단축분지란 줄기가 가지보다 세력이 강하게 성장하는 것이고, 전나무와 가문비나무 같은 **원추형수관**을 이룬다.

⑤ 가축분지란 가지가 줄기보다 세력이 더 강한 것이다. 밤나무의 경우 정아처럼 보이는 것도 사실은 측아가 정아처럼 보이는 것이다.

⑥ 정아의 가지 끝은 발육을 못해서 죽고 가을이 되면 측아가 정아처럼 보이게 된다.

⑦ 정아처럼 보이는 **측아를 위정아**(pseudo-terminal bud)라 하고, 위정아가 축의 신장을 계속하기 때문에 가축분지가 된다.

⑧ **단축분지**는 정아가 신장을 계속하기 때문에 **정신**(apical growth)이라고 하고, 위정아가 길게 자라는 것을 **계신**(lateral growth)이라고 한다.

▲ 솔송나무의 주축성 수관형

▲ 너도밤나무의 분기성 수관형

3 수목의 특성 및 이용 등 기타

① 수관의 고유한 형태는 고립목으로 자랄 때 잘 나타나며 원추형, 원주형, 원형, 구형 등의 모양이 있다.

② 수종별 수관의 고유 형태

▲ *Pinus strobus* ▲ *Tilia americana* ▲ *Platanus occidentalis*

▲ *Pinus rigida* ▲ *Populus deltoides* ▲ *Liriodendron tulipifera*

section 2 주요 조림 수종

1 조림의 역사

1) 조림의 정의

① **조림은** 단순히 나무를 심어서 숲을 만드는 과정뿐만 아니라 **숲 가꾸기 전 과정을 말한다**.

② 조림(forestry)이란 숲(forest)을 조성하고, 숲을 구성하는 나무를 기르는 것을 말한다.

③ 조림은 숲을 보호하고, 숲이 자리 잡은 토지의 생산능력을 높여서 목재 등 임산물과 같은 유형적 자원을 효율적으로 생산하고 휴양과 치유와 같은 무형적 서비스를 제공할 수 있는 기반을 조성하는 생산기술이다.

④ 숲은 나무의 집단이며, 일반적으로 숲은 산림(山林), 나무는 수목(樹木)이라고 부른다.

⑤ 조림을 학문적 체계를 갖추어 정리한 것이 조림학인데, 조림학에서는 목재의 생산기술을 집중적으로 다룬다.

⑥ 조림학이 성립된 이론적 배경과 원리를 다루는 학문을 조림학 원론이라고 하는데, 환경과 숲의 관계를 다루는 산림생태 분야와 나무가 살아가는 생물학적 원리를 다루는 수목생리학, 숲을 구성하는 나무의 유전적인 성질을 개량하는 육종학으로 구성되어 있다.

⑦ 시험과목으로써의 조림학은 조림학 원론과 나무를 재배하는 기술을 모두 포함한다.

참고 숲 가꾸기의 정의의 목적

① 숲 가꾸기는 사람의 이용 목적에 따라 원하는 형태로 숲을 만드는 과정이다.
- 협의 : 임분무육(stand tending), 풀베기, 어린 나무 가꾸기, 솎아베기 등의 작업을 말한다.
- 광의 : 파종 또는 식재 후부터 새로운 갱신이 시작될 때까지의 모든 육림작업이다.

② 숲 가꾸기는 기후, 임지 및 다른 생태계 인자 등 모든 관련 요소와 긴밀하게 결합되어 있으며, 임지무육, 건전한 환경 조성, 임도 등 산림을 개발하는 모든 작업을 포함한다.

③ 숲 가꾸기의 목적 : 효율적인 경제림 조성, 지속 가능하면서 생태적으로 안정된 숲의 구조 및 기능 유지, 생산성 제고, 건강한 숲 조성, 나무 생장 촉진과 수확기간 단축, 우량재 생산 증대, 환경보전, 경관미와 휴양가치 증진 → 숲 가꾸기의 최종 목표는 건강하고 우량하며 아름다운 숲을 후손에게 남겨주는 것이다.

2) 우리나라 조림의 역사

① 1910~1960년대 : 일제 수탈과 한국전쟁 등을 거치면서 거의 황폐화된 시기

② 1970~1980년대 : 황폐지 복구를 위해 노력한 시기

③ 1990~2020년대 : 산림녹화의 성공과 꾸준한 산림보호 및 육성을 위해 노력하는 시기

2 조림정책의 변화

산림계획 및 기간	주요 내용
제1차 치산 녹화 10년 계획 (1973~1978)	가능한 단기간 내에 **황폐 산지(荒廢 山地)를 녹화(綠化) 시킨다는 목표** 하에, 우선 10년 내에 100만 ha를 조림한다는 계획을 달성하기 위하여 진행되었다.
제2차 치산 녹화 10년 계획 (1979~1987)	**장기수 위주의 경제림 조성**과 국토녹화 완성을 목표로 하였다.
제3차 산림 기본계획(산지 자원화 계획)(1988~1997)	녹화의 바탕 위에 **산지 자원화 기반 조성**을 목표로 하였다.
제4차 산림 기본 계획 (1998~2007)	**지속 가능한 산림 경영기반 구축을 목표로 하였다.**
제5차 산림 기본계획 (2008~2017)	• 비전 : 국제적 산림관리 패러다임인 **지속 가능한 산림 경영**과 선진국가의 과제인 **복지국가 실현** • 목표 : 가치 있는 국가자원, 건강한 국토환경, 쾌적한 녹색 공간
2012년 제5차 산림기본계획 변경(2013~2017)	• 비전 : 숲을 일터, 삶터, 쉼터로 재창조 • 목표 : **지속 가능한 녹색복지국가 실현**
제6차 산림기본계획 (2018~2037)	사람 중심의 **산림자원 순환 경제**

3 주요 조림 수종 등 기타

1) 주요 조림 수종

① 경제림 조성용 중점 조림 수종

강원, 경북	경기, 충남·북	전남·북, 경남	남부해안 및 제주
소나무, 낙엽송, 잣나무, 참나무류	소나무, 낙엽송, 백합나무, 참나무류	소나무, 편백, 백합나무, 참나무류	편백, 삼나무, 가시나무류

② **바이오매스용 수종 : 백합나무, 리기테다소나무, 포플러류, 참나무류, 아까시나무, 자작나무 등**

③ 용재 수종 : 소나무, 잣나무, 낙엽송, 가문비나무, 구상나무, 편백, 분비나무, 삼나무, 자작나무, 음나무, 버지니아소나무, 상수리나무, 졸참나무, 스트로브잣나무, 피나무, 노각나무, 서어나무, 가시나무, 박달나무, 거제수나무, 이태리포플러, 물푸레나무, 오동나무, 리기테다소나무, 황철나무, 백합나무, 들메나무

④ 유실 수종 : 밤나무, 호두나무, 대추나무, 감나무

⑤ 조경 수종 : 은행나무, 느티나무, 복자기, 마가목, 벚나무, 층층나무, 매자나무, 화살나무, 산딸나무, 쪽동백, 채진목, 이팝나무, 때죽나무, 가죽나무, 당단풍나무, 낙우송, 회화나무, 칠엽수, 향나무, 꽝꽝나무, 백합나무

⑥ 특용 수종 : 옻나무, 다릅나무, 쉬나무, 두충, 두릅나무, 단풍나무, 음나무, 느릅나무, 동백나무, 후박나무, 황칠나무, 산수유, 고로쇠나무

⑦ 내공해 수종 : 산벚나무, 때죽나무, 사스레피나무, 오리나무, 참죽나무, 벽오동, 해송, 은행나무, 상수리나무, 가죽나무, 까마귀쪽나무, 버즘나무

⑧ 내음 수종 : 서어나무, 음나무, 주목, 녹나무, 전나무, 비자나무

⑨ 내화 수종 : 황벽나무, 굴참나무, 아왜나무, 동백나무

2) 바람직한 조림 수종의 특성

① 조림지에 잘 적응할 수 있는 수종 : 향토 수종, 지역 자생 수종

② 저항력이 강한 수종 : 기후, 병해충, 산불 등에 잘 견디는 수종

③ 생장이 빠른 수종 : 단위 면적당 물질생산량이 많은 수종

④ 목재의 이용가치가 큰 수종 : 곧게 자라고 지하고가 높으며 재질이 좋은 수종

⑤ 수관 폭이 좁은 수종 : 단위 면적당 임분밀도를 높게 유지할 수 있는 수종

⑥ 경제성이 높은 수종 : 목재시장에서 수요량이 많고 높은 가격에 판매될 수 있는 수종

⑦ 생태적 가치가 높은 수종 : 경제적 가치는 낮아도 산림생태계의 구성요소로서 필요한 수종

⑧ 수원함양, 국토 및 환경 보전, 경관 개선 등 경제 외적인 가치가 높은 수종

⑨ 목재 이외의 특수 부산물 생산가치가 높은 수종

⑩ 수확 및 갱신조림이 쉽고 조림 이후의 활착 및 생장이 뛰어난 수종

⑪ 각종 조림기술 적용이 쉬우며 조림 비용이 적게 드는 수종

⑫ 경영 목적이나 목표에 부합하는 수종

CHAPTER

3 임목 종자

종자의 발달 -수정되면 배, 배유 발달	
침엽수-배유세포는 수정되기 전부터 형성(n), 단수정 피자식물-정핵+2개의 극핵(3n), 중복수정	
주피 → 종피	주심 → 내종피
자방 → 열매	극핵2+정핵 → 배젖(3n)
밑씨 → 씨앗	난핵+정핵 → 배(2n)

section 1 종자의 구조

1 종자의 외부형태

1) 침엽수 종자의 외부형태

① 건구과(乾球果, dry strobili, dry cone)

- 성숙한 솔방울에 보이는 상태로 붙어 있던 종자가 솔방울이 마르면 떨어져 나온다.
- 소나무류, 전나무류, 가문비나무류, 솔송나무류, 삼나무

② 육과(肉果, fieshy fruit)

- 1개의 종자가 종의상(種衣狀)의 구조물로 둘러싸여 있다.
- 은행나무, 주목류, 비자나무류, 향나무류

2 활엽수 종자의 외부형태

① 건열과(乾裂果, dry dehiscent fruit) : 과피가 성숙하여 건조하게 되면 열매 안의 종자가 떨어져 나온다.

㉠ 삭과(蒴果, capsule)

- 2개 또는 여러 개의 심피(心皮)가 유합해서 1실 또는 여러 실로 된 자방(子房)을 만들고 각 심피에 종자가 붙어 있다. 성숙하여 열매가 벌어지면 종자가 나온다.
- 포플러류, 버드나무류, 오동나무류, 개오동나무류, 동백나무 등

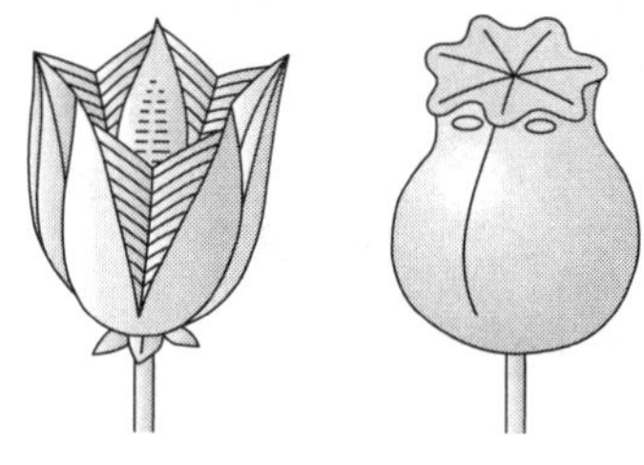

▲ 삭과

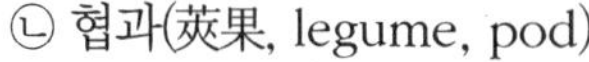

㉡ 협과(莢果, legume, pod)

- 1개의 심피로 된 자방이 성숙하면 2개의 봉선을 따라 갈라진다.
- 자귀나무, 아카시아, 주엽나무, 박태기나무 등

㉢ 대과(大果, follicle)

- 1심피의 자방이 성숙한 열매다. 한 봉선에 의해서만 갈라진다.
- 목련류

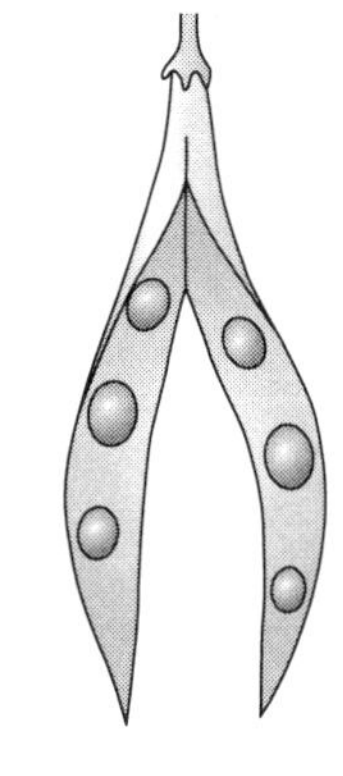

▲ 협과

② 건폐과(乾閉果, dry indehiscent fruit) : 성숙해서 건조해져도 갈라지지 않는 열매 안에 씨앗이 들어 있다. 성숙해도 갈라지지 않으므로 일반적 방법으로는 종자를 과피로부터 분리할 수 없다.

㉠ 수과(瘦果, achene)

- 1개의 종자가 얇은 막질의 과피 안에 있다. 과피와 종피가 전면유착을 하지 않으며, 얼핏 보기에는 1개의 종자처럼 생겼다.
- 으아리류

㉡ 견과(堅果, nut)

- 목질 또는 혁질의 과피 안에 1개의 종자가 들어 있다. 과피와 종자는 밀착되어 있지 않다.
- 밤나무, 참나무류, 너도밤나무, **오리나무류, 자작나무류,** 개암나무류

㉢ 시과(翅果, samara, key)

- 과피의 일부가 날개처럼 발달한 것이다.
- 단풍나무류, 물푸레나무류, 느릅나무류, 가중나무 등

㉣ 영과(穎果, grain, caryopsis)

- 얇은 피질의 과피가 종피와 완전히 유착되어 있다.
- 대나무류, 볏과 식물 등 이삭이 있는 열매

③ 습과(濕果, fleshy, juicy fruit) : 성숙 후 육질 또는 장질의 중과피와 내과피가 있는 열매다.

㉠ 핵과(核果, drupe, stone fruit)

- 3개의 층으로 뚜렷이 나누어진 과피를 가진다. 외과피는 얇고, 중과피는 육질 또는 장질이며, 내과피는 단단한 핵으로 되어 있다.
- 살구나무, **호두나무**, 복숭아나무, 오얏나무, **벚나무**, 산딸나무류, **가래나무**

※ 호두나무는 견과가 아니라 핵과에 속한다.

㉡ 장과(漿果, berry, bacca)

- 액과(液果)라고도 하며, 중·내과피가 육질 또는 장질로 되고 단단한 종자를 가진다.
- 포도나무류, 감나무류, 까치밥나무류, 매자나무류

㉢ 이과(梨果, pome)

- 화탁(화통)이 발달하여 열매 형성에 참가한 것을 말한다. 외과피는 피질이고, 중과피는 육질이며, 내과피는 지질 또는 연골질이다.
- 배나무류, 사과나무류, 마가목류, 산사나무류

㉣ 감과(柑果, hespidium)

- 외과피는 질기고 유선(油線)이 많으며, 중과피는 두껍고 해선상(海綿狀)이며, 내과피는 얇고 다수의 포낭(胞囊)을 만든다.
- 밀감, 레몬 등

3 종자의 구조(종피, 배, 배유)

1) 종자를 구성하는 기관

① 종자는 씨앗을 한자어로 표현한 단어다. 식물이 꽃을 피운 결과물로 얻는 것이 열매, 즉 과실이라면 과실 중에서 새로운 식물체로 자랄 수 있는 것이 씨앗, 즉 종자다.

② 식물의 생활사에서 종자는 휴면상태(休眠狀態)에 해당되며, 그 속에 들어 있는 배(胚)는 어린 식물로 자라서 새로운 세대로 연결된다.

③ 성숙한 종자는 배와 배젖 및 바깥에 있는 종피로 구성되어 있다.

④ 종자에는 배젖(胚乳)이 있는 유배유종자(有胚乳種子)와 **배젖이 발달하지 않은 무배유 종자(無胚乳種子)가 있다.**

⑤ 종피는 종자를 둘러싸서 보호한다. 배젖은 배낭의 중심핵에서 형성되며 영양물질을 저장하고 있으나 무배유종자에서는 떡잎이 영양물질을 함유하고 있다.

⑥ 종자는 그 저장물질에 따라서 녹말을 주영양 물질로 저장하는 녹말종자(아까시나무, 자귀나무), 지방을 주로 저장하는 지방종자(동백, 쪽동백 등)가 있다.

⑦ 종자는 성숙과 더불어 휴면상태에 들어가며 건조에 잘 견디는 것이 보통인데, 수분, 온도, 산소 조건이 적당하면 발아하여 새로운 식물체로 자라게 된다.

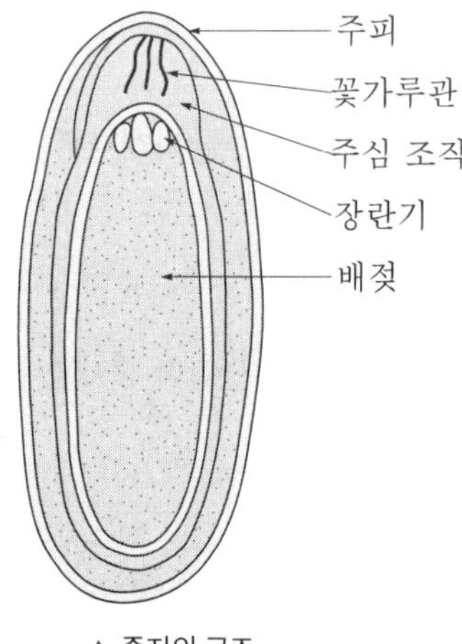

▲ 종자의 구조

- 씨방 : 열매(과실)가 된다.
- 밑씨 : 종자가 된다.
- 주피 : 종피가 된다.
- 주심과 내종피 : 많이 퇴화한다.
- 극핵 (2개)+정핵 : 속씨식물의 배젖이 된다.
- 난핵+정핵 : 배가 된다.

▲ 꽃이 종자로 변하는 과정

⑧ 배젖 속의 양분은 배에 공급된다. 배젖은 주심 조직을 소화, 흡수하면서 발달하고, 배는 다시 배젖을 양분으로 하여 발달한다.

⑨ 전나무류, 가문비나무류, 낙엽송류 등의 종자는 소나무류의 종자와 거의 비슷한 구조를 가지고 있다.

⑩ 은행나무의 종자는 정선되었을 때 육질의 외종피는 제거되므로, 흰색의 은행나무 종자는 과실에서 조직의 일부분을 제거하여 만들어진 것이다.

2) 종자의 발달

① 종자의 외곽을 이루는 보호 조직은 1~3겹으로 구성된 종피와 주심 조직이나 배유의 일부, 열매의 일부 조직으로 구성된다.

② 자방 안의 배주를 둘러싸고 있는 **외주피와 내주피는** 종자의 발달과정에서 **외종피와 내종피로 바뀐다.**

③ 외종피는 대부분 두껍고 단단하거나 질기며 황갈색 등의 여러 가지 색깔로 착색되는 반면에, 내종피는 얇고 부드러우며 다소 투명한 막질로 이루어져 있다.

④ 식물에 따라서는 내종피의 안쪽에 배유와 주심 조직의 일부가 또 다른 얇은 막을 형성하기도 한다.

⑤ 주목이나 비자나무 등에서 볼 수 있는 것처럼 배주의 일부분 중 심피와 연결이 이루어지는 주병의 일부 융기된 부분이 이상발달을 보이면서 외종피의 밖을 덮는 가종피를 형성하기도 한다.

⑥ 임목 종자는 생명을 지닌 배와 배유 등의 양분저장 조직, 종피 등을 포함하는 종자외곽 보호조직으로 구분할 수 있다.

⑦ 난핵과 웅핵이 결합한 2배체의 배는 몇 개의 자엽과 배축, 근축으로 이루어져 있는 종자들이 많다.

⑧ 배의 발달은 초기에 구형의 미세한 전배에서 자엽의 발달과 함께 전체적으로 장타원형으로 확대되는 모습을 보인다.

⑨ 은행나무 등 일부 수종에서는 배의 발달이 늦어 미성숙배 상태로 모체에서 분리된 후에 배의 발달이 계속되는 경우도 있다.

⑩ 배를 구성하는 자엽의 수는 식물의 종류에 따라 차이를 보이는데 하나만 있는 단자엽식물, 대부분의 활엽수에서 볼 수 있는 것처럼 2개의 자엽으로 나누어진 쌍자엽식물, 소나무처럼 3개 이상의 자엽을 볼 수 있는 침엽수 중심의 다자엽식물 등으로 구분된다.

⑪ 종자 내 양분의 저장조직은 배낭 안에 존재하는 내배유나 배낭 밖의 주심 조직이 변화된 외배유 또는 자엽으로 구분된다.

⑫ 배유에 다량의 양분을 저장한 종자를 유배유종자, 배유가 없거나 퇴화되고 **저장양분 대부분이 자엽에 존재하는 종자를 무배유종자라고 한다.**

⑬ **소나무, 잣나무, 전나무, 물푸레나무 등 대부분의 무배유종자에서** 자엽은 발아 이후 직접 광합성을 하여 본엽이 자라는 데 필요한 양분을 공급한다.

⑭ **호두나무, 밤나무, 상수리나무, 침엽수 등의 무배유종자는** 발아과정에서 자엽에 들어 있는 저장양분을 분해시켜 본엽이 자라는 데 필요한 양분을 공급한다.

4 종자의 성숙 식별 등 기타

종자의 성숙기는 위도와 고도의 온도의 영향을 많이 받는다. 또한 나무의 유전성과 자라는 곳의 입지환경의 영향도 받게 된다. 한 그루 나무에서도 수관의 위치에 따라 종자의 성숙기는 차이를 보이기도 한다. 종실의 색깔, 경도, 맛, 향기, 건조도에 따라 성숙기를 알 수 있다.

1) 색깔로 알 수 있는 종실의 성숙기

① 향나무 : 진한청색

② 스트로브잣나무 : 녹갈색

③ 소나무, 해송 : 구과 표면의 반 정도가 황갈색

2) 비중으로 알 수 있는 종실의 성숙기

① 소나무 구과는 비중이 0.85 정도일 때

② 구과는 성숙적기에 수분이 감소하여 비중이 낮아진다.

* 구과=솔방울

3) 배의 크기로 알 수 있는 종실의 성숙기

① 침엽수의 경우 배가 배강의 $\frac{2}{3}$를 채워야 성숙

4) 종자의 성숙기간

가) 침엽수 구과 발달 패턴

① A형 : 개화한 그 해 5~6월경 수정해서 가을에 성숙(삼나무)

② B형 : 개화한 해 수정해서 크게 되고 다음 해에는 크게 자라지 않고 2년째 가을에 성숙(향나무)

③ C형 : 개화한 해 거의 자라지 않고 다음 해 5~6월경 빨리 자라 수정하고 2년째 가을에 성숙(소나무)

④ D형 : 개화해서 거의 자라지 않고 다음 해 수정하여 크게 자라면 3년째 가을에 가서 성숙(노간주나무)

나) 활엽수

① 개화한 후 3~4개월 만에 종자가 성숙한다. (사시나무, 버드나무, 회양목, 떡느릅나무)

② 개화한 해 8~9월에 자라 가을에 성숙한다. (졸참, 떡갈, 신갈, 갈참나무)

③ 개화한 해에는 거의 자라지 않고 **다음 해 가을에 성숙한다. (상수리, 굴참나무)**

section 2 종자의 산지

1 종자의 산지

① 종자의 산지는 산림용 종자가 생산된 곳을 말한다.

② 종자는 조림 예정지의 입지나 기후환경이 비슷한 곳에서 생산되어야 잘 자랄 수 있다.

③ 종자의 산지는 조림의 성과에 큰 영향을 끼치게 되므로 정확히 표시되어야 한다.

④ 보통 종자는 **정영목과 클론으로 조성된 채종원**, 수형목이 규정 이상으로 있어서 **채종림 또는 채수로로 지정된 곳**에서 채취하게 된다.

⑤ 종자를 채집할 때는 반드시 수종 명, 채집지의 위치·고도 및 방위, 채집 연월일, 종자모수의 수령, 수고, 흉고직경, 지하고, 임황, 채집자의 성명 등을 기록으로 남겨야 한다. 그렇게 해야 양묘장에서 생산된 종묘의 이력을 관리할 수 있다.

⑥ 종자산지는 종자가 얻어진 원래의 지리적 위치 또는 지리적 출처를 말한다.

⑦ 종자산지에서 생산된 종자를 지역품종이라고 한다. 예를 들어 강원도 대관령면 노동리에서 얻어진 분비나무 종자로 설악산에 조림을 하였다면 종자산지는 대한민국, 종자 출처는 강원도가 된다. 또 강원도 철원에 경기도 포천에서 생산된 리기다소나무 종자로 조림을 하였다면 종자산지는 미국, 종자 출처는 경기도가 된다.

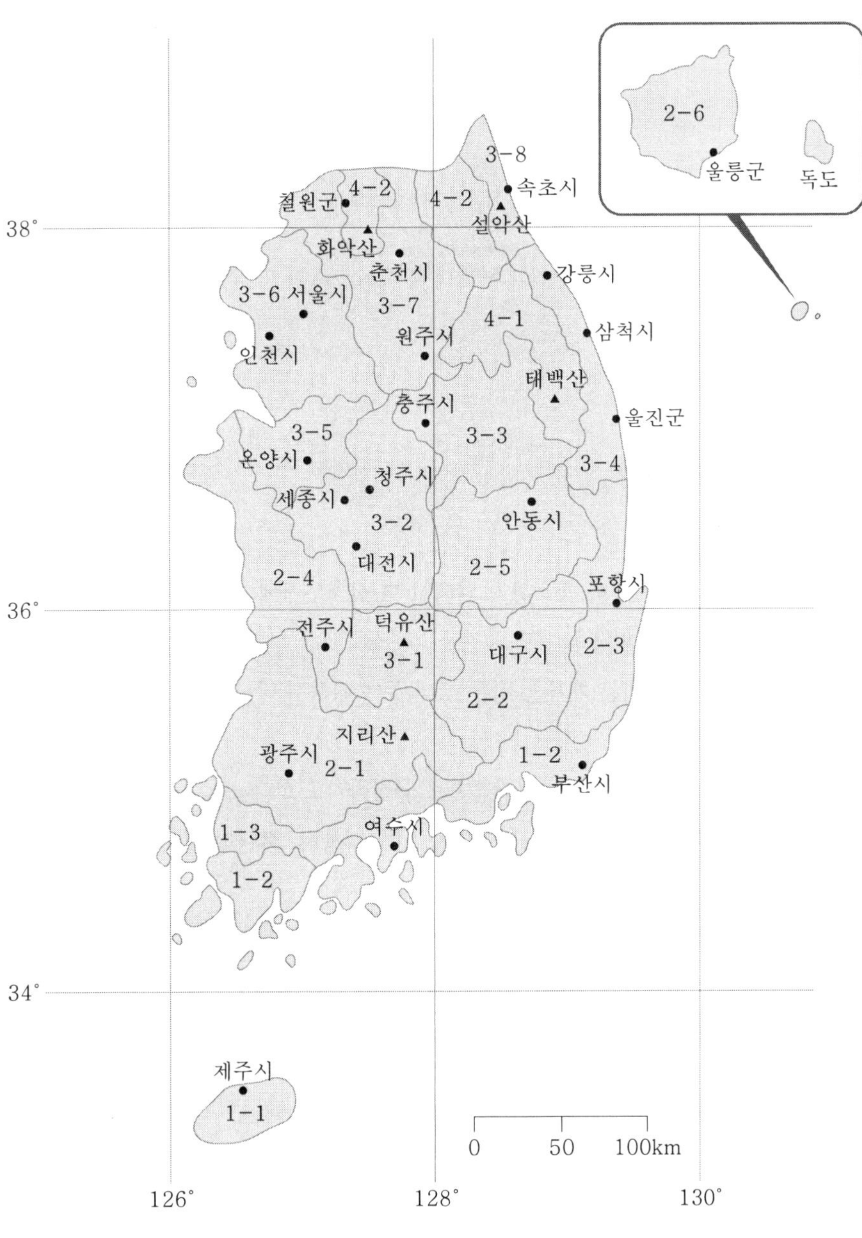

▲ 종자산지구역도

참고

① 수형목
- 수형과 형질이 주변 수목과 비교하여 우량한 수목을 수형목이라고 한다.
- 채종원 또는 채수포 조성에 필요한 접수, 삽수, 종자를 채취할 목적으로 수형목이 기준 이상 있으면 채종림으로 지정할 수 있다.

② 채수포
- 우량한 접수, 삽수를 채취할 목적으로 조성된 수목의 집단이다. 클론 보존원이라고도 한다.

③ 클론
- 접목, 삽목, 취목, 조직배양 등으로 무성 번식된 개체로 부모 개체와 유전적으로 거의 같다.

④ 종자산지구역
- 산림용 종자가 생산된 지역으로 유전적 특성이나 생태적 조건의 유사성을 고려하여 구획된 지역을 말한다.

⑤ 채종원
- 수형목(plus tree)의 우수한 형질이 증명된 정영목(elite tree)과 그 클론으로 좋은 입지에 조성하여 관리하는 종자 공급원이다.

2 종자의 생태형 등 기타

1) 생태형의 개념

① 같은 종이 다른 환경에서 생육하기 위해서 그 환경조건에 적응하여 분화한 성질이 유전적으로 고정되어 생긴 형이다.

② 하나의 생태형에 속하는 개체는 같은 생태 종에 속하는 다른 생태형의 개체와 자유롭게 교잡된다.

③ 모양에 따라 구분하여 품종이나 아종으로 규정하기도 한다.

④ 생태형은 환경의 특징에 따라 건생형, 습생형, 수생형, 온난형, 한냉형, 고산형, 염생형 등으로 다양하게 구분할 수 있다.

⑤ 생태형은 특수한 환경조건에 대한 적응의 결과로 생긴 한 종 내의 생물형(biotype)이다.

⑥ 생태형은 보통 불연속적인 변이로 규정된다. 하지만 생태형으로 고착되는 과정에서는 생태경사가 작용한다.

2) 종자의 생태형

① 종자도 환경에 따라 여러 가지 생태형으로 구분할 수 있다.

② 소나무도 해안 사구에서 자라는 품종은 해송과 같이 염해나 조풍에 잘 견딜 수 있다. 그렇지만 산에서 자라던 소나무 종자를 해안 사구에 파종이나 식재하게 되면 생태형이 다르기 때문에 이 소나무는 잘 자랄 수 없다. 포플러 같이 성장속도가 빠른 수종은 염적응 품종을 빠르게 생산할 수 있다.

section 3 종자 저장관리

1 종자결실량 예측

1) 결실주기

① 해마다 결실을 보이는 것 : 버드나무류, 포플러류, 오리나무류

② 격년결실을 하는 것 : 소나무류, 오동나무, 자작나무류, 아카시아

③ 2년을 주기로 하는 것 : 참나무류, 들메나무, 느티나무, 삼나무, 편백

④ 3년을 주기로 하는 것 : 전나무, 녹나무, 가문비나무

⑤ 5년 이상을 주기로 하는 것 : 너도밤나무, 낙엽송

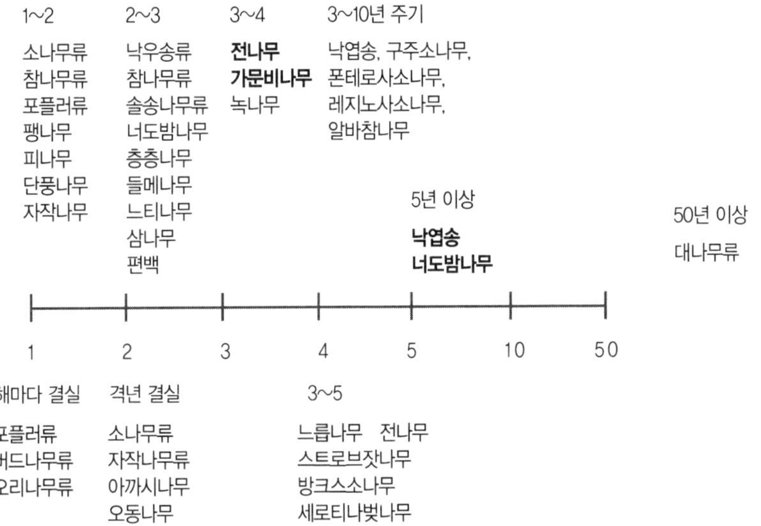

참고

① 해마다 결실하는 것
- 버드나무류, 포플러류, 오리나무류 등
- 씨앗이 작은 수종

② 격년으로 결실하는 것
- 소나무류, 아까시나무, 오동나무류, 자작나무류 등
- 매년 결실하지만 풍흉이 분명하다.

③ 2~3년에 한 번씩 결실하는 것
- **참나무류, 느티나무, 삼나무, 편백 등**

④ 5~7년에 한 번씩 결실하는 것
- **너도밤나무, 낙엽송 등**
- 토심이 깊은 숲이나 임내부에 사는 수종

2) 결실풍흉의 예상

① 결실 전년의 가을 또는 결실 년의 봄에 결실량을 미리 조사·예측하여 종자 생산량과 채집 계획을 수립한다.

② 결실 연도의 전해 가을이나 결실 년의 봄에 하여 결실량이 많고 적음을 예측할 수 있다.

③ 눈의 전체 수에 대한 끝눈 수의 비율을 계산하여 결실량을 예측할 수도 있다. 예를 들면, 수관의 중간 부분에서는 꽃 눈 전체의 눈 수에 대하여 70% 이상일 때 풍작으로 본다.

2 종자의 채취

종자의 채취는 채종림 또는 채종포에서 실시하나 비교적 우량하다고 생각되는 임분에서도 채취할 수 있다.

1) 종자의 채집 시기

① 보통 종자는 9~10월 중에 성숙한다. 따뜻한 곳은 한랭한 곳보다 성숙이 늦어지고, 표고가 높은 곳은 낮은 곳보다 성숙이 빨라진다.

② 종자를 너무 일찍 채취하면 양분의 저장과 배의 발달 미숙, 수분 함유량의 과다 등으로 종자의 활력이 떨어진다. 반대로 너무 늦게 따면 종자가 떨어져서 채집이 어렵거나 해충의 침해로 종자의 질이 낮아진다.

③ 구과의 성숙을 알아보기 위해 비중액을 쓰는데, 소나무는 1.05의 비중액에서 구과가 모두 위로 떠오르는 때를 채집 시작일로 한다.

④ 침엽 수종의 경우 종자의 자연 탈락 직전이 좋으나 일반적으로 조금 미리 채집한다. 수종에 따라서는 약간 미숙(未熟)한 것을 따서 뿌리는 것이 완숙한 것보다 발아력이 높은데, 피나무가 그 예이다.

2) 종자의 채집 방법

① 종자 채집은 우량한 나무를 대상으로 하여 나무에 손상을 적게 주는 방법을 택해야 한다.

② 원칙적으로 나무에 올라가서 구과나 열매를 손으로 따도록 해야 하며, 톱이나 도끼를 사용해서는 안 된다.

③ 활엽수에 있어서는 채집할 때 수관 아래에 망사를 깔아 두면 그 위에 떨어진 것을 모으기 편리하다.

④ 땅 위에 떨어진 열매를 주워 모으는 방법도 있고, 벌채 예정림에 있어서는 성숙기에 벌채해서 모으는 일도 있다.

3 종자 탈종 및 정선

1) 종자의 탈종

① **건조 봉타법** : **건조한 구과**나 아카시아, 박태기나무와 같은 **협과**, 그리고 **오리나무의 열매** 등을 막대기로 가볍게 두들겨 주는 방법이다.

② **부숙 마찰법** : **은행, 잣송이, 벚나무, 가래나무 등**과 같은 것은 일단 가마니나 풀로 덮고 물을 부어서 썩힌 다음 추출한다.

③ **도정법** : **옻나무** 등의 종자를 정미기에 넣어서 외피를 깎아내는 방법이다. 발아촉진 방법으로도 이용된다.

④ **구도법** : **옻나무나 아까시나무 열매**를 절구에 넣어 공이로 약하게 찧는 방법이다.

2) 종자의 정선

구과에서 종자를 추출하는 탈종 작업 후 얻어진 종자에서 협잡물을 제거하는 일을 종자의 정선이라 한다.

① **풍선법** : 종자와 잡물의 비중 차이를 이용한 것으로 풍구, 키, 선풍기 또는 종자 풍선용으로 만든 중력식 장치 등으로 종자 중에 섞여 있는 종자날개, 잡물, 쭉정이 등을 선별하는 방법으로 **소나무류, 가문비나무류, 낙엽송류**에는 유효하고, 전나무, 삼나무에는 효과가 적다.

② 사선법 : 체로 종자보다 크거나 작은 것을 쳐서 가려내는 방법으로 체의 눈이 큰 것과 작은 것 두 종류를 사용하면 편리하다.

③ 액체 선법

㉠ 수선법 : 깨끗한 물에 담가두는 방법이다. **잣나무, 향나무, 주목, 도토리 등 대립 종자**에 적용될 수 있다.

㉡ 식염수 선법 : 식염수 선법은 비중이 큰 종자의 선별에 적용된다. **옻나무 종자**는 물 1ℓ에 소금 280g을 넣어 비중 1.18의 액으로 해서 선별한다.

㉢ 알코올 선법 : 알코올에 담가두는 방법으로 종자를 검사하거나 시료로 충실립을 취할 때에만 사용된다.

④ 입선법 : **밤나무, 가래나무, 호두나무, 칠엽수, 도토리, 목련 등 대립 종자에 적용**되는 것으로 1립씩 눈으로 감별하면서 손으로 선별하는 방법이다.

4 종자의 저장 등 기타

1) 건조 저장법

① 실온 저장법

㉠ 종자를 건조한 상태에서 창고, 지하실 등에 두어 저장하는 방법이다. 소나무류, 낙엽송류,

삼나무, 편백나무, 가문비나무 등 알이 작은 종자는 온도가 높고, 공기의 공급이 충분하며, 습기가 있을 때에는 발아력을 잃게 되므로 용기에 넣어 건조한 곳에 둔다. 쥐의 해를 받지 않도록 단단한 용기에 둔다.

㉡ 1년 정도 저장해야 할 때에는 건조제와 함께 용기에 넣어 밀봉하는 것이 좋다.

② 밀봉 저장법(냉건 저장법)

㉠ 씨앗을 건조시켜 진공 상태로 밀봉하여 낮은 온도에서 저장하는 방법이다.

㉡ 수년 또는 수십 년 동안 저장하여도 발아력을 잃지 않는다.

㉢ 밀봉 저장은 다음과 같은 경우에 적용한다.

- 결실 주기가 긴 수종에 적용한다. 예를 들면, 낙엽송은 5~7년마다 씨앗이 많이 달리므로 풍작인 해에 씨앗을 채취하여 수년 동안 저장할 필요가 있다.
- 일반적으로 실온 저장으로는 생명력을 쉽게 상실하는 씨앗에 적용한다.
- 연구와 시험을 목적으로 할 때 이용한다.
- 밀봉 저장한 것은 그 안으로 습기가 들어가지 못하므로 씨앗의 생명력이 오래가고, 공기의 공급도 차단되며, 더욱이 냉온 상태에 두므로 이상적이다. 이와 같이 하면 소나무류의 씨앗은 10년 동안을 저장하여도 발아력이 거의 감소하지 않고 정상을 유지할 수 있다.

㉣ 밀봉 방법은 저장할 씨앗은 미리 잘 건조시켜 함수율을 5~7% 이하로 유지하여 병 등에 담고 첨가제로 씨앗 무게의 각각 10%에 해당하는 건조제와 황화칼륨을 넣어 냉온 상태의 암실에 보관한다.

㉤ 병 대신에 깡통을 이용하여 탈기한 후에 진공 상태로 밀봉하면 더욱 효과적이다.

㉥ 첨가제인 건조제는 용기 안에 차는 습기를 제거하는 역할을 하며, 황화칼륨은 씨앗의 활력을 유지시키는 역할을 한다.

㉦ 밀봉 저장에 많이 사용하는 건조제로는 씨앗에 해를 주지 않고 값 싼 아드졸이나 실리카겔이 있는데, 아드졸은 약 150℃, 실리카겔은 105℃에서 건조시켜 다시 사용할 수 있다.

2) 보습 저장법

① 노천 매장법 : 들메나무, 목련류의 종자는 봄에 파종하면 이듬해 봄에 발아하게 되므로 2년 종자라고도 하는데, 이러한 종자는 가을에 땅 속 50~100cm 깊이에 종자를 모래와 섞어서 묻어 둔다. 이것은 저장의 목적도 있지만 종자의 후숙을 도와 발아를 촉진시키는 데 더 큰 의의를 지니고 있다. 양지 바르고, 지하수가 없고, 관리가 편리한 곳을 택하여 깊이 60~70cm의 구덩이를 판다. 이 구덩이 안에 종자를 담을 포대나 나무상자를 넣으며 이 안에 종자와 모래를 교대로 넣고 땅 표면에 흙을 15~20cm 가량 덮는다. 표면은 낙엽이나 검불 등으로 덮는다. 쥐의 피해가 예상될 때에는 설망을 덮고 그 위를 흙으로 덮어 둔다. 겨울 동안 눈이나 빗물은 그대로 스며들어갈 수 있도록 한다.

㉠ 종자를 채집, 정선하여 **일찍 노천매장**을 해야 할 수종 : **들메나무**, 단풍나무류, 벚나무류, **은행나무**, 잣나무, 백송, 호두나무, **가래나무**, 느티나무, 백합나무, 목련 종류 등

㉡ 11월 말까지는 매장해야 할 수종 : 벽오동나무, 팽나무, 물푸레나무, 신나무, 괴나무, 층층나무, 옻나무 등

㉢ **씨 뿌리기 한 달 전에** 매장하는 것이 좋은 수종 : **소나무, 해송, 낙엽송,** 가문비나무, 전나무, 측백나무, 리기다소나무, **삼나무, 편백나무** 등

② 보호 저장법 : **건사 저장법(乾妙財藏法)**이라고도 하는데 **밤, 도토리 등 함수량이 많은 전분 종자**를 추운 겨울 동안 동결하지 않고 동시에 부패하지 않도록 저장하는 방법이다. 보호 저장법이 노천 매장법과 다른 점은 저장 중 빗물이나 눈 녹은 물이 들어가지 못하도록 하는 데 있다. 종자량을 담을 수 있는 큰 용기 안에 종자를 깨끗한 모래와 혼합해서 넣고 창고 안에 두는데, 모래가 너무 습해서는 안 된다. 종자는 그 함수량이 건중량(乾重量)의 30% 이하로 떨어지지 않도록 해야 한다. 모래 대신에 유기물이 없는 황토에 밤을 혼합해서 저장하기도 하는데, 이러한 흙은 생땅에서 얻은 것으로 토양 미생물이 없어서 종자가 부패되지 않는다. 다른 방법으로서 배수가 잘 되는 땅 위에 모래와 종자를 섞어서 퇴적하고 그 위에 짚을 덮어 눈이나 빗물이 들어가지 못하도록 하며, 동시에 동결도 방지하는 일이 있다. 독 등 밀폐된 용기는 산소의 공급을 막아 함수량이 많은 종자에는 부패의 원인이 되기 쉽다.

③ 냉습적법 : 보호 저장법과 크게 다를 바 없으나 보호 저장은 종자의 활력과 신선도를 유지하는 데 더 큰 목적이 있지만, 이 방법은 발아 촉진을 위한 후숙에 중점을 둔 일종의 저장법이다. 용기 안에 보습 재료인 이끼, 토암 또는 모래와 종지를 섞어서 넣고 3~5℃ 정도 되는 냉실 또는 전기냉장고 안에 두는 방법이다. 이 경우에는 종자와 같은 분량의 보습재와 혼합하여 용기에 넣어 처리한다. 보습재로는 이끼, 톱밥 등이 쓰인다. 종자의 함수량은 20~25% 정도가 알맞다.

section 4 개화결실의 촉진

결실촉진은 종자의 생산량을 높이는 의미에서 확장되어 폭넓게 사용된다. 화아분화의 촉진, 화성 조절, 화기의 성숙종자의 성숙촉진, 수세의 회복 등과 같은 일련의 모든 작업들이 결실촉진에 해당한다.

1 생리적 방법

① 인공에 의한 화분 살포 : 선발목의 화분을 모수로부터 채취하여 인공으로 살포하여 수분을 유도함으로써 결실을 촉진한다.

2 화학적 방법

① **호르몬 처리** : 지베렐린을 비롯한 호르몬제의 처리로 개화를 촉진시킬 수 있다. **편백, 삼나무에 적용**하면 효과가 있으며, 여름철에 50~500ppm의 농도로 엽면 살포한다.

② 시비 : 비료를 주어 영양상태를 개선하여 결실을 촉진한다.

3 물리적(기계적) 방법

나무 체내의 **C/N율을 높여 줌으로써 개화를 촉진**시키는 방법으로 환상박피와 단근, 둘레베기, 전지, 수피를 역위로 붙이는 일, 긴박, 단근처리, 접목 등이 있다. 나무가 어느 정도 크기에 이르면 주축을 절단하고 전지를 하여 수형을 낮게 또 작게 해준다.

4 기타 방법

① 수관소개 : 수관에 햇빛을 쪼이게 해서 탄수화물의 생산을 돕는다.

section 5 종자의 품질

1 유전적 품질

조림용 묘목을 생산하기 위해 채종된 종자의 유전적 품질은 새로 조성되는 산림의 생산성에 많은 영향을 미친다. 이 때문에 유전적으로 우수한 형질을 지닌 모수에서 종자를 채집하기 위해 채종원을 조성하거나 채종원을 조성하기 전에 잠정적으로 사용되는 채종림을 지정하여 산림용 묘목 생산을 위한 우량종자를 채취한다. 또한 형질이 우수한 나무를 골라서 기르는 육종을 하기도 한다.

2 종자의 종류

① 품질검사 대상이 되는 각각의 종자 군에 포함될 수 있는 최대 종자량이 일정 수준 이상으로 많아지면 이들 종자 군 내의 모든 종자가 동일한 품질을 지니기 어렵다.

② 검사 대상 종자 군 내의 모든 종자가 동일한 품질을 지니도록 하기 위해서 종자 군은 크기별로 다르게 분류한다.

③ 검사대상 종자 군의 크기는 중·대립 종자는 5,000kg, 소립 종자는 1,000kg 이내로 제한한다.

④ 산림과학원에서 실시하고 있는 종자검사에 적용하고 있는 시료 종자의 양은 종자의 크기별

로 다음과 같이 구분하고 있다.

종자	나무	양
특대립 종자	칠엽수, 밤나무, 호두나무, 가래나무 등	6 이상
대립 종자	참나무류, 은행나무, 비자나무, 동백나무, 살구나무, 때죽나무 등	1 이상
중립 종자	전나무, 잣나무, 벚나무, 단풍나무, 물푸레나무, 옻나무 등	0.4 이상
소립 종자	소나무, 낙엽송, 가문비나무, 편백, 자작나무, 오리나무 등	0.2 이상

3 순량률

① 그 종자의 색깔, 모양, 대소, 조직, 배유, 배, 냄새 등으로 그 종자의 고유성을 나타내는 것을 순정도라 하고, 어떤 종자 중에 포함되는 순정 종자의 다소를 순도라 한다. 이것을 %로 표시한 것이 순량률이며, %는 보통 무게로 계산한다. 순도의 값이 높을수록 종자는 알뜰하게 잘 다듬어진 것이며 도토리, 동백나무, 비자나무, 칠엽수 등 대립 종자에 대한 순량률 측정은 대체로 하지 않는다.

② 시료종자를 육안으로 순정한 것과 그 밖의 잡물로 나누어 다음 공식으로 계산한다.

$$\text{순량률}(\%) = \frac{\text{순정 종자량}}{\text{전체 시료량}} \times 100$$

4 실중량 및 용적량

1) 실중량

① 종자의 크고 작은 것을 검사하는 기준인데, 대개 **종자 1,000립의 무게를 g으로 나타낸 값**이다.

② **굵은 종자는 100알씩 4회 달아 평균하여 1,000립의 무게로 환산**하고, 작은 종자는 1,000립씩 4회를 달아 평균한다.

③ 실중은 순정종자를 대상으로 하는데 함수량, 종자-충실도의 영향을 받는다.

2) 용적중

① 단위용적당(l) 무게로 표시되며, 동일 시료에 대해 적어도 4회 달아서 평균한다.

5 발아율

① 발아율은 순량률을 조사할 때 얻은 순정 종자를 대상으로 조사한 것으로, 각 수종에 알맞은 방법으로 발아 시험을 하고 일정 기간 동안 발아력이 있는 종자의 수를 %로 나타낸 값이다.

② 일반적으로 소나무, 리기다소나무가 발아율이 높고, 전나무, 박달나무 등이 발아율이 낮다.

6 발아세

① 발아세는 발아시험에서 시험 기간 초기나 후기에 산발적으로 발아한 종자를 제외하고 단기간 내 일시에 발아된 종자의 수를 전체 시료종자의 수로 나누어 백분율로 나타낸 것이다.

7 효율 등 기타

1) 효율

① 발아율에 순량률을 곱한 것으로 종자의 사용가치를 나타내는 것으로 종자에 대한 최종 평가 기준이 된다. 발아율이 90%이고, 순량률이 80%면 종자의 효율은 0.72, 즉 72%가 된다.

$$효율(\%) = 발아율(\%) \times 순량률(\%) \times 100$$

2) 발아력 검사

① 생활력을 가진 종자는 알맞은 온도, 습도, 공기, 광선의 4조건이 구비되면 발아한다.

② 종자를 최적조건 하에 두었을 때의 결과로 평가하며, 정온기를 사용하는 것이 가장 확실한 방법이다.

③ 정온기 내의 온도는 수종에 따라 다소 다르지만, 일반적으로 23℃ 정도가 알맞으며 25℃ 이상 되면 미생물의 발생이 심해져서 발아율이 떨어진다.

④ 수종에 따라서는 일정한 온도보다 온도의 변화가 발아에 좋은 영향을 미칠 수 있다.

참고 수종별로 요구되는 발아시험 기간

- 14일간 : 사시나무, 느릅나무 등
- 21일간 : 가문비나무, 편백, 화백, 아카시아 등
- 28일간 : 소나무, 해송, 낙엽송, 솔송나무, 삼나무, 자작나무, 오리나무 등
- 42일간 : 전나무, 느티나무, 목련, 옻나무 등

⑤ 발아상인 샬레를 살균 소독한 후 흡수지나 탈지면을 깔고 순정종자를 50~100알을 배열하여 시험한다. 온도는 23~25℃로 하고 물의 보급, 온도 조절 등에 주의한다.

3) 종자의 활력 검사 방법

① 환원법에 의한 검사

- **테트라졸륨**(2,3,5－triphenyltetrazolium chloride : tz) 0.1~1.0%의 수용액에 생활력이 있는 종자의 조직을 접촉시키면 **붉은색**으로 변하고, 죽은 조직에는 변화가 없다.
- 국제 종자검사 규정에 따라 서어나무류, 풀푸레나무류, 살구나무와 같은 핵과류, 장미류,

주목류, 피나무류 등은 이 검사법을 적용하도록 하고 있다.

- 테트라졸륨의 반응은 휴면종자에도 잘 나타난다.
- 테트라졸륨은 백색 분말이고 물에 녹아도 색깔이 없다.
- 광선에 노출되면 못쓰게 되므로 어두운 곳에 보관하고 잘 저장하면 수 개월간 사용할 수 있다.
- **테룰루산칼륨**(potassium tellurite : K_3TeO_3) 1% **액**을 사용하면 **건전한 배가 흑색**으로 변한다.

② 절단법

- 종자를 절단하여 배와 배유의 발달 상태를 보고 종자의 발아력과 충실도를 조사하는 방법이다.
- 오래되어 활력을 잃어버린 종자에 대한 판별이 어렵지만, 채집 시기와 그동안의 보관 상태를 알 수 있다면 믿을 만한 정보를 얻을 수 있다.

③ X선 분석법

- 종자를 X선으로 사진 촬영하여 종자의 내부 형태와 파손, 해충의 침해 상태를 조사하는 방법이다.

section 6 종자의 발아촉진

휴면 원인	휴면 타파 방법
• 경실 종자(종피가 딱딱함) • 종피의 산소 흡수 저해 • 종피의 기계적 저항(종자 껍질이 질김) • 배의 미숙(→ 후숙 처리를 해야 함) • 발아억제 물질의 존재	• 종피가상법 • 황산처리 • 온도처리(저온처리, 고온처리) • 층적 저장 • 발아촉진물질 처리

- 발아촉진 물질 : 지베렐린, 사이토키닌, 에틸렌, 질산칼륨 등

1 종자의 휴면현상

휴면상태의 종자는 종자가 성숙해서 자연적으로 모수와 분리해서 땅에 떨어진 것을 얻어 알맞은 발아 조건에 두어도 발아하지 않거나 발아가 지연된다.

종자가 휴면상태에 들어가는 원인은 다음과 같다.

① 종피 불투수성

- 종피 또는 과피가 단단하면 물이 흡수가 잘 안되어 발아가 지연된다.

- 잣나무, 산수유나무, 대추나무, 피나무류, 가래나무, 때죽나무, 자귀나무 등에서 발생한다.
- 종자가 건습의 반복 또는 야간의 냉온과 주간의 고온에 의하여 변온 처리를 받게 되면 불투수성을 잃어 발아하게 된다.

② 종피의 기계적 작용

- 종자껍질이 너무 단단해서 배의 자람을 기계적으로 압박하게 되면 종자가 발아할 수 없다.
- 잣나무, 산사나무, 호두나무, 가래나무, 주목, 올리브, 복숭아나무 등에서 발생한다.

③ 가스 교환의 억제

- 내배유, 외종피 주심 조직 등이 가스의 이동을 억제해서 배가 공기와 차단되어 휴면에 들어가게 되는 것이다.
- 호흡의 결과로 발생한 이산화탄소가 종자 내부에 축적되면 이것이 원인이 되어 휴면을 일으킨다는 주장도 있다.

④ 생장 억제물의 존재

- 배를 둘러싸고 있는 조직에서 종자의 발아를 억제하는 물질이 휴면의 원인이 되는 경우다.
- 건조하기 전에 과피나 종피에서 얻어진 즙액은 강력한 발아억제 작용을 보이는 일이 있다.
- 귤류, 핵과류, 사과나무, 배나무, 피나무, 포도나무 등에 나타난다.
- 식물호르몬 중 ABA(abscissic acid)가 발아를 억제하기도 한다.

⑤ 미발달배 ★★★★

- 종자 배가 형태적으로 완성되지 않아 발아가 되지 않는 것이다. **들메나무, 은행나무, 향나무, 주목 등**이 여기에 속한다.
- 후숙을 통해 발아를 촉진할 수 있다.
- 후숙은 종자가 모수에서 분리된 후 적절한 방법으로 익힌다. 결과적으로 모수에서 떨어진 뒤 배가 발육해서 성숙하게 된다.

⑥ 이중휴면성

- 하나의 종자가 휴면의 원인을 두 가지 이상 가지고 있는 경우를 이중휴면성이라고 한다.
- 주목의 핵은 배의 자람을 기계적으로 억제하고 또 불투수성과 배의 미숙도 들 수 있다.

2 종자의 발아 조건

① 종자의 발아 조건

구분		내용
수분		• 종자가 수분을 흡수하면 종피가 찢어지기 쉽고 가스 교환이 용이해지며 각종 효소들의 작용이 활발해진다. • 경실 종자는 껍질에 상처를 내주면 수분 흡수가 빠르다.
온도		발아온도는 식물의 종류마다 다르지만 생육 온도보다 3~5℃ 정도 높다.
산소		종자가 발아하기 시작하면 호흡작용이 왕성해지므로 많은 산소가 필요하다.
빛	호광성	광선에 의해 발아가 되는 종자로, 암흑에서는 전혀 발아가 되지 않거나 발아가 불량한 종자
	혐광성	광선이 있으면 발아가 되지 않는 종자로, 암흑 조건에서 잘 발아하는 종자

② 종자의 발아과정

물의 흡수 → 효소(GA)의 활성 → 호분층 이동 → α－아밀라아제 합성 → 배유로 이동 → 전분을 당으로 분해 → 배의 생장점에 에너지 공급 → 배의 생장 개시 → 껍질의 열림 → 어린 싹, 어린 뿌리의 출현

3 발아에 영향을 미치는 환경인자

① 종자 발아 초기에는 빠른 수분흡수로 종피가 부드러워진다.

② 종피가 벗겨진 후에는 종자 내의 저장양분이 소화되면서 수분의 흡수가 느려진다.

③ 저온조건과 변온을 이용한 온도 자극은 종자의 휴면타파에 중요한 기능을 한다.

④ 장일성 수종의 종자는 발아과정에서 광선이 영향을 미친다.

⑤ 일부 침엽수 중에는 광선조건과 무관한 발아 특성을 보이는 것도 있다.

⑥ 종자가 근적외선(730nm)을 받으면 피토크롬적외(P_{fr})가 피토크롬적(P_r)으로 변하면서 발아 억제 현상이 나타난다.

⑦ **종자가 적외선(660nm)을 받으면 P_r이 P_{fr}로 되면서 발아가 촉진된다.**

⑧ 종자발아에 영향을 미치는 공기로는 산소, 이산화탄소, 에틸렌 등을 등 수 있다.

⑨ 지베렐린은 종자의 휴면을 타파한다.

* 피토그롬 적발 촉진 : 피토그롬은 적외선을 받으면 발아가 촉진된다.

CHAPTER

4 묘목 생산 및 식재

section 1 번식 일반

1 묘목의 번식과 관련한 일반 사항

1) 묘목을 생산하는 방법

가) 실생묘 생산

① 실생묘 묘포 생산

- 씨앗을 묘포에 심어서 노지에서 길러서 묘목을 생산한다.
- 유전적 다양성을 보존할 수 있는 장점이 있다.
- 열등한 형질을 가진 개체가 생산될 수 있다.

② 용기묘 생산

- 씨앗을 용기에 심어서 온실에서 기른다.
- 노지에서 3~5년 정도 걸리는 묘목 생산 기간을 1년 이내로 단축시킬 수 있는 장점이 있다.
- **냉상을 거치면서 묘목을 경화 처리해야 활착률이 높아진다.**

나) 무성번식묘 생산

① 삽목

- 꺾꽂이, 식물의 영양기관인 가지나 잎을 잘라낸 후 다시 심어서 새로운 묘목을 생산한다.
- 우량품종의 유전형질이 그대로 이어지는 장점이 있다.

② 접목

- 뿌리 부분을 사용하는 것을 대목, 줄기와 가지 부분을 사용하는 것을 접수라고 하며, 각기 다른 개체를 하나로 이어 붙여 독립된 개체인 묘목을 생산한다.

- 접수의 우수한 유전형질과 대목의 환경 적응력을 모두 이용할 수 있다. 접목에 숙련된 기술이 필요하다.

2) 식물의 번식법

가) 무성번식 : 부모 개체와 같은 유전자형을 가지는 개체를 통한 번식 방법

① 단위생식 : 밀감 등

② 근맹아 : 은백양, 사시나무 등

③ 취목 : 벚나무, 식마무, 고무나무, 소나무류, 포도나무, 사과나무, 조팝나무 등

④ 분주 : 산앵두나무, 황매화 등

⑤ 삽목

- 근삽 : 오동나무
- 지삽 : 포플러류, 개나리, 주목, 사철, 향나무, 플라타너스, 동백나무, 버드나무류

⑥ 접목

- 근접 : 사과나무, 배나무
- **할접 : 소나무류**, 감나무, 동백나무, 참나무류 등
- 복접 : 가문비나무류, 소나무류 등
- **박접 : 감나무**
- 복접 : 참나무류, 각종 과목류
- 아접 : 복숭아나무, 호두나무, 장미 등

> **참고** 밤나무의 접목
>
> - 춘기 : 박접, 절접(할접)
> - 추기 : 아접, 복접
>
> ※ 춘기에 주로 접목

⑦ 마이크로번식

- 조직배양, 배배양, 세포배양, 기관배양 등

나) 유성번식

① 종자에 의한 번식 : 씨앗에 의해 개체 수를 늘리는 번식 방법

- 영양기관 : 생물의 개체를 유지하는 데 필요한 기관으로 생식기관을 제외한 부분이다.
- 암술 : 꽃에서 꽃가루를 받는 부분으로 암술머리, 암술대, 씨방으로 이루어져 있다.

- 수술 : 꽃에서 꽃가루를 만드는 부분으로 꽃실과 꽃밥으로 이루어져 있다.
- 꽃의 기관 : 꽃받침, 화관, 암술, 수술, 씨방
- **완전화 : 기관을 다 가지고 있는 꽃**
- 불완전화 : 기관들 중 일부가 없는 꽃
- 양성화 : 암술, 수술이 다 있는 꽃
- 단성화 : 암술과 수술 중 하나가 없는 것
- 중성화 : 암술, 수술 둘 다 없는 것
- 단위결과(parthenocarpy) : 종자 없이 열매 성숙
- 단위생식(apomiyis) : 수정 없이 종자 형성, 배주 → 배 → 종자

2 환경 등 기타

식물의 번식에 영향을 줄 수 있는 중요한 환경요인은 토양, 온도, 지형 등이며, 양묘를 하기에 적합한 포지의 선정 조건은 다음과 같다.

① 토양

- 가벼운 사양토가 적당하며, 토심이 깊고 부식질량이 많으면 좋다.
- 점토질토양은 배수와 통기가 불량하고, 잡초 발생이 심하며, 유해한 토양미생물이 많아 작업을 더 어렵게 하며, 배수가 어려워 겨울철에 토양이 동결되며, 묘목의 근계 발달에도 좋지 않다.
- 토양산도는 침엽 수종에 대해서는 pH 5.0~6.5가 적당하다.

② 수리의 편리

- 묘포는 관개와 배수가 동시에 편리한 곳에 만들어져야 하고, 가능하면 유수에 의한 관개가 될 수 있으면 좋다.

③ 포지의 경사와 방위

- **포지는 약간의 경사를 가지는 것이 관수, 배수 등에 유리**하고, **평탄한 점질토양의 포지는 좋지 않다.**
- **5° 이하의 완경 사지가 바람직하며**, 그 이상이 되면 토양유실이 우려되어 계단식 경작을 해야 한다.
- **위도가 높고 한랭한 지역에서는 동남향이 좋고, 따뜻한 남쪽지방에 있어서는 북향이 유리하다.**

④ 교통과 노동력 공급

- 대규모의 고정 묘포를 경영하는 경우에는 중요하게 고려되어야 한다.

⑤ 피해 요소

- 높은 지하수위, 풍충지, 상공(霜孔)이 될 수 있는 요(凹)지, 강수량, 최저기온 등의 피해 요소를 고려하여 선정한다.
- **포지의 서북향에 방풍림이 있으면 겨울철 삭풍을 줄일 수 있어 양묘에 좋은 영향을 준다.**

section 2 실생묘 양성

1 묘포 설계

1) 묘포 면적

① 필요한 묘포 면적을 산출할 때에는 양묘 대상 수종이나 묘목의 규격, 묘목 생산량, 이식작업 횟수 등 경작 방식, 휴경지 면적, 저수지, 방풍림, 부속시설, 도로, 제지 등을 고려하여 전체 적정 면적을 산출한다.

② 휴경지는 보통 3~4년마다 한 번씩 반복하는 것으로 계산할 필요가 있다. 실제 육묘에 소요되는 상면적은 주요 수종의 파종 시업기준이나 이식기준 등을 고려하여 산출하며, 산출된 육묘상의 면적은 전체 묘포 소요 면적의 60~70%에 해당하는 점을 고려하여 총묘포 면적을 산출한다.

2) 묘표의 구획

① 묘포의 구획은 전체 묘포 면적이나 대상 수종, 묘목 생산체계 등을 확정하고 관리사, 창고, 퇴비장, 온실, 피음실(被陰室, lathhouse), 작업장, 야외휴게소 등 관리에 필요한 부대시설, 경운기, 트랙터 등을 포함한 각종 기계장비의 도입, 도로, 방풍림, 저수지 등의 필요성을 고려하여 합리적으로 구획한다.

② 묘포의 구획에서는 우선 묘상의 크기와 형태, 그리고 도로의 배치를 중심으로 기본 설계를 실시하면서 부대시설의 배치를 적당한 곳에 정하는 것이 좋다.

③ 묘상은 몇 개로 크게 구획한 후에 다시 세분하여 필요한 묘상을 배치할 필요가 있다. 크게 구획된 묘상들 사이로 주도로를 설치하고 세분된 묘상 간에는 부도로를 배치하는 것이 좋다. 필요에 따라 임시보도를 설치할 수도 있다.

④ **주도로**는 화물차나 트랙터 등이 자유롭게 출입할 수 있도록 **대략 4~5m 폭으로 설치하고**, **부도로**는 경운기나 손수레 등이 이동할 수 있도록 **1~2m 안팎의 폭을 유지**한다.

⑤ 사람이 다닐 수 있는 **임시보도는 0.5~1m 안팎의 폭으로 조정** 하는 것이 좋다.

⑥ 관리시설은 묘포의 중앙 부근에서 편리한 장소를 골라 설치하며, 수원지는 묘포의 경사지 상부에 위치하는 것이 좋다.

⑦ **방풍림은 묘포의 북서쪽 가장자리에 설치한다.**

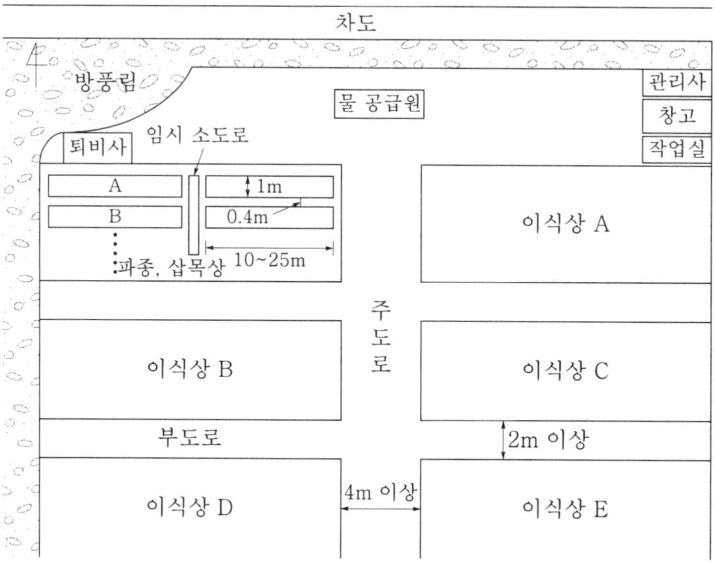

3) 시설 계획

① 매년 지속적으로 경영하는 고정 묘포에서는 육묘 및 경영관리에 필요한 모든 시설 및 장비와 소도구, 소모성 재료 등을 갖추어야 한다.

② 주요 시설로는 관리사와 온실, 피음실, 자재창고, 종자 및 번식 재료 저장 냉장실, 퇴비장, 작업장, 저수지 및 용수시설, 야외휴게실 등이 있으며, 주요 장비로는 트랙터, 경운기, 농약살포기, 관수장비 등이 필요하다.

4) 관리 계획

묘포의 경영 목표와 함께 양묘 대상 수종별 작부체계를 고려하면서 예산, 노동력 관리, 장비 운영, 자재 확보 및 사용, 묘목 생산 및 산출 등 묘포를 경영·관리하기 위한 전체적인 관리 계획이 수립되어야 한다. 특히, 묘목 생산과 관련한 계획 수립에서는 대상 수종별로 종자의 수급부터 묘목의 산출까지 상 만들기, 파종, 이식, 제초, 시비, 해충방제, 관수, 굴취, 가식, 월동, 선묘 등 양묘와 관련된 모든 기술적인 사항에 대해 세부적인 내용까지 검토·분석하여 차질 없는 사업이 될 수 있도록 유의해야 한다.

참고 묘포를 만드는 과정

① 묘포 구획

작업, 반출, 양묘 계획에 용이하도록 대구획과 소구획 등으로 계획하는 것

② 정지작업

– 밭갈이 → 쇄토 → 작상의 순서로 진행한다.

– 밭갈이는 묘목 성장에 필요한 깊이로 흙을 갈아엎는 것으로 20~25cm 정도 깊이로 한다.
– 쇄토 : 흙덩이를 부수고 돌과 풀뿌리 등을 제거한다.

③ 상 만들기
– 세립종자 파종상 설치 시는 상토 10cm 깊이까지 흙을 파서 엎고, 약 1cm 정도의 체로 쳐서 상면에 고루 펴고 롤러로 굴려 다진다.
– 묘상의 크기는 대개 상폭 1m, 상길이 10~20m 기준으로 하고, 보도 폭은 해가림 시설이 필요한 상은 0.5m, 필요 없는 상은 0.3~0.4m로 하고, 상의 방향은 특별한 사유가 없는 한 동서로 설치한다.

※ 정지작업의 효과
① 토양이 부드럽고 통기가 잘 되게 하여 토양 산소량을 많게 한다.
② 토양의 풍화작용을 도와 나무에 필요한 양분을 가용성으로 만든다.
③ 토양 보수력을 증가시킨다.
④ 유용 토양미생물이 증식한다.
⑤ 잡초 발생을 어느 정도 억제한다.

2 종자 파종

1) 파종 시기

① 파종 시기는 보통 이른 봄에 하며 가을에 하는 경우도 있다.

② **회양목 종자는 여름철에 따서 곧바로 파종한다.**

③ 봄에는 토양의 동결이 풀리는 대로 빨리 파종한다.

④ **버드나무류, 사시나무류, 미류나무처럼 종자 수명이 짧은 것은 채파한다.**

⑤ 가을에 딴 종자를 가을에 파종할 때 내용은 채파지만 흔히 추파로 부른다.

⑥ 관리가 잘 될 경우 대체로 추파는 춘파보다 발아력과 묘목의 발육이 더 좋다.
– 채파 : 종자 정선 후 바로 파종하는 것
– 추파 : 가을에 파종하는 것

2) 파종량

단위 면적당의 파종량은 종자의 효율이나 수종에 따라 다르다. 종자의 효율을 알면 다음 공식에 의해 파종량을 계산할 수 있다.

① 산파의 파종량 계산 방법

$$W = \frac{A \times S}{D \times P \times G \times L}$$

- A : 파종면적[m^2]
- S : 가을에 남길 m^2당 묘목 수
- D : 순량률
- P : 발아율
- G : 득묘율
- L : g당 종자수

실력 확인 문제

1ha의 묘상에 m^2당 700본을 가을에 남기고자 할 때 파종량을 구하시오.

해설

$$Wg = \frac{700 \times 20{,}000}{0.8 \times 0.7 \times 0.5 \times 100} = \frac{14{,}000{,}000}{28} = 500{,}000[g] = 500[kg]$$

정답 500[kg]

② 조파의 파종량

산파 파종량의 $\frac{1}{2} \sim \frac{1}{4}$ 정도를 뿌린다.

③ 점파의 파종량

파종 간격에 따라 결정된다.

$$파종량 = \frac{파종\ 면적}{파종\ 간격}$$

3) 파종 방법

① 산파(흩어뿌림)

- 파종량이 계산되면 각 상의 면적에 맞는 종자량을 용기에 넣고 손으로 한 상변에 뿌린다.
- 파종량의 절반 정도를 파종상 전면에 고루 뿌리고, 잔량으로는 성글게 뿌려진 곳을 찾아 보충해서 뿌려 주면 묘상 전체에 종자를 고르게 분산시킬 수 있다.
- 바람이 부는 날은 파종을 피하고, 작은 경립종자는 바람에 날리지 않도록 허리를 낮추어 뿌린다.
- **소나무, 낙엽송, 오리나무류, 자작나무류** 같은 세립종자는 산파한다.

② 조파(줄 뿌림)

- 느티나무, 아카시아, 옻나무 등은 줄로 뿌려 주는 조파를 한다.
- 이러한 수종은 1년생 묘가 상당한 크기에 이르고 공간을 차지하기 때문에 조파로 한다.
- 줄간 거리는 수종에 따라 다르나 10~15cm로 하고, 조파 작업을 쉽게 하기 위하여 조파판을 사용한다.
- **느티나무, 물푸레나무, 들메나무, 싸리나무류, 옻나무** 등(m^2당 200본 이하)의 파종에 이용한다.

③ 상파(모아 뿌림)

- 한 곳에 종자를 몇 립씩 모아서 뿌리는 것을 상파라고 한다.

④ 점파(점으로 뿌림)

- 호두, 밤, 도토리, 칠엽수 등의 열매처럼 종자가 굵은 대립종은 한 알씩 일정한 간격으로 뿌려 준다.

4) 흙덮기(복토작업)

① 파종이 끝나면 곧바로 흙덮기 체를 사용해서 고운 흙을 고른 두께로 덮어 준다.

② 흙을 덮고 나면 더 두껍거나 더 얇은 곳이 있으므로 다시 손질해서 흙덮기의 두께가 고르게 한다.

③ 흙덮기의 두께는 대개 **종자 지름의 3~4배**로 하고, 자작나무, 오리나무류 등 **극세립 종자는 흙보다는 깨끗한 모래로 종자를 약간만 덮어 준다.**

④ 일반적으로 침엽수의 종자는 1cm 이상의 두께로 덮어 주는 것은 피한다.

⑤ 흙덮기가 끝나면 그 위에 다시 깨끗한 모래를 2~3mm 정도의 두께로 뿌려 주는데, 이것은 파종상의 습도 유지와 토양 미생물의 피해를 줄이고 잡초 발생을 막는 데 효과가 있다.

⑥ 파종 후 흙을 가는 체로 쳐서 종자 직경의 1~3배 가량의 흙을 덮은 후 세사를 얇게 덮되 모래땅은 진흙땅보다, 건조지는 습지보다 다소 두껍게 덮는다. 너무 두껍게 덮으면 종자가 부패될 염려가 있고 너무 얇으면 종자가 건조되어 발아가 안 될 경우가 있으므로 보통 복토자를 이용하여 복토한다.

복토자	적용 수종
0.3	자작나무류, 오리나무류, 오동나무
0.5	낙엽송, 삼나무, 편백
0.7	소나무류, 물푸레나무류, 싸리나무류, 아까시나무, 서어나무류, 스트로브잣나무
1.0	전나무류, 느티나무류, 가문비나무류, 층층나무류
2.0	피나무류
2.0	잣나무
4.0	참나무류
5.0	밤나무, 칠엽수, 호두나무, 가래나무

5) 짚덮기

① 흙덮기가 끝나면 그 위에 추려서 깨끗하게 한 짚을 얇게 덮어 준다. 그 후 끝으로 눌러 바람으로 짚이 흐트러지는 일이 없도록 한다. 이것은 빗물로 흙과 종자가 유실되는 것을 막고 파종상의 습도를 높여 발아를 빠르게 하며 잡초 발생을 억제하는 등의 효과가 있다.

② 묘상의 습기를 보존하고 비, 바람으로 종자가 흩어지는 것을 방지하기 위해 m^2당 600g의 짚을 깔고 묘상 길이 방향으로 말뚝을 박고 두 줄로 새끼줄을 쳐서 눌러준다.

6) 파종조림의 성공에 영향을 주는 인자

① 수분 조건

– 묘포와 달리 산지의 경우에는 흙을 다소 두껍게 덮어서 보호한다.

② 동물의 해

– 광명단을 칠하거나, 별도의 보호조치 시행

③ 기상의 해

④ 타감 작용

⑤ 흙옷

– 직파조림 시 어린 묘목이 빗방울로 인해 흙을 덮어쓰게 되는 것

– 묘목은 뿌리 노출과 열해로 고사

– 표토 유실

⑥ 종자의 품질

3 판갈이 작업

1) 판갈이 작업의 목적

① 파종상에서 기른 1~2년생 실생묘를 더 크게, 그리고 근계를 더 발달시켜 산지 식재에 더 알맞은 묘목으로 만들기 위해 다른 묘상에 옮겨 심는 것을 판갈이라고 하고, 그 상을 상체상이라고 한다.

② 판갈이 과정에서 묘목 근계가 일부 절단되지만, 상체 상에서 세근이 많은 충실한 묘목으로 될 수 있다.

③ 판갈이 작업을 이식이라고도 하며, 묘목을 산에 심는 것을 식재라고 하여 이식과 구별한다.

※ 판갈이 = 상체 = 이식

2) 판갈이 시기

① 봄, 가을 및 우기에 실시할 수 있으나, 가을에 한 것은 겨울의 한해, 건조의 피해를 입기 쉬우므로 보통 봄에 눈의 내부가 활동하기 시작하였으나 출아하지 않는 시기가 가장 적당하다.

② 봄 판갈이에 있어서는 지상부의 자람이 빨리 시작되는 수종을 먼저 한다.

③ 소나무류, 전나무류를 먼저 상체하고 낙엽송, 편백, 삼나무 등의 순으로 상체를 한다.

④ 소나무류, 전나무류는 평균 기온 5℃ 정도가 되면 생리적 활동을 시작한다.

⑤ 판갈이한 뒤 건조해지면 관수를 해야 하고 강우가 있으면 활착을 돕는다.

3) 판갈이 연도

[판갈이 시기와 밀도]

판갈이 방법		수종	비고
시기	**1년생**	**소나무류, 낙엽송류, 삼나무, 편백 등**	
	2년생	**전나무류, 가문비나무류, 참나무류 등**	성장속도, 직근 발달
밀도	소식	삼나무, 편백 등 지엽 확장 수종	**양수 소식**, 비옥하면 소식
	밀식	소나무, 해송 등	**음수 밀식**, 척박하면 밀식

① 판갈이는 되도록 빨리 하는 것이 좋다.

② 소나무류, 낙엽송류, 삼나무, 편백 등은 1년생으로 판갈이 하고, 자람이 늦는 전나무류, 가문비나무류는 거치(상에 그대로 두는 것) 하였다가 후에 판갈이 한다.

③ 참나무류는 직근만 발달하고 세근이 거의 없다. 이러한 것은 1년생으로 판갈이 하면 고사하기 쉬우므로 만 2년생이 되어 측근이 발달한 후에 판갈이를 하는 것이 좋다.

④ 측근의 발달은 토양의 성질에 크게 좌우되는 것으로 퇴비 또는 톱밥을 넣어 보수력을 높이면 측근 발생이 촉진되고 판갈이도 더 빨리 할 수 있다.

4) 판갈이 밀도

① 판갈이 묘목의 수는 수종의 특성과 묘목 양성의 목적 등에 따라 다르다.

② 일반적으로 묘목이 크거나 지엽(技葉)이 옆으로 확장하는 것(삼나무, 편백 등)은 소식하고, 반대로 소나무, 해송은 더 밀식할 수 있으며, 판갈이상에 거치할 때에는 소식하고 양수는 음수보다 소식하며, 또 땅이 비옥할수록 소식한다.

5) 판갈이의 실행

① 판갈이의 형식

- 판갈이는 상을 만들어 정방형으로 심는 상식이 있다.
- 상식을 하면 배수가 잘 되기 때문에 점질 토양에 알맞으며 후에 묘목 캐내기 작업을 더 편리하게 할 수 있다.
- 열식은 괭이로 도랑을 판 후, 그 안에 묘목을 한 줄로 세우고 뿌리를 흙으로 묻는다.

열식 판갈이의 장점	• 통로를 따로 만들 필요가 없다. • 풀뽑기, 중경, 단근 작업, 묘목 캐내기 등을 쉽게 할 수 있다. • 기계화 작업이 가능하다.
열식 판갈이의 단점	• 이랑을 높게 할 수 없기 때문에 습지에는 적당하지 않다. • 줄 사이를 좁게 하기 어렵고 해가림 방한시설 등을 하기 어렵다.

6) 판갈이 과정

① 밭갈이를 하고 미리 퇴비를 뿌려 흙과 혼합해 둔다.

② 열식에 있어서는 줄을 치고 줄을 따라 심으면 되며, 상식에 있어서는 파종상처럼 상을 만들어 준다.

③ 판갈이 할 묘목의 뿌리를 일정한 길이로 끊어주고, 묘목은 크고 작은 것을 선별해서 비슷한 것끼리 모아서 판갈이 한다.

④ 묘목은 되도록 건조하지 않도록 한다.

7) 판갈이상의 관리

① 판갈이 한 후 건조가 계속되면 묘목이 말라 죽으므로 관수가 필요하다.

② 가능하면 판갈이 직후에 관수하는 것이 바람직하다.

③ 짚이나 낙엽, 목칩 등으로 상면을 덮어 주는 것은 수분 조절과 잡초 발생을 방지하기 위해 효과적이다.

④ 제초는 파종상이나 판갈이상에 모두 중요한 포지 관리의 하나로서, 노동력과 비용을 많이 요하는 작업으로 제초제 사용의 편의성을 생각해서 상식(床植)보다는 열식(列植)이 많이 사용된다.

4 묘목의 영양진단

1) 영양진단의 중요성

① 묘목의 품질은 조림의 성과에 직접적으로 영향을 준다.

② 묘목에 양분의 결핍 증상이 발생하면 성장하면서 계속 그 영향을 미친다.

③ 묘목의 영양진단은 양분결핍증에 의한 진단법과 엽분석에 의한 방법이 있다.

④ 양분결핍증에 의한 진단법은 육안으로 형태 및 색깔의 변화 등을 관찰하여 판단하는 방법이다. 각 수종별 묘목의 특성과 발육상태를 잘 알고 있어야 사용할 수 있다.

⑤ 엽분석에 의한 방법은 잎의 성분을 화학적으로 검사하여 수목이 성장하는 데 필요한 양분의 농도를 알아내는 방법이다. 주로 무기성분을 분석하고, 유기성분도 분석한다.

⑥ 침엽수가 정상적으로 생육하는 데 잎의 최저 양분 농도는 질소 1.2~1.3%인 0.28~0.3%, 칼륨 0.8~1.0% 정도로 알려져 있다.

2) 묘목에서 주로 발생하는 양분 결핍

① 질소 결핍 : 세포가 작아지고, 생육이 불량해진다. **잎이 황록색이 된다.**

② 인산 결핍 : **묘목이 전체적으로 암녹색을 띤다.** 근계의 발달이 나빠진다.

③ 칼륨 결핍 : **잎 끝의 주변부에 검은 반점이 생긴다.** 줄기가 가늘게 되고, 잎은 밑으로 쳐진다. 심하면 묘목 전체가 황화되고 끝눈이 작아진다.

④ 마그네슘 결핍 : 오래된 잎이 황색이 되며, 점차 위쪽으로 진행된다.

⑤ 칼슘 결핍 : 생장점의 활동이 약해진다. 심하면 정아 부근이 구부러지며 고사한다.

5 묘목의 시비관리

1) 비료 주기

① 시비(비료 주기)는 파종 이전에 밭갈이 작업과 함께 뿌려주는 밑거름과 종자 발아 후 또는 묘목 이식 후 주게 되는 덧거름으로 구분된다.

② 일반적으로 **밑거름은 지효성 퇴비나 무기질 비료**를, **덧거름은 속효성 무기질 비료**를 주게 된다.

③ 덧거름을 너무 늦게 주면 묘목이 가을 늦게 웃자라면서 겨울에 동해를 입을 수 있기 때문에 늦어도 7월 이전, 제초작업을 끝낸 직후에 주는 것이 좋다.

2) 엽면시비

① 병충해, 수해, 한해 등으로 인하여 **묘목이 쇠약해진 경우 빠르게 효과가 나타난다.**

② 인산의 결핍 증상은 토양에 시비를 하는 경우 흡수가 늦어 잎에 비료성분을 희석하여 뿌리면 효과가 좋다.

③ 엽면시비는 생장점 근처의 잎이 오래된 잎보다 흡수율이 높다.

④ 시비 후 1~2시간 정도에 상당량이 흡수된다.

⑤ 표피 및 기공을 통해 흡수되며 잎의 앞면보다는 뒷면 쪽이 흡수가 잘 된다.

6 토양소독 등 기타

① 토양에는 각종 세균과 곰팡이 등 균류, 각종 선충류가 서식하고 있어 어린 묘목의 성장에 지장을 주기도 한다. 특히 토양이 과습 하게 되면 선충과 세균이 대발생하여 묘목에 모잘록병 등을 발생시키기도 한다.

② 약제 및 증기, 훈증, 소토 등의 방법으로 토양소독을 하면 효과를 볼 수 있다.

③ 종자소독을 하거나 파종량을 적게 하고, **질소질 비료보다는 인산질 비료를 주어 묘목을 튼튼하게 길러야 한다.**

section 3 무성번식묘 생산

1 접목

접목은 각기 다른 개체의 조직을 서로 붙여서 하나의 새로운 개체를 얻는 방법이다. 자라서 줄기와 가지로 될 부분을 접수라 하며, 대개 지상부의 주요부를 형성하게 된다. 또한 뿌리가 되는 부분을 대목이라 한다. 접수와 대목의 깎은 자리에서는 캘러스 조직이 생겨나서 서로 융합을 하게 된다. 종자나 열매 생산을 목적으로 할 때 주로 접목을 하게 된다.

1) 접목법의 종류

① 접목 장소에 따라

㉠ 양접 : 대목을 캐어 작업장에서 접목을 실시하고 그 뒤 포지에 내다 심는 것

㉡ 거접(제자리접) : 대목을 밭에 심어 둔 채로 그곳에서 바로 접수를 붙이는 것

② 접목 위치에 따라

㉠ 저접 : 근관부나 근관부에 가까운 줄기 부분에 접을 하는 것으로, 저접은 근관부로부터 5~15cm의 범위 안에서 실시하는데, 근관부에 가깝기 때문에 근관접이라고도 하며, 뿌리를 대목으로 사용할 때는 근접이라 한다.

㉡ 고접 : 근관부로부터 lm 이상 높은 곳에 접을 하는 것

③ 접목 시기에 따라 : 봄접, 여름접, 가을접

④ 접수의 재료에 따라 : 가지접, 눈접

⑤ 접목 방법에 따라 : 절접, 할접, 복접, 박접, 기접, 설접, 교접 등

2) 접목 방법

㉠ 절접법 : 접수는 충실한 눈을 2~3개 붙여서 6~9cm로 잘라 한쪽 변을 깎아내고 대목도 목질부를 약간 붙여 깎아서 **상호 형성층을 접목하는 방법**이다.(**감나무**, 각종과목류)

㉡ **할접법** : 대목의 단면을 직경 방향으로 쪼개고 접수를 쐐기 모양으로 깎아서 그 속에 끼워 상호 형성층을 맞춘다. 소나무류의 접목은 할접으로 한다.(**소나무류**)

㉢ **박접법** : 대목의 껍질을 약간 벗기고 그 사이에 조제한 접수를 끼워 접목하는 방법이다.(**밤나무**)

㉣ 합접법 : 대목과 접수의 크기가 같은 것을 골라 단면을 서로 비스듬히 깎아 붙여 접목하는 방법이다.

㉤ **설접법** : **대목과 접수의 크기가 같은 것**을 골라 그림과 같이 접목한다.(**호두나무**)

㉥ 복접법 : 대목의 줄기를 자르지 않고 줄기나 가지의 중간에 접목하는 것이다. 완전히 활착되면 접목된 위의 줄기를 잘라 낸다.(가문비나무, 각종 과목류)

㉦ 아접법 : 접수 대신에 눈을 따서 대목의 껍질을 벗겨 내고 끼워 붙이는 방법이다. 눈접의 이점으로는 적은 접수로도 많은 묘목을 얻을 수 있다. 한 대목에 여러 개의 눈접이 가능하므로 실패율이 적다. 생육기간 중 껍질이 벗겨질 때는 눈접을 할 수 있으므로 시기에 구애를 적게 받는다.(복숭아나무, 장미, 호두나무 등)

㉧ 교접법 : 나무줄기가 상처를 입어 수분과 양분의 통과가 어렵게 되었을 때 교접으로 상처의 상하부를 연결시켜 접목하는 방법이다.

㉨ 기접법 : 접목이 어려운 수종에 실시하는 방법이다.(단풍나무류)

㉫ 녹지접법 : 소나무류에 많이 이용하는 방법으로 순접법이라고 한다. 할접과 거의 같으며, 새순이 활발하게 생장을 시작한 4~5월경에 실시한다.

참고 접밀

- 식물체에 해가 없는 송진, 벌밀, 돼지기름, 아마인 기름 등을 섞어 만든 것
- 접목 부위에 칠해서 삭면 부근의 관계습도를 유지하고, 그 속에 병균 등이 침입을 막기 위해 사용

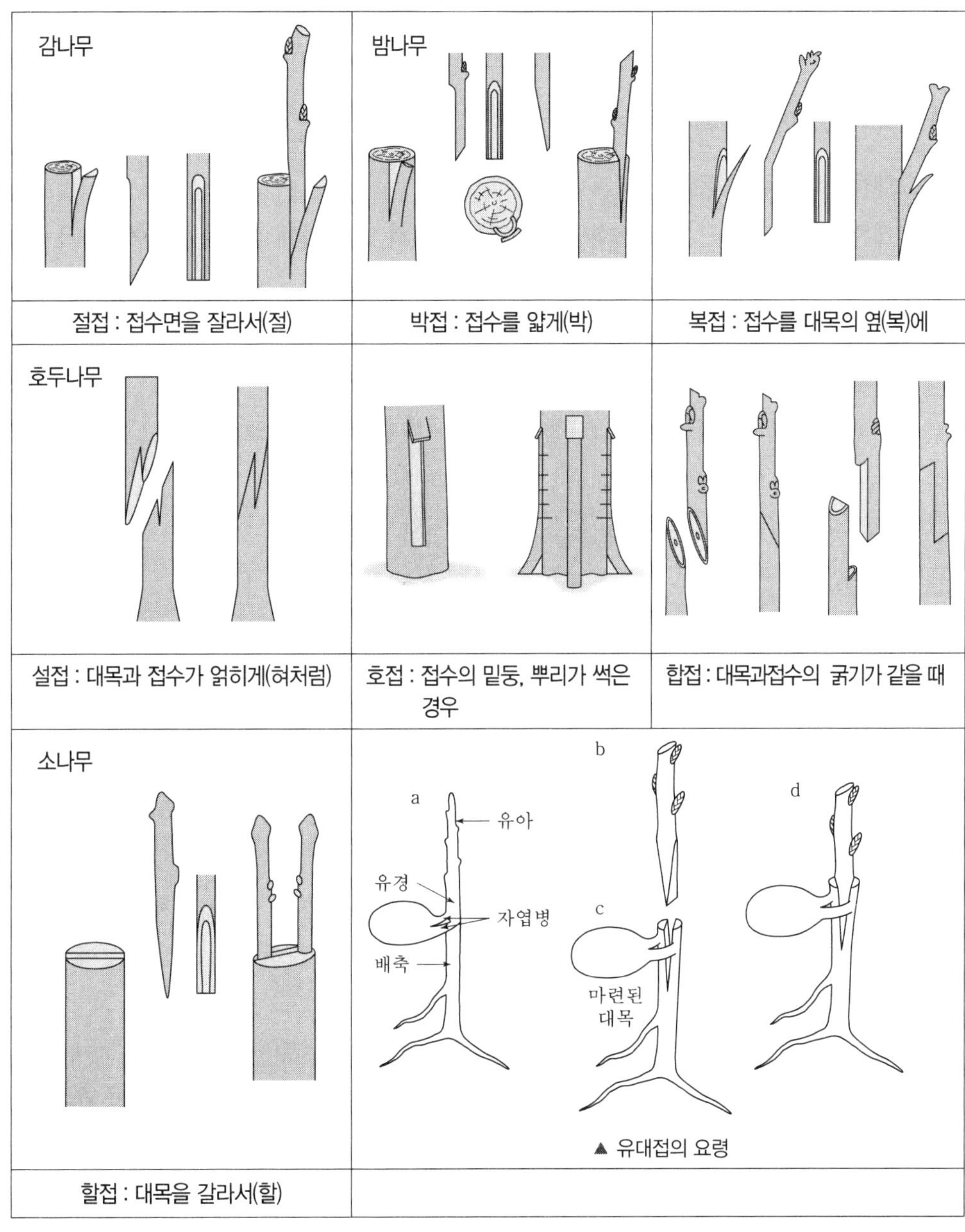

▲ 유대접의 요령

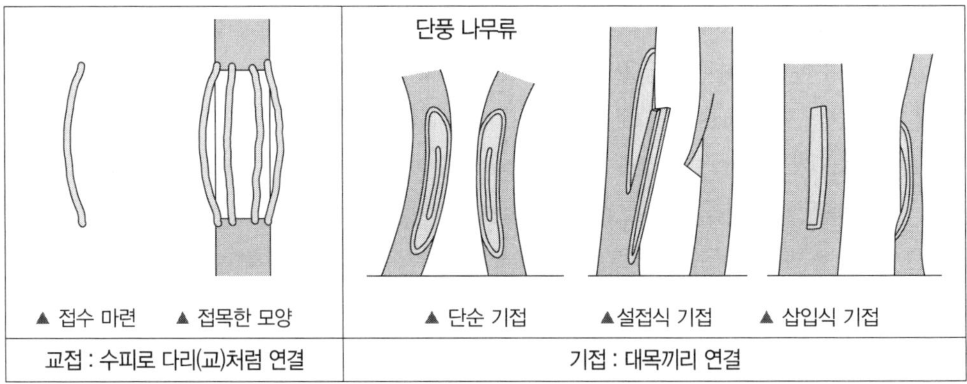

3) 접목의 접합에 영향을 미치는 요인

① 대목과 접수의 친화성

대목과 접수 사이의 **접목 불화합성은 접목이 전혀 안 되거나 접목률이 낮거나** 또는 접목된 뒤에 그것이 **정상 개체로서의 생활을 유지하지 못하게** 되므로 친화성이 가까운 것끼리 접목하도록 한다.

친화력이 적다는 증거는 다음과 같다.

㉠ 비슷한 접목 방법을 썼는데도 접목률이 낮거나 활착이 되지 않을 경우

㉡ 처음 접착은 되었지만 1~2년이 지나서 죽는 경우

㉢ 수세가 현저하게 약하거나 가을에 일찍 낙엽이 질 경우

㉣ 대목과 접수의 생장 속도에 차이가 심할 경우

② 수종의 특성

수종에 따라 접목이 소질적으로 잘 되고 못 되는 것이 있다. 호두나무류, 참나무류, 너도밤나무류 등은 어려운 편이고, 밤나무, 뽕나무, 포도나무, 밤나무류, 소나무류, 사과나무 등은 비교적 쉬운 편이다.

③ 온도와 습도

㉠ 온도 : 접착이 되려면 먼저 캘러스 조직이 발달해야 하는데, 그 **적온 범위는 20~30℃**이고, 5℃ 이하로는 그 형성이 어려우며, 32℃ 이상 되면 오히려 해롭고, 40℃에 이르면 세포가 죽게 된다.

㉡ 습도 : **접목 후 주변의 습도가 높게 유지되어야 한다.** 특히 잎을 단 접수가 사용되었을 때에는 높은 관계 습도가 요구된다. 그렇지만 **접목 부위에 물이 들어가서는 안 된다.**

④ 대목의 생활력

대목의 생리적 활동이 시작할 무렵에 접목하는 것이 좋은 성과를 준다. 호두나무처럼 대목의

생리가 너무 왕성해서 수액 분비가 심한 때에는 오히려 접착이 어려우므로 대목에 상처를 넣어 수액을 미리 배출시키고 접목한다.

⑤ 접목 기술과 재료

접목은 경험과 기술을 요한다. 그러나 각 조건을 알맞게 하고 주의해서 작업하면 높은 접목률을 얻을 수 있다. 좋은 기구와 재료를 사용한다는 것도 접목 성과에 큰 영향을 끼친다.

4) 접목의 장단점

① 장점

- **모수의 특성을 승계**한다.
- **개화 결실을 촉진**한다.
- 종자 결실이 되지 않는 수종의 번식법으로 알맞다.
- **수세를 조절**하고 **수형을 변화**시킬 수 있다.
- 병충해를 적게 한다.
- 특수한 풍토에 심고자 할 때 유리하다.

② 단점

- 접목의 기술적 문제가 수반되므로 숙련공이 필요하다.
- 접수와 대목 간의 생리관계를 알아야 한다.
- 좋은 대목의 양성과 접수의 보존 등이 어렵다.
- 일시에 많은 묘목을 양성할 수 없다.

③ 접목의 잇점

㉠ 클론 보존

- 모체의 유전성을 그대로 차대 개체에 계승
- 사과, 호두나무처럼 삽목 증식이 어려운 것

㉡ 대목효과

- 토양환경에 대한 적응성(대목) + 생산성(접수)
- 열매 생산, 화색 등에 이로운 영향
- 왜성 대목 : 왜성사과나무
- 이중접목 : 대목과 접수 사이에 또 하나의 수체 부분을 넣어 접목친화력이 없는 대목과 접수를 연결

㉢ 상처의 보철

- 상처 부분 접목으로 보철해서 생존
- 뿌리를 접해 줌으로써 수세를 회복

㉣ 바이러스 연구

- 병징이 없는 보균식물에 잠재해 있는 바이러스 존재를 알기 위해 병징을 잘 발현시키는 개체에 접목해서 규명

㉤ 개화, 결실 촉진

- 어린 대목일지라도 오래된 나무의 접수를 쓰면 실생묘보다 개화, 결실이 빨라진다.

④ 접목 조직의 유합

- 접목을 할 때는 접수와 대목의 삭면에 나타난 형성층이 서로 밀착해서 조직이 연결되도록 해야 한다.
- 대목과 접수의 삭면세포는 분열해서 유조직 세포를 만들고, 이들 세포가 서로 엉켜서 연결되고 캘러스 조직을 만든다.
- 대목과 접수 사이에 있는 캘러스 조직 중 특히 양쪽 형성층 사이에 놓인 것이 분화해서 형성층 세포로 되어 형성층 연결이 먼저 이루어진다.
- 새로 만들어진 형성층 세포군이 분화해서 목부세포와 관부세포를 만들고 접목 부위에 유합된다.

⑤ 접목의 영향인자

㉠ 접목친화성

- 접목불화합성 : 접목이 전혀 안되거나 접목률이 낮음 또는 접목된 뒤 생활이 안 된다.
- 유전자형(genotype)에 가까울수록 접목이 잘 된다.

㉡ 수종의 특성

- 접목 어려운 수종 : 호두, 참나무류, 너도밤
- 접목 쉬운 수종 : 밤, 뽕, 포도, 귤, 소나무, 사과

㉢ 온도

- 접목 부위가 잘 붙으려면 캘러스 조직이 발달해야 한다.
- **접목에 적합한 온도의 범위는 20~30℃이다.**
- 5℃에서는 캘러스 조직 형성이 어렵고, 32℃ 이상은 해롭다.
- 40℃ 이상에서는 세포가 죽게 된다.
- 5~32℃ 범위에서는 온도 상승과 캘러스 생산량은 거의 비례한다.
- 호두나무의 경우 25~30℃가 유지되어야 접목 부위가 잘 붙는다.

㉣ 습도

- 습도는 높게 유지되어야 한다. 특히 잎을 단 접수 사용 시 높은 관계습도가 요구된다.
- 그렇지만 접목 부위에 물이 스며들어가서는 안 된다.
- 산소는 캘러스 형성에 필요하므로 접목 부위를 왁스로 밀봉하는 것이 때로는 불리할 수 있다.

– 비닐 막으로 통기가 가능하도록 밀봉하는 것이 좋다.

ⓜ 대목의 생활력

– 대목의 생리적 활동이 시작할 무렵 접목하는 것이 좋다.

– 일비(溢泌)현상 : 호두나무처럼 대목의 생리가 너무 왕성해서 수액분비가 심한 현상

– 일비현상이 있을 경우 대목에 상처를 내어 수액을 미리 방출 후 접목한다.

– 건전한 대목이 접목에 좋은 성과를 낸다.

⑥ 유전적 소인과 접목 가능성

㉠ 동질적 접목 : 대목과 접수의 유전형이 같은 경우

㉡ 이질적 접목 : 대목과 접수의 유전형이 다른 경우

㉢ 동종 내 접목 : 종이 같을 때

㉣ 종간 접목(종이 다를 때) : 해송(대목) – 섬잣(접수), 목련(대목) – 백목련(접수)

㉤ 속간 접목 : 과는 같고 속이 다른 개체 간 : 탱자나무(대목) – 귤(접목)

㉥ 이질적 접목 : 종간 접목, 속간 접목, 과간 접목

㉦ 동종 내 접목이라도 개체변이가 있으면 원칙적으로는 이질적인 것이나 동종 내 접목으로 분류한다.

실력 확인 문제

탱자나무 대목에 귤을 접수로 사용하여 접목하는 것은 다음 중 어디에 해당하는가?

① 품종간 접목 ② 종간 접목

③ 속간 접목 ④ 과간 접목

해설

– 탱자나무(*Poncirus trifoliata*), 무환자나무목 운향과

– 귤나무(*Citrus unshiu*), 쥐손이풀목 운향과

– 탱자나무와 귤나무를 접목했다면 같은 과 안의 속간 접목에 해당한다.

정답 ③

2 삽목

삽목이란 나무의 가지, 잎, 눈의 일부를 절단해서 배양기(주로 흙) 안에 두어 하나의 완전한 개체로 양육시키는 방법을 말한다.

1) 삽목법(揷木法)의 종류

① 삽수 시기에 따라

㉠ 휴면지삽 : 나무가 생리적 활동을 시작하기 전, 이른 봄에 삽수를 채취하여 삽목하는 경우이다. 이때에는 지난해 또는 그 이전에 자란 가지가 이용된다.(포도나무, 포플러, 개나리, 플러터너스 등)

㉡ 녹지삽 : 나무의 생리적 활동이 진행 중에 있는 봄에 자라난 가지를 이용하는 방법이다.

㉢ 하기 휴면지삽 : 반숙지삽이라고도 하며, 6월 중·하순경 일단 조직이 굳어지고 생리적 활동이 어느 정도 수그러드는 가지를 따서 이용하는 방법이다.(동백나무, 사철나무, 레몬, 호랑가시나무 등)

㉣ 미숙지삽 : 연숙지삽이라고도 하며, 5~6월경 왕성한 생장을 계속하고 있는 가지를 따서 이용하는 방법이다.(벚나무, 라일락 등)

② 삽수를 조제하는 요령에 따라

㉠ 보통삽(普通揷) : 포플러류나 버즘나무에서 가지의 일부를 연결대와 같이 잘라서 꽂는 것으로 가장 많이 실시되고 있다.

㉡ 쪼개꽂이(할삽) : 삽수의 하단을 칼로 쪼개서 그 사이에 작은 돌 같은 것을 끼우는 방법으로, 수분의 흡수 면적을 더 넓게 한다는 데 목적이 있다.

㉢ 경단꽂이(경단삽) : 삽수의 하단에 찰흙으로 만든 경단 모양의 흙떡을 붙여주는 방법이다.

㉣ 발꿈치꽂이(종삽) : 삽수의 하단에 더 오래된 조직의 일부를 붙여주는 방법으로, 가령 1년생 향나무 곁가지를 손으로 내려 따면 그 아랫부분에 붙어 있던 원가지의 조직 일부가 붙게 된다. 이러한 삽수를 그대로 이용하면 발꿈치꽂이가 된다.

㉤ 곰배꽂이(t자삽) : 삽수의 하단에 더 오래된 가지의 일부를 t자형으로 붙여 주는 방법이다. 곰배 같은 모양이므로 곰배꽂이라고 한다.

③ 삽수를 꽂는 방법에 따라

㉠ 사삽 : 삽수를 땅 표면에 대하여 비스듬히 꽂는 방법

㉡ 수직삽 : 땅 표면에 대하여 직각, 즉 수직 방향으로 꽂는 방법

㉢ 곡삽 : 삽수를 굽혀서 묻는 방법

④ 삽수 재료에 따라

㉠ **근삽(뿌리꽂이) : 오동나무**

㉡ 지삽(가지꽂이) : 휴면지삽, 녹지삽

㉢ **엽속삽 : 소나무류**

㉣ 엽아삽 : 나무딸기

2) 삽수 과정

① 삽수의 조제

- 삽수를 얻을 큰 가지를 채집하여 헛간이나 작업실 안에서 삽수를 다듬는다.
- 삽수의 하단을 날카로운 칼로 45도 각도로 깎고, 삽수 아랫부분에 붙어 있는 잎과 가는 가지는 따낸다. 이것은 삽수의 지나친 수분 증산을 막기 위한 것이다. 그러나 잎을 너무 지나치게 따내면 발근에 지장을 준다.
- 상록 침엽수에서는 삽수의 길이가 15cm가량 되면 아래쪽 5~7cm의 길이에 붙어 있는 잎과 곁가지를 제거한다. 삼나무의 경우에는 보통 20~30cm의 것이 마련되고 있다. 이와 같이 하면 삽수의 아래쪽에는 2~3년생의 조직이 붙게 된다.

② 물에 채우기

- 삽수를 조제하고 나면 20~50개를 한 다발로 묶어 아랫부분을 물속에 잠기게 세워둔다.
- 3일 이상 담가두는 것은 해를 줄 수 있으며 잎은 물에 닿지 않도록 한다.

③ 발근 촉진처리

발근 촉진제로는 **인돌부틸산**(IBA), **인돌초산**(IAA), **나프탈린초산**(NAA) 등이 주로 쓰인다.

㉠ 분말 처리법 : 삽수의 밑부분에 만들어진 단변에 인돌부틸산이나 나프탈린초산의 가루를 묻혀 주는 방법이다. 분말 처리 때의 약의 농도는 1,000~3,000ppm이다.

㉡ 희석액 처리법 : 발근촉진제를 물에 녹여 삽수의 밑부분 1~2cm를 약물 속에 12~24시간 동안 세워두는 방법이다. 희석 처리할 때의 약의 농도는 20~100ppm의 농도가 많이 사용된다.

㉢ 농액 처리법 : 50%의 알코올에 1,000~5,000ppm의 농도로 녹여 만든 액에 삽수의 하단을 약 5초 동안 담갔다가 발근상에 꽂는 방법이다. 농도가 높으면 삽수에 약해가 발생하기 때문에 널리 사용되지 못하고 있다.

④ 꽂는 요령

- 삽목상에 괭이로 깊이 10cm 정도의 도랑을 파고 도랑의 밑바닥을 밟아 물기를 잘 받도록 한다.
- 이 도랑에 삽수가 수직이 되도록 아래쪽을 1~2cm 깊이로 땅 속에 꽂는다. 이때, 껍질이 벗겨지지 않도록 주의하며, 꽂은 후 이 부분을 눌러서 흙과 절구가 잘 밀착되도록 한다.
- 도랑 한 줄에 대하여 이러한 작업이 끝나면 흙을 넣고 가볍게 밟아 준 후 그 위에 다시 흙을 부드럽게 덮는다.

3) 삽수의 발근에 영향을 미치는 요인

삽목한 뒤에는 관수를 해서 상토를 안정시키고 흙과 삽수의 기부를 밀착시켜 건조를 피하도록 한다. 삽목한 뒤 1~2주일은 특히 관수에 유의해야 하며, 해가림을 해서 상면에 수분과 습기를 유지시키고 삽수의 증산을 억제하도록 한다.

① 수종의 유전성

삽목발근 난이도	수종
삽수 발근이 비교적 잘되는 수종	**향나무**, **주목**, 포플러류, 플라타너스, 개나리, 회양목, 꽝꽝나무, 사철나무, **동백나무**, **은행나무**, 버드나무류, **무궁화**, 진달래 종류, 찔레나무, 측백나무 등
삽수의 발근이 비교적 어려운 수종	전나무류, 가문비나무류, 삼나무, **편백나무**, 히말라야시다, **들메나무**, **느티나무**, **단풍나무** 등
삽수의 발근이 대단히 어려운 수종	**소나무류**, **밤나무**, **참나무류**, 자작나무류, 백합나무, 사시나무류, 오리나무류 등

② 모수(母樹)의 연령

- 어린 나무에서 딴 삽수는 발근이 잘 되지만, 늙은 나무에서 딴 것은 발근이 어렵다.
- 오래된 나무라도 줄기를 잘라 주변 그 곳에서 새로운 움가지가 많이 돋아 나오는데, 이러한 움가지는 더 높은 발근율을 나타낸다.

③ 삽수의 양분 조건

- 모수의 영양 상태가 좋을 때 딴 것은 발근이 더 잘 된다. 그리고 질소의 함량에 비하여 탄수화물의 함량이 더 많을 때 발근율이 높아진다. 그러므로 삽수를 따기 위하여 만든 채수원은 미리 비료를 알맞게 주어 그 곳에서 딴 삽수의 발근이 잘 되도록 해 준다.

④ 수관의 부위

- 삽수를 수관의 위쪽에서 따느냐 아래쪽에서 따느냐에 따라 발근율이 다르다.
- 전나무류, 소나무류 등은 수관의 아래쪽에서 따는 것이 좋다.

⑤ 가지의 부위

- 긴 가지에서 여러 개의 삽수를 딸 때 끝 쪽에서 딴 것과 중간 부위에서 딴 것은 발근상 차이가 있다,

⑥ 삽목 요령

- 삽목 시기, 삽목 방법의 종류에 따라 발근에 차이가 있다. 그리고 삽수의 발근을 돕는 호르몬의 사용도 관계된다.

⑦ 삽목 환경

- 삽목상의 재료는 습기를 가지면서도 공기를 잘 유통시키고 해로운 미생물이 없는 것이 좋다.

- 삽목을 한 곳은 습도를 높게 유지시켜 주는 것이 좋다.
- 삽목상의 온도는 주위의 기온보다 약간 더 높은 것이 좋으며, 보통 21℃의 온도를 유지시키는 것이 좋다.
- 삽목상에 광선을 많이 투입시키는 것이 좋기 때문에 야간 조명등을 설치하는 것이 좋다.
- 삽수가 발근하기 전 해로운 미생물의 침해를 받지 않도록 미리 살균제로 처리한다.

4) 삽목 방법

① 삽목 밀도

- 잎이 접촉될 정도, 상면이 약간 보일 정도로 꽂는다.
- 전열온상, 분무 관수시설이 구비되어 있으면 삽목 밀도를 높게 할 수 있다.
- **소나무 1m^2당 10~25본**
- 삼나무 25cm 삽수 1m^2당 60~100본
- 생장 빠른 것 1m^2당 10~25본 또는 열간 50cm 줄 꽂기
- 녹화용, 조경용, 화목류 : 1m^2당 50본 또는 200~300본

② 삽목 깊이

- 너무 깊으면 통기 부족으로 부패하고, 너무 얕으면 건조 피해를 입는다.
- 삽수 길이의 $\frac{1}{3}$~$\frac{2}{3}$ 가량이 땅속으로 들어가도록 한다.
- 5~15cm의 깊이에 기부 단면이 위치하도록 한다.
- 낙엽활엽수 : $\frac{2}{3}$ 정도가 땅속으로 들어가도록 한다.
- 기울어지게 꽂는 사삽은 발근한 삽목묘의 포장용적이 늘어나서 취급이 불편할 수 있다.
- 소나무는 짧은 삽수를 사용하고, 끝눈과 잎만 지상에 나타나도록 삽목한다.
- 근삽을 할 때는 뿌리가 지상에 노출되지 않고 상단부 지면 가까이 있도록 한다.

③ 삽목기구의 사용

- 삽수가 소형이면 상면에 구멍 뚫는 정도로 하고, 삽수가 대형이면 괭이로 도랑을 파고 도랑에 일정 간격으로 삽목한다.

④ 삽목 후 관리

- 삽목 후 관수로 상토를 안정시키고, 흙과 삽수 기부가 밀착되도록 한다.
- **삽목상은 건조가 되지 않도록 관리한다.**
- **삽목 후 1~2주일은 특히 관수에 유의한다.**
- **해가림으로 상면의 수분 유지, 삽수 증산을 억제한다.**

3 분주 및 취목 등 기타

취목은 모식물에 붙어 있는 가지에 뿌리를 나게 한 후 분리시켜 독립된 개체를 만들어 식물을 증식시키는 방법이다.

① 공중취목법

- **지상부에 있는 가지를 땅속에 묻지 않은 채 처리해서 발근을 시키는 방법이다.**
- 처리될 가지에 있어서 1cm 가량의 폭으로 수피를 환상으로 제거한 후 제거된 부분에 발근촉진제를 바르고, 물이끼 등 보습재로 감싼 후 비닐로 싸서 끈으로 묶는다.
- 뿌리가 나면 절단하여 묘목으로 사용한다. 소나무, 밤나무, 참나무와 같이 삽목발근이 어려운 수종을 번식시킬 수 있다.

② 압조법

- **모식물의 가지를 휘어 땅속에 묻어 뿌리가 나게 하여 독립된 개체를 만든다.**
- 가지의 끝부분은 땅 위로 올라오게 하고 중간 부분이 땅에 묻히도록 한다.
- 땅에 묻히는 부분은 가지의 껍질을 환상으로 벗기고 그곳에 발근촉진제를 바른다.

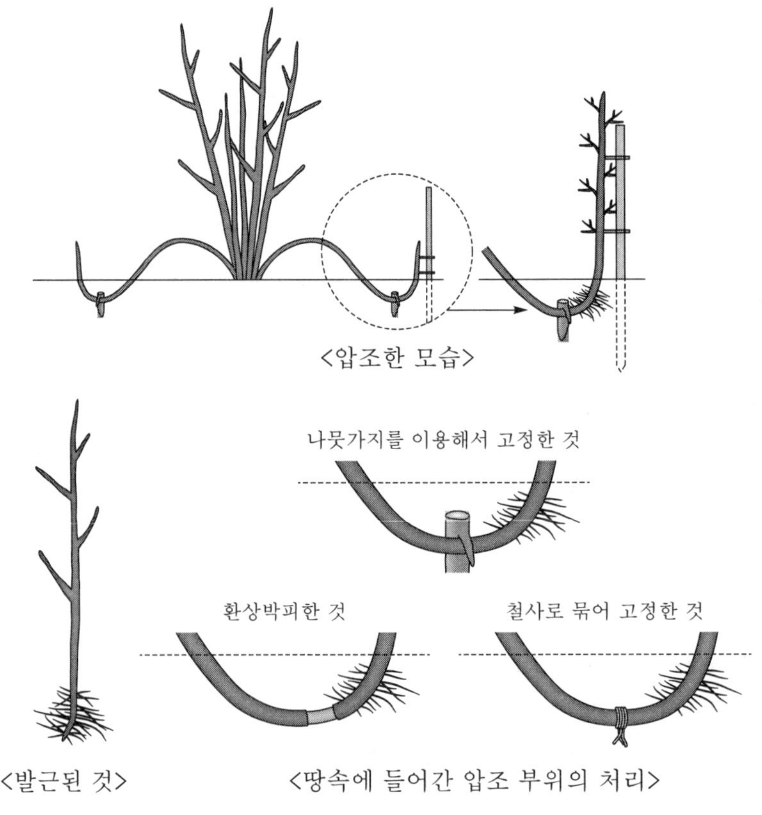

▲ 압조법 개념도

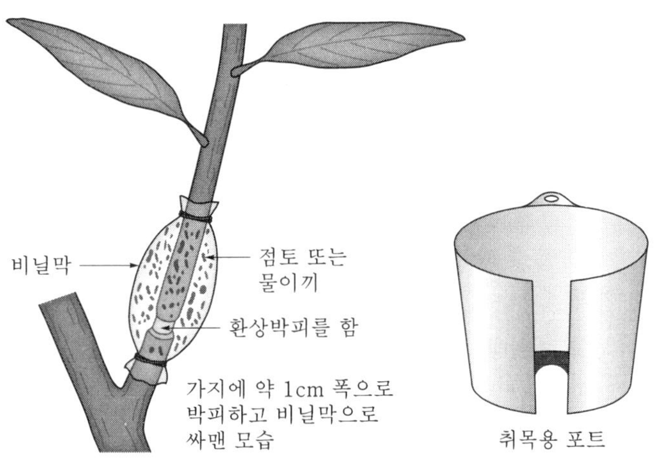

▲ 공중취목 요령

③ 분주법

- 포기나누기와 분주법은 같은 말이다.
- **분주법은 뿌리가 달려있는 포기를 나누어 개체를 얻는 방법이다.**
- 땅속으로부터 움이 돋아난 줄기를 적당한 크기로 잘라서 갈라 심는다.
- 관목류는 땅속에서부터 여러 개의 줄기가 올라와 포기로 자라고, 잔뿌리가 많으므로 갈라 심어도 쉽게 뿌리를 내린다.

▲ 분주법

section 4 용기묘 생산

1 용기 및 상토의 특성

① 용기의 재질

- 스티로폼 블록
- PE 비닐튜브
- 사출성형 플라스틱 용기
- 미생물에 의해 분해 가능한 유기소재 용기(종이포트, 지피포트)

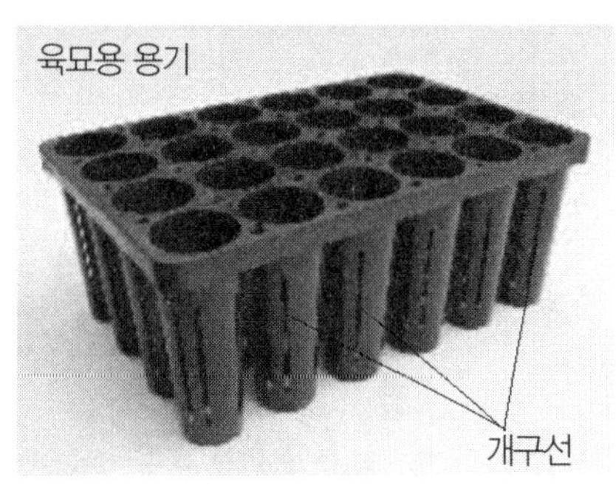

▲ 육묘용 용기와 (세로)개구선

② 용기의 규격

- 식재밀도, 수종, 생산목표규격, 생육기간에 따라 다양하다.
- 크기는 30cm^2~500cm^{2}까지 다양하다.(국내 : 침엽수 64cm^2, 활엽수 200~350cm^2 사용)
- 뿌리돌음 및 뿌리기형을 방지할 수 있는 크기 및 구조이어야 한다.

③ 용기의 형태

- 독립된 cell 형태
- 접는 책 또는 슬리브 형태
- 블록 형태

④ 배양토의 종류

- 유기질 : 피트모스, 부숙된 톱밥, 수피 등
- 비유기질 : 버미큘라이트, 펄라이트(진주석 재료), 모래 등

※ 이상적 배양토 : 경량, 다공질, 무균상태, 균일하고 값이 싼 재료

2 용기묘의 특성

① 용기묘의 특성

㉠ 생육기간이 짧다. : 환경을 나무의 생리조건에 맞출 수 있다.

㉡ 단위 면적당 생산량이 높다. : 최대 500m^2/ha

㉢ 특수지역 조기복원 녹화에 적합하다. : 온실 내 난방으로 연간 3회까지 생산 가능하다.

㉣ 조림 기간을 확장시킬 수 있다. : 산림 내 토양수분이 적절하면 가을까지 가능하다.

② 용기묘의 장점

- 양묘 시 기후, 입지 등의 영향을 받지 않으며 인력을 절감하고 생산기간을 단축할 수 있다.
- 운반 시 건조, 고사하는 등의 피해를 줄일 수 있다.
- 식재기간이 유동성 있으므로 노동력을 분산하여 운영할 수 있다.

③ 용기묘의 단점

- 묘목 운반에 많은 비용이 소요되고 식재비용도 일반 묘에 비하여 높다.
- 조림지에 대한 적응도가 낮아 조림에 실패할 우려가 있다.(냉상에서 적응기간을 거쳐야 한다.)

3 용기묘의 활용 방안

용기묘의 조림 시기는 연중 식재 가능하나 가급적 봄철(4~6월)과 가을철(10~11월)에 식재한다.

① 용기묘 조림 대상지

- 세근 발달이 좋지 않은 직근성 수종으로 조성하고자 하는 산림
- 경사지 등 일반 조림이 어려운 특수 지역의 산림

② 용기묘 식재 방법

- 바람을 막을 수 있는 차량을 이용하여 육묘판(育苗板) 채로 운반
- 조림 현장에 도착하면 육묘판을 나무 그늘에 보관
- 식재는 육묘판을 한 개씩 옆에 차고 한 본씩 식재
- 조림봉(造林棒)을 이용하여 분의 깊이와 동일하게 식혈(植穴)을 만들어 식재
- 조림봉으로 식재혈을 팔 수 없을 경우에는 조림괭이(혹은 조림용 삽)를 이용하여 식재
- 식재 후 묘목의 주위를 밟아서 눌러주면 분이 깨지므로 **묘목의 뿌리 주위를 밟지 않도록 하고, 식재목 약 3cm 밖에서 안쪽으로 발로 흙을 다진다.**

4 용기묘의 종류 등 기타

용기묘는 소나무, 참나무류, 백합나무, 느티나무, 박달나무 등의 유묘 배양에 사용되며, 바이오순환림의 조성 등 단기간에 많은 묘목을 생산할 때 사용된다. 용기묘는 봄부터 가을까지 식재가 가능하지만 주로 가을철 조림사업으로 추진되며, 백합나무의 경우 용기묘보다는 실생묘의 생장이 대체로 양호하다.

▲ 상수리나무 용기묘

① 소나무 용기묘의 생육환경 조절

- 비닐온실 온도는 15~30℃로 조절하고 광도 및 광주기는 자연 처리한다.
- 여름철부터는 한낮에도 외부의 온도가 30℃를 넘기 때문에 온실의 측창을 열고 환기팬을 가동하여 통풍을 시켜준다.
- 고온에 의한 용기묘의 피해를 피하기 위해 여름철부터는 차광망(광차단 30% 정도의 비음망)을 설치하고 수시로 실내관수를 실시한다.

② 월동관리

▲ 소나무 용기묘(산림생산기술연구소)

- 겨울철 월동관리는 중부와 남부지방에 따라 차이가 있으며, 중부지방에서는 용기를 1/3 정도 지면에 묻고 낙엽 등으로 피복하거나 방풍벽을 설치하여야 한다.
- 남부지방에서는 용기를 온실바닥이나 지면에 내려놓으면 된다.
- 겨울철 월동관리에서 특히 주의하여야 할 사항은 관수이다. 겨울철에는 용기묘에 최소한의 수분 공급이 필요하며 따라서 반드시 관수를 실시하여야 한다.
- 관수는 외부 환경조건에 따라 다르며 용기 내 상토의 수분조건을 고려하여 1~2주에 1회 이상 실시하여야 한다.

③ 경화처리

종자 파종 후 4개월간 육묘한 묘목을 야외에서 1개월간 이동하여 자연환경에서 잘 생육할 수 있게 적응시킨다. 이때 용기는 지면에 닿지 않는 용기설치대에 배치하며, 관수는 주 2~3회 정도 충분히 실시하고 시비는 하지 않는다.

section 5 묘목의 품질검사 및 규격

'종묘사업실시요령(산림청, 2015년 개정)'은 묘목 규격을 간장 대비 근원경의 비율인 H/D율의 기준을 제시하였다.

산림용 묘목규격의 측정기준은 다음과 같다.

① 간장 : 근원경에서 정아까지의 길이

② 근원경 : 포지에서 묘목 줄기가 지표면에 닿았던 부분의 최소 직경

③ **H/D율 : mm 단위의 근원경 대비 간장의 비율**

기타 묘목의 측정기준 중 근장은 2015년 개정에서 삭제되었다. 기타 기준으로 T/R률이 있다.

① 근장 : 근원부에서 주근, 측근 중 주된 뿌리 부분의 말단까지의 길이

② T/R율 : 지상부와 지하부의 무게 비율

종래에는 자와 디지털캘리퍼스를 이용하여 하나씩 묘목의 규격을 측정하였으나, 상기 기준에 맞도록 산림과학원에서 개발된 측정도구를 이용하여 간편하게 묘목의 기준을 검사할 수 있다.

▲ 산림과학원에서 개발한 묘목 규격 검사용 도구

1 검사 표본 추출

① 묘목 생산 대행자가 묘목검사를 받고자 할 때에는 생산된 묘목을 선별하여 **수종, 산지, 묘령별로 50,000본 단위로 모집단을 만들어야 한다.**

② 묘목검사원은 묘목이 가식 또는 선묘된 상태에서 검사 모집단의 묘목 품질을 우선 육안으로 확인하여 고사목, 병해충 피해목, 절간목 등 불량 묘목이 5%를 초과하지 아니할 경우 검사를 실시한다.

③ 묘목검사원은 모집단의 총 속수검사를 실시한 후 모집단별로 500본에 해당하는 속을 임의로 추출하며, 모집단이 50,000본 이하인 경우에는 1%에 해당하는 묘목을 추출하여 수량검사 및 품질검사를 다음 각 호와 같이 실시하여야 한다. 다만 산지 확인이 안된 묘목은 검사대상에서 제외한다.

2 검사 방법

① 수량검사는 추출한 묘목의 실제 본수를 검사 후 표본 기준본수로 나누어 실제 비율로 산출한다.

② 품질검사는 추출된 묘목의 간장, 근원경을 계측하고 규격 미달묘, 병충해묘, 연약한묘, 굴곡묘, 동·상해묘 및 형질불량묘(뿌리 충실도 포함) 등의 불합격 묘목을 가려낸 후 합격묘 본수의 비율이 표본 실제 본수의 95% 이상되어야 한다.

3 검사 결과의 응용 등 기타

1) 묘목품질 조사 결과

① 육안조사 결과 또는 품질검사 결과 불합격 묘목이 5%를 초과한 때에는 그 모집단을 불합격 묘목으로 판정한다.

② 검사한 묘목을 포장할 때에는 큰 묘와 작은 묘로 구분하고 묘목의 건조방지재료(물수세미, 화학포장보습제 및 이끼류를 말한다)를 넣고 포장하여야 한다. 다만, 묘목의 건조방지제로서 물수세미를 사용하고자 할 때에는 곤포당 4kg 이상의 짚을 1개월 이상 물에 담근 후에 사용하여야 한다.

③ 묘목검사원은 검사 결과 합격한 묘목을 완전히 포장하게 하며 부득이한 사정으로 포장 시에 입회하지 못하였을 때에는 총 곤포수의 5%를 풀어서 확인할 수 있다.

2) 산림용 묘목 규격표

수종	형태	묘령	간장		근원경	적용 H/D율	비고
			최소	최대			
			cm 이상	cm 이하	mm 이상	% 이하	
백합나무	노지묘	1-0	-	-	8	-	
		1-1	-	-	9	-	
	용기묘	1-0	36	45	5	120	
벽오동	노지묘	1-0	11	20	4	40	
		1-1	44	66	7	100	
복자기	노지묘	1-0	19	33	3	100	
		1-1	24	44	4	100	
분비나무	노지묘	3-1	18	30	5	60	
		3-2	22	40	7	50	
비자나무	노지묘	2-1	22	35	4	90	
사방오리	노지묘	1-0	18	35	5	60	
사스래나무	노지묘	1-0	11	20	2	90	
		1-1	35	55	5	110	
산딸나무	노지묘	1-0	35	52	4	140	
		1-1	44	75	5	140	

산벚나무	노지묘	1-0	28	50	4	110	
산수유	노지묘	1-1	58	90	6	150	
살구나무	접목묘	g1/2	50	80	6	130	
삼나무	노지묘	1-1	27	45	5	90	
상수리나무	노지묘	1-0	28	45	5	90	
		1-1	39	63	7	90	
	용기묘	1-0	25	45	3	130	
소나무	노지묘	1-1	16	26	5	50	
		1-1-2	40	64	11	60	분뜨기 18cm × 18cm 이상
	용기묘	2-0	25	44	4	100	
		2-2	54	80	8	110	
수원포플러	삽목묘	c1/1	–	–	11	–	
스트로브잣나무	노지묘	1-2	23	42	6	60	
		1-2-3	51	75	10	80	분뜨기 18cm × 18cm 이상
신갈나무	노지묘	1-0	26	40	3	140	
		1-1	37	55	5	120	
아까시나무	노지묘	1-0	35	55	5	110	근류균괴가 부착되어야 함
양황철나무	삽목묘	c1/1	–	–	12	–	
오동나무	노지묘	1-0	50	80	10	80	

– '적용 H/D율'은 검사 대상 묘목이 최대 간장기준 이상일 경우 적용

3) 묘목의 연령 표시 방법

① 실생묘의 연령표시법

처음 숫자는 파종상에서 보낸 연수, 뒤의 숫자는 판갈이상에서 보낸 연수

예 ㉠ 1−0묘 : 이 묘목은 판갈이 하지 않은 1년생의 실생묘

㉡ **1−1묘 : 파종상에서 1년, 이식되어 1년을 경과한 만 2년생의 묘목**

㉢ 2−0묘 : 이식된 사실이 없고, 파종상에서 그대로 2년을 지낸 만 2년생 묘목

㉣ 2−1묘 : 파종상에서 2년 이식되어 1년을 지낸 만 3년생 묘목

㉤ 2−1−1묘 : 파종상에서 2년, 이식상에서 1년, 다시 판갈이 되어 1년을 지낸 4년생 묘목

② 삽목묘의 연령표시법

분모는 뿌리의 연령, 분자는 줄기의 연령

예 ㉠ 0/0묘 : 뿌리도 없고, 줄기도 없는 것, 즉 삽수

㉡ 0/1묘 : 뿌리의 연령 1년, 그리고 지상부를 절단한 것

㉢ 1/1묘 : 삽수를 꽂아 그 해 가을이 되어 1년생의 뿌리와 1년생의 줄기를 가진 묘목

㉣ 1/2묘 : 뿌리가 2년, 줄기가 1년생인 삽목묘

㉤ 0/2묘 : 뿌리의 나이가 2년, 그리고 줄기가 절단되어서 없는 것

③ 접목묘의 연령표시법

예 g1/2 : 접수 1년생, 대목 2년생 접목 묘목

4) T/R률

묘목의 지상부와 지하부와의 중량 비율, 뿌리중량으로 지상중량을 나눈 것으로 T/R율 값이 적을수록 활착률이 좋다. 즉, 뿌리의 중량이 높을수록 잘 산다.

예 ㉠ 리기다소나무 1－0묘 → T/R율 3.5 이하

㉡ 1－1묘 → 3.0 이하가 좋다.

section 6 묘목의 식재

묘목이 모표장에서 식재될 때가지의 작업과정

- 굴취 : 묘목의 수확, 묘목 캐기
- 선묘 : 건전한 묘목을 골라 크기에 따라 규격별로 분류하는 과정
- 곤포 : 선묘한 묘목을 조림지까지 운반하기 쉽게 포장하는 과정
- 수송 : 묘목을 조림지로 옮기는 과정
- 가식 : 묘목을 임지에 임시로 심기, 건조 피해 방지 등

1 굴취 및 포장

1) 묘목굴취

묘목굴취는 기계굴취기를 사용하여 굴취하며, 가능한 한 가식기간을 줄이기 위하여 다음날 산출할 양만큼 또는 옮겨 심을 양만큼 굴취한다.

① 굴취 시기

- 묘목은 가을에 굴취해서 이듬해 봄 식재할 때까지 가식하거나 냉장할 수 있으나, 식재하기 전 봄에 굴취하는 것이 가장 좋다.
- 낙엽수는 생장이 끝나고 낙엽이 완료된 후(11월~12월)에 굴취한다.
- **상록성 수종은 봄에 굴취**하고, **낙엽성 활엽수는 가을에 굴취**하여 가식한 상태로 월동시키는 수종이 많다. 상록성 수종은 겨울에도 잎을 통해 증산작용을 하기 때문에 가을에 굴취하면 말라죽을 수 있기 때문에 봄에 굴취한다.

② 굴취 방법

- 묘목을 캘 때에는 뿌리에 상처를 주지 않도록 주의한다.
- 포지에 어느 정도의 습기가 있을 때 캐면 뿌리의 손상도 적고, 작업하기도 쉬우며, 묘목의 건조도 감소시킬 수 있다.
- **비가 오는 날, 바람이 많이 부는 날, 잎의 이슬이 마르지 않은 새벽에는 굴취하지 않는다.**
- 묘목을 캘 때에는 먼저 기구로 흙을 들추어 부드럽게 해놓고 그 뒤에 묘목을 올린다.
- 캐낸 묘목의 건조를 막기 위하여 축축한 거적으로 덮어 선묘할 때까지 보호한다.
- 묘포에 도랑을 파서 일시 가식하기도 한다.
- 굴취기구는 예리한 것을 사용하며 가급적 깊이 파고 뿌리가 상하지 않도록 하며 비바람이 심할 때에는 작업을 피한다.

2) 선묘

① 정의 : 굴취한 묘목을 묘목의 규격에 따라 나누는 것

② 선묘의 기준 : 묘고, 뿌리의 길이, 근원직경, 가지의 발달, 상처의 유무, 병해의 유무, 묘목 고유의 색깔, 묘형 등

③ 선묘 방법

- 선묘는 실내 또는 천막 안에서 실시하여 묘목의 건조를 최대한 방지한다.
- 눈금을 새긴 선묘대를 사용하면 묘목의 크기를 쉽게 알 수 있다.
- 선묘가 끝나면 다발로 묶는다.
- 다발로 묶은 것은 가식해 두거나 또는 곤포해서 심을 곳으로 수송하거나 냉암소에 보관한다.
- 묘목 고르기 작업은 각 수종별 규격에 대하여 합격 및 불합격으로 구분하고 합격묘에 대해서는 간장의 크기에 따라 대, 중, 소로 구분한다.

3) 곤포

묘목을 식재지까지 운반하려면 알맞은 크기로 곤포해야 한다. 곤포 재료는 거적, 비닐주머니, 비닐막 등 여러 가지가 있으며 묘목의 뿌리를 물이끼, 잘 처리된 물수세미, 흡수성 수지 등 보습제로 싸고 비닐주머니 등으로 싸서 꾸러미로 만든다.

[곤포당 및 속당 묘목 본수표]

수종	형태	묘령	곤포당		속당본수	비고
			본수(본)	속수(속)		
가래나무	노지묘	1-0	500	25	20	
가문비나무	노지묘	3-1	500	25	20	
		3-2	400	20	20	
거제수나무	노지묘	1-0	500	25	20	
		1-1	500	25	20	
	용기묘	1-0	100	-	-	
고로쇠나무	노지묘	1-0	500	25	20	
		1-1	500	25	20	
곰솔(해송)	노지묘	1-1	500	25	20	
	용기묘	2-0	100	-	-	
소나무	노지묘	1-1	**500**	**25**	**20**	
		1-1-2	분	뜨	기	
	용기묘	2-0	100	-	-	
		2-2	10	-	-	
낙엽송	노지묘	1-1	**500**	**25**	**20**	
	용기묘	2-0	100	-	-	
느릅나무	노지묘	1-0	1000	50	20	

실력 확인 문제

소나무 1-1년생 곤포가 다섯 개 있다. 모두 몇 속인가?

해설

$$\frac{2{,}500\text{본}}{\text{속당 }20\text{본}} = 125\text{속}$$

정답 125속

2 운반 및 가식

1) 운반

① 대수송 : 포지에서 식재지까지 운반되어 가식한다.

② 소수송 : 식재 현장까지의 운반한다.

2) 가식

① 묘목을 심기 전 일시적으로 도랑을 파서 그 안에 뿌리를 묻어 건조를 방지하고 생기를 회복시키는 작업을 가식이라고 한다.

② 묘목을 굴취할 당시 선묘 이전에 있어서 한때 포지의 한 곳에 가식하는 일도 있고, 조림지의 환경에 순응시키기 위하여 가식하는 일도 있다.

③ 1~2개월 정도 장기간 가식하고자 할 때에는 묘목을 다발에서 풀어 묘목을 바로 세워 도랑에 한 줄로 세우고 충분한 양의 흙으로 뿌리를 묻은 다음 관수를 한다.

④ 한풍해가 우려되는 경우에는 묘목의 정부가 바람과 반대 방향이 되도록 누여서 묻는다.

⑤ 단시일 가식하고자 할 때에는 묘목을 다발 채로 비스듬히 누여서 뿌리를 묻는다.

⑥ 산지가식은 조림지 최근거리에 한다.

⑦ 추기가식은 배수가 좋고 북풍을 막는 남향의 사양토 또는 식양토에 하고, 춘기가식은 건조한 바람과 직사광선을 막는 동북향의 서늘한 곳에 한다.

⑧ **봄철 가식**은 줄기 끝이 **북쪽**을 향하게 하고, **가을철 가식**은 줄기 끝이 **남쪽**을 향하게 한다.

3 식재 등 기타

1) 식재지 준비

식재지에는 잡초, 덩굴식물, 산죽, 관목, 나뭇가지, 미목 등이 있어서 식재에 방해가 되므로 이러한 것을 제거하는 준비작업이 필요하다. 식재지 준비작업을 지존작업이라고 한다.

가) 지존작업의 방법

① 벌채법(쳐내기법) : 낫, 손도끼, 톱, 동력식 톱을 이용하여 쳐내는 방법

㉠ 전예법(전면깎기)

㉡ 조예법(줄깎기)

- 종조예법 : 산허리에서 아래쪽을 향하여 쳐 내리는 방법
- 횡조예법 : 산의 경사면의 등고선 방향으로 실시하는 방법

② 화입법 : 소각이 가능할 때 불을 놓아 처리하는 방법으로 거의 사용하지 않는다.

③ 약제처리법

㉠ 글라신액제(근사미) : 비선택성, 칡고살제 등, 아카시

㉡ 핵사지논입제(솔솔) : 선택성(소나무는 해가 없고, 활엽수는 고사시킴)

㉢ 디캄바액제(반벨) : 잔디용 제초제(나무에 피해를 준다. 칡고살제)

2) 식재밀도

단위 면적(ha) 당 식재본수를 식재밀도(본/ha)라고 한다. 식재밀도는 경영 목표와 입지조건, 수종, 묘령 등에 따라 결정되며, 임분의 구조와 식재밀도에 영향을 주는 요인들을 살펴서 적정한 밀도를 결정할 수 있다.

가) 식재밀도의 영향 ★★★

① 밀도는 수고성장보다 직경성장에 더 영향을 끼치며, 그 결과 단목의 재적성장이 달라진다. 즉, 소식할수록 흉고직경이 커지고, 단목재적이 빨리 증가된다.

② **밀도가 높으면 지름은 가늘지만 완만재가 되고, 소식시키면 초살형이 된다.**

③ 밀도가 높을수록 총생산량 중 가지가 차지하는 비율이 낮아지고 간재적의 점유 비율이 높아진다.

④ 밀식상태에는 가지와 마디가 적은 목재가 생산된다.

⑤ 밀도가 지나치게 높은 임분에 있어서는 단목의 생활력이 약해지고 임분의 안정성이 감소된다.

나) 주요 수종의 식재밀도(본/ha)

① 전나무, 가문비 : 3,000~4,000그루

② **소나무, 해송, 잣나무 : 2,500~3,000그루**

③ 참나무류 : 2,500그루

④ 이깔나무류 : 2,000~2,500그루

⑤ 옻나무 : 2,000그루

⑥ **낙엽송 : 1,500~2,000그루**

⑦ 오동나무 : 500그루

다) 밀식의 장단점

① 장점

㉠ 수관의 울폐가 빨리 와서 임지의 침식과 건조를 방지하여 개벌에 의한 지력의 감퇴를 줄이고, 밑깎기 작업을 단축하며, 곁가지가 일찍 말라 떨어져 임목의 형질을 높이고,

가지치기의 비용을 줄이고, 개체 간의 경쟁으로 연륜 폭이 균일하게 되어 고급재를 생산할 수 있다.

㉡ 제벌 및 간벌에 있어서 선목의 여유가 있으므로 우량 임분으로 유도할 수 있다.

㉢ 간벌수입이 기대된다.

② 단점

㉠ 밀식을 하면 묘목대 및 식재 비용이 늘어난다.

㉡ 식재 초기에 많은 노동력이 요구되고, 조림 비용이 더 소요된다.

㉢ 밀식한 임분은 줄기가 가늘고, 근계발달이 약해져서 풍해, 설해 등을 입기 쉽다.

라) 식재밀도에 영향을 미치는 인자

① 소경재 생산을 목표로 할 때에는 그렇지 않을 때에 비하여 밀식한다.

② 교통이 불편한 오지림의 경우에는 목재의 운반이 어려우므로 소식한다.

③ 땅이 비옥하면 성장속도가 빠르므로 소식하고, 지력이 좋지 못한 곳에서는 빠른 울폐를 기대해서 밀식하여 지력을 돕는다.

④ 일반적으로 양수는 소식하고 음수는 밀식한다.

⑤ 느티나무처럼 굵은 가지를 내고, 줄기가 굽는 경향이 있는 활엽수와 소나무, 해송 등은 밀식한다.

⑥ 소나무처럼 피해를 잘 받는 수종은 밀식해서 건전목이 남을 수 있는 여유를 준다.

⑦ 산림소유자의 경제 사정이 넉넉지 못할 때에는 소식한다.

⑧ 낙엽송은 양수이고 어릴 때 자람이 빠르며, 밀식하면 가지가 잘 고사해서 성장이 나빠지고, 낙엽병에 걸리므로 소식한다.

⑨ 소나무는 양수이므로 소식을 하면 굵은 측지가 발달하고, 밀식을 하면 수고, 지하고 등이 높아져서 좋은 형질의 임분이 만들어진다.

3) 묘목식재의 실행

가) 식재 시기

① 건조하고 찬바람이 부는 지방 → 봄식재

② 겨울에 기온이 따뜻하거나 강설이 많은 지방 → 가을식재

③ 우리나라 봄식재 적기 → 남부(2~3월), 북부(4~5월)

④ 낙엽송, 낙엽활엽 수종 등과 같이 눈이 빨리 트는 수종은 다른 수종에 앞서 이른 봄에 땅이 녹으면 곧 식재한다.

나) 식재망

① 정사각형 식재

묘목 사이의 간격과 줄 사이의 간격이 같은 것으로, 가장 많이 쓰이고 있는 방법이다.

$$N = \frac{A}{a^2}$$

- N : 식재할 묘목수
- A : 조림지 면적
- a : 묘목 사이의 거리

② 정삼각형 식재

- 정삼각형의 정점에 심는 것. 묘목 사이의 거리가 같게 유지된다.
- 단위 면적당 많은 묘목을 심을 수 있으며, 기상적 재해에 저항성 있는 임분구조로 된다.

$$N = \frac{A}{a^2 \times 0.866}$$

$$N = 1.155 \times \frac{A}{a^2}$$

③ 직사각형 식재 (장방형 식재)

- 열간에 비하여 묘목 사이의 거리가 더 긴 것
- 만일 묘목 사이의 거리가 짧고 열간이 더 길면 이것을 열식이라고 한다.

$$N = \frac{A}{a \times b}$$

- N : 식재할 묘목수
- A : 조림지 면적
- a : 묘목 사이의 거리
- b : 열간거리

④ 이중장방형 식재

$$N = \frac{2A}{a^2}$$

다) 식재 방법

① 일반법

- 먼저 땅 표면을 정리한다.
- 뿌리는 가려내고 흙덩이는 잘게 부순다.
- 이와 같이 한 후에 구덩이를 파는데, 구덩이의 깊이와 너비는 묘목의 뿌리보다 훨씬 더 크게 한다.
- 묘목의 뿌리를 구덩이 속에 넣을 때 뿌리를 고루 펴서 굽는 일이 없도록 한다.
- 흙이 70% 가량 채워지면 묘목의 끝쪽을 쥐고 약간 위로 잡아 올리면서 뿌리를 자연스럽게 편다.
- 나머지 흙을 채우고 발로 밟아 준다.
- 그 위에 낙엽과 유기물 등을 덮어 땅의 건조를 막아준다.

② 특수식재법(봉우리식재법)

- **천근성이며 측근이 잘 발달하는 가문비나무 등의 묘목**에 알맞다.

③ 치식

- 습**지로서 배수가 불량한 곳, 석력이 많아서 구덩이를 파기 어려운 곳에 적용**한다.
- 구덩이를 파는 대신에 지표면에 흙을 모아 심는 방법이다.

라) 시비

- 묘목식재를 전후해서 비료를 준다.
- 묘목으로부터 20~30cm 떨어진 곳에 3~4개의 구멍을 뚫거나 원형, 반원형의 도랑을 파서 준다.

> **참고** 고형비료
>
> 질소, 인산, 칼리를 12:16:4의 비율로 함유. 1개의 무게는 약 15g이고 사용하기 편리하며 비효가 오래간다.

- 소나무, 해송, 낙엽송, 잣나무 등 장기 수종 : 2개
- 포플러, 오동나무 등 속성 수종 : 6개
- 아카시 같은 연료 수종 : 2개

마) 보식

- 식재된 묘목은 1~2년이 지나게 되면 일부가 고사하는데, 이러한 고사목을 보충해서 묘목을 심는 것이다.

- 고사율은 수종에 따라 다르나, 일반적으로 10~20%이다.
- **고사율이 20% 이상일 때 보식한다.**
- 일반적으로 보식은 다음 해 봄에 실시하며, 신식 때 심은 것보다 1~2년 더 많은 묘령의 것으로 심는다.

바) 인공림의 식재조림

① 대상지

- 경제 수종을 대상으로 대량생산을 목적으로 하는 산림
- 천연갱신이 곤란한 벌채지 및 미립목지(未立木地)
- 토사 유출, 풍해위험지역 등에 특수 수종을 식재하여 재해를 예방하고자 하는 산림
- 파종 또는 용기묘로 조림한 경우 생육에 지장을 받을 수 있는 산림

② 식재목 배열

㉠ 정방형 식재는 수종에 따라 다음과 같이 심되, 식재목의 크기 등 여건에 따라 조정한다.

- ha당 5,000본 식재 시 1.4m 간격으로 식재
- ha당 3,000본 식재 시 1.8m 간격으로 식재

㉡ 군상식재는 인력 절감, 작업의 편의성을 위해 다음과 같은 방법으로 식재할 수 있다.

- 3본 군상식재는 식재목 간 거리를 0.6m로 하고 식재군 간 거리는 3.3m × 3.0m로 식재
- 5본 군상식재는 식재목 간 거리를 1.2m로 하고 식재군 간 거리는 4.1m로 식재
- 2열 부분밀식은 식재목 간 거리를 1m로 하고 식재군 간 거리는 6.6m로 식재

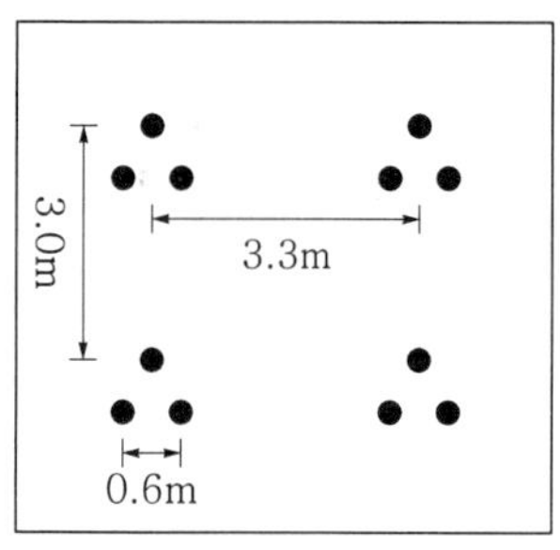

▲ 3본 군상식재

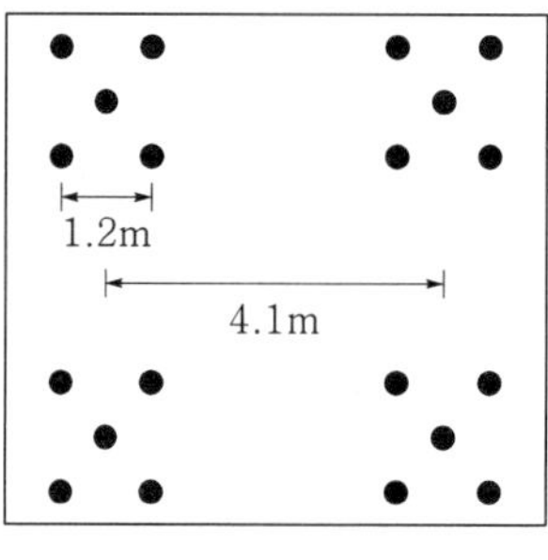

▲ 5본 군상식재

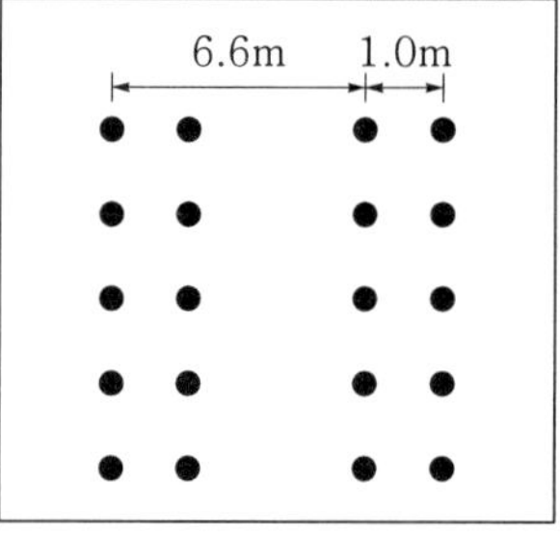

▲ 2열 부분밀식

③ 식재 시기

㉠ 봄철과 가을철에 식재할 수 있으나 가급적 봄철에 식재한다.

- 온대남부 : 2월 하순~3월 중순, 10월 하순~11월 중순

- 온대중부 : 3월 중순~4월 상순, 10월 중순~11월 상순
- 고산 및 온대북부 : 3월 하순~4월 하순, 9월 하순~10월 중순

㉡ 적설량이 적은 지방이나 바람이 심한 지역에서는 가을식재를 지양한다.

㉢ 적설량이 많은 지방에서는 노동력의 배분 등을 감안하여 가을식재가 가능하다.

사) 파종조림

① 대상지

- 발아가 잘되는 수종, 식재조림 시 활착률(活着率)이 저조한 수종으로 식재조림이 어려운 급경사지 등 특수지역의 산림
- **소나무**, **해송** 등 침엽 수종 또는 **가래나무**, **밤나무**, 상수리나무, 굴참나무, 졸참나무, 갈참나무, 신갈나무 등 활엽 수종으로 조성하고자 하는 산림

② 파종 시기

- 봄철 파종은 중부지방 4월 상순, 남부지방 3월 하순에 파종한다.
- 가을철 파종은 10~11월에 실시한다.

③ 파종 방법

- 지름 50~60cm 크기로 지피물을 제거한다.
- 중앙에 지름 30~40cm 크기로 토양을 경운하여 돌이나 잡초목의 뿌리 등을 제거한다.
- 10cm 높이로 상을 만들어 수종에 따라 2~10립씩 파종 후 종자 지름의 2~3배가량 복토한다.

CHAPTER

5 수목의 생리, 생태

section 1 수목의 생장

수목은 유형기에서 성숙기로 성장하면서 모두 영양생장과 생식생장을 하는데, 생식생장(reproductive growth)과 영양생장(vegetative growth)은 에너지를 소비하는 과정이기 때문에 모두 할 수는 없다. 비료를 준 시기처럼 에너지와 양분이 충분하다면 영양생장과 생식생장이 동시에 촉진된다. 보통의 수목은 어느 시기에는 영양생장을 하게 되고 특정한 시기에 생식생장을 하게 된다. 이렇게 입목이 유형기에서 생리적 성숙기에 도달하여 개화하고, 다시 종자가 발아를 시작할 때까지의 기간 중에 나타나는 변화과정을 생식환이라고 한다.

생식환을 간단하게 요약하면 아래와 같다.

발아 → 생육기간 → 성적 성숙 → 화아 형성 발달 → 수분과 수정 → 종자 발달 → 종자 성숙, 전파 → 종자 발아와 후면

1 영양생장

① 수목이 외형적으로 높이 자라거나, 직경이 커지는 것, 잎의 크기가 커지는 것을 영양생장이라고 한다.

② 영양생장은 세포 수가 늘어나거나, 세포의 크기가 커지는 것을 의미한다.

③ 정단분열조직과 측방분열조직이 세포 분열을 계속하는 것을 영양생장이라고 할 수 있다.

2 생식생장 등 기타

① 생식생장을 할 때는 식물이 영양생장을 억제하는 현상을 과수에서는 흔하게 볼 수 있다.

② 사과나무의 경우 꽃이 피었는데 그 꽃을 모두 제거하면 새 가지, 줄기, 뿌리의 생장이 촉진되며, 잎의 크기가 커진다.

③ **생식생장은 화아의 원기가 형성되고, 개화를 하고, 수분과 수정이 일어나는 과정을 말한다.**

3 수목의 구성

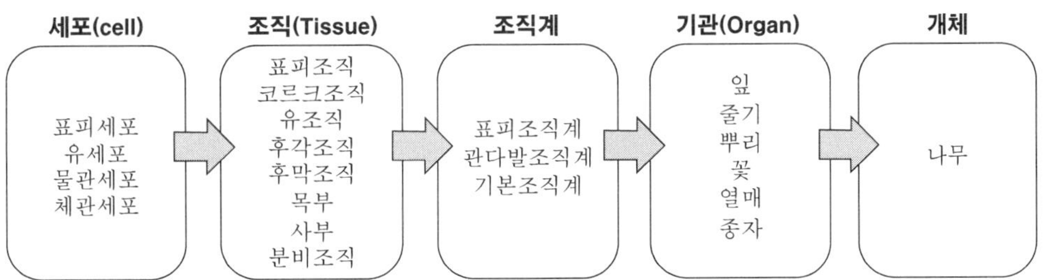

① 세포 : 세포질을 둘러싸고 있는 세포막과 세포막 바깥쪽을 덮고 있는 세포벽으로 분리된 모든 생물의 형태적, 기능적 단위이다.

② 조직 : 동일한 유형의 세포(cell)가 모여 수목의 각 기관에서 일정한 기능을 수행하는 단위이다.

③ 조직계 : 비슷한 조직이 모여 서로 유기적 관계를 이루며 일정한 형태와 기능을 수행하는 단위로 식물에서만 나타난다.

④ 기관 : 동일한 유형의 조직이 모여 수목 내에서 서로 다른 목적을 수행하는 단위이다.

4 식물세포의 특징

세포 안에서 엽록체, 미토콘드리아, 핵이 막의 구조로 분리되어 있고, 고유한 DNA를 가진다.

식물세포	공통	동물세포
• 엽록체 : 광합성 작용 **• 세포벽 : 섬유소+리그닌**	• 핵 : 유전자를 가진다. • 미토콘드리아 : 소화 기능을 한다. • 세포막 : 선택적 투과를 한다. • 소포체, 리소좀, 골지체, 리보좀, 액포 등의 세포 내 소기관이 있다.	**중심체**
식물세포에만 있다.		동물세포에만 있다.

가) 엽록체

① 광합성이 이루어지는 장소

② 초록색을 띠는 작은 알갱이 모양

③ 식물 잎 구성하는 세포에 들어 있다.

④ 구성

- 외막+내막의 이중막
- 틸라코이드(thylakoid) : 내막 안쪽 동전 모양 구조체가 겹쳐 있는 모양으로 빛을 흡수하는 색소가 있다.(광합성 명반응)

- **그라나(grana) : 틸라코이드가 쌓여 있는 구조물(광합성 명반응)**
- 라멜라(lamella) : 그라나끼리 연결된 막 구조
- **스트로마 : 그라나 사이의 빈 공간에 차 있는 약알칼리성 액체**로 광합성에 필요한 여러 효소가 있다.**(암반응)**

⑤ 기능

- 광합성 기능에 필요한 단백질은 '핵'에서 공급받는다.
- 자신만의 DNA와 리보솜이 있어 독자적 단백질 합성과 분열을 하여 증식할 수 있다.

나) 세포벽

① 기능

- 세포를 외부로부터 보호한다.
- 세포의 모양을 유지한다.

② 구성

- 셀룰로스(Cellulose) : 탄수화물의 탈수로 만들어진 섬유소다.
- 펙틴(pectin) : 1차 벽 사이 중간층의 주성분이다.
- **리그닌(lignin) : 지방질, 2차 벽의 결합재로 작용한다.**
- 수베린(suberin) : 2차 벽의 결합재로 작용한다.

③ 조직

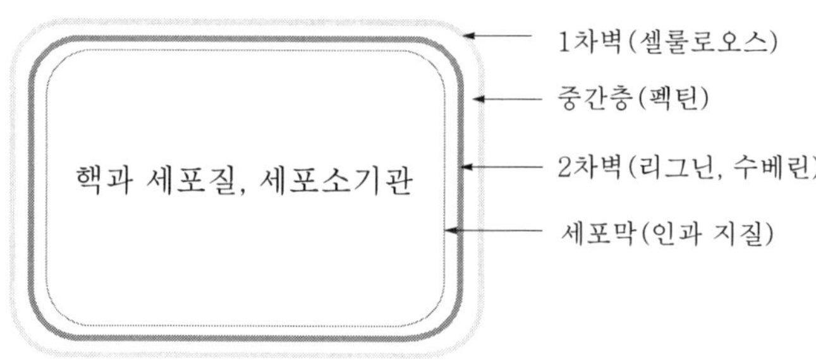

▲ 세포벽의 조직

- **1차 벽 : 셀룰로스가 주성분이다.**
- 중간층 : 1차 벽 사이에 형성된다. 펙틴이 주성분이다.
- **2차 벽 : 1차 벽 안쪽에 형성된다.** 리그닌과 수베린 결합재로 작용한다. 2차 벽은 잎과 가지를 지탱하며 줄기를 형성한다.

5 수목의 기본 조직을 구성하는 세포

가) 유세포(parenchyma cell)

① 기능

- 대사기능(광합성, 호흡, 유기물 합성 저장, 세포 분열 등)을 담당한다.

② 구성

- 원형질 : 세포핵과 세포질 등 세포를 이루는 물질을 말한다.
- 세포벽 : 얇고, 유연한 1차 벽으로만 이루어진다.

③ 분화 능력

- 특화가 가장 적게 진행되었다.
- 세포 분열과 함께 다른 유형의 세포로 분화한다.
- 유세포는 식물 세포만의 특징이다.

④ 유조직(=기본조직)

- 유세포가 모여서 이루어진 조직이다.
- 잎, 눈, 열매, 형성층, 뿌리의 끝 등에 있다.
- 유조직이 모인 부위는 세포의 분열과 분화능력이 높다.
- 식물의 물리적 상처는 유조직 때문에 치유가 잘 된다.
- 유조직의 세포를 적당한 조건에서 배양하면 온전한 식물체가 된다.
- 유세포 내 소기관(organelles)은 핵, 엽록체, 미토콘드리아, 미소체, 소포체, 액포가 있다.

⑤ 원형질연락사(plasmodesmata)

- 유세포 내 원형질은 이웃하고 있는 유세포의 원형질과 작은 구멍을 통하여 서로 연결되어 있다.
- 세포벽을 관통하여 인접 세포와 서로 연결하는 통로를 연결망이라고 한다.
- 식물세포는 원형질연락사를 통하여 세포 간 물질의 이동 및 정보 교류가 일어난다.
- 원형질이 서로 연결됨으로써 이루어진 체계를 원형질을 통한 전달체계(symplast system)라고 한다.

나) 후각세포(collenchyma cell)

① 특징

- **식물 세포에서 두꺼운 각진 모서리 부분을 후각세포라고 한다.**
- 후각세포는 유세포보다 길다.

- 후각세포의 1차 벽은 불균일하고 두껍다.
- 원형질이 있는 살아있는 세포다.

② 후각조직

- 후각세포가 모여서 이루어진 조직이다.
- **살아있으면서도** 물리적으로 지지 기능이 높다.
- 어린 줄기나 굴절에 내성이 필요한 잎자루의 표피 아래 많이 있다.

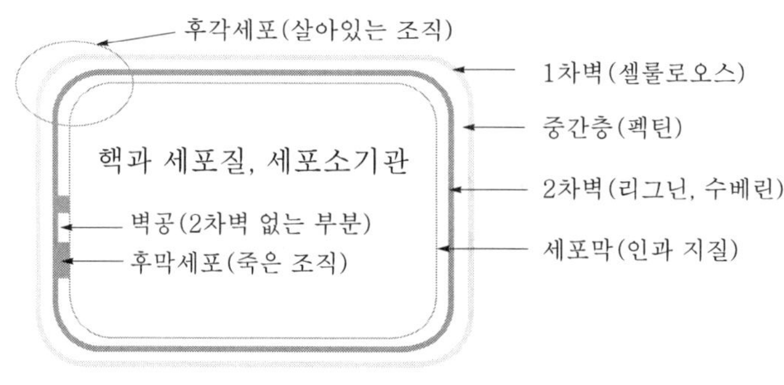

▲ 후각세포와 후막세포의 위치

다) 후벽세포(sclerenchyma cell, 후막세포)

① 특징

- **2차 벽은 원형질이 소멸되어 죽은 세포로 구성된다.**
- 2차 벽은 리그닌을 함유하고 있다.
- 2차 벽에는 부분적 2차 벽이 만들어지지 않아 안쪽으로 파인 모양의 벽공이 있다.

② 분류

- 섬유세포(fiber cell)는 가늘고 길쭉한 모양이며, 다발로 뭉쳐져서 물관부 등을 견고하게 지지한다.
- 보강세포(sclereid)는 다양한 모양을 가지며, 빽빽하게 배열되어 보호층을 형성한다. 견과의 껍데기나 씨앗의 껍질이 보강세포로 이루어져 있다.
- 씨앗의 배 또는 과일에서도 모래와 같은 감촉을 주는 보강세포를 석세포(stone cell)라고 한다.

라) 물관부

① 물관부의 특징

- 물과 무기물질이 운반되는 통로 조직을 물관부(xylem)라고 한다.
- **물관부는 물관 요소와 섬유 세포, 유세포로 이루어진다.**
- 물의 이동통로가 되는 세포를 물관 요소(tracheary element)라고 한다.

- 헛물관(tracheid)과 물관세포(vessel member)는 리그닌을 함유한 2차 벽과 원형질이 없는 죽은 세포로 구성된다.

② 헛물관(tracheid)

- **가늘고 길며, 양끝으로 뾰족해지는 모양이다.**
- 뾰족한 부분은 다른 세포와 서로 겹친다.
- 겹치는 부분의 세포벽에는 물과 양분이 이동하는 벽공이 있다.
- 관속식물은 헛물관이 물관요소가 된다.
- 속씨식물(피자식물, 활엽수)은 헛물관과 물관세포가 있다.

③ 물관세포(vessel member)

- **헛물관에 비해 폭이 넓고 길이가 짧다.**
- 세포의 양쪽 끝부분이 뭉뚝한 모양이다.
- 세포 끝부분은 다른 세포와 맞닿아서 기다란 물관(vessel)이 된다.
- 세포가 맞닿는 부분에 천공(perforation)이 뚫려 있어 헛물관보다 물의 흐름이 자유롭다.

마) 체관 요소(Sieve tuve element)

① 체관부

- 체관부(phloem)는 광합성으로 생긴 당이나 유기물질이 운반되는 통로 조직이다.
- **체관부는 체세포와 체관세포로 이루어진 체요소와 반세포, 섬유세포, 유세포로 구성된다.**
- 체요소(sieve element)는 양분의 이동통로가 되는 세포를 말한다.
- 체세포(sieve cell)와 체관세포(sieve－tube member)는 2차 벽이 없으며, 살아있는 세포로 구성된다.
- 체요소에는 세포벽이 얇은 부분에는 양분이 이동하는 체공(sieve pore)이 있다.
- 체세포와 체관세포는 살아있는 세포지만 핵과 소기관의 소멸로 활동에 필요한 에너지와 물질을 다른 세포에서 얻는다.
- 반세포(companion cell)는 체관세포와 같은 모세포에서 만들어진 유세포로 체관세포와 안과 밖으로 포도당을 능동적으로 수송한다.

② 체세포(sieve cell)

- 겉씨식물(나자식물, 침엽수)이나 양치식물의 체요소를 체세포라고 한다.
- 세포는 가늘고 길며, 양끝으로 뾰족해지는 모양이다.
- 뾰족한 부분은 다른 세포와 서로 겹친다.
- 활동에 필요한 에너지와 물질은 이웃하는 유세포에서 얻는다.

③ 체관세포(sieve-tube member)

- 속씨식물(피자식물, 활엽수)의 체요소를 체관요소라고 한다.
- 세포는 원기둥 모양이다.
- 세포 끝부분이 다른 세포와 맞닿아서 기다란 체관(sieve tube)이 된다.
- 세포가 맞닿는 부분에 체공(sieve pore)이 많은 체판(sieve plate)이 있다.
- 체판은 양분의 흐름을 체세포보다 자유롭게 해준다.
- 활동에 필요한 에너지와 물질은 이웃하는 반세포에서 얻는다.

section 2 임목과 수분

1 수분 퍼텐셜

① **수목에 포함된 수분이 가지고 있는 자유에너지를 수분 퍼텐셜(water potential)이라고 한다.**

② 식물체 내의 물의 이동은 먼저 잎에서 시작된다.

③ 증산으로 물을 잃은 나뭇잎 세포는 -30Mpa 정도로 수분 퍼텐셜이 낮아지면서 주변에 인접한 세포로부터 삼투현상에 의해 수분을 가져오게 된다.

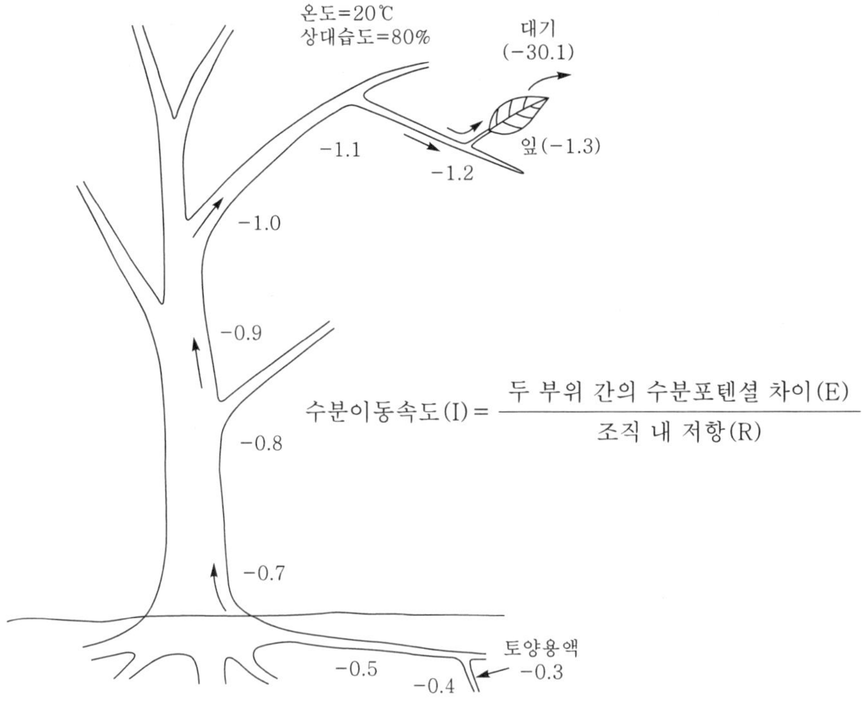

▲ 토양에서 대기권까지 수분 이동에 필요한 수목 내 수분 퍼텐셜의 분포(단위 : MPa)

④ 물을 빼앗긴 세포는 수분 퍼텐셜이 더 낮아지고, 세포에 포함된 물의 함량 차이는 점차 가지로부터 줄기, 뿌리에 이르기까지 점차 아래에 있는 세포로 전달된다.

⑤ **도관의 물이 아래에서 위로 올라가게 되는 것은 퍼텐셜에너지의 힘에 의한 것이다.**

- $\Psi cell = \Psi s + \Psi p + \Psi m$, Ψ(자이, 그리스어)
- $\Psi cell$: 세포 내 수분 퍼텐셜, 완전히 팽창했을 때 "0"
- Ψs : 세포 내 용질에 의해 발생한 퍼텐셜
- Ψp : 세포막에서 발생하는 삼투압에 의해 발생한 퍼텐셜
- Ψm : 세포 표면에서 발생하는 matrix force에 의해 발생한 퍼텐셜

2 수분의 흡수 과정

수목의 수분 흡수는 대부분 뿌리를 통해 이루어지지만 뿌리 이외에 잎의 각피층, 엽흔, 수목의 피목, 수피틈 등으로 약간의 수분도 흡수된다. 수분의 대부분은 토양에서 수목, 수목에서 대기로 이동한다.

1) 수동 흡수

① 수목은 증산작용을 할 때 잎에서 증산작용으로 물을 끌어올리는 힘이 생기고, 나무뿌리가 이 힘을 수동적으로 이용하여 수분을 흡수하게 된다.

② 대부분의 수분 흡수는 수동 흡수에 의해 의하여 일어난다.

③ 낮에 증산작용이 활발하게 진행되면 수분을 위에서 끌어올리는 힘에 의해 목부 도관에는 장력이 생기고, 뿌리의 도관에 축척되어 있는 무기염들이 수분과 함께 이동한다.

④ 물의 이동과 함께 뿌리의 삼투압에 의한 수분 흡수력은 약해지고, **증산작용에 의한 수분의 집단 유동을 따라 뿌리가 수동적으로 수분을 흡수한다.**

⑤ 수목은 수동 흡수 과정에서는 에너지를 소모하지 않는다.

2) 능동 흡수

① 목본식물 중 낙엽수가 증산작용을 하지 않는 겨울철에 수분을 흡수하는 것은 뿌리의 삼투압과 ATP를 소모하게 된다.

② 능동 흡수는 생육기간 중에는 그 영향이 미미하다.

수동 흡수	능동 흡수
• 에너지 소모 없음 • 증산작용(잎-대기) • **삼투압 : 농도 차이에 의한 물의 이동** • 분자 간 결합력, 모세관현상	• **에너지 소모** • 일액현상 : 수공을 통한 물 배출 • 일비현상 : 절단부를 통한 물 배출(수액 배출)

3 증산작용과 기공의 개폐

1) 증산작용

① 식물의 표면으로부터 물이 기체의 형태로 방출되는 것이 증산작용이다.

② 증산작용으로 인해 식물 내의 수분이 이동하게 된다.

③ 증산작용으로 인해 무기염의 흡수가 촉진되고, 무기염이 흡수된 물에 녹아 수목의 윗부분으로 이동한다.

④ 증산작용은 잎의 온도를 낮추는 역할도 한다.

⑤ 증산작용은 기공의 개폐로 조절된다.

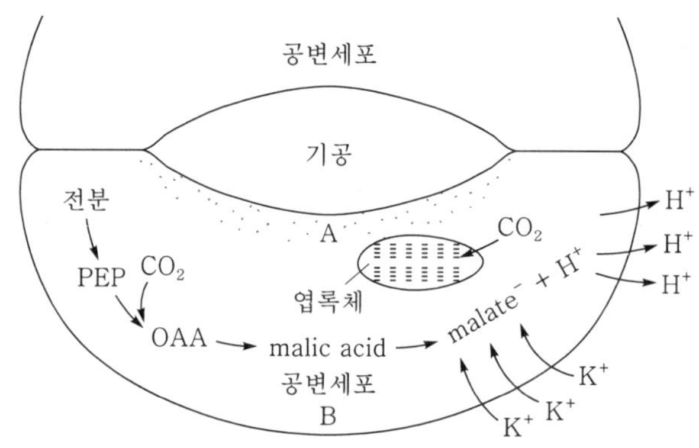

▲ 기공의 개폐에 따른 화학적 변화

2) 기공의 개폐

① 기공은 아침에 해가 뜰 때 열리며 저녁에는 서서히 닫힌다.

② 30~35℃ 이상 **온도가 올라가면 기공이 닫힌다.**

③ 엽육 조직의 세포 간극에 있는 **이산화탄소 농도가 높으면 기공이 열린다.**

④ **잎의 수분 퍼텐셜이 낮아지면 수분 스트레스가 커지며 기공이 닫힌다.**

4 수분 스트레스 등 기타

1) 수분 스트레스

① 나무가 흡수하는 물의 양보다 많은 에너지를 사용하게 됨으로써 체내의 물의 함량이 줄어 생장이 감소하게 되는 현상을 수분 스트레스(water stress)라고 한다.

② 나무는 주로 토양 속의 물을 뿌리를 통해 흡수한다. 이렇게 흡수된 물은 생명의 유지와 광합성에 사용된다.

2) 수분 스트레스의 영향

① 수분 스트레스는 수종에 따라 다르긴 하지만 일반적으로 잎의 수분 퍼텐셜이 −2~−3bar(−20Mpa~−30Mpa) 정도에서 시작된다.(1bar=1.0197kg/cm^2)

② 수분 스트레스는 세포 내의 여러 가지 생화학적 반응 속도를 감소시키며, 특히 효소의 활동을 둔화시킨다. 그리하여 직접적으로는 광합성의 양에 영향을 주게 되며, 세포의 신장, 세포벽의 합성과 단백질 합성에도 영향을 끼친다.

③ 수분 스트레스는 기공의 크기에 영향을 받게 된다. **소나무와 같이 기공이 작고, 입구가 수지로 막혀 있으면 수분 스트레스를 적게 받는다.**

④ 수목은 결핍되는 수분을 우선적으로 잎과 인근의 변재부터 조달하지만 수분 스트레스는 점점 밑으로 전달되어 수간까지 이르게 된다. 수분 스트레스가 잎에서 수간으로 전달되는데 치수는 30분 가량 걸리고, 성목은 6시간까지 소요되므로, 특히 어린 나무의 경우 수분 스트레스는 짧은 시간 내에 죽음에 이르게 되는 심각한 영향을 받게 된다.

⑤ 수분 스트레스는 위에서 아래로 전달되므로 잎은 다른 부위에 비해서 수분 스트레스를 오랫동안 받게 된다. 이같은 식물의 수분 스트레스는 증산이 과다할 때, 뿌리가 상처를 입었을 때 지온이 낮아졌을 때에 일어난다.

section 3 임목과 양분

1 무기염류 흡수

① **토양용액은 뿌리의 표면으로 확산(diffusion)에 의해 이동한다.**

② 토양의 수분 함량이 영구위조점 부근에 이르면 무기염이 녹아있는 수분의 확산속도가 1/1,000으로 줄어 뿌리로 이동할 수 없다.

③ 토양용액이 뿌리에 도달하면 삼투현상에 의해 식물체 내로 흡수되고, 뿌리로 흡수된 무기염은 뿌리 내의 자유공간(free space)을 이용하여 이동한다.

④ 자유공간은 식물체 내에 확산과 집단 유동이 자유롭게 일어날 수 있는 부분이다.

⑤ 자유공간은 죽어 있는 세포벽과 도관을 이용하는 세포벽 이동(apoplastic movement)의 개념과 같다.

⑥ 세포질 이동(symplast movement)은 세포의 살아있는 부분, 즉 원형질연락사(plasmodesma)를 통한 물질이동 방식이다.

⑦ **세포벽 이동이 세포벽 사이의 공간을 이용하는 방식이라면, 세포질 이동은 원형질막을 통과하여 이동하는 방식이다.**

⑧ 무기염은 바깥에서부터 표피－피층－내피－내초의 경로로 이동하게 되는데, 세포벽 사이와 원형질막을 통과하여 이동하게 된다.

2 양분의 역할

1) 무기양분의 기능

탄소, 산소, 수소(C, O, H)는 식물 몸체의 90~98%를 차지한다.

이산화탄소(CO_2)와 물(H_2O)의 형태로 작물체에 흡수되어 엽록소의 구성원소로 되어 광합성 작용의 원료로 이용되며 탄수화물, 단백질 등의 합성에 이용된다.

수목 내에서 무기양분의 기능을 요약하면 아래와 같다.

㉠ 조직의 구성 성분 : 칼슘(세포벽), Mg(엽록소), N.S(단백질), P(인지질, 핵산)

㉡ 효소의 활성제 : Mg, Mn 등 미량원소

㉢ 삼투압 조절제 : K(기공)

㉣ 완충제 : P, Ca

㉤ 막의 투과성 조절제 : Ca

2) 무기양분의 종류

① 대량원소 : C, H, O, N, P, K, Ca, Mg, S

－ 건중량의 0.1%

② 미량원소 : Fe, Cl, Mn, B, Zn, Cu, Mo, Ni

－ 체내 함량 많은 순서

－ 건중량의 0.1% 미만

3 양분의 결핍 증상 등 기타

1) 대량원소의 결핍 증상

탄소, 수소, 산소의 결핍 증상이 단독으로 나타나는 사례는 거의 없다.

① 질소(N)

각종 효소와 엽록소, 단백질의 구성 성분으로 아미노산과 핵산을 구성한다. 따라서 질소는 작물의 광합성, 질소동화작용, 호흡작용 및 생장 발육에 관여한다. 산림토양 질소는 총 500~22,000kg/ha까지 있으며, 주로 임상과 A층에 분포한다.

－ 질소 결핍 시 : 생장률 저조, 줄기가 가늘고 분지 제한, 잎의 황백화 현상

－ 질소 과다 시 : 잎은 진한 녹색이 되고, 생장은 빨라지지만 한해나 병충해에 약해진다.

② 인산(P)

- 세포핵의 성분으로 어린 조직이나 종자에 많이 함유되어 있으며 분열조직에 중요한 역할을 한다.
- 과실의 성숙을 촉진하고 **뿌리 신장을 도우며, 지하부 발달을 크게 한다.**
- 식물체를 강건하게 하고 병해에 저항성을 높인다.
- 결핍되면 잎은 암녹색으로 변하고 뿌리 발달이 나쁘며 신초생장이 불량해지고 빨리 동아를 형성하게 한다.

③ 칼륨(K)

- 탄수화물 대사나 단백질의 합성, 여러 가지 효소의 활성화 등 생리적인 활동에 있어서 내부 완충제나 촉매 역할을 한다.
- 질소화합물의 합성, 세포 분열 촉진, 뿌리 발달을 촉진함으로 용액의 농도를 높인다. 따라서 내한성을 높이고 **개화 결실을 촉진**하며 병충해에 대한 저항력이 증가한다.
- **구엽에 먼저 결핍 증상**을 보이고, 잎이 암녹색(반점 형태로 시작)이 되어 그 이상 자라지 않고 약해 보인다.

④ 칼슘(Ca)

- 정단 분열조직의 발달, 단백질의 합성, 뿌리나 지상부의 신장에 관계되는 것으로 알려져 있다.
- 이동속도 느림, **결핍 증상이 신초에 먼저 나타난다.**

⑤ 마그네슘(Mg)

- 식물 광합성에 필수적인 엽록소의 구성 성분이며, 식물체 내에서 이동속도가 빠르므로 결핍 시 구엽에서 신엽으로 이동하여, **결핍 증상은 구엽에서 먼저 나타난다.**

⑥ 황(S)

- 식물체의 아미노산 형성에 필수적이므로 황 결핍은 결과적으로 식물체 내 단백질 합성에 영향을 미친다.
- 황의 결핍 시 뿌리보다 줄기 성장에 영향을 주고 황백화 현상은 어린잎부터 나타난다.

[무기양분의 이동성]

수목 내 이동성	양분의 종류	결핍 증상이 먼저 나타나는 부위
이동이 어려운 원소	**칼슘, 철,** 붕소, 아연, 구리	어린 잎
이동이 잘 되는 원소	칼륨, **마그네슘, 몰리브덴**	오래된 잎

2) 미량요소의 결핍 증상

[미량요소 결핍 증상]

미량요소	기능	결핍 증상	비고
망간(Mn)	• 주로 산화환원과정에 관여 • 구연산회로에서 탈탄산과 탈수소효소들을 활성화 또는 광합성과 질소동화작용에 관여 • 유해 활성 산소를 없애는 superoxide dismutase(SOD)의 보조인자로 작용	• 조직이 작아지고 세포벽이 두꺼워지며 표피조직이 오그라듦 • 엽맥과 엽맥 사이 황백화현상 • 마그네슘과 달리 노화된 잎에서 먼저 나타남 • 보리, 귀리는 엽맥 사이에 갈색, 회색 반점이 나타나기도 함	• **pH가 높거나 유기물 함량이 많으면 망간 결핍 발생이 쉬움** • 석회 시용 시 망간의 유효도 감소
철(Fe) **이동성 낮음**	• 엽록소 생합성과정에 조효소로 작용 • haemoprotein이나 Fe-S protein과 같은 단백질과 결합하여 산화환원과정에 관여	• 마그네슘 결핍 증상과 유사 • 결핍 증상이 항상 어린잎에서 엽맥 사이 황화현상으로 나타남 • 드물게 백화현상	석회질 토양에서 결핍 증상, 석회를 과도하게 시용 시 발생
구리(Cu) 이동성 낮음 유기물과 결합력 강함	• 엽록체 내에 대부분 함유 • 광합성과정과 단백질, 탄수화물의 대사과정에 필요한 cytochrome oxidase와 같은 산화환원 관련 효소에 필요한 원소	잎에서 백화현상, 잎 전체가 좁아지고 뒤틀림, 개화지연, 곡류 결실 안됨, 생장점 고사현상	**석회를 시용하면 pH가 높아져 구리 용해도 감소**
아연(Zn) 이동성 매우 낮음	• 아연은 RNA ploymerase와 RNase의 활성 및 리보솜(ribosome) 구조의 안정화에 관여하므로 단백질 대사에 크게 영향	줄기의 마디 길이가 짧아지는 로제트(rosetting) 현상과 잎의 크기가 작아지는 little leaf 현상이 특정적인 결핍 증상	인산흡수 많을 때 아연흡수 억제, 구리와 경쟁관계
붕소(B, boron) **이동성 낮음**	• 새로운 세포의 발달과 생장에 필수적인 원소, 생체물질의 이동, 단밸질 합성, 탄수화물대사, 근류균 형성 등에 관여	• 생장점과 어린잎의 생장 저해, 심할 경우 고사, 줄기의 마디가 짧아짐 • 근채류의 근경 중심부 썩음	**산초에 결핍 증상**
몰리브덴(Mo, molybdenum) 이동성 높음	• nitrogenase, nitrate reductase 등에 포함되어 있음 • 질소대사와 밀접한 관련 • 질산을 이용하는 경우 필수	• 구엽에서 결핍 증상, 황화현상과 잎 테두리 부분이 오그라듦 • 잎이 작아지거나 괴사반점, 질소 결핍과 유사	• 가장 요구도가 낮음 • 0.1~1.0mg/kg 이하에서 결핍 증상
염소(Cl)	• 명반응 중 물이 분해되어 전자가 방출되는 과정 중 hill 반응 • 기공의 개폐, 액포막의 ATPase의 활성화	햇빛이 강한 조건에서 잎이 시드는 현상과 함께 황화현상	
코발트(Co)	• 리조비움 박테리아의 질소고정 과정에 필요 • 식물로부터 박테리아가 산소를 받아들이는 leghaemoglobin의 합성에 관여	콩과식물의 질소고정량 감소로 왜소화, 황백화 현상 발생	• pH와 수분의 상태에 영향 • pH가 높은 담수토양과 산성 토양에서 흡수가 많아짐

section 4 임목과 광선

1 광합성

광합성은 식물이 태양에너지와 이탄화탄소, 물을 이용하여 세포에 있는 엽록체에서 유기물을 합성하고 산소를 만들어내는 과정을 말한다. 요약하면 [$6CO_2$ $+6H_2O$+(빛에너지 686kcal) → $C_6H_{12}O_6 + 6O_2$]의 화학식으로 나타낼 수 있다. 광합성(光合成)은 엽록체가 태양에너지를 이용하여 이산화탄소(CO_2)와 물을 원료로 하여 여러 효소의 작용으로 탄수화물을 합성하는 것이다. 식물이 광합성을 하며 생산된 산소는 이산화탄소가 분해되어 생긴 것이 아니라 물이 분해되어 생기는 것이다. 태양에너지 중에서 가시광선을 주로 이용하는데, 침엽수의 경우 적외선에서도 광합성을 할 수 있다. 햇빛에너지는 엽록소에 의해 모여져서 ATP의 형태로 일시적으로 저장되어 있다가 포도당을 만드는 데 사용된다.

1) 광합성의 구분

① 명반응

- 그라나에서 빛에너지를 화학에너지로 바꾸어주는 반응이다.
- NADPH2+와 ATP를 합성한다.

② 암반응

- 빛과 관계없이 일어나는 반응이다.
- 명반응에서 생성된 화학에너지 NADPH2+와 ATP를 이용하여 포도당($C_6H_{12}O_6$)을 합성하는 반응으로 스트로마에서 일어난다.

2) 광합성에 영향을 미치는 인자

- 빛의 파장, 빛의 세기, 온도, CO_2 농도

3) 식물의 광합성 방식

- C_3와 C_4 : 암반응에서 이산화탄소를 고정하는 방식
- CAM : 건조에 적응한 식물의 광합성 방식

① C_3

- 보통 식물의 광합성 방식
- C_5화합물 + $CO_2 \rightarrow 2 \times C_3$

[RuBP → 3 PGA]

② C_4

- 수수과 식물의 광합성 방식
- 광호흡이 일어나서 생산한 에너지를 사용하는 단점을 극복
- **보통 식물의 1.5~2배에 가까운 광합성 효율을 보인다.**
- C_3화합물 + CO_2 → C_4화합물 [3+1 → 4]

[PEP → OAA]

③ CAM(Cresullacean Acid Metabolism)

- 돌나물과(선인장) 식물의 광합성 방식
- 뜨거운 낮에 명반응(빛에너지로 $NADPH^{2+}$와 ATP를 합성)
- **증발압이 낮은 밤에 기공을 열고 CO_2 를 유기산에 저장**
- 건조지역 식물의 광합성 방식

2 호흡

① 식물의 호흡은 광합성과 반대의 과정으로 주로 미토콘드리아에서 일어난다.

② 포도당($C_6H_{12}O_6$)과 산소를 이용하여 에너지를 합성하는 과정이다.

③ $C_6H_{12}O_6 + 6O_2 + ADP \rightarrow 6CO_2 + 6H_2O + ATP$

3 광도별 생장 반응

① 광합성량은 여러 가지 환경요인에 의하여 크게 변화된다.

② 광량, 온도, 수분 등의 요인이 광합성의 효율에 중요한 영향을 미친다.

③ 광량은 빽빽한 임분에서 나무끼리 서로 그늘을 만들기 때문에 항상 부족한 상태로 자라게 된다.

④ 수목은 부족한 광량에 적응하면서 진화하여 왔다.

⑤ 같은 수목에서도 햇빛을 잘 받는 잎은 양엽으로 자라서 광도가 높을 때 광합성을 효율적으로 수행하며, 햇빛을 잘 받지 못하는 부분의 잎은 음엽으로 자라서 낮은 광도와 광질에서도 광합성을 효율적으로 수행할 수 있다. 숲의 가장자리처럼 햇빛을 잘 받을 수 있는 환경에서 진화한 나무는 그늘에서는 효율적으로 수행하지 못하고 양지에서 광합성을 활발히 수행하는 양수가 되고, 깊은 숲과 같이 햇빛 경쟁이 심한 환경에서 자란 나무는 음수로 진화하여 그늘에서도 광합성을 효율적으로 수행할 수 있다.

㉠ 광도

- 광도가 너무 낮으면 광합성으로 저장되는 에너지가 호흡으로 소비되는 양보다 적게 된다.
- 광도가 지나치게 높아도 광합성률은 낮아진다.
- 광보상점 : 광합성의 양과 호흡에 의해 소비되는 에너지의 양이 같은 때의 광도

㉡ 자체피음 : 자체피음이 있기 때문에 최고의 광합 성능을 나타내는 광도보다 더 높은 광도에서도 최고 광합 성능에 달할 수 있다.

㉢ **광도에 대한 적응 : 양엽보다 음엽은 빛깔이 더 진하고 빛의 흡수가 더 능률적이다.**

㉣ 광질 : 상층임관이 받는 광질은 하층식생이 받는 광질과 다르다. 광질은 빛의 파장과 관련 있으며, 활엽수임관 아래에는 청색이 부족하고 황색과 녹색이 많다.

4 내음성 등 기타

수목이 그늘에서 견딜 수 있는 능력을 내음성이라고 하고, **수목의 내음성은 유전적인 요인인 수종에 따라 큰 차이를 보인다.** 광량의 부족에 잘 견디는 수종을 음수(shade tollerent tree), 그렇지 않은 수종을 양수라고 한다. 일반적으로 나무는 어릴수록 생육온도가 높을수록 강하며, 씨앗이 굵을수록 환경조건이 좋을수록 그늘에서 잘 견딜 수 있으며, 수종이 가진 유전적 특성이 가장 많은 영향을 준다.

아래는 그늘에 견딜 수 있는 정도를 다섯 단계로 분류한 것이다.

1) 수종별 내음성 정도

① 극음수 : **주목, 개비자,** 회양목, **사철나무,** 굴거리나무 등

② 음수 : **전나무,** 가문비나무, 솔송나무, 너도밤나무, **서어나무 등**

③ 중용수 : 목련류, 잣나무류, 철쭉류, 편백, 느릅나무류, 참나무류, 물푸레나무 등

④ 양수 : **은행나무, 소나무,** 측백나무, 향나무, 오리나무, 버즘나무 등

⑤ 극양수 : 대왕송, 방크스소나무, 잎갈나무, **버드나무, 자작나무, 포플러** 등

2) 내음성 관계인자

① 수령 : **수령이 많아짐에 따라 내음성이 감소한다.**

② 토양수분과 양분 : 양분이 충분하고 적습한 토양에서 내음성이 증가한다.

③ 온도(위도) : 온도가 높을수록 요구하는 광량은 감소한다. **고위도 지방에서는 나무가 광합성을 위하여 더 높은 광도를 요구하므로 대개 내음성이 약하다.**

④ 종자의 크기 : 내음성 식물들은 풍부한 에너지와 양분을 갖고 있는 큰 종자를 비교적 적게 생산한다.

section 5 임목과 온도

1 생육온도

① 수목의 생육온도는 식물의 종류와 조직, 기능에 따라 다르다.

② **광합성에 필요한 최적온도는 최적호흡에 필요한 온도보다 낮다.**

③ 수목의 생장은 유기물의 산화보다는 유기물의 축적이 더 많아야 하는데, 광합성에 대한 온도적 역점을 지나 더 상승하게 되면 양분의 축적을 기대할 수 없다.

④ 온도적 역점(cardinal point)에 있어서 최고 온도와 최저 온도는 역치(threshold value)의 개념과 통하며, 수목의 연령에 따라 변한다.

⑤ 수목은 물이 얼 정도로 추우면 저장양분의 일부를 지방이나 단백질로 변화시켜 얼지 않게 하고, 더우면 수분을 증발시켜 온도를 낮춘다.

⑥ 5℃ 이하에서는 대부분의 식물이 효소가 활성화 되지 않아 이 온도를 생리적 최저한도로 보기도 한다.

⑦ 식물은 온도가 천천히 내려가면 저온에서 견디는 힘이 증가된다.

⑧ 고온에서도 마찬가지여서 고온 상태의 잎에 갑자가 찬물을 뿌리면 조직이 죽는 경우도 있다.

⑨ 식물은 극단적인 고온상태에 노출된 시간이 짧을 때는 피해를 입지 않을 수 있지만 시간이 길면 피해를 입게 된다.

2 생장온도 등 기타

온대 북부지방에서 자라는 침엽 수종은 겨울에도 광합성을 하는데, 대체로 겨울 낮에는 침엽수 잎의 온도가 주위의 기온보다 2~10℃ 더 높다. 또한 기온이 35℃가 넘으면 광합성은 거의 중지된다. 수목 생리적 성장한계 온도인 기온 5℃를 기준으로 월평균 기온 5℃ 이상인 각 월평균 기온과 5℃와의 차이를 합한 것을 온량지수라고 한다.

① 온량지수

$\Sigma(t1-5)$

- t1 : 월평균 기온 5℃ 이상인 달의 월평균 기온
- 한대림의 남방한계선 결정
- **온량지수 55 미만은 아한대림, 55 이상은 온대림**

② 한랭지수

$\Sigma(t2-5)$

- t2 : 월평균 기온 5℃ 이하인 달의 월평균 기온

- 난대림의 북방한계선 결정
- **한랭지수 −10 이상은 난대림, −10 미만은 온대림**

③ 월평균 기온 5도를 기준으로 한 이유

- 온량지수 계산에서 월평균 기온 5도를 기준으로 한 이유는 식물 생장에 필요한 최소한의 기온이 5도이기 때문이다.
- 온량지수와 한랭지수에 의한 기후 구분은 식물의 분포를 파악하는 데 유리하다.

section 6 임목의 생장조절 물질

1 생장조절 물질의 종류

1) 옥신(auxin)

① **줄기의 신장에 관여**하는 식물생장 호르몬의 일종이다. 인돌아세트산(IAA)으로 트립토판이라는 아미노산으로부터 합성된다.

② 생장이 왕성한 줄기와 뿌리 끝에서 만들어지며, 세포벽을 신장시킴으로써 길이생장을 촉진한다.

③ 옥신이 세포 안으로 들어오면 세포 안의 수소이온들이 세포막 밖으로 내보내게 되어 세포 밖은 산성화되고 이는 세포벽의 셀룰로오스 결합을 이완시키며, 세포막 안쪽에서는 물을 채움으로써 세포가 팽창되어 세포 체적이 증가된다.

④ 햇볕을 받은 쪽으로 굽는 작용, 일부 식물의 개화 촉진, 종자가 없는 열매의 생산, 낙과방지 등이 옥신의 영향을 받는다.

2) 지베렐린

① 식물의 갖가지 **생리현상의 발현과 제어**에 큰 역할을 하며, 옥신과 함께 식물생장조절제로 이용된다.

② 세로의 신장생장을 유도한다.

3) 사이토키닌(cytokinine)

① **세포 분열을 돕는 화합물**로서 조직의 확장, 조직의 분화, 개화 및 결실, 노화현상 등에 관여한다.

② 사이토키닌의 작용은 콩의 유합조직의 생장량 증가 또는 잎의 엽록소 양의 증감 등으로 확인되는 것으로서 엽록소의 양이 감소하는 것은 잎의 노화현상에 관계된다.

③ 사이토키닌은 모든 식물조직에서 발견되고 있지만 종자의 어린 배유조직, 근단에서 특히 많이 검출되며, 가격이 비싸다.

4) 아브시스산(abscisic acid, ABA)

① 세스키테르펜의 일종으로 휴면 중의 종자, 눈, 뿌리 등에 많이 들어 있으며, 보통 발아되면서 함량이 감소한다.

② 식물의 수분 결핍 시 ABA가 많이 합성되고 기공이 닫혀 식물의 수분을 보호한다. **또한 스트레스를 받을 때도 ABA가 증가한다.**

5) 에틸렌(ethylene)

① 식물은 가뭄, 침수, 상처 등의 자극에 대한 반응으로 에틸렌을 합성하며, **과일이 성숙할 때도 일어난다.**

② 1800년대 가스관에서 가스 누출로 근처 나무들의 잎이 떨어지는 현상이 발견되었고 이후 넬류보프(neljubow, 러시아)가 밝혀냈다.

③ 에틸렌의 전구물질 ACC(Amino Aichlopropane Carboxy−acid)가 과습한 뿌리에서 생성되어 줄기로 이동하여 에틸렌을 생성한다.

④ 에틸렌은 뿌리가 과습해지면 잎의 상편생장 등의 증상이 생긴다.

2 생장조절 물질의 특성

1) 호르몬의 정의

① organic compound

② 한 곳에서 생산

③ **다른 곳으로 이동(식물) → (예외) 에틸렌은 생산된 곳에서 사용**

④ 이동한 곳에서 생리적 반응

⑤ 아주 낮은 농도에서 작용

2) 옥신의 특성

① 옥신은 뿌리 생장과 굴성에 영향을 주며, 양분의 이동에 관여하여 정아우세현상을 조절한다.

② 침엽수에는 고농도에서 제초제의 효과가 나타난다.

③ 옥신은 유세포(parenchyma cell)를 통하여 이동하고 다음의 특성이 있다.

- 이동속도가 느리다.
- 극성이 있다. 줄기와 뿌리의 끝에서 생성된다.
- **옥신의 이동에는 에너지가 소모된다.**

3) 지베렐린

① **세포의 신장생장을 유도**하며, 개화를 촉진한다.

② 단위결과 유도에 사용되기도 한다.

③ 휴면타파와 세포 분열을 유도한다.

4) 사이토키닌

① **세포 분열을 촉진**하고 기관 형성을 유도한다.

② 노쇠가 지연되는 효과가 있다.

5) 아브시스산

① **스트레스**를 받으면 휴면을 유도한다.

② 가지와 잎의 **탈리현상을 촉진**하고, 스트레스를 감지한다.

6) 에틸렌

① 기체상태에서는 **과식의 성숙을 촉진**하고, 침수되면 독성을 나타낸다.

② 뿌리와 줄기의 생장을 억제하고, 보통은 개화를 억제한다.

③ 망고와 파인애플에서는 개화를 촉진하는 역할을 한다.

④ 에틸렌은 물에 녹는 수용성이 아니라 지방에 녹는 지용성 물질이다.

⑤ 에틸렌은 물관과 체관 등의 통도조직을 이용하지 않고 **이산화탄소와 같이 세포 간극이나 빈 공간을 통하여** 전 조직으로 쉽게 이동한다. ⇒ 확산 이동

7) 식물 호르몬과 합성물질

[식물 호르몬과 합성물질]

호르몬 종류	유래	물질명
옥신류	천연	IAA, IAN, PAA
	합성	NAA, IBA, 2,4-D, 5,4,5-T, PCPA, MCPA, BONA
지베렐린	천연	GA2, GA3, GA4+7, GA55
사이토키닌	천연	제아틴(Zeatin), IPA
	합성	키네틴(Kinetin), BA
에틸렌	천연	C_2H_4
	합성	에페폰
아브시스산	천연	ABA
	합성	CCC, B-9, phosphon-D, ABO-1618, MH-30

section 7 임목의 물질대사

1 탄수화물

탄수화물은 수목 건중량의 75% 이상을 차지하며, 식물의 탄수화물 중 섬유소(cellulose)는 세포벽의 주성분으로서 지구상의 유기물 중에서 가장 흔한 화합물이다. **전분은** 이동이 안 되는 탄수화물이기 때문에 **저장될 세포 내에 직접 만들어진다.** 탄수화물은 잎에서 합성된 후 다른 부위로 이동되어 새 조직의 형성, 호흡작용에서 에너지의 방출, 전분으로 저장, 공생하는 미생물에게 전달 등에 사용된다.

1) 탄수화물의 운반

① 광합성으로 만들어진 탄수화물의 운반은 체관부 조직을 통하여 이루어지며, 운반되는 주성분은 설탕이다.

② 탄수화물의 운반 방향은 탄수화물을 생산하는 공급원(source)에서 탄수화물을 소비하는 수용부(sink)로 이루어진다.

③ 공급원은 엽록소가 있는 잎이며, **수용부는 줄기 끝 부분, 열매, 형성층, 뿌리조직 등이다.**

④ 탄수화물이 운반되는 원리는 고농도의 설탕이 있는 공급원과 저농도의 수용부 사이에 삼투압의 차이에서 생기는 압력에 의해 수동적으로 밀려간다는 압력유동설이 가장 유력하다.

2 단백질

① 단백질은 동물 조직에서 식물보다 함량이 많다.

② 식물에서는 단백질의 함량이 극히 적다.

③ 단백질은 효소의 합성에 이용되며, 세포막의 구성 성분의 일부이며 일부 종자 속의 저장물질이 된다.

④ 단백질은 20개의 필수 아미노산이 결합하여 만들어진다. 20개의 필수아미노산 중 19개에서 질소(N)를 포함하고 있고, 하나는 황(S)을 포함하고 있다. 수목의 질소대사에 있어 단백질은 중요한 역할을 한다.

⑤ 동물은 단백질 합성에 필요한 아미노산을 음식에서 섭취하기 때문에 종속영양자라 하고, 수목은 모든 아미노산을 자체적으로 합성하는 능력이 있어서 독립영양자라고 한다.

⑥ 수목은 아미노산을 합성하기 위한 무기질소를 토양으로부터 흡수한다.

⑦ **광합성 조직인 잎, 분열조직인 눈과 뿌리 끝, 형성층과 체관부 조직은 질소 함량이 높고**, 죽어있는 조직인 물관부은 질소 함량이 낮다.

1) 질소대사 과정

농업토양 (비료) 중성토양	유기태질소 질산태질소 NO^-	질산환원 환원적 아미노반응	NH^+ (식물체 내)	아미노산 ↓ 단백질
산림토양 (균근) 산성토양	무기태질소 암모늄태질소 NH^+	뿌리 흡수		

2) 질산환원 장소

① lupine형 : 뿌리에서 질산환원

나자식물(소나무류), 진달래류, proteaceae(프로테아과, 버즘나무과, 연꽃과)

② 도꼬마리형 : 잎에서 질산환원

대부분의 활엽수

3) 질산환원 과정

NO_3^- nitrate (질산태)	nitrate reductase (세포질 내 효소)	NO_2^- nitrite (아질산태)	nitrite reductase (세포질 내 효소)	NH_4^+ ammomium (암모늄태질소)

3 지질

① 지질은 탄소와 수소가 주성분이며, 극성을 유발하는 산소를 거의 가지고 있지 않기 때문에 물에 잘 녹지 않는다.

② 지질은 수목 내에서 세포막의 성분이면서 어는 온도가 낮아 내한성을 높여준다.

③ 지질은 잎, 줄기, 종자의 표면을 보호하는 피복층을 만들며, 병원균이나 곤충의 침입을 막아 준다.

④ 지질은 또 종자나 과일의 저장물질이며, 삼림욕의 효과를 나타낸다는 성분인 피톤치드(phytoncide)의 중요한 성분이기도 하다.

⑤ 지질의 함량은 계절적으로 변화한다.

⑥ **수목은 겨울에** 에너지를 저장하고, 내한성을 높이기 위하여 **지질이 많아지고 여름에는 적어진다.**

⑦ 목부에 함유된 지방의 양은 2~3%를 넘지 않는다.

⑧ **변재는 심재보다 지방의 함량이 적다.**

⑨ 수피는 변재나 심재보다 지방의 함량이 더 많다.

⑩ **소나무류, 자작나무류, 피나무류 등의 목부는 여름보다 겨울에 더 많은 지방을 함유한다.**

⑪ 겨울에 목부에 저장되는 양분의 종류에 따라서 수목은 지방성 수종과 전분성 수종으로 구분할 수 있다.

⑫ 포플러류, 호두나무, 피나무 등은 지방의 함량이 비교적 많고, 버드나무류에는 지방의 함량이 적다.

[목본식물 내 지질의 종류]

종류	성분
지방산 및 지방산 유도체	palmitic산, 단순지질(지방, 기름), 복합지질(인지질, 당지질), 납, 큐틴, 수베린
isoprenoid 화합물	**테르펜, 카로테노이드**, 고무, 수지, 스테롤
phenol 화합물	**리그닌, 탄닌, 후라보노이드**

4 기타 물질 대사

① 녹색식물은 광합성으로 탄수화물을 합성하여 필요한 에너지를 얻는다. 그리고 탄수화물을 기본 물질로 이용하여 거의 모든 유기화합물을 합성하는데, 이때 무기양료가 필요하다.

② 무기양료는 대부분을 토양에서 뿌리를 통하여 흡수하게 되며, 여러 가지 유기화합물을 합성하는 데 기본 성분이 되거나 촉매제 역할을 한다.

③ 수목이 생존하는 데 반드시 필요로 하는 필수원소에는 17가지가 있고, 그 중에서 14가지의 무기양료가 포함되어 있다.

④ 건중량의 0.1% 이상 함유되어 있는 질소, 인, 칼륨 등은 대량원소라고 하며, 0.1% 이하 함유되어 있는 철, 망간, 붕소 등은 미량원소라고 한다.

[수목이 필수로 요구하는 14가지 무기양료(함량이 많은 순으로 나열)]

명칭	분류 기준	종류
대량원소	건중량 0.1% 이상	질소(N), 칼륨(K), 칼슘(Ca), 인(P), 마그네슘(Mg), 황(S)
미량원소	건중량 0.1% 이하	철(Fe), 염소(Cl), 망간(Mn), 붕소(B), 아연(Zn), 구리(Cu), 몰리브덴(Mo), 니켈(Ni)

section 8 산림생태계

1 산림생태계 구성 요소 및 상호관계

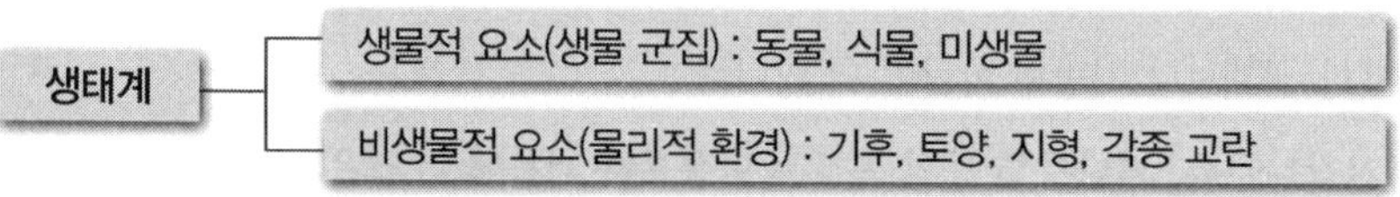

1) 구성요소

① 생물적 요소+물리적 요소, 생물적 요소+비생물적 요소

② 생물적 요소 : 생산자-소비자-분해자

③ 물리적 요소 : 햇빛, 물, 바람, 온도와 같은 환경적 요소

④ 먹이사슬, 먹이그물을 통해 균형과 항상성을 유지한다.

2) 생태계의 기능

① 고순도의 에너지가 생태계에 유입되어 낮은 순도의 에너지로 생태계를 빠져 나간다.

② 생태계의 먹이사슬을 통하여 물질은 순환하고 에너지는 흐르게 된다.

③ 생태계는 물질순환과 에너지의 흐름을 통해 항상성을 유지한다.

3) 생태계의 작용

① 환경과 생물 상호작용과 생물 간의 상호작용

② 생물이 환경에 주는 반작용과 환경이 생물에 주는 작용

③ niche : 생태적 지위, 생물의 생존 필요조건, 환경에 미치는 영향, 기본 지위, 현실적 지위

2 물질순환

물질순환은 생태계에서 생물들 사이 또는 생물과 비생물환경 사이에 물질이 이동하여 끊임없이 이용되는 현상을 말한다. 생물에 필요한 모든 물질은 비생물환경으로부터 풀과 나무 같은 생산자로 이동하고, 먹이연쇄(food web)를 통하여 소비자로 옮겨가며, 생산자와 소비자가 죽으면 분해자에 의해 다시 비생물환경으로 돌아가는 순환과정을 겪게 된다. 물질순환과정을 통해 에너지는 고품위에서 저품위의 에너지로 흐르는 변화가 생기며, 산림생태계에서 물의 순환과 함께 중요한 물질의 순환은 탄소, 질소, 인의 순환이다.

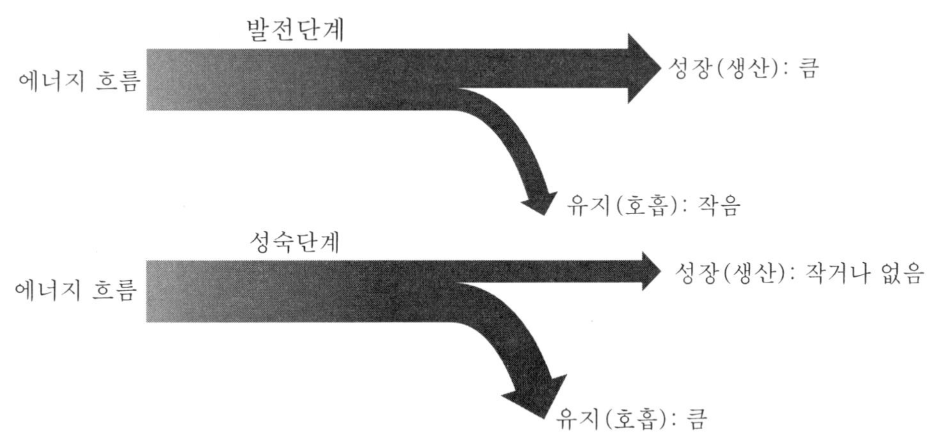

▲ 생태적 천이에 대한 에너지 흐름의 모형(Odum, 1997)

산림의 물질순환 속도는 유기물의 분해속도와 밀접한 관련이 있는데, 온도와 습도가 높은 열대우림에서는 유기물이 빠르게 분해되므로 물질순환속도가 빠르고, 식물이 흡수할 수 있는 양보다 많은 양분이 용탈된다.

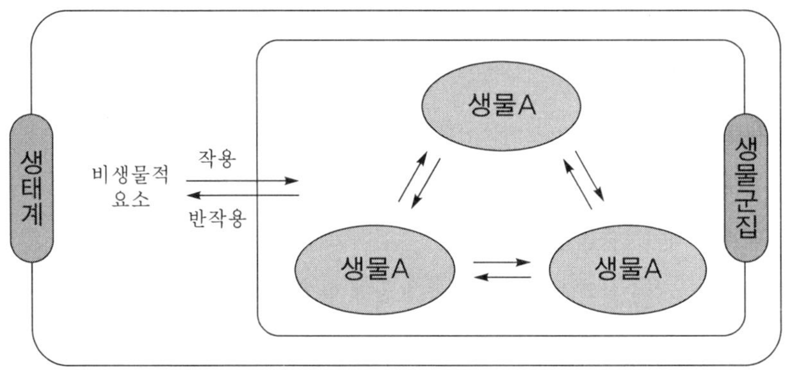

▲ 생태계의 상호작용

1) 질소의 순환

① 질소는 생물을 구성하는 단백질, 핵산, 효소 등의 중요한 성분이다.

② 대기를 구성하는 기체의 약 78% 정도가 질소이다.

③ 대부분의 생물은 이 대기 중의 질소를 직접 이용할 수 없다.

④ 대기 중의 질소는 질소 고정 세균에 의해 암모늄태질소로 고정되거나 번개 등 공중 방전으로 산화질소가 되면 빗물에 녹아 땅속으로 들어가서 질산태질소가 된다.

⑤ 암모늄태질소와 질산태질소는 생산자의 질소동화작용으로 단백질과 같은 유기질소화합물이 되고, 이것이 먹이사슬(food chain)을 따라 이동하게 된다.

⑥ 유기질소화합물은 생물의 사체나 배설물이 분해자에 의해 분해되면서 암모니아가 되는데, 대부분의 식물은 이 암모니아를 직접 이용할 수 없다.

⑦ 세균(bacteria)이 암모늄태질소(NH_4^+)나 질산태질소(NO_3^{2-}, NO_2^-)를 만들고, 식물이 흡수하여 다시 사용한다.

⑧ 질산이온은 산성토양에서 더 잘 이용되고, 중성에 가까운 토양에서는 암모늄이온의 효과가 더 크다.

⑨ **수목에 대한 질소의 공급원**은 다음과 같다.

㉠ **강우, 강설**로 공급되고 방전으로 고정된 공중질소

㉡ **토양미생물**에 의해 고정된 공중질소

㉢ 식물의 뿌리와 공생하는 **근류균**이 고정한 공중질소

㉣ **낙엽, 낙지의 분해**로 만들어진 무기태질소

2) 물의 순환

① 생물체의 대부분은 물로 이루어져 있다.

② 물은 모든 생명체가 반드시 필요로 한다.

③ 물은 또한 강, 호수, 바다와 같은 서식처를 생물에게 제공한다.

④ 강이나 바다에 있는 액체상태의 물은 태양열에 의해 증발되거나, 식물의 증산작용으로 기체 상태가 되고, 기체 상태의 물이 공기 중에서 뭉쳐 구름이 되고, 구름이 비, 눈, 이슬, 서리 등이 되어 지상으로 떨어진다.

⑤ 생물을 구성하고 있는 물은 몸을 구성하거나 생명을 유지하는 대사에 사용된다.

⑥ 생산자인 식물의 경우 식물의 광합성과 양분흡수에 사용되고, 호흡과정에서 생긴 물은 식물의 경우에는 증산과 호흡을 통해, 동물의 경우에는 호흡과 배설을 통해 수분을 비생물 환경인 대기로 배출한다.

⑦ 증산과 증발은 지구 생태계의 에너지 흐름과 탄소의 순환과 서로 연결되어 있다.

3) 인의 순환

① 인은 자연 상태에서는 기체로 존재하지 않고, 고체 상태인 광물 또는 물에 녹아있는 인산염의 형태로 존재한다.

② 광물에 포함된 인은 광물이 풍화되면서 용출되어 식물이 이용 가능한 형태가 된다.

③ 생물체에 포함된 인은 분해자에 의해 분해되어 식물이 이용 가능한 형태가 된다.

4) 탄소의 순환

① 산림생태계에서 탄소는 임목이 광합성을 할 때 이산화탄소를 탄수화물로 바꾸고, 수목의 조직을 구성하고, 수목이 고사하면 유기물이 분해되어 다시 이산화탄소가 되어 대기로 돌아가게 된다.

② 인과 질소의 경우 산림생태계 내에서 순환이 이루어지지만 탄소와 물은 동일한 생태계 내에서 순환되기 어렵다.

③ 산림생태계에서 탄소가 순환되는 시간은 전체 탄소 저장량을 연간 탄소 유입량으로 나누어 계산한다.

④ 산림생태계에 저장된 탄소의 총량이 200mg/ha이고 연간 탄소 유입량이 10mg/ha/yr이면 탄소는 20년 동안 산림생태계에 저장된다.

⑤ 유기물은 시간의 경과에 지수함수적인 경향을 보이며 분해된다.

⑥ 유기물은 분해 초기에 매우 빠르게 진행되고 극히 일부 유기물은 매우 오랫동안 산림생테계에 남는다.

⑦ **유기물이 토양에서 분해되어 이산화탄소가 되면 물에 녹아 탄산(H_2CO_3)이 되고, 탄산은 중탄산염(HCO_3^-)과 수소이온(H^+)으로 해리된다.** 이중 중탄산염은 다른 양이온 성분과 함께 용탈된다.

⑧ 유기물의 분해나 미생물의 호흡에서 생기는 이산화탄소는 탄산을 많이 만들고, 이로부터 수소이온이 생겨 무기 광물의 풍화를 촉진시키고, 토양을 산성화시킨다.

⑨ 유기물이 분해될 때 산소가 충분하지 않은 혐기환경에서는 메탄 발생 세균에 의하여 메탄(CH_4)이 발생하게 된다. 특히 논과 같은 습지에서 혐기성 상태로 유기물이 분해되면 메탄이 많이 발생된다. IPCC 발표에 따르면 100년을 기준으로 메탄은 이산화탄소보다 지구온난화에 대한 효과가 25~35배 높다고 한다.

3 산림 천이

생물의 군집이 시간의 흐름에 따라 점차 다른 생물상으로 변화하여 궁극적으로 주위 환경과 조화를 이룸으로써 생물상의 변화가 거의 없는 안정상태로 변하는 것을 천이(succession)라고 한다. 천이의 과정이 산림에 의해서 주도되는 것을 산림 천이(forest succession)라 한다.

1) 산림 천이의 종류

① 자발적 천이 : **환경 형성이 다른 식물 종 도입의 원인**이 되는 천이계열

② 타발적 천이 : **환경 변화에 적응하는 식생의 출현**이 원인이 되는 천이

③ 시차적 천이 : 교란의 시점이나 정도가 달라 발생하는 천이

④ 지형적 천이 : 미세지형적 조건에 따라 이주하는 나무와 천이의 진행속도가 달라 발생하는 천이

[천이 유형별 대조표]

구분	천이 유형	
유발 지역	건생	습생
교란 유형	1차	2차
진행 방향	진행	퇴행
환경 영향	자발적	타발적
진행 방향성	방향적	순환성
천이 원인	시차적	지형적

2) 산림 천이의 과정

건생 천이의 과정은 다음 순서로 진행된다.

나지 → 초본류 → 소나무림 → 상수리, 굴참나무림 → 신갈, 갈참나무림 → 서어나무 등 다양한 활엽수림

이 과정에서 식생과 토양, 토양미생물, 동물 등이 천이의 진행과 함께 변하게 된다.

3) 산림 천이의 진행에 따른 생태계 속성 변화

① 생태계의 총 유기물량이나 질소량 증대, biomass 증가, 성숙한 토양으로 변화

② 초기 단순 산림군집에서 복잡하고 성숙한 산림군집으로 변화되어 종 다양성 증대

③ 산림군집 내 임목수고가 증가하고 수형이 커지며 군락의 수직계층 분화 발달

④ 직선 먹이연쇄에서 망상 먹이연쇄로 변화된다.

⑤ 영양염의 순환이 개방에서 폐쇄로 변화된다.

⑥ 총 생산량과 총 호흡량의 비가 1에 가까워진다.

⑦ 산림군집 내 미세기후는 점진적으로 군집 자체 내 성격에 의해 결정된다.

⑧ 최종단계의 산림은 직선적인 변화가 거의 없는 수명이 긴 수종들에 의해 우점되면서 안정된다. 이렇게 안정된 상태의 산림을 극상림(climax forest)이라 한다.

4) 천이의 임업적 응용

① 임업은 인간이 천이과정에 간섭하는 것이다.

② 목재를 수확하거나 단기임산물을 수확하는 등의 산림경영 목적의 경제적, 단기적 목표를 가지고 조림, 숲 가꾸기 등을 실행하는 것이 임업이다. 이것이 천이의 입장에서 바라본 임업이다. 예를 들어 기존의 산림을 벌채하고 목재와 잣을 얻기 위해 잣나무를 조림하는 경우에도 천이(succesion)를 응용한다.

- 조림목 이외의 '잡초·잡목'이 침입하기 시작하는데, 진행 천이가 유발되며 식물상이 변화될 것을 예측할 수 있다.
- 이 상태로 몇 년의 시간이 더 경과하면 조림은 실패하게 된다. 목본식물은 초본식물을 피압하여 세력이 우세해지고 교목은 관목과 함께 식물사회를 구성하게 되고, 잣나무보다 성장이 더 빠른 활엽수 출현하여 잣나무를 도태시키게 된다.
- 조림 실패를 막기 위해 숲 가꾸기를 실시하여야 한다. 천이의 진행에 간섭하여 잣나무가 잘 자랄 수 있도록 '잡초와 잡목을 제거'하는 풀베기와 어린 나무 가꾸기를 실시한다.
- 산림의 천이에서 고려되어야 할 사항은 선구 수종(pioneer species)에 이어서 나타나는 계승 수종이다. 계승 수종은 선구 수종이 형성하는 식물사회와 선구 수종의 영향에 의해서 변화하는 숲의 물리적 환경에 잘 적응하는 수종이다.
- 산림에서의 천이는 자연선택에 의해 현재의 산림이 다른 형태로 변하는 과정이다.

4 생물다양성 등 기타

1) 생물다양성 협약(Convention on Biological Diversity)

① 지구의 생물종을 보호하기 위해 마련된 국제협약이다.

② 모든 생물종, 이들이 서식하는 생태계, 생물이 지닌 유전자의 다양성을 유지 및 증진할 목적

으로 맺어진 협약이며, 전통지식의 다양성을 포함하고 있다.

③ 협약의 주요 내용은 **생물다양성의 보전, 생물자원의 지속 가능한 이용, 생물자원을 이용하여 얻어지는 이익을 공정하고 공평하게 분배(ABS협약)하는 것**이다.

④ 1992년 '유엔환경개발회의'에서 채택되었고, 2003년 9월 발효되었다.

⑤ 생물다양성과 관련된 조약은 멸종위기 야생 동식물 종의 국제거래에 관한 협약(CITES), 람사 협약, 나고야 의정서 등이 있다.

2) 생물다양성의 정의

① 생물다양성은 생명체의 다양한 정도와 생명체가 살아가는 서식처의 다양한 정도를 총칭한 것으로, 생명체를 보는 시각에 따라 유전자의 다양성, 종 다양성, 생태계의 다양성 등 세 가지 유형으로 구분할 수 있다.

② 생물다양성 협약의 부속의정서인 나고야의정서는 지역의 생물다양성에 의지하여 삶을 유지해 온 **지역주민의 전통지식(TK; Traditional Knowledge) 또한 생물다양성의 한 형태로 정의하고 있다.**

③ 생물다양성은 유전자, 생물종, 생태계의 세 단계 다양성을 종합한 개념으로, 생명의 궁극적인 원천이며 인간과 생태계 등의 생명부양시스템을 유지하는 필수적인 자원이다. 또한 생물종 다양성의 보존은 자연보호, 자원관리 측면에서 중요하다.

④ 생물다양성(biodiversity)이란 지구상에 있는 생물의 총체적 다양성을 말한다. 다시 말해서 지구상의 모든 동식 물, 미생물, 생태계의 종을 포괄하는 개념으로서, 유전자 생물종 생태계의 다양성을 종합한 개념이며 생명의 궁극적인 원천이고 인간과 생태계 등 경제개발에 필요불가결한 생명부양시스템을 유지하는 필수적인 자원이다.

⑤ 이것은 유전자로부터 개체군, 군집 및 생태계에 이르는 생물학적 계층 차원 모두의 다양성을 의미하는 것이며, 이는 동식물 및 미생물의 개체군과 종들의 생태학적 연관성, 그리고 서식지의 중요성을 나타내기도 한다. 여러 권위 있는 단체나 기관에서 생물학적 다양성(biological diversity)에 대해 정의를 했다.

㉠ 생물다양성 보전협약 : "생물다양성(biological diversity)"이라 함은 육상, 해양 및 그 밖의 수생생태계 및 생태학적 복합체(ecological complexes)를 포함하는 모든 자원으로부터의 생물 간의 변이성(variability)을 말하며, 종들 간 또는 종과 그 생태계 사이의 다양성을 포함한다.

㉡ 세계 자연보호 재단의 1989년 정의 : "생물다양성"이란 수백만 여의 동식물, 미생물, 그들이 담고 있는 유전자, 그리고 그들의 환경을 구성하는 복잡·다양한 생태계 등 지구상에 살아있는 모든 생명의 풍요로움이다.

㉢ 윌콕스의 1984년 정의 : "생물의 다양성"이란 생활형과 생태학적 역할의 다양성, 그리고 그들이 가지고 있는 유전적 다양성을 말한다.

3) 생물다양성의 유형

① 유전자 다양성

- 지구상에 존재하는 개체 생물의 세포 속에 들어있는 유전자의 유전정보를 총칭한다.
- 동일 생물종이거나 같은 종 내에서도 개체를 구분하고 있는 유전자의 구조는 변이가 있을 수 있다.

② 종 다양성

- 동식물, 곤충 및 미생물 등 다양한 생물종을 뜻하는 것으로 환경에 적응하여 선택된 유전자가 특정 생명체의 형질로 진화되며, 그 결과 생물종의 다양성으로 나타난다.
- 지구상의 각 지역 내에서 존재하는 다양한 생물 종류를 뜻하며 진화의 계통이나 특성에 따라 다르게 나타난다.

③ 생태계의 다양성

- 생물종의 군집 양상과 상호작용 시스템의 차이로 구분되며 일반적으로 특정 서식지의 특성을 나타낸다.
- 생태계의 다양성은 생태계의 평형유지 기능을 하나의 통합된 개념으로 나타낸다.

④ 전통지식

㉠ 생물다양성협약에 의하면 전통지식은 "생물다양성의 보전 및 지속 가능한 이용에 적합한 전통적인 생활양식을 취하여 온 토착, 지역사회의 지식, 혁신적 기술 및 관행"이라고 정의하고 있다.

㉡ 이에 비해 나고야 의정서 전문에 의하면 한발 더 나아가 유전자원의 전통지식을 "토착, 지역 사회에서 생물 다양성의 보전 및 지속 가능한 이용에 적합한 풍부한 문화적 유산이 반영된 구전, 문헌 그리고 다른 형태의 지식들"로 명확하게 정리하고 있다. 그러므로 유전자원의 전통지식은 구전 지식, 문헌 지식 그리고 다른 형태의 지식으로 구성된다고 볼 수 있다. 나고야 의정서는 유전자원의 전통지식들 중에서도 구전 전통지식이 가장 중요함을 여러 부분에서 표현하고 있다.

- 유전자원과 전통지식은 토착, 지역사회와 분리될 수 없는 상호관계를 가지고 있다는 점을 강조하고 있다.
- 생물다양성과 그 구성요소들의 보전과 지속 가능한 이용을 위해서 전통지식의 중요성을 강조하고 있다.
- 토착, 지역사회의 지속 가능한 생계유지를 강조하고 있다. 이러한 점들을 모두 충족하는 전통지식은 현재 토착, 지역민들이 이용하고 있는 구전 지식뿐이라는 사실이 명백하다.

section 9 우리나라의 산림 기후대

산림대(forest zone)는 산림의 분포상태를 말한다. 대(帶, belt)라는 말처럼 기후에 따라 서식하는 식물이 띠 모양으로 나타나기 때문에 산림대라고 한다.

1 산림대 구분

산림대는 온도가 위도와 고도에 따라 달라지기 때문에 나타난다. 위도에 따라 달라지는 식생대를 수평적 산림대라고 하고, 고도에 따라 달라지는 식생대를 수직적 산림대라고 한다.

식생대의 구분은 다음과 같다.

① 열대림

- 비가 많이 내리기 때문에 열대강우림이라고 부르기도 한다.
- 연평균 기온 24℃ 이상의 비가 많이 내리는 지역에 형성되고 기타 30~60m 정도의 높이를 가진 상록활엽수림이다.
- 나무 종류가 매우 많다.
- 우리나라에는 존재하지 않는다.

② 아열대림

- 연평균기온 18℃ 이상의 지역으로 상록활엽수림이다.
- 우리나라에는 없다.

③ 난온대림

- 난대림은 연평균 기온 14℃ 이상 한랭지수 -10 이상인 지역이다.
- 모밀잣밤나무, 가시나무류, 녹나무, 삼나무 등의 상록활엽수림이 난온대림에 서식한다.
- 난대림으로 부르기도 한다.

④ 냉온대림

- 연평균 기온 6℃ 이상 지역으로 너도밤나무, 단풍나무, 침엽수 등의 낙엽수림이다.
- 온대림으로 부르기도 한다.

⑤ 아한대림

- 아한대림은 연평균 기온 5℃ 미만, 온량지수 55 미만인 지역이다.
- 전나무속과 가문비나무속의 상록침엽수림이 주를 이룬다.

2 산림대별 특성

온대림의 한계선은 위도가 높아질수록 낮은 고도에서 나타난다. 위도가 높아지면 기온은 낮아지고, 고도가 높아져도 기온은 낮아진다. 그러므로 온대림은 위도가 높아질수록 낮은 고도에서 나타난다.

① 난대림

- 난대림의 특징 수종으로는 **동백나무, 구실잣밤나무, 메밀잣밤나무, 붉가시나무, 녹나무** 등을 들 수 있다.
- 토양의 용탈로 붉은 라테라이트 토양이 발달한다.

② 온대림

- 너도밤나무, 단풍나무, 침엽수 등의 낙엽수림이 주로 분포한다.
- 갈색의 산림토양과 함께 토양층위가 발달한다.

③ 아한대림

- 우리나라의 북한과 한라산, 지리산, 설악산 등의 고산지대에 아한대림이 존재한다.
- 한대(15℃ 이하)에서는 산림이 거의 이루어지지 않고, 우리나라에는 한대지역이 없고 아한대림이 북한지역에 있다.
- 아한대림의 임상 중에는 넓은 면적의 극상림이 존재한다.
- 남한의 고산지대에서도 한대림의 특징 수종을 발견할 수 있다.
- **한라산과 지리산에도 분비나무, 구상나무, 전나무 군락이 있다.**

3 수종 분포

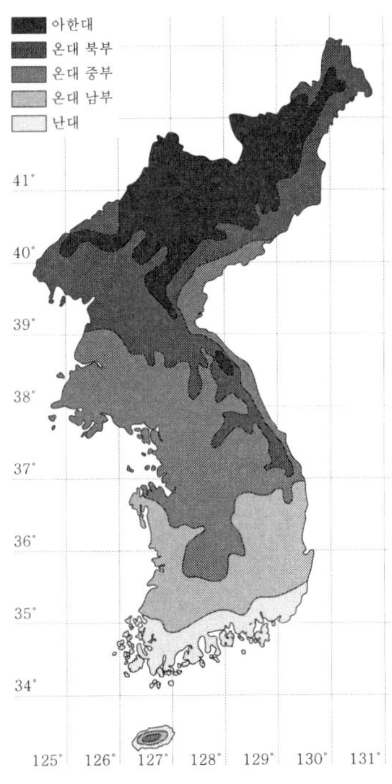

▲ 우리나라의 식생대(임경빈,1962)

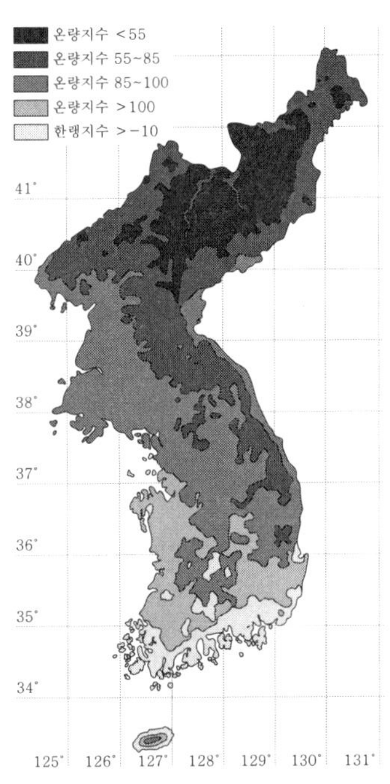

▲ 우리나라의 온도대(임양재,1976)

4 기후변화의 영향

① 소나무재선충병, 솔껍질깍지벌레 등 수목 병충해가 증가한다.

② 수목의 성장한계선이 변화한다. 또한, 서식한계의 경계지역 식생도 변화한다.

③ 산성비에 의해 산림토양이 산성화되어 토양생물에 피해를 주게 되고 산림쇠퇴 현상으로 이어진다.

section 10 주요 수종의 특징

1 침엽수

<table>
<tr><th>목</th><th>과</th><th colspan="2">속</th><th>종</th></tr>
<tr><td>소철목</td><td>소철과</td><td colspan="2"></td><td>소철</td></tr>
<tr><td>은행목</td><td>은행과</td><td colspan="2"></td><td>은행나무</td></tr>
<tr><td rowspan="10">구과목</td><td rowspan="2">낙우송과</td><td colspan="2">낙우송속</td><td>낙우송, 메타쉐쿼이아</td></tr>
<tr><td colspan="2">삼나무속</td><td>삼나무</td></tr>
<tr><td rowspan="5">소나무과</td><td rowspan="2">소나무속</td><td>소나무류</td><td>소나무, 곰솔, 리기다소나무, 반송</td></tr>
<tr><td>잣나무류</td><td>잣나무, 눈잣나무, 섬잣나무, 스트로브잣나무, 백송</td></tr>
<tr><td colspan="2">이깔나무속</td><td>이깔나무, 낙엽송(일본잎갈나무)</td></tr>
<tr><td colspan="2">가문비나무속</td><td>가문비나무, 종비나무, 독일가문비나무, 솔송나무</td></tr>
<tr><td colspan="2">전나무속</td><td>전나무, 분비나무, 구상나무</td></tr>
<tr><td rowspan="3">측백나무과</td><td colspan="2">측백속</td><td>측백, 눈측백나무, 서양측백</td></tr>
<tr><td colspan="2">편백속</td><td>편백, 화백나무</td></tr>
<tr><td colspan="2">향나무속</td><td>향나무, 눈향나무, 연필향나무, 노간주나무</td></tr>
<tr><td rowspan="4">주목목</td><td rowspan="2">주목과</td><td colspan="2">주목속</td><td>주목, 회솔나무, 눈주목</td></tr>
<tr><td colspan="2">비자나무속</td><td>비자나무</td></tr>
<tr><td>나한송과</td><td colspan="2"></td><td>나한송</td></tr>
<tr><td>개비자나무과</td><td colspan="2"></td><td>개비자나무</td></tr>
</table>

1) 은행나무과

① 은행나무(*Ginkgo biloba*)

② 중국 원산의 낙엽교목이다.

③ 잎은 짧은 가지에서는 모여나기 한 것처럼 보인다.

④ 잎몸은 부채모양이며, 잎맥이 두 갈래로 갈라지는 차상맥이다.

2) 낙우송과

낙우송속	메타쉐쿼이아	*Metasequoia glyptostroboides*	– 중국 원산. 낙엽. 침엽. 대교목 – 삽목발근이 용이하다.
	낙우송	*Taxodium distichum*	– 미국 원산. 낙엽. 침엽. 대교목 – 무기영양소 요구도 높다. – 양수 – 천근성 수종. 건조에 약하다.
삼나무속	삼나무	*Cryptomeria japonica*	– 일본 원산 – 냉수처리에 의한 발아촉진

3) 소나무과

가) 소나무류

소나무속 (소나무류)	소나무 (*Pinus densiflora*)	㉠ 상록침엽(2엽)교목. 자웅동주 ㉡ 꽃은 5월에 피며, 구과는 개화 이듬해 결실한다. ㉢ 곰솔과 비교하여 수피와 동아(겨울눈)는 적갈색을 띤다.
	곰솔(해송) (*Pinus thunbergii*)	㉠ 상록침엽(2엽)교목으로 수피는 흑색이다. ㉡ 잎은 짙은 녹색이며 다소 비틀어지고 피부를 찌르면 아플 정도로 억세다. ㉢ 수피는 암흑색이고, 동아는 굵고 회백색이다.
	백송 (*Pinus bungeana*)	㉠ 중국산의 상록침엽(3엽)교목. 수피는 밋밋하고 백색이며 비늘처럼 벗겨진다. ㉡ 종자는 난형으로 짧은 날개가 있다.
	리기다소나무 (*Pinus rigida*)	㉠ 미국원산. 1906년 도입. 상록침엽(3엽)교목 ㉡ 수피는 적갈색이고 깊게 갈라지며, 동아는 갈색이다. ㉢ 잎의 길이는 7~14cm로 뒤틀린다.
	테에다소나무 (*Pinus taeda*)	㉠ 미국 동남부지방 원산. 상록침엽(3엽)교목 ㉡ 잎은 리기다소나무에 비해 길다. ㉢ 추위에 약하여 중부지방에서는 자라기 어렵다.
	방크스소나무 (*Pinus banksiana*)	㉠ 북미 원산의 상록침엽(2엽)교목 ㉡ 잎은 두 개씩 달리며 길이 2~4cm로 짧다. ㉢ 구과는 수년 동안 가지에 달려있다. ㉣ 구과가 성숙하여도 인편이 잘 벌어지지 않는다.

실력 확인 문제

다음 수종에 해당하는 수종은?

- 잎이 2개씩 모여 나고, 수피와 겨울눈이 적갈색이며, 꽃이 4~5월에 피고 종자는 개화한 이듬해 가을에 결실한다.
- 경북 봉화군 춘양면과 충남 태안군 안면읍에 우량한 집단이 있다.

① *Pinus thunbergii* ② *Pinus densiflora*
③ *Pinus koraiensis* ④ *Pinus rigida*

해설

소나무(*Pinus densiflora*)
㉠ 상록침엽(2엽)교목. 자웅동주.
㉡ 꽃은 5월에 피며, 구과는 개화 이듬해 결실한다.
㉢ 곰솔과 비교하여 수피와 동아(겨울눈)는 적갈색을 띤다.

정답 ②

① 소나무와 해송

구분	수피색	동아(겨울눈)	침엽	침엽 수지도의 위치	침엽 하표피의 후막세포
소나무	적갈색	가늘고 적갈색	가늘고 짧으며 유연함	외위	발달이 약함
해송	암흑색	굵고 회백색	굵고 길며 강건함	중위	발달이 강함

실력 확인 문제

다음 소나무속 수종에 대한 설명으로 옳지 않은 것은?

① 소나무류는 단유관속군과 복유관속군으로 나눌 수 있다.
② 소나무의 동아는 가늘고 적갈색이다.
③ 잣나무의 심재는 담홍색을 홍송(紅松)이라고도 한다.
④ 해송은 곰솔이라고도 하며 3엽송이다.

해설

해송은 2엽송에 속한다.

정답 ④

② 소나무와 잣나무

구분	유관속	아린	구과의 실편	목재	가지
소나무	2	끝까지 남는다.	끝이 두껍고 가시가 있다.	굵고 춘추재의 전환이 급하다.	잎이 달렸던 자리가 도드라진다.
잣나무	1	떨어진다.	끝이 얇고 가시가 없다.	연하고 춘추재의 전환이 점진적이다.	잎이 달렸던 자리가 밋밋하다.

③ 단유관속군과 복유관속군

단유관속군	잣나무, 섬잣나무, 스트로브잣나무, 백송
복유관속군	소나무, 해송

실력 확인 문제

소나무속에 속하는 잣나무류의 특성으로 옳지 않은 것은?

① 아린이 곧 떨어진다.
② 잎이 달렸던 자리는 밋밋하다.
③ 실편의 끝은 얇고 가시가 없다.
④ 관속은 2개이다.

해설

잣나무의 관속은 1개인 단유관속군이다.

정답 ④

나) 잣나무류

소나무속 (잣나무류)	잣나무 (*Pinus koraiensis*)	㉠ 한국 특산의 상록침엽교목으로 주요 조림수종이다. ㉡ 수피는 흑갈색이고, 침엽은 5개씩 속생하고 엽초는 곧 떨어진다. ㉢ 구과는 긴 난형으로 실편 끝이 길게 자라 뒤로 젖혀지고, 종자는 대형이나 날개가 없다.
	섬잣나무 (*Pinus parviflora*)	㉠ 울릉도 특산의 상록침엽교목 ㉡ 수피는 암회색이고, 잎은 5엽으로 속생한다. ㉢ 종자는 난상원형으로 날개가 있다.
	스트로브잣나무 (*Pinus strobus*)	㉠ 미국 동북부지방 원산의 상록침엽교목 ㉡ 5엽송이며, 잎이 유연하다. ㉢ 종자는 잣보다 작으며 날개가 있다. ㉣ 추위에 강하나 잣나무 털녹병에 매우 약하다.

다) 이깔나무속

이깔나무속	**잎갈나무** (*Larix gmelini*)	㉠ 한국 원산의 낙엽침엽대교목 ㉡ 일본잎갈나무와의 차이점은 솔방울의 실편수가 25~40개이고 실편의 끝이 뒤로 젖혀진다.
	일본잎갈나무 (*Larix kaempferi*)	㉠ 일본원산의 낙엽침엽대교목. 잎갈나무에 비해 가지가 붉다. ㉡ 극양수로서 광 요구도가 대단히 높고, 천근성이며 측근이 발달한다. ㉢ 잎은 길이 1.5~3.5cm, 넓이 1.0~1.2mm, 뒷면에 5개의 기공조선이 있다. ㉣ 솔방울의 실편이 50~60개, 노랑 빛 단풍, 짧은 가지에 10여 개의 잎이 뭉쳐난다.

라) 가문비나무속

가문비나무속	가문비나무 (*Picea jezoensis*)	㉠ 고산성 상록침엽교목이므로 평지식재가 불가능하다. ㉡ 구과는 황록색이며, 원통형 또는 타원형으로 밑으로 늘어져 달린다.
	독일가문비나무 (*Picea abies*)	㉠ 유럽 원산으로 1920년경 도입된 상록침엽교목으로 소지가 밑으로 처진다. ㉡ 수피는 평활하고 회갈색이다. ㉢ 구과는 가문비나무류 중 가장 큰 10~15cm로서 아래로 처져 달린다.
	종비나무 (*Picea koraiensis*)	㉠ 한국 특산의 상록침엽대교목 ㉡ 독일가문비나무에 비하여 수피는 적갈색으로 거칠다.

마) 전나무속

전나무속	전나무 (*Abies holophylla*)	㉠ 상록침엽교목, 구과가 위로 달린다. ㉡ 잎 주변이 매끄럽고 선형, 길이 4cm 정도로 끝이 뾰족하며 뒷면에 흰빛 기공조선. 약간 짧고 잎 끝이 2개로 갈라지는 것이 일본 전나무다.
	분비나무 (*Abies nephrolepis*)	㉠ 잎의 자국이 매끄럽고 선형, 흰가루 모양의 수피 때문에 분피(粉皮)나무가 분비나무로 되었다고 한다. ㉡ 솔방울은 실편의 끝에 침상돌기가 위로 향한다.
	구상나무 (*Abies koreana*)	㉠ 잎은 전나무와 같이 생겼지만 잎 끝이 둘로 갈라졌다. ㉡ 잎 뒷면은 기공조선이 발달하여 흰색으로 보인다. ㉢ 잎의 배열이 빗처럼 되고, 솔방울의 실편 끝에 침상돌기가 뒤로 젖혀진다.

참고 전나무 관련 출제 내용

㉠ 종자 결실주기 3~4년(전나무, 녹나무, 가문비나무)

㉡ 양광건조법(소나무, 전나무, 낙엽송)

㉢ 파종 1개월 전 노천매장(소나무, 해송, 낙엽송, 삼나무, 편백, 측백나무, 전나무, 가문비나무, 무궁화)

㉣ 항온 발아기 42일(전나무, 느티나무, 목련, 옻나무)

ⓜ **상만들기 소나무상(소나무, 낙엽송, 삼나무, 편백, 전나무, 가문비나무)**
ⓑ **해가림 수종(낙엽송, 삼나무, 편백, 잣나무, 전나무, 가문비나무)**
ⓢ 거치 후 상체(잣나무, 전나무, 가문비나무)
ⓞ 직파조림이 어려운 수종(전나무, 분비나무, 구상나무, 낙엽송, 주목, 일부 단풍나무류)
ⓙ 첫 번째 제벌이 실시되는 임령 : 13~15년(전나무, 가문비나무)
ⓒ **간벌 개시 임령 : 20~25년(편백, 전나무, 가문비나무)**
ⓚ 온대 북부(피나무, 박달나무, 전나무)
ⓣ 건구과(소나무, 전나무류, 가문비나무류, 솔송나무류, 삼나무 등)
ⓟ **풀베기작업 : 잣나무, 전나무, 가문비나무 등 어릴 때 자람이 느린 수종: 5~6년까지 실시**

바) 솔송나무속

솔송나무속	솔송나무 (*Tsuga sieboldii*)	㉠ 상록침엽교목 ㉡ 잎은 선형이며, 잎의 뒷면에 백색기공선이 있다.

4) 측백나무과

측백나무과	측백속	측백, 눈측백나무, 서양측백
	편백속	편백, 화백나무
	향나무속	향나무, 눈향나무, 연필향나무, 노간주나무

가) 측백나무속

① 측백나무(*Thuja orientalis*) : 잎은 비늘모양으로 뾰족하고 도란형 또는 난형으로 흰빛 점이 약간 있다.

㉠ 장일성 수종의 종자(소나무, 전나무, 가문비나무, 솔송나무, 측백나무, 자작나무 등)

㉡ 토양산도(7.4~8.0) : 오리나무, 물푸레나무, 측백나무

㉢ **내생균근 : 단풍나무, 백합나무, 향나무, 낙우송, 측백나무**

② 서양측백나무(*Thuja occidentalis*) : 잎은 넓이 3mm의 난형으로 갑자기 뾰족해지고 잎 뒷면에 원형의 선점이 있으며 향기가 강하다.

나) 편백나무속

① 편백(*Chamaecyparis obtusa*) : 잎은 계란모양의 능형이며 둔두로서 두껍고 초록빛 표면에 1개의 선이 있으며, 뒷면에는 Y자형의 기공조선, 비늘모양의 잎이 가지에 밀착되어 부드럽다.

㉠ 일본 원산으로 1924년 도입

㉡ 잎 뒷면의 기공조선이 Y형

② 화백(*Chamaecyparis pisifera*) : 잎의 뒷면이 W자형, 비늘잎이 뾰족하고 거칠다.

㉠ 일본 원산으로 1924년 도입

㉡ 잎 뒷면의 기공조선이 W형

다) 향나무속

① 향나무(*Juniperus chinensis*) : 침엽은 윤생 또는 마주나기하고 짙은 초록빛으로 길이 5~10mm, 넓이 1.0~1.5mm이다. 인엽은 능형이고 끝이 둥글며 가장자리가 흰빛이다.

참고 향나무 관련 출제 내용

㉠ 개화 이듬해(2년째) 가을 종자 성숙: 소나무, 잣나무, 향나무, 상수리나무, 굴참나무, 붉가시나무

㉡ 육과 : 은행나무, 주목, 향나무, 비자나무

㉢ 종자 정선 후 곧 노천매장 : 들메나무, 은행나무, 주목, 향나무 등

㉣ 삽목발근이 용이한 수종 : 은행나무, 주목, 향나무, 삼나무 등

㉤ 양수

㉥ 미발달배 : 들메나무, 은행나무, 주목, 향나무

② 노간주나무(*Juniperus rigida*) : 수간이 곧게 빗자루처럼 되고 잎은 길이 1.2~2.0cm로써 3개씩 윤생하며 단면은 V자형으로 표면에 좁은 흰빛 홈이 있다.

㉠ 석회암지대에 자생한다.

㉡ 개화한 해에 거의 자라지 않고 다음해 봄에 수정하여 크게 자라 3년째 가을에 성숙한다.

5) 주목목

주목목	주목과	주목속	주목, 회솔나무, 눈주목
		비자나무속	비자나무
	나한송과		나한송
	개비자나무과		개비자나무

가) 주목(*Taxus cuspadata*)

① 적갈색 수피. 잎은 선형으로 나선상으로 착생한다.

② 잎의 길이는 1.5~2.0cm, 넓이는 3mm로 끝이 뾰족하다.

③ 잎의 표면은 짙은 초록빛이고, 뒷면에 2개의 기공조선이 있다.

참고 주목 관련 출제 내용

㉠ **극음수**
㉡ **자유생장 : 은행나무, 주목, 버드나무, 포플러, 낙엽송**
㉢ **자웅이주** : 은행나무, **주목,** 버드나무, 포플러, 가죽나무, 꽝꽝나무, 사시나무, 호랑가시나무
㉣ 미발달배 : 향나무, 주목, 은행나무, 들깨나무

나) 비자나무(*Torreya nucifera*)

① 잎은 길이 2.5cm, 넓이 3mm의 침형이다.

② 뒤쪽 주맥의 양측에 연한 노랑 빛의 기공조선이 있다

다) 개비자나무(*Cephalotaxus koreana*)

① 3m 정도 자라는 상록침엽관목이다.

② 잎은 길이 5cm 내외이며 잎의 중앙맥이 두드러진다.

③ 잎의 뒷면에 흰빛 기공조선이 두 줄로 있다.

④ **극음수**이며, 우리나라 온대남부지역에 분포하는 특산종이다.

2 활엽수

목	과	속	종
쌍떡잎식물강 버드나무목	버드나무과	버드나무속	버드나무, 왕버들, 선버들, 갯버들, 수양버들
		포플러속	은백양나무, 이태리포플러, 황철나무
목련강 가래나무목	가래나무과	가래나무속	가래나무, 호두나무
		굴피나무속	굴피나무
쐐기풀목	느릅나무과	느릅나무, 느티나무, 시무나무	
노박덩굴목	감탕나무과	호랑가시나무, 꽝꽝나무	
장미목	콩과	자귀나무, 박태기나무, 싸리, 아까시나무, 회화나무, 칡	
	장미과	벚나무	
	뽕나무과	뽕나무	
용담목	물푸레나무과	물푸레나무	
	들메나무과	들메나무	
쥐손이풀목	소태나무과	가죽나무	
	멀구슬나무과	참죽나무	
무환자나무목	옻나무과	옻나무	
	단풍나무과	신나무, 고로쇠나무, 단풍나무, 당단풍나무, 섬단풍나무, 복자기나무, 중국단풍, 산겨릅나무	

<table>
<tr><td rowspan="6">참나무목</td><td rowspan="4">참나무과</td><td>참나무속</td><td>상수리나무, 굴참나무, 떡갈나무, 신갈나무, 졸참나무, 갈참나무, (정)가시나무, 참가시나무, 개가시나무, 종가시나무, 붉가시나무</td></tr>
<tr><td>너도밤나무속</td><td>너도밤나무</td></tr>
<tr><td>밤나무속</td><td>밤나무(일본, 중국, 미국, 유럽)</td></tr>
<tr><td>오리나무속</td><td>오리나무, 사방오리나무</td></tr>
<tr><td>자작나무과</td><td>자작나무속</td><td>자작나무</td></tr>
<tr><td>소귀나무과</td><td colspan="2">소귀나무</td></tr>
</table>

1) 참나무과

참나무속	상수리나무, 굴참나무, 떡갈나무, 신갈나무, 졸참나무, 갈참나무, (정)가시나무, 참가시나무, 개가시나무, 종가시나무, 붉가시나무
너도밤나무속	너도밤나무
밤나무속	밤나무(일본, 중국, 미국, 유럽)
오리나무속	오리나무, 사방오리나무

가) 참나무속

① 가시나무류

(정)가시나무	*Quercus myrsinaefolia*	잎이 좁고 길며 어긋남
참가시나무	*Q salicina*	해변에 서식(salic~ 버드나무과의)
개가시나무	*Q gilva*	잎 뒷면 황갈색털(gil~ 미국 속어 속임수의, 가짜의)
종가시나무	*Q glauca*	잎 어긋나며 달걀모양(회색의)
붉가시나무	*Q acuta*	잎 장타원형(뾰족한)

② 참나무류

상수리나무	*Quercus acutissima*	밤나무잎 비슷, 딱딱한 코르크질 수피
굴참나무	*Q variabilis*	밤나무잎 비슷, 물렁한 코르크질 수피
떡갈나무	*Q dentata*	잎자루 없고, 뒷면 털 있고
신갈나무	*Q mongolica*	잎자루 없고, 뒷면 털 없고, 짚신깔창
졸참나무	*Q serata*	잎자루 있고, 잎이 작고, 거치 톱니모양
갈참나무	*Q aliena*	잎자루 있고, 잎이 떡갈나무 비슷

㉠ 낙엽성 참나무는 상수리나무, 굴참, 졸참, 갈참, 신갈, 떡갈나무 등 6종이 있다.

㉡ 생장속도는 빠른 편이며 30년일 때 120m^3/ha의 목재를 생산한다.

㉢ 잎이 풍성하며, 가을에 적색 단풍이 정열적이므로 마을 주변 경관림 조성에 알맞다.

㉣ 나무결은 곧고 무거우며 단단하고, 펄프 수율이 높고 표백이 잘 된다.

㉤ 목재는 나이테가 뚜렷하고 심재는 암적갈색이며 변재는 회백색 또는 황갈색이다.

㉥ 가구, 마루판, 건축, 토목, 선박, 차량, 기구, 포장 등에 쓰인다.

㉦ 수피는 약용, 염색제, 목선의 방수 충진재로 쓰고 열매는 식용한다.

구분	상수리	굴참나무	졸참나무	갈참나무	신갈나무	떡갈나무
결실	2년	2년	당년	당년	당년	당년
열매	원형 2cm	타원형 2.5cm	장타원형 0.4~2.8cm	타원형 0.6~2.3cm	타원형 0.6~2.5cm	광타원형 1.0~2.7cm
발아	이듬해	이듬해	낙과 즉시	낙과 즉시	낙과 즉시	낙과 즉시
적지	산록부의 양지 바른 곳	남서향의 사면 중복	특별한 적지를 가리지 않음	계곡부의 토심이 깊고 비옥한 곳	북향사면 산록부에서 산정부까지	산기슭과 산복
잎의 형태	• 장타원형 • 털이 없음	• 장타원형 • 앞뒤 백색 • 털이 많음	잎자루 부분이 뾰족함	잎자루 부분이 뾰족하고 좌우대칭이 아님	잎 밑 모양이 귀모양	• 잎 밑 모양이 귀모양 • 앞뒤에 털이 많음
잎 둘레 (거치)	톱니모양	톱니모양	앞으로 향한 톱니모양	이빨모양	작은 물결 모양	둔한 톱니 모양
생태	내한성, 내조성이 강하나 내음성이 약함	내음성은 약하지만 맹아력이 강함	내한성, 맹아력이 강함	어려서 내음성이 강하며 커서 양수로 변함	내한성, 맹아력이 강함	내건성이 강하여 바닷가에서도 생육
기타	강참, 모래참	코르크층 발달	잎이 가장 작음			잎이 가장 큼
잎모양						

실력 확인 문제

참나무에 속하는 수종으로만 짝지어진 것은?

① 상수리나무, 가시나무 ② 오리나무, 신갈나무
③ 개암나무, 까치박달 ④ 자작나무, 떡갈나무

해설

오리나무는 오리나무속, 개암나무와 까치박달, 자작나무는 자작나무과 수종이다.

정답 ①

③ 참나무류

㉠ 상수리나무(*Quercus acutissima*)

- 잎은 밤나무 잎과 비슷하게 엽침이 발달하지만 톱니 끝에 엽록체가 없는 것이 다르다.
- 꽃은 5월에 개화하여 이듬해 10월에 견과로 성숙하며 포린은 젖혀진다.

㉡ 굴참나무(*Quercus variabilis*)

- 수피는 두꺼운 코르크로 발달한다.
- 잎의 뒷면에 백색의 성모가 밀생한다.
- 꽃은 5월에 개화하여 이듬해 10월에 견과로 성숙하며 포린은 젖혀진다.

2) 버드나무과

버드나무과는 자웅이주이며, 단성화를 가지고 있다. 열매는 삭과다.

가) 버드나무(*Salix koreensis*)

낙엽교목으로 잎은 거의 피침형, 거치, 뒷면이 흰빛이다.

참고 버드나무 관련 출제 내용

㉠ 극양수 : 버드나무, 포플러, 자작나무
㉡ 외생균근
㉢ 극상지수가 낮은 수종(버드나무, 사시나무, 참나무, 자작나무, 물푸레나무, 느릅나무)
㉣ 종자 성숙기 5월(버드나무, 포플러, 사시나무, 양버들, 황철나무)
㉤ 해마다 결실(버드나무, 포플러, 오리나무)
㉥ 채파 : 버드나무, 사시나무, 미루나무처럼 종자 수명이 짧은 것은 채파
㉦ 기성근원기가 미리부터 형성(버드나무, 포플러)
㉧ 상만들기 버드나무상(저상) : 버드나무, 사시나무

나) 버드나무과 수종과 잎의 모양

수종	잎의 특징
포플러속	
사시나무	잎은 거의 원형, 앞뒷면이 거의 동일한 녹색, 잎자루가 길다.
은백양	잎 모양이 큰 5각형이 섞여 있다. 뒷면 흰털 밀생, 흰수피를 가진다.
은수원사시(현사시)	은백양과 비슷하나 큰 5각형이 거의 없고 뒷면의 털이 적다.
양버들	길이보다 폭이 넓다. 빗자루형 수관, 수피는 세로로 깊이 갈라지고 흑갈색이다.
미류나무	잎의 길이가 폭보다 길다. 상부가 이태리포플러처럼 넓게 퍼진다.
이태리포플러	신엽은 붉은 빛. 거의 절저, 수피는 은백색, 엽병이 평평하다.
버드나무속	
왕버들	약간 짧은 타원형, 3~6cm, 안으로 휘는 경향이 있는 가느다란 톱니모양이다.
수양버들	어린 가지는 적갈색이고 잎뒷면은 진한 흰빛이다.
능수버들	어린 가지는 황록색이다.
떡버들	원형, 타원형, 급첨두이고, 거치가 뚜렷하지 않다. 뒷면은 흰빛, 뒷면의 엽맥이 현저하게 튀어 나온다.
호랑버들	원형 혹은 넓은 타원형, 뒷면은 백색융모가 끝까지 밀생한다. 떡버들과 차이점은 불규칙한 거치를 가지고, 겨울눈이 붉은 색이며 광채가 난다.

다) 버드나무과 수종의 학명

Populus속	Salix속
이태리포플러(*Populus euramericana*) 사시나무(*Populus davidiana*) 양버들(*Populus nigra*) : 유럽원산 황철나무(*Populus maximowiczii*) 미루나무(*Populus deltoides*) : 미국원산 은백양(*Populus alba*) : 유럽원산 은사시나무(*Populus alba*) 현사시나무(*P. glandulosa, tomentiglandulosa*)	버드나무(*Salix koreensis*) 수양버들(*Salix babylonica*) 왕버들(*Salix glandulosa*) 쪽버들(*Salix maximowiczii*) 갯버들(*Salix gracilistyla*) 호랑버들(*Salix hulteni*) 키버들(*Salix purpurea*)

3) 자작나무과

과	속	향명	종소명	비고
자작나무과 (*Betulaceae*)	서어나무속 (*Carpinus*)	서어나무	***laxiflora***	lax– 드문드문 있는 flora 꽃
		까치박달나무	*cordata*	(잎이) 심장모양인
	개암나무속 (*Corylus*)	개암나무	*heterophylla*	hetero–(other different의 뜻) phylla 잎
		물개암나무	*sieboldiana*	

과	속	향명	종소명	비고
자작나무과 (*Betulaceae*)	자작나무속 (*Betula*)	사스레나무	*ermanii*	
		거제수나무	*costata*	costa(잎의 주맥) costate 잎이 주맥이 있는
		박달나무	*schmidtii*	온대 북부, 슈미티
		물박달나무	*davurica*	온대 중부

※ 식토에서 잘 생육하는 수종 : 서어나무, 벚나무, 낙엽송, 가문비나무

4) 단풍나무과

과, 속	향명	종소명	비고
단풍나무과 (*Aceraceae* 단풍나무속 *Acer*)	신나무	*Acer tataricum subsp. ginnala*	잎몸 3갈래, 가운데 잎몸이 가장 길다.
	고로쇠나무	***mono MAX***	pict(브리튼섬 고대민족), 잎몸(엽신) 5갈래
	단풍나무	***palmatum***	(잎이) 손바닥 모양의, 7갈래
	당단풍나무	*Acer pseudosieboldianum*	잎몸 9갈래
	섬단풍나무	*takesimense*	잎몸 11~13갈래
	복자기나무	*triflorum*	잎은 마주나고, 3출 도란형 복엽
	부게꽃나무	*caudatum*	(잎에) 꼬리가 있는
	청시닥나무	*barbinenerve*	bar(막대) bi(둘) nerve(엽맥), 중추, 신경
	시닥나무	*komarovii*	잎맥이 5갈래
	산겨릅나무	*tegmentosum*	잎은 광난형이며 윗부분이 세 갈래로 갈라진다.

5) 장미과

과	속	종	종소명	비고
장미과 (*Rosaceae*)	벚나무속 (*Prunus*)	귀룽나무	*padus*	바구니, 패드
		벚나무	***serrulata***	(잎의 둘레가) 잔톱니모양
		산벚나무	*sargentii*	
	마가목속 (*Sorbus*)	마가목	*commixta*	
		팥배나무	*alnifolia*	수고 15m, 불규칙 겹톱니의 잎 가장자리
	사과나무속 (*Malus*)	야광나무	*baccata*	수고 6m, 낙엽활엽아교목 원주시 신림면 성황림 천연기념물 93호
	산사나무속 (*Crataegus*)	산사나무	*pinnatifida*	열매가 사과맛이 나서 산사나무, 가시가 있다.

6) 느릅나무과

쐐기풀목 느릅나무과	느릅나무속(*Ulmus*)	느릅나무	***davidiana***
		참느릅나무	*parvifolia*
		난티나무	*lanciniata*
	느티나무속(*Zelkova*)	느티나무	***serata***
	팽나무속(*Celtis*)	팽나무	*sinensis*, 온대 남부, 극상지수 높다.
	시무나무속 (*Hemiptelea*)	시무나무	*davidii*

참고 느릅나무의 특성

㉠ 무한생장(둥근 수관을 가지고 있다. 무한생장 수종은 원추형수관)

㉡ **시과(단풍나무, 고로쇠나무, 물푸레나무, 느릅나무, 가중나무)**

㉢ 극상지수가 낮다.(천이 초기 또는 중기에 해당하는 수종)

㉣ 광선조건과 무관한 발아 특성(가중나무, 개오동나무, 느릅나무, 주엽나무)

※ 극상지수 : 일반적으로 천이 초기의 선구수종은 내음성이 약한 양수이고, 그 다음 단계는 중성수 또는 중용수에 의해 구성되며, 천이 후기의 산림은 내음성이 강한 음수로 구성된다.(Spurr & Cline, 1942)

※ 천연활엽수림에는 서어나무, 피나무, 고로쇠나무 등의 음수들이 참나무류, 자작나무류, 물푸레나무류, 느릅나무류 등의 양수 또는 중간 내음성 수종으로 구성된 숲에서 지속적으로 구성 비율을 증가시킨다.

7) 콩과

① 자귀나무(*Albizzia julibrissin*)

② 주엽나무(*Gleditsia japonica*)

③ 싸리(*Lespedeza bicolor*)

④ **아까시나무(*Robinia Pseudo-acacia*)**

⑤ 회화나무(*Sophora japonica*)

⑥ 다릅나무(*Maackia amurensis*)

8) 가래나무과

① 가래나무(*Juglans mandshurica*)

② **호두나무(*Juglans sinensis*)**

③ 굴피나무(*Platycarya strobilacea*)

9) 물푸레나무과

① 미선나무(*Abeliophyllum distichum*) : 우리나라 특산의 낙엽활엽관목

② 개나리(*Forsythia koreana*) : 삽목발근이 용이한 수종(미선나무, 개나리, 쥐똥나무 등)

③ 물푸레나무(*Fraxinus rhynchophylla*)(시과)

㉠ 꽃은 암수 딴 그루이나 양성화도 있다.

㉡ 새 가지에서 액생하는 원추화서 또는 복총상화서로 달린다.

㉢ 꽃눈은 가지의 정단부에 달린다.

④ 들메나무(*Fraxinus mandshurica*)(시과)

㉠ 꽃은 암수딴그루로 다수가 전년지 엽액에서 나오는 복총상화서에 달리고 5월에 개화한다.

㉡ 꽃눈은 가지의 측면에 달린다.

실력 확인 문제

물푸레나무와 들메나무의 특성에 대한 설명으로 옳은 것은?

① 두 수종의 열매는 모두 삭과이다.

② 들메나무는 총상화서이고 물푸레나무는 미상화서이다.

③ 성목의 경우 물푸레나무는 일반적으로 들메나무보다 수고가 큰 편이다.

④ 물푸레나무의 꽃눈은 가지의 정단부에 달리고, 들메나무의 꽃눈은 가지의 측면에 달린다.

정답 ④

⑤ 쥐똥나무(*Ligustrum obtusifolium*)

⑥ 수수꽃다리(*Syringa diliatata*)

10) 녹나무과

① **녹나무(*Cinnamomum camphora*)**

② 후박나무(*Machiilus thunbergii*)

CHAPTER 6 산림토양

section 1 산림토양의 특성

토양은 암석의 풍화물과 유기물의 혼합물로서 마그마가 굳은 기반암이 풍화와 침식으로 부서져 모질물이 되고, 모질물과 생물의 잔해가 분해되어 표토가 되며, 표토가 점점 쌓여 아래층은 심토가 된다. 이러한 토양의 생성 과정은 수만에서 수백만 년이 소요된다.

1 토양의 분류

① 우리나라 산림토양의 분류는 자연적 계통 분류 방식에 따라 고차에서 저차 카테고리로의 하강식 분류 방식을 채택하였다.

② 8개 토양군, 11개 토양아군, 28개 토양형의 3단계 분류

[온량지수와 수림대의 관계]

지수	수림대	토양	
온량지수 55 이하	아한대, 침엽수림	회백색 포드졸	성대토양
온량지수 55 이상 한랭지수 −10 이하	온대 낙엽광엽수림	회갈색 포드졸	
		갈색 산림토양	
한랭지수 −10 이상	난대 상록광엽수림	적색 라테라이트	
무관	기후대 별로 다름	화산회토	간대토양

- 산림대별로 산림면적과 임목축적을 보면 온대 복부 침엽수림은 작은 면적에도 불구하고 단위 면적당 평균 161m^{3}로 축적이 매우 높다.
- 소나무류와 일본잎갈나무가 대부분을 차지한다.
- 온대 북부지역은 임상별로 다른 기후대에 비하여 임목축적이 매우 높았으며, 난대지역은 상대적으로 임목축적이 낮았다.
- 난대지역은 곰솔(해송), 구실잣밤나무, 편백, 삼나무 등의 축적이 높고, 기타 수종은 다른 기후대에 비하여 축적이 비교적 낮다.

③ 또한 토양은 기후 영향을 받는 성대토양과 모재의 영향을 받는 간대토양으로 구분할 수 있다.

④ 연평균 5℃ 이하의 개마고원 인근 아한대림의 포드졸 회갈색 포드졸 토양이 주를 이루고, 연평균 14℃ 이상의 남부해안에는 적색 라테라이트 토양, 연평균 5~14℃의 온대림 낙엽수림대는 갈색 토양이 주를 이룬다.

⑤ 영월, 제천, 단양 등 석회암지대는 석회암 풍화토인 테라로사가 주를 이루고 있는데, 테라로사는 물리적 성질이 불량한 암적색 토양이다.

⑥ 제주도, 철원은 보비력이 좋은 화산회토로 간대토양에 속한다.

⑦ 서해남부 해안은 통기성이 불량한 적황색 토양, 동해남부 해안은 침식으로 점착성이 강한 회갈색 토양 등 성대토양이 주를 이룬다.

⑧ 산지의 경사에 따라 산정지역은 용탈이 심한 침식토양, 산록하부는 생성기간이 짧은 미숙토양, 급경사지는 암쇄토양(li, 리토졸)으로 분류할 수 있다.

⑨ 토양의 신 분류법에 따른 8개의 토양군은 아래와 같다.

㉠ 갈색 산림토양군 : 적윤한 온대 및 난대기후에 분포하는 토양으로 암갈색~흑갈색으로 부식을 다량 함유, b층은 갈색~암갈색의 광물질 층인 산성토양으로 전국 산지에 대부분 분포하며 입목의 생육상태 양호

㉡ 적·황색 산림토양군 : 해안 인접지의 홍적대지에 분포하며 퇴적상태가 견밀하고 물리적 성질이 불량한 토양이고, 적색은 건조한 지역에, 황색은 해풍의 영향으로 건조하고 견밀하며 통기성과 투수성이 불량하고 입목생육상태 불량

㉢ 암적색 산림토양군 : 석회암지역에 분포하며 약산성으로 모재층에 가까울수록 암적색이 강하게 나타나며, 견밀하고 통기성과 물리적 성질이 불량하며 입목 생육상태 불량

㉣ 회갈색 산림토양군 : 퇴적암지역의 혈암, 이함, 회백질사암을 모재로 생성된 토양으로 과거 심한 침식을 받은 건조하고 점착성이 강한 회갈색토양, 통기성과 투수성이 불량하고 입목생육상태는 극히 불량

㉤ 화산회 산림토양군 : 화산활동에 의해 생성된 토양으로 암적갈색~흑색으로 가비중이 매우 낮은 다공질토양으로 토립의 결합력이 약하나 유기물 함량이 높으며 인산고정력이 강하고 염기용탈이 쉽게 일어난다. 입목의 생육상태 양호

㉥ 침식 토양군 : 산정 및 철형의 산복지형에 분포하고 토층의 일부가 유실된 토양, 층위 분화가 불완전하여 모재의 특성이 강하게 나타나고 점토 및 유기물 등의 양분용탈이 심하며 보비력이 약한 토양, 임목생육상태 불량

㉦ 미숙 토양군 : 주로 산록하부 및 저산지에 출현하며 성숙토양과 달리 토양생성 시간이 짧아 층위의 분화 및 발달이 불완전한 토양이며, 보수력이 약하고 이화학적 성질이 불량하며 입목상태 불량

⑥ 암쇄 토양군 : 산정 및 경사가 급한 산복사면에 주로 분포하며, a~c층의 단면 형태로 암쇄퇴적물이 섞여 있고 입자는 조립질이며 큰 자갈이 많다. 입목의 생육상태 매우 불량

2 토양의 단면

산림토양의 단면은 A층, B층, C층으로 구분할 수 있다.

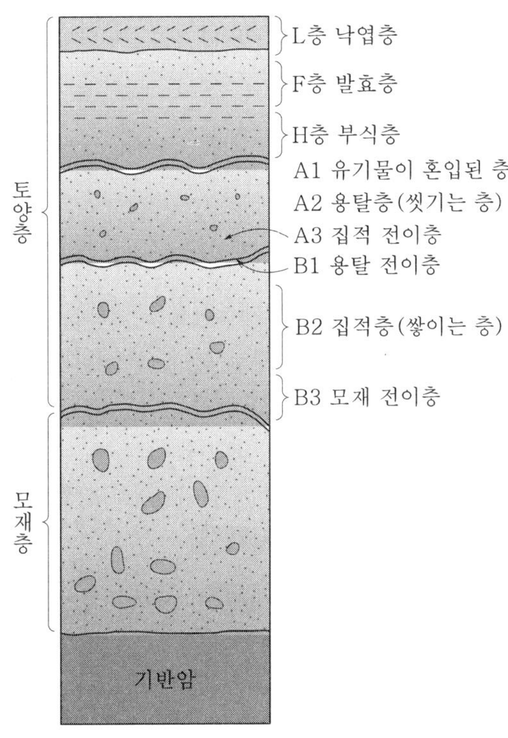

▲ 토양의 층위

① A층 : 표층 혹은 용탈층으로 광물질 토층의 최상층으로 유기물이 풍부하거나 혹은 그것을 포함하고 있는 층. 기후, 식생, 생물 등과 같은 환경의 영향을 가장 많이 받는다.

② B층 : 하층 또는 집적층. A층의 하부층으로 부식되거나 혹은 부식이 덜 진행된 층. a층과 모재층의 중간층

③ C층 : 토양은 아니지만 최상층이나 균열을 따라 끊임없이 토양화가 진행되고 있는 층

3 토양의 이화학적 특성

1) 수목의 성장에 적합한 토양의 조건

① 적절한 점토 함유

– 토양 내 공극 조절

– 점토에 수분 결합

② 적절한 부식질 함유

- 부식질이 수분 흡수·저장
- 공극(모세관) 조절
- 넓은 표면적으로 양이온치환능력 향상
- 표면의 음전하로 인해 토양이 떼알구조 형성

③ 토양 3상의 적절한 구성

- 고체 45%, 유기질 5%, 수분 25~30%, 기체 20~25%

④ 입단구조의 형성

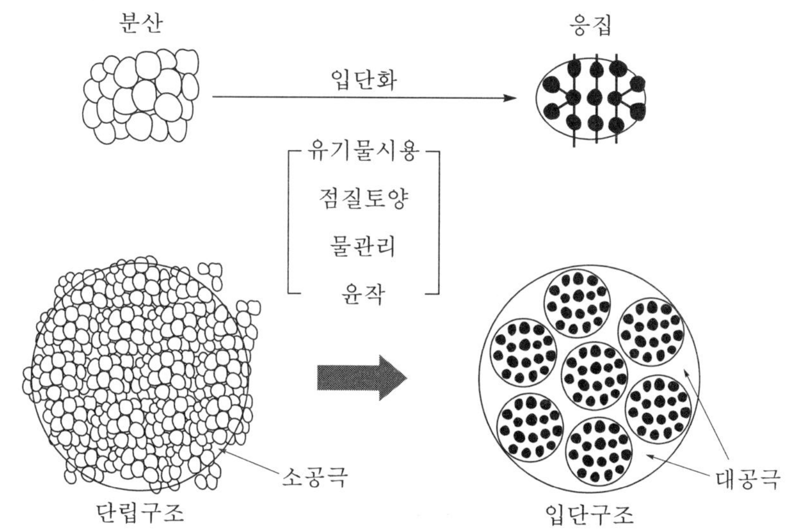

▲ 토양의 입단구조와 단립구조

- **무구조(점토)는 뿌리의 호흡과 양분 흡수에 불리하고, 단립구조(모래)의 경우 양분의 유지 및 보습에 불리하다. 입단구조는 통기와 보습 두 가지 조건을 모두 만족시킨다.**
- 입단구조=떼알구조

2) 토양3상

① 토양은 고체, 액체, 기체의 세 가지 형태로 구성되어 있다.

② 공기와 물이 차지하고 있는 부분은 토립자가 없는 부분이므로 공극(빈 공간)이라고 부른다.

③ 액체는 물에 유기물과 무기물이 녹아 있는 수용액의 형태로 토립자와 여러 가지 형태로 결합되어 있다.

④ 기체는 토양 속에 존재하는 질소와 산소 그리고 이산화탄소, 메탄 등으로 구성되어 있다.

⑤ 토양 생물이 호흡하면서 발생하는 이산화탄소와 사체가 썩으면서 발생하는 메탄가스 같은 기체로 구성되어 있다.

⑥ 토양의 성분이 3가지 형태(모양 象, 형태 狀, 서로 相)로 존재하므로 토양삼상(土壤三相)이라고 한다.

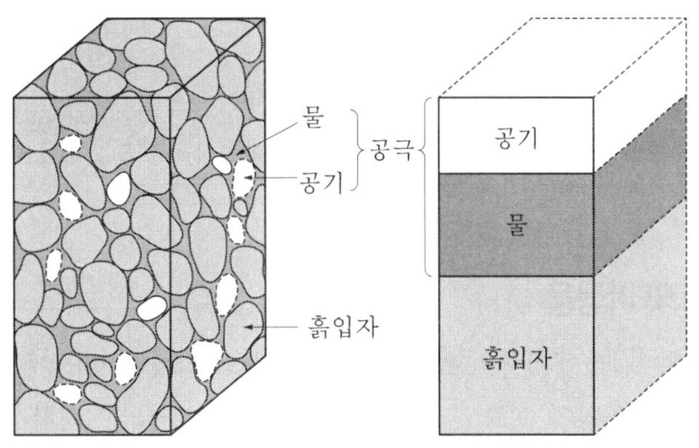

3) 산림토양과 경작토양의 비교

구분	산림토양	경작토양
물리적 형태	• O, A, B, C 뚜렷이 구분 • 자연스런 토양공극(by 토양생물상)	• 경반층 존재 • 경운, 쇄토, 개량에 의해 입단구조 형성
화학적 성질 (N) 흡수 형태	• 산성(humic acid) • NH_4^+ 무기태 • 토립자 유기물과 결합	• 중성 • NO_3^- 유기태 • 빗물에 쉽게 씻김
생물학적 성질	• 외생균근 • 내생균근 • 산성에 내성이 있다. • pH 4.5 ~6.0 • 균형 잡힌 토양생물 먹이그물 존재 예 균류 → 윤충 → 톡토기류 → 선충류 → 곤충류 → 양서파충류 → 포유류	• 콩과식물의 뿌리혹박테리아 → 산성에 취약 • pH 6.5 ~7.0 • 비료·농약에 의해 생물상 거의 없다. • 해충·선충 대발생

4) 토양산도와 수목의 생육 경향

토양산도	수종	비고
pH 3.9 이하 강한 산성	지의류, 선태류, 작은 관목류	일반적인 산림토양 pH 4~6
pH 4.0~4.7 강산성	• *Rhododendron mucronulatum* • *Juniperus rigida* • *Pinus densiflora* • *Larix kaemfperi*	산성물질, 수소이온에 의해 Mn, Al 다량 용해
pH 4.8~5.5 산성	**가문비나무, 잣나무(*Pinus koraiensis*), 참나무류**	질산태질소, 칼슘, 인산 등의 이용도가 낮다.
pH 5.6~6.5 약산성	**• 대부분의 침엽수 • 참나무류, 피나무, 단풍나무, 느릅나무**	
pH 7=중성	전나무류 중 특정 나무	경작토양일 경우 바람직한 형태, 관리하기 쉽다.

pH 6.6~7.3 중성	호두, 양버즘, 측백	• 미생물 활동 왕성 • 양분이용률이 높다.
pH 7.4~8.0	• 활엽수는 개오동, 네군도, 물푸레, 오리 등 • 침엽수는 측백 • 침엽수 생육이 불량하다.	물의 지속적 용탈작용에 의해 Mg↑, 염화물↑, 철분↓
pH 8.1~8.5 강알칼리성	• 포플러 • 이 이상에서는 염생식물만 자랄 수 있다.	황산염과 염화물이 너무 많아 거의 모든 나무가 잘 못 자란다.

4 토양 소동물 및 미생물

토양은 많은 유기질과 무기물을 포함하고 있어 생물들이 에너지와 양분의 공급원으로 이용하기 때문에 고등식물, 곰팡이, 곤충, 미생물 등과 같은 토양생물의 서식처가 된다. 토양생물의 다양성은 높은 편이다.

[건강한 토양생태계의 생물분포(osman)]

토양생물	농지	초지	산림
	토양 1g당 수 또는 길이		
세균	1억~10억	1억~10억	1억~10억
곰팡이	수m	10~100m	1~60km(침엽수)
원생동물	1,000 이상	1,000 이상	1,000,000 이상
선출	10~20	10~100	100 이상
토양생물	1m²당 수		
절지동물	〈10	45~200	900~2,300
지렁이	4~25	8~42	8~42(침엽수 0)

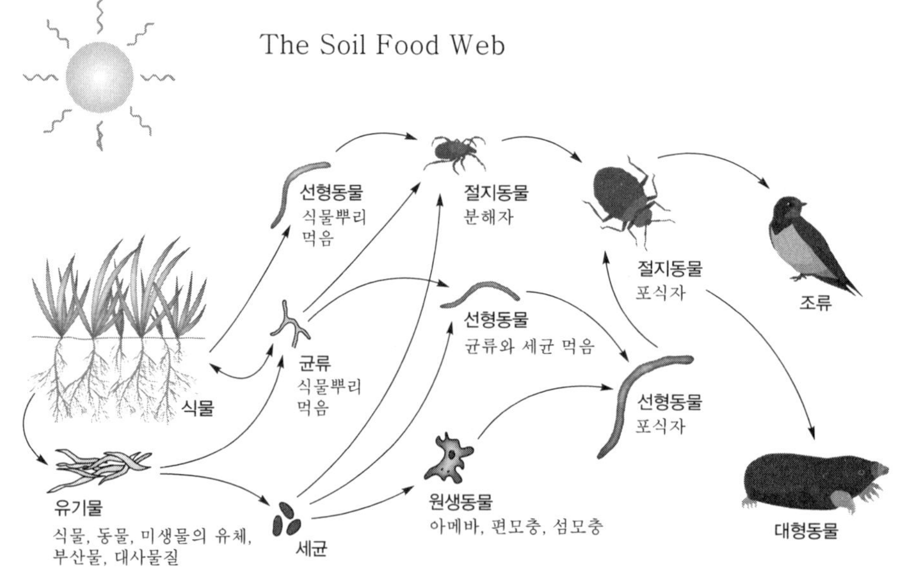

▲ 토양생태계의 먹이그물

① 세균(bacteria)

자급영양(auto-troph)	타급영양(hetero-troph)
㉠ 질산화세균 – 아질산균 – 질산균 ㉡ 유황세균 – 철세균	㉠ 단독 질소고정균 – 호기성(아조토박터) – 혐기성(클로스트리듐) ㉡ 공생 질소고정균 – 근류균(rhizobium속 뿌리혹 박테리아, frankia속 방사상세균) ㉢ 암모니아화 세균 – 호기성, 혐기성 ㉣ 섬유소(셀룰로오스, 리그닌)분해균 – 호기성, 혐기성

② 방사상세균

- actinomyces속(frankia속, 질소고정)
- **오리나무, 소철, 소귀나무, 보리수, 보리장나무 등**

③ 사상균

- fungi : 효모(yeast), 곰팡이(mold), 버섯(mushroom)
- **외생균근(소나무과, 자작나무과, 버드나무과, 참나무과 등 "광범위")**

④ 조류

- algae(시아노박테리아 : 광합성, 질소고정)
- 서식 가능한 pH 범위 : 세균, 방사상균 6.5~7.0, 사상균 4.5~5
- 균근의 천이 : 산림에서 질소의 순환과 관련, 나지 박테리아(리조비움, 프랑키아속)
- 산림에서 fungi(조균, 자낭균, 담자균, 불완전균류)

section 2 지위

1 지위지수 산정

① 지위는 임지의 임목생산 능력이다. 이것은 토양, 지형, 기후 등 환경 인자들의 종합적인 작용의 결과로서 정해지는 것이다.

② 지위지수는 지위를 수치적으로 평가하기 위해 일정한 기준임령 때의 우세목의 평균수고를 지수화한 것이다.

③ 지위지수분류곡선식은 지위지수, 기준임령, 임령에 의하여 수고곡선을 유도한다.

④ 지위지수분류곡선식은 수고곡선을 유도하기 위한 식이지 수고곡선에 의해 유도되는 것이 아니다.

⑤ 지위지수분류곡선식을 이용하여 지위지수분류표와 지위지수분류곡선도를 제작한다.

⑥ **산림생장인자 중 직경은 밀도의 영향을 많이 받는 반면에 수고, 특히 우세목의 수고는 밀도의 영향을 거의 받지 않는다.**

⑦ 산림생장이 밀도와 지위에 의하여 영향을 받는다고 전제하면, 생장이 밀도의 영향을 거의 받지 않는다는 것은 결국 수고에 의하여 결정된다는 것이다. 그렇기 때문에 우세목의 수고로부터 지위를 추정한다.

2 지위 영향 인자

① 지위에 영향을 주는 요소들은 주로 토양과 관련되어 있다.

② 토심, 지형, 건습도, 경사, 퇴적양식, 침식, 견밀도, 토성 등이 지위에 영향을 주는 인자들이다.

3 적지적수

1) 적지적수란?

① 적지적수는 입지환경과 토양조건에 적합한 수종을 선정하여 식재함으로써 임지 생산성을 극대화하기 위한 것이다.

② 입지조건에 적합한 조림 수종을 선정할 것인지, 목적 수종에 적합한 입지조건을 결정할 것인지를 먼저 결정하여야 한다.

2) 적지적수의 판정 방법

① 간이 산림토양 조사에 의한 적수 선정

임목생장에 영향을 미치는 산림토양의 중요 인자로서 현지에서 조사할 수 있는 여러 가지 조건(토심, 지형, 건습도, 경사, 퇴적양식, 침식, 견밀도, 토성 등)들을 조사하여 인자별 일정 점수를 부여하여 점수합계에 따른 적지적수를 선정하는 방법이다.

[간이 산림토양 조사 보고서]

<table>
<tr><th>인자</th><th colspan="6">구분(점수)</th></tr>
<tr><td>토심</td><td>90cm 이상(12)</td><td>90~60cm(9)</td><td colspan="2">60~30cm(5)</td><td colspan="2">30cm미만(1)</td></tr>
<tr><td>지형</td><td>평탄지(11)</td><td>산록(8)</td><td>완구릉지(6)</td><td>산복(4)</td><td colspan="2">산정(1)</td></tr>
<tr><td>건습도</td><td>적윤(11)</td><td>습윤(8)</td><td>건조(6)</td><td>과습(3)</td><td colspan="2">과건(1)</td></tr>
<tr><td>경사도</td><td>5° 이상(9)</td><td>5~15°(8)</td><td>15~20°(7)</td><td>20~30°(5)</td><td>30~45°(3)</td><td>45° 이상(1)</td></tr>
</table>

퇴적양식	붕적토(9)	포행토(5)	잔적토(1)		
침식	없다(9)	있다(6)	심하다(3)	매우 심함(1)	
견밀도	송(9)	연(7)	견(4)	강견(1)	
토성	사양(성숙)(6)	식양토(4)	사양(미숙)(3)	사토(2)	미숙토(1)

2) 급지별, 기후대별 적지적수 선정

[임지 생산능력 급수별 조림 수종]

급수	점수 합계	기후대별		
		온대중부	온대남부	난대
I	75~55	낙엽송, 밤나무	밤나무, 오동나무	삼나무, 오동나무
II	54~45	낙엽송, 밤나무, 잣나무	편백, 밤나무	편백, 삼나무, 오동나무
III	44~35	잣나무, 해송, 아까시	리기다, 해송, 아까시	리기다, 해송, 아까시
IV	34~25	리기다, 해송, 아까시	리기다, 해송, 아까시	리기다, 해송, 아까시
V	24~8	오리나무, 리기다	오리나무, 리기다	오리나무, 리기다

① Ⅰ급지 : 평탄지 및 산록의 완경사지로 토심이 깊고 토양 습윤상태가 좋으며, 침식이 없는 붕적토 내지 포행토. 피복도가 높고 사양토로서 인자별 점수가 55점 이상

② Ⅱ급지 : 산록 완구능지, 완경사지 또는 경사지, 토심이 깊고, 토양이 습윤 또는 적윤, 토양 견밀도가 연하고, 사양토 내지 식양토로 인자별 점수가 45~54점인 임지

③ Ⅲ급지 : 완구릉지 내지 경사지, 토심 보통, 토양 적윤 또는 건조, 잔적토 또는 포행토, 견밀도 견 또는 연, 사양토 내지 식양토로 35~44점인 임지

④ Ⅳ급지 : 완구능지, 산복의 급경사지, 잔적토 내지 포행토, 토심 얕고, 건조, 견밀도 연~견, 침식이 있거나 심한 편, 식양토 또는 사토로 지력 보존 및 개량 요구 임지

⑤ Ⅴ급지 : 산복, 산정의 급경사지, 잔적토 내지 포행토, 토심 얕고, 과건·침식이 심한 편이고, 대체로 견밀, 사방을 요하는 척박임지로 24~8점인 지역

3) 정밀 산림토양 조사에 의한 적수 선정

임지의 생산력을 구성하는 요인인 기후, 토양, 조림 후 관리 등의 요인을 조사하여 적수를 산정하는 방법이다.

① 지위지수에 의한 방법

– 임지가 가지고 있는 생산기능의 지표를 이용하는 방법으로 지위지수표에 의한다.

② GIS에 의한 방법

- 기후, 토양, 지형인자 및 수종 특성을 고려하여 지리정보시스템 중 수치지형 해석법에 의거 조림 추천 수종이 적지에 배치되도록 적지적수도를 작성하여 선정한다.
- **순서 : 적지 선정 관련 자료 분석 → 토양·지형 요인에 따른 조림 및 잔존지역 구분 → 시업판별 흐름도 작성 → 수치지형 해석도 작성 → Arc GIS 등의 소프트웨어로 각종 MAP을 중첩시켜 적지적수도 작성**

※ 조림예정지 주변에 이미 조성된 조림지가 있으면 입지조건이 비슷한 곳을 찾아 지위를 판정하는 등의 방법도 고려

section 3 임지시비 방법

1 비료 종류

① 유기질 비료 : 깻묵 종류, 어박(魚粕), 퇴비, 닭똥, 누에똥 등

② 무기질 비료 : 뼛가루(骨粉), 재 등

③ 화학 비료 : 황산암모니아, 요소, 과석, 석회, 염화칼슘, 황산칼슘, 석회질소 등

④ 복합 비료 : 각종 화성 비료(化成肥料), 고형 비료(固形肥料) 등

2 효과

1) 시비의 목적

① 시비의 목적은 땅 힘을 높여 임목의 생장을 촉진하기 위함이다.

② 임지에 비료를 주는 것을 임지시비 또는 임지비배라 한다.

③ 생태계의 건전하고 빠른 회복을 위해서는 임지에 시비를 하는 것이 좋다.

④ 임목성장에 따라 시비의 목적은 조금씩 다르다.

㉠ 제1기 시비(식재할 때의 시비) : 식재목에 부족 양분을 주어 초기 성장을 촉진하고 뿌리의 발달을 왕성하게 하는 데 목적이 있으며, 식재할 때 또는 식재 후 2~3개월 후에 주며 2~3회 계속하도록 한다.

㉡ 제2기 시비(간벌 전후의 시비) : 간벌재의 완만도를 향상시키기 위한 시비인데, 간벌 예정 2~3년 전과 간벌 후에 주어 장령림의 성장을 촉진시킨다.

㉢ 제3기 시비(벌채 전의 시비) : 주림목(主林木)에 양분을 보급함으로써 줄기의 완만도를 높이고 다음 조림 시의 효과를 노리는 것으로서 주벌하기 4~5년 전에 1~2회 준다.

2) 시비의 효과

① 식재 시에 비료를 줌으로써 근계의 발육이 빨라지고, 건조에 대한 저항력이 생긴다.

② 조림목의 생장이 촉진될 뿐 아니라, 그 밑에서 자라는 풀의 힘을 빨리 꺾을 수 있어 밑깎기 기간을 단축시킬 수 있다.

③ 수풀이 빨리 울창해지며 낙엽량의 증가로 땅의 성질을 개량하는 데 도움을 준다.

④ 수풀이 빨리 울창해지면 표토의 유실을 막는 효과가 크다. 특히 우리나라와 같이 임지의 경사가 심하고 여름에 폭우가 자주 내리는 곳에서는 이러한 효과가 높다. 또 나무를 짧은 벌기로 베어 이용하는 곳에서도 이 효과는 크다.

3 시비량

시비량은 수종, 수령, 토양 비옥도, 임상에 따라 다르게 한다. 수종별 식재 당해에 비료를 줄 때는 아래 표에 따른다.

비료 \ 수종	성분량(g)				비료량(g)				고형 비료	
	계	N	P_2O_5	K_2O	계	요소	용과린	염화칼륨	개수	수량(g)
장기수	9.6	3.6	4.8	1.2	20	8	10	2	2	30
속성수	28.8	14.4	11	2.9	60	30	25	5	6	90
연료림	9.5	2.8	5.5	1.2	20	6	12	2	2	30

4 조림지 시비

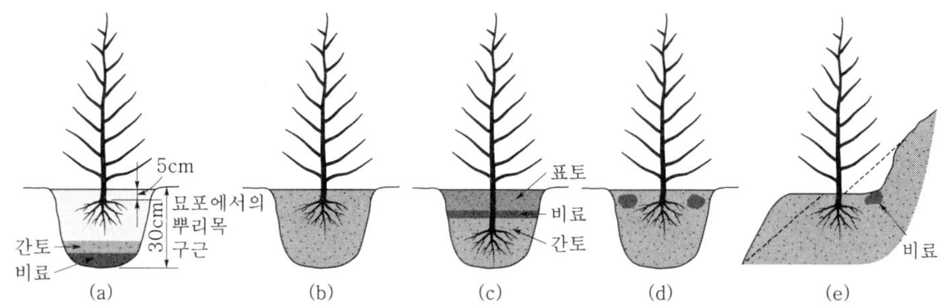

(a) 구덩이 밑 시비법 (b) 구덩이 전체 시비법 (c) 구덩이 위 시비법 (d) 측방 시비법 (e) 경사지에서의 측방 시비법

① 구덩이 밑 시비법 : 묘목을 심을 구덩이를 파고 구덩이 밑바닥에 흙을 부드럽게 한 뒤 비료를 주어 잘 섞는다. 그 위에 흙을 약간 덮은 후 묘목 뿌리를 넣고 흙을 채워서 심는 방법이다.

② 구덩이 전체 시비법 : 구덩이에 심을 묘목 뿌리 전체를 비료흙으로 채울 때이다. 비교적 드물게 사용되고 있는 방법으로 귀중한 정원수를 심을 때에 적용한다.

③ 구덩이 위 시비법 : 묘목의 뿌리 부근은 보통 흙으로 채우고, 그 위에 비료흙을 한층 깔고 다시 흙으로 덮어 주는 방법이다. 빗물에 비료가 녹아서 아래에 있는 뿌리 쪽으로 내려간다.

④ 측방 시비법 : 나무를 심고 나서 바로, 또는 몇 달 뒤에 비료를 줄 때는 묘목의 줄기를 중심으로 하여 가장 긴 가지의 길이를 반지름으로 하는 원주에 5~10cm의 깊이로 구멍을 파고 그곳에 비료를 넣어준다. 구멍은 같은 간격으로 네 위치에 파는데, 경사지의 경우는 위쪽에 만든다.

㉠ 윤상 시비법 : 구멍을 파지 않고 원주 전체에 고루 홈을 파고 비료를 준다.

㉡ 반월상 시비법 : 경사지일 때 위쪽 원주의 반만 골을 파고 비료를 준다.

⑤ 표면 시비법 : 묘목을 심은 뒤 숲땅의 표면에 비료를 고루 뿌려 주는 방법이다. 손으로 뿌리기도 하고, 때로는 동력 살포기나 헬리콥터를 사용하기도 한다. 장령림에 비료를 줄 때에는 전면에 뿌려 준다.

5 성림지 시비 등 기타

① 산림청은 장기 수종 장령림 시비량으로 다음 표와 같은 기준을 권장하고 있다.

[장기수 장령림 시비량]

시비 구분	시비량[성분량(kg/ha)		
	N	P	K
가지치기 후(제1기)	60	80	20
간벌 후(제2기)	90	120	30
벌채 전(제3기)	112	150	38

② 일반적으로 질소의 비효가 높을 것이 기대되나 질소, 인산, 칼륨의 3요소를 고루 주는 것이 좋다.

③ 임목에서는 줄기의 재적 생산을 높이기 위해 주로 질소 비료를 준다.

④ 추위의 해를 생각할 때는 인산과 칼륨의 효과를 생각해야 한다.

⑤ 질소질 비료를 늦여름이나 초가을에 주면 줄기와 눈이 웃자라서 추위의 해를 받을 수 있다.

⑥ 식재 시 시비 위치는 식혈 토양에 비료를 섞는 방법, 시비 하고자 하는 임지가 경사지일 경우 식재목의 상부에 반원형으로 시비하는 방법, 조림목의 가지 선단으로부터 수직으로 내린 곳에 5~10cm 깊이로 땅을 파고 양쪽으로 측공시비 하는 방법, 측공시비와 같이 땅을 파고 둥글게 원형으로 시비하는 방법이 있다.

⑦ 수목생장에는 원형시비가 가장 효과적이나 작업 효율이 낮은 단점이 있으며, 시비량이 적은 어린 묘목은 측공시비가 식재묘목의 생장이나 활착률을 높이는 것으로 알려져 있다.

6 시비 방법

① 식혈저 시비 : 식재 구덩이 밑 부분에 시비하는 방법으로 식재 구덩이를 소정의 규격대로 판 다음 비료를 바닥에 넣고 비해를 막기 위하여 바닥 흙을 3~5cm 정도 덮고 그 위에 묘목을 식재한다. 이 방법은 발근 직후 비료를 흡수하는 이점은 있으나 식재 구덩이를 크게 만들어야 하므로 작업 효율이 낮고 비료 피해의 위험도가 높다.

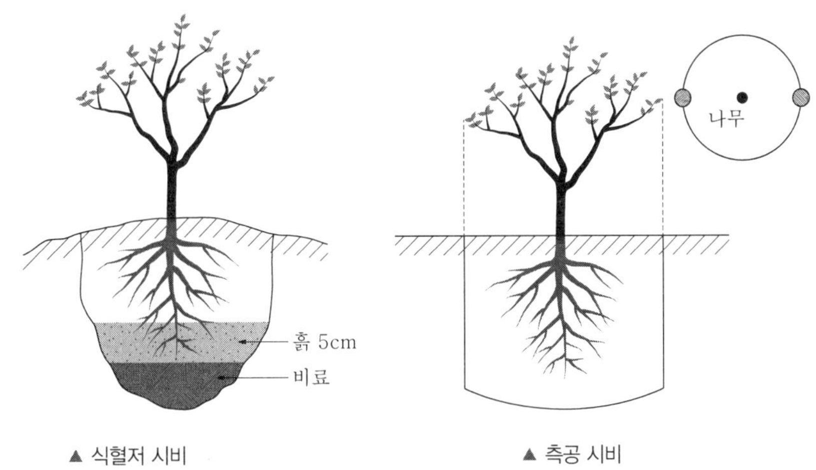

▲ 식혈저 시비　▲ 측공 시비

② 측공 시비 : 나무를 식재한 다음 나무 주변의 양쪽으로 실시하는 시비 방법으로 유목(5년생 미만)은 수간에서 20~30cm 거리에, 성목(6년생 이상)은 역지 하단부에 표토 5cm 정도 깊이로 일정한 간격에 수개의 구멍을 뚫고 비료를 고루 넣은 다음 흙으로 덮는다.

③ 반원형 시비 : 경사지에서 나무 위쪽에 반달 모양으로 시비하는 방법으로 식재목에서 경사지 상부에 (유목은 묘목에서 20~30cm, 성목은 역지 하단부) 표토 5cm 깊이로 반원형의 골을 파고 비료를 준 다음 흙으로 덮는다.

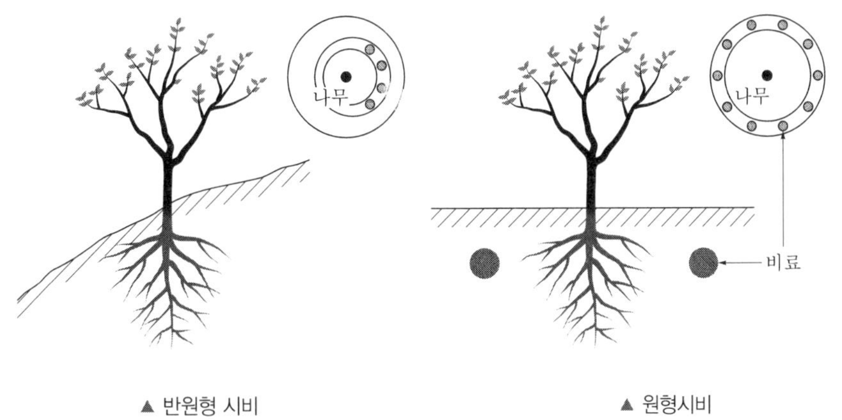

▲ 반원형 시비　▲ 원형시비

④ 원형 시비 : 유목은 식재목에서 20~30cm 거리 5cm 깊이에, 성목은 역지하부에 원형으로 골을 파고 비료를 넣은 다음 흙으로 덮는다.

7 임지 보육

물리적 임지 보육에는 임지경토, 관수 및 배수, 임지피복, 수평구의 설치와 계단식 조림 등이 있다. 생물적 임지보육은 비료목과 균근균을 이용한 방법과 개벌, 산벌, 택벌 등 작업법을 적용하는 방법이 있다.

① 비료목

- 비료목 또는 비배목이란 임지와 임목의 건전한 생산성을 위하여 심는 보조적인 임목이다.
- **아까시나무, 회화나무, 족제비싸리, 싸리류, 자귀나무, 칡 등의 콩과수목과 오리나무, 사방오리나무, 보리장나무, 소귀나무 등 비콩과 수목**은 공기 중의 질소를 양분으로 사용하기 때문에 척박한 토양에서도 자람이 좋다.

② 균근균

- 균근은 인산, 질소, 황 등 무기염의 흡수를 촉진시키고 항생제를 생산하여 병원균에 대한 저항성을 증가시킨다.
- 균근은 산림생태계에서 상리공생의 형태로 존재하며, 수목은 곰팡이에게 탄수화물을 주고, 곰팡이는 수목에게 토양의 무기양료 흡수를 돕는다.

㉠ **외생균근 : 소나무과, 자작나무과, 버드나무과, 참나무과 등 고등 식물의 97%**

㉡ 내생균근 : 내생균근(endotrophic mycorrhiza, endomycorrhiza)은 균사가 뿌리의 피층세포를 관통하여 내부 조직에까지 침입한 것으로 균사는 세포 안에 나선상으로 되거나 팽창되어 있을 뿐 균사망은 형성되지 않는다. **내생균근과 공생하는 수종은 백합나무, 단풍나무, 향나무, 낙우송, 측백나무류 등이 있으며,** 내생균근은 하르티히망(Hartig net)을 형성하지 않는다.

7 숲 가꾸기

section 1 숲 가꾸기 일반

1 숲 가꾸기 기본 원칙

1) 기본 원칙

새로운 산림자원관리의 필요성에 대한 인식이 임업 분야는 물론 일반 사회로 확산됨에 따라 산림자원관리에 있어 과거와는 다른 다각적인 시각과 접근방식이 요구되고 있으므로, 산림자원관리의 국제적 패러다임으로 정착되고 있는 「지속 가능한 산림경영(sustainable forest management)」 원칙에 입각하여 산림이 갖는 경제, 사회, 환경적인 다양한 기능들이 조화롭게 발현될 수 있도록 산림자원을 경영·관리해 나가야 한다.

따라서, 우리나라의 산림자원에 대한 경영·관리는 앞으로 다음과 같은 기본 원칙에 바탕을 두고 추진되어야 한다.

① 생태적으로 건전한 산림으로 유지·증진될 수 있도록 산림자원을 관리하여야 한다.

② 산림이 제공하는 경제적 편익이 증진될 수 있도록 산림자원을 관리하여야 한다.

③ 산림이 지닌 공익적 기능이 유지·증진될 수 있도록 일반적인 사회통념에 부합하는 방향으로 산림자원을 관리하여야 한다.

④ 후세대에 대한 도덕적인 의무를 강화하는 방향으로 산림자원을 관리하여야 한다.

이러한 새로운 산림자원관리의 방향은 산림으로부터 생산되는 경제적 산물을 중심으로 하는 협의의 산림자원관리 개념에서 벗어나 건전한 산림생태계의 종합적인 관리체제로 전환하는 것이며, 궁극적으로는 바람직한 미래의 산림 모습을 만들어 가는 것이다.

2) SFM 기본 방향

① 산림의 생물다양성의 보전

② 산림의 생산력 유지·증진

③ 산림의 건강도와 활력도 유지·증진

④ 산림 내의 토양 및 수자원의 보전·유지

⑤ 산림의 지구탄소순환에 대한 기여도 증진

⑥ 산림의 사회·경제적 편익 증진

⑦ 지속 가능한 산림관리를 위한 행정 절차 등 체계 정비

2 숲 가꾸기 세부지침

숲 가꾸기 세부지침은 산림청 훈령 "지속 가능한 산림자원 관리지침"에 규정되어 있다.

1) 지침의 목적

① 산림의 생태환경적인 건전성을 유지하면서, 다양한 기능이 최적 발휘되도록 산림을 보전하고 관리한다.

② 「산림자원의 조성 및 관리에 관한 법률 시행규칙」 제3조 제4항에 의한 산림의 기능 구분의 기준, 시기, 절차, 기능별 관리방안 등에 관한 세부기준은 산림청장이 규정

③ 「산림자원의 조성 및 관리에 관한 법률 시행규칙」 제23조 제2항에 의하여 도시림의 기능별 관리에 관한 세부사항을 규정

④ 「산림자원의 조성 및 관리에 관한 법률 시행규칙」 제29조 제5항 및 제30조 제3항에 의한 숲 가꾸기 설계·감리에 따른 사업 시행요령에 관한 사항을 규정

⑤ 「산림자원의 조성 및 관리에 관한 법률 시행규칙」 제7조 제2항 별표 3에 의하여 친환경 벌채 기준을 규정

2) 지침의 적용 범위

다른 법령의 특별한 규정이 있는 경우를 제외하고 다음 사항은 본 지침에 따른다.

① 국유림·공유림의 영림계획, 숲 가꾸기의 기본설계, 실시설계 등 산림관련 각종 계획·설계의 작성과 조림, 숲 가꾸기, 수확 등 산림사업 실행

② 사유림의 경우에는 지침의 내용을 권고사항으로 한다. 다만, 본 지침의 규정에 따라 계획·설계를 작성하거나 산림사업을 실행할 경우에는 국비 또는 지방비를 보조할 수 있다.

3) 산림의 기능별 조성·관리 지침

① 산림의 기능 구분에 따른 산림자원의 조성과 관리에 관한 사항은 본장의 규정에 의하며, 본장에서 규정되지 않은 사항은 제Ⅲ장 '산림자원 조성·관리 일반지침'의 규정을 따른다.

② 산림의 기능 구분

가. 산림청장, 산림청장 외에 국유림을 소유 또는 관리하고 있는 중앙행정기관의 장, 특별시장·광역시장·도지사 또는 시장·군수·구청장(이하 '산림관리자'라 한다)은 소유 또는 관리하고 있는 산림을 그 기능에 따라 다음과 같이 구분한다.

① 목재 생산림 ② 수원함양림
③ 산지재해방지림 ④ 자연환경보전림
⑤ 산림휴양림 ⑥ 생활환경보전림

나. 산림의 기능이 중복될 경우에는 산림관리자가 산림의 위치, 입지 조건, 지역 주민과 산주의 요구 등 경제적·사회적 여건을 종합적으로 고려하여 산림의 기능을 정할 수 있다.

section 2 풀베기

조림목의 자람에 지장을 주는 잡초 또는 쓸모없는 관목을 제거하는 일을 풀베기 또는 밑깎기라고 한다. 풀베기는 토양 중의 수분과 양료쟁탈의 경쟁을 완화해서 조림목을 이롭게 한다. 잡초목이 무성해지면 조림목에 그늘이 지고, 광합성에 지장을 받아 성장이 느려지거나 죽게 된다. 또한 풀베기는 병해충이 발생하는 데 이로운 조건을 제거하여 조림지의 위생관리에 도움이 된다. 풀베기는 조림지 준비(지존작업)와 숲 가꾸기(무육관리)의 단계에 따라 잘 구분하여야 한다.

1 물리적 풀베기

1) 풀베기 방법

① 전면깎기(모두베기)

- 조림지의 전면에 걸쳐 해로운 지상 식물을 깎아내는 방법이다.
- 땅 힘이 좋거나 조림목이 양수일 때 적용한다.
- 조림목에 가장 많은 양의 광선을 줄 수 있고, 지상식생의 피압으로 수형이 나빠지기 쉬운 양수에 적용한다.
- **소나무, 해송, 리기다소나무, 낙엽송, 삼나무, 편백 등**

② 줄깎기(줄베기)

- 조림목의 줄을 따라 해로운 식물을 제거하고, 줄 사이에 있는 풀은 남겨두는 방법이다.
- 가장 많이 사용되는 방법이다.
- 조림목이 햇빛의 직사광선을 어느 정도 피할 수 있고, 바람에 대해서도 보호될 수 있으며, 비용도 절감할 수 있다.
- 기후가 거친 곳이나 음수의 조림지에 적용한다.
- 줄을 등고선 방향으로 잡는 횡조예(수평조예)와 줄을 산허리 경사에 따르는 종조예(경사조예)가 있는데, 일반적으로 경사조예를 많이 실시한다.

③ 둘레깎기(둘레베기)

- 조림목의 둘레를 약 1m의 지름으로 둥글게 깎아내는 방법이다.
- **강한 음수나 바람과 추위가 심한 조림지에 적용**되지만 작업이 복잡하다.
- 줄깎기와 둘레깎기는 전면깎기에 비해 흙의 침식을 막는 작용을 하지만 밀식조림지에는 적용이 힘들다.

2) 풀베기 시기와 기간

- 풀베기 작업은 보통 풀들이 왕성한 자람을 보이는 6~8월 중에 실시한다.
- 조림지 중 잡초목이 적은 곳은 7월에 한 번 실시하고, 잡초목이 무성한 곳은 6월, 8월에 두 차례 실시한다.
- 삼나무, 편백과 같이 겨울에 한해, 풍해가 예상되는 수종은 좀 일찍 실시하며, 겨울 동안 주위의 잡초에 의해 조림목이 보호를 받도록 하는 것이 좋다.
- 풀베기는 조림목이 그 곳 잡초의 키보다 80cm 더 높게 될 때까지 계속한다.
- 일반적으로 낙엽송, 삼나무 등 어릴 때 생장이 빠른 수종은 3년간 실시하고, 잣나무, 전나무, 편백 등 어릴 때 생장이 느린 수종은 5년간 실시한다.

3) 풀베기(인공림의 조성관리)

가) 작업 종류별 대상지

① **모두베기는 조림지 전면의 잡초목을 모두 베어내는 방법으로 소나무, 낙엽송, 삼나무, 편백 등 조림 또는 갱신지에 적용한다.**

② 줄베기는 조림목의 식재열을 따라 약 90cm~100cm 폭으로 잘라내는 방법으로 한해·풍해 등이 예상되는 지역에 적용한다.

③ 둘레베기는 조림목 주변을 반경 50cm 내외로 정방형 또는 원형으로 잘라내는 방법으로 군상식재지 등 조림목의 특별한 보호가 필요한 경우에 적용한다.

나) 작업 시기

① 일반적으로 1회 실행지는 5월~7월에 실시한다.

② 2회 실행지의 경우는 8월에 추가로 실시할 수 있으며 9월 초순 이후의 풀베기는 피한다.

③ **지역별 권장 시기**는 다음과 같다.

㉠ **온대남부 : 5월 중순~9월 초순**

㉡ **온대중부 : 5월 하순~8월 하순**

㉢ **고산 및 온대북부 : 6월 초순~8월 중순**

다) 작업 횟수

① 조림목의 수고가 풀베기 대상물 수고에 비해 약 1.5배 또는 60~80cm 정도 더 클 때까지 실시한다.

② **잣나무, 소나무류는 5~8회, 낙엽송, 참나무류(상수리나무)는 5회를 기준으로 하되 나무와 풀베기 대상물의 생장 상황에 따라 가감할 수 있다.**

③ 잡초목이 무성할 경우에는 연 2회 실시하며, 특히 **양수(陽樹)의 경우에는 주위 식생에 의한 피압을 받기 쉬우므로 다른 수종보다 우선 실시한다.**

④ **비료를 준 조림지에서는 최소 식재당년과 이듬해에는 연 2회의 풀베기를 실시한다.**

라) 조림목 피해 산정기준

① 조림목 피해 적용 대상

㉠ 국고보조 사업으로 실행한 풀베기 작업과정에서 발생한 조림목의 피해를 대상으로 하며, 사업시행자는 공사계약 일반조건(기획재정부·행정자치부 예규)에 따라 이로 인한 손해를 부담하여야 한다.

㉡ 적용 대상 조림목의 피해는 예취기, 낫 등 작업도구에 의한 초두부의 절단 등 조림목의 정상적 생장에 지장을 주는 피해가 해당된다.

㉢ **풀베기 작업과정에서 피해율 허용치는 10% 미만으로 정한다.**

② 피해율 및 피해액 산정기준

㉠ 피해율 산출기준

- 피해율 조사는 감리자가 표준지 조사법에 의하여 조사한다.
- 피해율은 표준지 내 자연고사목을 제외한 조림목 본수대비 풀베기 작업으로 인한 피해본수 비율이다.
- 세부 기준은 숲 가꾸기 설계·감리 및 사업시행지침에 따른다.

㉡ 피해액 산정기준

- 피해액 적용단가는 산림청장이 고시하는 최근년도 조림 비용을 적용한다.
- 피해액은 피해면적에 대하여 피해율과 피해금액 적용 단가를 곱하여 산정한다.

2 화학적 제초(제초제) 등 기타

물리적인 염소산염제, MCP제, 피클로람, 시마진, 파라콰트, 헥사지논 등의 제초제를 사용하는 방법이다. 조림목에 피해를 주게 되므로 거의 사용하지 않는다.

section 3 덩굴 제거

주로 인공림의 가장자리에서 각종 덩굴식물이 집단으로 발생한다. 덩굴식물은 조림목을 감고 올라가서 조림목에 피해를 주게 된다.

1 물리적 덩굴 제거

① 대상지는 화학약제를 사용하여 덩굴을 제거할 경우 입목(立木)이나 임지, 야생 동·식물, 산림 이용객, 수자원 등에 피해가 예상되는 지역

② 작업 횟수는 작업 대상지 덩굴의 종류와 양을 고려하여 2~3회 실시

③ 인력으로 덩굴의 줄기를 제거하거나 뿌리를 굴취

④ 칡뿌리의 채취는 칡 채취기, 동력식 칡뿌리 절단기 등을 활용할 수 있다.

⑤ 친환경 비닐랩 밀봉처리 방법을 통해 칡을 고사

2 화학적 덩굴 제거

① 대상지는 화학약제를 사용하여 덩굴을 제거하여도 입목이나 임지, 야생 동·식물, 산림 이용객, 수자원 등에 피해가 없는 지역

② 작업 횟수는 작업 대상지 덩굴의 종류와 양을 고려하여 2~3회 실시한다.

③ 작업 시 주의사항

㉠ 약제가 빗물이나 관개수(灌漑水) 등에 흘러 조림목이나 다른 작물에 피해를 줄 수 있으므로 약액을 땅에 흘리지 않도록 주의한다.

㉡ 약제 처리 후 24시간 이내에 강우(降雨)가 예상될 경우 약제처리 작업을 중지한다.

㉢ **디캄바액제는 고온 시(30℃ 이상)에는 증발에 의한 주변 식물에 약해를 일으킬 수도 있으므로 작업을 중지한다.**

㉣ 사용한 처리도구는 잘 세척하여 보관하고 빈병은 반드시 담당 공무원의 입회하에 회수하여 지정된 장소에서 처리한다.

④ 약제 종류별 작업 방법

㉠ 디캄바액제 처리

- 제거대상 식물은 칡, 아까시나무, 콩 등의 콩과식물을 비롯한 광엽(廣葉) 잡초에 적용한다.
- 작업 시기는 초본류 발생과 낙엽수의 잎이 피기 전인 2~3월 중에 실시하거나 낙엽이 진 후 10~11월에 실시한다.
- 대상임지는 조림목의 뿌리가 넓게 뻗지 않은 조림 후 1~3년이 경과된 임지에 실시하며, 조림목이 큰 임지에서는 약액이 지면에 떨어지거나 흐르지 않도록 한다.

㉡ 약제주입기 사용

- 칡 줄기의 지름이 2cm 이상인 경우에는 줄기에 처리하고, 2cm 미만일 경우에는 주두부(主頭部) 중심부에 처리한다.
- 약제는 원액을 그대로 사용하며 지름이 2cm일 경우에는 0.2㎖, 5cm일 경우에는 0.5㎖를 주입하고 주두부에서 나온 줄기가 1개 이상일 때 가장 굵은 줄기 한 곳에만 처리한다.

㉢ 약제도포기 사용

- 칡의 주두부에서 10cm 이내 줄기에 도포하되 칡 줄기 $\frac{2}{3}$ 둘레까지 도포한다.
- 도포 폭은 줄기지름의 2~3배 정도로 주두부에서 나온 모든 줄기에 처리한다.
- 칡의 줄기마디에서 뿌리가 나온 경우 주두부 쪽 줄기에 도포한다.
- 약제도포기의 처리 약량은 제거대상 덩굴의 굵기에 따라 0.05~0.5㎖로 한다.

㉣ 글라신액제 처리

- 일반적인 덩굴류에 적용할 수 있다.
- 작업 시기는 덩굴류의 생장기인 5~9월에 실시한다.
- 약제주입기나 면봉을 이용하여 주두부의 살아있는 조직 내부로 약액을 주입한다.
- 약제주입기의 1회 주입 약량은 덩굴의 크기에 따라 차이가 있으나 대개 본당 글라신액제 원액 0.3~1.0㎖ 정도를 1~2회 주사한다.
- 면봉 사용 시 약제원액에 15분 이상 침적시켜 제거 대상 덩굴에 송곳으로 1본당 2개 정도 구멍을 뚫고 각각 1개씩 꽂는다.

3 덩굴 제거 일반

1) 덩굴식물 제거 방법

① 할도법

- 칡의 생장이 왕성한 여름철에 덩굴 줄기는 남겨둔 채 뿌리목 부분을 칼로 깊이 4~5cm 상처를 만들어 쪼개고, 그 안에 약제를 부어주는 방법이다.
- 약액을 붓고 난 다음, 그 위에 흙이나 낙엽을 덮어준다.
- 약제로는 글라신, 피크람(케이핀) 등

② 얹어두는 법

- 상처를 내지 않고 뿌리 주위의 단면에 약제를 발라주는 방법이다.
- 할도법에 비하여 일이 간단하고 시간이 절약되나, 효과는 떨어진다.
- 보통 칡의 발생량이 많을 때 이 방법을 쓴다.
- 약제로는 글라신, 염소산나트륨 등

③ 살포법

- 파라코, 글라신 등의 약제를 잎과 줄기에 뿌리는 방법이다.

④ 흡수법

- 칡의 몸 안에 약을 흡수시키는 방법이다. 근주의 수가 적은 칡을 제거하는 데 적용된다.
- 목질화한 굵은 덩굴 줄기 1~2개를 60cm 정도 남겨서 자르고 끊어진 줄기의 끝을 약병 속에 넣어 흡수시킨다.
- 약제로는 염소산나트륨 등을 사용한다.

⑤ 제초제 사용

㉠ 경엽 살포 : 약제를 희석하여 줄기와 잎에 뿌려 잡목을 죽이는 방법이다.

㉡ 수피 처리 : 제초제를 땅 표면 근처의 줄기에 뿌리면 표피를 통하여 흡수되어 잡초를 죽이는 방법이다.

㉢ 줄기 주입 : 나무 상처 부위를 통하여 제초제를 흡수시켜 잡목을 제거하는 방법이다.

㉣ 그루터기 처리 : 잡목을 자르고 난 뒤에 그루터기에 제초제를 처리하여 새싹이 나오는 것을 방제하는 방법이다.

㉤ 토양처리 : 토양에 제초제를 살포하여 목본형 식물을 방제하는 방법이다.

section 4 어린 나무 가꾸기

조림목이 임관을 형성한 뒤부터 솎아베기 전까지 침입 수종의 제거를 주로 하고, 자람과 형질이 매우 나쁜 조림목을 제거하는 작업을 어린 나무 가꾸기라고 한다. 조림지를 정리한다고 하여 Cleaning Cut, 침입 수종 또는 형질이 나쁜 나무를 제거하게 되므로 제벌이라고 한다. 이후에 남길 나무는 수형을 다듬는 가지치기를 실시하고, 주변의 경쟁목은 제거한다.

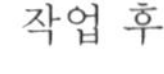

▲ 어린 나무 가꾸기 작업 방법

어린 나무 가꾸기의 목적은 임목, 특히 어린 나무가 잘 자라도록 하여 임분 전체의 형질을 향상시키는 데 있다. 작업과정에서 불량목과 불량 품종을 제거하게 된다.

1 작업 시기

어린 나무 가꾸기는 다음과 같은 시기를 선택하여 실시한다.

① 6~9월 사이에 실시하는 것을 원칙으로 하되 늦어도 11월 말까지는 완료한다.

② 방해목 제거 후 그루터기에서 발생하는 맹아는 억제한다.

③ 잡목 등이 조림목 생장을 방해하기 시작하는 해에 1회 실시하고, 이후에는 피해가 발생하는 시기에 반복한다.

④ 어린 나무 가꾸기를 시작할 시기는 일반적으로 임관 경쟁이 시작되고 조림목의 생육이 저해된다고 판단될 때 실시한다.

⑤ 어린 나무 가꾸기를 시작할 시기는 풀베기 방법, 나무의 생장 상태, 침입식물의 종류, 생육 상태에 따라 다르다.

⑥ 적어도 초가을까지는 작업을 끝내도록 한다.

⑦ 겨울철에 실행하면 조림목이 한풍해 등의 피해를 받기 쉽다.

2 강도

① 침입 수종이 조림목보다 성장이 빠르면 조림목을 피압하므로 제거한다.

② 목적 이외의 수종이라도 임분의 건전한 생장에 유익한 경우 존치한다.

③ 맹아력이 강한 활엽 수종은 수간을 1m 높이에서 절단하여 맹아의 발생 및 생장을 약화한다.

④ 상층목으로 남아 있는 임목은 벌도 및 반출경비의 최소화를 위해 환상박피 등으로 고사 처리한다.

3 주기

형질불량목 등이 조림목의 생장을 방해하기 시작하는 연도에 1회 실시하고 피해가 계속 발생할 경우 반복 실행한다.

4 생장

어린 나무 가꾸기를 통해서 아래와 같은 방법을 이용하여 혼효림으로 유도할 수 있다.

① 지력의 감퇴, 병해충 피해의 확산 등 침엽수 단순림의 결점을 보완하여 생태적으로 건전한 임분 조성을 목적으로 조림지 내에 잠재 유용 수종을 일부 존치 무육하여 혼효림을 조성한다.

② 조림목과 타 수종의 혼효 비율은 7:3 또는 8:2 정도로 하는 것이 적정하다.

5 관리 방법(산림자원 조성·관리 일반지침)

어린 나무 가꾸기는 다음과 같은 요령에 따라 실시한다.

① 제거 대상목은 보육 대상목의 생장에 지장을 주는 유해 수종, 덩굴류, 피해목, 생장 또는 형질이 불량한 나무, 폭목(暴木)으로 한다.

② 조림목의 생장이 불량할 경우 천연적으로 발생한 우량목을 보육 대상목으로 선정하여 보육한다.

③ 보육 대상목의 생장에 지장을 주는 나무의 제거 부위는 가급적 지표(地表)에 가깝게 제거한다.

④ 보육 대상목의 생장에 피해를 주지 않는 유용한 하층식생은 작업에 지장이 없을 경우 제거하지 않는다.

⑤ 대상지 내 조림목이 없을 경우 자생하는 천연적으로 발생한 형질우량목을 목적 수종으로 보육한다.

⑥ 조림 당시 잔존시킨 기존의 상층목이 인접목 수관에 지장을 줄 때에는 가지치기를 실시한다.

⑦ 폭목의 제거는 벌채 시 인접목에 대한 피해가 발생하지 않도록 고려하여 제거하되, 야생 동식물의 서식처·먹이, 경관 유지, 밀도 조절 등을 감안하여 제거하지 않을 수 있다.

⑧ 폭목의 벌채 후 빈자리가 클 경우 보완식재를 할 수 있다.

⑨ 보육 대상 수종 중 수관형태가 불량한 나무는 가지치기, 쌍간지(雙幹枝) 중 한 가지 제거 등 수형을 교정하되 보육 대상목인 어린 나무의 가지치기는 전정가위로 한다.

⑩ 가지치기는 침엽수일 경우 형질 우세목 중심으로 실시한다.

6 특성 등 기타

어린 나무 가꾸기는 풀베기 작업이 끝난 후 조림목과 경쟁하는 목적 외 수종인 잡목류와 부림목 중에서 형질불량목이나 폭목 등을 제거하고 극심한 경쟁 상태에 있는 부분은 소개함으로써 조림목이 정상적으로 생장할 수 있도록 해주는 작업이다.

어린 나무 가꾸기의 주요 작업 내용은 아래와 같다.

1) 초우세목 관리

초우세목의 관리는 다음과 같은 요령으로 실행한다.

① 어린 임분에서 임관 상층에 크게 돌출된 수고가 높은 초우세목은 단목과 소군상인 경우로 구

분하고, 쓸모 있는 나무인지 쓸모없는 나무(폭목)인지를 판단하여 제거 여부를 결정한다.

② 단목인 경우, 소나무는 폭목이 될 경우가 많고 서어나무류는 입지가 양호한 평지에서는 다른 나무에 나쁜 영향을 주며, 고산지대에서는 복층림 구조 및 임분 안정에 도움이 된다. 참나무류는 임연부에서 견디는 힘이 있고 낙엽송은 유익하며, 전나무 및 잣나무는 생가지치기를 실시하여 임분 구성목으로 존치한다.

③ 소군상인 경우는 신중하게 판단하여 수형이 양호하고 밀도가 충분하면 혼합림유도를 고려하고, 생장이 불량하고 폭목일 경우에는 제거하여 후속조림을 실시한다.

2) 임연부 관리

급경사 임연부의 서로 인접한 나무들은 갱신벌채 시 이용되지 못하고 남은 나무들로써, 밖으로 기울어 있거나 수관이 편기된 폭목 등이 많아 인접된 어린 나무들을 피압하거나 치수 발생을 방해하므로 기운 나무와 폭목 등은 제거하고 임연목의 돌출된 긴 가지는 잘라주어 유연성 있는 짧고 가는 가지를 가진 나무로 만들어 주는 것이 필요하다.

3) 공간 조절

① 병충해목, 훼손된 나무, 생장불량목(빗자루목, 분지목, 굽은 나무 등)을 제거한다.

② 소나무는 대부분 솎아주기가 필요하지 않고 참나무, 서어나무 등 활엽수는 밀생되면 겨울에 설압으로 피압될 우려가 있으므로 약도로 솎아줄 필요가 있다.

4) 수종 조절

어린 나무 가꾸기의 수종 구성 조절은 다음과 같은 사항을 고려하여 이루어진다.

① 어린 나무 가꾸기 단계에서는 목표임분의 기초 확립을 위해 조림목과 조림지 내에 발생한 유용 수종 간의 수종 구성을 조절하여 주는 것이 중요하다.(어린 나무 단계에서는 혼효조절이 쉽고 성공률이 높다)

② 혼효상태에 따라 무육목표와 최종수확 임분의 생산목표가 달라지므로 혼효 방법을 신중히 결정해야 한다.

③ 혼효 수종은 일시적 혼효로써 차후에 완전히 제거될 수도 있고 소군상으로 축소될 수도 있으며 복층림에서 하층으로 계속 남을 수도 있다.

④ 혼효 조절에는 광선 요구도(양수, 음수, 중용수), 기후인자에 대한 저항성, 생장속도 및 생장 특성, 혼효지속성, 세장도 및 맹아력, 주 수종 또는 부 수종 역할 등을 고려한다.

5) 수형 교정

보육목표 대상 수종 중에서 수관형태가 매우 불량(피라미드형 또는 확장된 상태)한 나무, 초두부가 갈라진 나무, 분지목, 수관이 편기되거나 긴 가지가 발생한 나무, 불량하게 생장하는 나무는 성목이 되기 전에 수형을 교정한다.

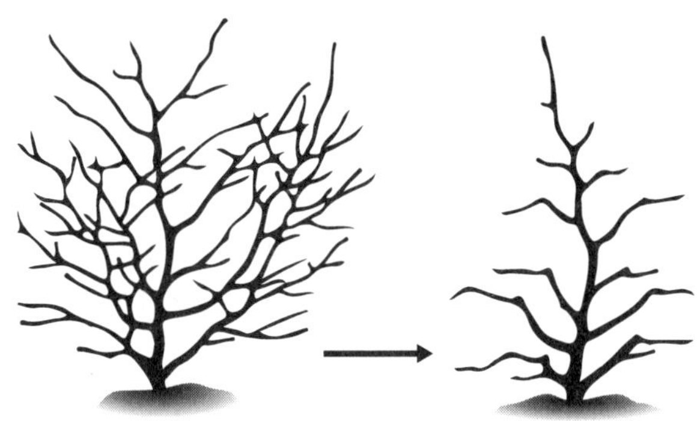

▲ 유용한 활엽수의 수형 교정

section 5 가지치기

가지치기 방법은 인공림과 천연림에서 실시하는 방법이 다르다. 이 단원에서는 인공림의 가지치기를 중점으로 설명한다.

1 작업 시기

죽은 가지의 제거는 작업 시기에 큰 상관이 없으나 산 가지치기는 가급적 11월 이후부터 이듬해 5월 이전까지 실행한다. 어린 나무 가꾸기, 솎아베기 시 가지치기를 함께 할 수 있으나 가지치기를 별도의 작업으로 실행할 수 있다. 가지치기는 생장휴지기인 늦가을부터 이른 봄 사이에 실시하고, 일반적으로 임령이 10~15년 되는 1차 간벌이 실행되기 이전이나 목표 지름이 $\frac{1}{3}$ 되는 시기에 한다.

2 강도

1) 적용 대상

① **적용 대상 수종은 소나무, 잣나무, 낙엽송, 전나무, 해송, 삼나무, 편백 등으로 한다.**

② 목표 생산재가 톱밥, 펄프, 숯 등 일반 소경재일 경우에는 가지치기를 실시하지 않는다.

③ 자연 낙지(落枝)가 잘 되는 수종은 가지치기를 생략할 수 있다.

④ 지름 5cm 이상의 가지는 자르지 않는다.

⑤ 활엽수는 가급적 밀식으로 자연 낙지를 유도하고 죽은 가지를 제거한다.

⑥ 포플러나무류는 으뜸가지(力枝) 이하의 가지만 제거한다.

2) 작업 방법

① **가급적 1차 솎아베기나 천연림 보육(수고 10~12m 또는 목표 생산재 직경의 $\frac{1}{3}$ 시점) 시기에서 가지치기를 완료하되,** 경관 개선 또는 작업의 편의를 목적으로 고사지를 정리할 경우에는 그 이후라도 실행 가능하다.

② 최종수확 대상목(도태간벌의 경우 미래목)이 선정되기 전까지는 형질이 좋은 나무에 대해서, 선정되고 난 후에는 최종수확 대상목(도태간벌의 경우 미래목)에 대해서만 가지치기를 실시한다.

③ 어린 나무 가꾸기 작업 대상목에 대한 가지치기와 수형 교정은 가급적 전정가위로 실행하고 수고의 50% 내외의 높이까지 가지를 제거한다.

④ 솎아베기 작업 대상목에 대한 가지치기는 톱으로 실행하고 최종수확 대상목을 중심으로 가지치기를 50~60% 내외의 높이까지 가지를 제거한다.

⑤ 침엽수는 절단면이 줄기와 평행하게 되도록 가지를 제거한다.

⑥ 활엽수는 죽은 가지의 경우 지융부(枝隆部)가 상하지 않도록 제거한다.

3 주기 등 기타

1) Lateral Stem 제거(가지 제거)

가지 터기를 남기지 말고 바짝 자르고 지융부를 건드리지 않는다.

① 2cm 이하 : 전정가위 사용

② 2cm 이상 : 톱 사용

③ 5cm 이하 : 톱으로 단번에 제거

④ 5cm 이상

㉠ 최종 절단부 30cm 이상의 가지 하단을 직경의 $\frac{1}{3}$~$\frac{1}{4}$ 절단

㉡ 최초 절단 부위에서 2~3cm 올라가서 가지 윗부분을 절단하고 완전히 떨군다.

㉢ 분지 점에 최대한 가깝게 가지 터기 제거

㉣ 가지 밑살을 그대로 남길 수 있는 각도 유지

㉤ 가는 톱, 손톱 사용

2) 원줄기(main stem, trunk) 제거

원줄기를 제거할 때는 가지의 2~3cm 정도 윗부분을 가지가 있는 반대 방향을 향하여 비스듬하게 베어 절단면에 배수가 원활하게 한다.

3) 자연표적 가지치기(natural target pruning A. L shigo)

① 가지치기를 할 때 밀착 또는 절단하여 지피융기선이나 지융을 건드리지 않게 한다.

② 지융과 가지를 구분하기 어려울 때 줄기에 지피융기선과 같은 각도로 가지를 절단하는 것을 자연표적 가지치기라고 하는데, 지피융기선이 자연표적(natural target), 즉 가지치기의 안내선 역할을 하므로 자연표적 가지치기라고 한다.

③ 지융이 손상되지 않으면 수피가 가지치기로 생긴 상처 부위를 빠르게 덮게 된다.

4) 가지치기의 부정적 영향

① 광합성 저해 ② 흡지의 발생

③ 도장지의 발생 ④ 부정아 발생

5) 가지치기의 효과

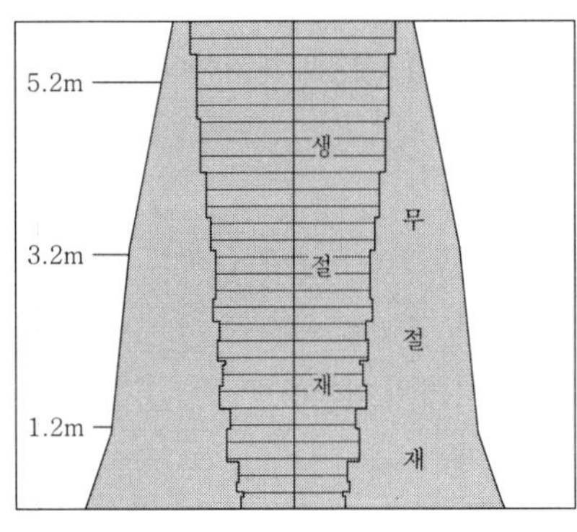

수고 60%까지

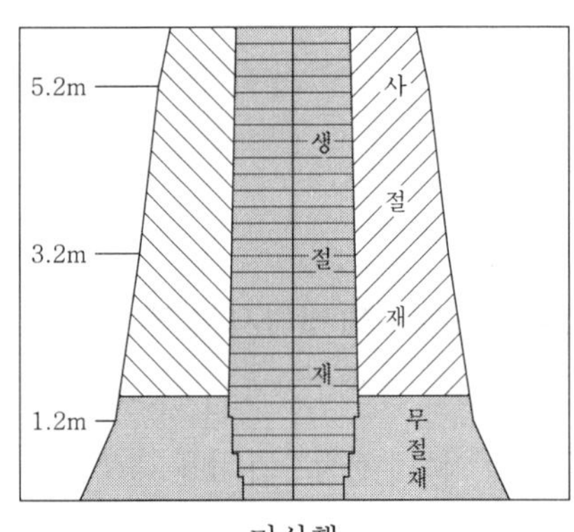

미실행

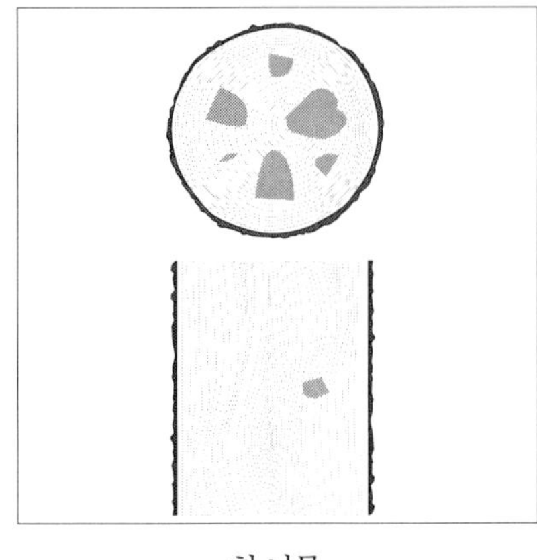
한 나무

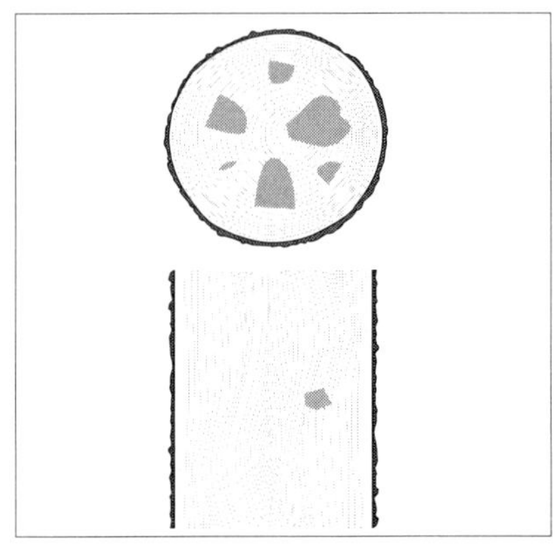
하지않은 나무

▲ 가지치기의 효과

① 가지치기 작업은 옹이가 없고 통직한 완만재를 생산할 수 있는 중요한 육림작업이다.

② 죽은 가지를 방치하면 부후된 껍질 등이 목재 내부에 남게 되어 목재의 질을 저하시키고 병충해나 산불 발생의 원인이 되므로 죽은 가지의 제거는 아주 중요하다.

③ 살아있는 가지의 제거는 탄소동화작용 기관을 제거한다는 점에서 제거량에 유의해야 하는데, 가지치기의 실제적인 효과는 살아있는 가지를 제거함으로써 얻을 수 있다.

④ 가지치기는 다음과 같은 효과가 있다.

㉠ 옹이가 없는 우량한 통직재를 생산함으로써 산림의 가치생산을 증대시키며, 강도의 가지치기는 추재(秋材)의 비율을 증가시켜 목재의 질을 개선한다.

㉡ 또한 지면 온도의 상승으로 지피 유기물의 분해가 촉진되어 지력이 유지되며, 지피식생의 발생이 촉진되어 표토침식을 방지한다. 또한 산화 방지 및 확산 억제 효과도 있다.

㉢ 가지치기가 수고생장을 촉진시키는지에 대한 견해는 여러 가지가 있지만, 가지치기는 수고생장을 촉진하는 효과가 있다는 주장이 더 강하다.

㉣ **가지치기는 주로 수관의 아랫부분을 정리하므로 줄기와 가지 끝에서 생성되는 옥신이 상부로 집중되어 수고생장에 유리하게 변한다.**

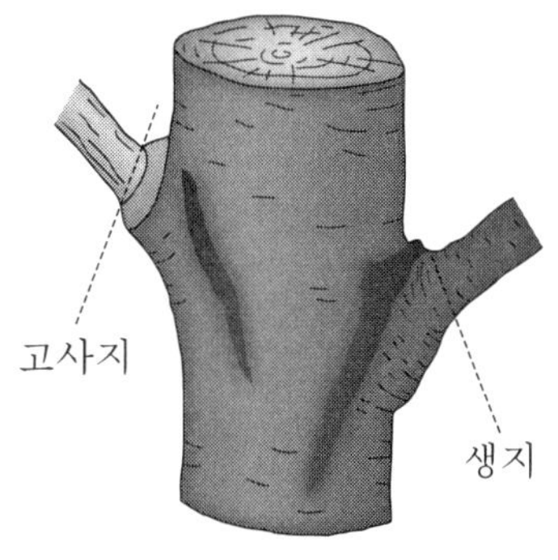

▲ 활엽수의 가지치기

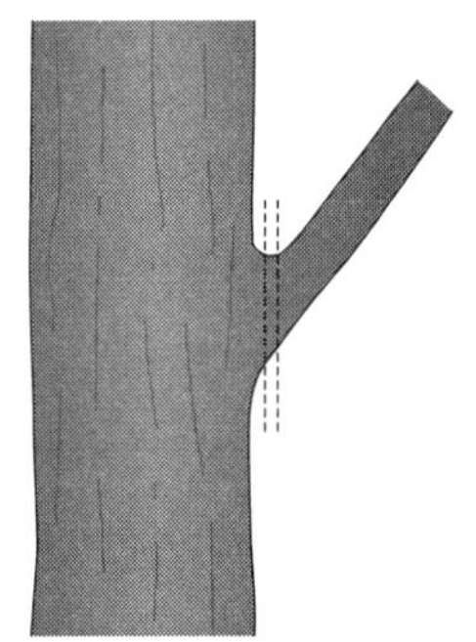

▲ 침엽수의 가지치기

6) 자연낙지 유도

① 이층(離層, 떨켜) 형성에 의해 자연낙지가 잘 되는 수종으로는 포플러류, 버드나무류, 느릅나무, 단풍나무, 가래나무, 벚나무류, 참나무류, 삼나무, 편백 등이 있으나, 이러한 현상은 수관 내의 작은 가지에 한정된다.

② 대부분의 임목은 생장함에 따라 수광량이 부족한 수관하부의 가지가 고사하게 되며, 고사된 가지는 바람이나 눈 등에 의하여 떨어진다.

③ 이러한 현상은 임목을 밀생시킴으로써 촉진되며, 대부분의 활엽수는 침엽수에 비하여 자연낙지가 잘 이루어지나 가지가 큰 경우에는 어렵기 때문에 적정한 밀도를 유지시켜 가지 직경이 4cm 이상으로 굵어지지 않도록 해야 한다.

④ **특히 단풍나무류, 벚나무류, 가래나무는 생가지치기를 되도록 피한다.**

7) 가지치기와 생장 관계

① 수고생장

- 임목의 수고생장은 상부 수관에서 형성된 호르몬과 축적된 탄수화물의 양에 의하여 결정되기 때문에 수관 밑부분을 30~70%까지 제거하여도 수고 생장에는 크게 영향을 미치지 않는다.

② 직경생장

- 직경생장에 있어서 가지치기와 간벌의 효과는 서로 상반된다.
- 간벌은 수간 하부의 비대생장을 촉진시키는 데 비하여 가지치기는 가지가 제거됨에 따라 목질부의 증가가 수간 상부에 집중되어 수간의 완만도를 증대시킨다.
- 수관의 30~40% 이상을 제거하는 경우 직경생장량이 다소 감소되나 수간 상부의 생장을 증대시켜 수간의 완만도를 높임으로써 원목의 이용률을 높일 수 있다.

8) 가지치기 대상 수종

각 수종의 가지치기 부위의 유합 특성과 부후 정도가 다르므로 대상 수종의 특성을 잘 파악하여 이들 특성에 적합한 가지치기를 실시해야 가지치기 원래의 목적을 충분히 달성할 수 있다.

① 침엽수

- 소나무, 잣나무, 낙엽송, 전나무, 해송, 삼나무, 편백 등 침엽수는 일반적으로 상처유합(癒合)이 잘 된다.
- 특히 낙엽송은 극양수(極陽樹)로써 울폐도(鬱閉度)가 높은 임분에서 자연낙지가 잘 되기 때문에 가지치기를 생략할 수도 있다.
- 가문비나무류는 상처가 부후될 위험이 있으므로 죽은 가지와 쇠약한 가지만을 잘라준다.

② 활엽수

- 일반적으로 상처의 유합이 잘 안되고 부후하기 쉽기 때문에 직경 5cm 이상의 가지는 원칙적으로 자르지 않는다.
- 참나무류(신갈나무 제외), 포플러나무류는 으뜸가지(力枝) 이하의 가지만 잘라준다.
- 자작나무, 너도밤나무 등은 부후 위험이 있으므로 죽은 가지와 쇠약한 가지만 잘라준다.
- 단풍나무, 느릅나무, 벚나무, 물푸레나무 등은 상처유합이 잘 안되고 부후되기 쉬우므로 죽은 가지만 쳐주어야 하며, 밀식으로 자연낙지(自然落枝)를 유도하는 것이 바람직하다.

section 6 솎아베기(간벌)

참고 임종별 솎아베기 방법

- 인공림 조성관리 : 조림, 풀베기, 덩굴 제거, 어린 나무 가꾸기, 가지치기, 솎아베기
- 인공림의 솎아베기 : 정량간벌, 열식간벌
- 천연림의 솎아베기 : 도태간벌

1 방법

1) 인공림의 정량간벌

가) 대상지

① 수종이 단순하고 나무의 형질이 비슷한 산림

② **우세목의 평균수고 10m 이상 임분으로서 15년생 이상인 산림**

③ 어린 나무 가꾸기 등 숲 가꾸기를 실행한 산림, 다만 숲 가꾸기를 실행하지 않았더라도 상층 입목 간의 우열이 시작되는 임분은 실행 가능

나) 작업 방법

① 흉고직경 조사 후 '간벌 후 입목본수기준'에 따라 적정 잔존본수를 산정한다.

② 본수의 30% 범위 내 솎아베기량 조정이 가능하다.

③ 적정한 솎아베기 비율은 해당 지름, 약도는 하위 지름, 강도는 상위 지름을 적용한다.

④ 도태간벌과 열식간벌은 '간벌 후 입목본수기준'을 적용하지 않는다.

⑤ '간벌 후 입목본수기준'을 적용할 경우 과도한 벌채가 되는 과밀한 임분은 적정한 간벌 비율을 기준으로 60%의 범위 내에서 5년 이상의 간격으로 나누어 실행한다.

⑥ 기타 활엽수(포플러류 제외) 임지에서는 참나무류 기준표를 적용하고 전나무 등 기타 침엽수는 유사 침엽수 기준표를 적용한다.

⑦ 제거 대상목은 고사목, 피해목, 피압목, 생장불량목, 형질불량목 순으로 선정하여 적정 간벌 후 잔존본수를 유지한다.

2) 열식간벌

가) 대상지

다음의 경우에는 열식간벌을 적용할 수 있으나 **잣나무, 낙엽송 인공조림지로서 도태간벌과 정량간벌의 적용이 어려운 임지 등 특별한 경우가 아니면 열식간벌을 적용하지 않는다.**

① 입목의 생장이 균일하여 입목 간의 우열이 심하지 않는 임지

② 열식 인공조림지로서 입목밀도가 식재본수의 70% 이상인 임지

③ 솎아베기를 실행하지 않은 유령임분

나) 작업 방법

① 2열 이상 존치시키고 1열을 간벌열로 선정한다.

② 간벌열의 첫 번째 입목은 존치시키되 기계화 작업 시 장애가 되는 입목은 제거할 수 있다.

③ 간벌열 내의 우량입목은 존치시킬 수 있으며 잔존열 내의 불량목은 제거할 수 있다.

3) 도태간벌

가) 대상지

① 미래목의 집약적 관리를 통하여 우량대경재 이상을 목표생산재로 하는 산림

② **지위 '중' 이상으로 지력이 좋고 임목의 생육상태가 양호한 산림**

③ **우세목의 평균수고 10m 이상 임분으로서 15년생 이상인 산림**

④ 어린 나무 가꾸기 등 숲 가꾸기를 실행한 산림, 숲 가꾸기를 실행하지 않았더라도 상층 입목 간의 우열이 현저한 우량 임분 실행 가능

⑤ 조림 수종 외에 다른 수종이 많이 혼효되어 정량간벌이나 열식간벌이 어려운 산림

나) 작업 방법

① 미래목 선정 관리 : '미래목가꾸기 작업' 참고

② 제거 대상목은 미래목의 수관생장을 억압하는 생장경쟁목, 미래목의 수관과 줄기에 해를 입히는 나무를 대상목으로 한다.

③ 미래목과 중용목의 하층임관을 이루고 있는 보호목은 제거하지 않는다.

④ 칡, 머루, 담쟁이 등 미래목에 피해를 주거나 향후 피해가 예상되는 덩굴류는 제거한다.

2 간벌 강도

1) 간벌 강도

① 인공림의 정량간벌

- 흉고직경 조사 후 '간벌 후 입목본수기준'에 따라 적정 잔존본수 산정한다.
- 본수의 30% 범위 내 솎아베기량을 조정한다.
- 적정한 솎아베기 비율은 해당 지름, 약도는 하위 지름, 강도는 상위 지름을 적용한다.

② 인공림의 열식간벌

- 2열 존치, 1열 제거

③ 도태간벌

- 도태간벌은 '간벌 후 입목본수기준'을 적용하지 않는다.
- 일정한 기준은 없고 수종과 입지, 생산 목표에 따라 융통성 있게 적용한다.

[수종별 평균 흉고직경급별 간벌 후 잔존본수 기준표 (단위: 본/ha)]

수종	가슴높이 직경급(cm)											
	8	10	12	14	16	18	20	22	24	26	28	30
잣나무	1,500	1,200	1,000	880	760	670	600	530	480	440	400	–
낙엽송	1,500	1,300	1,100	1,000	900	800	700	600	530	490	410	–
리기다소나무	2,000	1,600	1,300	1,100	940	810	710	630	560	500	–	–
소나무(강원)	2,300	1,800	1,500	1,300	1,100	950	840	740	670	610	–	–
소나무(중부)	1,300	1,110	960	860	780	710	650	610	–	–	–	–
삼나무	2,200	1,860	1,630	1,430	1,260	1,130	1,010	890	–	–	–	–
편백	2,700	2,200	1,700	1,510	1,330	1,180	1,070	950	–	–	–	–
해송	1,700	1,400	1,200	1,060	950	850	750	660	620	–	–	–
참나무류	980	880	800	730	660	600	540	500	460	430	390	350

2) 간벌 후 잔존본수 기준표 적용 시 유의사항

① 경급별 잔존 기준 본수 이상 생립하고 있으면 간벌대상 임지로 판단한다.

② 간벌대상 임분이 과밀한 경우 잔존본수를 적용하여 과도한 벌채가 되는 때는 본수 간벌률을 기준으로 60% 범위 내에서 실행한다.

③ 임분의 상태, 작업의 경제성 등을 고려하여 기준 본수 30% 범위 내에서 조정·실행할 수 있다.

④ 도태간벌 및 열식간벌은 이 기준의 적용을 받지 아니한다.

⑤ 기타 활엽수(포플러류 제외) 임지에서는 참나무류 기준표를 적용하고, 전나무 등 기타 침엽수는 기타 침엽수 기준표를 적용한다.

3 간벌 주기 등 기타

1) 예비간벌과 수익간벌의 개념

① 예비간벌

- 비가치적 생산, 즉 비수익간벌
- 무육간벌은 숲 가꾸기를 강조한 예비간벌의 한 형태이다.

- 예비간벌과 수익간벌은 간벌 양식으로 취급하지 않는다.
- 수형급과 선목 방법 등 간벌 기준이 없다.
- 도태간벌 등에서 간벌재 수익이 없었다면 예비간벌이다.

② 수익간벌

- 솎아베기 산물을 매각할 수 있을 때 이를 수익간벌이라고 한다.
- 이용간벌은 간벌재의 사용가치를 강조한 수익간벌의 한 형태이다.
- 도태간벌에서 간벌재로 인해 수익이 발생했다면 수익간벌이다.

2) 솎아베기의 효과

① 직경생장을 촉진하고 목재의 형질을 좋게 하여 벌기 수확의 양과 질이 증대된다.

② 임목을 건전하게 발육시켜 풍해, 설해, 병충해에 대한 저항력을 높여준다.

③ 우량한 개체를 남겨서 임목의 유전적 형질을 좋게 한다.

④ 산불의 위험성을 감소시킨다.

⑤ 조기에 간벌 수익을 얻을 수 있다.

⑥ 임내 수광량 증가로 임지를 생태적으로 건강하게 해 준다.

3) 솎아베기 작업

① 1차 간벌 시기 : 수종, 지위, 기후에 따라 임분밀도, 임분구조, 임분안정성, 시장성 및 이용가치 등을 고려하여 결정한다.

② 간벌 양식 : 입지 및 임분상태와 경영목표에 따라 도태간벌, 열식간벌, 정량간벌 등 간벌 양식을 결정한다.

③ 간벌 주기 : 육림적 인자(지위, 경합정도, 임분안정도, 임분건전도)와 경제적 인자(작업비, 시장성, 인력 및 기계력 이용 정도, 요구수확량)에 따라 결정한다.

④ 간벌 강도 : 존치할 임분밀도(ha당 본수 등)에 따라 조절하여 존치하고, 임분밀도는 수고, 생육공간율, 기준표에 의한 본수 조절 등에 따라 결정한다.

4) 간벌 양식

① 고전적 간벌 양식

- 하층간벌, 상층간벌, 택벌식 간벌, 기계식 간벌, 자유간벌

② 유럽의 간벌 양식

- 하층간벌 : 하층약도·중도·강도간벌, 단계적 간벌, 생장촉진간벌, 수광벌
- 상층간벌 : 상층약도간벌, 상층강도간벌, 택벌식 간벌, 자유간벌, 도태간벌

③ 일본의 간벌 양식

- 정성적 간벌 : 데라사끼식 간벌(寺崎式)
- 정량적 간벌 : 아소우(麻生)식, 우시야마(牛山)식, 수확표 기준간벌, 하층간벌, 상층간벌, 이용적 간벌

④ 우리나라 간벌 양식 : 열식간벌(2열 존치 1열 제거), 정량간벌(잔존본수 기준표 적용), 도태간벌

5) 도태간벌

가) 의미

도태간벌(selective thinning)은 쉐델린(schädelin, 1934)의 간벌방식이라고도 하는데, 최고의 가치생장을 위해 자질이 우수한 나무를 집중적으로 선발 탐색하여 조절해 주는 것이며, 심하게 경쟁하는 나무(불량목이든 우량목이든 간에)는 제거하여 우수한 나무의 생장을 촉진하는 것을 말한다. 도태간벌에서는 현재의 가장 우수한 나무, 즉 **미래목을 선발하여 관리**하는 것을 핵심으로 한다.

나) 주요 개념

① 도태(淘汰, selection)

선택 또는 선발이라고도 하며 순수 생물학적인 면에서 도태는 어느 생물 집단에서 특정의 성질을 갖는 개체가 생존에 관해 유리한 입장에 있을 때 그 자손을 잔존시키거나 또는 조작하는 것이다. 이 책에서 도태란 "인위적인 판단에 의해 임목집단의 구성을 적절한 방향으로 목표에 맞게 변화시키는 것"이다.

㉠ 자연적 도태

㉡ 1차 도태 → 유전적인 것(종자에서 발아된 치수가 바로 자연고사 되는 것)

㉢ 2차 도태 → 환경적인 것(임목 간 경합에 의한 자연고사)

소극적 선발(도태)	원하지 않는 개체를 제거하는 것. 간접적 선발(도태)이라고도 한다.
적극적 선발(도태)	집단에서 원하는 구성목을 장려하는 것

즉 형질에 관계없이 경합목을 벌채 소개시키고 선발된 나무를 목표에 맞게 생장시키는 것을 직접적 선발(도태)이라 한다.

② 간벌세포(thinning cell)

도태간벌 실행을 위한 방법적 수단으로 제시된 것으로, 한 임분에서 미래목을 중심으로 직접적 또는 간접적으로 인접되어 수목사회학적 관계가 있는 임목들의 작은 집단을 말한다. 간벌 시기에 도달할 때마다 간벌세포 간의 접촉면은 항상 좁아진다.

③ 도태간벌 개념 구분

도태간벌에서는 임분 내의 임목을 다음과 같은 개념으로 구분한다.

㉠ 미래목(future crop tree) : **수목사회적 위치, 건전성, 형질 등이 가장 우수한 나무로 선발된 정형수(elite tree)**로 목표하는 최종수확목으로 남기는 나무이다.

㉡ 선발목(selected tree) : 일정한 조건(동일한 수령, 동일한 입지환경 등) 하에서 주위 인접목보다 **외형상으로 한 가지 또는 그 이상의 특성이 아주 우수하게 나타나는 수형목(plus tree)**으로써, 일단 선발되었어도 목표하는 최종수확목으로 끝까지 남을 수도 있고 중도에 생장과 형질이 저조해져 다른 나무로 대체될 수도 있는 나무이다.

㉢ 후보목(candidate) : 임목형질과 생장의 우열이 확실히 분화되지 않은 **유령림 단계의 임분에서 차후 선발목으로 선택될 가능성이 있는 우량한 나무**로서 보육작업 시 선발하지는 않지만 특별히 보호하고 장려된다.

※ 현행 도태간벌에서의 미래목은 엄밀히 말해서 최종수확 전 중도에서 대체될 수 있는 선발목이지만, 이들 선발목 중에는 명실공히 미래목이 될 가능성도 있고 또한 미래목으로 육성한다는 뜻에서 의도적으로 미래목이라 하고 특별하게 무육관리를 한다.

다) 도태간벌의 특성

① 도태간벌은 간벌 양식으로 볼 때 상층간벌에 속하지만 전통적 간벌 양식과는 다른 새로운 간벌 양식이다.

② 도태간벌은 가장 우수한 우세목들을 선발하여 그 발달을 조장시켜 주는 명쾌한 목표의 무육벌채적 수단을 갖고 있는 간벌 양식이다.

③ 도태간벌은 상층임관의 일시적 소개에 의해서 지피식생과 중, 하층목이 발달되어 미래목의 수간 맹아 형성 억제와 복층구조 유도가 용이해진다.

④ 무육목표를 최종수확목표인 미래목에 집중시킴으로써 장벌기 고급 대경재 생산에 유리하여, 간벌 대상목이 주로 미래목의 생장 방해목에 한정되기 때문에 간벌목 선정이 비교적 용이하다.

⑤ 미래목 생장에 방해되지 않는 중·하층목 대부분은 존치되고 주로 미래목의 생장 방해목이 간벌됨으로써 간벌재 이용에 유리하다.

6) 정성간벌

가) 정성간벌의 개념

① 정성간벌은 독일에서 시작되었다.

② **정성간벌은 임분의 재적보다 개별 임목의 품질 향상에 더 중점을 둔다.**

③ 정성간벌 양식은 생태학적인 면과 측수학적인 면을 가볍게 취급하였다.

④ 정성간벌은 수관급을 바탕으로 해서 정해진 간벌 형식에 따라 간벌 대상목을 선정한다.

⑤ 정성간벌은 벌채량에 있어 객관적인 기준이 약하다.

⑥ 간벌목 선정자의 주관에 따라 그 대상목이 선정된다. 그래서 고도의 숙련이 요구된다.

⑦ 정성간벌은 간벌의 강도에 있어서나 간벌의 반복기간에 대해서도 뚜렷한 기준이 없다.

[정성간벌의 양식]

유형	수관급(수형)	간벌 양식	대상
데라사끼	1급~5급목	**ABC(하층)DE(상층)**	동령단순림
Hawley	우세목~피압목	A(약,하층)BCD(강,상층)	**침엽 수종 일제임분**
가와다	ABB̄CDE	A남김 B(경쟁)D(피압)제거	(방치된)**천연 활엽수림**
덴마크	A(주목)~D(중립목)	유해부목(B)유요부목(D)	**활엽수림**

나) 수관급과 수형급

[수형급의 비교]

국가별	독일		미국	일본	한국	
수형급 종류	Kraft	Heck	Hawley	데라사끼	천연림 보육	도태간벌
수형급 구분	주임목 1급 : 초우세목 2급 : 우세목 3급 : 준우세목 부임목 4급 : 열세목 a : 개재목 b : 부분피압목 5급 : 완전피압목 a : 생활지속목 b : 고사목	a : 형질불량목 b : 형질보통목 c : 형질불량목 d : 초두분지목 e : 쌍간목 f : 맹아목 g : 피해목	우세목 준우세목 중간목 피압목	1급목 2급목 a : 폭목 b : 개재목 c : 편기목 d : 곡차목 e : 피해목 3급목 4급목 5급목	미래목 중용목 보호목 방해목 무관목 : 인공림만 적용	
기준	수목사회적 위치 및 수관형태	무육실행을 위한 수관 및 수간형질	수관의 위치 및 수관의 형태	수관급에 형질 기준을 조합	수목의 육림적 기능	
적용대상 임분	**동령 단순림**	전임분	침엽수 동령림	**동령 단순림**	천연림 보육 대상 임분	간벌 대상 임분
제거 대상목	3,4,5급목 대부분	무육단계 및 무육목표에 따라 구분	3,4,5급목	간벌도에 따라 구분 주로 2급 및 4,5급	방해목	
특징 (장단점)	• 수간의 특징이 구분되지 않는다. • 1급과 2급, 2급과 3급의 구분이 어렵다.	• 수목사회적 위치가 고려되지 않는다. • 선목을 기준으로 무육실행	Kraft 수형급이 기준	• 하층간벌에 적합하다. • 수형급 구분이 복잡하고 3급목 구분이 어렵다.	• 우리나라 현실 임분에 맞도록 중용목과 무관목을 구분 • 무육단계별로 수형급 구분	

① 데라사끼(寺崎)의 수형급 : 데라사끼의 수형급은 상층임관을 구성하는 우세목과 하층임관을 구성하는 열세목으로 먼저 구분하고, 다시 수관의 모양과 줄기의 결점을 고려하여 세분한다.

수형급	구분
1급목	수관이 이웃 나무의 방해를 받지 않고 발달하기에 알맞은 공간을 가지며, 형태가 불량하지 않은 것
2급목	• 폭목 : **수관의 발달이 지나치게 왕성하고, 넓게 확장된 것.** 위로 솟아올라 수관이 편평한 것 • 개재목 : 수관의 발달이 지나치게 약하고 **이웃한 나무 사이에 끼어서 줄기가 매우 가늘게 자란 것** • 편기목 : 이웃한 나무 사이에 끼어서 수관발달에 측압을 받아 **구부러져 자란 것** • 곡차목 : 줄기가 갈라지거나 굽는 등 **수형에 결점이 있는 것.** 그리고 모양이 불량한 옆으로 자란 나무 • 피압목 : 피해를 받은 나무
3급목	세력이 감소되고, 자람이 늦지만 수관이 피압되지 않는 나무로서 상층임관을 형성할 가능성을 가진 나무(중간목, 중립목)
4급목	피압상태에 있으나 아직 생활수관을 가지고 있는 것(피압목)
5급목	고사목, 도목, 피해목, 그리고 고사상태에 있는 나무

② 가와다(河田)의 활엽수 수형급

- A : 우세목으로서 형질이 좋은 나무
- B : 우세목으로서 형질에 결점이 있는 나무
- $\overline{\mathrm{B}}$: B와 비슷하지만 **당장 간벌하면 소개되는 공간이 너무 커서 염려되는 나무**
- C : 보통의 열세목
- D : 수고가 C와 비슷하나 이미 초두부가 고사하고 죽게 된 나무 또는 수형이 매우 불량한 나무
- E : 수고에 관계없이 전염성이 병목 또는 도목, 경사목, 고목 등으로 임분 구성인자로 인정하기 어려운 나무

③ 활엽수에 대한 덴마크 수간급

- 주목(A) : 곧은 수간과 정상인 수관을 가지는 것으로 남겨서 그 자람을 촉진시키는 대상
- 유해부목(B) : 주목의 수관발달에 지장을 주는 것으로 제거 대상이 되는 나무
- 유요부목(C) : 주목의 지하간장을 길게 하기 위해 남겨 두어야 할 필요성이 있는 나무
- **중립목(D)** : A, B, C **어느 것에 소속되는지 확실하지 않아서** 간벌할 때 일단 그냥 남겼다가 다음 번 간벌할 때 다시 고려할 나무로서 때로는 마지막 간벌 때까지 남게 되는 것도 있다.

다) 간벌 양식

① 데라사끼의 정성간벌

[데라사끼의 정성간벌]

간벌 양식		내용	비고
下층 간벌	A종 간벌	• 2급목 소수 제거 • 4급, 5급 제거	
	B종 간벌	• 2급목 상당수 제거 • 4급, 5급 모두와 3급 일부 제거	침엽수 동령림에 적용
	C종 간벌	• 1급목 일부도 제거 • B종보다 광범위	
上층 간벌	**D종 간벌**	• 상층임관 강하게 벌채 • 3급목 남김(직사광선 차단용)	수간과 임상 보호
	E종 간벌	• 상층임관 강하게 벌채 • 4급목이 전부 남는다.	

데라사끼의 정성간벌 양식을 요약하면 아래와 같다.

㉠ A종은 2급목 소수, B종은 2급목 상당수, C종은 1급목 일부도 제거된다.

㉡ C종 간벌은 1급목의 일부분이 제거된다.

㉢ D종과 E종 간벌에서 2급목을 모두 제거한다.

㉣ 하층간벌의 경우 4급목과 5급목이 모두 제거된다.

※ 이런 표는 헷갈려서 출제 난이도가 높은 문제에 해당한다. 다 외우려고 하지 말고, D · E종 간벌이 상층간벌이라는 것은 꼭 기억하자.

② Hawley의 간벌 방법 ★★★

구분	내용	빗금 부분 간벌
A. 하층간벌	• 보통 간벌, 독일식 간벌법 • **피압된 가장 낮은 수관층의 나무를 벌채하고 점차로 높은 층의 나무를 벌채하는 방법이다.** • 강도 높은 하층간벌이 실시된 후 우세목과 준우세목이 남으며 침엽수종의 일제임분에 적용하는 것이 알맞다.	A 본수 0 흉고직경
B. 수관간벌	• 프랑스법, 덴마크법 • **상층임관을 소개**해서 같은 층을 구성하고 있는 우량개체의 생육을 촉진시킨다. • 주로 준우세목이 벌채되면, 우량목에 지장을 주는 중간목과 우세목의 일부도 벌채한다.	B 본수 0 흉고직경

C. 택벌식 간벌	• Borggreve법 • 우세목을 간벌해서 그 이하의 임관층 나무의 생육을 촉진한다. • 수익성이 없다고 생각되는 나무는 벌채대상목으로 하지 않는다. • 잔존될 하층목은 왕성하고 잘 발달한 수관을 가지고 있어야 하며, 소개에 따라 잘 반응할 가능성을 지니고 있어야 한다.	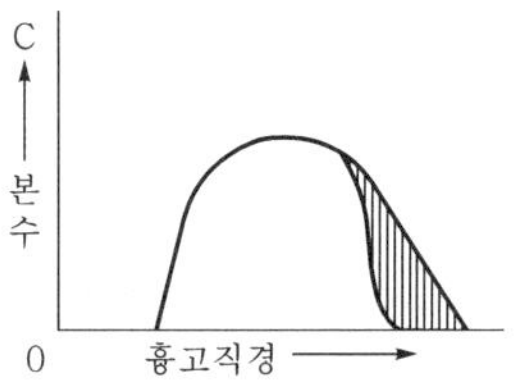
D. 기계식 간벌	• 간벌 후에 남겨질 수목 간 거리를 사전에 정해 놓고 수관의 위치와 모양에 상관없이 실시한다. • 수고가 비슷하고 형지에 차이가 잘 인정되지 않는 유령임분에 흔히 적용한다. • 기계적 간벌은 등거리간벌과 열식간벌이 있다.	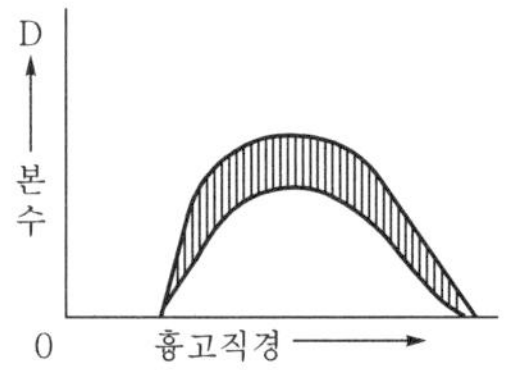

[Hawley의 하층간벌 종류와 선목 대상]

구분	약한 수준의 간벌대상	강한 수준의 간벌대상
약도(A)	가장 빈약한 피압목	피압목
경도(B)	피압목, 빈약한 중간목	피압목, 중간목
중도(C)	피압목, 중간목	피압목, 중간목, 약간의 준우세목
강도(D)	피압목, 중간목, 상당수의 준우세목	피압목, 중간목, 대부분의 준우세목

② 가와다(河田)의 활엽수 간벌법

- A와 경쟁상태에 있는 단만 끊는다.
- B는 가지치기, 쌍간의 하나를 끊어 주는 등의 손질은 하지만 간벌은 하지 않는다.
- C는 심한 밀립상태에 있지 않은 한 남긴다.
- D는 전부 끊는다.
- E는 원칙적으로 끊지만, 임관 조절상 남길 수도 있다.

③ 덴마크의 활엽수 간벌법

- 간벌 초기에 매우 약한 강도로 실시하고 뒤에 가서 강하게 실시해서 수관급 중 B를 간벌한다.
- 수관급 구분은 상층목 수관층이 고르게 되어 있는 임분을 대상으로 상층목을 A, B, D로 구분하고 항상 형질이 좋은 A를 생각해서 B를 제거한다.
- 중립목 D는 장차 B로 될 가능성이 높으나 그중에는 A 또는 C로 되는 것도 있다.

section 7 천연림 보육

1 적용 대상

1) 천연림 보육 대상지

① **우량대경재 이상을 생산할 수 있는 천연림**

② 조림지 중 우수한 조림목은 없으나 천연발생목을 활용하여 우량대경재를 생산할 수 있는 인공림

③ **평균수고 8m 이하이며 입목 간의 우열이 현저하게 나타나지 않는 임분**으로서 유령림 단계의 숲 가꾸기가 필요한 산림

④ **평균수고 10~20m이며 상층목 간의 우열이 현저하게 나타나는 임분**으로서 솎아베기 단계의 숲 가꾸기가 필요한 산림

2) 천연림 개량 대상지

① **형질이 불량하여 우량대경재 생산이 불가능한 산림**

② 유령림 단계의 천연림으로 특용·소경재 생산이 가능한 산림

③ 유령림으로서 천연림 개량 후 간벌단계에서 우량대경재 생산이 가능하여 천연림 보육을 실행할 임지

2 생육단계

1) 유령림 단계의 작업 방법

① 상층목 중 형질이 불량한 나무, 폭목을 제거 대상목으로 한다.

② 형질이 불량한 상층목이라도 잔존하는 상층목에 피해를 주지 않고 경관 유지와 야생조류의 서식지, 먹이 등의 목적으로 필요할 경우 제거하지 않을 수 있다.

③ 상층을 구성하고 있는 수종이 대부분 소나무일 경우, 형질이 불량한 대경목과 폭목은 제거한다.

④ 불량 상층목과 폭목의 벌채 시 남아 있는 나무에 피해를 줄 우려가 있을 경우 수피 베끼기 등의 방법을 사용할 수 있다.

⑤ 칡, 다래 등 덩굴류와 병충해목은 제거한다.

⑥ 과다한 임지 노출이 우려될 경우를 제외하고 형질 불량목, 아까시나무, 싸리나무, 불량 참나무류, 활엽수 움싹 등은 제거한다.

⑦ 임분이 과밀할 경우 우량 상층목이라도 솎아 주고 제거 대상목은 지표에 가깝게 베어낸다.

⑧ 움싹이 발생되었을 경우 각 근주에서 생긴 2본 정도 남기고 정리하며, 유용한 실생묘는 존치한다.

⑨ 제거하지 않는 나무 중 쌍 가지로 자란 경우 하나는 잘라주고, 원형수관은 원추형(圓錐形)으로 유도한다.

⑩ 상층목의 생육에 지장이 없는 하층식생은 제거하지 않고 존치한다.

⑪ 침엽수의 경우, **산 가지치기를 수반할 경우 11월 이후부터 이듬해 5월 이전까지 실행**하고 **가지치기는 전정가위를 사용**하여 실시한다.

⑫ 가지치기는 침엽수일 경우 형질우세목 중심으로 실시한다.

2) 솎아베기 단계의 작업 방법

① 미래목의 수관생장을 억압하는 생장경쟁목, 미래목의 수관과 수간에 해를 입히는 나무, 피해목, 형질이 불량한 중용목, 상층목, 폭목, 덩굴류를 제거 대상목으로 한다.

② 폭목은 미래목의 생장에 방해가 되지 않고 경관 유지와 야생조류의 서식지, 먹이 등의 목적으로 필요할 경우 제거하지 않을 수 있다.

③ 폭목의 벌채 시 남아 있는 나무에 피해가 우려될 경우 수피 베끼기 등의 방법을 사용할 수 있다.

④ 제거 대상목은 지표에 가깝게 베어내되 활엽수의 경우 미래목의 수간보호가 필요할 경우 줄기의 중간을 베어줄 수 있다.

⑤ 상층목의 생육에 지장이 없는 보호목(하층식생)은 제거하지 않고 존치한다.

⑥ **미래목 가지치기는 반드시 톱을 사용하여 실시한다.**

3 작업 방법 등 기타

1) 솎아베기 단계의 미래목 선정관리 방법

① 미래목은 상층의 우세목으로 선정하되 폭목은 제외한다.

② 나무줄기가 곧고 갈라지지 않으며 산림병충해 등 물리적인 피해가 없을 것

③ **미래목 간의 거리는 최소 5m 이상**으로 임지 내에 고르게 분포하도록 하며, **ha당 활엽수는 150~300본**, **침엽수는 200~300본**을 미래목으로 한다.

④ 침엽수의 경우 미래목만 가지치기를 실행하며 산 가지치기를 수반할 경우 11월 이후부터 이듬해 5월 이전까지 실행한다.

⑤ 솎아베기 및 산물의 하산, 집재, 반출 등의 작업 시 미래목을 손상치 않도록 주의한다.

⑥ 미래목은 가슴높이에서 10cm의 폭으로 황색 수성페인트로 둘러서 표시한다.

- 미래목의 수관생장을 억압하는 생장경쟁목, 수간·수간에 해를 입히는 나무, 피해목, 형질불량 중용목 및 상층목, 폭목, 덩굴류를 제거 대상으로 한다.

2) 천연림 개량 작업 방법

① 유령림의 경우 형질이 불량한 나무, 폭목을 제거하고 가급적 입목밀도를 높게 유지한다.

② 칡, 다래, 덩굴류와 산림병 해충 피해목은 제거한다.

③ 제거하지 않은 나무 중 쌍 가지로 자란 경우 하나는 잘라주고 수관을 원추형으로 유도한다.

④ 상층목의 생육에 지장이 없는 하층식생은 제거하지 않고 존치한다.

⑤ 형질불량목의 제거로 인하여 발생된 공간은 활엽수를 ha당 5,000본 기준으로 식재할 수 있다.

⑥ 솎아베기 단계에 도달한 형질불량 천연림은 층위에 관계없이 형질불량목 위주로 제거하고 빈 공간에 활엽수 밀식조림을 할 수 있다.

⑦ 폭목 제거로 인하여 우량목의 피해가 우려될 경우 수피 베끼기 등의 방법을 사용한다.

⑧ 천연림 개량 작업 후 우량대경재 이상을 생산할 수 있다고 판단되는 천연림에 대해 천연림 보육 실시 가능, 단 5년이 경과한 이후 천연림 보육 등 실시 가능하다.

⑨ 천연림 개량 작업 이후 5년이 경과한 후에도 임분의 형질이 개선되지 않을 경우에는 인공갱신, 천연갱신, 움싹갱신 등의 방법을 통해 갱신(후계림 조성)할 수 있다.

3) 작업 시기

가) 천연림 개량

① 산 가지치기를 수반하지 않을 경우에는 연중 실행 가능하다.

② **산 가지치기를 수반하는 경우에는 11월 이후부터 이듬해 5월 이전까지 실행**하여야 하나 가지치기를 천연림 보육 작업과 별도의 사업으로 구분하여 추진할 경우 작업 여건, 노동력 공급 여건 등을 감안하여 **연중 실행 가능하다.**

③ 미래목을 선발하는 선목 작업은 천연림 보육 작업과 별도의 사업으로 구분하여 실행할 수 있다.

나) 천연림 보육

① 산 가지치기를 수반하지 않을 경우에는 연중 실행 가능하다.

② 산 가지치기를 수반하는 경우에는 11월 이후부터 이듬해 5월 이전까지 실행하여야 하나 가지치기를 천연림 보육 작업과 별도의 사업으로 구분하여 추진할 경우 작업 여건, 노동력 공급 여건 등을 감안하여 연중 실행 가능하다.

③ 미래목을 선발하는 선목작업은 천연림 보육 작업과 별도의 사업으로 구분하여 실행할 수 있다.

section 8 임분전환

1 임분구조 전환

1) 임분전환의 개념

현재의 부적당한 임분을 보육 또는 갱신을 통해 작업 종, 수종, 임목, 임분구조 등을 바꾸어 주는 것을 임분전환이라고 한다.

2) 임분전환 방법

구분	내용
직접전환	• 인공식재에 의해 현재 임분의 수종 구성을 변화시킨다. • 원하지 않는 수종을 빠르게 제거시키고 목적 수종을 조림한다. 예 소나무 병충해임지, 참나무, 리기다 불량임지의 수종 전환
간접전환	• 보육작업으로 작업 종, 수종 구성, 임분 구조 등을 변화시킨다. • 임분을 무육벌채 작업으로 점차적으로 또는 단계적으로 개선하여 변화시킨다. 예 맹아림의 교림전환, 단순림의 혼효림전환, 단층림의 복층림전환, 개벌교림작업의 산벌림 전환 등
혼합전환	소면적으로 대상벌, 군상벌, 산벌 등으로 갱신하여 목적 달성
수하식재	수하식재하여 임분전환

2 복층림·다층림 조성 등 기타

1) 복층림

가) 단목택벌(單木擇伐)에 의한 조성

① 대상지

- 입지 조건이 양호하고 집약적인 산림관리가 가능한 V영급 이상인 임지로 우량대경재 생산이 가능한 임지
- ha당 침엽수림은 300본, 활엽수림은 200본 가량의 우량대경재를 최종 수확할 수 있는 임지
- 공익기능 유지 및 입지 조건상 모두베기가 부적당한 임지

② 작업 방법

- 최종 수확본수가 ha당 200~300본 내외가 되도록 조절
- 상층목에서 2m 떨어진 공간에 1.8m 간격으로 수하식재
- 천연하종 갱신이 가능한 임지는 갱신상을 조성하거나 움싹갱신, 수하식재(樹下植栽)와 병행할 수 있다.

나) 대상벌채(帶狀伐採)에 의한 조성

① 대상지

- 산림병 해충 피해지, 입목형질이 불량한 임지 중 임분 전환 또는 수종 갱신이 필요한 임지
- Ⅲ영급 이상의 조림지, 형질이 불량한 활엽수림, 15년생 내외의 현사시나무 조림지
- 인공림의 일반 소경재와 천연림의 특용·소경재 생산 임지
- 공익기능 유지 및 입지 조건상 모두베기가 부적당한 임지

② 작업 방법

- 식재열을 기준으로 하여 2~3열을 교호대상으로 벌채
- 잔존대로부터 2m 떨어진 벌채대 내에 1.8m × 1.8m 간격으로 식재
- 식재목이 하층식생의 영향을 받지 않고 생장할 수 있는 시기에 잔존대 벌채
- 천연갱신이 가능한 임지는 갱신상을 조성하거나 움싹갱신, 식재조림을 병행할 수 있다.

CHAPTER

8 산림갱신

section 1 갱신 방법

1 천연갱신

천연갱신이란 인위적으로 묘목을 식재하여 조림하는 것과는 달리 **그 지역의 모수로부터 발생하는 종자와 맹아에 의하여 자연적으로 후계림을 조성하는 방법이다.** 천연갱신은 인공갱신에 비해 임목의 번식력과 재생력을 최대한 활용하는 방법이다.

1) 천연갱신의 방법

① 천연하종 갱신

- 자연적으로 수목에서 떨어져서 산포된 종자를 발아·생육시켜 새로운 임분으로 갱신을 하는 방법이다.
- 상방천연하종갱신과 측방천연하종갱신법이 있다. **개벌, 산벌, 모수림, 보잔목법** 등의 작업 종에 이용된다.

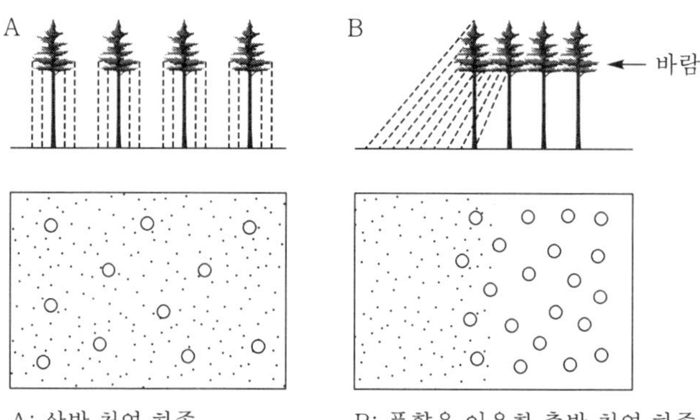

▲ 천연 하종에 있어서 두 가지 방식의 모델

② 맹아갱신

- 신탄재 또는 소경재 생산 목적으로 주로 활엽수림에서 벌채 후 벌근부나 줄기에서 다수의 부정아를 발생시켜 갱신을 도모하는 방법이다.
- 개벌, 택벌, 중림 등의 작업 종에 이용되는 갱신법이다.

2) 천연갱신의 장점

① 기후와 토양에 적응한 모수로부터의 하종갱신은 그 지역에 알맞은 수종이므로 **조림사업의 실패율이 적다.**

② 치수는 모수의 보호를 받으므로 각종 위해에 대한 저항력이 크다.

③ 임지가 완전 나출되지 않으므로 지력 유지 및 환경 관리상 유리하다.

④ 조림비를 절약할 수 있다.

⑤ 생태적으로 안정된 건전한 숲을 만들 수 있다.

3) 천연갱신의 단점

① **갱신기간이 오래 걸리며 확실성이 낮다.**

② 종자의 비산거리를 고려해야 하므로 소구역으로 작업을 실행해야 한다.

③ 생산된 목재가 균일하지 못하다.

④ 목재수확이 어려우며 치수가 상하기 쉽다.

⑤ 전문적인 육림기술이 필요하다.

2 인공갱신 등 기타

1) 식재조림의 장단점

가) 식재조림의 장점

① 목재산업 육성에 유리

- 동일 크기의 동일 품질의 목재를 한 장소에서 일시에 대량 생산한다.

② 임목형질 개선

- 종자 채취 및 양묘의 단계부터 형질이 우수한 개체를 선발하여 식재한다.

③ 산림 생산성 제고

- 경제성이 높은 수종을 선정하여 식재한다.

④ 재해방지

- 토사 유출, 풍해위험지역 등 필요한 곳에 적합한 숲을 조성한다.

⑤ 공간의 최대 활용

- 나무의 식재밀도를 높여서 숲의 공간을 최대한 활용한다.
- 결과적으로 단위 면적당 물질생산량과 대기정화 기능을 증대시킨다.

⑥ 옹이가 적은 목재 생산

- 나무를 적정 간격으로 심으면 가지가 가늘어져 옹이가 적어진다.

⑦ 줄기가 곧은 목재 생산

- 나무를 심는 밀도를 높이면 줄기가 곧게 자란다.

나) 식재조림의 단점

식재조림의 단점은 생물다양성이 낮아지게 되고 일시적으로 토양환경 및 숲 전체의 환경이 변하게 되어, 이를 고려하지 않으면 어린 나무가 성장이 늦어지거나 죽을 수 있다.

2) 파종조림

① 파종조림은 종자를 직접 임지에 뿌려 어린 나무를 발생시키는 조림 방법이다.

② 파종조림은 직파조림(직접 씨 뿌리기; direct seeding)이라고도 한다.

③ 파종조림은 숲의 구성이나 구조, 임분밀도 등을 경영 목적에 맞도록 조절할 수 있는 장점이 있다.

④ 파종조림은 어린 나무를 식재하기 힘든 암석지나 접근이 어려운 급경사지 등에 적용하면 좋다.

⑤ 파종조림은 환경과 기후조건이 불리한 조건에서 종자가 발아하여 자라기 때문에 실패의 가능성이 높다.

⑥ 직파조림은 수종의 특성 및 종자의 품질, 조림지의 지형 및 토양조건, 기후인자, 경쟁 식생, 병해충에 의한 피해, 파종 및 사후관리 방법에 따라 성공 가능성이 결정된다.

※ 소나무나 상수리나무 등의 참나무류처럼 세근이 발달하지 않고 직근의 세력이 강해 이식된 묘목의 활착이 불량한 수종들은 직파조림이 유리하다.

3) 벌구

벌구는 일시 또는 일정 기간 내에 갱신 또는 벌채하려고 하는 구역을 말한다.

① 대벌구는 면적이 넓어서 측방의 임분으로부터 조림 및 환경적으로 영향을 받을 수 없고, 소벌구는 측방에 있는 성숙임분의 영향이 갱신 구역에 미칠 수 있도록 작은 면적으로 구획한 것이다.

② **소벌구의 모양은 일반적으로는 대상(띠 모양)이며 원형, 다각형, 부정형 등을 취할 수 있다.** 대(strip, 띠)의 길이는 제한이 없고, **폭은 수고의 $\frac{1}{2}$~2배 정도다.**

③ **0.1ha 이하의 벌구를 군(small group)이라 하고, 0.1~1.0ha의 벌구를 단(large group)이라고 한다.**

4) 파종조림의 영향인자

① 수분조건 : 묘포와 달리 산지의 경우에는 흙을 다소 두껍게 덮어서 보호한다.

② 동물의 해 : 광명단을 칠하거나, 별도의 보호조치를 시행한다.

③ 기상의 해 : 서리, 추위나 건조 등의 영향을 받는다.

④ 타감작용 : 발아를 방해하는 물질이 토양에 있다.

⑤ 흙옷 : 직파조림 시 어린 묘목이 빗방울로 인해 흙을 덮어쓰게 되는 것이 흙옷이다.

– 묘목은 뿌리 노출과 열해로 고사하고, 표토는 유실된다.

⑥ 종자의 품질 : 품질이 좋은 종자가 발아가 잘된다.

5) 직파조림 방법

① 직파조림에도 지존작업은 파종의 성과를 높이기 위해서 반드시 필요하다.

② 지면에 쌓여 있는 낙엽이나 유기물 등을 긁어주어 광물질 토양이 노출되도록 준비하는 작업을 교토작업이라고 한다.

③ 교토작업을 하지 않으면 파종된 종자는 유기물과 낙엽 등의 방해를 받아 정상적으로 뿌리를 내리기 힘들다.

④ 직파조림을 실시하기 전에 교토작업을 하여 광물질 토양이 어느 정도 노출되도록 준비한다.

⑤ 파종상을 만들어 직파조림을 하면 종자의 발아를 돕고, 조림 이후에 조림의 성과를 파악하기 쉽다.

⑥ 천연하종 갱신의 경우에도 조림지의 표토를 긁어주는 교토작업을 한다.

[직파조림의 난이도와 발아 시기]

직파조림		수종
난이도	용이한 수종	**소나무, 해송, 리기다소나무, 잣나무 등의 침엽수**
		참나무류, 물푸레나무, 밤나무, 가래나무, 옻나무, 벚나무, 자작나무, 거제수나무 등
	어려운 수종	**전나무, 분비나무, 구상나무, 낙엽송, 주목, 일부 단풍나무류**
발아 시기	파종한 해	삼나무, 편백, 소나무, 해송, 낙엽송, 전나무, 잣나무, 가문비 등 침엽수
		은행, 오동나무, 거제수나무, 자작나무, 밤나무 등 활엽수
	파종 이듬해	음나무, 층층나무, 피나무, 주목, 후박나무 등 활엽수

section 2 갱신 작업 종

① 벌채 등으로 이용된 산림을 다시 조성하는 과정을 갱신(regeneration method)이라고 한다.

갱신법	벌채 방법	치수 보호
개벌	모든 임목 일시 벌채	보호 없음
대상벌	좁은 쪽의 띠 모양으로 모든 임목 벌채	일시적, 부분적 보호
군상벌	소군상, 군상, 단상 형태로 불규칙 벌채	일시적, 전면적 치수집단 보호
산벌	산목을 균일하게 존치하고 각 임목 벌채	산목 아래 전면적으로 치수 보호
택벌	긴 시간적 간격을 두고 단목, 군상으로 불규칙하게 벌채	영구적으로 전면적 보호

② 작업 종(silvicultural system, method of treatment, working system)은 갱신 및 벌채과정으로 생산 방법을 분류한 것이다.

③ 산림작업 종은 목표재의 크기, 벌채 방법(갱신 방법, 벌채종), 벌채면(갱신면, 작업지)의 광협(면적의 대소) 및 형상, 임분의 기원 등에 따라 작업 종을 분류한다.

④ 경영 방식에 따라 작업 종을 고림(교림), 저림(왜림), 중림으로 나누기도 한다.

⑤ 갱신의 방법 및 벌기에 차이가 있고 생산되는 목재가 다르므로 각각 산림의 외관에 특징을 가지게 된다.

방법	교림작업	중림작업	왜림작업
벌채 방법	개벌, 산벌 택벌, 대상벌, 군상벌	• 교림 : 개벌, 택벌 • 왜림 : 대상택벌, 군상택벌	개벌, 택벌, 대상벌, 군상벌
갱신 방법	천연갱신, 파종, 식재	• 교림 : 천연갱신, 파종, 식재 • 왜림 : 맹아작업	근주맹아, 근맹아

1 모두베기(개벌)

1) 개념

① 입목을 일시에 벌채하여 이용하고, 그 적지에 새로운 임분을 조성시키는 방법이 개벌이다.

② 모든 임목이 한 번의 벌채로 동시에 이용되기 때문에 인공갱신 또는 천연갱신에 조성된 치수가 잔존임목의 보호 없이 성장하게 된다.

③ 경제성으로 볼 때 모든 임목이 이용될 수 있는 단계에 있는 임분에만 적용될 수 있으며, 벌채 후 동령교림을 조성해야 한다.

2) 전벌교림의 특징

① 벌구방식 교림이라고 하며, 임분이 영급 및 임분 발달 단계별로 구분된다.

② 수확기에 도달하면 벌구(伐區)로 나누어 수확벌채 되고 갱신된다.

③ 대면적으로 무육 관리되고 대부분의 산림이 영급을 구성하며 다양하게 형성된다.

④ 경영목표에 의해 생산기간이 확립되어지고 갱신기간이 정해진다.

3) 개벌의 장점과 단점

장점	단점
㉠ **작업의 실행·이용이 빠르다.** ㉡ 높은 기술이 필요하지 않다. ㉢ 벌채, 운재 작업이 집중된다. ㉣ 비용 절약, 치수 손상이 적다. ㉤ 동령일제림으로 보육작업이 편리하다. ㉥ **인공식재로 새로운 수종 도입이 쉽다. ★★** ㉦ 동일한 규격의 목재를 생산하므로 경제적으로 유리하다. ㉧ 성숙한 임분 갱신에 알맞다.	㉠ 넓은 임지 노출 • **토양의 이화학적 성질이 나빠진다.** • **강우 바람 – 표토 침식, 유실 우려** • 점토질 – 피해 더 큼, 고결되면 토양수분의 조건이 불량, 침식 증가, 토양건조 촉진 ㉡ 지피식생 파괴, 미세기상 변화 • 입지조건 변화가 갱신을 불리하게 할 수 있다. ㉢ 잡초 관목 등이 무성해 질 수 있다. 기상의 해, 해충 발생 ㉣ 동령일제림 – 각종 위해에 대한 저항력이 약하다. 한 번 해를 받으면 광범위하게 확대 ㉤ 음수 수종, 중력종자 수종 갱신에 부적당 ㉥ 풍치적 가치가 낮다. ㉦ 천연하종 갱신 인위적 조절이 어렵고, 인공갱신으로 도와야 한다. ㉧ 시장성 문제

2 모수작업

① 갱신시킬 임지에 종자 공급을 위한 모수를 단목 또는 군상으로 남기고 나머지 임목들을 모두 벌채하는 방법을 모수림작업이라고 한다.

② **본수의 2~3%, 재적의 10% 내외를 남긴다.**

③ **난티나무, 자작나무류 등의 수종에 적용한다.**

④ **종자의 비산이 잘되는 수종은 15~30본을 남기고, 종자비산이 잘 안 되는 수종은 50본 이상을 남긴다.**

⑤ 보잔목법은 모수림과 산벌림의 중간 형태로 50~75본을 남긴다.

⑥ 보잔목법은 대형 목재를 생산하기 위해 모수를 더 남겨 나중에 벌채하는 모수작업의 변법이다.

⑦ 모수작업의 변법으로 화재에 대비하기 위한 대화산모수법이 있다.

⑧ 모수를 군상으로 남길 경우 수배 더 많은 입목을 남겨야 하나 군 내부의 입목은 정리벌 할 수 있다.

⑨ 작업대상 임지에 토양침식과 유실이 발생한다.

1) 모수림작업의 목적

① 대경 우량재 생산 ② 우수 종자목의 보전

③ 모수의 자산적 가치 증진 ④ 풍치 경관적 가치 증진

2) 모수의 선발 조건

① **양수 수종** ② **심근성 수종**

③ **두꺼운 수피** ④ **평균 이상의 생장 조건**

⑤ **생육입지 요구도가 낮은 수종**

3) 모수작업의 특성

① 수확벌채 시 ha당 20본 내외의 모수를 남겨놓고 천연하종 갱신을 실행하는 아주 간단한 갱신법이며, 특수한 작업 종으로 취급한다.

② 잔존 모수가 적어 임지는 개벌작업지와 같고 나지상태 조건에서 생장이 빠른 양수의 천연하종 갱신에만 적용이 가능하다.

③ 잔존할 모수 본수는 종자 결실량 및 비산거리, 결실 횟수, 입지상태를 고려하되 ha당 30본 이내로 한다.

④ 벌채 후 5년 이내에 치수가 발생하지 않으면, 인공식재로 조성하는 것이 합리적이다.

4) 보잔모수법

가) 보잔목법(保殘木法)의 개념

① 모수를 많이 남겨서 다음 벌기에 품질 좋은 대경재를 생산할 목적으로 실시하는 모수림작업의 변법이다.

② 자람이 왕성하고, 건전하며 장차 우량재를 생산할 가능성이 높은 나무를 골라서 남긴다.

③ 소나무, 낙엽송 등의 양수는 지하고가 높고 성긴 수관을 가지고 있어 후계입목의 자람에 지장을 주지 않고 오히려 모수로서의 보호효과가 나타난다.

④ **소나무 모수는 1ha당 30본 정도가 적합하다. 30본 이상이면 주림목 성장에 지장을 줄 수 있다.**

⑤ 보잔목의 수를 많게 하면 복층임분의 구조가 된다.

⑥ 생산기간 종료(갱신)와 함께 천연하종 갱신과 고급대경재 생산의 2가지 목적으로 노령목 중에서 가장 우수한 임목을 보잔목으로 잔존시키는 방법이다.

⑦ 개벌지에서 모수는 종자낙하와 동시에 수확벌채를 할 수는 없고 대경재 생산을 위해 그대로 존치한다는 개념에서 접근한다.

나) 보잔목법의 특성

① 풍치 무육적 의미에서 보잔목은 오랫동안 외관적으로 문제가 있다.

② 갱신벌채 전에 발생된 전생치수가 있는 임지에서 수고가 높은 보잔목은 천연하종의 효과가 없다.

③ 고급대경재 생산을 위한 보육(보잔목)이 적은 본수 때문에 등한시되고 침해될 수 있다.

④ 지위가 낮은 빈약한 임지의 소나무의 경우 하층의 갱신치수는 생장이 느려 성과가 없다.

다) 작업 방법

① 수확벌채 약 20년 전에 수고 정도의 간격을 갖는 우수한 나무가 ha당 50본 내외가 선발되도록 한 다음 선발된 보잔목에 지장을 주는 나무는 미리 제거할 것

② 수확벌채 시 보잔목의 가치 손실과 후계림의 벌채 피해 등이 예방되도록 조치할 것

③ 참나무의 보잔목은 가지에 혹이 발생하거나 초두부가 고사되는 경우가 많으므로 소군상의 그룹으로 배치하여 점차적으로 수관을 소개시켜 주는 방법을 고려할 것

5) 갱신을 돕는 보조작업

① 모수림에서는 성묘율을 높이기 위해 알맞은 임지정비가 필요하다.

② 임지를 긁어주는 교토작업을 통해 임상의 낙엽층과 지피식생을 제거하여 종자의 정착이 잘되도록 하고, 나지의 토양고결을 완화해서 토양수분의 유지를 돕고 신생근의 침입을 쉽게 할 수 있다.

③ 임지 전면에 대한 교토보다는 일정 간격을 두고 1~2m 폭의 대상으로 얕게 긁어주거나 1~2m마다 군데군데 무더기 꼴로 교토하기도 한다. 모수작업의 실패가 대부분 이러한 점을 등한시하여 발생한다.

6) 대화산모수법

① 벌채적지에 단목적으로 입목을 남겨 모수로서의 의미를 잃은 뒤라도 벌채하지 않고 산불에 대비하는 갱신 방법이다.

② 신생임분이 밀생한 뒤 산불을 받아 소실되었을 경우 모수로서의 역할을 하게 되는 입목을 대화산모수라고 한다.

③ 어지간한 산불에 대해서는 저항할 수 있는 수종이어야 한다.

④ **수피가 두껍고 불에 강한 소나무류 또는 낙엽송류가 적합하다.**

7) 모수작업법의 장단점

장점	단점
㉠ 벌채 집중, 경비 절약 ㉡ 임지 정비, 노출된 임지의 갱신 이루어진다. ㉢ 작업의 용이성, 개벌작업 다음으로 쉽다. ㉣ 개벌작업보다 신생 임분 종적 구성 조절 용이 ㉤ 넓은 면적이 일시에 벌채, 갱신 가능	㉠ 전임지 외계 노출, 종자 발아와 치묘발육에 불리 ㉡ 토양침식, 유실 우려 ㉢ 잡초, 관목 발생, 갱신에 지장을 준다. ㉣ 모수가 벌채 이전에 고사하는 경우가 많다. ㉤ 풍도의 해 우려 ㉥ 종자의 결실량과 비산능력을 갖춘 수종이어야 한다. ㉦ 과숙임분 적용 어려움–모수 잔존에 위험 ㉧ 풍치적 가치가 낮다.

3 산벌작업

소개된 노령림 하에서 임분이 갱신되는 것으로 임관이 전체 임지상 비교적 균일하게 점차적으로 소개되고 마지막 종벌(綜伐)로써 완전히 벌채된다. 벌채된 후의 임형은 개벌과 같이 단순동령림이다.

1) 산벌의 작업순서(① → ② → ③ → ④)

① **예비벌** : 재적의 10~30% 벌채, 수광벌로도 부른다.

② **하종벌** : 재적의 25~75% 벌채, 열매가 많이 맺은 해에 벌채한다.

③ **후벌** : 후계림의 생육상태를 고려하여 여러 차례 벌채한다. 점벌이라고도 부른다.

④ 종벌 : 최종 벌채 후 일제 동령림이 성립하게 된다.

2) 산벌작업의 특징

① 유용활엽수 혼효림, **전나무림에서는 성과가 높고 소나무, 참나무의 천연갱신에도 적당하며, 갱신기간은 대개 15~20년(윤벌기의 $\frac{1}{5}$)이다.**

② 산벌작업은 임지가 보호되어 생태적인 면에서 유리하며 가장 우량한 개체를 남기므로 임분의 유전형질이 개선되는 장점이 있으나, 비교적 높은 기술을 요하며 벌채, 운반이 다소 어려운 점이 있다.

3) 산벌작업의 단점

① 산벌작업을 집약적으로 실시할 때는 개벌과 같이 대량생산에 의한 소형재와 펄프재 등이 소비될 수 있는 시장이 있어야 한다.

② 갱신기에 있는 성숙임목은 풍도의 해를 받기 쉽다.

③ 벌채 대상목이 흩어져 있어 작업이 복잡하다. 개벌작업과 모수작업에 비해 높은 기술을 요하지만, 집약성이 동일한 택벌작업만큼 기술 수준이 높지 않아도 된다.

④ 갱신치수(更新稚樹)의 일부분은 벌채로 손상을 받는다.

⑤ 모든 것이 천연력에 의해 진행될 경우 비교적 긴 갱신기간을 요한다.

⑥ 후벌을 할 때 어린 나무가 상하기 쉽다.

⑦ 후벌에서 벌채될 나무들은 바람의 피해를 받을 수도 있다.

4 골라베기(택벌)

1) 개요

① 택벌림은 갱신, 무육 등 조림적 조치가 공간적으로 한 임분에서 통하여 이루어지므로 모든 경급과 영급이 단목 또는 군상으로 불규칙하게 다층림을 형성한다.

② 항속림 사상에 가장 가까운 작업법이다.(selection cutting)

2) 택벌림의 종류

① 무규칙 택벌림 : 조림기술적 개념 없이 필요한 대경목을 무질서하게 채취 후 방치

② 경제적 택벌림 : 무규칙한 택벌림을 적정한 시업 방법으로 개발, 관리된 택벌림

③ 공원 택벌림 : 보건, 휴양, 풍치만을 목적으로 하는 공원 등

④ 보호 택벌림 : 보안림 목적 등으로 관리하는 택벌림

3) 택벌림의 작업법

① 단목 택벌 : 수확의 대상이 되는 벌채목을 골라 벌채하는 방법(점상 택벌)

② 군상 택벌 : 한 지점에서 복수의 입목을 집단적으로 벌채하는 방법, 택벌작업지를 군상으로 결정하는 방법

③ 대상 택벌 : 택벌작업지를 띠 모양으로 한 시업법(대상획벌법)

※ 대상 시업 : 대상 개벌, 대상 산벌, 대상 택벌 등

4) 택벌작업 시 유의사항

① 다층림 구조의 유지 및 복구

② 모든 임관의 층별로 무육 실시

③ 주 수종의 배분 및 최상 가치가 있는 우량목의 생장 조정

④ 혼효 조절

⑤ 현존 후계수(後繼樹)에 대한 고려 및 천연갱신 촉진

5) 택벌작업의 의의

① 영속적 다층의 이령림 상태에서 주로 노령목과 대경목이 단목 또는 군상적으로 벌채되며, 이 빈자리에 후계수가 출연한다.

② 무육과 갱신작업이 시간과 공간에 관계없이 틈틈이 실행된다.

③ 대부분 자연에 가깝고 혼효림으로 된 항속림(航續林) 형태의 교림이다.

④ 광범위한 생물적 생산자동화에 의한 생태적, 임분구조적 안정, 지속적인 최대 생산성 등을 통하여 조림적으로 이상적인 시업이 가능하다.

6) 택벌작업 시 고려할 사항

① 혼효 상태의 조절
② 주요 임분의 물리적 안정성
③ 상층으로 자랄 임목의 건전성
④ 자체 조절 능력이 가능한 단계적 갱신

5 중림작업

교림작업과 왜림작업을 혼합한 갱신작업으로 동일 임지에서 일반용재와 신탄재를 동시에 생산하는 것을 목적으로 한다. 대개 하층임분은 맹아갱신을 반복하고, 상층임분은 실생묘에서 자란 것으로 구성하는 것이 가장 이상적이며, 하층 벌채 시 우량 임목을 상층목으로 키우기도 한다.

1) 중림작업 방법

① **상층목 본수는 하층목 생장에 저해되지 않도록 ha당 100본 이하로 하는 것이 좋다.**

② 상층목은 수광생장을 하게 되므로 생장이 빨라 대경재 생산이 용이하다.

③ 하층목에 대한 단벌기 시업으로 단기 자본회수가 가능하여 탄력적인 경영이 가능하다.

2) 중림작업의 특징

① 중림은 맹아림의 임지에 맹아림 세대 이전의 임목이 다수 상층을 점유하고 있으며 연료재, 소경재 외에 다른 큰나무의 용재 생산 목적도 달성할 수 있다.

② 중림작업에서 상층은 주로 참나무류, 포플러나무류 같은 양수의 활엽 수종이 적당하나 물푸레나무, 느릅나무, 개벚나무도 가능하며 또한 침엽 수종에서는 소나무류, 낙엽송 등이 가능하다.

3) 중림작업의 장단점

장점	단점
㉠ 임지의 노출 방지 ㉡ 상목은 수광량이 많아서 좋은 성장 ㉢ 조림 비용이 일반 교림작업보다 적게 든다. ㉣ 벌채로 잔존입목에 주는 피해가 적다. ㉤ 각종 피해에 대한 저항력이 크다. ㉥ 상목으로부터 천연하종 갱신이 가능 ㉦ 심미적 가치가 높다. ㉧ 소면적의 임지에서도 연료재 및 소량의 일반용재 얻을 수 있다.	㉠ 세밀한 조림기술을 쓰지 않으면 상목은 지하고가 낮고 분지성이 조잡해져서 수형이 불량해진다. ㉡ 높은 작업 기술을 요하고 상목에 대한 벌채량 조절이 어려우며, 작업의 집약성이 요구된다. ㉢ 상목의 피음으로 하목의 맹아 발생과 성장이 억제 ㉣ 지력이 좋아야 하고 광물질 요구량이 커서 생산환경 인자의 퇴화를 가져올 위험성이 높다. ㉤ 상목과 하목이 다른 수종일 때 그 사이 친화성이 문제된다.

6 왜림작업

왜림작업은 산림이 무성번식 방법으로도 갱신이 이루어지는 것을 이용한 특수한 작업법으로 근주맹아 또는 근맹아로 갱신이 되기 때문에 맹아림이라고 한다. 연료림, 제탄용림, 소경재 생산을 목표로 하는 작업 방법이다. 참나무, 오리나무, 단풍나무, 물푸레나무, 서어나무, 아까시나무, 자작나무, 느릅나무, 너도밤나무 등의 수종에 적용할 수 있다. 단벌기 작업에 적합한 작업종이다.

1) 맹아의 종류

맹아에는 휴면아와 부정아가 있다. 왜림작업에 있어서는 부정아가 갱신의 주체가 된다.

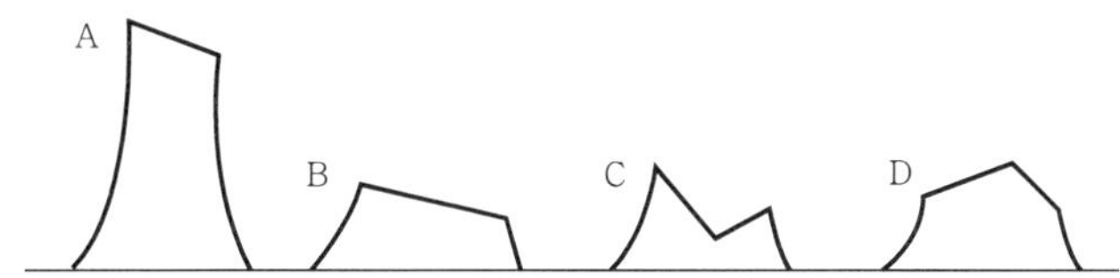

A : 너무 높음, B : 가장 양호함, C : 가장 불량함(빗물이 고이게 됨),
D : A와 C보다 좋으나 B보다 못함

▲ 맹아갱신을 위한 근주 벌채면의 모양(Hawley)

① 묘목맹아

- 묘목맹아는 어린 근주에서 나온 맹아로 큰 근주에서 나온 맹아와 비슷한 생리학적 또는 해부학적 특성을 가지지만 일반 묘목으로서의 속성도 아울러 지니고 있다.
- 근주 직경 5cm 이하의 어린 것에서 발생한 맹아가 묘목맹아라고 할 수 있다.
- 어린 근주는 변재부만 가지고 있어서 캘러스 조직에 의한 치유가 쉽게 되고 전염성인 심부병의 위험성이 크게 줄어든다.
- 발달해 있는 근계로 말미암아 더 왕성한 신장 성장할 수 있는 이점이 있다.
- 묘목맹아는 줄기도 더 곧게 자라는 경향을 가진다.
- 맹아력을 가진 수종이면 대개 묘목맹아를 발생시킨다.

② 단면맹아

- 버드나무류, 느릅나무류, 너도밤나무류의 수피와 목부 사이에 캘러스 조직에 연유하는 부정아가 형성되어 신장한 것을 단면맹아라고 한다.
- 지면에 근접해서 근계조직과 연락이 긴밀해야 쓸모가 있다.
- 일반적으로 단명하기 때문에 이용가치가 낮다.

③ 측면맹아

- 근주의 측면에서 나는 것으로 근주맹아, 주맹아로 부른다.
- 참나무류, 밤나무, 단풍나무, 물푸레나무, 서나무, 아까시나무, 느릅나무, 버드나무류에서 주로 발생한다.
- 주맹아 : 측근이 아닌 근원부 바로 아래 있는 수직근부에서 나는 맹아로 갱신상 가장 중요하다.

④ 잠아

- 주묘의 수조직에 관련을 가지는 잠아가 발달하여 맹아를 발생시킬 수 있다.
- 생장 도중 수조직과의 연결이 절단되면 그 후 잠아는 외부로 나타날 수 없다.
- 수피조직이 너무 두꺼워도 그것을 뚫고 맹아로 나타날 수 없다.
- 리기다소나무는 주간이 절단되었을 때 줄기 측면에서 많은 맹아를 낸다. 이것은 잠아가 신장한 것으로 간맹아라고 한다.

⑤ 근맹아

- 지표면 가까운 측근 조직에 생기는 부정아에서 기원하는 맹아를 근맹아라고 한다.
- 버드나무, 아까시나무, 느릅나무, 사시나무류에서 발생한다.
- 넓은 면적에 산재해서 발생하는 근맹아로는 밀도를 조절할 수 있는 갱신작업이 가능하다.

※ 복조갱신 : 아래 가지가 지면에 닿아 뿌리가 내려 새로운 개체로 자라는 것

2) 맹아갱신의 장단점

장점	단점
㉠ 작업 간단, 갱신 확실, 단벌기 경영에 적합하다. ㉡ 비용이 적게 들고 자본 회수가 빠르다. ㉢ 병충해 등 환경 인자에 대한 저항력이 적다. ㉣ 단위 면적당 유기물질의 연평균생산량이 최고치 ㉤ 윤벌기가 생장왕성기에 일치, 묘목 식재해서 일정한 밀도를 얻을 때까지의 예비 기간이 생략 ㉥ 야생동물의 보호, 관리를 위하여 적당	㉠ 큰 용재를 생산할 수 없다. ㉡ 자람이 빠르고 양료 요구도가 높고, 지력이 안 좋으면 경영이 어렵다. ㉢ 한해에 약해서 고산한랭지 작업이 부적당하다. ㉣ 지력 소모가 심하며 지력 악화를 초래하는 일이 많다. ㉤ 단위 면적당 생육축적이 낮다. ㉥ 심미적 가치가 낮다. ㉦ 개벌왜림작업 경우 임지 나출, 표토침식 우려 ㉧ 산불발생 위험이 교림보다 높다.

3) 두목작업

① 벌채점을 지상 1~4m 정도로 높게 하는 작업법이다.

② 조경적 목적으로 플라타너스, 버드나무류, 포플러류에 흔히 적용한다.

③ 두목작업을 받는 대목은 실생묘를 기원으로 하고, 수두형에 따라 일거식, 이거식 등이 있다.

㉠ 일거식 대목 : 대목이 벌기에 도달, 적당한 높이에서 벌채, 그 다음부터 나오는 맹아를 반복개벌

㉡ 이거식 대목 : 대절을 2회, 4거식 대목을 만들려면 3회의 대절이 필요

④ 두목작업을 할 때는 수두 간 거리를 비슷하게 해서 고루 배치한다.

7 죽림작업 등 기타

1) 죽림 조성 방법

① 모죽 근주의 2배 크기의 구덩이를 파고 부숙한 퇴비를 기비로 준다. 그 위에 흙을 약간 덮고 지하경을 지표면에 수평으로 배치한 후 흙을 덮고 관수를 충분하게 한다.

② 심는 방향이 경사지면 지하경을 등고선 방향으로 수평으로 둔다.

③ 심는 깊이는 15~20cm로 하고 지주를 세워 바람에 의한 동요를 막는다.

④ 구덩이에 흙을 넣고 물을 부어 흙탕물을 만들고 그 안에 근주를 넣어 다시 흙을 조금씩 첨가해 가면서 심으면 뿌리와 흙이 밀착되어 활착에 도움이 된다.

⑤ 식재밀도는 맹종죽 300~500주, 왕대 500~800주, 솜대 700~1000주, 오죽 2000~5000주 정도로 한다.

2) 죽림의 번식 재료

<table>
<tr><td rowspan="3">모죽</td><td>지조 붙은 죽간+지하경</td><td rowspan="3">• 모죽 줄기 상부는 절제
• 7~10cm 되는 1~2년생의 것을 택한다.
• 기성 죽림 외변에서 채취</td></tr>
<tr><td>죽간 : 3단 이상의 가지</td></tr>
<tr><td>지하경 : 40~50cm</td></tr>
<tr><td rowspan="3">모주</td><td>죽간+지하경</td><td rowspan="3">• 모죽에 가깝지만 죽간을 짧게 하고 가지를 붙이지 않는 것이 다르다.
• 운반 편리, 오죽 등 세죽종 번식에 알맞다.</td></tr>
<tr><td>죽간 : 가지 없음, 20cm</td></tr>
<tr><td>지하경 : 40~60cm</td></tr>
<tr><td rowspan="3">죽묘</td><td colspan="2">• 지하경을 굴취하여 포지에 심고 1년간 양성한 묘목=지하경묘
• 오죽 등 세죽종의 죽묘를 다수 양성하고자 할 때 적용</td></tr>
<tr><td>지하경 굵기</td><td>• 왕대 및 맹종죽 : 절간 중앙 직경 2cm 이상
• 오죽 : 절간 중앙 직경 1cm 이상, 길이가 40~50cm</td></tr>
<tr><td colspan="2">• 포지에 20~30cm 간격으로 누여서 배열한다.
• 10cm 두께로 가는 흙을 덮은 다음 그 위에 짚을 깔고 관수한다.
• 죽순이 나타날 때까지 질소질 비료를 준다.</td></tr>
<tr><td>지하경</td><td colspan="2">땅속 뿌리를 약 50cm의 길이로 굴취한 것</td></tr>
</table>

참고자료

- 조림학원론 임경빈 향문사
- 조림학본론 임경빈 향문사
- 조림학 이돈구, 김갑태 향문사
- 신고산림생태학 손요환 향문사
- 수목생리학 이경준 서울대학교출판문화원
- 숲 가꾸기 표준교재 산림청 국립산림과학원

실력점검문제

01 수목의 기공 개폐에 대한 설명으로 옳지 않은 것은?

① 30~35℃ 이상 온도가 올라가면 기공이 닫힌다.
② 기공은 아침에 해가 뜰 때 열리며 저녁에는 서서히 닫힌다.
③ 잎의 수분 퍼텐셜이 높아지면 수분 스트레스가 커지며 기공이 닫힌다.
④ 엽육 조직의 세포 간극에 있는 이산화탄소 농도가 높으면 기공이 닫힌다.

해설 잎의 수분 퍼텐셜이 낮아지면 수분 스트레스가 커지며 기공이 닫힌다.

02 우리나라의 천연림 보육 사업에서 적용하고 있는 수형급이 아닌 것은?

① 미래목
② 중용목
③ 중간목
④ 방해목

해설
- 천연림 보육에 적용하는 수형급은 미래목, 중용목, 보호복, 방해목으로 분류한다.
- 인공림에 적용하는 수형급은 미래목, 중용목, 보호복, 방해목과 밀도 유지를 위해 남기는 무관목으로 분류한다.
- 데라사끼의 수관급에서 중간목(중립목)은 자람이 늦지만 피압되지 않은 3급목을 말한다.

03 다음은 판갈이 작업에 대한 설명이다. 가장 옳지 않은 것은?

① 땅이 비옥할수록 성장속도가 빠르므로 판갈이 밀도는 소식하는 것이 좋다.
② 판갈이 작업 시기로는 가을이 알맞다.
③ 지하부와 지상부의 균형이 잘 잡힌 묘목을 양성할 수 있다.
④ 참나무류는 만 2년생이 되어 측근이 발달한 후에 판갈이 작업하는 것이 좋다.

해설 판갈이 작업 시기는 봄이 알맞다.

04 다음 제시된 수종 중 실온저장법으로 저장할 수 있는 수종을 가장 바르게 제시한 것은?

① 목련, 칠엽수
② 편백, 삼나무
③ 밤나무, 가시나무
④ 신갈나무, 가래나무

해설 실온저장법은 종자를 건조한 상태에서 창고, 지하실 등에 두어 저장하는 방법이다. 소나무류, 낙엽송류, 삼나무, 편백나무, 가문비나무 등 알이 작은 종자는 온도가 높고, 공기의 공급이 충분하며, 습기가 있을 때는 발아력을 잃게 되므로 용기에 넣어 건조한 곳에 둔다.

정답 01. ③ 02. ③ 03. ② 04. ②

05 숲의 종류를 구분하는 데 있어 작업 종 또는 생성 기원에 따르지 않은 것은?

① 교림 ② 혼효림
③ 왜림 ④ 중림

해설 혼효림은 침엽수와 활엽수가 서로 섞여서 구성된 숲이다.
① 교림은 씨앗(종자)으로부터 기원한 숲이다.
③ 왜림은 맹아로부터 기원한 숲이다.
④ 중림은 종자로부터 기원한 교림과 맹아로부터 기원한 왜림을 같은 공간에서 동시에 키우는 것이다.

06 식재 후 첫 번째 제벌작업이 실시되는 임종별 임령으로 옳은 것은?

① 소나무림 : 15년
② 삼나무림 : 20년
③ 상수리나무림 : 15년
④ 일본잎갈나무림 : 8년

해설 제벌 실시 임령
- 소나무, 낙엽송 : 3~8년
- 삼나무, 편백 : 10년
- 전나무, 가문비나무 : 13~15년

07 다음 제시된 무기 영양분의 결핍현상 중 가장 옳지 않은 것은?

① 철은 수목의 체내에서 이동이 잘 안 되어 어린잎에서 결핍증이 먼저 나타난다.
② 칼슘이 결핍되면 수목이 왜소하게 된다.
③ 질소가 결핍하면 세포가 작아지고, 잎이 황록색이 된다.
④ 칼륨은 수목의 체내에서 이동이 빠르기 때문에 잎 맥 부분에서 검은 반점이 시작된다.

해설 칼륨은 수목의 체내에서 이동이 용이하며 잎 끝의 주변부에서 검은 반점이 생기며, 심하면 묘목 전체가 황화되며, 끝눈이 작아진다.

08 풀베기 작업을 두 번 하고자 할 때 두 번째 작업 시기로 가장 적당한 것은?

① 1~3월 ② 3~5월
③ 8월 ④ 5~7월

해설 풀베기의 작업 시기
㉠ 일반적으로 1회 실행지는 5월~7월에 실시한다.
㉡ 2회 실행지의 경우는 8월에 추가로 실시할 수 있으며 9월 초순 이후의 풀베기는 피한다.
㉢ 지역별 권장 시기는 다음과 같다.
- 온대남부 : 5월 중순~9월 초순
- 온대중부 : 5월 하순~8월 하순
- 고산 및 온대북부 : 6월 초순~8월 중순

09 양엽과 비교한 음엽의 특성으로 가장 옳지 않은 것은?

① 잎이 넓다.
② 광포화점이 낮다.
③ 책상 조직의 배열이 빽빽하다.
④ 큐티클 층과 잎의 두께가 얇다.

해설 ① 양엽은 음엽에 비해 잎이 작고 음엽의 잎이 넓다.
② 음엽의 광포화점이 낮다. 양엽은 광포화점과 광보상점이 모두 높다.
④ 양엽은 큐티클 층과 잎의 두께가 음엽에 비해 두껍다.

10 다음 제시된 산림작업에서 치수의 자람에 따라 점차 벌채를 하여 치수를 보호하며 수확하는 과정은?

① 보잔목법 ② 하종벌
③ 예비벌 ④ 후벌

해설 산벌작업법 중 후벌에 대한 설명이다.

정답 05. ② 06. ④ 07. ④ 08. ③ 09. ③ 10. ④

11 **다음은 택벌에 대한 설명이다. 가장 옳지 않은 것은?**

① 기상피해에 대한 저항력이 낮다.
② 택벌은 음수 수종의 갱신에 유리하다.
③ 임관이 항상 울폐된 상태를 유지한다.
④ 경관적 가치가 다른 작업 종에 비해 높다.

해설 기상 피해에 대한 저항력이 높다.

12 **다음 중 경기도 지역에서 이단림을 조성하고자 할 때 가장 적합한 수종은?**

① *Larix kaempferi*
② *Pinus densiflora*
③ *Abies holophlla*
④ *Betula platyphylla*

해설
- 이단림작업은 상층 수관 아래 하층수관이 있으므로 양수보다는 음수가 적합하다.
- *Larix kaempferi*(낙엽송), *Pinus densiflora*(소나무), *Betula platyphylla*(자작나무) 모두 양수에 해당하므로 수하식재에 부적합하다.
- *Abies holophlla*(전나무, 젓나무)는 음수로 수하식재와 이단림의 하층목에 적합하다.

13 **다음 설명에 해당하는 무기양료로 나열된 것은?**

> 수목의 체내에서 이동이 잘 되는 편으로 주로 오래된 잎에서 먼저 결핍증상이 나타난다.

① 칼륨, 마그네슘, 몰리브덴
② 질소, 칼슘, 칼륨
③ 철, 망간, 마그네슘
④ 구리, 마그네슘, 질소

해설
- 칼슘, 철, 붕소, 아연, 구리는 수목의 체내 이동이 어려운 양분이다.
- 칼륨, 마그네슘, 몰리브덴은 수목의 체내 이동이 잘 되는 양분이다.

14 **다음 제시된 단어 중 산림작업 종을 분류하는 기준과 가장 거리가 먼 것은?**

① 벌채종
② 임분의 기원
③ 갱신 임분의 수종
④ 벌구의 크기와 형태

해설 산림작업 종은 목재를 생산하는 벌채 방법 또는 갱신과정을 포함한 일련의 시스템이다.
산림작업 종을 결정하는 요인은
1. 목표재의 크기
2. 갱신 및 벌채 방법(갱신종, 벌채종)
3. 갱신 면적(벌채 면적, 작업지 면적)
4. 임분의 기원(천연림, 인공림)
등에 따라 구분한다.
- 양수, 음수 또는 성장속도 등 수종의 특징도 작업 종을 결정하는 요인이 될 수 있지만, 작업 종을 분류하는 기준은 되지 않는다.
- 산림작업 종은 개벌, 산벌, 택벌, 대상벌, 군상벌 등으로 구분할 수 있다.

15 **종자의 활력검사를 하는 방법 중 건전한 배를 흑색으로 변하게 하는 시약으로 옳은 것은?**

① 지베렐린　② 테룰루산칼륨
③ 아바멕틴　④ 테트라졸륨

해설
- 환원법에는 테트라졸륨과 테룰루산칼륨이 사용된다.
- 테트라졸륨(2,3,5-triphenyltetrazolium chloride : TZ) 0.1~1.0%의 수용액에 생활력이 있는 종자의 조직을 접촉시키면 붉은색으로 변하고, 죽은 조직에는 변화가 없다.
- 테룰루산칼륨(potassium tellurite : K_3TeO_3) 1% 액을 사용하면 건전한 배가 흑색으로 변한다.

정답 11. ① 12. ③ 13. ① 14. ③ 15. ②

16 다음 설명에 해당하는 목본 식물의 조직으로 가장 옳은 것은?

> 식물세포에서 각진 모서리 부분이 두꺼워진 것을 말하며 원형질이 살아있는 조직이다.

① 유조직 ② 후각조직
③ 후막조직 ④ 분비조직

해설 ① 유조직은 살아있는 유세포가 모여서 만들어진 조직으로 세포 분열과 분화능력이 높다.
③ 후막조직은 2차 벽이 두꺼워진 조직으로 대사 기능이 없는 죽은 조직으로 이루어진다.
④ 분비조직은 식물체 내에서 수지, 유액, 점액 등의 분비물을 저장하는 조직으로 살아있는 조직이다.

17 다음 제시된 수종 중 우리나라 난대림의 자생 수종이 아닌 것은?

① 동백나무
② 가시나무
③ 후박나무
④ 서어나무

해설 서어나무는 온대림에서 자라는 낙엽 교목이다.

18 다음 제시된 지질 가운데 수목의 phenol계 화합물로 가장 적합한 것은?

① 고무 ② 수지
③ 테르펜 ④ 리그닌

해설

수목 내 지질의 종류	성분
지방산 및 지방산 유도체	palmitic산, 단순지질(지방, 기름), 복합지질(인지질, 당지질), 납, 큐틴, 수베린
isoprenoid 화합물	테르펜, 카로테노이드, 고무, 수지, 스테롤
phenol 화합물	리그닌, 탄닌, 후라보노이드

19 아래 조건에 맞는 파종량으로 가장 옳은 것은?

> 파종상 면적 : $500m^2$, 묘목 잔존본수 : 150본/m^2, 1g당 평균종자립수 : 88립, 순량률 : 0.9, 실험실 발아율 : 0.8, 묘목 잔존률 : 0.3

① 약 3.9kg
② 약 19.5kg
③ 약 2.0kg
④ 약 39.0kg

해설 $\text{파종량} = \dfrac{500 \times 150}{88 \times 0.9 \times 0.8 \times 0.3}$

$= 3{,}945.71g = 3.9kg$

20 묘목의 식재 밀도를 높게 했을 경우 예측할 수 있는 상황 중 가장 옳은 것은?

① 입목의 초살도가 높은 완만재가 된다.
② 솎아베기 작업 시기가 빨리 온다.
③ 수고 생장보다는 직경 생장이 촉진된다.
④ 임관이 빠르게 울폐되어 임지의 침식과 건조가 줄어든다.

해설 ① 입목의 초살도가 감소한다. 완만재가 된다. .
② 솎아베기 작업으로 적정 밀도를 유지해야 한다.
③ 식재밀도가 높으면 직경생장이 둔화된다.

21 생가지치기를 하면 부후의 위험이 발생하기 때문에 되도록 생가지치기를 하면 안 되는 수종은?

① *Prunus serrulata*
② *Pinus densiflota*
③ *Cryptomeria japonica*
④ *Chamaecyparis obtusa*

정답 16. ② 17. ④ 18. ④ 19. ① 20. ④ 21. ①

해설 단풍나무, 느릅나무, 벚나무, 물푸레나무 등은 생가지치기를 피해야 할 수종이다.
① 벚나무(*Prunus serrulata*)
② 소나무(*Pinus densiflota*)
③ 삼나무(*Cryptomeria japonica*)
④ 편백(*Chamaecyparis obtusa*)

22 **제시된 종자의 발아 촉진 방법 중 옻나무, 피나무, 콩과 수목의 종자를 발아시키는 데 가장 적합한 것은?**

① 환원법
② 황산처리법
③ 침수처리법
④ 고저온처리법

해설 혁질의 종피를 가진 콩과 수목과 밀랍으로 된 종피를 가진 옻나무와 피나무 종자는 황산처리를 한다.

23 **다음에 제시된 숲의 구분에 대한 설명으로 옳지 않은 것은?**

① 원시림은 오랜 세월 동안 자연력 또는 사람의 간섭에 의해서 피해를 받은 일 없이 유지되어 온 숲이다.
② 순림은 단일 수종으로 구성된 숲이므로 다른 수종이 일부 섞이면 순림으로 볼 수 없다.
③ 이령림은 동령림보다 공간적 구조가 더 복잡하며 생태적 측면에서 더 안정적이다.
④ 왜림은 숲의 성립이 일반적으로 맹아로부터 기원된 숲이다.

해설 순림은 단일 수종의 숲으로 다른 수종이 일부 섞이더라도 순림으로 간주할 수도 있다.

24 **주지의 끝에서 분비되어 측아 발달을 억제하고, 정아우세를 유지시켜 수관이 원추형으로 자라는 데 가장 큰 역할을 하는 호르몬은?**

① 옥신 ② 지베렐린
③ 사이토키닌 ④ 아브시스산

해설 정아가 주지의 끝에서 측아의 성장을 억제해서 원추형 수관을 만드는 유한생장을 하는 것은 옥신의 영향이다.

25 **금강송의 학명은 "Pinus densiflora for. erecta"로 표기한다. 금강송의 학명 표기에 대한 설명으로 가장 옳지 않은 것은?**

① Linnaeus의 이명법을 사용한 표기이다.
② Pinus는 속명을 나타내고 densiflora는 종명을 나타낸다.
③ for. erecta는 변종을 나타낸다.
④ densiflora의 densi는 빽빽하다는 뜻의 densus에서 왔다.

해설 for. 은 품종, var. 은 변종을 나타낸다.

26 **다음에 제시된 수종 중 난대림에 자생하지 않는 수종은?**

① *Abies nephrolepis*
② *Pittosporum tobira*
③ *Machilus thunbergii*
④ *Cinnamomum camphora*

해설 ① 분비나무, ② 돈나무, ③ 후박나무, ④ 녹나무
• 분비나무는 온대와 아한대림에 서식하는 수종이다.

정답 22. ② 23. ② 24. ① 25. ③ 26. ①

27 다음은 순림과 혼효림에 대한 설명이다. 가장 옳지 않은 것은?

① 토양이 척박하고 건조한 곳에서는 혼효림이 형성될 가능성이 높다.
② 기후 조건이 극단적인 곳에서 순림이 형성된다.
③ 순림이 혼효림에 비해 산림작업과 경영이 간편하다.
④ 혼효림은 순림에 비하여 유기물의 분해 속도가 빠르고 무기양료도 순환이 잘 된다.

해설 토양이 척박한 곳, 환경이 극단적인 곳에서는 순림이 형성될 가능성이 높다.

28 임목의 직경분포가 아래의 그래프와 같이 나타날 수 있는 작업 종은?

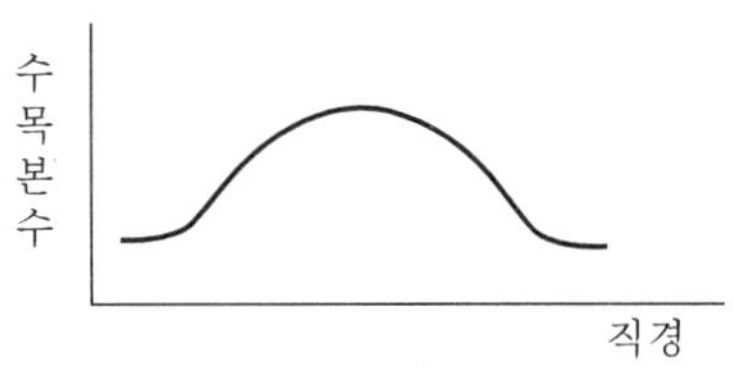

① 산벌 ② 택벌
③ 중림 ④ 이단림

해설 일반적으로 동령림의 직경 분포는 가운데가 볼록한 종 모양의 정규분포 형태를 나타내고, 산벌은 후벌이 끝난 후 일제 동령림이 된다.

29 중립종자 500개의 무게로 나타내는 종자의 검사기준으로 가장 적합한 것은?

① 실중 ② 효율
③ 용적율 ④ 발아력

해설 실중의 측정기준
- 대립종자 100개
- 중립종자 500개
- 소립종자 1000개

30 다음은 수목 종자의 저장에 대한 설명이다. 가장 옳지 않은 것은?

① 냉습적법은 종자를 이끼, 톱밥, 피트모스 등과 혼합하여 3~5℃의 냉장고에 넣어두는 보습저장의 한 방법이다.
② 일반적으로 상온에 저장할 수 있는 종자도 냉건저장을 하면 수명을 연장할 수 있다.
③ 포플러류나 버드나무류 등은 종자가 아주 작아 수명이 짧다.
④ 밤나무 종자의 발아력을 유지시키기 위해서는 상온건조저장법을 이용한다.

해설 밤, 도토리와 같이 전분이 많은 종자는 건사저장법으로 발아력을 유지한다.

31 다음은 수목 종자의 발아에 대한 설명이다. 가장 옳지 않은 것은?

① 지베렐린은 종자의 휴면을 타파하는 기능이 있다. 그러므로 종자의 발아를 촉진한다.
② 종자의 발아는 근적색광에 의해 억제되고 적색광에 의해 촉진된다.
③ 수분을 충분히 흡수한 종자는 호흡량이 감소한다.
④ 장일성 수종의 종자는 발아과정에서 광선이 영향을 미친다.

해설 수분을 충분히 흡수한 종자는 초기에 발아를 위해 호흡량이 증가한다.

32 다음 제시된 종자 중 결실 주기가 가장 긴 수종은?

① *Alnus japonica*
② *Larix leptolepis*
③ *Pinus densiflora*
④ *Betula platyphylla*

정답 27. ① 28. ① 29. ① 30. ④ 31. ③ 32. ②

해설 낙엽송, 너도밤나무는 결실주기가 5년 이상이다.
① 오리나무, ② 낙엽송, ③ 소나무, ④ 자작나무

결실 주기
- 매년 : 리기다, 해송 등과 오리나무, 자작나무 등 대부분 피자식물
- 격년 : 소나무, 아까시나무(종자의 풍흉이 분명하다.)
- 2~3년 : 참나무류, 삼나무, 전나무, 들메나무
- 3~4년 : 가문비나무
- 5~7년 : 낙엽송, 너도밤나무

33 다음 중 개화 결실 촉진을 위한 처리 방법으로 가장 옳지 않은 것은?

① 단근작업을 한다.
② C/N률을 높여준다.
③ 환상박피, 수피역위 등 처리를 한다.
④ 수광량을 줄여 개화될 수 있도록 한다.

해설 햇빛을 받는 양(수광량)을 늘려야 C/N률이 올라가서 결실이 잘 된다.

34 다음 중 사시나무와 오리나무의 열매 유형에 해당하는 것은?

① 협과 ② 견과
③ 장과 ④ 영과

해설
- 오리나무와 자작나무는 목질 또는 혁질의 과피 안에 1개의 종자가 들어 있는 견과류에 속한다.
- 아까시나무, 자귀나무, 박태기나무는 콩 꼬투리가 있는 협과에 해당한다.
- 감나무와 포도나무는 중과피 또는 내과피가 육질 또는 장질이며 단단한 종자를 가지는 장과류에 속한다.
- 얇은 피질의 과피가 종피와 붙어 있는 것을 영과라고 하며, 대나무와 볏과 식물 등 이삭이 있는 열매를 가진다.

35 다음 제시된 꽃의 기관과 그 기관이 변해서 만들어진 종자 및 열매의 기관이 올바르게 연결된 것은?

① 주심 – 배
② 주피 – 종피
③ 배주 – 열매
④ 씨방 – 종자

해설 종자의 구조발달 관계상 주피는 종피(씨껍질)와 연결된다.

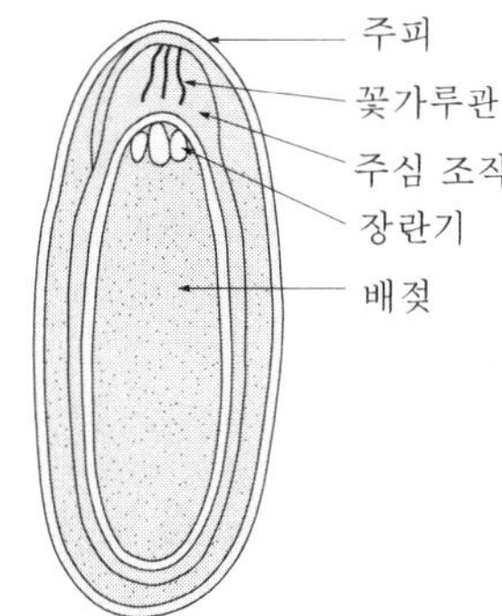

- 씨방 : 열매(과실)가 된다.
- 밑씨 : 종자가 된다.
- 주피 : 종피가 된다.
- 주심과 내종피 : 많이 퇴화한다.
- 극핵 (2개) + 정핵 : 속씨식물의 배젖이 된다.
- 난핵 + 정핵 : 배가 된다.

36 다음 제시된 참나무의 수종 중 개화한 당년에 종자가 성숙하는 수종과 개화한 다음 해에 종자가 성숙하는 수종이 가장 바르게 연결된 것은?

① 졸참나무 – 떡갈나무
② 신갈나무 – 갈참나무
③ 갈참나무 – 굴참나무
④ 굴참나무 – 상수리나무

해설
- 개화한 당년 종자가 성숙하는 수종 : 삼나무, 떡갈나무, 신갈나무, 졸참나무 등

정답 33. ④ 34. ② 35. ② 36. ③

- 개화한 다음 해에 종자가 성숙하는 수종 : 상수리나무, 소나무, 굴참나무, 잣나무 등

37 다음 제시된 수종 중 개화한 후에 종자의 비산까지 시간이 가장 오래 걸리는 수종은?

① *Populus davidiana*

② *Quercus variabilis*

③ *Acer saccharinum*

④ *Larix gmelinii*

해설 종자는 성숙된 후 비산되므로 성숙에 2년의 시간이 걸리는 상수리나무가 개화 후 종자의 성숙까지 가장 오래 걸리는 수종이 된다.
① 사시나무, ② 굴참나무, 상수리나무, ③ 은단풍, ④ 잎갈나무

38 다음에 제시된 종자 중 발아를 위해서는 후숙이 필요한 수종은?

① *Ulmus davidiana var. japonica*

② *Fraxinus mandshurica*

③ *Quercus serrata*

④ *Prunus serrulata*

해설 들메나무(*Fraxinus mandshurica*)와 물푸레나무(*Fraxinus rhynchophylla*)는 종자의 후숙이 필요한 수종이다.
① *Ulmus davidiana var. japonica*(느릅나무), ③ *Quercus serrata*(졸참나무), ④ *Prunus serrulata*(가는잎벚나무(한국고유생물, 왕벚나무))

39 다음은 활엽수종의 열매를 분류한 것이다. 건폐과에 해당하는 것은?

① 견과 – 오리나무류, 자작나무류

② 핵과 – 호두나무, 벚나무

③ 삭과 – 포플러류, 버드나무류

④ 협과 – 자귀나무, 아까시나무

해설
- 건폐과는 성숙해서 건조해도 겉이 갈라지지 않는 열매
- 건열과는 성숙해서 건조하면 겉이 갈라지는 열매
- 건폐과 종류

수과	• 1개의 종자처럼 보이지만, 과피가 얇고 막질이며, 1개의 종자가 과피 안에 있는 열매 • 과피와 종피가 따로 떨어져 있다. 으아리류
견과	• 목질 또는 혁질의 과피 안에 1개의 종자가 들어있다. • 과피와 종자는 떨어져 있다. • 밤나무, 참나무류, 너도밤나무 · 오리나무류, 자작나무류, 개암나무류
시과	• 과피가 발달해서 날개처럼 된 종자다. • 단풍나무류, 물푸레나무류, 느릅나무류, 가중나무
영과	• 종자가 종피와 완전히 유착된 얇은 과피로 쌓여 있다. • 대나무류, 볏과식물 등

40 다음 설명은 묘포의 경운작업에 대한 것이다. 가장 옳지 않은 것은?

① 통기가 잘 되도록 하여 호기성 토양 미생물에 산소를 공급한다.

② 영양분을 가용성으로 만들고, 토양의 풍화를 억제한다.

③ 토양의 보수력 및 흡열력, 그리고 비료의 흡수력을 증가시킨다.

④ 토양을 부드럽게 하고, 잡초의 씨앗이 깊이 묻히므로 잡초 발생이 억제된다.

해설 밭갈이 작업인 경운을 하는 경우 토양의 투수성, 통기성 등이 개선되는 장점이 있으나 풍화작용이나 토양침식이 빨라지는 단점이 있다. 토양의 이화학적 성질의 변화 외에도 잡초 발생을 억제시킨다.

정답 37. ② 38. ② 39. ① 40. ②

41 다음 제시된 삽목상의 조건으로 가장 적합한 것은?

① 삽목상의 온도는 25℃ 전후가 적합하다.
② 발근을 위해 삽목상에 햇빛이 비치도록 한다.
③ 토양 내 미생물의 종류가 다양할수록 발근에 유리하다.
④ 발근에 시간이 오래 걸리는 수종의 경우 잎의 증산이 원활하도록 공중습도를 조절한다.

해설 삽목상의 온도는 낮에는 25℃ 전후, 밤에는 18℃ 전후에 발근이 잘 된다.
② 발근을 위해서는 삽목상에 해가림을 한다.
③ 토양 내 미생물은 발근을 방해한다.
④ 발근에 시간이 오래 걸리는 수종은 잎의 증산이 억제되도록 공중습도를 높인다.

42 묘간 거리가 가로 2m, 세로 2m의 정방형 식재 시 1ha에 식재되는 묘목 본수는?

① 2500본　　② 3000본
③ 3333본　　④ 5000본

해설 $\frac{10.000m^2}{2m \times 2m}$ = 2500본

43 다음 제시된 수종 중 묘목의 자람이 늦어 묘상에 가장 오랫동안 거치하는 것은?

① *Picea jezoensis*
② *Larix kaempferi*
③ *Pinus densiflora*
④ *Quercus acutissima*

해설 ① 가문비나무, ② 일본잎갈나무, ③ 소나무, ④ 상수리나무
• 전나무, 가문비나무 등은 생장이 느려 2년 혹은 그 이상 거치하였다가 이식한다.

44 다음 중 직파조림이 용이한 수종으로만 묶은 것은?

ㄱ. *Juglans mandshurica*
ㄴ. *Taxus cuspidata*
ㄷ. *Abies holophylla*
ㄹ. *Prunus serrulata var. spontanea*

① ㄱ, ㄴ　　② ㄱ, ㄹ
③ ㄴ, ㄷ　　④ ㄷ, ㄹ

해설 *Juglans mandshurica*(가래나무)
Taxus cuspidata(주목)
Abies holophylla(전나무)
Prunus serrulata var. spontanea(벚나무)

구분	수종
용이한 수종	소나무, 해송, 리기다소나무, 잣나무 등의 침엽수
	참나무류, 물푸레나무, 밤나무, 가래나무, 옻나무, 벚나무, 자작나무, 거제수나무 등
어려운 수종	전나무, 분비나무, 구상나무, 낙엽송, 주목, 일부 단풍나무류

45 다음은 간벌에 대한 설명이다. 가장 옳지 않은 것은?

① 주로 5~9월에 실시한다.
② 정성적 간벌과 정량적 간벌이 있다.
③ 조림목 간의 경쟁을 최소화하기 위한 것이다.
④ 잔존목의 생장촉진과 형질 향상을 위하여 실시한다.

해설 산가지치기를 수반하면 생장휴지기인 11~2월 사이에 실시하고, 산가지치기를 수반하지 않는 솎아베기는 연중 실행이 가능하다.

정답 41 ① 42. ① 43. ① 44. ② 45. ①

46 파종상에서 2년, 첫 상체상에서 2년과 이후 1년을 경과한 실생묘의 묘령 표시 방법으로 2-2-1에 대하여 가장 옳은 것은?

① 2-2-1　　② 2-1
③ 2-1-2　　④ 1-2-2

해설 2-2-1 묘는 5년생 실생묘로 파종상에서 2년, 옮겨 심고 2년, 다시 옮겨서 1년을 지낸 것이다.

47 다음 제시된 인공 조림지의 무육작업 순서로 옳은 것은?

① 어린 나무 가꾸기 → 풀베기 → 솎아베기 → 가지치기
② 가지치기 → 풀베기 → 어린 나무 가꾸기 → 솎아베기
③ 풀베기 → 어린 나무 가꾸기 → 가지치기 → 솎아베기
④ 가지치기 → 어린 나무 가꾸기 → 솎아베기 → 풀베기

해설 인공 조림지의 무육작업은 풀베기, 덩굴치기, 어린 나무 가꾸기, 가지치기, 간벌의 순서로 진행된다.

48 다음은 도태간벌에 대한 설명이다. 가장 옳지 않은 것은?

① 후보목은 어린 임분에서 장차 선발목으로 선택될 가능성이 있는 우량한 나무이다.
② 지위(地位)가 '중' 이상으로 지력이 좋고 입목의 생육상태가 양호한 숲에 적용하기 좋다.
③ 무관목은 천연림 보육에서 주된 간벌 대상목이다.
④ 천연림 보육 대상 숲에서 미래목을 선발하여 우수한 나무의 자람을 촉진시키는 방법이다.

해설
- 도태간벌에서 최종 수확 대상으로 남기는 나무는 미래목으로 우리나라는 미래목, 중용목, 보호목, 방해목, 무관목으로 구분하여 미래목과 제거목을 선정한다.
- 무관목은 인공림에서 임분의 밀도 유지를 위해 남기는 나무를 말한다.

49 같은 입지에서 수종과 수령이 같은 임목들의 밀도만 다르게 할 때 임목의 형질과 생산량의 변화에 대한 설명으로 가장 옳지 않은 것은?

① 상층목의 평균수고는 임목의 밀도에 영향을 크게 받지 않는다.
② 간형(幹形)은 고밀도일수록 완만하게 된다.
③ 연륜폭은 고밀도일수록 넓어진다.
④ 단목의 평균간재적은 밀도가 높아질수록 작아진다.

해설 연륜폭은 밀도가 높으면 수광량이 적어져 자람이 늦어지므로 좁아지고, 밀도가 낮으면 수광량이 늘어 자람이 빨라져 넓어진다.

50 수관급과 수형급은 솎아베기 기준으로 이용된다. 다음의 수형급에 대한 설명으로 가장 옳지 않은 것은?

① 데라사끼의 수형급은 활엽수 동령림에 적용하기 위해 제안되었다.
② 가와다(河田)의 활엽수 수형급은 일본의 활엽수림을 용재림으로 유도하기 위해 제안되었다.
③ 활엽수에 대한 덴마크의 수형급에서 유요부목(有要副木)은 주목의 지하간장(枝下幹長)을 길게 하기 위해 남겨두는 나무이다.

정답 46. ① 47. ③ 48. ③ 49. ③ 50. ①

④ 데라사끼(寺崎) 수형급의 2급목은 더 세분하여 폭목, 개재목, 편의목, 곡차목, 피해목의 5계급으로 나눈다.

해설 데라사끼의 수형급
상층임관을 구성하는 우세목과 하층임관을 구성하는 열세목으로 먼저 구분한 다음 수관의 모양과 줄기의 결점을 고려해서 다시 세분한다. 데라사끼의 수형급은 침엽수 동령림에 적용된다.

51 다음 중 활엽수림에서 어린 나무 가꾸기 작업을 하기에 가장 효과적인 시기는?

① 3월~5월 ② 6월~8월
③ 9월~11월 ④ 12월~2월

해설
- 어린 나무 가꾸기(제벌)란 조림목이 임관을 형성한 후부터 솎아베기할 시기에 이르는 동안 주로 침입 수종을 제거하고 아울러 조림목 중에서 자람과 형질이 매우 나쁜 것을 베어주는 작업이다.
- 제벌은 6~9월 사이에 실시하는 것을 원칙으로 하되 늦어도 11월 말까지 완료한다.

52 다음은 가지치기의 요령에 대한 설명이다. 가장 옳지 않은 것은?

① 가급적 1차 솎아베기나 천연림 보육 시기에 가지치기를 완료한다.
② 경관 개선 또는 작업의 편의를 목적으로 고사지를 정리할 경우에는 향후에 추가적으로 실시할 수 있다.
③ 지융이 발달하는 활엽수의 죽은 가지는 지융부가 손상되지 않도록 가지치기 한다.
④ 수관의 폭이 넓은 폭목은 가지치기로 수형을 다듬어 준다.

해설 폭목은 제거 대상이므로 가지치기를 하지 않는다.

53 다음에 제시된 수종 중 생가지치기를 피하고 자연낙지 또는 고지치기를 해야 하는 수종으로만 바르게 나열한 것은?

① *Cryptomeria japonica, Acer palmatum*
② *Pinus densiflora, Larix kaempferi*
③ *Chamaecyparis obtusa, Fraxinus rhynchophylla*
④ *Prunus serrulata, Ulmus davidiana*

해설
- 삼나무, 소나무, 낙엽송, 편백 등 침엽수는 생가지치기의 위험이 적다.
- 벚나무와 단풍나무, 물푸레나무는 생가지치기를 하면 절단면이 감염되어 썩기 때문에 생가지치기를 하면 위험한 수종이다.
- 침엽수는 생가지치기의 위험이 적다. 침엽수는 직경 3cm 이하는 생가지치기가 가능하다.

[학명와 국명]
① *Cryptomeria japonica*(삼나무), *Acer palmatum*(단풍나무)
② *Pinus densiflora*(소나무), *Larix kaempferi*(낙엽송)
③ *Chamaecyparis obtusa*(편백나무), *Fraxinus rhynchophylla*(물푸레나무)
④ *Prunus serrulata*(벚나무), *Ulmus davidiana*(느릅나무)

54 다음 중 도태간벌의 대상지로 가장 적합하지 않은 것은?

① 간벌 실행 전에 제벌 등의 무육작업을 실시한 임분
② 우세목의 평균 수고가 10m 이상인 임분으로 15년생 이상인 산림
③ 지위가 '중' 이상으로 임목의 생육상태가 양호한 임분
④ 산림의 구성이 조림수종만으로 되어 있는 단순림

정답 51. ② 52. ④ 53. ④ 54. ④

해설 조림수종만으로 구성된 단순림은 도태간벌이 아니라 정량간벌이나 열식간벌이 더 적합하다.

55 **다음 중 화학적 덩굴제거에 대한 설명으로 가장 옳지 않은 것은?**

① 화학적 덩굴제거 작업은 대상지 내 덩굴의 종류와 양을 고려하여 연 2~3회 실시한다.

② 화학 약제 처리 후 24시간 이내에 강우가 예상될 때 약제 처리 작업을 실시한다.

③ 디캄바액제는 고온(30℃ 이상)에서 증발하므로 주변 식물에 약해를 일으킬 수 있다.

④ 약제 도포기 사용 시 칡의 주두부에서 10cm 이내 줄기에 도포하되 줄기 $\frac{2}{3}$ 둘레까지 도포한다.

해설 약제 처리 후 24시간 이내에 강우(降雨)가 예상될 경우 약제처리 작업을 중지한다.

56 **다음은 생활환경보전림에 대한 설명이다. 가장 옳지 않은 것은?**

① 생활환경보전림의 지정 유형에는 공원형, 방풍·방음형, 경관형, 생산형, 미세먼지저감형 등이 있다.

② 방풍·방음형은 방풍과 방음의 기능을 최대한 발휘할 수 있는 다층림 또는 계단식 다층림을 목표로 관리한다.

③ 경관형은 심리적 안정감을 주고 시각적으로 풍요로움을 주는 산림이다.

④ 관리대상에는 사찰림, 자연공원 등의 산림이 포함된다.

해설
- 사찰림과 자연공원의 산림은 자연환경보전림의 보전형에 해당한다.
- 자연환경보전림은 국립공원, 산림유전자원보호구역 등 보전형과 천연기념물 지역 등 문화형과 학술교육형이 있다.

57 **다음은 산림보육(保育) 작업에 대한 다음 설명 중 가장 옳지 않은 것은?**

① 어린 조림목이 자라서 갱신기에 이르는 사이에 실시한다.

② 유림(幼林)에 대한 보육작업은 풀베기, 가지치기, 솎아베기가 있다.

③ 성림(成林)에 대한 보육작업은 수관울폐가 일어나면 실시한다.

④ 임지보육은 지력을 향상시키기 위하여 실시한다.

해설
- ② 유림(幼林), 즉 어린 숲에 대한 보육은 풀베기, 어린 나무 가꾸기, 가지치기 등이 있다.
- 솎아베기는 수관울폐가 일어나거나 임목 간의 경쟁이 시작될 때 한다.

58 **다음은 Hawley의 간벌 방법을 나타낸 그래프다. 택벌식 간벌에 해당하는 것은? (단, 모두 동령림이며, 빗금친 부분은 간벌을 의미한다)**

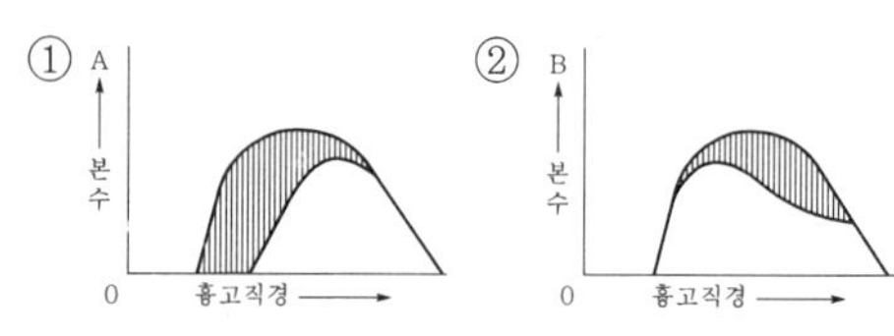

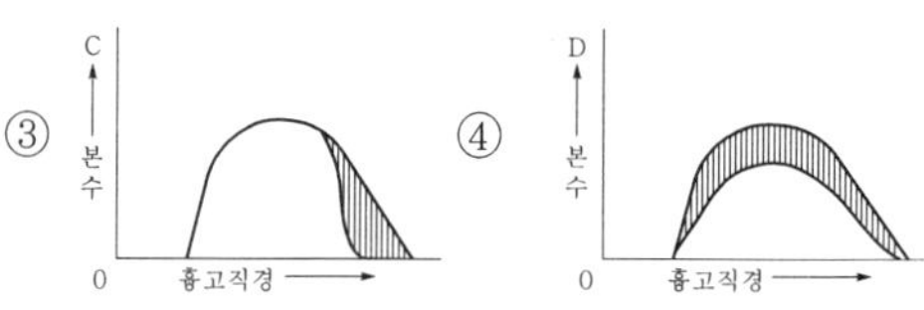

해설 ① 택벌식 간벌로 상층목 위주로 솎아베기 대상이 된다.

정답 55. ② 56. ④ 57. ② 58. ①

② 수관간벌로 상층목을 제외하고 바로 아래 나무가 대상이 된다.
③ 하층간벌로 흉고직경이 작은 나무들이 제거대상이 된다.
④ 기계식 간벌로 상층목부터 하층목까지 일정한 비율로 제거한다.

59 다음은 데라사끼(寺崎)의 정성간벌에 대한 설명이다. 가장 옳지 않은 것은?

① D종과 E종 간벌에서 2급목을 모두 제거한다.
② A종과 B종 간벌에서 1급목과 2급목은 모두 남긴다.
③ C종 간벌은 1급목의 일부분이 제거된다.
④ 하층간벌의 경우 4급목과 5급목이 모두 제거된다.

해설 A종은 2급목 소수, B종은 2급목 상당수, C종은 1급목 일부도 제거된다.

간벌 양식		내용
下층 간벌	A종 간벌	• 2급목 소수 제거 • 4급, 5급 제거
	B종 간벌	• 2급목 상당수 제거 • 4급, 5급 모두와 3급 일부 제거
	C종 간벌	• 1급목 일부도 제거 • B종보다 광범위
上층 간벌	D종 간벌	• 상층임관 강하게 벌채 • 3급목 남김(직사광선 차단용)
	E종 간벌	• 상층임관 강하게 벌채 • 4급목이 전부 남는다.

정답 59. ②

part
2

임업경영학

CHAPTER

1 산림 경영 일반

section 1 산림 경영의 뜻과 주체

1 경영의 정의

산림 경영은 산림을 조성하고 가꾸며 보전하고 이용하는 전 과정에 대해 계획하고 실천하며 feedback 하는 일련의 관리기술이라고 할 수 있고, 이러한 관리기술에 산림을 관리하는 관리자가 합리적인 의사결정을 할 수 있도록 하는 과학기술적인 내용을 포함하고 있어야 한다.

숲을 조성하고, 관리하는 것은 결국 숲을 사람에게 유용한 자원으로 이용하려는 목적인데, 산림 경영의 목적 역시 숲을 사람들의 생활에 필요한 자원으로 조성하고 이용하는 데 목적이 있다. 다만, 산림 경영은 경영의 주체인 경영자, 관리자에게 필요한 조직을 구성하고, 조직을 활용하고, 조직을 관리하는 데 필요한 자원을 조달하고, 그렇게 해서 생산된 자원을 판매 및 공급하는 기술을 모두 포함하고 있어야 한다. 산림 경영은 이렇게 포괄적이며 범위가 넓은 활동이므로 숲을 어떤 자원으로 활용할 것인가에 따라 핵심적인 부분이 달라진다.

그 핵심적인 부분은 몇 개 부분으로 다음과 같이 정리될 수 있다.

㉠ 산림 경영계획을 수립하는 것

㉡ 산림사업에 대한 의사결정에 대한 부분

㉢ 산림 자원에 가치를 측정하는 부분

㉣ 산림에 대한 조사를 하는 부분

㉤ 산림자원의 수확량 조절에 대한 부분 등으로 내용을 나눌 수 있다.

위에서 제시한 내용들은 생산요소의 결합에 의해 실천될 수 있다. **경영에 필요한 생산요소는 노동과 토지와 자본이다.** 이런 면에서 경영은 노동, 토지, 자본을 체계적으로 조직하여 목적을 효율적으로 달성하려고 하는 경제활동이다. 산림 경영에 동원되는 노동, 토지, 자본을 임업 노동, 임지, 임목자본으로 구체화하면 임업 경영이 타 산업의 생산요소와 다른 특징이 설명될 수 있다.

1) 임업 경영 생산요소

① 임지 : 인간의 노동 장소라는 점에서 생각하면 토지는 광의의 노동과정에 있어서 일반적인 수단이라고 할 수 있다.

② 임업자본 : 임업에서 사용하는 화폐 자본의 일부는 노동과 노동 대상에 지불하고 일부는 노동요구와 노동설비를 위하여 지불하는데, 전자를 유동자본이라 하고, 후자를 고정자본 또는 설비자본이라고 한다.

③ 노동

- 임업생산에 소요되는 단위 면적당의 노동은 농업에 비하여 매우 적으므로 산림이 광대한 면적을 차지하고 있음에도 불구하고 노동기회가 많지 않다.
- 임업 노동은 농업 노동의 겸업에 의한 토지 노동이므로 농업 노동의 범주에 속하지만, 주요 임업국가에서는 농업 노동에 포함시키지 않는 것이 일반적이다.
- 임목과 임산물의 생산, 즉 임업이라는 개인 사경제의 테두리를 벗어난다면, 거시경제적 차원에서의 산림 경영이라는 이름에 걸맞게 될 것이다.
- 산림 경영의 목적은 보속수확에서 출발하여 **지속 가능한 산림 경영**으로 발전하고 있다. 그 발전과정은 아래와 같다.

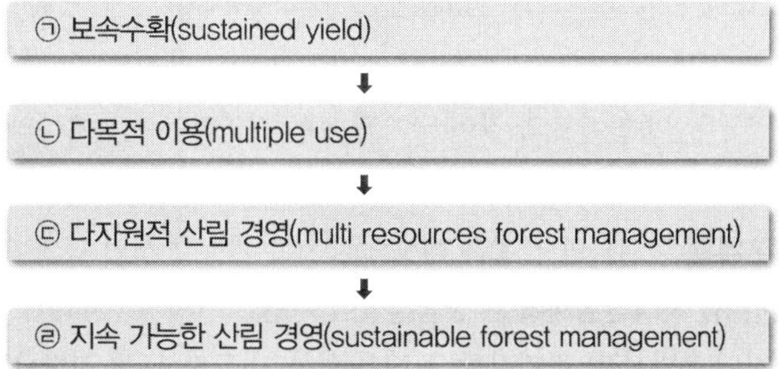

2) 산림 경영의 목적

① 산림 경영은 숲을 만들고, 가꾸며, 목재와 임산물 그리고 숲과 관련된 서비스를 생산하여 경제적인 편익을 창출하는 것을 주목적으로 한다.

② 산림 경영을 통해서 좀 더 효율적으로 숲이라는 자원을 활용할 수 있게 된다. 과거처럼 자연적으로 만들어진 숲에서 목재를 생산하고, 시장에 팔아 수익을 올리는 채취임업이 주목적이었다면 단순한 원가계산만으로 충분했을 것이다.

③ 채취임업에서 육성임업으로 발전하는 과정에서 목재나 임산물 등 경제적 자원을 생산하는 과정에서 임업 경영의 필요성이 생겼으며, 1960년대에는 목재뿐 아니라 물이나 야생동물, 산림휴양 등의 산림의 다양한 기능을 다목적으로 활용하는 방법까지 산림 경영에서 다루고 있다.

④ 최근에는 지속 가능한 산림 경영을 하기 위하여 산림의 환경용량을 확대하는 산림의 생태적 경영이 강조되고 있다. 이 과정에서 산림 경영은 환경과 사회, 그리고 생태적인 가치를 조화시키기 위해 노력한다.

2 경영의 주체

① 경영의 주체는 보통 소유자나 관리자가 주체가 된다. 때로 전문경영인이 되기도 하지만 대체로 소유자의 권한을 위임을 받은 것으로 보는 것이 일반적이다.

② 산림 경영의 주체는 결국 소유자가 될 수밖에 없다. 소유자가 어떻게 산림자원을 조성하고 활용할 것인지는 소유자의 유형에 따라서 다를 것이다.

③ **국가가 소유자라면 산림자원을 활용하여 국민들의 삶의 질 증진과 국가 경제에 이바지 하는 것이 목적될 것이고, 지방정부라면 산림자원을 활용하여 지역경제를 활성화하고자 할 것이다.**

④ 공기업 등 공공단체라면 설립목적에 맞게 산림자원을 활용하고자 할 것이다.

⑤ 개인이면 재산을 늘리고, 소득을 증진시킬 목적으로 활용할 것이다.

⑥ 각각의 소유자의 목적 및 목표에 따라 산림경영계획도 다르게 수립된다.

⑦ 산림 경영계획은 경영의 주체에 따라 크게 『공유림과 사유림을 대상으로 수립하는 산림 경영계획』과 『국유림을 대상으로 수립하는 국유림경영계획』으로 구분되는데, 이러한 산림 경영계획은 해당 경영계획구의 구체적인 사업과 방향이 계획되어지며 '산림기본계획'과 '지역산림계획', '국유림종합계획'과 같이 국가적 또는 지역적인 관점에서의 종합적인 계획에 근간을 두고 있다.

⑧ **'산림기본계획'**은 전국의 산림을 대상으로 지속 가능한 산림 경영이 이루어지도록 **산림청장이 수립**하며, **'지역산림계획'**은 산림청장이 수립한 산림기본계획에 따라 관할 지역의 특수성을 고려하여 **특별시장, 광역시장, 도지사(이하 시 도지사) 및 지방산림청장이 수립한다.**

⑨ 공 사유림과는 달리 국유림의 경우는 '산림기본계획' 및 '지역산림계획'에 따라 각 국유림관리소가 관할하는 국유림을 대상으로 '국유림종합계획'을 별도로 수립하고 있다.

section 2 우리나라 산림 경영의 실태

1 국유림의 경영

1) 국유림의 구분

① 보전국유림 : 임업 경영의 대상이 되는 산림으로 1,007,000ha로 산림청 관할의 5개 지방 산림청에서 27개의 국유림 관리소를 두고 해당 국유림을 경영 관리하고 있다.

② 준보전국유림 : 247,000ha로 국유림이 위치하고 있는 시·도에 관리를 위임하고 있다

③ 타 관리청 소관 국유림 : 126,000ha로 문화체육관광부, 교육과학기술부, 국방부 등에 소속되어 있는 국유림을 말한다.

참고

- 보전국유림 : 국가에서 소유, 경영, 관리하는 산림
- 준보전국유림 : 민간에 매각, 교환, 대부될 수 있는 산림

2 공유림의 경영

1) 공유림의 구분

① 도유림 : 144,000ha로 시, 군에 산림 경영을 위임하고 있다.

② 군유림 : 347,000ha로 시, 군에서 관리한다.

3 사유림의 경영

1) 사유림의 소유 규모에 따른 구분

① 농가 임업 : **5ha 미만의 소규모의 산림**에서는 목재를 생산하여 소득을 올리는 것을 목적으로 한다기보다는 조상의 묘를 모시거나 연료, 퇴비 원료, 농용재 등을 얻기 위한 것이다.

② 부업적 임업 : **5~30ha 규모**로 산주 수의 비율은 9.0%이고, 점유 면적의 비율은 39.4%인데, 다른 사업을 하면서 임업에도 투자하는 형태를 말한다.

③ 겸업적 임업 : **30~100ha 규모**로 산주 수의 비율은 0.6%이고, 점유 면적의 비율은 12.6%이다. 이와 같은 규모의 산림은 농·목축업과 그 밖의 산업에 종사하면서 주업과 거의 같은 비중으로 임업을 경영할 수 있는 규모이다. 부업적 임업과 겸업적 임업의 경영 형태를 합하면 산주 수 비율은 9.6%이지만, 면적은 52.0%를 차지하고 있어 우리나라 사유림의 핵심을 이루고 있다고 할 수 있다. 그러므로 이들에 대해서는 적절한 기술 지도와 재정 지원을 하여 산림의 경영 개선이 이루어지도록 하여야 한다.

④ 주업적 임업 : **100ha 이상의 산림**을 가진 산주 수의 비율은 불과 0.1%에 지나지 않으나, 점유 면적의 비율은 11.4%를 차지하고 있다. 주업적 임업에 종사하는 산주는 임업 경영에 대한 의욕과 기술 등 경영 능력을 갖추고 있으므로, 보조금, 융자금 같은 재정 지원 또는 산림 투자를 하였을 때, 상속세와 양도 소득세 등의 감면 등 세제상의 혜택을 주면 임업 경영에 대한 투자 유치와 경영의 활성화를 도모할 수 있다.

section 3 산림 경영의 특성

1 산림의 기술적 특성

① **생산기간이 대단히 길다.**

② **임목의 성숙기가 일정하지 않다.**

③ **토지나 기후조건에 대한 요구도가 낮다.**

④ **자연조건의 영향을 많이 받는다.**

2 산림의 경제적 특성

① **육성임업과 채취임업이 병존한다.**

② **원목가격 구성요소의 대부분이 운반비이다.**

③ **임업 노동은 계절적 제약을 크게 받지 않는다.**

④ **임업생산은 조방적이다.**

⑤ **임업은 공익성이 크므로 제한성이 많다.**

3 산림의 환경적 특성

① 임지는 넓고 험하며 지대가 높기 때문에 집약적인 작업이 어렵다.

② 한랭한 곳이 많아서 임업 이외의 다른 산업에는 적당하지 않다.

③ 임지의 수직적 분포에 따라 생육 환경이 크게 다르므로 여러 가지 종류의 나무가 자란다.

④ 임지의 경제적 가치는 산림에 접근할 수 있는 교통의 편의에 따라 결정된다.

⑤ 임지는 다른 토지에 비하여 단위 면적당 가격이 싸기 때문에, 적은 자본으로 구입하여 임업 경영을 할 수 있다.

⑥ 임지는 매매가 잘 되지 않는 고정 자본이므로 투하 자본의 회수가 어렵다.

⑦ 임지는 임업 이외의 용도로 바뀔 가능성이 많다.

⑧ 임지도 부동산에 속하므로 자산 보유 수단으로 소유하는 경향이 있다.

⑨ 임지는 소모되지 않으므로 유지비가 적게 든다.

section 4 산림 경영의 생산요소

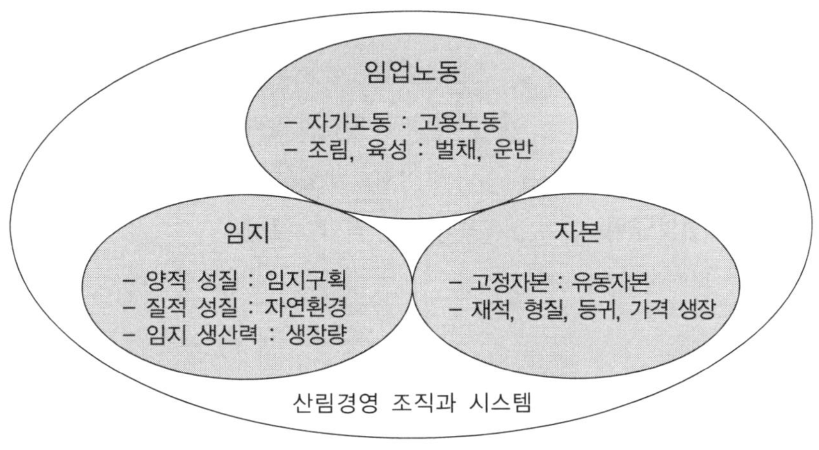

▲ 임업 경영 생산요소

1 산림 노동

1) 임업 노동의 종류

① 조림, 육림 노동 : 나무를 심고 가꾸는 단순한 노동으로서 농업적 노동이라고 하며, 농촌의 농업 노동력을 이용할 수 있다.

② 벌채 운반 노동 : 나무를 벌채한 다음 일정한 장소에 쌓거나 운반하는 특수 노동으로서 기계적·토목적인 노동이 필요하므로 전문적인 노동력을 구하거나 작업단을 구성하여 별채, 운반에 대한 훈련을 시킨 다음에 한다.

③ 자가 노동 : 경영자와 그의 가족의 노동으로서 감독할 필요가 없으며 창의성이 풍부하여 능률이 높다.

④ 고용 노동 : 고용 노동은 임금제 노동과 일의 성과에 따라 보수를 지급하는 성과급 노동으로 나뉘는데, 임금제 노동은 수동적이고 소극적인 경향이 있는 반면, 성과급 노동은 속도는 빠르나 작업이 소홀해질 염려가 있어 정밀을 필요로 하는 작업에는 부적당하다.

2) 임업 노동의 특성

① 산림의 면적이 넓고 험준하여 작업용 자재의 수송과 작업의 감독이 어렵다.

② 작업 장소까지 이동하는 데 시간이 오래 걸리므로 실제 작업 시간이 짧다.

③ 산림이 험하여 기계의 도입이 어렵고 경영 면적이 작아 기계의 효율성이 낮으므로, 지형의 특성에 알맞은 기계를 공동으로 구입하여 사용해야 한다.

④ 단위 면적당 노동량이 적으므로 노동 분쟁과 같은 번거로운 일이 없다.

⑤ 농업 노동력을 벌채, 운반 노동에 이용하려면 따로 훈련을 시켜야 한다.

⑥ 임업 노동은 농업 노동력에 의존하는 경우가 많으므로, 산림 작업을 농한기에 배분한다.

3) 임업 노동의 능률 향상 방법

① 노동기구의 개량
② 작업의 능률화
③ 작업의 공동화
④ 노동 배분의 합리화
⑤ 노동자 합숙소의 운영
⑥ 작업로의 설치
⑦ 휴양, 의료 시설의 구비
⑧ 산림 작업단 구성

2 임지의 특성

① 임지는 넓고 험하며 지대가 높기 때문에 집약적인 작업이 어렵다.

② 한랭한 곳이 많아서 임업 이외의 다른 산업에는 적당하지 않다.

③ 임지의 수직적 분포에 따라 생육 환경이 크게 다르므로, 여러 가지 종류의 나무가 자란다.

④ 임지의 경제적 가치는 산림에 접근할 수 있는 교통의 편의에 따라 결정된다.

⑤ 임지는 다른 토지에 비하여 단위 면적당 가격이 싸기 때문에 적은 자본으로 구입하여 임업 경영을 할 수 있다.

⑥ 임지는 매매가 잘 되지 않는 고정 자본이므로 투하 자본의 회수가 어렵다.

⑦ 임지는 임업 이외의 용도로 바뀔 가능성이 많다.

⑧ 임지도 부동산에 속하므로 자산 보유 수단으로 소유하는 경향이 있다.

⑨ 임지는 소모되지 않으므로 유지비가 적게 든다.

3 자본재(임목축적)

1) 자본재의 종류

① **고정 자본재** : 건물, 기계, 운반시설, 제재설비, 임도, **임목** 등

② **유동 자본재** : 종자, **묘목**, 약재, 비료 등

③ 임목은 원래 어린 묘목이 자란 것인데, 이것을 자본으로 보며 임목축적이라 한다.

2) 임목축적

① 자본재 중 산림 경영의 근본은 노동대상인 임목이며, **임목축적은 목재를 계속해서 생산하는 자본이며 부동산이므로 고정자본재가 된다.**

② 임목축적은 목재를 수확하기 위하여 임지가 보유되어 있는 임목 전체를 말하며, 임목에 인간의 노동이 더해지면서 묘목이 유령목, 장령목 등 단계를 거쳐 소비재인 목재가 되는 것이므

로 임목축적은 목재를 생산하기 위하여 완성되어 가고 있는 것으로 볼 수 있다.

③ 임목축적은 임목이 벌채되기 전에는 고정자본재로, 벌채된 후에는 생산기능을 잃어버리기 때문에 유동자본재로 취급한다.

④ 임목축적은 연령이 많아짐에 따라 점점 성장하므로 벌기령이 긴 산림에 있어서는 임목축적이 차지하는 금액비율이 높아지며, 수확기에는 산림 평가액의 80% 이상이 되는 경우도 있다.

⑤ 입업을 영위하려면 막대한 토지와 임목축적을 보유하고 있어야 하므로 임업은 자본 집약적인 산업이라고 할 수 있다.

⑥ 임목축적은 농업과 수산업 등 다른 1차 산업이 토지, 자본 노동 등의 생산수단을 가지는 데 비해 임업만이 갖는 산림생산의 수단이다.

Part2 | 임업경영학

4 자본장비도

① 자본장비도는 임업자본의 충실도를 나타내는 방법 중의 하나다.

② **자본을 K, 종사자의 수를 N이라고 하면 $\frac{K}{N}$ 는 자본장비도가 된다.**

③ 소득을 Y라 하고 이것을 종사자의 수 N으로 나누면 1인당 소득이 된다.

④ $\frac{Y}{N}$ **는 1인당 생산성**을 나타내며, $\frac{Y}{K}$ **는 자본의 가동상태, 즉 자본의 효율을 나타낸다.**

⑤ 1인당 소득(노동생산성) 은 자본장비도와 자본효율에 의해 정해진다.

$$\frac{Y}{N} = \frac{K}{N} \times \frac{Y}{K}$$

⑥ 자본액에서 유동자본을 뺀 고정자산을 종사자 수로 나눈 것을 기본장비도라고 한다.

⑦ 일반적으로 농림업의 자본장비도는 다른 산업과는 달리 고정자본에서 토지(임지)를 제외한다.

⑧ 자본장비도와 자본효율의 개념을 임업에 적용할 경우 임목축적과 생장률이 너무 크거나 작으면 생장량이 작아지므로 적절한 자본장비도(임목축적)와 자본효율(생장률)을 갖추어야 소득(생장량)이 증가한다.

section 5 산림의 경영 순환과 경영 형태

1 산림의 구조와 산림 경영

산림의 구조에 따라 산림 경영의 방향은 달라진다. 임분의 연령구조가 산림 경영에 가장 많은 영향을 준다. 산림이 주로 유령림으로 구성되었는가 또는 장령림과 성숙림의 비율이 어떻게 되어 있는가에 따라 산림에 투입하는 자본과 노동량을 정하거나 또는 산림에서의 산출량을 정하는 데 큰 차이를 가져온다.

1) 임업의 경영 순환

① 임업 경영의 구체적 내용은 **"경제성 확인 → 산림구획 → 산림조사 → 묘목 양성 → 조림 및 무육 → 임목 평가 → 임목 매각 → 벌채 및 운반"의 흐름**을 갖는다.

② 임업 경영의 **작업내용은 조림(묘목 양성, 식재, 풀베기, 무육), 보호(병충해 구제, 산화 방지), 토목(임도, 치산, 치수), 이용(산림조사, 벌채, 운반), 판매 및 경영 계획 편성 등으로 구분할 수 있다.**

③ 임업 경영 작업의 실행은 토지, 기계, 장비 등의 생산 수단과 노동 및 자금이 서로 조화를 이루어야 좋은 성과를 얻을 수 있다.

④ 경영의 목적을 달성하려면 경영자는 각 작업에 대한 구체적인 목표를 세우고, 그 목표를 달성하기 쉬운 조직을 편성하고, 그 조직을 활용하여 작업을 실시한다. 임업 경영에서 관리활동은 재무 및 관리회계, 임도와 사방 등의 산림토목공사가 기반이 된다.

⑤ 작업을 실시하여 얻은 성과는 목표와 비교하여 차이점이 있으면 그 원인을 분석하여 다음 작업의 실행이나 목표의 달성에 반영되도록 하여야 한다.

⑥ 목표를 설정하고, 조직을 편성하고, 작업을 실시하고, 원인을 분석하여 차기 사업에 반영하는 것이 경영 내부의 일의 흐름이다.

⑦ 경영 내부의 일의 흐름은 일반적으로 경영 순환이라고 불린다.

⑧ **임업 경영은 "1. 목표 설정 → 2. 조직 편성 → 3. 작업 실시 → 4. 성과 분석 → 5. 목표개정"의 순서로 순환된다.**

⑨ 임업 경영의 기본이 되는 것은 산림이므로 산림의 현황을 정확히 파악하고 산림 조성을 위한 노동과 자금을 투입하여 산림에서 거둘 수 있는 임산물의 종류와 양, 그리고 임산물을 소비할 수 있는 시장의 상황에 관한 상호 관계를 파악하는 것이 경영의 시작이 된다.

2) 산림구성 형태에 따른 임업 경영

① 산림의 구조의 형태에 따라 임업 경영의 방향은 달라진다.

② 산림구조의 기본형은 유령림이 많은 산림, 노령림이 많은 산림, 장령림이 많은 산림, 유령림, 장령림, 성숙림이 골고루 있는 산림의 4가지로 구분된다.

③ 과거에 우리나라의 산림은 대부분이 A형으로 구성되어 있다.

– A : 유령림의 면적이 많아 수입은 없고 투자가 많다.

④ 투입(input)이 산출(output)보다 많아 임업 경영만으로는 자립경영이 되지 않기 때문에 임업 경영은 부업 정도로 이루어져야 한다

– B : 장령림의 면적이 넓어, 일정기간 후에는 수확을 많이 기대할 수 있다.

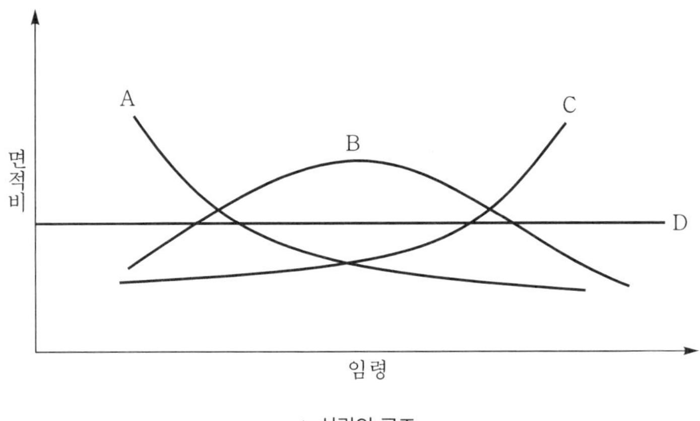

▲ 산림의 구조

⑤ 보속생산을 위해 산림구성이 D와 같아지도록 벌채와 갱신을 조절한다.

⑥ 작은 면적의 벌채를 서서히 진행하면서 임령의 구성을 수정한다.

– C : 성숙림이 많아 단시일 내에 많이 수확할 수 있다.

⑦ 벌채와 갱신으로 산림구조를 D에 가깝도록 유도해야 보속생산이 가능하다.

⑧ 임령이 늘어남에 따라 벌채와 갱신면적을 늘리고, 긴 기간에 걸쳐 임령의 구성을 조절한다.

– D : 유령림에서 장령림까지 다양한 연령의 임목이 골고루 갖추어 보속생산을 할 수 있는 이상적인 산림 구성이다.

2 산림 경영의 여건(자연, 사회, 경제, 경영주체)

산림 경영은 자연환경의 영향을 많이 받기 때문에 경영조직을 계획할 때에는 산림의 자연환경을 제일 먼저 고려하고 사회 경제적 여건 그리고 경영 주체의 개별적 사정을 고려한다. 그런데 자연조건과 사회 경제적 조건은 산림이 있는 위치에 따르는 여건이므로 이것을 산림 경영의 입지조건이라고 한다.

① 산림 경영과 자연환경 : 산림 경영은 자연환경의 영향을 크게 받으며 구체적으로 산림 경영조직을 짜는 데 문제가 되는 것은 자연환경과 수종의 선택이다.

참고 수종을 선택할 때 유의해야 할 점

- 향토 수종 중에서 주 수종을 선택할 것
- 일시에 새로운 수종을 대량으로 변경하지 말 것
- 조림기술에 맞는 수종을 선택할 것
- 각 임지에 적합한 여러 수종을 골고루 선택할 것

② 임업 경영과 사회 경제적 여건 : 산림 경영조직을 계획하는 데 있어서는 현재의 사회 경제적 여건만을 고려해서는 안 된다. 임업 경영의 성과는 40~50년 후에 나타나므로 그 당시 사회

경제적 여건이 어떻게 달라질 것인가 하는 데 대한 전망을 하여 임업 경영에 반영시켜야 한다. 즉 앞으로의 목재 소비구조의 변화, 소비량의 증감, 가격의 추세 등을 전망하여야 하며, 또한 오늘날의 임업은 경제성에만 치중하여 경영될 수 없으며 산림에 대한 사회적 요구도 아울러 고려되어야 한다.

③ 산림 경영과 경영주체와의 관계 : 다른 경영 조건이 같다 하더라도 경영주의 개별적 사정과 목적에 따라 경영조직이 달라져야 한다.

참고 고려할 사항

- 산림면적이 작을 때 간단작업 산림면적이 비교적 크면 보속작업을 계획한다.
- 재정상태가 넉넉지 못할 때에는 벌기령을 짧게 하여 속성수와 유실수 조림을 하며, 재정상태가 넉넉할 때에는 장기수를 심고 벌기령을 길게 한다.
- 경영기술이 부족할 경우는 조방적인 경영에 맞는 수종 선택과 간단한 작업을 한다.
- 대재를 생산하고자 할 경우 택벌작업을 하고, 공익 증대를 목적으로 할 때에는 침엽수와 활엽수를 혼식하여 택벌한다.
- 노동력이 많을 경우는 밀식조림하며, 노동력이 적을 때에는 식재본수를 줄이고 조방적 경영을 도모한다.

3 산림 경영의 형태

1) 기업적인 면에서의 임업 경영 형태

① 단독 사기업 : 단독 사기업(individual enterprise)은 사유림의 경영에서 볼 수 있는 경영 형태로서 기업가는 자기자본만을 가지고 경영하며 모든 기업의 위험을 전부 부담한다. 즉 기업의 출자 지휘 관리를 자기 스스로 한다. 산림의 규모가 작으며 가족적 노작경영을 하는 것이 특색이다.

② 집단 사기업 : 집단사기업(group enterprise)은 두 사람 이상의 기업가가 모인 기업형태이며, 소수집단기업과 다수집단기업으로 나뉜다.

③ 공기업 : 공기업(public enterprise)이란 국가나 공공단체에 의하여 경영되는 경제 사업체를 말한다. 임업에서 공기업이 많은 것은 이윤추구적인 사기업만으로는 달성하기 어려운 공공성이 많기 때문이다.

㉠ 순수행정기업 : 일반 행정기관과 같이 행정상 법규에 의하여 사업을 하고 사업에 대한 의사결정도 국가 공공단체의 명령에 의하며 사업회계도 회계법에 따른다. 그리하여 사업활동은 융통성이 없고 탄력성이 없는데, 일반 공유림의 경영이 이에 속한다.

㉡ 비종속적인 공기업 : 행정기구의 한 기구이며 법률적으로 독립되어 있지 않지만 업무 경리 면에서는 독립화되어 있다. 우리나라의 국유림경영이 이에 속한다.

㉢ 독립공기업 : 독립 경제체로의 공기업(공사, 공단, 영단)과 사법적 형태의 공기업(주식회사 형태의 공기업인 임업회사)으로 나뉜다.

④ 공사협동기업 : 국가 또는 공공단체의 출자와 민간출자가 협동하여 공동으로 경영하는 기업이 공사협동기업(joint enterprise)이다. 공사협동기업의 주된 목적은 공익을 위해 이윤추구를 제한하고 민간인의 숙달된 경영능력을 이용하여 공기업의 단점인 낮은 능률성을 제고하기 위함이다.

2) 현실적인 산림 경영의 목적에 의한 경영 형태

① 종속적 임업 경영

- 일반적으로 산림 경영의 형태를 보면 국공유림과 대규모 사유림의 경영을 제외하고는 임업만을 전업으로 하는 개별 경영은 적고 대부분의 경우 다른 사업과 관계를 가지고 경영하고 있다.
- 이와 같이 다른 산업을 돕기 위한 산림 경영을 종속적 산림 경영이라고 한다.

② 부차적 임업 경영

- 농업을 하면서 여력을 이용하여 임업을 부업적으로 또는 겸업적으로 경영하거나 다른 사업을 하면서 임업을 아울러 경영하는 경우가 이에 속한다.
- 비교적 규모가 큰 농림가의 임업과 농가 이외의 다른 산업체에서 비교적 규모가 작은 산림을 가지고 경영하는 임업이 이에 속한다.
- 이와 같은 부차적 임업 경영의 특색은 주체성이 강하지 못하고 주로 유휴 노동이나 유휴 자본을 이용하여 임업을 경영한다.
- 이러한 임업을 발전시키려면 생산성이 높은 품종과 새로운 기술의 보급 판매체계를 확립하는 등의 산림 경영의 개선이 필요하다.

③ 주업적 임업 경영

- 주업적 임업 경영은 노동 및 자금의 투입과 판매 수입 면에서 개별경제에 대하여 비교적 큰 비중을 차지하고 있는 경영이다.
- 국공유림을 위시하여 회사의 산림과 독림가의 임업이 이에 속한다.
- 주업적 임업 경영의 발전을 도모하려면 임지의 집단화, 보속작업이 가능한 산림의 구성, 산림 경영 관리조직의 정비(계획 실천 재정 감독의 분리), 경영 순환의 합리화에 힘써야 한다.

4 산림 경영조직의 유형

① 임업 경영을 조직하는 데 주요한 내용은 수종, 벌기령, 작업법 및 수확 방법이다.

㉠ 수종 : 장기수, 속성수, 유실수

㉡ 벌기령 : 장벌기, 단벌기

ⓒ 작업법(작업 종) : 개벌작업, 산벌작업, 택벌작업, 모수작업

ⓔ 수확 방식 : 보속작업, 간단작업(완전 간단작업, 불완전 간단작업)

② 경영조직의 유형은 입지적 조건, 사회적·경제적 조건과 경영주의 사정에 따라 좌우되지만 임업에서는 입지적 조건에 따르는 영향이 대단히 크기 때문에 입지적 차이에 따라 경영조직의 내용인 수종, 벌기령 등이 자연히 정해진다.

5 경영 조직상의 유의점

① 자연환경 : 임목의 생장은 기온, 강수량, 토성 등의 자연조건에 의하여 크게 영향을 받으므로 자연환경에 적응하는 경영 조직의 내용, 수종, 작업법 등을 갖추도록 하여야 한다.

② 시장성 : 앞으로 어떤 수종과 재종이 많이 필요할 것인가를 알아서 경영조직에 반영하여야 한다. 먼 장래를 전망한다는 것은 어려운 일이다.

③ 집약성 : 산림 경영의 조직을 정할 때 노동집약성과 자본집약성을 고려해야 한다. 오지림과 같이 간벌목의 이용이 곤란한 경우에 밀식조림을 하기 위하여 많은 비용을 투입하는 것은 바람직하지 못하다.

④ 시간성 : 임목을 수확하는 데는 오랜 시일이 걸리므로 경영주의 재정상태에 따라 장기수, 속성수, 유실수 등의 선택을 고려해야 한다.

⑤ 거리성 : 임목은 부피가 크고 무거워서 운반지가 많이 들기 때문에 교통이 불편한 곳에서는 반제품을 만들어서 운반하는 경영조직이 필요하다.

⑥ 가격의 안정성 : 앞으로의 수요 추세를 전망하여 많이 쓰일 임산물의 가격은 안정성이 있다는 것을 감안하여 경영조직에 반영한다.

6 산림계획과 산림 경영조직

1) 산림기본계획

① 산림청장은 장기 전망을 기초로 하여 지속 가능한 산림 경영이 이루어지도록 전국의 산림을 대상으로 다음 사항이 포함된 산림기본계획을 수립·시행하여야 한다.

㉠ 산림시책의 기본 목표 및 추진 방향

㉡ 산림자원의 조성 및 육성에 관한 사항

㉢ 산림의 보전 및 보호에 관한 사항

㉣ 산림의 공익기능 증진에 관한 사항

㉤ 산사태, 산불, 산림병, 해충 등 산림재해의 대응 및 복구 등에 관한 사항

㉥ 임산물의 생산, 가공, 유통 및 수출 등에 관한 사항

㉦ 산림의 이용 구분 및 이용 계획에 관한 사항
㉧ 산림복지의 증진에 관한 사항
㉨ 탄소흡수원의 유지 증진에 관한 사항
㉩ 국제산림협력에 관한 사항
㉪ 그 밖에 임도 등 산림 경영기반의 조성 및 산림통합관리권역의 설정 및 관리에 관한 사항

② 산림기본계획은 다음의 산림기본계획구를 단위를 하여 수립한다.
㉠ 시·도의 산림기본계획구 : 특별시, 광역시, 특별자치시·도 특별자치도의 행정구역. 다만 산림청소관 국유림이 소재한 구역을 제외한다.
㉡ 지방산림청의 산림기본계획구 : 지방산림청의 관할구역 중 산림청소관 국유림이 소재한 구역

2) 지역산림계획

① 특별시장·광역시장·특별자치시장, 도지사, 특별자치도지사 및 지방산림청장은 산림기본계획에 따라 관할지역의 특수성을 고려한 지역산림계획을 수립·시행하여야 한다.

② 지역산림계획은 다음의 지역산림계획구를 단위로 하여 수립한다.
㉠ 시·군 자치구의 지역산림계획구 : 시·군의 행정구역. 다만, 산림청소관 국유림이 소재한 구역을 제외한다.
㉡ 지방산림청 국유림관리소의 지역산림계획구 : 지방산림청, 국유림관리소, 관할구역 중 산림청소관 국유림이 소재한 구역

③ 산림기본계획 및 지역산림계획은 10년마다 이를 수립하되 산림의 상황 또는 경제사정의 현저한 변경 등의 사유가 있는 경우에는 이를 변경할 수 있다.

3) 산림 경영조직

가) 산림 경영 조직 구성요소

산림 경영조직은 수종, 작업 종, 벌기, 수확방식 등의 유형을 결합하여 **입지적·지역적 환경조건에 따라 구분하여 조직한다.**

구분	내용
수종	• 장기수, 속성수, 유실수 • 입지조건과 경영 목적을 참작하여 결정한다. • 산림의 생육과 수확량 관계, 임산물 수요, 가격, 시장성, 사업의 적합성 등을 감안한다.
작업 종	• 개벌작업, 산벌작업, 택벌작업, 모수작업 • 자연적 요소, 축적, 재정상태, 지방적 목재 수요, 운반설비 등을 감안하여 결정한다.
벌기령	• 장벌기, 단벌기·임분생장, 목재 이용 면을 고려하여 임목의 평균생장량이 최대인 시기로 결정한다. • 평균생장량이 최대인 시기=재적 수확 최대의 벌기령
수확 방법	• 보속작업, 간단작업(완전 간단작업, 불완전 간단작업) • 대부분 간단작업을 실시한다.

나) 결합된 경영조직의 유형

① 장기수 – 장벌기 – 골라베기 – 보속작업

② 단기수 – 단벌기 – 모두베기 – 간단작업

다) 산림 경영을 조직할 때 유의해야 할 점

① 자연환경 : 자연적 환경조건에 적응하는 경영조직(수종, 벌채갱신 등)을 갖춘다.

② 시장상황 : 장기적인 면에서 임산물의 소비와 가격을 예측한다.

③ 집약성 : 노동집약적 경영과 자본집약적 경영에서 입지조건, 수종, 재정 상황에 따라 선택한다.

④ 생장기간 : 생장기간에 따라 속성수, 유실수, 장기수를 선택한다.

⑤ 집재 및 운재거리 : 부피가 크고 무거운 임목의 이동성을 고려한다.

⑥ 가격의 안정성 : 최근 년도의 가격을 조사하여 유리한 가격을 선택한다. 생장기간이 긴 임목의 가격을 추정하는 일은 실제로 매우 어렵다.

section 6 복합산림 경영과 협업

1 복합산림 경영

1) 복합산림 경영의 개념

① 다양한 목적에 따라 산지를 복합적으로 이용하는 경영시스템을 복합산림 경영이라고 한다.

② 하나의 토지 단위 안에서 임업, 농업, 축산업이 복수로 동시에 혼합되어 이루어지는 토지 이용의 형태이다.

③ 임업과 농업, 임업과 축산업 또는 임업, 농업, 축산업이 동시에 이루어지는 형태가 있다.

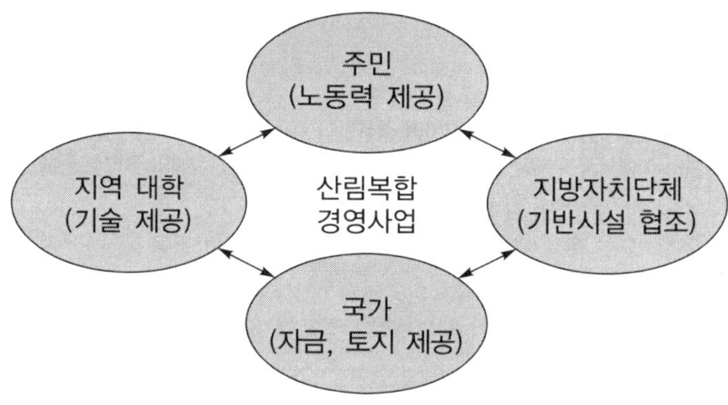

▲ 산림복합경영 시스템

2 산림의 6차 산업화

① 6차 산업이란 1,2,3차 산업을 복합하여 임가 또는 농가에 높은 부가가치를 발생시키는 산업이다.

② 6차 산업은 산림에서 부산물 생산에 그치지 않고 고부가가치 상품을 가공하고, 향토자원을 이용하여 체험프로그램 등 서비스업으로 확대함으로써 높은 부가가치를 창출할 수 있다.

③ 휴양 수요 등 산림에 대한 다양한 국민적 수요가 증가함에 따라 임업을 고부가가치 산업으로 발전시키고 활기찬 산촌을 만들기 위해 임업의 6차 산업화가 필요하다.

④ 산림청은 1차 산업인 임업과 2·3차 산업을 융·복합화한 '산림분야 6차 산업화 대책'을 추진하고 있다.

3 복합임업 경영

① 우리나라 연간 임산액(6,500~7,000억 원)의 대부분은 부산물이고, 주산물은 전체 생산액의 7%로 대단히 적은 편이다.(산림청, 2015)

② 부산물의 임산액 중 농가소득이 될 수 있는 것은 종실(10~11%)과 버섯(6~7%)뿐이고 나머지는 농용 자재이다.

③ 농가의 임업수입을 늘릴 수 있는 다각적 생산을 복합임업 경영이라고 할 때, 복합경영의 내용은 생육환경과 사회·경제적 여건에 따라 달라질 수 있지만 목적은 임업수입의 조기화와 다양화에 두어야 한다.

명칭	산림복합경영 운영방식
농지임업	농지 주변이나 둑, 농지와 산지와의 경계선 등지에 유실수, 특용수, 속성수 등을 식재. 임업 수입의 조기화 도모
비임지임업	임지가 아닌 하천부지, 구릉지, 원야, 도로변, 철도변, 부락공한지, 건물이나 운동장 주변에 속성수, 밀원식물, 연료목 등을 식재. 수입의 다원화를 도모
혼농임업	임목을 벌채하고 2~3년간 농사를 지은 다음 나무를 식재하거나 식재 후 임목이 크기 전에 몇 해 동안 간작(사이짓기)으로 농사를 짓는 형태의 산림농업으로 임지의 일부 또는 수목이 드문드문 있는 임지를 이용하여 목초, 특용식물(약초, 인삼 등), 산채 등을 재배
혼목임업	임간방목. 임목이 울폐되기 전 일정 기간 동안 산림 내에 가축을 방목하여 임지의 야생초를 이용
양봉임업	산림 내의 밀원식물을 이용하여 양봉
부산물임업	산림의 부산물(종실, 수피, 수엽, 수액, 수근, 버섯, 산채, 약초 등)을 주로 채취하거나 증식
수예적 임업	간벌할 임목을 대묘(大苗)로 굴취하여 도시의 환경미화목으로 이용하거나 꽃나무와 기타 관상수를 생산하여 중간 수입을 거두는 임업
수렵임업	야생동물을 보호, 증식하여 산림에서의 수렵장 수입을 올리도록 하여 산림 수입의 증가
휴양임업	산림 내에 휴양시설을 갖추어 휴양객을 유치함으로써 수입을 올리는 임업 경영. 관광임업

4 협업의 형태

협업이라 함은 **규모가 작은 경영자들이 자본과 노동을 합쳐서 대형 시설의 확대 판매 및 구매의 대량화 기술의 고도화 등을 도모하여 개별 경영으로써는 얻을 수 없는 경제의 이익을 얻고자 하는 조직과 활동을 말한다.** 협업의 형태는 그 조직과 목적에 따라 ㉠공동작업, ㉡공동 이용, ㉢공동관리, ㉣협업경영 등으로 구분된다.

앞의 ㉠~㉢의 형태는 직접 순수익을 거두는 것이 목적이 아니고 공동의 조직으로 개별 경영을 강화하는 것이 목적이다. 이러한 조직은 산림조합이라 하여 협업체와 구별한다. 협업조직은 개별 경영이 그대로 남아있으면서 노동·시설·기계 기술의 공동화가 이루어진다. 협업조직 중에서 공동 이용과 공동관리, 즉 생산수단과 기술의 공동은 그 규모가 커지면 개별 경영의 노동에서 분리되어 독립된 조직이 된다. 즉 개별 경영은 그 조직에 출자하고 운영에 참가할 뿐이며 독립된 이용 관리의 조직이 고용 노동을 사용하여 참가하는 개별 경영에 봉사하게 된다. 농업에서의 공동육추·공동육잠·공동가공 등이 이에 속한다.

이러한 경우 개별 경영은 노동을 제공할 필요는 없고 비용만 부담하면 된다. 이와 같은 조직은 영리를 목적으로 하지 않고 개별 경영에 봉사한다는 점과 이용자 자신이 그 조직의 출자자이고 운영권자이므로 자본주의적 경영과는 다르다.

① 공동작업

- 공동작업은 옛날부터 해오고 있는 품앗이의 일종이다.
- 일을 공동으로 하면 서로 장단점을 도와서 일을 하게 되므로 능률적이다.

② 공동 이용

- 값이 비싸거나 개별 경영으로는 사용시간이 적어서 기계를 구입하는 것이 적당하지 않을 경우에는 공동으로 구입하여 이용하면 도움이 된다.
- 공동 이용에 있어서는 기계·기구가 개인의 것이 아니기 때문에 관리가 소홀해지는 경향이 있다.
- 그러므로 기능을 가진 사람이 기계를 구입하여 관리하고 이용하는 사람은 세를 주며 사용하도록 하는 운영 방법을 채택하는 것도 바람직하다.

③ 공동관리

- 공동관리는 경영자 각자가 충분한 기술을 갖추지 못하였을 때 또는 시설과 작업을 절약하기 위하여 적용한다.
- 공동관리의 성패는 기술의 확실성과 공동관리 책임자의 지도력에 달려있다. 불완전한 기술을 가지고 공동관리를 서두르게 되면 실패할 우려가 있을 뿐만 아니라 그 후에 기술이 개선되더라도 공동관리를 기피하게 된다.

④ 협업경영

- 협업경영은 본래 개별 경영을 해체하고 모든 자본과 노동을 통합하여 경영 전체를 공동화하는 방식이다.

CHAPTER

2 산림 경영계획 이론

section 1 산림경리의 의의와 내용

1 산림경리의 의의

① 산림경리학은 임학의 한 분과학문으로서 일반사업 방법과 사업적인 산림 경영의 지식 및 원칙을 응용하여 산림생산의 실행을 조직적으로 체계화하고 서술하는 학문을 말한다.

② 다시 말하면 산림경리학은 임업 경영의 계획적 조직화에 관한 학문으로서 산림시업 계획의 연구를 실천적 임무로 하고 있다. 즉 임업 경영의 목적을 달성하기 위하여 질서 있는 산림시업 계획을 세우는 이론과 방법을 연구대상으로 하는 응용과학이다.

③ 따라서 산림경리학은 그 내용이 광범위하므로 임학 전반의 모든 학문적 지식을 충분히 활용함은 물론 일반사회학, 즉 경제학, 재정학을 비롯하여 회계 노동 사회정책학까지도 활용하여야 한다.

④ 또한 임업 경영자는 육림자로서, 충분한 조림지식 계획자로서 먼 장래를 예견할 수 있는 의견 관리자로서의 기능, 그리고 사업가로서 세심한 주의와 융통성 및 책략을 갖춤으로써 원만한 산림 경영을 할 수 있다.

⑤ 산림경리학은 산림 경영의 보속성을 기본원리로 하고 시업 계획의 편성을 실질적 임무로 하여 발전된 학문이라고 할 수 있다. 그 당시의 산림효용은 거의 임산물의 생산에 한정되어 종래의 보속은 수확의 보속 또는 생산의 보속을 중심으로 한 것이다.

2 산림경리의 내용

산림경리의 업무 내용은 산림시업을 시간적·장소적 질서 하에 조직하는 동시에 그 조직을 유지 개량해 가는 것이다. 좀 더 구체적으로 그 내용을 살펴보면 다음과 같다

① **산림 주위 측량** : 경영의 대상인 토지를 측량하여 산지 또는 도로 하천 소류지 등을 명백히 구분하여 임지를 정리하고 **인접 산림과의 경계**를 확실히 한다.

② **산림구획** : 사업구 내의 산지를 시업상의 편의를 위하여 **영구적인 임반**과 **일시적인 소반**으로 구획하여 그 위치와 형상 및 면적을 명확히 한다.

③ **산림조사** : 임·소반의 구획이 확정되면 **개개의 소반별로 지황과 임황을 조사**하고, 특히 **임목 축적과 생장량을 정확하게 조사**한다.

④ 시업관계사항 조사 : 경영 대상의 산림에 대한 공익적인 관계와 교통 및 임산물 판매시장 지방 주민들과의 연관 대책 등에 관한 시업관계사항을 조사한다.

⑤ 시업체계의 조직 : 산림의 각 부분, 즉 각 소반에 대한 작업 종, 수종, 벌기령, 윤벌기, 정리기 등을 작업 급별로 시업체계를 세운다.

⑥ 수확사정 : 사업구 전반에 대한 생산보속의 원칙에 부합되는 수확량을 사정하고 그 수확량을 장소적, 시간적으로 안배한다.

⑦ 조림계획 : 미립목지와 벌채적지의 갱신 및 기타 자원 생산에 관한 방침과 그 작업의 분량을 결정한다.

⑧ 시업상 필요한 시설계획 : 수확안과 조림안이 작성되면 이러한 시업을 하기 위한 시설로써 임도, 저목장 묘포, 창고, 방화선, 사방시공 등 필요한 시설계획을 한다.

⑨ 시업조사 검정 : 산림경리의 2대 사업인 연년의 벌채와 조림실적을 시업 계획의 예정량과 대조하고 예정과 실행을 조정하여 차기 시업 계획 수립의 중요한 자료를 얻도록 한다.

이상과 같이 조사한 결과를 각각 확고한 도면과 부표에 기재하고 재활용한다. 이들 중 ②항 이하의 모든 항이 종합되어 이른바 시업안·경영계획·영림계획 등을 이룬다.

그리고 ①항에서 ④항까지의 업무를 전업 또는 예업이라 하고, ⑤항에서 ⑧항까지의 업무를 주업 본업이라 하며, ⑨항의 업무를 후업이라 한다.

section 2 산림 경영의 목적과 지도원칙

1 산림 경영의 목적

산림 경영은 산림의 조성 및 이용을 목적으로 하는 인류의 계획적 활동이다. 일반적으로 임산물 생산 활동으로 정의하지만 보다 광의로 해석하면 산림을 대상으로 하는 후생적 복지적 활동을 포함한다.

1) 경영 주체의 경영 목적

① **산림면적이 작을 때는 간단작업, 클 때는 보속작업이라 한다.**

② 재정상태가 어려울 때는 유실수와 속성수를 식재한다. 벌기는 짧게 한다. 재정상태가 좋을 때는 장기수를 심고 벌기령을 길게 한다.

③ **경영기술이 부족할 때는 조방적 경영에 맞는 수종을 선택하고, 간단작업 방법을 적용한다.**

2) 경영 목적

① 농용재 생산 : 여러 수종 선택, 벌기령 짧게

② 원료재 생산 : 한 가지 수종, 모두베기(개벌)

③ 용재 생산 : 골라베기(택벌)

④ 공익 증대 : 벌기령 길게, 골라베기, 침·활혼식

2 산림 경영의 지도원칙

산림 경영이 그 목적을 달성하기 위해서는 모든 단계의 중간 목적을 추구하면서 궁극적 목적을 정점으로 한 체계에 따라 운영하는 것이며, 기존의 경영 지도원칙으로서 거론되는 다음의 제 원칙은 경영의 방향을 잡고 지도하여 가는 규범이라고 할 수 있다. 산림 경영의 목적과 연관 지어 산림 경영 지도원칙을 분류하여 설명하면 다음과 같다.

1) 경제원칙

① **공공성**의 원칙

- 공공성의 원칙은 공공경제성 원칙, 후생원칙, 공익성 원칙, 경제후생의 원칙 등으로 불리며 이타주의 원칙의 범주에 들어간다.
- 산림 경영은 **국민이 소비하는 목재의 최대 생산**에 두며, **국민 또는 지역주민의 경제적 복지 증진**을 최대로 달성하도록 운영되어야 한다는 원칙이다.
- 이 원칙은 모든 경영이 궁극적 목적으로 해야 할 최고 지도 원칙이다. 국민의 기대에 부응하도록 경영하지 않으면 안 된다.

② 수익성의 원칙

- 수익성의 원칙은 **최대 이익 또는 이윤을 올리도록 경영**해야 한다는 원칙이다.
- 수익성이라는 것은 이익 또는 이윤을 초래할 수 있는 힘(수익력)을 말하며, 구체적으로 수익률 또는 이윤율에 의해 표현된다.
- 이 원칙은 공공성 원칙과 더불어 산림 경영에 있어서 최고 지도원칙이며, 최대 수익성의 획득을 궁극적 목적으로 해야 한다는 주장이 많다.

③ 경제성 원칙

- 합리성의 원칙 또는 합목적성 원칙이라고도 불린다.
- 일반적으로 경제성 원칙은 ⓐ**최소비용 최대효과의 원칙**, ⓑ**최소비용의 원칙**, ⓒ**최대효과의 원칙** 등으로 표현된다.
- 이는 최대의 경제성을 획득하도록 경영생산을 행하여야 하는 원칙이다.
- 경제성을 구체적으로 표현하면 비용 수익성과 자본 수익성이 있는데, 자본에 대한 이윤의 관계를 표시하는 후자에 의해 계산해야 한다는 설이 많다.

④ 생산성 원칙

- 생산성 원칙이란 최대의 생산성을 올리도록 경영해야 한다는 원칙이다.
- Wagner에 의해 제안되었으며 토지생산성과 목재 생산량의 최대를 목적으로 한다. 즉 단위 면적당 목재 생산이 최대화 되도록 경영하여야 한다는 원칙이다.
- 이 원칙은 종종 수익성 원칙 실현의 전제조건이 되며, 국가산업 생산의 원자재인 목재공급의 확보라는 점에서도 존중되어야 할 원칙이다.
- **벌기평균 재적 생장량이 최대가 되는 벌기령을 택함으로써 실현될 수 있다.**

2) 복지원칙

① 합자연성 원칙

- 기존의 산림 경영에 산림을 기계적 생산체로서 취급하는 데 대한 경고에서 나온 경영원칙이다.
- 임목생산에는 산림이라고 하는 **생물사회의 자연법칙을 존중**하지 않으면 안 된다는 주장이다.
- 임목생산은 자연에 의존하는 경우가 극히 높아 산림에 있어서 자연법칙을 무시해서는 성립할 수 없으므로 자연에 순응한 경영을 해야 한다. 이러한 경우 자연법칙의 존중이라는 문제를 보다 기본적으로 고려하면 환경보전의 의미가 내포되어 있는 자연법칙이라고 이해할 수 있다.
- 자연에 순응하고 어울리는 복지적 경영을 해야 하는 보다 고차원적 원칙이다. 따라서 산림경영에 있어서 근원적이고 지속적 원칙이라 할 수 있다.

② 환경보전의 원칙

- 국토보안의 원칙 또는 환경양호의 원칙이라고 부른다.
- 산림 경영은 국토보안 수원함양 등의 기능을 충분히 발휘하도록 운용해야 한다는 원칙이다.
- 산림 경영은 임목생산을 통하여 사회의 경제적 복지에 공헌하는 동시에 **임목생산 이외의 외부적 이익에도 충분히 대응하여 경영해야 한다**는 원칙이다. 따라서 이 원칙은 광의의 합자연성 원칙의 중요한 부분이라고도 볼 수 있다.

3) 보속성 원칙

산림은 각종 기능과 그것에 수반하는 경영 목적이 있다. 따라서 산림 경영은 인류사회의 요구에 부응하여 산림이 가지는 기능을 영속적, 균등적, 항상적으로 활용하도록 운영해야 한다는 원칙이다. 일반적으로는 임목생산을 대상으로 하여 산림에서 매년 수확을 균등적, 항상적으로 영속할 수 있도록 경영해야 한다는 원칙으로 인식되고 있다. 이 원칙은 모든 원칙에 우선하여 지배적인 위치를 점하여 왔으며, 여기서는 역사적 발전과정에 따라 보속개념의 변천을 2개로 나누어 요약한다.

① 목재수확균등의 보속

산림에서 매년 목재수확을 거의 균등하게 하여 사회가 필요로 하는 목재로 영속적으로 공급할 수 있도록 하고자 하는 의미의 보속 개념이다. **Mantel은 보속성을 연년의 목재수확을 양적으로도 질적으로도 균등하게 보속하는 것**이며, 거기에 필요한 다음의 전제조건을 견지하도록 노력해야 한다고 하였다.

㉠ 임지 임목의 산림생물학적인 건전 상태

㉡ 연령 경급 품질의 각 요소가 충분한 임목축적의 존재

㉢ 축적의 균등적 갱신

㉣ 균등한 경영 지출

② 목재 생산의 보속

임지의 생산력을 최고로 유지한다는 의미의 보속이며, 토지순수익설의 영향을 받고 있다. **Judeich는** 보속을 광의로 해석하여 **"연년의 수확의 규제적인 발생은 보속성의 조건이 아니고 임지가 끊이지 않고 임목의 육성에 이용되어 임목의 조성보육에 의해 장래수확이 보장되는 임업은 모두 보속작업이다."**라고 하였다.

목재생산 내지 임지 생산력 유지의 관점에서 보속은 종래의 보속성을 확대하여 재조림에 의한 임지의 최고의 생산력 유지를 중시한 것이라고 볼 수 있다. 전업적 임업 경영에 있어서 보속성이라고 하는 개념은 연년작업을 말하며, 간단작업은 포함되지 않는다.

section 3 산림의 생산기간

작업급의 조직화에는 벌채열구뿐만 아니라 생산의 조직화에 필요한 기간의 예측을 요구하므로 생산기간을 결정함으로써 벌채열구도 구체적으로 결정된다. 생산기간으로는 통상 윤벌기를 사용하고 이것을 몇 개의 분기로 나누어 계획을 수립하지만, 경영상의 필요에 따라서는 윤벌기 대신 개량기를 이용하는 경우도 있다. 또 택벌을 하는 작업급에서는 일반적으로 회귀년을 선정하여 순환택벌하고 점벌작업을 행하는 작업급에서는 갱신기를 설정하여 임목의 갱신을 실시한다.

1 벌기령과 벌채령

1) 벌기령

① 벌기령이란 임분이 처음 성립하여 생장하는 과정에 있어서 어느 성숙기에 도달하는 **계획상의 연수**를 말한다.

② 벌기령은 경영 목적에 따라 미리 정해지는 연령으로서 경영상 가장 적합한 벌채 연령이 된다.

③ 벌기령은 경영 목적뿐만 아니라 경영 사정과 생산요소 등 여러 가지 요인에 따라 일정하다고 말할 수는 없지만, 벌기령이 산림 경영계획상 중요한 여러 가지 의의를 가지고 있어서 벌기령의 결정은 산림 경영상 중요한 사항으로써 이들 산림의 자연적 또는 경제적 요소를 충분히 고려하여 가장 유리한 때가 벌채연령이 되도록 하여야 한다.

④ 같은 토지생산업인 농업에 있어서의 농작물은 생리적으로 그 성숙시점이 용이하게 확인되어 수확기를 결정지을 수도 있지만, 임목에 있어서는 일반적으로 생장기간이 길고 그 생산기간 또한 불확실한 것이 특징이어서 생리적으로 결정하기가 어려울 뿐만 아니라 그 필요성 또한 없기 때문에 인위적인 성숙기를 결정하여야 한다.

⑤ 임목에 있어서는 극단적인 유령 임목을 제외하고는 어린 임목에서부터 큰 임목에 이르기까지 수종과 재종에 따라 그 이용가치가 다르고 임업의 수익률 또한 차이가 있기 때문에 최적의 벌기령을 결정하기 위해서는 경영 목적과 경제 사정 및 환경적인 요인 등 여러 가지 인자들을 종합한 결과에 의하여 이루어져야 한다.

2) 벌채령

① 벌기령이 경영계획상 인위적으로 정한 성숙 연령인데 대하여 벌채령은 **임목이 실제로 벌채되는 연령**을 말한다.

② 임목은 산림의 경영상 여러 가지 사정에 의하여 계획된 벌기령에 벌채되지 않은 경우가 많다. 예를 들면 벌채의 순서 변경에 따른 벌채를 비롯하여 특수한 목재 수요에 대한 공급 경영주의 재정 사정 또는 풍해 설해 및 병충해목의 처리 등이 그것이다.

③ 임목이 이와 같은 외부로부터의 아무런 영향을 받지 않고 정상적으로 벌채된다면 벌채령이 곧 벌기령과 일치하여 이 임목은 벌기령에 벌채될 것이다. 이러한 경우 벌기령과 벌채령이 일치할 때의 벌기령을 법정벌기령이라 하고, 그렇지 못한 때의 벌기령을 불법정벌기령이라 하여 구별하기도 한다. 그러나 산림 경영상 대부분의 임분에 있어서는 산림 경영계획에 나타난 벌기령과 벌채령이 일치한다.

④ 벌기령과 유사하게 사용되는 낱말로 윤벌령을 생각할 수 있다. **윤벌령은 한 작업급의 평균벌기령**으로써 이것은 대면적의 산림 경영에서와 같이 같은 작업급 내에서도 임분에 따라 어느 정도 지위의 차이가 나타나 임목의 생장이 달라지게 되므로 개개 임분의 벌기령에 차이가 있게 된다. 그러나 경영적 면에서 볼 때에는 한 작업급의 임목은 이를 구성하고 있는 각 임분의 평균적 벌기령에 벌채되는 것으로 생각하여 이때의 벌기령을 윤벌령으로 하는 것이다.

2 윤벌기와 회귀년

1) 윤벌기

① 임목이 정상적으로 생육하여 벌채될 때까지 요하는 기간을 산림 경영 개념으로 택한 것이 윤벌기이다. 즉 윤벌기는 작업급에 속하는 전체 산림을 일순벌하는 데 요하는 기간이다. 물론

여기에 대한 견해는 학자에 따라 다소 차이가 있다. 그러나 윤벌기는 작업급에 관하여 성립하는 기간 개념이며 벌기령과는 다음과 같은 차이가 있다.

㉠ 윤벌기는 작업급에 성립하는 개념이지만 벌기령은 임분 또는 수목에 있어서 성립하는 개념이다.

㉡ 윤벌기는 기간 개념이며, 벌기령은 연령 개념이다.

㉢ **윤벌기는 작업급을 일순벌하는 데 요하는 기간**이며 반드시 임목의 생산기간과 일치하지는 않지만, **벌기령은 임목 그 자체의 생산기간을 나타내는 예상적 연령 개념이다.** 따라서 윤벌기는 연년작업이 진행되는 작업급의 전임목을 일순벌하는 데 요하는 기간이다.

② 윤벌기 개념은 원래 개벌작업에 기인하는 법정림 사상에서 파생되었다고 한다. 그러나 택벌작업을 행하는 작업급에 있어서도 때로는 윤벌기를 결정하는 경우가 있다.

③ 원래 산림 경영에 있어서 윤벌기의 역할은 작업급을 법정상태로 유도하는 수단으로써 필요하였다. 윤벌기는 작업급의 법정영급분배를 예측하는 기준으로써 법정연벌면적이나 법정연벌재적의 계산적 기초로 이용되어 법정축적·법정생장량 등을 추정하는 요소로서도 활용되었다.

④ 현실림에서도 벌채열구를 계획하고 장래 보유해야 할 축적의 기준을 구하거나 지속적 수확을 예측하는 경우에는 윤벌기를 이용하는 경우가 많다. 기존의 수확규정법의 대부분은 윤벌기를 산정의 요소로 하고 있다. 그러나 윤벌기는 각종 벌구식 작업을 행하는 경우에 중요한 것이므로 택벌작업 또는 이것과 유사한 작업에 있어서는 윤벌기의 필요성이 극히 드물다.

2) 회귀년

① 택벌작업은 전체 산림에서 벌기에 도달한 임목을 매년 벌채하는 것이 이상적인 기본 형식이다. 그러나 이러한 작업은 특수한 경우 이외에는 실행할 수 없다.

② 일반적으로는 **작업급을 몇 개의 택벌구로 나누어 매년 한 구역씩 택벌하여 일순하고 다시 최초의 택벌구로 벌채가 회귀하는 방법이 사용된다.**

③ ℓ개의 택벌구로 나누면 ℓ년마다 동일한 택벌구에 택벌이 돌아가는 것이다. 이렇게 회귀하는 데 필요한 기간 ℓ을 회귀년 또는 순환기라고 한다.

④ 회귀년의 연수는 시업의 집약도·수종·입지조건 등에 따라 다르다. 일반적으로 회귀년이 길어지면 그만큼 택벌작업의 본질에서 멀어지는 작업법이 된다. 이처럼 회귀년은 택벌작업을 행하는 산림에 설정되는 기간 개념이다.

⑤ 또한 택벌림에 윤벌기를 설정하여 계획을 수립하는 경우에는 윤벌기가 회귀년의 정수배가 되도록 회귀년을 결정하는 것이 보통이다.

3 정리기와 갱신기

1) 정리기(개량기)

① 윤벌기는 작업급에 있어서 지속적으로 벌채갱신이 진행된다는 전제하에 설정된다.

② 영급관계가 법정 내지 법정에 가까운 작업급에서는 윤벌기를 이용하여 연벌량을 구하여 성숙임분을 순차적으로 벌채할 수 있다. 그러나 작업급의 연령관계가 어느 한쪽으로 편중되어 노령림이 극히 많은 경우 또는 유령림이 많은 경우에는 윤벌기에 의해 연벌량을 구할 수 없게 된다. 따라서 노령림은 오랫동안 존치하게 되고 반면에 미숙임분은 벌채되어 그 어느 쪽도 불이익을 당하게 된다. 이러한 희생을 가능한 한 줄이기 위해 개량기를 둔다. 개량기는 정리기라고도 하며, 개량의 목적이 달성될 때까지 임시적으로 설정된다.

③ 개량기는 개량을 요하는 노령림이나 불량임분이 많은 작업급에서는 윤벌기보다 짧고, 반대로 유령림의 경우에는 윤벌기보다 장기간이므로 개량기의 종료 후에 수확의 지속성을 고려하여 결정해야 한다.

④ 이처럼 **개량기는 일반적으로 개벌작업을 행하는 산림에 적용되는 기간 개념**이며, 임상개량을 완료할 때까지 필요로 하는 예상적 기간이다.

2) 갱신기

① 점벌작업에 속하는 작업법에는 많은 종류가 있다. 이러한 작업법의 특징은 일정한 갱신기간을 가진다는 것이다.

② 일반적으로 예비벌, 하종벌, 후벌에 이어 주벌을 행한다. 이 기간 내에 갱신을 완료시키는 것이며, 따라서 예비벌의 시작부터 후벌의 종료까지의 기간을 갱신기라고 한다.

③ 현실림의 갱신이 완료하는 기간은 임분에 따라 반드시 일정하지 않다. **일반적으로 갱신기는 점벌작업을 하는 산림에 적용되는 예상적 기간 개념이며, 윤벌기보다 짧은 기간이다.**

④ 개벌작업에서의 갱신기는 벌채 후 벌채목이 반출되고 새로이 산림이 성립될 때까지의 연수를 말한다.

section 4 법정림

1 법정림의 개념

① 작업급에 의한 산림의 생산 조직화에 있어서 그 이상적 개념으로서 제시된 이념적 산림조직을 법정림이라고 한다.

② 법정림이라고 하는 명칭과 그 개념은 오스트리아 황실 규정(1938)에서 비롯되었으며, Hundeshagen(1826)에 의해 산림생산 조직으로서 법정림 개념의 기초가 이루어졌고, 그 후 Heyer(1841)에 의해 보완되었다. 그 후 산림경리의 이상이라고 하는 목표는 법정림을 조성한다고 하는 법정림사상으로 발전하였고, 이것은 20세기 초까지 산림경리학의 중심적 지주가 되었다.

③ 법정림이란 재적 수확의 엄정보속을 실현할 수 있는 내용 조건을 완전히 갖춘 산림을 말한다. 즉 산림생산의 보속이 완전히 이행되어 경영 목적에 따라 벌채하면 어떠한 손실도 발생되지 않는 산림이다. 이러한 상태를 **법정상태**라고 하며, 일반적으로 다음과 같이 4가지를 들 수 있다.

㉠ **법정영급분배**

㉡ **법정임분 배치**

㉢ **법정생장량**

㉣ **법정축적**

④ 이상의 요건들은 작업급별로 그 내용에 있어서 차이가 있다. 법정림은 산림생산조직의 규범으로서 전통적으로 개별작업의 보속성에 기초하여 만들어졌기 때문에 택벌작업이나 기타 다른 작업법에 적용하기에는 곤란하다. 따라서 택벌림에 대한 연구가 진행되면서 법정림은 강한 비판을 받아왔다. 그러나 보속적 경영의 산림에 있어서 생산조직을 이해하고 개벌을 주체로 하는 현실림의 생산 조직화를 위해서는 법정림에 대한 필요성이 요구된다.

2 법정상태

1) 법정영급분배

① **모든 임령의 산림이 등면적으로 존재하는 것**이며, 이론적으로는 동일한 지위의 임지에서 벌기에 이르기까지의 각 영계의 임목이 동일한 면적씩 존재하는 것이다.

② 이것은 연년의 재적 수확을 균등하게 하는 데 가장 중요한 법정조건 중의 하나이다.

2) 법정 임분 배치

① 산림을 구성하는 **각 임분이 임목의 이용, 보호, 갱신을 위하여 적절한 배치상태를 유지**함으로써 산림의 보전과 수확의 보속을 확보하는 법정조건이다.

② 어떤 임분을 벌채하는 경우 인접하는 잔존임분이 피해를 입지 않도록 배치한다. 특히 평지림에서 폭풍에 대해 위험이 없도록 항상 풍하의 임분이 먼저 벌채되도록 배치해야 한다.

③ 임분의 갱신이 안전하고 확실하게 이행되도록 배치한다. 이와 같은 임분 배치는 지황, 임황, 반출시설 등에 따라 다르다. 법정임분 배치는 재적수확보속을 실현시키는 데 있어서 기본적 요건은 되지만 직접적인 것은 아니다. 또한 이것은 주로 수확 유지에 지장이 없도록 하는 데 필요한 조건일 뿐이다.

3) 법정 생장량

법정축적의 연년생장량이며, **법정림의 경우 전체 산림의 년 생장량은 항상 일정하다.** 각 영계의 주임목의 연년생장량을 Z_1, Z_2, Z_3 … Z_u라 하고, 그 재적을 V_1, V_2, V_3 … V_u라고 하면, 다음과 같이 법정생장량(Z)이 계산된다.

$Z_1=V_1$

$Z_2=V_2-V_1$

$Z_3=V_3-V_2$

⋮ ⋮

$Z_n=V_u-V_{u-1}$

\-\-\-\-\-\-\-\-\-\-\-\-\-\-

$Z=V_u$

즉 **법정생장량(Z)은 벌기임분재적(V_u)과 같다.**

4) 법정 축적

① 법정축적은 영급분배와 생장상태가 법정일 때 **보유할 작업급으로 전체의 축적**을 말한다.

② 주임목과 부임목에 걸쳐 고려되지만 일반적으로 주임목의 법정축적이 대상이다.

③ 보통 법정축적이라 함은 하계축적으로 계산된다.

④ 추계축적은 벌채 직전의 축적으로 벌채 직후의 축적인 춘계축적보다는 벌기임분의 축적만큼 많다.

⑤ 주임목의 법정축적을 각 영계별 재적으로 계산하는 것은 복잡하므로 일반적으로 수확표 벌기수확 또는 벌기평균생장량을 이용한다.

㉠ 수확표에 의한 방법

㉡ 벌기수확에 의한 방법

㉢ 벌기평균생장량에 의한 방법

3 법정벌채량

① **법정벌채량**은 법정수확량이라고도 한다. 이는 **법정상태를 유지하면서 벌채할 수 있는 재적**을 말한다.

② 주벌법정벌채량과 간벌법정벌채량으로 나눌 수 있으며, 기간에 따라 법정연벌량과 법정정기벌채량으로 구별된다. 그러나 **일반적으로 법정벌채량이란 주벌법정연벌량이다.**

③ 이러한 의미의 **법정연벌량(NAC)은 법정생장량(Z)과 일치**하고, 이 수치는 벌기평균 생장량(MAI)에 윤벌기 U를 곱한 것과 같기도 하다. 이들 사이에는 다음과 같은 관계가 성립한다.

$$NAC = Z = V_u = MAI \times U$$

4 법정림의 응용 범위

법정림은 산림 경영에서 하나의 이상형으로 추구하는 산림형태라고 할 수 있다. 그러나 법정림은 산림생산을 보속원칙에 입각하여 엄정하게 실현하고자 하기 때문에 산림이라는 하나의 유기체를 통하여 공장의 제품생산과 같이 산림생산을 일률적으로 또는 수치적으로 균일화시키는 것은 엄격한 의미에서 실현하기 곤란한 것이다.

그러나 수확보속이 정상적으로 이루어져 법정상태가 유지된다 하더라도 수익성이라는 임업경경의 첫째 목적에 반드시 부합된다고는 할 수 없다. 그렇지만, 법정림의 이론이 산림경리학의 발전에 공헌한 의의는 여러 가지 면에서 자못 큰 것이다. 따라서 법정림이 현실적으로는 그 실현이 어렵고, 이론적으로만 존재할 산림상태를 논한다고 볼 수도 있지만, 인공림 시업에 대한 산림경리학의 발전에 크게 이바지하여 재적수확보속의 조건을 나타내는 이상형으로써 그 가치가 평가되고, 또한 산림생산조직에 관하여도 임목의 경급, 축적, 생장량 및 연벌량 등의 상호관계를 이해하는 데에도 크게 도움을 주고 있다.

수확의 엄정보속의 실현은 하나의 이상적인 목표로 하더라도 실제 실현에 있어서는 경영이라는 측면에서 가급적 탄력성이 있는 보속을 통하고, 또한 경제적인 면을 고려하여 임목도와 영급관계 등을 조정함으로써 법정림사상에서 크게 벗어나지 않는 현실경영이 필요하리라고 생각된다. 이러한 의미에서 영급을 잘 조절함으로써 탄력성 있는 법정상태로 유도하여 현실경영에 도움이 되도록 하여야 할 것이다.

section 5 산림생산

1 산림 경영과 지위

임지생산능력은 보통 지위로 표현되는데, 토양, 지형, 입지, 기타 환경인자에 의해 결정된다고 볼 수 있다. **지위는 일반적으로 지위지수, 지표식물, 환경인자 등과 같은 다양한 방법으로 측정 또는 판정되고 있다.**

1) 지위지수에 의한 방법

① 지위지수의 의미 : 임지의 생산능력을 나타내는 지위는 원칙적으로 토양, 지형, 입지 등을 나타내는 다양한 인자로부터 판단할 수 있지만 산림관리에 활용되어야 한다는 측면에서 보면

산림생장인자를 이용하는 보다 간단한 방법이 요구된다.

② 지위지수분류표 및 곡선도 제작 방법 : **지위지수분류곡선은 임령별로 조사된 우세목 수고 자료로부터 동형법 또는 이형법으로 제작될 수 있다.**

③ 지위지수 판정 방법 : 산림 경영에서는 일반적으로 위와 같이 동형법 또는 이형법에 의해 유도된 지위지수분류곡선식을 이용하여 지위지수분류표 및 지위지수분류곡선도를 제작하여 지위판정에 활용하고 있다. 또한 컴퓨터상에서 지위지수를 추정하는 전산시스템에서는 동형법 및 이형법에 의해 유도된 지위지수분류곡선식이 직접 활용된다.

2) 지표식물에 의한 방법

지표식물에 의한 방법은 스칸디나비아와 캐나다에서 지위급의 지표로서, 그리고 지위 분류의 기초로서 식물의 사용에 많은 관심이 집중되어 왔다. 전혀 방해받지 않은 자연 상태 하에서 특히 북부 산림의 경우 식물 또는 식물의 집단은 특징적으로 어떤 산림형태와 연관성이 있고 어느 정도까지는 그 산림형태 내에서의 지위급과 관련이 있다.

3) 환경인자에 의한 방법

① 하층 식생과 지위지수를 연결시키는 데 있어서의 난점 때문에 물리적 환경의 국부적 주요인자들을 사용하려고 노력하였다.(Coile, 1938)

② **토양을 지위지수에 연결시키는 것이 가장 일반적인 접근 방법이었다.**

③ 토양은 임목의 생장에 대해 적절한 조절적 영향을 끼치며 측정 가능한 토양인자들로부터의 지위추정은 많은 장점을 시사한다.

④ 토양성분은 시간에 따른 변화가 느리며 토양측정치들은 임분이 현존하는 임지에 병행하여 벌채지(伐採地)에도, 제지(除地, nonforested area)에도 적용될 수 있다.

2 임목축적과 밀도

1) 임목축적의 개념

① 장래의 생산자본으로써 임지에 서 있는 임목의 용적을 임목축적이라고 한다. 용적의 양을 표시하는 단위는 m^2로 재적의 용량을 표시하는 것과 같지만 그 개념상에 있어서 차이가 있다.

② 임목축적이라고 할 때에는 앞으로 생산요소로써 자본이라는 의의 개념이 내포되어 있고, 재적이라고 할 때에는 벌채목의 용량이라든가 앞으로 곧 벌채할 임목의 용량을 나타내는 의미가 포함되어 있다.

③ 임목축적은 수종, 입지상태, 시업법 등에 따라 차이가 있으며, 일반적으로 침엽수림은 활엽수림에 비하여 좋은 임지에서는 척박지에 비해 많은 축적을 보유할 수 있다. 또 교림은 중림이나 왜림에 비하여 많은 축적을 보유하게 된다.

④ 임목축적과 수확량과의 관계는 다음과 같이 나타낸다.

$$P = \frac{I}{G} \times 100 = G \times 0.0P$$

G : 임목축적, P : 생장률, I : 생장량(수확량)

2) 임분밀도

① 임분밀도는 임목의 축적량, 임지의 이용도, 임목 간의 경쟁강도 등을 평가할 수 있으며, 밀도가 높을수록 임목의 생장률은 감소한다.

② **단위 면적당 임목본수, 재적, 흉고(가슴 높이) 단면적, 상대밀도, 임분밀도지수, 상대임분밀도, 수관경쟁인자, 상대공간지수 등이 임분밀도의 척도로 사용된다.**

㉠ 상대밀도 : 흉고단면적과 평방평균직경을 병합시킨 것

㉡ 수관경쟁인자 : 임목수관의 지상투영면적의 백분율

㉢ 상대공간지수 : 우세목의 수고에 대한 입목 간 평균거리의 백분율

③ 임목의 간격은 직경, 수고, 수관 확장 등의 요소에 따라 결정되어야 하며 간벌, 부분적 벌채, 식재 시에는 지위 수종 재적들의 상호작용을 포함시켜 적정한 임분밀도를 결정하여야 한다.

section 6 산림의 수확 조정

[고전적 수확 조절 방법]

수확 조절 방법		주장한 사람	추구하는 가치
대분류	세분류		
재적배분		Beckman, Hufnagl	재적 수확 보속
평분법	재적평분	Hartig	재적 수확 보속
	면적평분, 절충평분	Cotta	법정상태 실현
법정축적법	이용률법	Hundeshagen, Mantel	법정상태 실현
	교차법	Kameraltaxe, Heyer, Karl, Gehrhardt	법정상태 실현
	수정계수법	Breymann, Schmidt	법정상태 실현
영급법	등면적법	Gude	
	순수영급법	Cotta	법정상태 실현
	임분경제법	Judeich	경제성
생장량법	Martin법		
	성장률법		
	조사법	Gurnaud, Biolley	경제성

1 수확 조정의 개념

산림의 수확은 전체 산림의 생체량에서 일부를 베어내는 것으로, 수확량은 그 다음 해의 생장량에 영향을 미치게 된다. 너무 적게 베어 수확하면 수확량이 줄어 수입이 줄게 되고, 너무 많이 수확하면 그 다음 해의 수입이 줄게 된다. 산림의 수확 조정이란 지속 가능한 방식으로 끊임없이 최대의 수확량을 같은 면적의 산림에서 얻으려는 노력이다.

1) 수확 조정의 전제 조건

① 보속성

- 보속성은 계속, 끊임없음, 반복, 항구성, 지속성, 중단 없음 등의 중립적인 시간 개념을 가진다.
- 보속성의 원칙은 규범적이고 능률적인 임업의 기초로 독일에서 발전되었다.
- 정적인 보속성을 특정한 "상태의 지속성"으로 파악한다면, 동적인 보속성은 일정한 "능률의 지속성"으로 표현할 수 있다.
- 정적인 보속에는 산림면적, 산림생물, 임목축적, 임업자산, 임업자본, 노동력 등의 보속성이 해당된다.
- 동적인 보속에는 생장량, 목재 수확, 화폐 수확, 산림 수익, 산림 순수확, 창업능력, 산림의 다목적 이용 등이 해당된다.

② 지속 가능성

지속 가능성은 특정한 상태를 유지할 수 있는 정도를 의미하며, 자원의 지속 가능성이 유지된다는 것은 현 세대뿐만 아니라 미래세대까지 해당 자원을 유지할 수 있다는 것이다.

㉠ 목재 생산의 지속 가능성 : 목재 생산은 사회의 목재 수요를 충족시키고, 임산업의 경제적 흐름에 변화를 주지 않으며, 수원함양이 안정되는 범위 내에서 이루어져야 한다.

㉡ 다목적 이용의 지속 가능성 : 산림의 수확 조정은 목재수급 이외에도 자연 및 생활환경의 보전, 수원의 함양, 재해 방지, 휴양자원, 경제 발전, 고용 증진 등 다양한 목적의 지속 가능성이 이루어진다는 전제하에 이루어져야 한다.

㉢ 생태계와 사회적 가치의 지속 가능성

- 산림에서 생산되는 목재나 임산물의 가치를 넘어서는 생태적, 사회통합적 가치는 휴양 및 조경, 야생동물 등의 가치를 모두 포함한다.
- 수확 조정은 생태계와 자연자원, 사회적 가치가 유지된다는 전제에서 이루어져야 한다.

2) 수확 조절법의 발달과정

산림 경영에서 한해의 수확량, 즉 벌채량을 결정하는 것은 신중하게 결정되어야 하며, 개별의 경우 산림 전체에서 1년간 자란 생장량에 해당하는 분량을 성숙 임분에서 수확해야 하므로 벌채량과 벌채장소를 구체적으로 결정해야 한다.

수확량이 연간 생장량보다 많으면 산림의 축적은 점차 감소되고, 반대로 벌채량이 연간 생장량보다 적으면 축적은 증가하는 반면에 생장률이 낮아지게 된다. 반대로 수확량이 연간 생장량보다 적으면 임목의 밀도가 높아져서 결국 생장이 느려지므로 축적의 증가가 항상 생장량의 증가로 이어지지는 않는다. 구성임분의 영급이 낮을 때에는 벌채량을 낮추어 축적을 증가시키고, 영급이 높으면 벌채량을 늘려 축적을 감소시켜야 한다.

산림을 평가하여 그 수확을 조정 및 통제하는 것은 산림 경영에 있어 중요한 요소인데, 재적배분법·재적평분법은 재적 수확 보속, 면적평분법·순수영급법 등은 법정상태 실현, 임분경제법·조사법은 경제성을 추구한다.

① 구획윤벌법

전 임지를 윤벌기의 수만큼 나누어서 구획한다.

㉠ 단순구획윤벌 : 전 임지를 구획한 면적만큼 수확한다. 벌구면적$=\frac{\text{산림면적}}{\text{윤벌기}}$

㉡ 비례구획윤벌 : **개위면적으로 구획면적을 조절**한다.

개위면적$=$임분면적$\times\frac{\text{평균재적}}{\text{임분재적}}$

② 재적배분법

㉠ Beckmann법 : **성목기와 미성목기의 재적을 달리하여 수확량을 산출**한다.

㉡ Hufnagl법 : **윤벌기의 $\frac{1}{2}$과 $\frac{2}{2}$ 시기의 재적을 달리하여 수확량을 산출**한다.

③ 평분법

윤벌기를 몇 개의 분기로 나누어 분기별로 수확량을 사정하는 방법이다.

㉠ 재적평분법 : 분기별 재적을 같게 한다.

㉡ 면적평분법 : 분기별 면적을 같게 한다.

㉢ 절충평분법 : **절차에 따라** 재적평분과 면적평분을 절충하였다.

④ 법정축적법

㉠ 교차법 : 생장량이 정리기 동안 법정생장량에 도달하도록 수확한다.

㉡ 이용률법 : 전체 축적 중 일정 비율을 수확한다.

㉢ 수정계수법 : 생장량에 일정한 계수를 곱하여 수확량을 산출한다.

⑤ 영급법

㉠ 순수영급법 : 현실림의 영급 면적과 법정림의 영급에 기초한 영급분배 비교표로 수확량을 산출한다.

㉡ 임분경제법 : 토지 순수익설에 의하여 벌기를 결정하고, 그 벌기에 맞추어 수확량을 산출한다.

⑥ 생장량법

㉠ Martin법 : **각 임분의 평균 성장 합계를 수확량으로 결정한다.**

㉡ 성장률법(생장률법) : 현실축적에 각 임분의 평균 성장률을 곱하여 수확량을 결정한다.

㉢ 조사법 : **임분별로 성장량과 조림상태를 고려하여 수확량을 결정한다.** 재적배분법·재적평분법은 재적 수확 보속, 면적평분법·순수영급법 등은 법정상태 실현, 임분경제법·조사법은 경제성을 추구한다.

2 수확 조정의 기법

1) 구획윤벌법(area frame method)

가장 오래된 수확 조정법이다. 구획면적법 또는 면적배분법이라고도 한다. 14세기에서 18세기까지 약 4세기에 걸쳐 응용되었던 방법으로 단순구획윤벌법과 비례구획윤벌법으로 구분할 수 있다.

① 장점

- 면적을 기초로 하는 수확 조정법이기 때문에 계획의 수립과 실행이 편리하다.
- 여러 윤벌기를 거치는 동안 법정상태가 된다.

② 단점

- **제1윤벌기의 조정과정에서 큰 경제적 손실을 감수해야 한다.**
- 먼 장래의 벌구를 미리 정해야 하는 것은 현실적이지 못한 단점이 있다.
- 용재림보다는 신탄림 작업에 적합하며, 실용성이 낮다.

㉠ 단순구획윤벌법(simple annual felling area method)

- 전 산림면적을 기계적으로 윤벌기 연수로 나누어 벌구면적 f를 같게 하는 방법이다.

$$f = \frac{F}{U}$$, 식에서 F : 전 산림면적, U : 윤벌기 연수

㉡ 비례구획윤벌법(proportional annual felling area method)

- 토지의 생산력에 따라 개위면적으로 벌구면적을 조절하여 연 수확량을 균등하게 한다.
- 개위면적을 산출한 후 매년 동일한 개위면적을 벌채한다.
- 산림상태에 따라 벌채면적을 균등하게 배정하지 못하는 경우가 발생할 수 있다.
- 실행이 쉽지 않아서 잘 응용되지 않는다.

$$f_n = \frac{F}{U} \times \frac{\text{전 임분의 평균생장량}(\bar{I})}{\text{해당임분의 평균생장량}(I_n)}$$, 식에서 n은 임분의 연령

– 개위면적의 합계는 해당 임분면적의 합계와 같다.

u를 윤벌기라 하고 매년 동일한 개위면적을 벌채한다고 하면 매년 벌채해야 할 면적, 즉 벌채면적은 다음과 같다.

$$f = \frac{F}{U} = \frac{\overline{I}}{I_1}$$

Part2 | 임업경영학

2) 법정축적법에 따른 수확량 산정 방법

가) 교차법

① Kameraltaxe법

$$\text{연간표준벌채량(E)} = \text{평균생장량(Zw)} + \frac{\text{현실축적}(Vw) - \text{법정축적}(Vn)}{\text{갱정기}(a)}$$

– 카메랄탁세법에 의한 표준연벌량의 계산은 매년 하는 것보다 10년마다 실시하는 것이 좋다.

– 법정림에서 "연년 생장량 = 표준 연벌량 = 연년 수확량"

참고 카메랄탁세법

① 카메랄탁세법은 1788년 오스트리아 황실령, Normal에서 산림평가에 대한 기준을 설정하기 위하여 제정한 것을 그 후 산림의 수확 조정법으로 활용하게 된 것이다.

② Kameraltaxe법은 법정축적법 중 가장 먼저 고안되었으며 개벌작업과 택벌작업에 모두 적용된다.

③ 이 방법은 법정축적의 유지 조성을 목적으로 하며, 현실축적이 법정축적과 같으면 수확량은 평균생장량과 같으므로 표준 연벌량은 현실림의 성장량만큼 수확하면 된다.

④ 현실축적이 법정축적보다 많거나 작을 때는 갱정기 동안에 그 차액의 $\frac{1}{\text{갱정기}}$ 만큼 가감하여 수확하면 갱정기 후에는 법정축적을 유지할 수 있게 된다.

⑤ 식을 구성하는 각 인자에 대한 계산 방법은 다음과 같다.

㉠ 평균생장량은 성숙림에서는 현재의 평균 성장량, 즉 단위 면적당 재적을 임령으로 나누어 사용하고, 미숙림에 대해서는 수확표를 이용하여 그 임분이 벌기에 도달했을 때의 벌기평균생장량을 합하여 구한다.

㉡ 현실축적은 각 임분의 단위 면적당 벌기평균성장량에 각 임분에 대한 임령과 면적을 곱하여 계산한다.

㉢ 법정축적은 법정축적 = $\frac{\text{윤벌기}}{2}$ × 평균생장량 공식을 이용하여 구한다.

㉣ 갱정기, 개량기의 길이는 증벌, 감벌을 좌우하는 인자로 현실축적에서 법정축적을 차감한 값의 크기, 영급의 구성상태 및 영림사정 등에 따라 다르므로 현실축적이 클 때는 성숙림을 속히 갱신하기 위하여 a를 짧게 하고, 법정축적이 클 때는 a를 길게 하여 적어도 연벌량이 생장량의 $\frac{1}{2}$ 보다 적어지지 않도록 하는 것이 좋다.

㉤ 표준연벌량의 계산은 매년 실시하는 것보다는 10년마다 실시하는 것이 좋다.

② Heyer법

$$\text{연간표준벌채량(E)} = (\text{평균생장량} \times \text{조정계수}) + \frac{\text{현실축적}(Vw) - \text{법정축적}(Vn)}{\text{갱정기}(a)}$$

- 평균생장량은 현실림의 실제 성장량 합계인데, 한 윤벌기에 대한 수확기 안을 만들어 분기별로 성장한 연평균 생장량을 사용하는 것이 하이어법이다. 여기에 조정계수가 들어가면 수정 하이어법이 된다.

③ Karl법

$$\text{연간표준벌채량} = \text{생장량} \pm \frac{Dv}{\text{정리기}(a)} = \frac{Dz}{\text{정리기}(a)} \times \text{경과연수}(n)$$

Dv = 현실축적 − 법정축적, Dz = 현실생장량 − 법정생장량

- 카메랄탁세공식의 변형, 축적의 증감에 따라 연년성장량이 정비례하여 증감한다는 추정 하에 작성하였다. 이 추정은 이론적으로 명확한 수준에서 검증된 것은 아니다.
- 카알공식법은 Karl이 1838년 카메랄탁세법을 개량하여 만든 것이다.

$$Y_a = I_a \pm \frac{D_v}{a} \mp \frac{D_i}{a} \times n$$

Y_a : 표준연벌채량, I_a : 갱신 초기 현실림의 연년생장량

$D_v = V_a - V_n$, $D_i = I_a - I_n$, a는 갱정기, n은 측정 후 경과연수

- Karl은 수확량을 매년 사정하지 않고 한 경리 기간을 10년으로 하여 n=5일 때의 수확량으로 10년간의 평균벌채량으로 하고, 10년마다 검정하여 개정하도록 하였다.

나) 이용률법

이용률법에 해당하는 수확 조정법은 훈데스하겐 공식법과 만텔 공식법이 있다. 이용률법은 현실축적에 일정한 이용률을 곱하여 표준연벌채량을 구한다.

① Hundeshagen 법

$$\text{연간표준벌채량(E)} = \text{현실축적}(Vw) \times \frac{\text{법정벌채량}(En)}{\text{법정축적}(Vn)}$$

- 성장량이 축적에 비례한다는 가정 아래에 유도된 공식이다. 하지만 임분의 성장은 유령림일 때 왕성하고, 과숙임분은 쇠퇴하게 된다. 실제 훈데스하겐은 현실축적 계산을 10년마다 계산하여 개정하였다.

② Mantel 법

$$\text{연간표준벌채량(E)} = \text{현실축적}(Vw) \times \frac{2}{\text{윤벌기}(U)}$$

– 만텔법을 응용하려면 장기간 경과해야 법정축적에 도달할 수 있고, 법정에 가까운 영급 상태를 갖춘 산림에만 적용할 수 있다.

다) 수정계수법

① Schmidt 법

$$\text{연간표준벌채량(E)} = \text{현실생장량}(Zw) \times \frac{\text{현실축적}(Vw)}{\text{법정축적}(Vn)}$$

– 법정상태에 가까운 개별교림 작업에 적용할 수 있다.

② Breymann법

– Breymann은 현실축적(Zw)과 법정축적(Vw)의 비는 현실평균임령(Aa)과 법정평균임령의 $\frac{1}{2}(\frac{R}{2})$비와 같고, 현실벌채액(Ya)과 법정벌채액(Yn)의 비가 같은 것을 이용하여 수정계수를 산출하였다.

$Zw : Vw = Aa : \frac{R}{2} = Ya : Yn$이 성립하므로

$Ya : Yn = Aa : \frac{R}{2}$ 을 Ya에 대하여 정리하면

$Ya = Yn \times 2 \times \frac{Aa}{R}$에서 수정계수는 $2 \times \frac{Aa}{R}$

$$\text{벌채량} = \text{법정벌채량} \times 2 \times \frac{\text{현실평균임령}}{\text{법정벌기령}}$$

– Breymann은 임분의 재적성장량은 직경성장률과 재적성장량 간에도 아래의 식이 성립한다고 하였다.

$$\text{임분재적성장량} = \text{현재 재적} \times 2 \times \text{직경성장률}$$

– Breymann법은 법정림의 개별작업에 적용할 수 있지만 택벌림에는 적용할 수 없는 수확 조절 방법이다.

3) 영급법

– **평분법은 임반 단위로 영급 배치에 치중하여 경제적 손실이 크게 발생한다.**

– 영급법(age class method)은 임분의 경제적 효과를 크게 하고 법정상태의 실현을 통한 수확의 보속을 도모한다.

– **영급법은 임반 내 임분의 차이를 고려한 소반을 시업 단위로 하여 몇 개의 영계로 영급을 편성한 후 법정림의 영급과 비교·대조하여 그 과부족을 조절하는 벌채안을 만든다.**

가) 순수 영급법

① 19세기 후반 작센(sachsen) 지방에서 실시한 절충평분법이 발전하여 만들어졌다.

② 현실림의 영급별 면적표를 법정 영급표와 비교하는 영급분배 비교표를 만든다.

③ 10개년에 대한 벌채 장소를 정한다.

㉠ 임령을 기초로 임령이 많은 임분

㉡ 장래 법정 임분 배치관계를 고려한 임분을 선정한다.

㉢ 벌기재적을 합계하여 기간 수확총량으로 결정한다.

㉣ 수확총량을 기간으로 나누어 표준벌채량을 얻는다.

④ 벌구식 작업을 할 수 있는 임분에 응용할 수 있다.

나) 임분경제법

① 임분경제법(stand method)는 1871년 Judeich에 의하여 영급법을 기초로 하여 완성하였다.

② **임분경제법은 토지 순수익설의 경제적 효과를 달성하도록 한 것이다.**

③ 임분경제법은 산림을 구성하고 있는 각 임분을 경제적으로 벌채하면 산림 전체가 경제적으로 경영된다고 주장하는 이론이다.

④ 수익성 원칙을 근거로 하여 순수익을 얻도록 하는 데 중점을 두고, 수확의 보속 문제는 2차적인 것이다.

⑤ **임분경제법을 실행하는 것은 벌채열구 계획을 위하여 임반과 벌채열구를 만들어 벌채 순서를 정한다.**

㉠ 임분경제법에서 임반은 지리적 위치만을 표시하는 것이므로 임반 내에서 취급을 달리하는 각종 소반이 있어도 무방하다.

㉡ 벌채열구 계획이 되면 토지기망가가 가장 큰 벌기령을 각 임분별로 정하고 작업급에 대한 윤벌기를 결정하여 앞으로 10년간의 벌채안을 만든다.

– 시업 상 필요에 의하여 벌채하여야 할 임분

– 확실히 성숙기에 도달한 임분. 그러나 후방 임분의 보호에 필요한 임분은 제외한다.

– 벌채 순서상 부득이 벌채하여야 할 임분

– 성숙 여부가 분명하지 않은 임분

㉢ 향후 10년에 수확할 벌채 장소, 면적, 수확량을 결정한다.

㉣ 보속수확을 하기 위하여 $\frac{A}{R} \times n$ 으로 계산된 면적과 대조하여 장소와 면적을 결정한다.

– 임분경제법은 법정상태의 실현보다는 현재의 경제성을 중시하므로 순수영급법보다는 수익을 추구하는 수확 조정법이다.

1. 벌채 열구 계획 – 임반 및 소반 구획

2. 윤벌기 결정 – 토지기망가로 벌기령 결정

3. 1시업기(10년 내)
① 시업상 필요로 벌채하여야 할 임분
② 벌채 순서상 부득이 벌채하여야 할 임분
③ 성숙 여부가 분명하지 않는 임분

4. 2시업기(10년 후) – 보속수확

5. 장소와 면적 결정 면적 = $\frac{\text{산림면적}}{\text{벌기령}}$ × 영계 연수

▲ 임분경제법의 실행 순서

참고 임분경제법의 문제점

- **임분경제법은 토지순수익설에 의해 벌기를 결정하므로 벌기가 짧아지기 쉽다.**
- 임분경제법은 개벌작업에서는 응용할 수 있으나 택벌작업에서는 응용이 곤란하다.

참고

토지순수익설은 이자가 높아지면 벌기령이 짧아져서 소경재 생산으로 빠르게 자본회수가 가능하므로 벌기령이 짧아진다.

실력 확인 문제

장기적인 회임기간을 전제로 하는 임업투자효율 결정에 적합하지 않은 방법은?

① 투자이익률법 ② 순현재가치법

③ 임지기망가법 ④ 회수기간법

해설

1. 회임기간 : 자본설비에 대한 주문이 있은 후 그것이 생산되어 실제로 인도될 때까지의 기간을 말한다.

– 임지기망가는 장래에 기대되는 수익으로 임업투자효율을 결정하는 방법인데, 임지기망가는 기계기구에 대한 투자비용은 고려하지 않고 있다.

- 회수기간법은 수익성을 나타내는 지표보다는 투자계획의 위험도를 추정하는 지표로서의 활용성이 높다. 따라서 다른 평가 방법들과 병용함으로써 대상사업의 투자 안에 대한 보완적인 수단으로 이용하는 것이 바람직하다.
- 문제의 질문에 충실한 답은 임지기망가법으로 볼 수 있지만, 임지기망가법이 제시되지 않았다면 회수기간법 역시 장기적인 투자보다는 단기적인 투입자금의 회수에 관심이 있으므로 장기적인 회임기간을 전제로 하는 임업투자효율의 판단에는 적합하지 않다.

2. 투자안의 경제성 평가 방법
   ㉠ 자본회수기간법(payback period) ㉡ 순현재가치법(NPV; net present value)
   ㉢ 편익비용비법(B/C ratio; benefit cost ratio) ㉣ 내부수익률법(internal rate of return)
3. 현금흐름할인법(DCF; discount cash flow method)
   ㉠ 자본회수기간법(payback period)
   ㉡ 순현재가치법(NPV; net present value)
   ㉢ 내부수익률법(internal rate of return)

정답 ③

4) 평분법(allotment method)

① 평분법의 특징은 **윤벌기를 일정한 분기로 나누어 분기마다 수확량을 균등하게 하는 것**이다.

② 수확 조절의 기준에 따라 재적평분법, 면적평분법, 절충평분법으로 구분한다.

③ Rennert, Kregting 등이 발표한 초기의 재적배분법을 기초로 하여 고안된 재적평분법을 1795년에 Hartig가 발표하였다. 그 후 재적평분법과 구획윤벌법을 절충한 면적평분법이 1804년 Cotta에 의하여 제안되었고, 다시 Cotta에 의해 면적평분법과 재적평분법을 절충한 절충평분법이 발표되었다. Hundeshagen은 이러한 수확 조절법을 포괄적으로 평분법이라고 하였다.

④ 평분법은 19세기에 독일, 프랑스 등지에서 활발하게 응용되었으나, 그 후 산업혁명으로 인한 영리적 관념, 즉 순수확설의 영향을 받아 영급법이 출현하게 되었다.

⑤ 영급법은 임분경제법의 출현으로 그 지배적 위치를 상실하게 되었다.

가) 재적평분법

① 재적조절법

② Hartig에 의한 벌채 안 작성 순서

㉠ 전림을 몇 개의 작업급으로 나누어 각 작업급의 윤벌기가 결정된다. 윤벌기가 결정되면 이를 10년 또는 20년으로 하는 몇 개의 분기로 구분한다.

㉡ **주로 영급을 기준으로 하여 산림을 구획하는데, 이것을 분구라고 한다.** 구획 내 임상이 서로 다른 부분이 있으면 그것을 다시 소반으로 나누어 가장 적합한 소속분기를 정한다.

㉢ 각 소반의 현재 재적과 그 소속 분기의 중앙연도까지의 생장량을 추정하여 그 합계를 각 소반의 수확량으로 한다. 이때 소속 분기별 수확량을 합계하여 각 분기의 수확량이 같으면 그 목적을 달성하게 되는 것이다.

㉣ 만일, 각 분기의 수확량이 같지 않을 경우에는 과다한 분기에 편입된 소반은 일부 과소한 분기에 편입시킨다. 이에 따라 소속 분기를 변경하였을 경우에는 벌채령이 달라지므로 생장량 및 재적 계산을 다시 하여 각 분기의 수확량을 균등하게 해야 하지만, 약간의 분기별 재적 수확량 차이는 허용한다.

㉤ 각 분기의 수확량이 균등하게 되면, 이것을 분기연수로 나누어 각 분기의 표준연벌채량으로 결정한다.

나) 면적평분법

① 재적 수확의 균등보다는 장소적인 규제를 더 중시하여 각 분기의 벌채면적을 같게 하는 방법이다.

② 이 방법은 **한 윤벌기를 경과한 후, 즉 제 2윤벌기에 산림이 법정상태가 된다.**

③ 각 분기의 면적을 균등하게 하기 때문에 현실림에서는 유령 임분을 벌채해야 하고 과숙 임분을 벌채하지 못하는 경우가 있어서 경제적인 손실이 따르게 된다.

④ 개벌작업에는 적용되지만 택벌작업에는 응용할 수 없다.

⑤ 면적조절법은 간단하면서도 직접적이며 벌채면적에 의하여 수확량을 설명할 수 있는 장점이 있다.

⑥ 전통적으로 면적조절법은 수확될 재적에 관한 조절능력이 부족하다.

⑦ 면적조절법 그 자체로는 매년 윤벌기로 나눈 면적($\frac{A}{R}$)을 벌채할 뿐 그 밖에 다른 아무런 목적도 없다고 평가된다.

⑧ 면적평분법의 수확 조절은 다음과 같은 순서에 따라 실시한다.

㉠ 각 작업급의 윤벌기를 정하고, 몇 개의 분기로 나눈다.

㉡ 산림구획은 적당한 형상과 크기의 임반을 설정한다.

㉢ 각 임반의 소속 분기를 정한다. 이 경우 재적평분법과는 달리 임령이나 임목상태만을 고려하는 것이 아니라 장래의 임분 배치도 고려한다.

㉣ 각 분기의 면적합계는 가급적 법정분기면적 $\frac{F}{u} \times a$ 가 되도록 하는데, 분기별 연적합계에 큰 차이가 있어서 소속 분기를 변경해야 할 경우는 다음의 두 가지 경우를 생각할 수 있다.

- 임분 배치관계상 뒤에 배정된 임분이 과숙되어 있으면 이를 제1분기에 다시 중복하여 배정하게 되는데, 이를 복벌(複代, double cutting) 또는 재벌(再代)이라고 한다.
- 처음에 배정된 임분이 유령림일 경우에는 원래 배정된 분기에 수확하지 않고 다음 윤벌기까지 벌채를 연기하도록 하는데, 이를 경리기외편입이라고 한다.

이상의 두 경우는 임분 배치상 과숙 또는 미숙으로 인한 경제적 손실을 최소화하기 위한 수단으로 실시되고 었다.

㉤ 재적 수확은 제1분기에 배정된 임반에 한하여, 현재 재적과 분기의 중앙 연도까지의 생장량을 추정하여 이들의 합계를 임반의 수확량으로 한다. 각 임반의 수확량 합계는 제1분기의 수확 예정량이 되며, 이것을 분기연수로 나눈 것이 표준연벌채량이 된다.

㉥ 제2분기 이후에 대해서는 5년 또는 10년, 늦어도 20년에는 검정하여 다음 분기의 재적 수확을 조절한다.

다) 절충평분법

① 재적평분법과 면적평분법을 절충하여 재적 수확의 보속과 법정 영급 배치의 실현을 목적으로 하는 수확 조절 방법이다.

② 1820년 독일의 Cotta가 제시하였다.

③ **현실림의 재적 수확 보속과 함께 법정림 상태로 유도하는 방법이다.**

④ 재적평분법과 면적평분법의 장점을 채택하여 절충하였기 때문에 융통성이 있고, 여러 가지 작업법에 적용이 가능한 수확 조절 방법이다.

⑤ 제1분기와 2분기의 재적 수확량을 같게 하면서 동시에 각 분기의 면적을 같게 하는 것이 현실적으로 쉽지 않다.

참고 절충평분법에 의한 산림사업 실행과정

① 산림 내의 모든 임분을 임상, 지위 및 영급에 따라 집단화 한다.(임반 및 소반구획)
② 각 임분의 집단화를 위하여 수익성 있는 임목재적과 조림적 상황에 관한 정보를 수집한다.
③ 더 적합한 분석을 위하여 수확할 모든 임분 또는 다음 몇 분기 내에 처리할 모든 임분을 선발한다.
④ 임분에 관한 상세한 정보를 수집하고 일람표를 작성한다.
– 면적, 지위, 수종, 1ha당 재적, 임분상태, 접근성 및 수확에 영향을 줄 수 있는 다른 정보 등
⑤ 매년 주벌갱신수확 면적을 추정하기 위하여 대상 산림에 면적 조절을 계산한다.
– 벌채하는 재적을 추정하기 위하여 재적조절법을 이용한다.
– 수확할 연간벌채 면적과 재적에 대한 전체적인 지침을 수립한다.
⑥ 어느 임분이 다음 몇 분기 내에 벌채되는가를 결정한다.
– 조림적인 문제, 재정적인 문제, 조절적인 문제들을 조화롭게 결정한다.
⑦ 첫 번째 벌채기간의 수확 예산안을 편성하고, 두 번째 분기의 임시 예산안도 편성한다.
⑧ 목재를 벌채하고 예상치와 결과를 비교한다.
– 첫 번째 수확이 끝나면 모든 분석을 다시 한다.

5) 선형계획법

① 하나의 목표 달성을 위하여 한정된 자원을 최적으로 배분하는 수리계획법의 일종이다.

② 선형계획법은 경쟁적인 활동 아래에 있는 제한된 생산요소들을 최적의 방법으로 배분할 수 있는 수학적 기법이다.

③ **선형계획법은 목표를 최대화 또는 최소화하기 위해 목표 함수를 만든다.**

④ 선형계획법은 목표를 달성하기 위한 제약요소들, 즉 **가지고 있는 자원들로 제약 함수를 만든다.**

⑤ 선형계획법에 사용하는 **목표 함수와 제약 함수는 모두 y = ax + b 형태의 1차 방정식이다.**

6) Meyer 공식법

① 성숙임분 만을 벌채한 결과 미국의 산림은 넓은 면적이 미성숙림으로 분류되었다.

② Meyer는 모든 크기의 나무들에 동등하게 분배된 벌채지역에서 벌채상환계획을 제안하였다.

③ **산림 내부에서 증식의 생장률을 제외한 단기적 지속 가능한 벌채 수준의 결정 방법**은 아래와 같다.

$$\text{연년 수확량} = \text{생장률} \times \left\{ \frac{\text{현실축적}(1+\text{생장률})^n - \text{미래입목생장량}}{(1+\text{생장률})^n - 1} \right\}$$

실력 확인 문제

미성숙 현실임분의 축적은 500,000m^3, 15년 후 이상적인 미래임분의 축적은 800,000m^{3}일 때, Meyer법에 의한 표준연벌채량(m^3/년)은? (단, 전 임분 및 벌기임분 생장률은 5%, $(1.05)^{15}=2.0$을 적용한다.)

① 5,000 ② 10,000

③ 20,000 ④ 30,000

해설

$$\text{연년 수확량} = 0.05 \times \frac{500{,}000 \times (1+0.05)^{15} - 800{,}000}{(1+0.05)^{15}-1} = 0.05 \times \frac{1{,}000{,}000 - 800{,}000}{2-1} = 10{,}000[m^3/\text{년}]$$

정답 ②

CHAPTER 3

산림평가

section 1 산림평가의 이론

1 산림평가의 개념

산림을 구성하는 **임목과 임지의 경제적 가치를 판정**하여 그 결과를 **화폐가치로 표시하는 것**을 산림평가라고 한다. 산림에 대한 가치관의 변화로 인해 산림의 공익적 기능도 화폐가치로 평가한다.

2 산림의 구성 내용과 특수성

1) 산림평가의 구성 내용

산림평가에 영향을 미치는 주요 구성 내용은 임지와 임목을 비롯한 각종 생산물과 시설물 등이 포함된다.

① 임지의 평가 : 임지의 평가는 주로 임지의 위치인 지리와 임지의 품질 등급인 지위, 그리고 임지의 크기인 면적으로 평가한다. 지리와 지위 이외의 평가요소는 기상, 지형, 지질 등의 자연적인 인자와 임목지, 벌채적지, 미입목지, 시설 부지, 암석지 등의 인자로 나누어 평가한다.

② 임목의 평가 : 수종, 용도, 임령 등으로 구분하여 일반림과 시업제한림(법정제한지)으로 구분하여 평가한다.

③ 부산물의 평가 : 임지 내의 동식물, 토석, 광물, 수자원 등에 대해 종류별로 평가한다.

④ 시설의 평가 : 임도, 저목장, 건물, 산림보호시설, 관광휴양시설 등 임지 내의 시설 가치를 평가한다.

⑤ 공익적 기능 : 산림의 공익적 기능을 종류별로 분류하여 계량적(화폐가치로)으로 평가한다.

2) 산림평가의 특수성

① 산림은 **생산에 장시간이 소요되고, 동형·동질인 것이 없다.**

② 산림은 **수익 예측이 어렵고,** 적합한 예측 방법도 확립하기 어렵다.

③ 산림평가는 **현재뿐 아니라 과거 및 미래의 여러 문제도 중요한 평가인가에 포함된다.**

④ 장래의 목재 가격 변동, 생산량, 재질 향상 등에 대한 예측이 어렵다.

⑤ 토지 가격의 급상승, 다른 용도로의 산림 전용, 산림보호 등 산림에 대한 가치관이 다양화되었다.

⑥ **임지의 거래 가격은 임업으로서의 이용가격을 상회한다.**

⑦ 거래 가격이 이용가격을 상회하는 것이 산림의 가격을 불안정하게 하여 평가의 정확도를 낮추는 요인이 된다.

⑧ 토지 가격과 노동임금의 급상승 현상뿐만 아니라 벌기 수입과 육성 비용의 불균형으로 인해 임업 이율은 마이너스가 되는 경향이 있다.

3 산림평가의 산림 경영 요소

산림평가와 관련된 경영 요소는 아래와 같다.

1) 수익

경영활동을 통해 생산된 입목의 판매액, **입목의 재고증가액을 수익**이라고 한다. 수익은 일정 기간 내에 발생하는 실제 판매액, 판매 예측액을 말한다.

① 주수익

– 주수익은 목재, 죽림 등 산림의 주체를 이루고 있는 생산물로 인한 수익이다.

– 주수익은 주벌수익과 간벌수익으로 구성된다.

② 부수익

– 주산물인 임목과 대나무 외에 임지에서 취득되는 재화의 판매액이다.

– 주로 버섯류, 토석, 산채 등의 부산물 판매액이 부수익이다.

2) 비용

비용은 **수익을 올리기 위해 실제로 희생된 가치인 소비액 또는 예측액**을 말한다. 산림평가에서의 비용은 조림비, 관리비 및 지대, 그리고 채취비로 구성된다.

① 조림비

– 산림평가에서의 조림비는 채취비(벌채비)를 제외한 모든 육림적 경비가 된다.

– 조림비의 대부분은 노임이며, 묘목대와 원료비 등 재료비의 비중은 작다.

② 관리비 및 지대

– 관리비는 조림비와 채취비를 제외한 일체의 경비를 말한다.

– 인건비, 시설의 감가상각비, 산림보호비, 제세공과금, 보험료 등이 관리비에 포함된다.

- **지대는 일반적으로 직접 지출되는 비용은 아니다.**
- 지대는 비용 계산 시에 지가에 이윤을 곱해서 계산한다.

③ 채취비

- 산림의 주산물과 부산물을 수확하여 제품화하는 데 소요되는 비용이 채취비다.
- 임목을 벌채하여 원목으로 판매하는 경우의 채취비는 조사비, 벌목조제비, 집재비, 운반비, 잡비, 기업이윤 등이 포함된다.

3) 이자와 이율

가) 이자

① **자본을 사용한 대가로 지불되는 가격을 이자라고 한다.**

② 이자는 보통 1년간에 지불되는 액수로 표시한다.

③ 토지자본에 대한 대가를 지대(soil rent)로 구분할 수 있다.

④ 어떠한 자본을 사용한 대가로 지불하는 가격을 임료(rent)라고 한다.

⑤ 이자나 지대는 임료의 일종으로 볼 수 있다.

나) 이율의 개념과 종류

① 이율 : 자본에 대한 이자의 비율을 이율이라고 한다.

② 이율의 종류 : 구분 기준에 따라 다양한 종류의 이율이 있다.

구분	종류	
업종	보통이율, 상업이율, 공업이율, 농업이율, 임업이율 등	
기간의 길이	단기이율, 장기이율	
현실성	현실이율, 평정이율	1년 단위를 평정
용도	경영이율, 환원이율	
성질	주관적 이율, 객관적 이율	
기준금리	공정이율, 시중이율	
예금과 대출	대부이율, 예금이율	
예금상품	명목이율, 실질이율	예금상품이율=명목이율

③ 이율의 차등 적용 : 대출기간, 사회경제 상태, 투하대상 등에 따라 큰 차이가 있다.

㉠ 기간

- 자**본사용 기간이 짧은 단기대출은 높은 이율이 적용된다.**
- 자본사용 기간이 긴 장기대출은 낮은 이율이 적용된다.

㉡ 투하자본의 유동성

– 자본가의 입장에서는 투하자본이 언제라도 회수될 수 있는 상태를 선호한다.

– **장기 투하자본은 일반적으로 이율이 낮지만,** 투하자본이 일정 기간 동안 묶일 경우 높은 이율을 요구하는 경우가 있다.

㉢ 투하자본의 위험성 : 자본의 투하 및 회수가 편리하고 안전할 때는 이율이 낮아도 만족하지만, 안전성이 낮은 사업의 경우 이자율 외에 위험률을 가산하여 이율이 높아지는 경향이 있다.

㉣ 투자의 선택성

– 자본가는 유리한 사업이 많을 경우, 가장 유리한 사업을 택해 투자한다.

– 유리한 사업의 수익성이 높을 경우, 기업가도 고리의 자금을 이용하는 것을 감수하게 된다.

– 전반적으로 사업이 위축되어 투자할 곳이 적을 경우에는 서로 화폐자본을 대부해주려고 경쟁하기 때문에 이율은 낮아진다.

㉤ 담보의 유무 : 투하자본에 대한 담보 유무에 따라 투하자본 회수의 안전도가 달라지므로 담보가 있으면 이율이 낮아지고, 담보가 없으면 이율이 높아진다.

4) 임업 이율

임업 이율은 임업 경영에서 자본과 이자의 관계를 나타낸다. 임업 이율은 산림평가 등 임영경영 계산에 사용되는 계산 이율이다.

① 임업 이율의 성격

– 임업 이율은 대출이자가 아니고 **자본 이자이다.**

– 임업 이율은 현실 이율이 아니고 **평정 이율이다.**

– 임업 이율은 실질적 이율이 아니고 **명목적 이율이다.**

– 임업 이율은 **장기 이율이다.**

② 임업 이율이 낮아야 하는 이유

– 임업은 장기간의 투자를 전제로 하므로 위험성과 불확실성이 크다.

– 임업은 위험과 불확실성이 크기 때문에 이론적으로 임업 이율은 높아야 한다.

– 산림 경영의 수익성이 낮기 때문에 보통 이율보다 약간 낮게 계산한다는 주장도 있다.

– Endress는 다음과 같은 이유로 임업 이율은 낮아야 한다고 설명한다.

ⓐ 재적 및 금원수확의 증가와 산림 재산가치의 등귀

ⓑ 산림 소유의 안정성

ⓒ 산림재산 및 임료수입의 유동성

ⓓ 산림 관리경영의 간편성

ⓔ 생산기간의 장기성

ⓕ 사회발전 및 경제 안정에 따른 이율의 하락

ⓖ 기호 및 간접이익의 관점에서 나타나는 산림 소유에 대한 개인적 가치평가

4 산림평가의 계산적 기초

1) 이자 계산 방법

이자 계산식에서 모든 이자의 지불은 그 해의 마지막(연년) 또는 그 기간의 마지막(정기)에 이루어진다.

① 단리법

- 최초의 원금에 대해서만 이자를 계산하는 방법이다.
- 보통 1년 이하의 단기이자를 계산할 때 사용한다.
- 단리법의 원리합계 계산식

$$N = V(1+nP)$$

식에서, N : 원리합계, V : 원금, n : 기간, P : 이율

② 복리법

- 일정 기간마다 이자를 원금에 가산하여 얻은 원리금의 합계를 차기 원금으로 계산하는 방법이다.
- 복리법의 원리합계 계산식

$$N = V(1+P)^n$$

2) 복리산 공식

복리법 공식을 이용하면 현재가치(present value, 현재가, 전가)와 미래가치(future value, 미래가, 후가)를 환산 및 계산할 수 있다.

복리산 공식에 사용되는 기호는 다음과 같다.

V : 현재가(전가, 원금), N : 미래가(후가, 원리합계, n년 후의 가치), P : 이율의 소수점 둘째자리 숫자, n : 연수, r : 연년 수입 또는 연년 지출, R : 정기 수입 또는 정기 지출

① 후가계산식

$$N = V(1+P)^n$$

- 식에서 $(1+P)^n$을 후가계수 또는 복리율이라고 한다.
- 후가계산식은 후가계수표를 이용해야만 계산할 수 있다.

실력 확인 문제

현재의 간벌수입 10,000,000원이 연이율 5%이고, 벌기가 30년 후라면 벌기 때의 가치는 얼마인가?

해설

$10{,}000{,}000 \times 1.05^{30} \fallingdotseq 43{,}219{,}424$원

정답 43,219,424원

② 전가계산식

$$V = \frac{N}{(1+P)^n}$$

– 식에서 $\frac{1}{(1+P)^n}$ 을 **전가계수** 또는 할인율이라 한다.

– 전가계산식은 전가계수표를 이용해야만 계산할 수 있다.

실력 확인 문제

연이율이 5%이고, 30년 후에 주벌수입이 1,000만 원이라면 현재가는 얼마인가?

해설

$\frac{10{,}000{,}000}{1.05^{30}} \fallingdotseq 2{,}313{,}775$원

정답 2,313,775원

③ 무한연년이자의 전가계산식

– 무한으로 수입이나 비용 r이 매년 발생하는 경우의 전가 계산식은 아래와 같다.

– 무한이기 때문에 후가는 의미가 없고 전가만 계산한다.

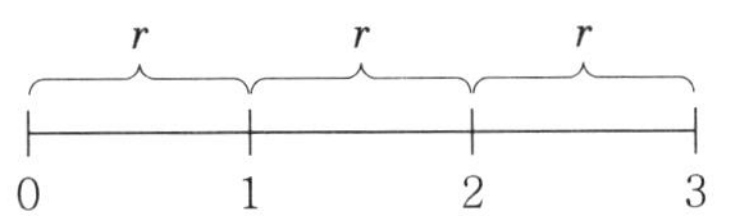

……
……

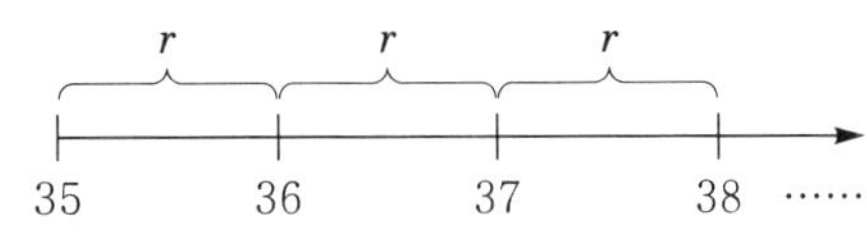

$$\text{전가} : V = \frac{r}{P}$$

[무한연년 이자식의 전가계산 과정]

– 1년차 이자 전가 : $\dfrac{r}{(1+P)}$

– 2년차 이자 전가 : $\dfrac{r}{(1+P)^2}$

– n년차 이자 전가 : $\dfrac{r}{(1+P)^n}$

결과적으로 $V = \dfrac{r}{(1+P)} + \dfrac{r}{(1+P)^2} + \cdots + \dfrac{a}{(1+P)^n} \cdot\cdot$

$= \dfrac{r}{(1+P)}(1+ \dfrac{1}{(1+P)} + \dfrac{1}{(1+P)^2} \cdots)$

이 값은 무한 등비수열의 합계 계산식에 의해 다음과 같이 계산된다.

$$V = \frac{r}{(1+P)} \times \frac{1}{1-\frac{1}{1+P}} = \frac{r}{(1+P)} \times \frac{1}{\frac{P}{1+P}} = \frac{r}{1+P} \times \frac{1+P}{P} = \frac{r}{P}$$

실력 확인 문제

연이율이 5%일 때, 매년 100만 원의 이자를 영구히 얻기 위한 자본액을 구하시오.

해설

$V = \dfrac{r}{P} = \dfrac{1{,}000{,}000}{0.05} = 20{,}000{,}000$원

④ 무한정기이자의 전가계산식

R R R R

0 $1n$ $2n$ $3n$ …… ∞

V

전가 : $V = \dfrac{R}{(1+P)^n - 1}$

[무한정기 이자식의 전가계산 과정]

– 1회차 이자 전가 : $\frac{R}{(1+P)^n}$

– 2회차 이자 전가 : $\frac{R}{(1+P)^{2n}}$

– m회차 이자 전가 : $\frac{R}{(1+P)^{mn}}$

따라서, $V = \frac{R}{(1+P)^n} \times (1+\frac{1}{(1+P)^n} + \frac{1}{(1+P)^{2n}} + \cdot\cdot\cdot + \frac{1}{(1+P)^{(m-1)n}} + \cdot\cdot)$

$= \frac{R}{(1+P)^n} \times \frac{1}{1-\frac{1}{(1+P)^n}} = \frac{R}{(1+P)^n-1}$

실력 확인 문제

연이율이 5%일 때, 30년이 벌기령인 소나무 임반에서 매 벌기마다 영구히 1,000만 원의 수입을 얻기 위한 전가의 합계를 구하시오.

해설

$V = \frac{R}{(1+P)^n-1} = \frac{10,000,000}{1.05^{30}-1} \fallingdotseq 3,010,287$원

1회는 m년 후에, 그 다음부터는 n년마다 영구히 얻을 수 있는 이자의 전가합계는 다음과 같다.

$$V = \frac{R(1+P)^{n-m}}{(1+P)^n-1}$$

실력 확인 문제

1. 연이율이 8%일 때, 40년이 벌기령인 소나무 임반을 15년생일 때 구입하였다. 이 소나무림에서 처음에는 25년, 그 다음부터는 40년마다 1,000만 원씩 주벌 수입을 영구히 얻을 수 있을 때, 이 소나무 임반의 현재가를 구하시오.

해설

$V = \frac{10,000,000 \times (1.08)^{40-25}}{(1.08)^{40}-1} \fallingdotseq 1,530,636$원

2. 벌기 40년에 도달한 소나무림을 구입하여 이를 벌채해서 1,000만 원의 수입을 올렸다. 그 다음부터 벌기마다 1,000만 원씩의 수입을 얻기 위한 전가합계를 계산하시오. (단, 연이율은 8%)

해설

$V=\frac{R(1+P)^n}{(1+P)^n-1}=\frac{10,000,000\times1.08^{40}}{1.08^{40}-1}\fallingdotseq10,482,520$원

⑤ 유한이자 계산식

$$V=\frac{R(1+P)^n}{(1+P)^n-1}$$

⑥ 유한연년이자의 계산식

	r	r	r	r	r	…………………………	r
0	1	2	3	4	5	…………………………	n

$$\text{후가합계}: V=\frac{r[(1+P)^n-1]}{P}$$

[유한연년 이자식의 계산과정]

- n년째 이자의 후가 : $r(1+P)^0$
- n−1년째 이자의 후가 : $r(1+P)^1$
- n−2년째 이자의 후가 : $r(1+P)^2$
- n−3년째 이자의 후가 : $r(1+P)^3$

⋮

- 2년째 이자의 후가 : $r(1+P)^{n-2}$
- 1년째 이자의 후가 : $r(1+P)^{n-1}$

결과적으로 $N=r[1+(1+P)+(1+P)^2+\cdots+(1+P)^{n-1}]$로 요약하고, 이를 유한 등비수열의 식에 대입하면

$N=r\times\frac{1-(1+P)^n}{1-(1+P)}$이 된다.

• 후가합계 : $N=\frac{r[(1+P)^n-1]}{P}$ • 전가합계 : $V=\frac{r[(1+P)^n-1]}{P(1+P)^n}$

실력 확인 문제

1. 매년 연말에 100만 원을 30년간 얻을 수 있다면, 이에 대한 후가합계를 구하시오. (단, 연이율은 8%)

해설

$$N=\frac{r[(1+P)^n-1]}{P}=\frac{1{,}000{,}000\times(1.08^{30}-1)}{0.08}\fallingdotseq 113{,}283{,}211\text{원}$$

2. 매년 연말에 100만 원을 30년간 얻을 수 있다면, 이에 대한 전가합계를 구하시오. (단, 연이율은 8%)

해설

$$V=\frac{r[(1+P)^n-1]}{P(1+P)^n}=\text{후가합계}\times\frac{1}{1.08^{30}}=\frac{\text{후가합계}}{10.063}=11{,}257{,}453\text{원}$$

⑦ 유한정기이자의 계산식

매 5년 또는 10년 등과 같이 연년이 아닌 일정 기간 동안에 수입이나 비용이 발생하는 경우에 사용하는 이자식이지만 전체적인 기간은 무한한 것이 아니라 유한한 경우

	r	r	r	r	r	....	r
0	m	2m	3m	4m	5m	....	n

$$\text{후가}:N=\frac{r[(1+P)^{nm}-1]}{(1+P)^m-1}$$

m : 기간, n : 횟수, N : mn

[유한정기이자식의 계산과정]

- n회째 이자의 후가 : $r(1+P)^0$
- n−1회째 이자의 후가 : $r(1+P)^m$
- n−2회째 이자의 후가 : $r(1+P)^{2m}$

⋮

- 1회째 이자의 후가 : $r(1+P)^{(n-1)m}$

결과적으로 $N=r[1+(1+P)^m+(1+P)^{2m}+\cdot\cdot\cdot+(1+P)^{(n-1)m}]$으로 요약하고, 이를 유한 등비수열의 식에 대입하면

$$후가 : N = r \times \frac{1-(1+P)^{nm}}{1-(1+P)^{m}} = \frac{r[(1+P)^{nm}-1]}{(1+P)^{m}-1}$$

$$전가 : V = \frac{r[(1+P)^{nm}-1]}{[(1+P)^{m}-1](1+P)^{nm}}$$

실력 확인 문제

1. 삼나무림에서 5년마다 1,000만 원을 10회 얻을 수 있다면, 이 경우의 후가합계를 계산하시오. (단, 연이율은 6%)

해설

$$N = \frac{r[(1+P)^{nm}-1]}{(1+P)^{m}-1} = \frac{10,000,000 \times (1.06^{50}-1)}{1.06^{5}-1} \fallingdotseq 515,045,444원$$

2. 삼나무림에서 5년마다 1,000만 원을 30년간 얻을 수 있다면, 이 경우의 전가합계를 계산하시오. (단, 연이율은 5%)

해설

$$V = \frac{r[(1+P)^{nm}-1]}{[(1+P)^{m}-1](1+P)^{nm}} = \frac{10,000,000 \times (1.05^{30}-1)}{(1.06^{5}-1) \times 1.05^{30}} \fallingdotseq 27,820,262원$$

⑧ 정기이자와 연년이자와의 관계

m년마다 n회 얻을 수 있는 정기이자를 같은 기간 동안 연년이자로 환산하는 방법으로 무한연년이자식의 전가와 무한정기이자식의 전가를 동일하게 놓고 유도한다.

$$\frac{r}{P} = \frac{R}{(1+P)^{n}-1}$$

위의 식으로부터 $r = \frac{R}{(1+P)^{n}-1} \times P$가 된다.

또한 위 식으로부터 $R = \frac{r[(1+P)^{n}-1]}{P}$이 성립된다.

실력 확인 문제

잣나무림으로부터 현재부터 50년 후에 제1회 주벌수입으로 1,000만 원을 얻었고, 그 후 50년마다 같은 금액의 수입을 영구히 얻을 수 있을 경우, 이 수입을 연년 수입으로 환산하면 얼마인가? (단, 연이율은 6%)

해설

$$r = \frac{R}{(1+P)^n - 1} \times P = \frac{10{,}000{,}000}{1.06^{50} - 1} \times 0.06 \fallingdotseq 34{,}443\text{원}$$

5 부동산평가 방법과 산림평가법

1) 산림평가 면에서 본 산림의 특성

① **산림의 주요 구성 내용인 임지와 임목은 일반적으로 부동산으로 취급하지만, 임지와 임목은 그 성질이 다르다.**

- 임지는 농경지나 대지와는 달리 자연적·경제적인 입지조건이 매우 복잡하다.
- 임지는 각각 독점적인 가격을 형성하는 경우가 많다.
- 임지의 가격을 적절하게 평가하려면 산림의 특성을 연구해야 한다.

② **임지에 정착된 부동산으로서의 임목은 건물이나 기타 시설물과는 그 성질이 다르다.**

- 질적·양적으로 생장함에 따라 그 가치를 증대시키는 생물자산이다.
- 산림생산은 일반 생산품과 달라서 그 생산기간이 긴 자연물이며, 동형·동질의 임목은 없다. 이 때문에 임목의 가격을 평정하려면 특수한 계량기술과 평가 방법을 연구해야 한다.

③ 산림평가는 현재뿐만 아니라 과거와 장래도 평정해야 한다.

- 장래의 가격을 평정하려면 임업생산에 대한 정확한 수익의 파악과 임업 이율을 평정해야 하며, 입목의 가치생장도 예측해야 한다.

④ 토지가격의 급등과 노임의 등귀현상 등으로 인하여 인공조림지에서의 벌기수입과 임목육성 비용 간의 균형을 맞추기가 어렵다. 이것 때문에 임업 이율이 마이너스(−)가 되는데, 근래에는 이러한 경향이 심해지고 있다.

⑤ **산림평가는 임내 식물·암석 및 기타 부산물이 포함되기 때문에 평가가 복잡하고 어렵다.**

- 휴양·레저의 발전·자연보호와 환경보존 등의 영향으로 산림에 대한 가치관이 다양화되었다.
- 가치관이 다양해짐에 따라 생산물 이외에 산림이 가진 여러 가지 기능의 가치에 대한 평정 방법이 필요해졌다.

2) 부동산으로서의 산림

가) 민법

- 임지, 산림은 토지의 일종이며, 민법에서 말하는 부동산에 속한다.(민법 제99조 제1항)
- 부동산에는 토지 외에 토지의 부산물도 포함되므로 임지 내의 수목은 토지의 정착물로 볼 수 있지만, 가식 중에 있는 수목은 토지의 정착물로 볼 수 없다.(민법 제99조 제2항)

※ 민법 [2016.2.4. 시행]

제98조(물건의 정의) 본 법에서 물건이라 함은 유체물 및 전기·기타 관리할 수 있는 자연력을 말한다.

제99조(부동산, 동산)

① 토지 및 그 정착물은 부동산이다.

② 부동산 이외의 물건은 동산이다.

나) 감정평가에 관한 규칙

- 산림의 평가 방법은 일반 토지와 달리하는데, 임지와 임목을 별도로 규정하고 있다.

※ 감정평가에 관한 규칙 [2016.1.1. 시행]

제17조(산림의 감정평가)

① 감정평가업자는 산림을 감정 평가할 때에 산지와 입목(立木)을 구분하여 감정 평가하여야 한다. 이 경우 입목은 거래사례비교법을 적용하되, 소경목림(소경목림 : 지름이 작은 나무·숲)인 경우에는 원가법을 적용할 수 있다.

② 감정평가업자는 제7조 제2항에 따라 산지와 입목을 일괄하여 감정 평가할 때에 거래사례비교법을 적용하여야 한다.

다) 입목에 관한 법률

※ 입목에 관한 법률 [2012.08.12. 시행, 2010.3.31. 전문개정]

제2조(정의)

① 이 법에서 사용하는 용어의 뜻은 다음과 같다.

1. "입목"이란 토지에 부착된 수목의 집단으로서 그 소유자가 이 법에 따라 소유권보존의 등기를 받은 것을 말한다.
2. "입목등기부"란 전산정보처리조직에 의하여 입력·처리된 입목에 관한 등기정보자료를 대법원규칙으로 정하는 바에 따라 편성한 것을 말한다.
3. "입목등기기록"이란 1개의 입목에 관한 등기정보자료를 말한다.

제3조(입목의 독립성)

① 입목은 부동산으로 본다.

② 입목의 소유자는 토지와 분리하여 입목을 양도하거나 저당권의 목적으로 할 수 있다.

③ 토지소유권 또는 지상권 처분의 효력은 입목에 미치지 아니한다.

3) 산림의 평가 방법

구분	평가 방법	비고
원가방식	구입시점에서 취득에 소요되는 비용의 원가를 감가 조정	**복성가격**
수익방식	대상 산림이 장래에 거두어들일 수익을 현재가로 환원	수익환원법, 수익가격
비교방식	대상 산림과 유사성이 있는 매매사례를 조사, 시점 조정	매매사례비교법, 유추가격
절충방식	위의 세 가지를 절충하여 산림평가	

가) 원가방식

원가방식은 평가시점에서 그 부동산을 재생산 또는 재취득하는 데 소요되는 재조달원가를 산출하고, 이 원가에 감가상각하여 대상 물건의 현재 가격을 산정하는 방법이다. "감정평가에 관한 규칙"은 이 방식에 의한 평가 방법을 복성식 평가법이라 하고, 이 방식에 의해 산출된 감정가격을 복성가격이라 한다.

① 정의

- 대상 산림의 재조달원가에 감가 수정을 하여 대상 물건의 가액을 산정하는 감정평가 방법이다.
- **원가방식에 의해 산정된 산림평가액 = 구입가액 + 재조달원가 – 감가누계액**
- 감가누계액은 산림의 평가에서는 0으로 가정한다.
- 구입가액과 재조달원가의 단순합계를 산림의 평가액으로 결정하는 방법을 원가법이라고 한다.
- 구입가액과 재조달원가를 현재가치로 환산하여 산림의 평가액으로 결정하는 방법을 비용가법이라고 한다.
- 일반적으로 임목비용가는 임목가의 최저 한도액을 나타낸다고 할 수 있다.

② 원가방식의 장점

- 재생산이 가능한 상각 자산에 일반적으로 널리 사용된다.

  예 건물, 구축물, 기계장치, 선박, 항공기 등
- 비교적 논리적이고 평가 주체의 주관 개입이 적다.
- 개인별 산림평가액에 대한 편차가 적다.

③ 단점

- 토지와 같은 재생산이 불가능한 자산에 대해서는 적용이 어렵다.
- 재조달원가와 감가상당액에 대한 파악이 어렵기 때문이다.

– 시장성이나 수익성을 산림평가액에 반영하지 못한다.
– 임령이 많은 장령림 이후의 임목에는 적용하기가 곤란하다.
– 불량 임지보다 우량 조림지의 임목가가 오히려 낮아지는 모순도 있다.

④ 원가방식과 비용가법의 차이점
– **원가방식은 평가시점에서 재조달원가의 누적금액으로 평가한다.**
– **비용가법은 과거의 실제원가의 계산이율에 의한 원리합계액으로 평가한다.**
– 원가방식은 표준적이고 객관적인 방식으로 평가한다.
– 비용가법은 주관적인 방식으로 평가하는 경우가 있다.
– 원가방식은 평가대상 물건에서 발생한 수익액은 그 물건의 평가에 포함하지 않는다.
– 비용가법에서는 평가대상 물건의 원가에서 과거에 발생한 수익금액 원금과 복리합계를 차감한다.

나) 수익방식

수익방식이란 평가대상 물건이 장래에 산출할 것으로 **기대되는 순수익을 환원이율로 평가시점의 가격으로 환원하여 감정가격으로 하는 방법**이다. 감정평가에 관한 규칙에서는 이 방식에 의한 평가 방법을 수익환원법이라 하고, 이 방법에 의해 산정된 감정 가격을 수익가격이라 한다.

① 장점
– 안정시장에서는 데이터만 정확하면 대체로 가격이 정확하게 감정 평가된다.
– 과학적이고 논리적이다.
– 감정인의 주관이 개입될 여지가 비교적 적다.

② 단점
– 수익이 발생하지 않는 물건에는 적용하기 어렵다.
– 수익에만 주안점을 두는 탓으로 수익에 차가 없는 물건은 신고(新古)의 차이 없이 동일한 가격으로 평정된다.
– 수익환원법을 적절하게 적용하려면 장래에 기대되는 안정적인 순수익과 적정한 계산이율을 예상 결정해야 한다.

다) 비교방식

비교방식이란 **대상 물건과 동일성 또는 유사성이 있는 다른 물건의 매매사례를 조사 비교하여 가격 시점과 대상 물건의 현황에 맞게 시점 조정 또는 사정보정을 실시하여 가격을 추정하는 방식이다.** 감정평가에 관한 규칙에서는 이 방식에 의한 평가 방법을 매매사례비교법이라 하고, 이 방법에 의해 추정된 감정가격을 유추가격이라 한다.

① 장점

- 매매 당사자는 대상 물건을 매매하기 위해 항상 유사물건의 가격과 비교한다. 따라서 일반경제원칙에서의 대체의 원칙과 일치한다.
- 간단하고 이해하기 쉽다.
- 시장에서 실제로 매매되는 가격을 평가기준으로 하기 때문에 현실성과 설득력이 있다.
- 임지, 임목, 토지, 건물 등의 평가 및 지상권, 임대차 등의 권리의 평가 등 그 적용 범위가 넓다. 임지평가 방식 중 적용 범위가 가장 넓어 평가의 중추적 기능을 한다.

② 비교방식의 단점

- 감정인의 경험에의 의존도가 높다.
- 시장성이 없거나 매매 사례가 적은 물건에 대해서는 적용하기 곤란하다.
- 시점 수정, 사정보정, 개별 요인 및 지역 요인의 비교가 곤란하다.
- 물가의 변동이 심한 때에는 객관적이고 안정적인 감정평가 방법으로는 타당하지 않다.
- 이 방법을 감정평가법으로 채용하면 가격의 상승을 초래한다.

4) 재조달원가 산정 방법

① 총가격적산법

- 대상자산을 구성하는 자재량과 노동량의 실제 단가를 통해 계산한다.

총가격적산법=자재비+노무비+부대비용

② 부분별 단가적용법

- 부동산의 지붕, 벽, 기둥 등의 구성 부분에 따라 표준 가격을 집계하여 계산한다.

재조달원가=각 구성 부분의 표준가격 합계액

예 1층, 2층, 3층 등 영역별 계산

③ 변동률적용법

- 자재사용계산서를 분석해 얻은 금액을 보정하여 원가를 계산한다.
- 보정이란 차이가 나는 비율을 조정하는 것이다.

재조달원가=건설명세서별 가격×(1+건축비 변동률)

④ 비용수지법

- 변동률적용법에서 변동률 대신 비용지수를 적용하여 원가를 계산한다)

$$재조달원가=건설\ 명세별\ 가격\times\frac{기준시점건축비지수}{완공시점건축비지수}$$

5) 산림피해 평정 원칙

① 피해 받은 재산은 금전으로 이루어질 수밖에 없다.

② **토양 및 임목과 같은 부동산의 피해액은 전후의 가치를 비교함으로써 측정한다.**

③ **인접 산림을 기준으로 하여 피해액을 산정한다.**

④ 실리적인 기초에서 평정되어야 하지만 **관상적 가치와 같은 것이 사회에서 일반적으로 인정이 될 때에는 고려해야 한다.**

⑤ **손실액은 현재가로 할인함으로 자본가의 손실과 일치시킨다.**

⑥ **피해액 결정이 곤란할 때에는 재해 복구비용이 평정기준이 될 수 있다.**

⑦ 이윤의 발생이 이론적으로 확실시되면 **이윤에 의한 피해액도 평정한다.**

⑧ 1차 피해로 인한 **2차 피해액에 대해서도 산정한다.**

section 2 임지의 평가

환원가 : E, 윤벌기(u)마다 영구히 발생하는 수익(D)을 현재가로 환산, $E = \dfrac{D}{(1+P)^u - 1}$

1 임지 평가의 개요

[임지 평가 방법 요약]

임지 평가방식		평가 방법	비고
원가방식	원가법	취득원가, 재조달원가의 단순합계액	
	비용가법	취득원가의 복리합계액	비용의 후가에서 수익을 차감
수익방식	기망가법	장래에 기대되는 수입의 전가합계	영구적인 개벌시업
	수익환원법	연년 수입의 전가합계	연년 수입이 있는 택벌림
비교방식	직접비교법	매매 사례 가격과 직접 비교	
	간접비교법	역산가법과 비교	매각가격–택지조성비
절충방식	절충 방법	위의 세 가지 방식을 서로 절충	

1) 임지가격의 종류

① 토지매매가(임지매매가, 산림매매가)

- 평정하려는 임지와 비슷한 성질, 위치를 가진 토지의 시가에 따라 결정하는 임지의 가격을 토지매매가(soil sale value)라고 한다.
- 토지매매가는 평가하려는 재화(財貨)와 비슷한 성질을 가진 재화의 객관적·현실적 거래 가격에 의해 결정된다.
- **토지매매가에서 임지 평가의 일반적인 방법은 시장자료비교법이다.**

② 토지비용가(임지비용가, 산림비용가)

- 토지비용가는 현재까지 발생한 경비의 원리합계에서 그 사이 얻은 수확의 원리합계를 뺀 잔액이다.
- 토지의 소유권을 획득하여 이것을 조림에 적합한 상태로 이끌어 오기까지 소요된 **순경비의 현재가(후가) 합계가 토지비용가(soil cost value)**가 된다.

③ 토지기망가(임지기망가, 산림기망가)

- 임지에서 장래 기대되는 순수익(純收益)의 현재가(전가) 합계로 계산한 가격을 토지기망가(soil expectation value)라고 한다.
- 토지기망가는 해당 입지에 일정한 시업을 영구적으로 실시한다고 가정할 때, 그 토지에서 기대되는 순수확의 현재가 합계액이다.
- 일반적으로 대상 임지에서 장래 기대되는 순수익의 현재 가격이며, 즉 표준적인 연간 순수익을 적정한 환원(還元)이율로 자본 환원하여 대상 부동산의 가격을 구한다.
- 토지기망가를 구하는 방법을 수익환원법(收益還元法), 자본환원법(資本還元法)이라고도 한다.
- 토지기망가는 임지수익가라고도 한다.

2) 임분의 평가

① 임분매매가

- 평가하려는 임분과 같은 성질을 가진 임분의 실제 거래가격에 의하여 정하는 임분의 가격을 임분매매가(林分賣買價, 부분적 산림 매매가)라고 한다.

② 임분비용가

- "임분비용가는 임목비용가와 지가의 합계이며, 지가는 임의의 지가(b) 또는 토지기망가를 적용하여야 한다."고 Endress는 주장했다.
- 지가를 평가할 때 임목비용가 이외의 것을 적용하면 순수한 임분비용가라고 할 수 없다.
- 임분비용가는 토지기망가를 적용한 임목비용가와 임지비용가의 합계이다.

③ 임분기망가

- "임분기망가(林分期望價)는 임목기망가와 지가의 합계이며, 지가는 임의의 지가(b) 또는 토지기망가를 적용하여야 한다."고 Endress는 주장했다.
- 임분비용가를 평가할 때처럼 지가는 토지기망가를 적용하고, 임목기망가를 계산할 때도 지가는 토지기망가를 적용해야 한다.

④ 법정림의 산림가

㉠ 매매가 : 법정축적의 매매가와 전임지의 매매가 합계이다.

㉡ 비용가 : 지가로서 토지기망가를 적용한 법정축적 비용가와 전임지 비용가를 합하여 구한다.

㉢ 기망가 : 지가로서 토지기망가를 적용한 법정축적 기망가와 전임지의 기망가를 합하여 구한다.

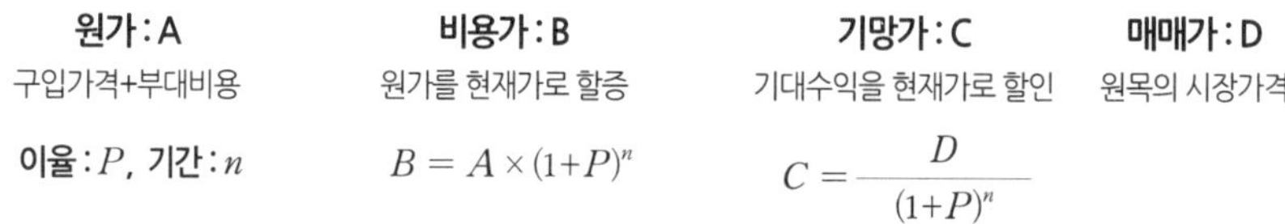

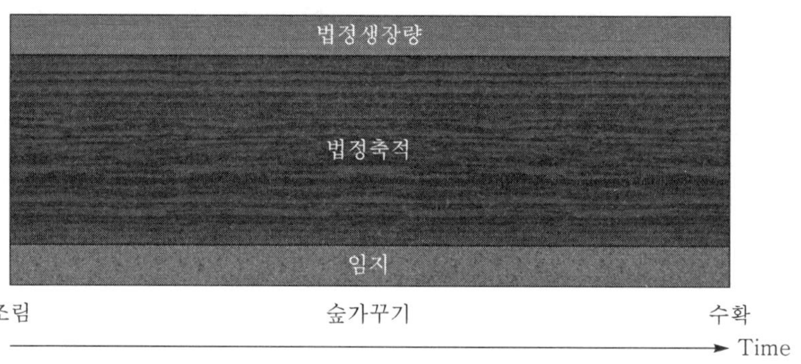

▲ 법정림에서 원가와 비용가, 기망가와 매매가의 관계

㉣ 환원가 : 법정 작업급의 연년의 순수확이 영구히 발생하므로, 임지에서 발생하는 미래의 수익을 현재가로 환원하여 임지의 가격으로 평가한다.

[임목의 평가]

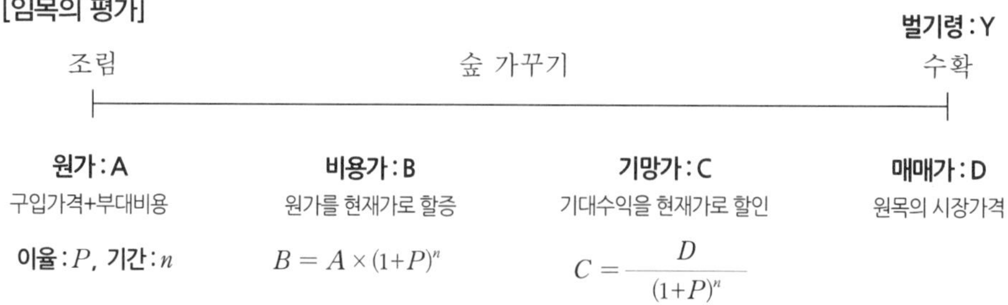

[임지의 평가]

환원가 : E, 윤벌기(u)마다 영구히 발생하는 수익(D)을 현재가로 환산 $E=\dfrac{D}{(1+P)^u-1}$

▲ 환원가의 시간적 개념

❷ 원가방식에 의한 임지 평가

1) 원가법

① 평가 시점에서 표준 취득원가를 구하고 조림 등을 통해 개량한 비용과 임도 설치비 등을 가산하여 평가한다.

② 임도의 가격을 평가할 때 이용한다.

2) 비용가법

임지를 취득하고 이를 조림 등 임목 육성에 적합한 상태로 개량하는 데 소요된 순비용의 후가합계로 임지가격을 정한다.

$$\text{임지비용가}=(\text{임지구입비}+\text{임지개량비})1.0P^{\text{구입·개량후 경과연수}}$$

❸ 수익방식에 의한 임지 평가

1) 임지기망가

당해 임지에 일정한 시업을 영구적으로 실시한다고 가정할 때 기대되는 순수익의 전가합계를 임지기망가라고 한다.

[Faustmann의 지가식]

$$\frac{A^u+D_a\times 1.0P^{u-a}+\cdots+D_b\times 1.0P^{u-b}-C\times 1.0P^u}{1.0P^u-1}-\frac{v}{0.0P}$$

– 영향인자 : 주벌수익(A^u)과 간벌수익(D), 조림비(C), 관리비(v), 이율(P), 벌기(u)

– 임지기망가가 최댓값에 이르는 때를 벌기로 결정하면 "토지순수익 최대의 벌기령"이 된다.

2) 수익환원가

수익환원가는 택벌림과 같이 연년 수입이 있는 경우 적용한다.

각 연도 말 수입과 비용을 각각 R_1, R_2 ⋯ R_n, c_1, c_2 ⋯ c_n, 환원이율 i라고 하면

$$\Rightarrow \text{지가 B} = \frac{R_1 - c_1}{1.0i} + \frac{R_2 - c_2}{1.0i^2} + \frac{R_3 - c_3}{1.0i^3} + \cdots + \frac{R_n - c_n}{1.0i^n}$$

4 비교방식에 의한 임지 평가

1) 직접비교법 : 거래사례가격과 직접 비교한다.

① **대용법**

$$\text{임지가격} = \text{매매사례가격} \times \frac{\text{평가대상임지의 과세표준액}}{\text{매매사례지의 과세표준액}}$$

② **입지법**

$$\text{임지가격} = \text{매매사례가격} \times \frac{\text{평가대상임지의 입지지수}}{\text{매매사례지의 입지지수}}$$

$$= \text{매매사례가격} \times \frac{\text{평가대상지의 지위지수}}{\text{매매사례지의 지위지수}} \times \frac{\text{평가대상지의 지리지수}}{\text{매매사례지의 지리지수}}$$

2) 간접비교법

① 역산법이라고도 한다.

② 임지거래가격에서 임지개량비를 차감하여 비교한다.

③ 임지가 대지 등으로 가공·조성된 후에 매매된 경우에 평가하는 방법이다.

④ 이 경우 매매가격에서 대지 조성비용을 공제하여 역산하여 산출된 임지가와 비교하여 평정한다.

5 절충방식에 의한 임지 평가

1) 수익가 비교절충법

① u ha인 법정작업급에서 산림공조가를 u로 나눈 수익가에 의해 거래사례가격을 수정한다.

② 평가대상지의 수익가 B는 아래와 같다.

$$B = \frac{A_u - C - uv}{u} \times \frac{1}{P}$$

식에서 B : 수익가, C : 조림비, u : 벌기령, v : 1년간 관리비, P : 연이율

③ 위와 같은 방법으로 거래사례지에 대한 수익가 b_t를 구한 후 거래사례가격 t를 수익가의 비율만큼 수정한다. 새롭게 구한 지가 X는 아래와 같다.

$$X = T \times \frac{B}{B_T}$$

2) 기망가 비교절충법

거래사례지와 평가대상지의 임지기망가를 각각 B_u, B_u'라고 하고, 거래사례지의 가격을 B라고 하면, 평가대상지의 지가 B'는 아래와 같다.

$$B' = B \times \frac{B'_u}{B_u}$$

3) 수확 · 수익 비교절충법

거래사례지와 평가대상지의 수익가를 각각 W, W'라 하고 거래사례지의 거래사례가격을 B라고 하면 평가대상지의 지가 B'는 다음과 같다.

$$B' = B \times \frac{W'}{W}$$

위의 식에서

$$W = \frac{A_u + D_a(1+P)^{u-a} + \cdots + D_q(1+P)^{u-q}}{(1+P)^u - 1}$$

$$W' = \frac{A'_u + D'_a(1+P)^{u-a} + \cdots + D'_q(1+P)^{u-q}}{(1+P)^u - 1}$$

W와 W'는 임지기망가 B_u와 B_u'를 대신하여 사용한 것이다.

4) 주벌수익 비교절충법

거래사례임지와 평가대상임지에서 기대되는 주벌수익을 각각 A_u, A'_u라고 하고, 거래사례지의 가격을 B라고 하면 평가대상지의 지가 B'는 다음과 같다.

$$B' = B \times \frac{A'_u}{A_u}$$

section 3 임목의 평가

[임목 평가법 구분]

임지상태	유령림	장령림(벌기 미만)	중령림	벌기 이상
평가방식	원가방식	수익방식	원가수익 절충방식	비교방식
평가법	원가법, 비용가법	기망가법, 수익환원법	Glaser법	매매가법, 시장가역산법

1 임목 평가의 개요

임목 평가는 임지에서 자라고 있는 임목의 가격을 평가하는 것으로 임목의 상태에 따라 적합한 평가 방법을 선정한다. 유령림은 임목비용가법, 벌기 미만의 장령림에는 임목기망가법, 중령림에는 임목비용가법과 임목기망가법의 중간적인 Glaser법, 벌기 이상의 임목에는 임목매매가가 적용되는 시장가역산법으로 평가한다.

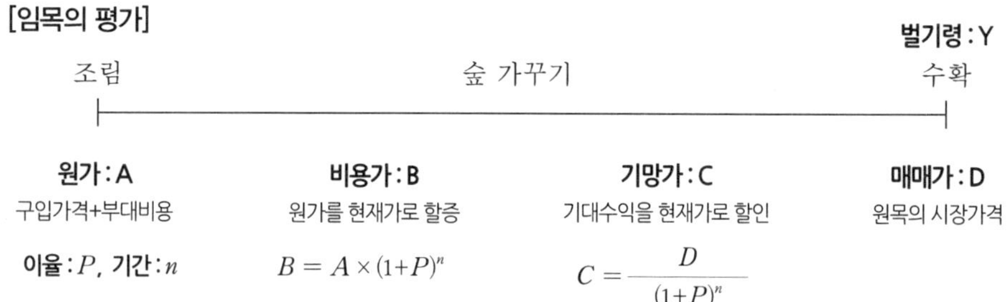

1) 원가방식 임목 평가

① 원가에 기준을 둔 방식으로 유령림에 적용한다.

② 투입비용의 합계로 평가하는 원가법과 투입비용의 현재가로 평가하는 비용가법이 있다.

2) 수익방식 임목 평가

① 벌기 미만의 장령림에 적용한다.

② 수익을 현재가로 환원하는 수익환원법과 기대수익에서 비용을 차감하는 기망가법이 있다.

3) 원가·수익 절충방식 임목 평가

① 중령림의 평가에 적용한다.

② 임지기망가 응용법과 Glaser법으로 평가한다.

4) 비교방식 임목 평가

① 벌기 이상의 임목 평가에 적용한다.

② 비슷한 임목의 시장가격을 직접 조사하여 평가하는 것을 매매가법이라고 한다.

③ 임목의 시장가격에서 투입비용과 이윤 등을 차감하여 간접적으로 평가하는 방법을 시장가역산법이라고 한다.

2 유령림의 임목 평가

① 유령림의 임목 평가 방법에는 원가법가 비용가법이 있다.

② 입목비용가는 임목원가라고도 한다.

③ 임목비용가는 임목을 육성하는 데 들어간 일체의 경비 후가에서 그동안 발생한 수입의 후가를 공제한 가격이다.

④ 순경비의 현재가 합계로써 결정하므로 수입은 공제한다.

⑤ 평가 재산의 취득원가를 기초로 하여 평가하는 것을 원가법(취득원가법)이라고 한다.

⑥ 원가법은 유령림의 임목 평가에 주로 사용한다.

㉠ 원가법

[단순합계, 현재까지]

실제 원가의 누계가 평가액이 된다.

㉡ 비용가법

[복리합계, 현재까지]

임목을 m년생인 현재까지 육성하는 데 소요된 순비용의 후가합계를 비용가로 산정한다.

$$\text{비용 } H=(B+V)(1.0P^{m-1}-1)+C(1.0P)^m-\sum Da(1.0P)^m$$

B : 지대, C : 조림비, V : 관리비, Da : 간벌수익

3 벌기 미만인 장령림의 임목 평가

1) 임목기망가

① 임목기망가는 추정되는 순수확을 현재가로 환산한 것이다.

② 현재 벌채하게 되지 않은 임목이 장래의 일정연도에 벌채할 것이라 예정하고 계산한다.

③ 임목기망가는 벌채할 때까지에 얻을 수 있는 수입의 현재가 합계에서 그 동안에 들어갈 경비의 현재가의 합계를 공제하여 구한다.

④ 임목기망가는 순수익의 현재가격을 구하는 것이므로 임목수익가라고도 한다.

현재부터 벌채년도까지 기대되는 수입의 전가합계에서 현재부터 벌채년도까지 소비될 비용의 전가합계를 뺀 값

$$H = \frac{Au + Dn1.0P^{u-m} - (B+V)(1.0P^{u-m} - 1)}{1.0P^{u-m}}$$

Au : 주벌수익, B : 지대, Dn : 간벌수익, V : 관리비

2) 수익환원법

① 장차 얻어질 수 있을 것으로 추정되는 매년의 예상수익과 예상비용의 차이, 즉 예상이익을 현재가치로 환산하여 임목을 평가하는 방식이다.

② 임목기망가의 크기

3) 임목기망가 계산 요인

① **이율 : 이율이 높으면 임목기망가는 작아진다.**

② **수입 : 수입이 크면 임목기망가가 커진다.**

③ **경비 : 경비가 크면 임목기망가가 작아진다.**

4 중령림의 임목 평가

유령림과 장령림의 중간 정도에 해당하는 임령을 가진 숲을 중령림이라고 하는데, 중령림은 일반적으로 Glaser식에 의해 평가한다. 성숙의 중간 시기에 있는 중령림은 임목벌채가가 비용가보다 점차 커지고, 임목기망가가 임목비용가보다 커진다. 중령림의 임목가는 기망가법으로 계산하면 너무 크고, 비용가로 평가하면 벌기에 접근할수록 낮아진다. Glaser식은 성숙 중간에 있는 임목의 가격 평정을 위하여 제안된 것이다.

1) Glaser식

① 912년 Glaser는 A_m(m 년도의 임목가)에서 C_0(첫 년도의 비용, 즉 조림비 등 작업비 등)을 공제한 값은 m이라는 조림 후 경과된 연수의 2차식으로 표현할 수 있다는 것을 과거 임목매매자료를 통하여 확인하였다.

$$A_m - C_0 = Km^2,\ K = \text{상수이며},\ m = n\text{일 때 } A_n - C_0 = Kn^2$$

$$K = \frac{A_m - C_0}{m^2} = \frac{A_n - C_0}{n^2},\ n^2(Am - C_0) = m^2(A_n - C_0)$$

$$\therefore A_m = \frac{m^2}{n^2}(A_n - C_0) + C_0$$

여기서, A_m = 현재(m년도)의 평가대상 임목가, A_n = n년도(적정 벌기령)에서의 주벌수익, C_0 = 첫 년도의 비용(조림비 등)

② 글라제르식에서 주벌수입을 제외한 간벌수입 등은 조림비를 제외한 투입비용의 후가 합계와 상쇄해도 좋다는 가정을 하였으므로 생략되었다.

③ 글라제르식은 이율을 적용하지 않아 계산이 간단하다.

④ 글라제르식을 유령림에 적용하면 임목비용가보다 낮게 산정된다.

⑤ 글라제르식을 장령림에 적용하면 실제 벌채가보다 낮게 산정된다.

2) Glaser 보정식

대부분의 비용이 조림 초기 10년에 집중되는 것을 감안하여 글라제르식을 보정한 것이다.

$$A_m = \frac{(m-10)^2}{(n-10)^2}(A_n - C_{10}) + C_{10}$$

여기서, C_{10}= 조림 초기 10년 동안의 비용의 후가 합계

5 벌기 이상의 임목 평가

1) 시장가역산법

① 시가(時價)를 조사한 후 간접적으로 임목가를 사정(査定)한다.

② 임목의 시장가에서 그 임목의 벌채·운반비와 총 자본액의 이자를 공제하여 임목가를 산정한다.

③ 평가 대상인 벌기 이상의 임목은 벌기에 거의 도달하거나 벌기가 지난 임목이다.

④ 벌기 이상의 임목은 같은 종류의 원목이 시장에서 매매되는 가격을 조사해서 원목을 시장까지 벌채하여 운반하는 데 드는 비용을 공제하여 임목의 가격을 구한다.

⑤ 평가 방법이 시장의 원목이 매매되는 가격에서 역산한 것이므로 시장가역산법이라고 한다.

⑥ 시장가역산법은 우리가 실제 목재를 이용하려고 벌채를 할 때 가장 많이 사용되는 계산 방법이다.

⑦ 시장가역산법은 임목매매가를 기준으로 역산하며, 이것은 비교방식의 간접법에 해당하는 평가 방법이다.

㉠ 시장가역산법에 의한 임목가격

$$X = A - (B + R)$$

여기서, X=시장가역산법에 의한 임목가, A=원목의 시장가격, B=사업자본의 이자를 공제한 총 비용(벌채비+운반비), R=매각을 통해 얻을 수 있는 정상이윤

- 정상이윤(R)은 정상이윤율(월이율 p)과 자본액에 의해서 결정된다.
- 자본액은 임목구입자금(X)과 벌출운반비(B)에 소요된 자금의 합계가 된다.
- 자금회수 기간 l은 임목을 구입하고 벌출·운반에 소요되는 기간의 $\frac{1}{3}$~$\frac{1}{2}$ 정도가 된다.
- 매각을 통해 얻을 수 있는 정상이윤은 $R=(X+B)lp$가 된다.
- $X=A-B-(X+B)lp=A-B-Xlp-Blp$)는 아래와 같이 정리할 수 있다.

  $X(1+lp)=A-B(1+lp)$가 성립하므로

$$\therefore X=\frac{A}{1+lp}-B$$

㉡ 단위 재적(㎥) 당 임목가격

m³당 단가는 x, 현재 대상임목의 총재적은 v, 생산원목의 이용재적은 m, 생산원목의 시장에서의 판매예정단가는 a, 원목의 단위생산비를 b라고 하면,

$X=xv$, $A=am$, $B=bm$이 되어 $X=\frac{A}{1+lp}-B$에서 $xv=\frac{am}{1+lp}-bm$이 된다.

조재율 $f=\frac{m}{v}$ 으로 놓으면 단위재적(㎥)당 임목가격 $x=f(\frac{a}{1+lp}-b)$가 된다.

여기서 x=시장가역산법에 의한 m³당 임목가격, f=이용률(조재율), a=m³당 원목 시장가격, b=㎥당 원목생산경비(조재비, 운재비, 집재비, 잡비 등), p=월이율, 그리고 l=자본회수 기간(월)

㉢ 기업이윤(r)을 고려하였을 경우

$$x=f(\frac{a}{1+lp+r}-b)$$

㉠과 ㉡의 단위재적(m³)당 임목가격을 산출하는 시장가역산법은 산림벌채업자가 임목을 구입하여 벌채하는 경우의 평가액으로 볼 수 있다.

㉣ 임목 소유자가 직영으로 생산하는 경우

벌출사업비 만을 투입자본으로 보고 계산한다.

$$X=A-B(1+lp)$$

여기서, X=대상 임분의 임목 평가액, A=대상 임분에서 생산된 원목의 시장가격, B=총비용(사업비), l=자본회수기간(개월), p=월이율

실력 확인 문제

1. 벌기에 도달한 50년생 소나무 350m³를 매각하려고 한다. 이용률이 75%, 1m³당 평균원목시장가격이 230,000원, 조재비가 12,000원, 집재비가 20,000원, 운재비가 15,000원, 잡비가 3,000원이고 월이율이 5%, 자본회수기간은 4개월이라고 할 때, 이 소나무림의 임목가를 평가하시오.

해설

$x=f(\frac{a}{1+lp}-b)=0.75(\frac{230,000}{1+4\times0.05}-50,000)=106,250$원$/m^3$

이 소나무림의 임목가는 $350m^3\times106,250=37,187,500$원

2. 벌기가 지난 50년생 잣나무 380m³를 매각하려고 한다. 잣나무 원목의 평균 시장가격은 1m³당 200,000원, 1m³당 벌채·운반비 등이 40,000원, 조재율 70%, 투하자본 회수기간 4개월, 월이율 2%, 기업이익률이 10%라고 할 때, 이 잣나무의 임목가를 평가하시오.

해설

$x=f(\frac{a}{1+lp+r}-b)=0.7(\frac{200,000}{1+4\times0.02+0.1}-40,000)=90,664$원$/m^3$

이 잣나무림의 임목가는 $380m^3\times90,644$원$=34,444,720$원

2) 매매가법

① 임목매매가법은 평정하고자 하는 대상 임목과 비슷한 성질과 내용을 가진 임목의 가격을 평가하는 방법이다.

② 매매가법은 최근 매매가격을 조사하고 그 매매가격을 기준으로 평가 임목의 가격을 평가하므로 직접법에 해당하는 평가 방법이다.

③ 매매가격을 조사할 때 조사 내용은 수종, 수령, 흉고직경, 수고, 본수, 지리조건, 시장 사정 등이다.

㉠ 매매가법에 대한 평가

- 매매가법은 여러 가지 조사하여야 할 요소 중에서 동일한 임목의 매매 사례를 찾기가 쉽지 않기 때문에 객관적 평가 방법이라고 할 수 없다.
- 수종과 입지조건이 비슷하면 매매가법으로 평가할 수 있지만 조정이 필요하다.
- 매매가법은 벌채할 때의 임목가격을 기준으로 평가하므로 벌기 이상인 임목의 평가에 활용할 수 있다.

㉡ 임목매매가의 크기

- 임령이 증가하면 일반적으로 임목매매가도 증가한다.
- 유령기의 임목을 벌채하여 판매하게 되면 생산비가 매매가보다 커서 부(負)의 매매가 형성된다.
- 일정 임령에 도달한 임목을 벌채해야 매매가가 생산비보다 커지는 정(正)의 매매가가 형성된다.

CHAPTER 4

산림 경영 계산

section 1 산림 경영 계산과 산림관리회계

1 산림 경영 계산의 정의

① 산림 경영을 수행하는 데 필요한 계산을 산림 경영 계산이라고 한다.
② 산림 경영 활동은 경제활동이므로 모든 가치는 화폐로 계산하게 된다.
③ 기업경영의 핵심인 수익활동의 결과를 기록하는 행위가 산림 경영 계산이다.
④ 산림 경영 계산은 재무회계와 관리회계로 구분할 수 있다.
⑤ 재무회계는 기업의 재산상태와 생산활동의 과정 등의 기업경영 활동을 외부에 보고할 목적으로 기록한 것이다.
⑥ 관리회계는 경영자의 원가 통제 등 관리활동과 관련한 의사결정에 필요한 내용을 기록한 것이다.

2 관리회계의 체계와 내용

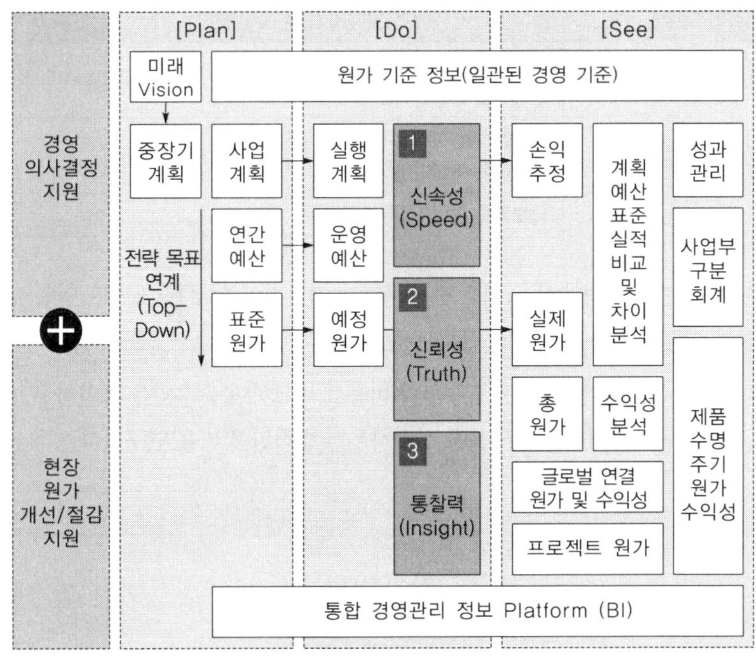

▲ 경영관리와 관리회계의 기능

① 관리회계는 ⓐ 원가계산, ⓑ 원가통제(차이분석), ⓒ 업적평가, ⓓ 기업의 성장에 필요한 계획수립, ⓔ 의사결정에 필요한 정보제공 등을 목적으로 한다.

② 관리회계 중 기업 경영에 필요한 의사결정을 위한 정보를 제공하는 등의 사업 계획과 실행에 필요한 정보를 제공하는 것을 계획회계라고 한다.

③ 관리회계는 현장에서 발생하는 원가를 계산하고 기록하여 원가를 통제하는 기능을 수행한다.

3 산림관리회계와 산림평가

① 관리회계는 현장에서 발생한 원가를 계산하고 기록하는 원가회계를 포함한다.

② 원가계산서는 목재를 생산하는 데 투입된 비용을 기록하고, 경영계획구 내의 임반별 또는 기간별로 배분하여 작성한다.

③ 산림의 평가는 목적과 임분의 성장 시기에 따라 방법을 달리한다.

④ 산림평가는 산림관리회계와 밀접하게 관련되어 있다.

⑤ 산림관리회계는 원가회계를 포함하고 있고, 원가회계는 목재를 생산하는 데 투입된 원가를 계산하기 때문이다.

⑥ 산림평가는 산림 및 그 일부를 구성하는 임지와 임목을 화폐가치로 측정하는 것이다.

⑦ 산림의 매매, 교환, 분할, 산림보상액과 피해액의 결정, 산림의 담보가치 결정 등에 산림평가 목적이 있다.

⑧ 산림평가의 주체는 다음과 같이 3가지로 나눌 수 있다.

산림평가의 주체	산림평가의 목적	비고
임업 경영기업, 임업 경영자	경영 자체의 개별적인 문제 해결 전체적인 경영관리를 위해 평가	관리회계적 성격
정부, 지방자치단체, 타업종 기업	임지를 매입하려고 할 때 그 임지의 매입가격을 결정하기 위하여 평가	
은행, 법원	담보가치 판단, 경매가 결정	

⑨ 임업교리학은 임업 경영의 경제적 성적을 측정한다는 기초적인 임무를 가지고 임업 경영의 이익을 계산하는 이론과 응용 방법을 연구하는 학문이다.

⑩ 임업교리학은 이론부문에서 임업 경영의 수익과 비용을 비교하여 순수익을 계산하고 이것을 자본액과 비교하여 자본에 대한 순수익률을 산정하는 일반적인 방법을 연구한다.

section 2 산림자산과 부채

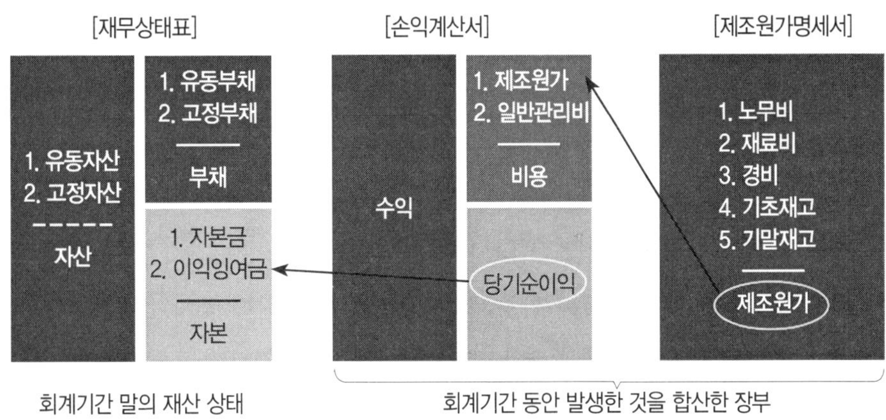

▲ 재무제표

1 산림자산

① 경영자가 경영 목적을 달성하기 위하여 가지고 있는 여러 가지 재화와 권리를 자산이라고 한다. 비슷한 말로 재산이라는 말이 있는데, 재산은 적극적 재산인 자산과 소극적 재산인 부채를 포함한 말이다.

② **자산은 유동성에 따라 고정자산과 유동자산으로 분류한다.**

③ 임업 경영에 있어 그 자산이 가지고 있는 생산 능력을 이용하기 위하여 소유하는 자산을 말한다. 그래서 고정자산은 임업 경영이 계속되는 동안 처분하여 현금화하기 힘들다.

④ 토지 이외의 고정자산은 사용하면서 또는 시간이 지나가면서 가치가 감소하게 된다.

⑤ 자산을 현금화 할 수 있는 정도를 유동성이라고 하고, 우리나라에서는 1년 안에 현금화할 수 있는 자산을 유동자산, 1년 안에 현금화하기 힘든 자산을 고정자산으로 구분한다.

⑥ 유동자산은 대부분 현금과 현금등가물, 그리고 벌채목과 같이 처분을 목적으로 가지고 있는 자산이다.

[산림 경영의 재무상태표]

고정자산	부채
• 토지(임지) • 건물 : 임업용 사무실, 주택 , 창고 등 • 구조물 : 임도, 삭도, 숯가마 등 • 기계 · 임업용의 큰 기계 • 대동물 : 임업에 사용되는 소나 말 • **임목 자산 : 임업 자산 중에서 가장 가치가 큰 것으로 임목 축적이 이에 속한다.**	임금, 노임, 상여금, 기타 미지급금

유동자산	자본
• 미처분 임산물 : 임업 생산물로서 처분되지 않은 것 • 임업용 생산 자재 : 묘목, 비료, 약제 등 • 유통 자산 : 현금, 저금, 대부금, 유가증권 등	자본금, 기타 적립금

2 부채

① 부채는 거래 상대자에게 장래의 어느 시기에 가서 자산으로 갚아야 하는 채무를 말한다.

② 차입금, 미지급금, 외상 매입금 등이 부채이다.

③ 자본을 자기 자본이라고 하고, 부채는 타인 자본으로 분류하기도 한다.

④ 거래나 계약에 의하여 발생한 부채와 이미 지불 사유가 발생하였으나 아직 지불하지 않은 노임, 상여금 등도 부채로 본다.

3 감가상각

1) 감가상각의 개념

① 유형고정자산의 가치 감소를 계산하여 장부에 기록하는 절차를 감가상각이라고 한다.

② 실제로 거래는 발생하지 않았으나, 고정자산의 가치 감소분만큼 장부가액을 감소시킨다.

2) 감가상각 요인

① 물리적 감가

- 사용에 의한 가치 감소분을 물리적 감가라고 한다.
- 시간 경과에 따라 부패, 부식, 기타 요인에 의해 감소하는 가치다.

② 기능적 감가

- 시장변화, 공장 이전 등에 의한 감모분을 부적응에 의한 감가라고 한다.
- 기술적 진보 등에 의해 발생하는 감모분을 진부화(陳腐化)에 의한 감가라고 한다.

3) 감가상각 계산 요소

① **취득원가 또는 기초가치**
② **잔존가치**
③ **추정내용연수**
④ **감가상각 방법**

4) 감가상각 방법

가) 정액법(직선법)

① 감가상각비 총액을 각 사용연도에 할당하여 매년 균등하게 감가하는 방법이다.

② 계산식

$$감가상각비 = \frac{취득원가 - 잔존가치}{추정내용연수}$$

실력 확인 문제

건물의 장부원가는 1,000만 원, 폐기 시 잔존가치는 100만 원, 내용연수는 60년일 때 정액법에 의한 연간 감가상각비는?

해설

$$감가상각비 = \frac{10,000,000 - 1,000,000}{60} = 150,000원$$

나) 정률법

① 취득원가에서 감가상각비 누계액을 뺀 후, 장부원가에 일정 비율의 감가율을 곱하여 감가상각비를 산출하는 방법이다.

② 감가율은 일정하지만, 상각비는 등비급수적으로 줄어든다.

③ 계산식

- 감가상각비 = (취득원가 − 감가상각비 누계액) × 감가율
- 감가율 = $1-\sqrt[n]{\frac{잔존가치}{취득원가}}$, n = 내용연수

다) 연수합계법

① 정률법과 비슷하지만 각 연도의 감가율은 내용연수의 합계를 분모로 하고, 내용연수를 역순으로 표시한 수치를 분자로 하여 계산한다.

② 내용연수가 10년이면 내용연수의 합계는 55이고, 제 1년도의 감가율은 $\frac{10}{55}$가 된다.

③ 계산식

- 감가상각비 = (취득원가−잔존가치) × 감가율
- 감가율 = $\frac{내용연수를\ 역순으로\ 표시한\ 수}{내용연수의\ 합계}$

라) 작업시간비례법

① 자산의 감가가 시간 경과가 아니라 사용 정도에 비례하는 것을 가정하여 감가상각비를 계산하는 방법이다.

② 계산식

- 총 감가상각비 = 실제 작업시간 × 시간당 감가상각률
- 시간당 감가상각률 = $\frac{\text{취득원가} - \text{잔존가치}}{\text{추정총작업시간}}$

실력 확인 문제

취득원가 50만 원, 폐기 시 잔존가치 5만 원인 체인톱은 총 사용 가능 시간이 1,500시간인데, 실제 작업시간이 800시간일 때의 시간당 감가상각비와 총감가상각비를 작업시간비례법에 의하여 계산하면?

해설

시간당 감가상각비 = $\frac{500{,}000 - 50{,}000}{1{,}500}$ = 300원

총 감가상각비 = 800 × 300원 = 240,000원

마) 생산량비례법

① 작업시간비례법과 유사한 방법이다.

② 계산식

- 총 감가상각비 = 실제 생산량 × 생산량당 감가상각률
- 생산량당 감가상각률 = $\frac{\text{취득원가} - \text{잔존가치}}{\text{추정총생산량}}$

section 3 산림원가 관리

1 원가의 개념과 유형

1) 원가의 개념

① 목재 등 특정한 제품으로 전가된 비용을 원가라고 한다. 바꾸어 말하면 원가는 제품생산에 소비된 비용이다.

② 목재의 원가에는 조림비, 무육비, 벌채비, 운반비 등이 포함된다.

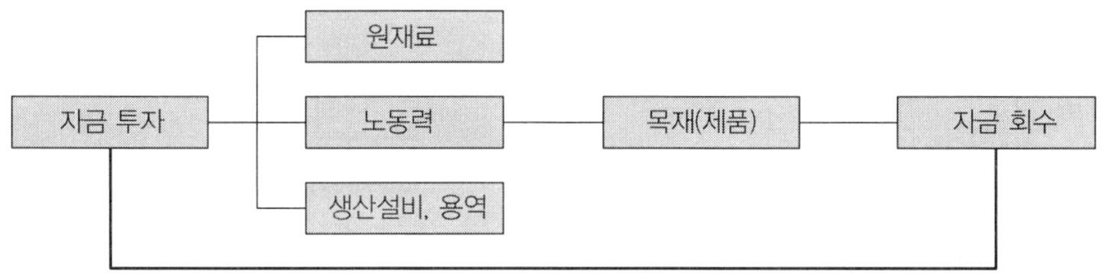

▲ 임업의 순환과정

2) 원가의 유형

원가는 집계 방법에 따라 개별원가계산과 종합원가계산으로 구분한다. 원가는 발생 형태와 통제 가능성 등에 따라 다양한 유형으로 분류할 수 있다.

① 원가 발생 형태에 따른 분류

㉠ 재료비 : 제품 제조를 위한 원재료, 매입 부분품, 공장 소모품 등

㉡ 노무비 : 제품 제조를 위한 노동력의 대가(임금, 급여, 상여수당 등)

㉢ 제조경비 : 재료비와 노무비를 제외한 기타의 제조를 위한 모든 원가

② 추적 가능성(통제 가능성)에 따른 분류

㉠ 직접원가 : 특정한 제품 제조를 위한 원가(추적 가능성이 있는 것)

㉡ 간접원가 : 여러 제품에 공통적으로 소비된 원가(추적 불가능한 것)

③ 조업도에 따른 분류

㉠ 조업도는 생산활동의 가동 정도를 나타내는 지표라고 할 수 있다.

㉡ 고정원가 : 조업도(생산량)의 증감에 관계없이 항상 일정하게 발생하는 원가이다.
(예 임차료, 보험료, 세금과공과, 감가상각비 등)

– 생산량이 증가하면 총원가는 일정하지만, 단위 원가는 감소한다.

– 준고정원가 : 특정한 범위의 조업도에서는 일정한 금액이 발생하나 그 범위를 벗어나면 일정한 금액만큼 증가, 감소한다.

㉢ 변동원가 : 조업도(생산량)의 증감에 따라 그 총액이 변하는 원가(직접원가 제품의 제조를 위해 소비된 직접재료비, 직접노무비, 직접제조경비의 세 가지 원가 요소를 합한 원가)
(예 직접재료비, 직접노무비, 전력비 등)

– 생산량이 증가하면 총원가도 비례적으로 증가하고 단위 원가는 일정하다.

– 준변동원가 : 조업도의 증감에 관계없이 일정한 고정비가 발생하며, 조업도의 변화에 따라 일정한 비율로 그 총액이 증감하는 것이며 "혼합원가"라고도 한다.

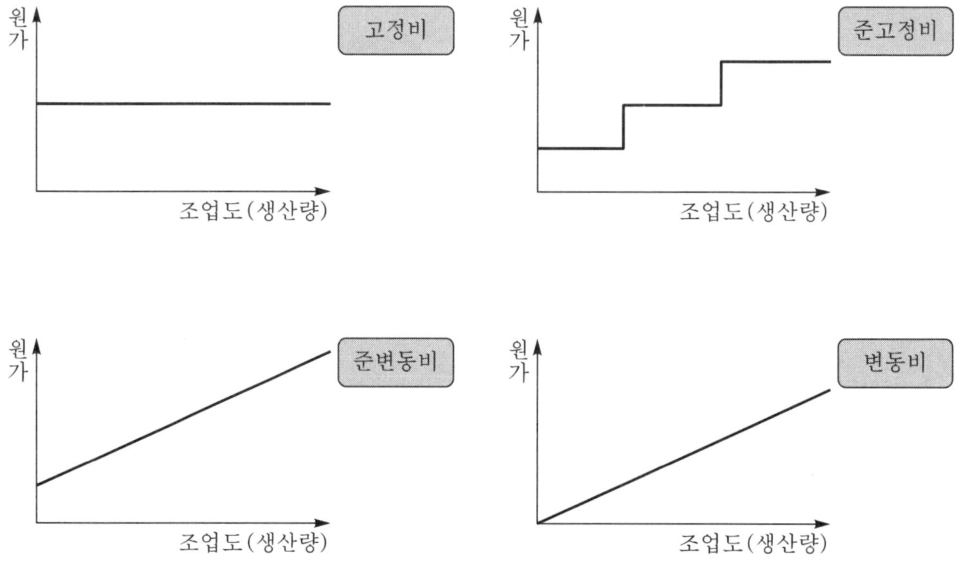

④ 경제적 효익 소멸 여부에 따른 분류

㉠ 미소멸원가 : 미래 경제적 효익이 있는 원가로서 미래용역잠재력을 가지고 있으며, 대차대조표에 자산으로 기입한다.

– 미래용역잠재력 : 미래에 현금 유입을 유발하는 현금 창출 능력

㉡ 소멸원가 : 용역잠재력이 소멸된 원가로서 수익 창출 기여 여부에 따라 비용과 손실로 나눈다. 수익 창출에 기여하고 소멸 시는 "매출원가"로, 기여하지 못하면 "손실"로 분류한다.

3) 원가회계

원가회계는 이익 측정과 재고자산 평가를 위하여 역사적 원가자료를 집계, 측정, 배분하여 기업의 외부 정보 이용자와 내부 정보 이용자 모두가 필요로 하는 제품원가 계산정보를 제공하며, 제조기업의 재무상태와 경영 성과를 명백히 파악하기 위한 회계이다.

4) 원가회계의 목적

① 재무제표 작성을 위한 제품원가 계산정보 제공

② 제품원가 계산을 통한 재고자산 평가, 가격 결정을 위한 원가정보 제공

③ 원가통제를 위한 원가자료의 제공

④ 예산 편성을 위한 원가자료의 제공

⑤ 경영의사 결정을 위한 원가자료의 제공

2 원가관리의 의의

① 예정된 원가와 실제로 발생한 원가 사이의 차이점, 원인, 원인 제거를 위한 조치 등을 검토하는 것을 원가관리 또는 원가통제라고 한다.

② 원가관리는 현재의 생산조건을 전제로 하여 가능한 원가를 절약하기 위해 수행된다.

③ 원가관리의 목표는 일정 수준의 생산을 유지하면서 가능한 낮은 원가로 제품을 생산하는 것이다.

④ 원가관리를 위해서는 원가계산이 선행되어야 한다.

⑤ 원가관리는 원가계산이 완료된 다음 단계에 실행된다.

1) 원가의 구성

			판매이익	판매가격
		판매 및 관리비	판매원가	
	제조간접비	제조원가		
직접 재료비	직접원가			
직접 노무비				
직접 제조경비				

– 제조간접비 : 간접재료비+간접노무비+간접제조경비

2) 원가계산 관련 용어

① 조업도 : 기업이 보유한 자원의 활용 정도를 나타내는 수치로써 산출량인 생산량, 판매량 등으로 표시하거나 투입량인 직접 노동시간, 기계가동시간 등으로 표시한다.

② 제조 : 물품을 만드는 과정

③ 재공품 : 물품의 제조과정을 표시하는 것

④ 변동제조간접비 : 간접재료비, 간접노무비 등의 제조간접비는 조업도의 증감에 따라 변화하는 것

⑤ 고정제조간접비 : 공장설비에 대한 감가상각비, 재산세 등의 조업도와 증감에 관계없이 발생하는 것

3) 원가의 흐름

① 재료소비액 = 월초재료재고액 + 당월재료매입액 – 월말재료재고액

② 노무비소비액 = 당월지급액 + 당월미지급액 – 전월미지급액

③ 제조경비소비액 = 당월지급액 + 전월선급액 – 당월선급액

④ 당월제품제조원가 = 월초재공품재고액 + 당월총제조비용 – 월말재공품재고액

– 당월총제조비용 = 직접재료비+직접노무비 + 직접제조경비 + 제조간접비

⑤ 매출원가=월초제품재고액+당월제품제조원가−월말제품재고액

⑥ 완성품수량=월초재공품수량+당월제조착수수량−월말재공품수량

=당월매출수량+월말제품수량−월초제품수량

⑦ 제품단위당원가=제품제조원가÷완성품수량

3 원가계산

1) 원가계산의 절차

요소별 계산 → 부문별 계산 → 제품별 계산

2) 원가계산 방법

원가집계 방법	원가측정 방법	원가계산목적
개별원가계산 job–order costing	실제원가계산 actual costing	전부원가계산 full costing
	정상원가계산 normal costing	
종합원가계산 process costing	표준원가계산 standard costing	변동원가계산 variable costing

① 기준 시점에 따른 분류

실제원가계산	제품의 제조과정이 끝난후 실제로 발생된 원가를 집계하여 계산, 사후원가계산		
예정원가계산	전기의 원가를 토대로 당기 발생 원가를 추산하여 반영하는 방법	추산원가계산	제품 제조 이전에 추정된 원가를 집계하여 계산하는 방법
		표준원가계산	사전에 설정된 표준 가격, 표준 사용량 등으로 원가 계산

② 생산 형태에 따른 분류

개별원가계산	성능, 규격, 모양, 품질이 다른 여러 종류의 제품을 주문 생산하는 기업에서 사용	건설업, 조선업, 가구제조업, 항공기제조업, 기계제작업 등
종합원가계산	성능, 규격 등이 동일한 특정 종류의 제품을 연속 대량생산하는 기업에서 사용	정유업, 제지업, 제분업, 제당업, 화학공업 등

③ 고정비 집계에 따른 분류

전부원가계산	직접재료비, 직접노무비, 변동제조간접비, 고정제조간접비 등을 모두 포함하는 방법
변동원가계산	직접재료비, 직접노무비, 변동제조간접비만으로 하는 원가 계산(**고정비 불포함**)

4 표준원가계산과 원가 차이

1) 표준원가계산의 의의

① 표준원가란 과학적인 방법에 의해 책정된 원가로 정상적인 작업 조건 하에서 달성되어야 하는 원가로, 생산과정에서 나타날 수 있는 비능률, 낭비 요인을 제거하기 위하여 사전에 설정된 원가목표이며 원가통제의 수단으로 사용되는 "사전원가" 또는 "예정원가" 개념이다.

② 사전에 직접재료비, 직접노무비, 제조간접비가 설정되어 표준원가와 사후적으로 발생된 원가를 비교, 분석하여 원가관리 수단으로 활용된다.

2) 표준원가의 유용성

① 계획 : 표준원가가 설정되면 현금 조달 계획, 원재료 구입 계획 등의 계획과 예산 반영을 쉽게 수립함으로써 특정 생산량을 제조하기 위한 재료 구입 및 자금 조달을 빠르고 쉽게 편성할 수 있다.

② 통제 : 표준원가가 설정되면 작업이 진행되는 동안 실제 투입량, 실제 원가가 표준원가와 상이함을 발견할 수 있고, 실제 원가가 표준원가의 허용 범위를 벗어나면 경영자가 특별한 주의를 기울임으로써 원가통제를 원활히 하며, 종업원의 성과평가의 기준으로도 유용하다.

③ 제품원가계산 : 표준원가를 사용하여 제품원가계산을 하는 경우 생산제품에 표준단위 원가를 계산하기 때문에 회계처리가 용이하다. 물론, 선입선출법이나 평균법과 같이 원가흐름을 가정할 필요도 없다.

3) 표준원가계산의 한계

① 적정 원가 산정에 객관성이 결여되고 많은 비용이 소요된다.

② 기업 내·외적인 환경에 따라 수시로 수정을 필요로 하므로 사후관리를 하지 않으면 미래원가계산을 왜곡시킬 소지가 있다.

③ 표준원가 달성을 강조할 경우 제품 품질의 저질성이나 지나친 원가 절감을 요구 시 관계를 악화시킬 수 있다.

④ 예외사항에 객관적인 기준이 없는 경우 질적인 예외사항을 무시하기 쉽고, 중요한 예외사항만을 관심 집중하면 표준원가의 허용 범위 내의 실제원가의 증감 추세를 간과하기 쉽다.

⑤ 성과평가 등이 중요한 예외사항에서 결정된다면 근로자는 숨기려할 것이고, 원가가 절감되는 예외사항 등에 보상이 없다면 불만이 누적되는 동기부여가 될 것이다.

4) 표준원가의 종류

① 이상적 표준 : 기존의 설비와 제조공정에서 정상적인 기계 고장, 정상 감손 및 근로자의 휴식 시간 등을 고려하지 않고 최적의 목표 달성을 위한 표준원가이다.

– 재고자산 평가나 매출원가 산정에 부적합하다.

② 정상적 표준 : 정상적인 조업이나 능률에 설정된 원가로 우발적인 상황을 제거한 것으로써 장기간의 실적치를 통계적으로 평균화하고 여기에 미래 예측가치를 감안하여 결정된다.

– 재고자산 평가나 매출원가 산정에 적합하다.

③ 현실적 표준 : 현재 표준원가로서 가장 많이 사용되는 것으로 열심히 노력하면 달성되는 목표치를 말하며, 여기에는 기계 고장, 근로자의 휴식시간 등을 고려하여 산정하므로 실제원가가 표준원가와 차이가 발생하면 정상에서 벗어나는 비효율로써 경영자의 주의를 상기시켜주는 역할을 한다.

5) 표준원가의 설정

① 표준직접재료비 = 표준직접재료수량 × 표준가격

② 표준직접노무비 = 표준직접 노동시간 × 표준임률

③ 표준제조간접비

– 변동제조간접비배부율 = 변동제조간접비 ÷ 직접작업시간

– 고정제조간접비배부율 = 고정제조간접비 ÷ 직접작업시간

– 변동비 = 허용표준시간 × 변동제조간접비배부율

– 고정비 = 허용표준시간 × 고정제조간접비배부율

6) 원가 차이

가) 직접재료비 차이

실제직접재료비와 실제산출량에 허용된 표준직접재료비의 차이

① 직접재료비 총차이 = 실제가격 × 실제수량 − 표준가격 × 산출량의 표준수량

② 직접재료비 가격 차이 = 실제가격 × 실제수량 − 표준가격 × 실제수량

③ 직접재료비 능률 차이 = 표준가격 × 실제수량 − 표준가격 × 산출량의 표준수량

㉠ 가격 차이 발생 원인

– 원재료 시장의 수요와 공급의 원인

– 구매담당자의 능력에 따라 유·불리 가격 차이

– 표준 설정 시 원재료 품질과 상이한 원재료 구입 시 가격 차이

– 표준 설정 시 경기와 현재 경기 변동에 따라 차이

㉡ 능률 차이 발생 원인

– 생산과정에서 효율적인 원재료 사용을 하지 못할 때

– 표준 설정 시 원재료와 다른 원재료를 사용할 때

– 기술혁신에 의한 능률 차이

나) 직접노무비 차이

① 직접노무비 총 차이=실제임률×실제작업시간-표준임률×산출량의 작업시간

② 직접노무비 가격 차이=실제임률×실제작업시간-표준임률×실제작업시간

③ 직접노무비 능률 차이=표준임률×실제작업시간-표준임률×산출량의 작업시간

㉠ 가격 차이 발생 원인
- 노동력의 질에 따라 발생(저임률의 비숙련공과 고임률의 숙련공 등)
- 작업량의 증가에 따라 초과근무수당을 지급 시
- 노사협상 등에 의해 임금 상승 시

㉡ 능률 차이 발생 원인
- 숙련공과 비숙련공의 작업수행 능력
- 생산 투입된 원재료의 품질에 따라 노동시간의 영향
- 책임자의 감독 소홀, 일정 계획의 차질 등

다) 제조간접비 차이

[변동제조간접비 차이]

① 변동제조간접비 총 차이=실제배부율×실제조업도-표준배부율×산출량 조업도

② 변동제조간접비 소비 차이=실제배부율×실제조업도-표준배부율×실제조업도

③ 변동제조간접비 능률 차이=표준배부율×실제조업도-표준배부율×산출량조업도

㉠ 변동제조간접비 소비 차이 발생 원인
- 변동제조간접비의 배부와 관련되는 직접 노동시간의 통제와 상관없이 각 항목의 통제 수단에 영향을 받으며 변동제조간접비의 능률적인 사용 정도가 원인이다.
- 표준배부율을 잘못 설정하여 발생한다.

㉡ 변동제조간접비 능률 차이 발생 원인
- 직접노무비의 능률 차이와 발생 원인이 동일하다.

라) 고정제조간접비 차이

① 고정제조간접비 소비(예산) 차이=실제배부율×실제조업도-예정배부율×기준조업도

② 고정제조간접비 예정배부율=고정제조간접비 예산총액÷기준조업도(배부기준)

③ 고정제조간접비 조업도 차이=예정배부율×기준조업도-예정배부율×산출량조업도

㉠ 차이의 발생 원인

- 원가통제 목적상 실제 고정제조간접비의 발생과 고정제조간접비 예산을 비교하여 그 차이를 예산 차이로 관리하며, 이것을 조업도 차이라고도 한다.

7) 원가 차이의 배분

기업회계기준은 실제원가계산만을 허용하므로 외부공표용 재무제표를 작성하기 위해서는 실제원가로 전환해야 하며, 아래와 같은 방법이 있다.

<table>
<tr><td rowspan="4">수정 방법</td><td rowspan="2">비배분법</td><td>매출원가조정법</td></tr>
<tr><td>영업외손익법</td></tr>
<tr><td rowspan="2">비례배분법</td><td>총원가기준법</td></tr>
<tr><td>원가요소기준법</td></tr>
</table>

8) 의사결정과 관련된 원가

미래원가	나중에 발생할 것으로 예상되는 원가
관련원가	• 예상되는 미래의 원가로서 대체 안들(alternatives) 사이에 차이가 나는 원가 • 아래의 두 조건을 만족해야 관련원가(relevant cost)가 된다. – 미래의 원가 – 대체안들 사이에 차이가 나는 원가
매몰원가	• 과거에 이미 발생했으므로 어떤 의사결정이 내려진다고 해도 회피될 수 없는 원가를 매몰원가(sunk cost)라고 한다. • 역사적 원가(historical cost), 기발생원가, 장부가액 등의 유사개념이 있다.
기회원가	• 기회원가는 **하나의 대체 안이 선택됨으로 인해 포기되는 잠재적인 효익**을 말한다. • 기회원가는 일반적으로 회계장부에서는 원가로 기록되지는 않지만 모든 의사결정에 있어 명확히 고려되어야 한다.
증분원가, 차액원가, **한계원가**	• 생산 방법의 변경, 설비의 증감, 조업도의 증감 등 기존의 경영활동의 규모나 수준에 변동이 있을 경우 증가되는 원가를 증분원가, 감소하는 원가를 차액원가라고 한다. • **경영활동의 규모 또는 수준이 한 단위 변할 때 발생되는 총원가의 증감액**을 한계원가라고 한다.
차액원가와 차액수익	• 의사결정은 각각 원가와 효익을 가지고 있는 대체 안들을 비교하여 더 나은 것을 선택하는 것이다. • 두 개의 대체 안이 있을 경우 두 대체 안 사이의 원가 차이를 차액원가(differential cost), 수익의 차이를 차액수익(differential revenue)이라 한다.
증분원가와 증분수익	• **어떤 활동에 따라 추가적으로 발생하는 원가를 증분원가(incremental cost)**, 어떤 활동에 따라 추가적으로 발생하는 수익을 증분수익(incremental revenue)이라고 한다. • 증분원가는 차액원가, 증분수익은 차액수익의 일종이라고 할 수 있다.
회피가능원가와 회피불가능원가	• 회피가능원가(avoidable cost)는 한 대체 안을 선택함으로 인해 전부 또는 일부가 제거될 수 있는 원가다. • 회피불가능원가(unavoidable cost)는 선택되는 대체안과 관계없이 동일하게 발생되는 원가다. • 회피가능원가는 관련원가이고, 회피불가능원가는 비관련원가이다.

section 4 산림 경영의 분석

1 분석내용

1) 산림 경영 분석

① 산림 경영 분석은 경영 개선을 위한 자료를 얻기 위해 실시한다.

② 임업 경영분석을 통해 경영목표를 달성하기 위한 계획(planning), 조직화(organizing), 지도(leading), 통제(controlling) 등의 결과를 진단할 수 있다.

③ 정확한 진단 및 평가를 통해 목표와 실행 결과를 비교·분석한다.

④ 정확한 진단은 경영관리과정에서 합리적인 계획수립이 가능하게 한다.

2) 산림 경영 분석 방법

① 산림 경영을 분석하는 방법은 분석의 목적에 따라 현황분석, 성과분석 등으로 구분할 수 있다.

② 현황분석은 산림 경영에서 제일 중요한 자산인 임목자산의 구성과 변화를 분석한다.

③ 성과분석은 경영의 성과인 소득과 순수익의 정도를 대상으로 한다.

④ 육림비분석은 임목자산을 구성하는 가장 큰 원가인 육림비를 대상으로 한다.

⑤ 손익분기점 분석은 사업의 규모를 결정하기 위해 변동원가와 고정원가의 관계를 분석한다.

2 현황 분석

1) 임목자산의 구성

① 임업 경영의 현재 상태는 자산 중에서 임지를 제외하고 가장 큰 가치를 가지고 있는 임목축적을 통해 평가할 수 있다.

② 임목자산의 구성은 산림의 성장에 따라 무육기, 보육기, 이용기로 구분할 수 있다.

③ 임목자산의 질적지표로는 인공림이 차지하는 비율과 인공림의 임형구성 상태가 사용될 수 있다.

④ 임목자산의 양적지표로는 인공림의 면적이나 임목자산장비비율 등이 산림의 면적과 함께 사용된다.

㉠ 산림 경영의 안정성 분석

- 자산과 자본의 구성이 균형을 이루고 있는지, 유동성은 유지되고 있는지에 대한 분석은 재무상태표를 기초로 산출한다.

$$- \text{ 고정자산 구성 비율(\%)} = \frac{\text{고정자산}}{\text{경영자산}} \times 100$$

$$- \text{ 유동자산 구성 비율(\%)} = \frac{\text{유동자산}}{\text{경영자산}} \times 100$$

㉡ 임목자산장비율

- **임목자산장비율은 임목자산이 적절하게 구성되었는지를 판단하는 지표로 사용될 수 있다.**
- 임목자산장비율을 통해 임목경영의 안정성이 있는지, 임업 경영활동이 원활하게 이루어질 수 있는지를 판단할 수 있다.

$$\text{임목자산장비율(\%)} = \frac{\text{임목자산}}{\text{경영자산}} \times 100$$

㉢ 이상적인 임목자산 기별 구성비

- 보육기의 임목이 50% 정도로 구성되고, 무육기와 이용기의 임목이 각각 25%를 차지하고 있으면 산림 경영이 지속적으로 안정성을 유지할 것으로 판단할 수 있다.

무육기:보육기:이용기=25:50:25

2) 임목자산의 변화

① 임목자산을 평가하여 회계기간별로 임목자산의 증감액을 비교하면 임목자산의 변화상태를 파악할 수 있다.

② **임목자산 증감률은 증감액을 기초의 재고량으로 나누어서 구할 수 있다.**

$$\text{임목자산증감률(\%)} = \frac{\text{임목자산의 연도 내 증감액}}{\text{임목자산의 연도 초 재고액}} \times 100$$

③ 임목자산의 변화율 또는 임목성장액의 내부 보유율을 계산해 보면 임목자산의 이용상황을 파악할 수 있다.

$$\text{임목성장액의 내부 보유율(\%)} = \frac{\text{임목자산의 연도 내 성장금액} - \text{연도 내 매각금액}}{\text{임목자산의 연도 내 성장액}} \times 100$$

④ 임목자산의 성장성은 임목성장액, 임목자산의 증감률, 임목성장액의 내부 보유율 등을 이용하여 평가할 수 있다.

3 성과 분석

1) 임업 경영 성과 계산 방법

① 임업 경영의 성과는 임업소득 또는 임업 순이익으로 파악된다.

② 임업소득은 경영 주체가 임업 경영에서 얻은 성과이다.

③ 임업소득에는 임목 생장액이 포함되어 있으므로 전부 그 해에 거두어들일 수 없다.

④ 농업경영에서는 생장액 전부를 거의 그 해에 거두어들일 수 있다.

⑤ 임업소득은 일반적으로 산림면적의 크기에 비례한다.

⑥ 임업조수익과 임업 경영비는 산림면적에 따라 거의 같은 비율로 커지기 때문에 면적과 비례한다.

임업소득=임업조수익 - 임업 경영비

⑦ 임업순수익은 산림 경영을 다른 일반적인 기업경영과 같이 순전히 고용 노동력에 의하여 경영된다고 가정했을 때의 경영성과의 지표이므로 산림 경영을 다른 기업과 비교할 때 유리하다.

⑧ 임업순이익은 산림의 소유면적에 따라 임업소득보다 계층별 차이가 현저하게 나타난다.

⑨ 임업소득에서 공제하는 가족노임추정액의 증가액은 어느 한도를 지나면 계속해서 같은 비율로 증가할 수 없기 때문이다.

- 임업 순수익 = 임업 소득 - 가족 임금 견적액
- 임업 조수익 = 임업 현금수입+임업 생산물 가계소비액+미처분 임산물 증가액+임업 생산 자재 재고 증가액+임목 성장액
- 임업 경영비 = 임업 현금 지출+감가 상각액+미처분 임산물 재고 감소액+임업 생산 자재 재고 감소액+주벌 임목 감소액

2) 임업소득과 임업순수익의 분석

① 임가소득으로 임업 경영 자체의 성과를 판단할 수 있다.

임가소득=임업 소득+농업 소득+농업 이외의 소득

② 임업소득의 주요 계산식은 아래와 같다.

- 임업 의존도(%) = $\frac{\text{임업소득}}{\text{임가소득}} \times 100$
- 임업소득 가계 충족률(%) = $\frac{\text{임업소득}}{\text{가계비}} \times 100$
- 임업 소득률(%) = $\frac{\text{임업소득}}{\text{임업조수익}} \times 100$
- 자본수익률(%) = $\frac{\text{순수익}}{\text{자본}} \times 100$

☞ 임업소득 = 임업조수익 - 임업 경영비

☞ 임가소득 = 임업소득+농업소득+농업 이외의 소득

4 육림비 분석

1) 육림비의 개념

① 임목생산에 들어가 경비의 원리합계를 육림비라고 한다.

② 육림비에서 육림기간 중 얻은 수입의 원리합계(후가)를 공제한 것이 임목원가(cost value of stumpage)이다.

③ 육림비를 분석하는 목적은 임목생산 비용을 줄이고, 임분의 시업개선을 위한 기초자료를 얻는 데 있다.

2) 육림비의 구성요소

① 노동비
- 가족노임 견적액 및 고용 노임

② 직접재료비
- 묘목, 비료, 약제 등에 들어간 경비
- 자급 재료의 견적액을 포함한다.

③ 공통 재료비
- 임업용 소기구 구입비, 건물 및 기계 등의 유지수선비, 임대료 등
- 사용일수와 사용 면적에 따라 임분별로 분배하여 계산한다.

④ 감가상각비
- 건물, 기계, 구축물, 대동물(大動物)
- 사용시간에 따라 분배하여 계산한다.

⑤ 지대(地代)
- 경제학에서 말하는 지대와는 성질이 다르다.
- 실제로 지불한 고정자산세 중에서 그 임목이 부담할 부분을 계산한다.
- 지대는 자본이자에 해당한다.

3) 육림비의 분석

① 육림비는 대부분 평정이율로 계산된 이자이기 때문에 육림비는 이율에 따라 크게 변한다.

② 육림비를 절감하려면 이자를 줄이고, 경비를 절감하며, 투자자금의 회수기간을 단축시켜야 한다.

③ 육림비의 대부분이 노임이기 때문에 노임의 효율을 높이면 육림비에서 경비가 절감된다.

④ 벌기령을 단축시키고 임목생육 기간 중 가능한 한 많은 부수입을 올리면 투자자금의 회수기간이 단축된다.

⑤ 벌기령은 임목생장을 촉진하는 기술을 도입하고 작은 통나무의 판로를 개척하여 단축시킬 수 있다.

⑥ 부수입은 간벌, 표고재배, 임산부산물 채취, 농작물의 간작 등을 통해 올릴 수 있다.

section 5 손익분기점의 분석

1 수익과 비용의 본질

1) 수익과 비용

① 수익

- 수익은 기업이 일정 기간 동안 고객에게 제공한 재화나 용역을 화폐가치로 표시한 것이다.
- 목재를 팔고 구매자로부터 그 대가를 받는다거나 또는 산림조사를 하고 그 대가를 받은 것이 수익이다. 이렇게 대가를 바라고 하는 행위를 경제 활동이라고 하며, 일정 기간 경제 활동으로 얻은 수입 또는 수입이 될 금액이 수익이다.
- 수입과 수익이 항상 일치하는 것은 아니다. 수입은 현금의 유입을 뜻하고 현금이 기업에 유입되지 않아도 수익은 발생할 수 있다. 예를 들면 입목이 자라서 가치가 증가한 것을 수익으로 인식할 수 있다.
- 가치는 증가하였지만 아직 현금의 유입이 없고 실현되지 않았으므로 미실현 수익이라고 한다. 나중에 입목을 벌채하여 판매하였을 때, 이것을 실현수익이라고 한다.
- 임목 생산에 있어 실현 수익은 주벌목 판매 수익과 간벌목 판매 수익이 있을 수 있다.
- 미실현 수익은 임지에서 자란 임목의 가치 증가액, 즉 성장액이 미실현 수익에 속한다.
- 미실현 수익은 재산의 상태를 나타내는 손익계산서와 재무상태표에 자산으로 기록한다.

② 비용

- 비용은 수익을 얻기 위하여 소비 또는 지출된 원가나 소비액이다. 예를 들어 제재소에서 원목 구입비, 종업원 급료, 보험료, 지급 이자, 여비, 교통비 등이 비용에 해당한다.
- 복식기장에서 수익은 현금 수입과 일치하지 않는다. 마찬가지로 비용도 지출과 완전히 일치하지 않는다. 예를 들면, 조림비는 그 회계 기간의 임목 매상 수익을 위한 비용이 아니므로 이 경우의 지출은 비용이라고 말할 수 없다.
- 조림비는 자본적 지출에 해당한다. 이에 반하여 임목 판매를 위한 재적 조사비는 임목 매상 수익을 위한 비용이므로 수익적 지출, 즉 비용에 해당한다.

2) 손익계산서

가) 손익계산서의 개념

① 손익계산서는 일정기간 동안의 기업의 경영성과를 나타내는 보고서를 말한다.

② 손익계산서 양식은 다음과 같다.

[손익계산서]

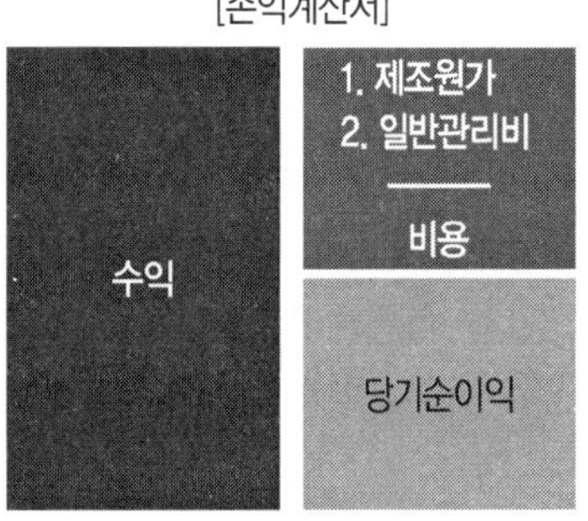

나) 손익계산서의 기능

① 기업의 경영활동 성과를 측정할 수 있는 정보를 제공한다.

② 기업이 이익을 낼 수 있는 잠재력을 판단할 수 있다.

– 미래 순이익의 흐름에 관한 정보를 제공한다.

③ 기업의 경영계획이나 배당 정책을 수립하기 위한 중요 정보를 제공한다.

④ 경영 분석을 위한 중요한 정보를 제공한다.

⑤ 경영자의 경영 능력이나 경영 업적을 평가하기 위한 정보를 제공한다.

다) 벌기의 손익계산 방법

구분	내용
완전간단작업	• 손익=임목매상대–조림비 원가누계–관리비 원가누계 • 손익=임목매상대–조림비 원가누계–관리비 원가누계–경영자의 보수액 누계
보속경영	• 손익=임목매상대–조림비–관리비 • 손익=임목매상대–임목축적 성장가–조림비–관리비

3) 수익성 분석

가) 수익성 분석의 개념

① 수익은 생산활동의 결과로 나타난 가치의 증가액이다.

② 수익성은 생산활동의 결과로 나타난 가치의 증가 정도를 말한다.

③ 수익성은 수익을 일정 기간 동안 투입된 자본, 토지, 노동 등의 생산요소와 대비하여 분석할 수 있다.

④ 비용은 수익을 얻는 과정에서 사용된 재화와 용역의 소비액이다.

⑤ 이익은 수익이 비용을 초과했을 때 얻어진다.

⑥ 순이익은 총수익에서 총비용을 차감하여 아래 식으로 구할 수 있다.

총수익 – 총비용=(생산물 단가×생산량)–(투입물 단가×투입량)

나) 수익성 분석 방법

① 자본순수익

– 임업 경영에 투하된 자본으로부터 발생한 수익의 크기이다.

– 자본순수익의 계산

조수익(경영비+가족 노동평가액+자기토지지대)=소득(가족 노동평가액+자기토지지대)

② 자본이익률

– 투하자본액 중에서 자본순수익이 차지하는 비율

- 임업 경영 내부의 어느 부문에 투자하는 것이 좋을지 판단하는 지표로 활용된다.

$$\textbf{자본이익률(\%)} = \frac{\textbf{자본순수익}}{\textbf{투하자본액}} \times 100$$

③ 자본회전율

- 투하된 자본이 1년에 몇 회전하는가를 나타내는 지표이다.

$$\text{자본회전율} = \frac{\text{조수익}}{\text{투하자본액}}$$

④ 자본회전 기간

- 12개월을 자본회전율로 나눈 값

$$\text{자본회전 기간} = \frac{12(\text{개월})}{\text{자본회전율}}$$

⑤ 자본순수익률

$$\text{자본순수익률} = \frac{\text{자본이익률}}{\text{자본회전율}} = \frac{\text{자본순수익}}{\text{조수익}}$$

⑥ 토지순수익

- 입업 경영에 투하한 토지로부터 발생한 수익의 크기
- 소유 토지에 대한 수익성 지표로 토지를 얼마나 유효하게 이용했는가를 나타내는 토지의 효율성 지표를 말한다.

토지순수익 = 소득(가족 노동평가액+자기자본이자)=순수익+자기토지지대

4) 생산성 분석

가) 생산성의 개념

① 생산성은 생산요소 투입량(액)에 대한 생산량(액) 비율로 나타낼 수 있다.

$$\text{생산성} = \frac{\text{생산량(액)}}{\text{생산요소 투입량(액)}}$$

② 생산성은 효율성 또는 능률성과 유사한 개념이다.

③ 분모인 생산요소 투입량에 토지면적을 넣으면 토지생산성이 되고, 자본 투하액을 넣으면 자본생산성, 그리고 노동 투입량을 넣으면 노동생산성이 된다.

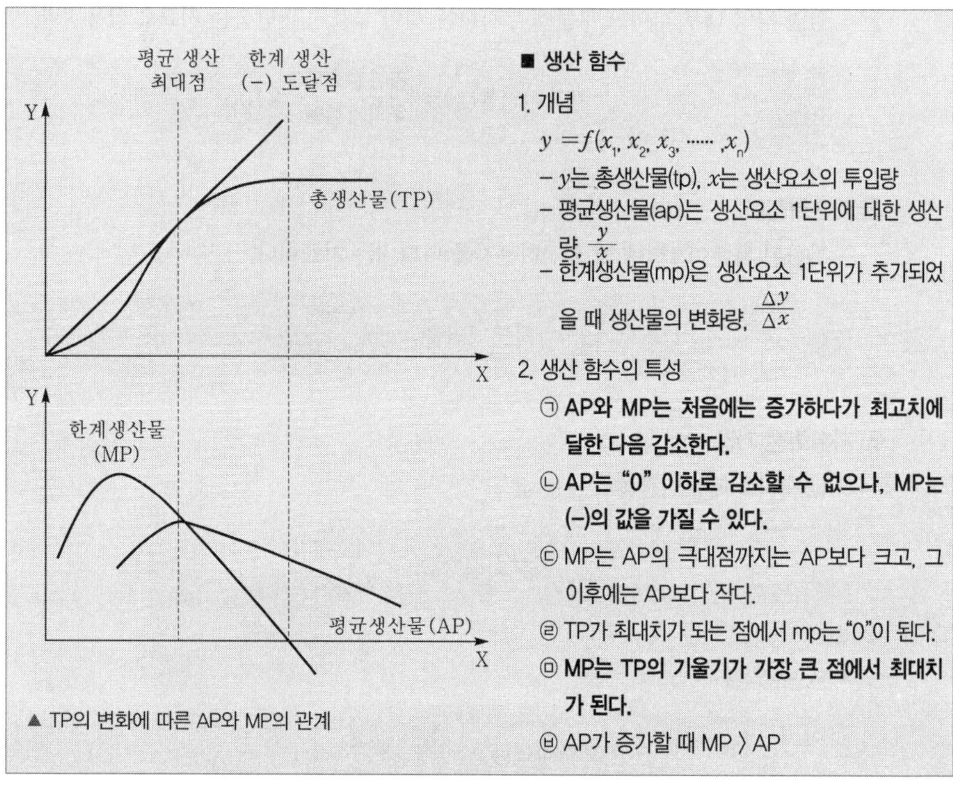

▲ TP의 변화에 따른 AP와 MP의 관계

▲ 산림 경영의 생산성 분석

나) 노동생산성

① 노동은 생산의 주체이기 때문에 노동생산성은 생산성을 향상시킬 수 있는 가장 중요한 요소이다.

노동생산성 = 자본생산성 × 자본장비율

다) 생산성과 수익성의 관계

① 수익성 향상은 생산성 향상을 통해 이룰 수 있다. 하지만 생산성 향상이 반드시 수익성 향상으로 이어지는 것은 아니다.

② 생산성에 대해 평가할 때는 생산성의 향상이 수익성에 미치는 영향을 검토해야 한다.

2 손익분기점 분석의 정의

1) 손익분기점 분석의 정의

① 매출액과 비용이 일치하여 이익이 발생하지 않는 매출 수준을 손익분기점이라고 한다.

② 매출액이 손익분기점을 초과하면 이익이 발생하고, 손익분기점에 미달하는 경우에는 손실이 발생한다.

③ 손익분기점은 이익도 손실도 발생하지 않는 분기점이 된다.

④ 임업 경영의 경우 초기 단계에는 임지 구입 및 시설과 장비 등의 고정투자가 많고 수익 발생이 적다.

⑤ 임업 경영은 생산기간도 상대적으로 긴 편이어서 임업의 손익분기점은 다른 산업에 비해 상당히 긴 시점에 발생한다.

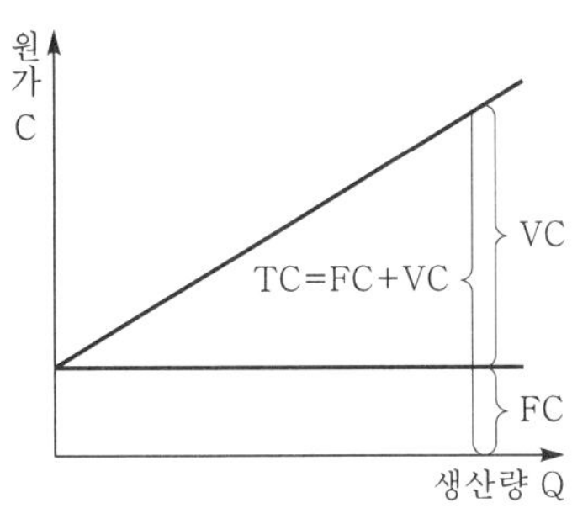

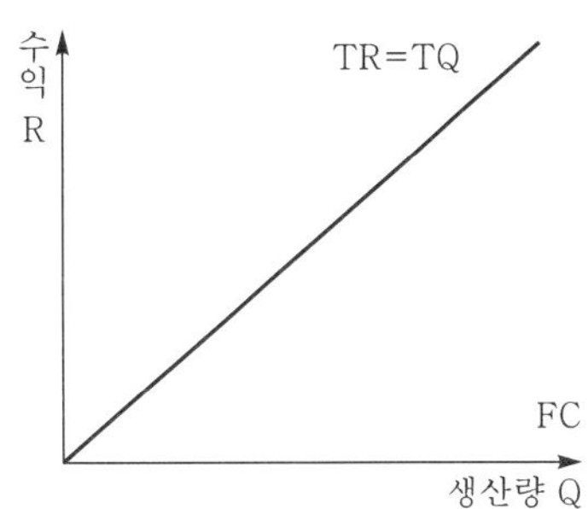

▲ 손익분기점 분석의 전제 조건(가정)

⑥ **원가는 고정비와 변동비로 구분된다.**

⑦ **제품의 단위당 판매가격은 판매량의 변동에도 변하지 않는다.**

⑧ **제품 한 단위당 변동비는 항상 일정하다.**

⑨ **고정비는 생산량의 증감에 관계없이 항상 일정하다.**

⑩ 생산량과 판매량은 항상 같으며, 생산과 판매에 동시성이 있다.

⑪ 제품의 생산능률은 고려하지 않는다.(변함이 없다.)

3 손익분기점의 분석 방법

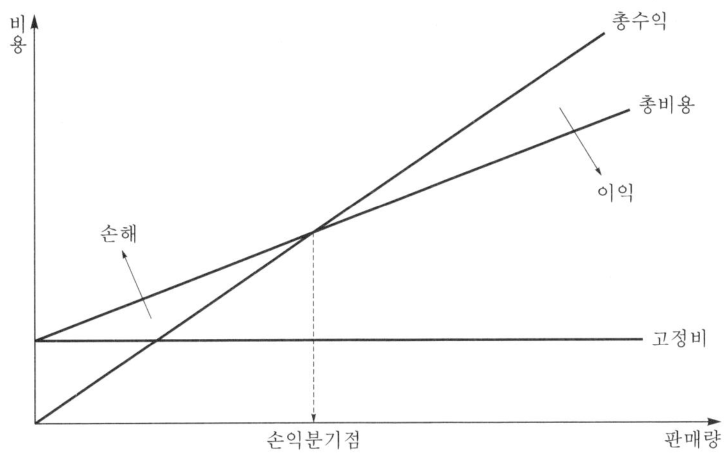

1) 손익분기점 분석에 사용되는 변수

TC : 총비용, TR : 총수익, FC : 총고정비, VC : 총변동비, TQ : 총판매량(총생산량)

v : 단위당 변동비, p : 판매가격, q : 손익분기점의 판매량(생산량)

2) 생산량 기준의 손익분기점 분석 방법

$$TR = TC,\ p \times q = FC + v \times q,\ (p - v) = FC \quad \therefore q = \frac{FC}{p - v}$$

① 손익분기점의 판매량(q)은 고정비용(FC)을 단위당 판매가격(p)에서 단위당 변동비용(v)을 뺀 값으로 나누어 구한다.

$$TQ = \frac{FC}{p - v}$$

② 손익분기점에서의 총수익(TR)은 단위당 판매가격(p)에 손익분기점의 판매량(q)를 곱하여 구한다.

$$TR = p \times q$$

③ 손익분기점에서의 총비용(TC)은 고정비용(FC)에 변동비용을 합하여 구한다. 변동비용은 단위당 변동비용(v)에 손익분기점의 판매량(q)을 곱한 값을 합하여 구한다.

$$TC = FC + (v \times q) = FC + VC$$

실력 확인 문제

2020년에 묘목 생산회사를 운영하기 위한 손익분기점 분석을 실시하였다. 150,000원에 팔 수 있는 오리나무 1곤포를 생산하는데 고정비는 300,000원 변동비는 50,000원으로 조사되었다. 손익분기점에서의 생산량과 총수익, 총비용을 계산하시오.

해설

– 생산량(q)$= \frac{300,000}{150,000 - 50,000} = 3$

– 총수익(TR)=150,000×3=450,000원

– 총비용(TC)=300,000+(50,000×3)=450,000원

3) 매출액 기준의 손익분기점 분석

매출량 손익분기점 식의 양변에 판매가격(p)을 곱해서 계산한다.

$$TQ = \frac{FC}{p-v},\quad TQ\times p = \frac{FC}{p-v}\times p$$

$$TQ\times p = S(\text{매출량})\text{이므로}\quad S = \frac{FC}{1-\frac{v}{p}}$$

4) 목표이익 달성을 위한 매출액 계산

목표이익을 R이라고 할 때 목표이익 달성을 위한 매출량은 다음과 같다.

$$R = TR - TC = p\times q - (FC + VC) = p\times q - (FC + v\times q)$$

$$\therefore q = \frac{FC+R}{p-v}$$

또한 목표이익 달성을 위한 매출액은 다음과 같이 계산한다.

$$S = \frac{FC+R}{1-\frac{v}{p}}$$

실력 확인 문제

제재소를 운영하는 유한회사 지림의 제재목 판매단가는 40,000원/m³이었고, 변동비는 20,000원/m³, 고정비는 800,00원이었다. 순익분기점의 매출액과 판매량은 얼마나 되는가? 지림의 목표이익이 2,000,000원이라면 목표이익을 달성할 수 있는 매출량과 매출액은?

해설

– 손익분기점의 매출량 : $q = \frac{FC}{p-v} = \frac{800,000}{40,000-20,000} = 40\text{m}^3$

– 손익분기점의 매출액 : $S = \frac{FC}{1-\frac{v}{p}} = \frac{800,000}{1-\frac{20,000}{40,000}} = 1,600,000\text{원}$

– 목표이익 달성 매출량 : $q = \frac{FC+R}{p-v} = \frac{800,000+2,000,000}{40,000-20,000} = 140\text{m}^3$

– 목표이익 달성 매출액 : $S = \frac{FC+R}{1-\frac{v}{p}} = \frac{800,000+2,000,000}{1-\frac{20,000}{40,000}} = 5,600,000\text{원}$

5) 공헌이익

① 공헌이익(contribution margin) 또는 한계이익(marginal profit)
- 공헌이익은 단위당 가격 p에서 변동비 v를 공제한 것이다.
- 제품 1단위를 추가적으로 매출하여 고정비의 충당이나 이익의 증가에 기여할 수 있는 부분의 크기가 공헌이익이다.

② 공헌 이익률(contribution margin ratio)
- 공헌이익률은 단위 가격에 대한 공헌이익의 비율이다.
- 일반적으로 고정비의 비중이 상대적으로 낮고, 공헌이익률이 높으면 손익분기점에 도달하는 기간이 빨라진다.

section 6 산림투자 결정

1 투자 결정의 중요성과 내용

1) 투자의 개념

① 투자는 가지고 있는 자원을 재화와 용역을 생산하는 활동에 사용하는 행위를 말한다.

② 투자로 생산된 재화와 용역의 가치가 투자로부터 얻는 편익이 된다.

③ 비용은 투자자원이 다른 활동에 투입되었을 때 생산할 수 있는 재화와 용역의 가치, 그러니까 해당 투자활동으로 인해 희생된 가치를 말한다.

④ 투자에 의해 발생하는 편익이 비용보다 크다고 판단할 때 투자를 하게 된다.

⑤ 투자의 기회가 둘 이상일 경우 편익에서 비용을 차감한 순편익이 큰 것이 투자의 우선순위가 높다.

2) 투자 결정의 중요성

① 농업 경영의 경우 투자는 1년~수년 이내에 회전 된다.

② 산림 경영에서 자본의 회전은 수종과 지위급에 따라 30년~80년이 걸린다.

③ 산림 경영의 투자는 다른 경영에 비해 장기적이고 거액이 요구되지만, 편익의 실현은 오랜 시간이 걸린다.

④ 투자 결정을 어떻게 하느냐에 따라 자금이 오랫동안 묶이거나 사업의 손실로 이어질 수 있다.

⑤ 어떤 투자 안을 받아들일지 기각할 것인지를 결정하는 과정을 자본예산(capital budgeting)이라고 한다.

⑥ 자본예산의 결정은 원가 절감 결정, 시설 확장 결정, 설비 선택 결정, 임차 및 매입 결정 등의 의사결정 과정이다.

3) 투자 결정의 내용

① 산림사업의 평가 및 타당성 평가는 사업시행으로 인하여 발생하는 편익과 비용을 비교하여 사업의 수익성 내지 투자 효율을 판정하는 데 그 목적이 있다.

② 산림사업을 평가하기 위해서는 산림사업에서 얻을 수 있는 편익과 비용 항목의 계량화가 필요하다.

③ 산림사업의 편익과 비용의 계량화 가능성에 따라 아래와 같이 구분할 수 있다.

㉠ 시장가격 형성 및 사회적 가치를 반영하고 있는 편익과 비용

㉡ 시장가격은 형성되었으나 사회적 가치를 충분히 반영하지 못하고 있는 편익과 비용

㉢ 시장가격은 형성되어 있지 않으나 만일 시장이 존재한다면 소비자들이 지불할 가격을 추정할 수 있는 편익과 비용

㉣ 시장가격도 형성되어 있지 않고 계량화도 어려워 그 가치를 측정할 수 없는 편익과 비용

2 경제분석과 재무분석

어떤 투자사업을 국민경제적 관점에서 보느냐 또는 사경제적(私經濟的) 관점에서 보느냐에 따라 경제분석과 재무분석으로 구분한다.

1) 경제분석

① 경제분석은 사업의 편익과 비용을 국가적 입장에서 측정하고 경제적 수익률을 계산하여 투자 타당성 여부를 결정한다.

② 경제분석은 투자사업이 전체 국민경제에 어느 정도 기여하는가의 경제적 기여도를 측정할 수 있다.

③ 경제분석은 투자자본의 경제적 효율만을 계측할 뿐이지 자본의 소유관계나 소득분배 문제는 다루지 않는다.

2) 재무분석

① 재무분석은 사업에 참여한 개별 경제주체가 투입한 자본에 대한 수익성을 분석 대상으로 한다.

② 경제분석과 재무분석은 투자사업의 적정성을 평가한다는 측면에서 공통점이 많지만, 비용과 편익 항목의 결정에는 차이가 있다.

③ 세금의 경우 개별 기업은 비용이지만 경제분석에서는 세금이 사회에 환원된다는 측면에서 비용에 포함되지 않는다.

3 투자효율의 측정

임업 및 산림 투자효율은 현금흐름의 할인이나 할증 상태에 따라 화폐의 시간가치를 고려한 할인 모형과 시간가치를 고려하지 않은 비할인 모형이 있다. 현금흐름의 현금의 흐름을 측정하는 자체만으로 투자가 결정되는 것은 아니며, 측정된 현금흐름이 어떤 의미를 가지고 있는지를 검토하여야 한다. 할인 모형에는 순현재가치법, 내부투자수익률법, 수익·비용률법이 있고, 비할인 모형에는 회수기간법과 투자이익률법이 있다.

1) 회수기간법

① 투자에 소요된 모든 비용을 회수할 때까지의 기간이다.

$$\text{자금회수기간} = \frac{\text{투자액}}{\text{매년현금유입액}}$$

② 계산된 회수기간이 기업 자체에서 설정한 회수기간보다 짧으면 투자가치가 있는 것으로 평가된다.

③ 회수기간 이후의 현금흐름과 화폐의 시간적 가치를 무시하는 단점이 있다.

2) 투자이익률법

① 연평균 순이익과 연평균 투자액에 의하여 계산하는 방법이다.

$$\text{투자이익률}(\%) = \frac{\text{연평균 순이익}}{\text{연평균 투자액}} \times 100$$

② 투자 대상의 평균이익률이 내정한 이익률보다 높으면 투자 안을 채택한다.

③ 투자 규모와 화폐의 시간적 가치를 무시하는 단점이 있다.

3) 순현재가치법

① 투자에 의하여 발생할 미래의 모든 현금 흐름을 알맞은 할인율로 계산하여 현재가치를 기준으로 하여 투자를 결정하는 방법이다.

$$\text{현재가치} = \frac{\Sigma(\text{연차별 수입} - \text{연차별 비용})}{0.0P}$$

② 현재가가 0보다 큰 투자 안을 가치 있는 것으로 판단한다.(수익의 현재가가 투자비용의 현재가보다 크다는 것을 의미)

③ 총 투자액에 다른 여러 가지 투자 안이 있을 때 각 투자 안의 경제성을 비교하기 어렵다.

4) 내부투자수익률법

① 투자에 의해 예상되는 현금 유입의 현재가와 현금 유출의 현재가를 같게 하는 할인율을 말하며, 국제 금융기관 등에서 재무분석 등에 널리 이용된다.

② 내부투자수익률이 기대수익률보다 클 때 투자가치가 있다고 평가한다.

③ 내부투자수익률이란 투자를 하여 미래에 예상되는 현금 유입의 현재가치와 예상되는 현금 유출의 현재가치를 같게 하는 할인율이다.

5) 수익 · 비용률법

① 투자비용의 현재가에 대하여 투자의 결과로 기대되는 현금 유입의 비율을 나타낸다. 이를 B/C율이라 한다.

② B/C비율이 1보다 크면 투자가치가 있는 것으로 판단한다.

③ B/C율은 할인율이 높고 낮음에 따라 크게 변동되며, 일반적으로 할인율이 높을수록 B/C율은 낮아진다.

[임업투자의 경제성 평가 방법]

구분	산출	적용	제한	화폐의 시간적 가치
회수기간법	회수기간=투자액/매년현금유입액	회수기간이 내정한 것보다 짧을수록 투자가치가 있다.	회수기간 이후의 현금흐름과 화폐의 시간적 가치 무시	고려하지 않음
투자이익률법	투자이익률=연평균순이익/연평균투자액	투자평균이익률이 높을수록 투자가치가 있다.	투자 규모와 화폐의 시간적 가치 무시	고려하지 않음
순현재가치법	$NPV = \sum_{t=0}^{n} \frac{R_t - C_t}{(1+i)^t}$ n : 투자 종료 시점, R_t: t시점의 현금 유입(이익), C_t: t시점의 현금 유출(비용), i : 할인율	현재가가 0보다 큰 투자 안이 가치가 있다.	다른 투자 안이 있을 때 경제성 비교 곤란	고려함
수익 · 비용비법	B/C율=투자비용의 현재가에 대한 투자결과가 기대되는 현금유입 비율	1보다 크면 투자가치가 있다.	**화폐의 시간적 가치 무시**	**고려하지 않음**
수익 · 비용률법	$BCR = \frac{\sum_{t=0}^{n} \frac{R_t}{(1+i)^t}}{\sum_{t=0}^{n} \frac{C_t}{(1+i)^t}}$	NPV가 0보다 큰 사업 중 BCR이 가장 큰 사업을 선택한다.	할인율에 따라 변동이 큼	**고려함**
내부투자수익률법	$\sum_{t=0}^{n} \frac{R_t}{(1+i)^t} = \sum_{t=0}^{n} \frac{C_t}{(1+i)^t}$ 이 식을 만족하는 i가 내부수익률이다.	내부수익률이 자본비용보다 높으면 사업 시행 IRR이 가장 높은 사업을 선택한다.	할인율에 따라 변동이 큼	고려함

4 불확실성과 감응도 분석

1) 산림투자의 불확실성

① 산림 경영은 장기 사업이기 때문에 미래에 대한 불확실성이 내재되어 있다.

② 불확실성에 대응할 수 있는 조치로는 수익률을 최저로 설정하고, 기대되는 내용연수를 짧게 하며, 현금흐름을 보수적으로 추정하며, 낙관적·비관적·최선의 대안을 동시에 비교하는 것, 그리고 감응도 분석이 있다.

③ **감응도 분석(sensitivity analysis)은 불확실한 미래의 상황변화를 사업분석에 포함시킨 것이다.**

④ 편익과 비용을 결정하는 주요 요인을 변화시켜 가면서 여러 가지 조건에서의 NPV, B/C, IRR 등을 계산하여 이들이 얼마나 민감하게 변하는가를 관찰하는 것이 감응도 분석이다.

⑤ 임업투자에서 감응도 분석의 대상으로 고려하여야 할 요인은 다음과 같다.

㉠ 가격요인 : 생산물의 가격 및 노임

㉡ 생산량

㉢ 원료 및 원자재의 가격 변화에 따른 사업비용의 변화

㉣ 사업 기간의 지연

2) 감응도 분석 방법

① 미래에 발생할 모든 변동 상황을 주관적인 느낌으로 예측하고 판단하는 것을 주관적 감응도 분석이라고 한다.

② 감응도 분석은 객관적인 검토과정을 거쳐 여러 가능성이 있는 변동 상황 가운데 중요한 상황을 선택하여 이들 변화가 미치는 영향을 분석하는 것이다.

③ 사업의 NPV(순현재가치)에 영향을 미치는 주요 변수를 모두 나열한 후, 각 변수에 대해 확률을 부여하여 장래에 발생하는 여러 가지 상황을 종합적으로 분석하는 것을 일반적 감응도 분석이라고 한다.

CHAPTER

5 산림측정

section 1 직경의 측정

1 측정 기구

1) 윤척(caliper)

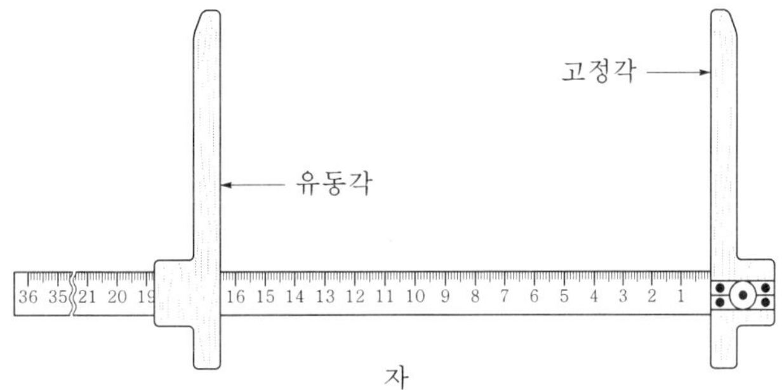

① 윤척은 입목의 직경측정에 사용된다. 알루미늄과 목제품이 있다.

② 윤척은 눈금자와 유동각, 고정각으로 구성되어 있다.

③ 윤척은 고정각과 유동각은 서로 평행이고, 자와 고정각, 자와 유동각은 직각이어야 한다.

④ 윤척은 휴대가 편하고 사용 방법이 간단하지만 고정각, 유동각, 자의 크기에 따라 측정할 수 있는 크기에 제한이 있다.

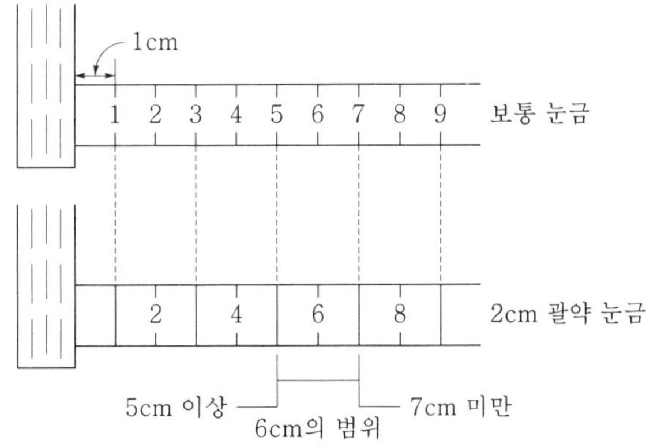

▲ 2cm 괄약의 방법

참고 윤척 사용의 장단점

① 사용이 간단하고, 휴대가 편하다.
② 숙련자가 아니어도 쉽게 사용할 수 있다.
③ 사용 전에 반드시 검정 및 조정을 받아서 사용해야 한다.
④ 측정할 수 있는 직경의 크기에 제한을 받는다.
  – 윤척의 다리길이가 임목의 반지름보다 길어야 한다.
⑤ 유동각이 잘 안 움직이는 경우가 있다.
  – 이물질이 끼지 않도록 주의한다.
  – 목제품인 경우 습기 때문에 안 움직이는 경우도 있다.
⑥ 윤척이 수간축과 직교하지 않고 경사지면 오차가 발생한다.

2) 직경테이프

① 불규칙한 임목을 측정하기 쉽다.

② 수평으로 돌려 감아야 한다.

③ 스틸테이프이기 때문에 조정할 필요가 없다.

S = 3.14159×D, S : 테이프 눈금, D : 직경

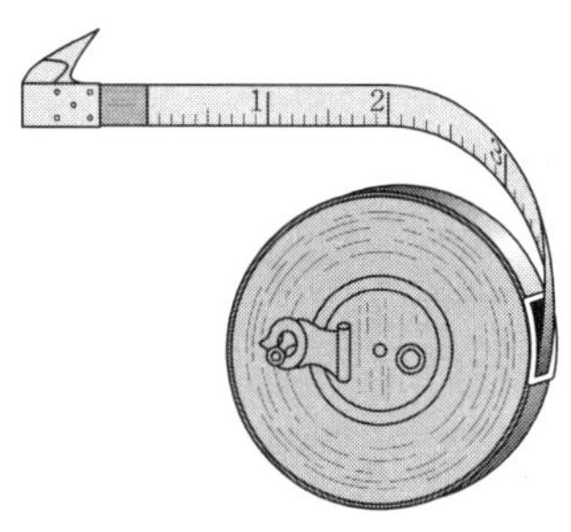

▲ 직경테이프

3) 자

가장 간단한 지름측정 기구로 벌채목의 지름측정에 사용할 수 있다.

4) 빌트모어스틱

① **빌트모어스틱(biltmore stick)은 길이 30cm 정도의 자(straight rule)로 만든다.**

② 빌트모어스틱을 눈에서 50cm 정도의 일정한 거리만큼 떨어진 임목에 그 임목의 직경과 평행하게 대고 눈에서 수간의 한쪽 끝과 다른 한쪽 끝을 연결하는 선을 그었을 때, 두 선이 자와 교차되는 곳의 길이로 그 나무의 직경을 측정할 수 있도록 눈금을 넣은 것이다.

▲ 빌트모어스틱 사용 방법

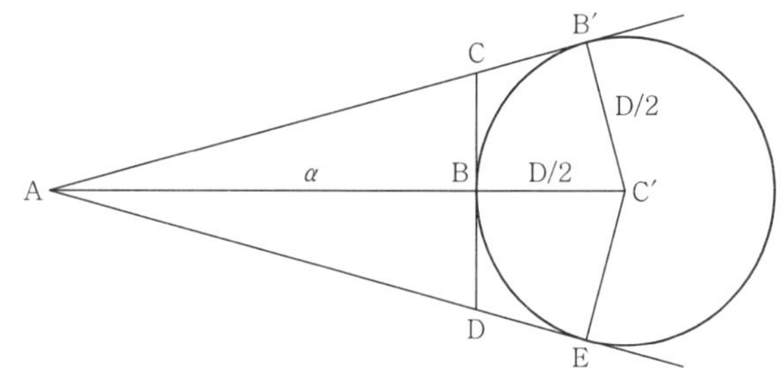

a : 눈과 빌티모어스틱의 거리(50cm), D : 흉고직경

▲ 빌트모어스틱의 원리

5) 섹터포크(sector fork)

A에서 나무의 수피의 접선에 위치한 자의 눈금을 읽어 흉고직경을 측정한다.

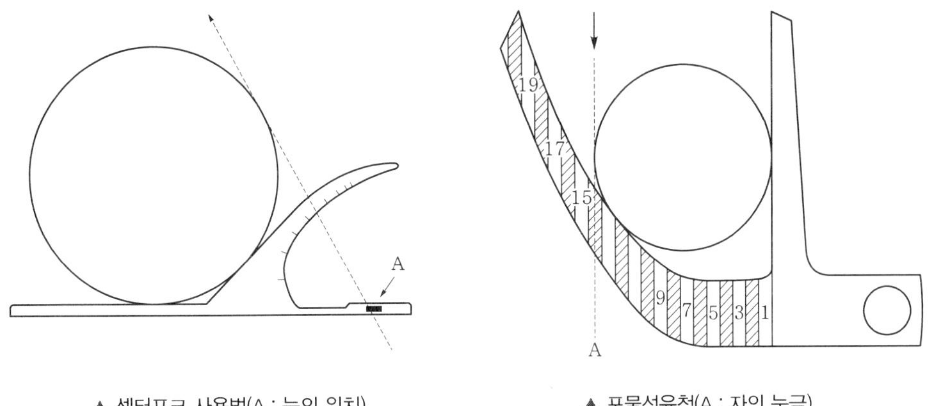

▲ 섹터포크 사용법(A : 눈의 위치)　　▲ 포물선윤척(A : 자의 눈금)

6) 포물선윤척

평행선이 가리키는 눈금을 읽어 흉고직경을 측정한다.

7) 프리즘식 윤척

고정된 프리즘과 움직일 수 있는 프리즘, 두 개의 펜타프리즘(pentaprism)과 자로 구성되어 있다. 임목의 직경 AB와 일치하도록 이동식 프리즘의 C 눈금을 읽어서 직경을 측정한다.

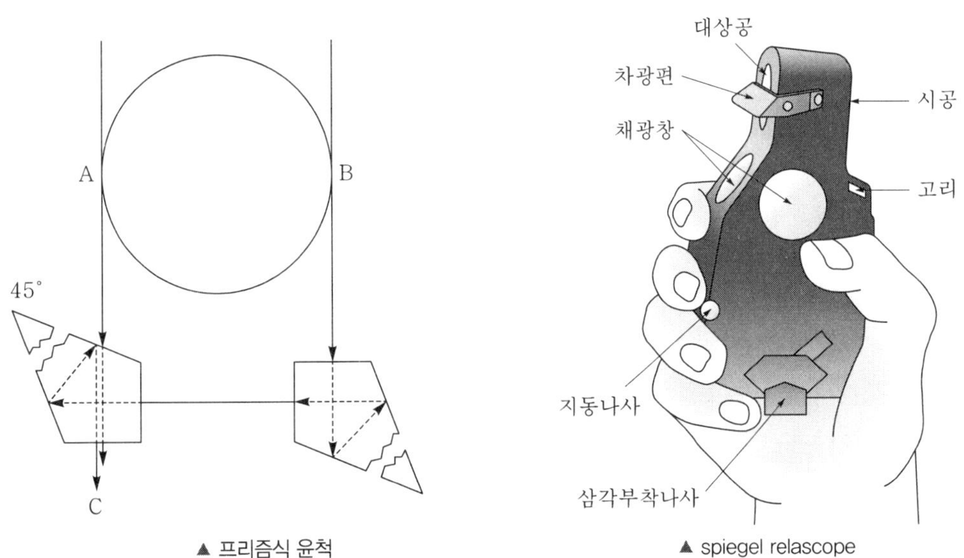

▲ 프리즘식 윤척　　▲ spiegel relascope

8) 스피겔릴라스코프

폭이 넓은 단위 폭 눈금과 폭이 좁은 단위의 $\frac{1}{4}$폭으로 구성된 눈금을 사용하여 직경을 측정한다. 직경을 D, 임목까지의 거리를 R, $\frac{1}{4}$폭의 수는 $\frac{1}{4}$RU라고 하면 직경은 아래의 식으로 구할 수 있다.

$$D[cm] = \frac{R}{2} \times \frac{1}{4} RU\text{의 수}$$

[직경계산 사례]

높이(m)	눈금을 읽은 값	직경(cm)
18.5	1 *RU* 1/4 *RU*	$\frac{20}{2} \times (1+0.7) = 17$
14.3		$\frac{20}{2} \times (2+0.6) = 26$
9.8		$\frac{20}{2} \times (3+0.5) = 35$
5.2		$\frac{20}{2} \times (4+0.8) = 48$
1.2		$\frac{20}{2} \times (4+1+0.3) = 53$

9) 텔리릴라스코프

스피겔릴라스코프에 삼각대와 망원경을 달고 있는 구조다. 직경측정 방법은 스피겔릴라스코프와 같다.

2 흉고직경

1) 흉고직경의 개념

① 흉고직경은 가슴 높이 1.2m 높이에서 임목의 지름을 말한다.

② 흉고직경은 임목의 재적을 계산하기 위해 측정한다.

③ 임목의 재적을 산출하기 위해 흉고직경을 측정할 때는 2cm 단위로 묶어 측정하는데, 이것을 2cm 괄약이라고 한다.

④ 임목의 재적을 산출하기 위한 직경측정은 5cm 이상 되는 것만 측정한다.

2) 흉고직경을 측정하는 방법

① **땅이 기울어진 경사지에서는 뿌리보다 높은 곳에서 측정한다.**

② **1.2m의 높이, 가슴 높이에서 측정한다.**

③ **수간 축에 직각 방향으로 윤척을 대고 측정한다.**

④ **흉고 부위에 가지가 있으면 위나 아래를 측정하여 평균한다.**

⑤ **장변을 잰 값과 단변을 잰 값을 평균한다.**

⑥ **평균한 값을 2cm 괄약하여 매목조사야장에 기재한다.**

⑦ **유동각과 고정각 그리고 자의 3면이 모두 수간에 닿도록 하여 측정한다.**

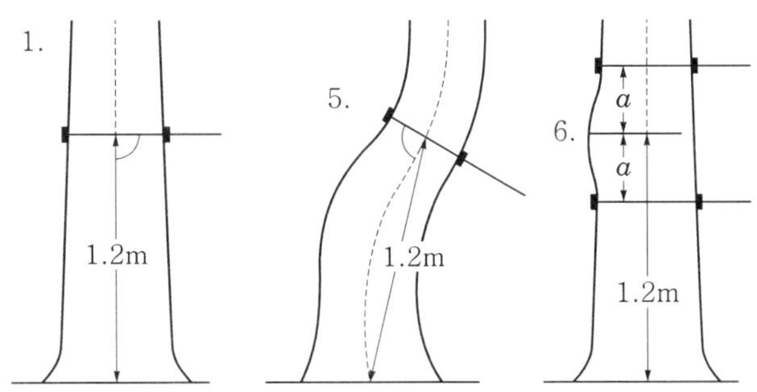

▲ 흉고직경 측정 위치와 방법

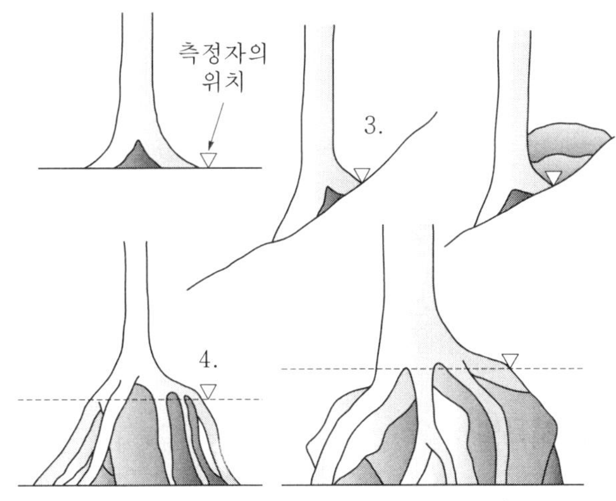

▲ 흉고직경 측정 기준 높이

3) 직경을 측정하는 측정자의 위치

① 지형이 기울어진 곳에서는 높은 곳에서 잰다.

② 뿌리가 솟아오른 경우는 뿌리 윗부분부터 잰다.

③ 수간이 기울어진 곳에서는 수간의 직각 방향으로 잰다.

④ 흉고 부위가 기형이면 위와 아래로 같은 거리만큼 이동하여 재고, 잰 값을 평균하여 흉고직경으로 정한다.

3 수피후측정

1) 직경의 구분

① 직경은 수피의 안지름(DIB)과 수피의 바깥지름(DOB)으로 구분할 수 있다.

② 수피를 합한 직경, 수피외직경(DOB)

③ 수피를 제외한 직경, 수피내직경(diameter inside bark(DIB))

2) 수피내직경 산출식

① **수피내직경=수피외직경−2×수피후**

② DIB=DOB−(수피 두께×2)

3) 수피후측정 기구

① 수피의 두께는 수피측정기로 측정한다.

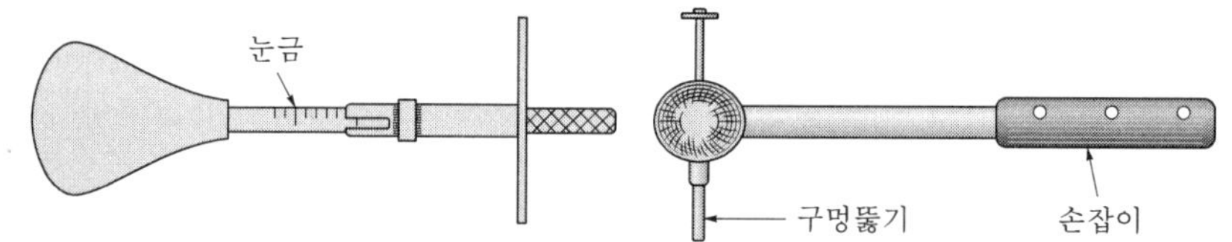

▲ 수피후측정기구와 보링해머

section 2 수고의 측정

1 측고기의 종류와 사용법

1) 상사삼각형을 응용한 측고기

① 와이제측고기(weise hypsometer)

- 수고측정 기구의 하나인 와이제측고기는 기하학적 원리를 응용한 측고기로써 구조가 간단하고 가벼워 사용상 편리하다.
- 금속제 원통에 시준장치가 있고 원통에 붙은 자의 한 면은 톱니모양으로 되어 있다.
- 원통 안에 보관하는 기구는 수평거리를 고정시키는 눈금과 추가 있으며, 닮은꼴 삼각형의 원리(상사삼각경의 원리)에 의하여 수고를 측정할 수 있도록 고안되어 있다.
- 그림에서와 같이 아소스측고기를 이용하여 수고를 측정할 때 삼각형 ABC와 A′B′C′가 닮은꼴이고 또한 ABD와 A′B′C′도 닮은꼴 삼각형이기 때문에, 이 원리에 의하여 와이제측고기의 눈금을 읽어 실제 수고 h=BC+BD를 구한다.

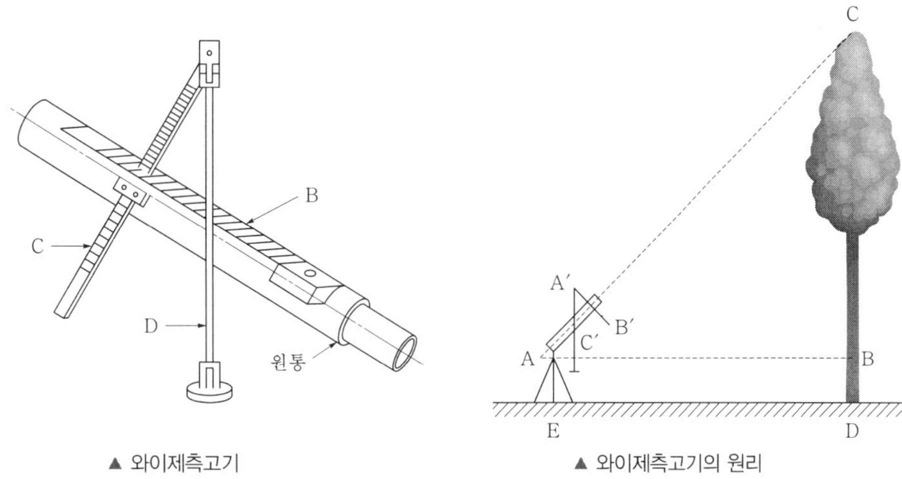

▲ 와이제측고기　　▲ 와이제측고기의 원리

※ hypso－ : height, altitude의 뜻(모음 앞에서는 hyps－)

② 아소스측고기(aso's hypsometer)

- 아소스측고기는 사거리(斜距離)를 측정하여 한 번의 측정에 의하여 나무의 높이를 구할 수 있는 장점이 있는 측고기이다.
- 그림에서 보는 바와 같이 아소스측고기의 구조는 와이제측고기와 비슷하지만 원통형의 자에는 사거리를, 자 B에는 입목의 높이를 표시했고, 자 B를 수직이 되도록 하기 위하여 추가 달려 있다.
- 아소스측고기를 사용하여 수고를 측정하고자 할 경우에는 테이프로 사거리를 측정하여 자 B의 위치를 A에 정한다. 그리고 E에서 A를 통하여 나무 밑을 보아 A를 맞추고 추로 자 B를 수직이 되게 한 다음 나무의 꼭대기를 시준하여 F를 시준선 상에 들어가게 할 때, F가 가리키는 곳을 읽으면 수고를 얻을 수 있다.
- 시준선이 나무의 밑을 시준할 수 없을 때에는 나무 밑에 폴(pole)을 세우고 폴을 보아 A를 맞추고 수고를 측정한 후 폴의 길이를 가산하여 나무의 높이를 구하는 경우도 있다.

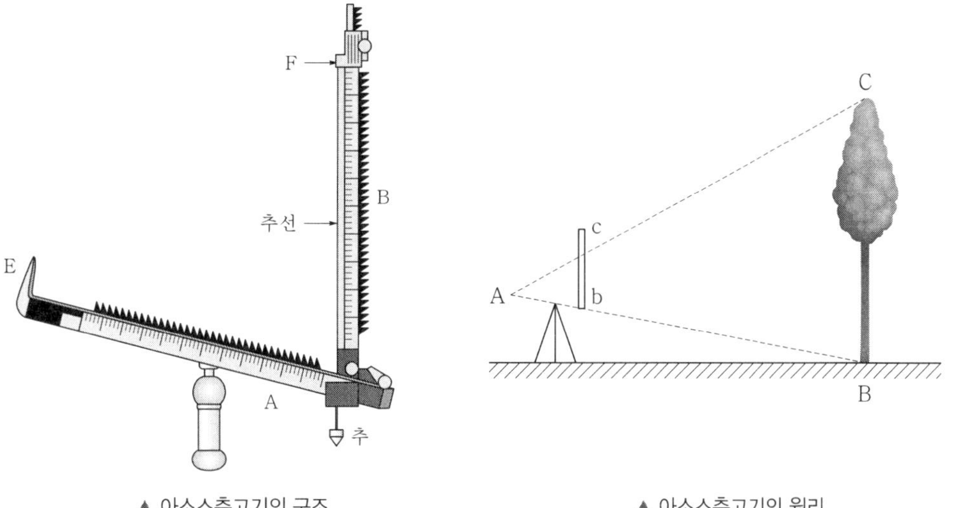

▲ 아소스측고기의 구조　　▲ 아소스측고기의 원리

③ 크리스튼측고기(christen hypsometer)

- 입목(立木)의 수고를 측정하는 기구 중의 하나로 다른 측고기에 비하여 매우 간편하다.
- 이 측고기는 불규칙적인 수가 적힌 20cm 또는 30cm 되는 금속 또는 목재로 된 자와 일정한 길이의 폴과 함께 사용한다.
- 폴을 측정하고자 하는 나무 밑에 세우고 눈에서 어느 정도 떨어진 위치에 크리스튼측고기를 수직 또는 나무와 평행하게 세운 다음 측고기의 길이가 보무를 보는 협각(陜角)에 완전히 끼게 하고, 측고기를 통하여 나무 밑에 세운 폴을 시준할 때, 그 시준선이 측고기와 만나는 선의 눈금을 읽어서 수고를 구한다.

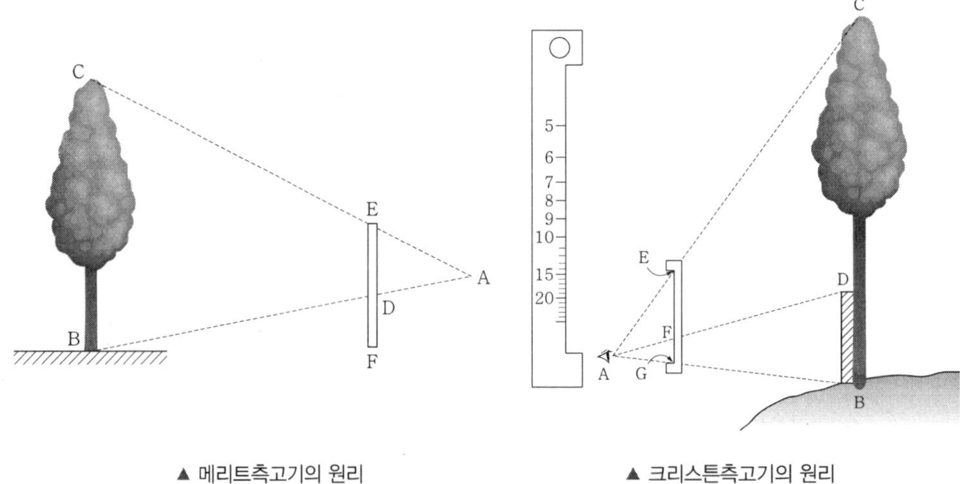

▲ 메리트측고기의 원리

▲ 크리스튼측고기의 원리

④ 메리트측고기(meritt hypsometer)

- 빌티모어스틱과 같은 막대기에 눈금을 매겨 눈에서 일정한 거리만큼 떨어진 곳에 수직으로 세우고, 나무에서 일정한 거리만큼 떨어진 위치에서 수고를 측정하도록 고안된 기구이다.
- BC와 DE, AD와 BD가 비례관계에 있는 것을 이용하여 수고를 측정한다.
- 삼각형 ADE와 삼각형 ABC가 서로 닮은 것을 이용하여 수고를 측정한다.
- 빌트모어스틱 사용하여 66feet, 20m의 수고를 측정할 수 있다.

⑤ 크라마덴드로미터

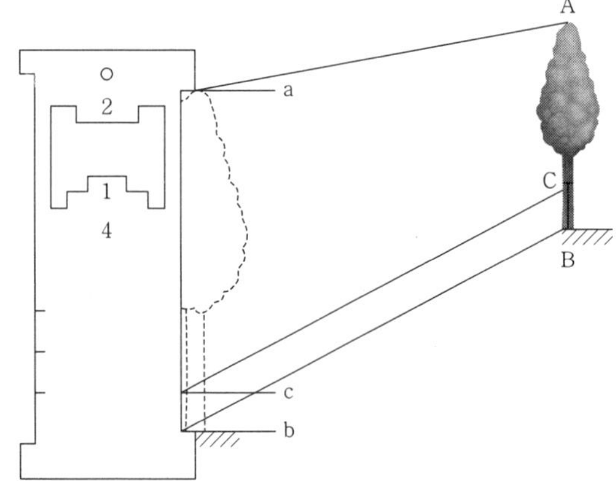

▲ 크라마덴드로미터의 수고측정

– $bc = \frac{ab}{10}$가 되도록 눈금을 매긴 크라마덴드로미터(kramer's dendrometer)라는 자를 이용하여 수고를 측정한다.

– 이 자를 이용하여 나무의 AB를 자의 ab와 일치시킨 상태에서 자의 c에 해당하는 점 C를 결정하고, BC의 높이를 잰다. 수고 = BC × 10

⑥ 간편법 : 측고기가 없을 때 수고를 추정(estimate)하는 방법이다.

㉠ 이등변삼각형 응용법 : 다루기 쉬운 60~90cm 되는 자를 이용하여 팔의 길이와 자의 손 위의 길이가 같게 하여 잡은 후 나무의 정단과 지제부를 측정한다. AD=ED가 되므로 AB=BC가 된다. AB의 거리를 실측하면 이 거리를 수고라고 할 수 있다.

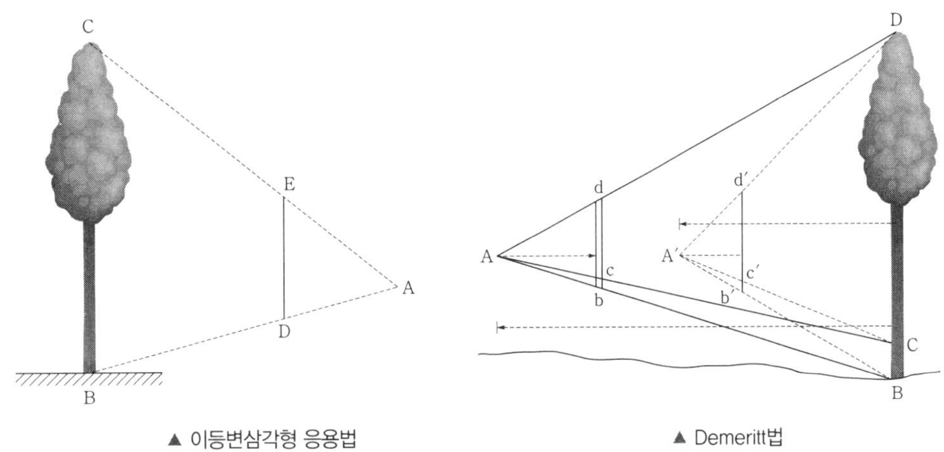

▲ 이등변삼각형 응용법

▲ Demeritt법

㉡ Demeritt법 : 임목의 밑에 길이를 알 수 있는 물건을 세워놓고, 측정자와 나무의 거리 AB와 자와 사람의 거리 Ab가 비례관계, 자의 높이 BD가 나무의 높이 BD와 비례관계에 있는 것을 이용하여 수고를 측정하는 방법이다.

2) 삼각법을 이용한 측고기

① 트랜싯(tangent of angles method)

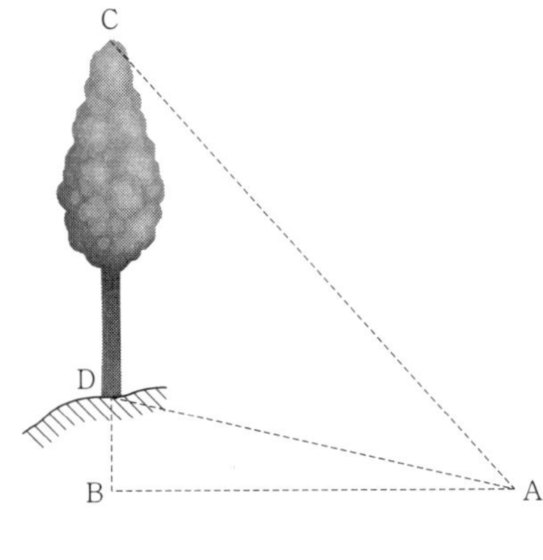

▲ 트랜싯 측정 지점

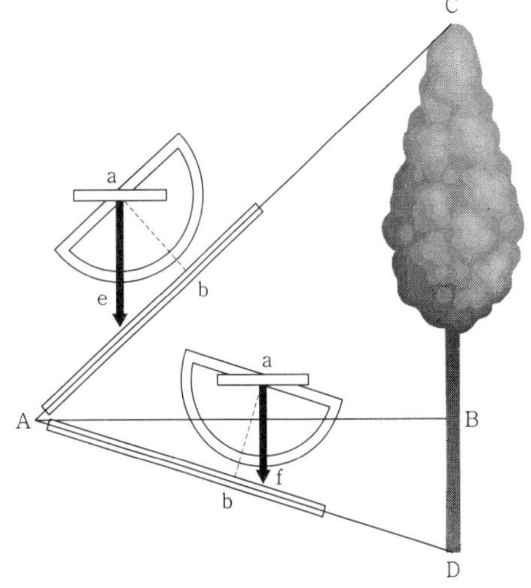

▲ 아브네이레블 사용법

- 트랜싯은 각을 측정할 때 사용하는 측량기다. 트랜싯을 거치한 후 초두부 C와 근원부 D의 각을 측정한 후, 스틸테이프를 이용하여 기계와 입목의 수평거리 AB를 측정한다.

$$수고 = BC - BD = AB(tan\angle BAC - tan\angle BAD)$$

- 트랜싯과 나무의 거리는 되도록 멀어야 측정오차를 줄일 수 있다.

② 아브네이레블(abney hand level)

- 기포가 설치된 시준기로 시준선과 수평선의 각을 측정할 수 있도록 만든 수고 측정기다.
- 호에 수평거리 100을 기준으로 높이를 환산하여 기록하였으므로 100m 또는 50m 거리에서 측정하면 계산이 편하다.

$$수고 = BC + BD = e + f$$

③ 미국 임야청측고기

둥근판에 탄젠트를 %로 환산한 것과 경사각의 눈금이 새겨져 있다.

$$수고 = 거리 \times \tan\theta = 거리 \times \%$$

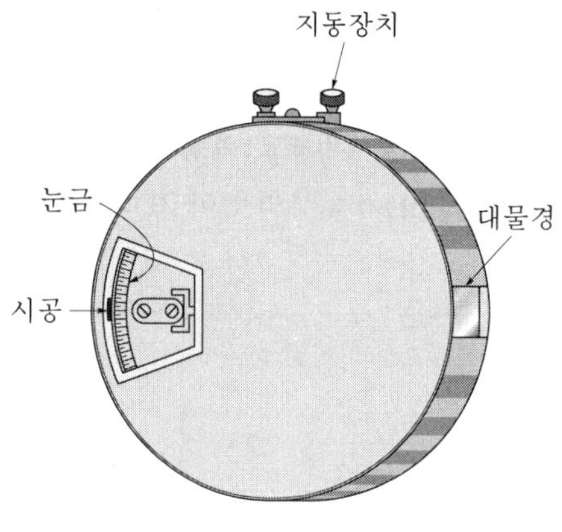

▲ 미국 임야청 측고기

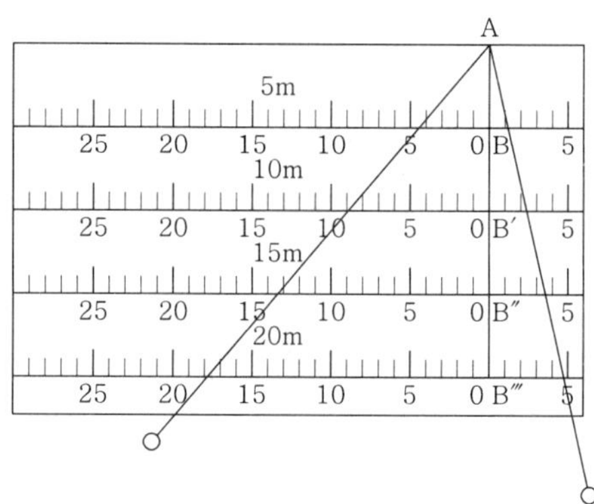

▲ 카드보드측고기의 눈금

④ 카드보드측고기

- 아브네이레블(abney hand level)의 눈금을 거리 5m, 10m, 15m, 20m에서 환산한 높이가 기록되어 있다.
- 줄자로 지정된 거리만큼 이동한 후 초두부와 근원부를 측정하여 그 값을 합산하여 수고를 구한다.

⑤ 하가측고기(haga hypsometer)

- 하가측고기는 삼각법에 의하여 수고를 측정할 수 있도록 제작되어 있는 기구이다.
- 이 기구는 수고를 측정하고자 하는 입목으로부터 다양한 거리에서 측정할 수 있는 눈금이 미리 제작되어 있기 때문에, 측정 조건에 따라 수평거리로 15m, 20m, 25m 등으로 떨어진 거리에서 측정할 경우 해당 수평거리를 기구의 앞에 붙은 회전나사를 돌려 선택한 후, 시준공과 대물공을 통하여 나무의 수관 정단부와 지표 부위를 두 번 시준하여 눈금을 읽음으로써 수고를 측정하도록 제작되어 있다.
- 수평거리는 스틸테이프(줄자)를 이용하여 측정할 수도 있고, 목표판을 붙여서 읽은 측거기와 목표판이 일치할 때까지 이동하여 목표판에 기록된 거리로 결정할 수도 있다.
- 수고는 시준한 눈금을 읽어서 측정한다.

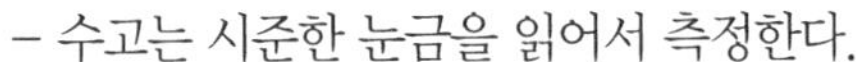

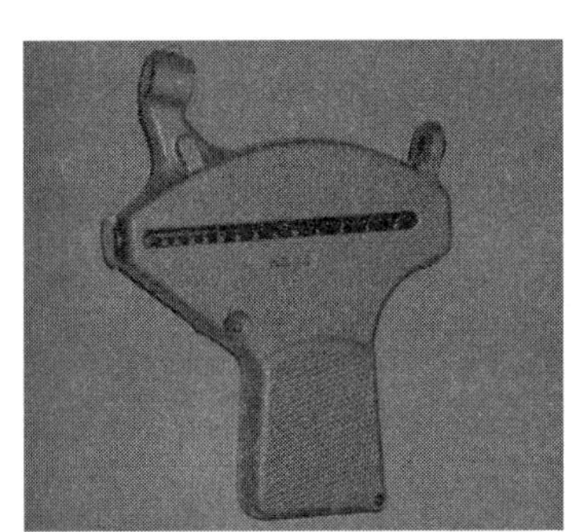

▲ 하가측고기

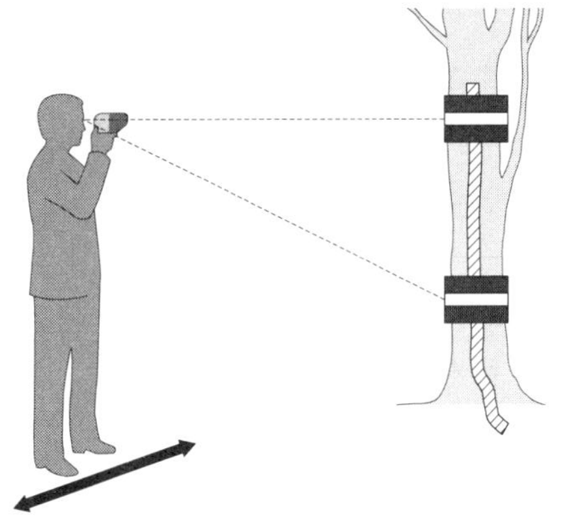

▲ 하가측고기로 거리 측정하는 방법

⑥ 블루메라이스측고기(blume leiss hypsometer)

- 일반적인 측고기와 마찬가지로 나무로부터 일정한 거리만큼 떨어져서 나무의 수관 정상부위와 지표와 닿은 나무의 최하단을 두 번 시준하여 눈금을 읽음으로써 수고를 측정하도록 제작된 측고기이다.
- 수관 정상 부위를 시준할 때는 측고기의 전면 위쪽의 단추를 누른 상태에서 정확하게 시준한 후 잠시 후 눈금의 움직임이 멈추면 단추를 놓고, 나무의 최하단을 시준할 때는 밑의 단추를 누른 상태에서 앞의 방법과 같이 측정한다.

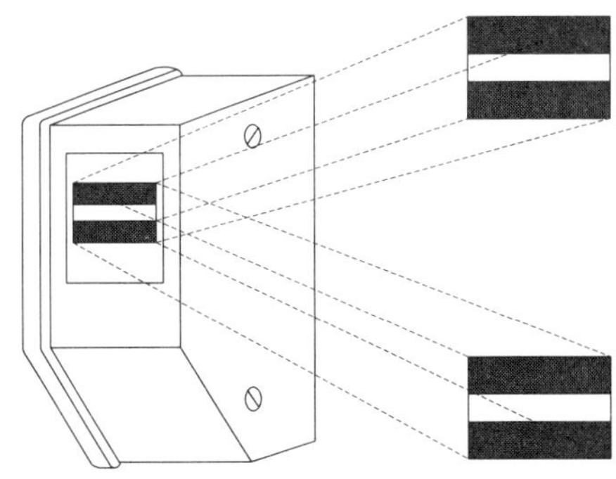

▲ 블루메라이스측고기와 목표판(오른쪽)

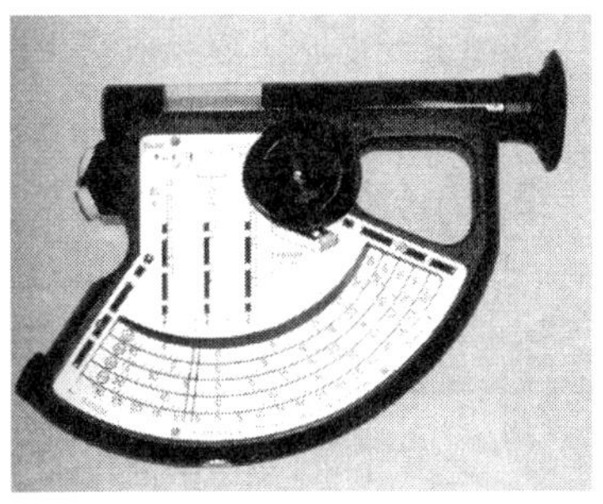

▲ 브루메라이스 측고기

⑦ 스피겔릴라스코프

- 수평거리 15m와 20m에서 수고를 측정할 수 있는 %눈금이 새겨져 있다.
- 스피겔릴라스코프는 각산정표준지법에 사용되는 측정기구로 유사한 기능을 가지고 있는 Wedge Prism이나 Angle Gauge에 비하여 경사지의 수평거리를 자동으로 환산하여 주는 장점을 가지고 있다. 따라서 우리나라와 같은 산악지에서의 산림조사에 적합한 측정기구로 표준지의 크기를 결정하거나 또는 줄자를 통하여 표준지의 경계를 표시할 필요가 없기 때문에 매우 신속한 측정이 가능한 기구이다.
- 스피겔릴라스코프에 의하여 임목을 측정하는 방법은, 우선 이 기구의 내부에 있는 눈금의 두께에 의해 사용자가 먼저 흉고단면적정수(basal area factor)를 선택한 후 측정해야 하는 특징을 가지고 있다.
- 흉고단면적정수는 이 스피겔릴라스코프에 의하여 측정 대상이 되는 임목은 그 크기에 관계없이 일정한 양의 흉고단면적을 할당하는 것으로, 이 기구에서 선택할 수 있는 흉고단면적정수는 $1m^2$, $2m^2$, 그리고 $4m^2$의 3가지가 있으며, 어느 것을 선택하느냐에 따라 시준 시 선택하는 눈금의 두께가 달라진다. 따라서 이 기구에 의하여 측정을 하면 자동적으로 ha당 흉고단면적이 결정되는데, 예를 들어 흉고단면적정수를 $1m^2$로 하는 눈금의 두께를 선택하여 시준한 결과 15본의 임목이 측정 대상이 되었다면, 이 임분의 ha당 흉고단면적은 $15m^2$로 계산된다.
- 그밖에도 스피겔릴라스코프는 수고 등 다양한 항목에 대한 측정이 가능한 기구이다.

⑧ 텔리릴라스코프(tele-relascope)

- 망원경이 달린 릴라스코프로 스피겔릴라스코프와 같이 %눈금을 사용한다.
- 20m의 거리에서 나무의 초두부를 읽은 눈금이 75%였다면 수고는 다음과 같다.

$$\text{수고}=20\times\frac{75}{100}=15(\text{m})$$

⑨ 순또측고기

- 수평거리는 블루메라이스 측고기의 목표판을 사용하여 측정할 수 있지만, 일반적으로는 줄자를 이용하여 측정한다.
- 수고의 눈금이 15m와 20m에 맞추어져 있으므로 줄자로 15m 또는 20m 거리를 측정하여 이동한 후 수고를 측정한다.

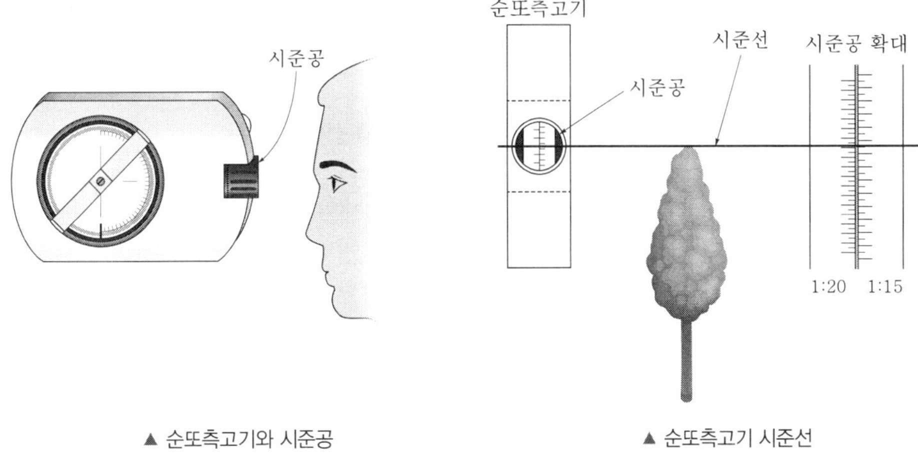

▲ 순또측고기와 시준공

▲ 순또측고기 시준선

2 측고기 사용상의 주의 사항

① **가능하면 나무의 근원부와 등고 위치에서 잰다.**

② **나무의 정단과 밑이 잘 보이는 데서 측정한다.**

- 측정 위치는 측정하고자 하는 나무의 정단과 밑이 잘 보이는 지점을 선정해야 한다.
- 풀이나 관목, 또는 지형 때문에 밑이 잘 안 보일 때에는 잘 보이는 데까지 측정한 후, 그 점에서 지상까지의 거리를 측정하여 가산한다.

③ **나무만큼 떨어진 위치에서 측정한다.**

- 측정 위치가 가까우면 오차가 생긴다.
- 수고를 목측하여 나무의 높이만큼 떨어진 곳에서 측정하면 오차를 줄일 수 있다.

④ **경사지에서는 여러 방향을 측정하여 평균한다.**

- 경사진 곳에서 측정할 때에는 오차가 생기기 쉬우므로 여러 방향에서 측정하여 평균한다.
- 가능하면 등고 위치에서 측정한다.

3 벌채목의 수고측정

① 벌채목(felled tree)은 테이프 자로 10cm 단위까지 정확하게 수고를 측정한다.

② 벌채목의 수고를 측정할 때는 근주의 높이를 테이프로 측정한 값에 가산해야 한다.

③ 초단부가 꺾이는 경우 원래의 높이를 추정해야 한다.

4 임분의 수고측정

① 임분의 수고는 평균수고로 계산한다. 임분의 흉고단면적을 구하고, 임분의 평균흉고단면적을 갖는 나무의 수고를 측정한다.

② 높은 수고를 기준으로 수고를 측정하여 평균하는 경우도 있고, 면적에 따라 측정 본수를 정하는 경우도 있다.

[면적에 따라 수고측정 본수를 정하는 경우]

면적(ha)	인공림(本)	천연림(本)
0.5~2.0	6	8
2.0~10.0	8	12
10 이상	10	16

section 3 연령의 측정

임목의 연령(age)이란 임목이 발아하면서부터 경과된 연수인 현실령(actual age)을 말한다. 지상 0.0m 지점의 횡단면에 나타나는 연륜의 수를 세면 수목의 연령을 알 수 있는데, 수목이 어떠한 장해도 받지 않고 정상적인 성장을 했을 때 현재의 크기에 도달하는 연수를 Lorey는 경제령이라고 하였다. 경제령은 수확표에 의해 계산하는 것이 편리하다. 경제령에는 본수령, 재적령, 평균 생장량령, 단면적령, 흉고령, 표준목령, 수확표령이 있다.

1 단목의 연령 측정

① 기록에 의한 방법

- 조림 기록, 조림 푯말, 조림한 사람의 기억에 임령(age of stand)을 알 수 있다.

② 목측법에 의한 방법

- 영급을 50년 이하, 50~100년, 100~200년과 같이 구분하는 경우 짧은 경험으로도 가능하다.
- 입지환경이나 흉고직경으로 추정하는데, 오차의 범위가 커서 실용성이 없다.

③ 지절에 의한 방법

- 고정생장하는 수종, 단축분지 수종은 나무의 절수를 세어서 임령을 추정할 수 있다.
- 가지가 윤상(whorl, 輪狀)으로 자라는 소나무와 같은 수종의 지절을 이용하여 임령을 추정할 수 있다.

④ 성장추에 의한 방법

- 성장추에서 채취한 목편의 나이테 수를 세어 연령을 측정하는 방법이다.
- 성창추를 이용하는 경우 반드시 송곳을 수간의 축과 직교하도록 하고 임목의 중심부를 통과하도록 해야 한다.

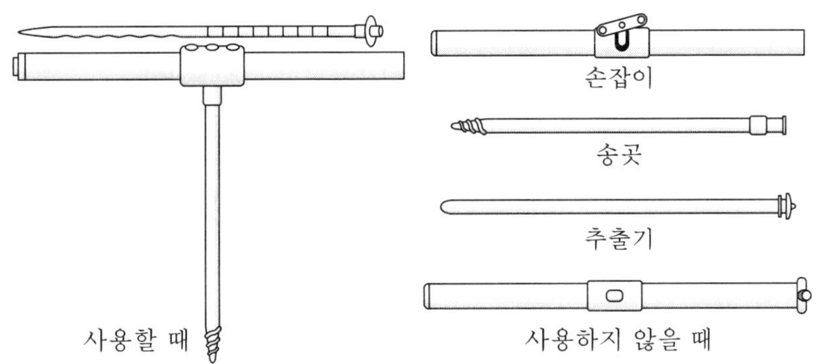

▲ 성장추의 구조

⑤ 나이테 수에 의한 방법

– 벌채목의 원판에서 직접 연륜을 세어 연령을 측정하는 방법이다.

2 임분의 연령 측정

1) 동령림

각 임목의 연령이 동일하거나 거의 같은 임분을 동령림이라고 하는데, 인공조림지가 동령림에 속한다. 동령림은 단목의 연령을 측정하는 방법으로 연령을 측정한다.

2) 이령림

① 본수령

Guttenberg는 산술평균에 의해 계산하였다.

$$A[\text{년}] = \frac{n_1a_1 + n_2a_2 + \ldots\ldots + n_na_n}{n_1 + n_2 + \ldots\ldots + n_n}$$

식에서, n : 영급별 본수, A : 평균령, a : 영급, n : 영급 갯수

② 재적령

㉠ Smalian식

스말리안은 재적을 임령으로 나눈 값을 임분의 나이인 임령으로 결정하였다. **전체 면적을 임령별 면적으로 나누어서 구한다.**

$$A[\text{년}] = \frac{V_1 + V_2 + \ldots\ldots + V_n}{\frac{V_1}{a_1} + \frac{V_2}{a_2} + \ldots\ldots + \frac{V_n}{a_n}}$$

식에서, V : 각 영급의 재적, V : 임령, a : 영급별 임령, n : 영급 갯수

ⓛ Block식

블록은 재적에 대하여 가중 평균하여 임분의 연령을 계산하였다.

$$A[\text{년}] = \frac{V_1a_1 + V_2a_2 + ... + V_na_n}{V_1 + V_2 + ... + V_n}$$

식에서, V : 각 영급의 재적, V : 임령, a : 영급별 임령, n : 영급 갯수

③ 면적령

면적을 가중 평균하여 계산한다.

$$A[\text{년}] = \frac{f_1a_1 + f_2a_2 + ... + f_na_n}{f_1 + f_2 + ... + f_n}$$

식에서, f : 임지면적, A : 임령, a : 영급별 임령, n : 임지 갯수

④ 표본목령

표본목의 연령을 측정하여 평균하여 계산한다.

$$A[\text{년}] = \frac{a_1 + a_2 + ... + a_n}{n}$$

식에서, A : 임령, a : 표준목의 임령, n : 표준목본수

section 4 생장량 측정

1 생장량의 종류

① 생장(growth)은 주어진 기간 동안 개체목 또는 임분에서 부피 또는 재적이 증가한 양이다.

② 생장량은 목재의 부피 또는 재적이 증가한 양이다. 재적이 증가했다는 것은 크기가 커졌다는 것이다.

③ 생장은 흉고직경, 수고, 흉고단면적, 재적 등으로 구분하여 나타낼 수 있다.

④ 수확(yield)은 개벌에 있어서는 어느 주어진 기간 말에서의 최종 크기를 의미한다.

⑤ 수확은 어떤 주어진 수령 또는 임령에 대한 양이고, 생장은 주어진 기간에 대한 양이다.

⑥ 수확량(Y)는 시간(t)의 함수로 나타낼 경우 Y=f(t)로 나타낼 수 있다.

⑦ 생장량는 평균생장량($\frac{Y}{t}$)과 연년생장량($\frac{dY}{dt}$)으로 구분하여 나타낼 수 있다.

1) 총생장량(gross production)

① 시간의 흐름에 따른 수확량의 변화, 총생산량

② 총생장량 곡선은 일반적으로 누운 S자 형태를 나타낸다.

③ 총생장량 곡선은 초반에 점증적으로 증가하다가 증가율이 변곡점에서 최대에 달하고, 그 이후에는 점감적으로 증가한다.

2) 평균생장량(MAI; Mean Annual Increment)

① 주어진 기간 동안 매년 평균적으로 증가한 양이다.

② 평균생장량은 수학적으로 총생장량(Y)을 수령 또는 임령(t)으로 나눈 양인($\frac{Y}{t}$)에 해당한다.

③ 기하학적으로는 원점으로부터 총생장량곡선 상의 한 점까지 연결한 직선의 기울기를 나타낸다.

3) 연년생장량(CAI; Current Annual Increment)

① 수령 또는 임령이 1년 증가함에 따라 추가적으로 증가하는 수확량이다.

② 연년생장량은 수학적으로 총생장량(Y)을 수령 또는 임령(t)에 대하여 미분한 양($\frac{dY}{dt}$)을 의미한다.

③ 연년생장량은 기하학적으로 총생장량곡선 상의 한 점에서의 접선의 기울기에 해당한다.

4) 정기평균생장량

① 평균생장량은 생장량을 나타내고자 하는 기간이 긴 경우 전체 긴 기간 동안의 생장량을 지나치게 단순하게 나타낸다.

② 연년생장량은 생장량을 나타내고자 하는 기간이 긴 경우 반대로 지나치게 세분하여 나타낸다.

③ 생장량을 나타내고자 하는 기간이 긴 경우 보통 5년 또는 10년 단위로 연년생장량을 나타내기도 하는데, 이를 정기평균생장량(PAI; Periodic Annual Increment)이라고 한다.

④ 정기평균생장량은 두 시점 간의 수확량 차이를 두 시점 간의 연수 차이로 나눈 값($\frac{Y_{t+A} - Y_t}{A}$)를 의미한다.

⑤ 정기평균생장량은 기하학적으로는 총생장량곡선 상의 두 점을 이은 직선의 기울기에 해당한다.

5) 진계생장량(ingrowth)

산림조사 기간 동안 측정할 수 있는 크기로 생장한 새로운 임목들의 재적이다.

2 연년생장량과 평균생장량 간의 관계

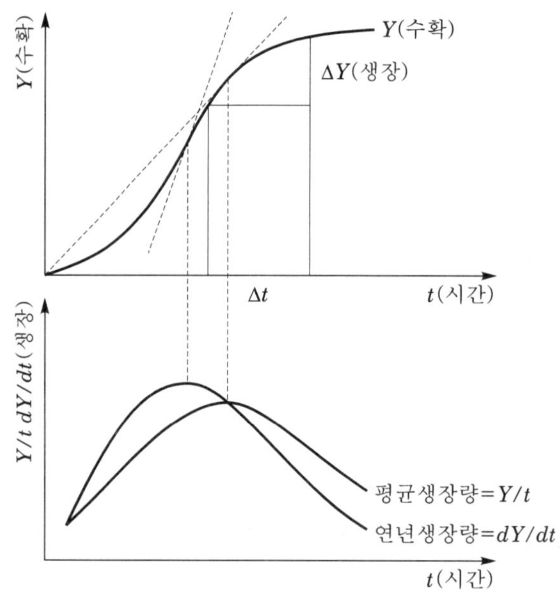

▲ 수확량과 생장량 간의 관계

① **처음에는 연년생장량이 평균생장량보다 크다.**

② **연년생장량은 평균생장량보다 빨리 극대점을 갖는다.**

③ **평균생장량의 극대점에서 두 생장량의 크기는 같다.**

④ **평균생장량이 극대점에 이르기까지는 연년생장량이 항상 평균생장량보다 크다.**

⑤ **평균생장량이 극대점을 지난 후에는 연년생장량이 평균생장량보다 작다.**

⑥ 연년생장량이 극대점에 이르는 기간을 유령기, 유령기부터 평균생장량의 극대점까지를 장령기, 그 이후를 노령기로 구분할 수 있다.

⑦ 임목은 평균생장량이 극대점을 이루는 해에 벌채하면 가장 많은 목재를 생산할 수 있다.

3 생장률

1) 생장률의 개념

① 생장률은 증가한 축적이 과거의 조사 시점을 기준으로 얼마나 늘어났는지를 비율로써 알기 쉽게 표현해 준다. 예를 들면 생장률이 높게 측정된다면 그 임지의 품질 등급이 높다는 것을 쉽게 알 수 있다.

② 생장률의 측정은 현재 축적에서 과거의 축적을 뺀 값에 100을 곱하여 나타낸다.

$$생장률 = \frac{현재\ 축적 - 과거\ 축적}{과거\ 축적} \times 100$$

③ 보통은 나무의 생장 주기인 1년 단위로 계산한다.

$$\text{생장률}=\frac{\text{추계 축적}-\text{춘계 축적}}{\text{춘계 축적}}\times 100$$

⑥ 1년 주기의 조사 값이 없는 경우 현재의 축적에서 성장률을 IRR(내부반환율) 공식을 이용하여 추정할 수 있다.

2) 생장률의 계산

① 생장률을 구하는 식은 단리산식, 복리산식, 슈나이더식, 프레슬러식이 있다.

② 슈나이더가 제안한 식은 나무의 흉고직경을 측정한 결과를 정리하여 식을 제안한 것이어서 과거의 측정값이 없어도 쉽게 생장률을 계산할 수 있는 장점이 있다.

㉠ **단리산** $=\dfrac{\text{현재 축적}-\text{과거 축적}}{\text{과거 축적}}\times 100$

㉡ 복리산 생장률 $=\left(\sqrt[\text{경과기간}]{\dfrac{\text{현재 축적}}{\text{과거 축적}}}-1\right)\times 100$

㉢ **프레슬러 성장률** $=\dfrac{\text{기말 재적}-\text{기초 재적}}{\text{기말 재적}+\text{기초 재적}}\times\dfrac{200}{\text{경과기간}}$

㉣ **슈나이더 생장률** $=\dfrac{\text{상수 }K}{\text{연륜수 }n\times\text{흉고직경 }D}$

– 상수 값 = 수피 벗긴 흉고직경 30 이하 550, 30 이상 500

4 임분생장량

임분생장량을 측정하고자 할 때는 고정표본점을 설치하고 일정한 연수를 두고 측정하여 그 차를 구해야 한다. 이미 만들어져 있는 수확표 또는 임분성장량표에 의하는 것이 가장 편리하지만 임분의 성장률을 알고 있을 때에는 쉽게 구할 수 있다.

1) 임분생장량 계산법

① Pressler식에 의한 방법

- 수고는 수고곡선을 그려서 구한다.
- 단목재적은 입목간재적표에서 전기한다.
- V1 : 해당직경의 단목재적 V2 : 해당직경 바로 상위의 단목재적
- 수정생장률은 수고곡선 작성 시 사용했던 도상평균법(圖上平均法, 수고곡선작성법)으로 구하거나 3점이동평균법으로 구한다.

– 상기에서 구한 경급별 단목재적과 생장률, 본수에 의한 경급별 재적과 연간생장량을 구하고, 이들을 합해 전체 재적과 생장량을 구하고, 생장률은 생장량을 재적으로 나누어 산출한다.

2) Schneider식에 의한 방법

① 수고 본수 단목재적 수정생장률은 위 방법에 준한다.

② 흉고직경 상수 K의 값을 정한다.(550 또는 500)

③ 조사한 n′와 수정치 n은 조사표상의 평균치와 수정치를 가져와 기입한다.

④ n은 수피 밑 1cm의 나이테 수(수정치), n′는 조사치

⑤ 생장량은 임분재적에 수정생장률을 곱하여 구한다.

⑥ 각 산출치의 계산(예시)

– 생장률 0.778÷10.488×100=7.42%

– ha당 생장량 0.778÷0.06=13.00m^3(조사면적 0.06)

– ha당 재적 10.488÷0.06=174.80m^3

section 5 벌채목의 재적 측정

1 임목의 형상

① 임목은 포물선형(paraboloid), 원추형(conoid) 및 나이로이드형(neiloid) 등의 수간형으로 구분할 수 있다.

② 수간형은 $y=kx^r$의 식으로 나타낼 수 있다.

③ 식에서 k는 간곡선율(rate of taper), r은 회전체의 형태(shape of the solid), y는 반경 또는 직경, x는 정점 또는 마지막으로부터의 거리를 나타낸다.

④ 수간의 각 부분은 이들 3부분이 결합되어 형성된다.

⑤ 임목의 근주부는 나이로이드형이며, 초두부로 갈수록 원추형을 가진다.

⑥ 원추형을 제외한 임목의 대부분은 포물선형이 차지하게 된다.

⑦ 포물선형은 다시 2차와 3차 포물선형으로 나뉘게 되며, Metzger에 의하면 임목은 3차 포물선형과 비슷하다고 주장하였다.

⑧ 수간의 형상을 구분하여 도식화하면 아래와 같다.

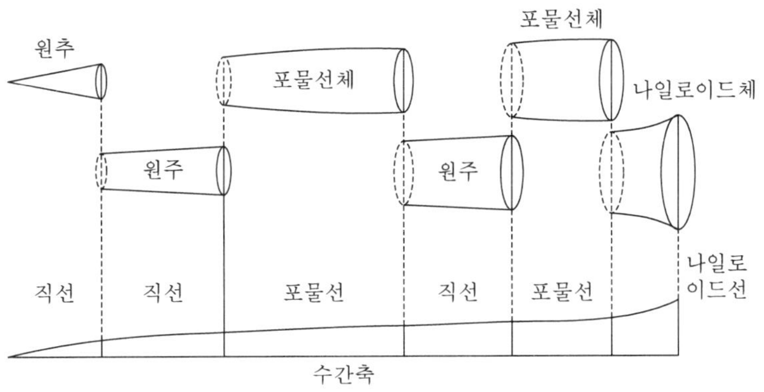

2 주요 구적식

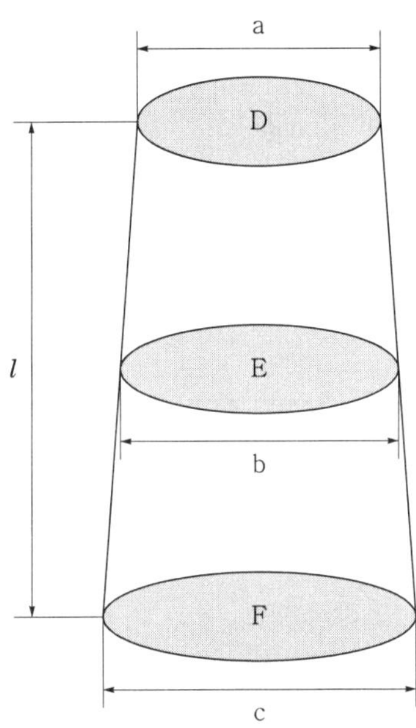

▲ 벌채목 부위별 기호

명칭	개념도
Smalian식	$V=\frac{\pi}{4}\times(\frac{a+c}{2})^2\times\ell=\frac{D+F}{2}\times\ell\ [m^3]$ (a : 말구직경, c : 원구직경, ℓ : 길이, D : 말구단면적, F : 원구단면적)
Huber식	$V=\frac{\pi}{4}\times b^2\times\ell\ =E\times\ell\ [m^3]$ (E : 중앙단면적, ℓ : 길이, D : 중앙직경)
Newton식 (Riecke의 공식)	$V=(\frac{D+4E+F}{4})\times\ell\ [m^3]$ ℓ : 길이, D : 말구단면적, E : 중앙단면적, F : 말구단면적
5분주식	$V=\frac{U^2}{5}\times\ell=\ [m^3]$, : 중앙 위치의 둘레($b\times\pi$)

<table>
<tr><td colspan="2">4분주식</td><td>$V=\frac{U^2}{4}\times\ell=[m^3]$, : 중앙 위치의 둘레($b\times\pi$)</td></tr>
<tr><td rowspan="2">Brereton식</td><td>직경 cm
길이 m</td><td>$V=\frac{\pi}{4}\times(\frac{a+c}{2})^2\times\ell\times\frac{1}{10,000}\ [m^3]$</td></tr>
<tr><td>직경 inch
길이 feet</td><td>$V=\frac{\pi}{4}\times(\frac{a+c}{2})^2\times\ell\times\frac{1}{144}\ [feet^3]$
또는 $V=\frac{\pi}{4}\times(\frac{a+c}{2})^2\times\ell\times\frac{1}{12}\ [b.f]$
board foot : 두께 1inch, 1feet²인 널빤지의 부피, 각재의 측정 단위</td></tr>
<tr><td rowspan="3">말구직경자승법</td><td>6m 미만</td><td>$V=a^2\times\ell\times\frac{1}{10,000}\ [m^3]$</td></tr>
<tr><td>6m 이상</td><td>$V=(a+\frac{L-4}{2})^2\times\ell\times\frac{1}{10,000}\ [m^3]$
(L : 끝자리 끊어버린 수 8.3m → 8m)</td></tr>
<tr><td>수입 목재</td><td>$V=a^2\times\ell\times\frac{1}{10,000}\times\frac{\pi}{4}(m^3)$</td></tr>
</table>

실력 확인 문제

말구직경 12cm, 원구직경 18cm, 중앙직경은 14cm, 목재의 길이는 3m일 때 목재의 재적을 후버식, 스말리안식, 뉴튼식으로 구하시오.

해설

- 후버식 $=\frac{\pi\times0.14^2}{4}\times3=0.462[m^3]$
- 스말리안식 $=\frac{\frac{\pi\times0.12^2}{4}+\frac{\pi\times0.18^2}{4}}{2}\times3=0.551[m^3]$
- 뉴튼식 $=\frac{\frac{\pi\times0.12^2}{4}+4\times\frac{\pi\times0.14^2}{4}+\frac{\pi\times0.18^2}{4}}{6}\times3=0.492[m^3]$

3 정밀 재적 측정

1) 구분구적법

① 길이가 긴 목재는 각 부분의 변화가 심하기 때문에 간단한 구적식을 적용하여 재적을 구하면 오차가 커지게 된다.

② 이런 경우에는 장재(長材)를 짧게 구분하고 각 구분에 대하여 구적식을 적용하면 오차가 적어진다.

③ **장재를 짧게 나누어서 나눈 각 부분별로 재적을 구하여 합산하는 방법을 구분구적법(區分求積法, sectional measurement)이라고 한다.**

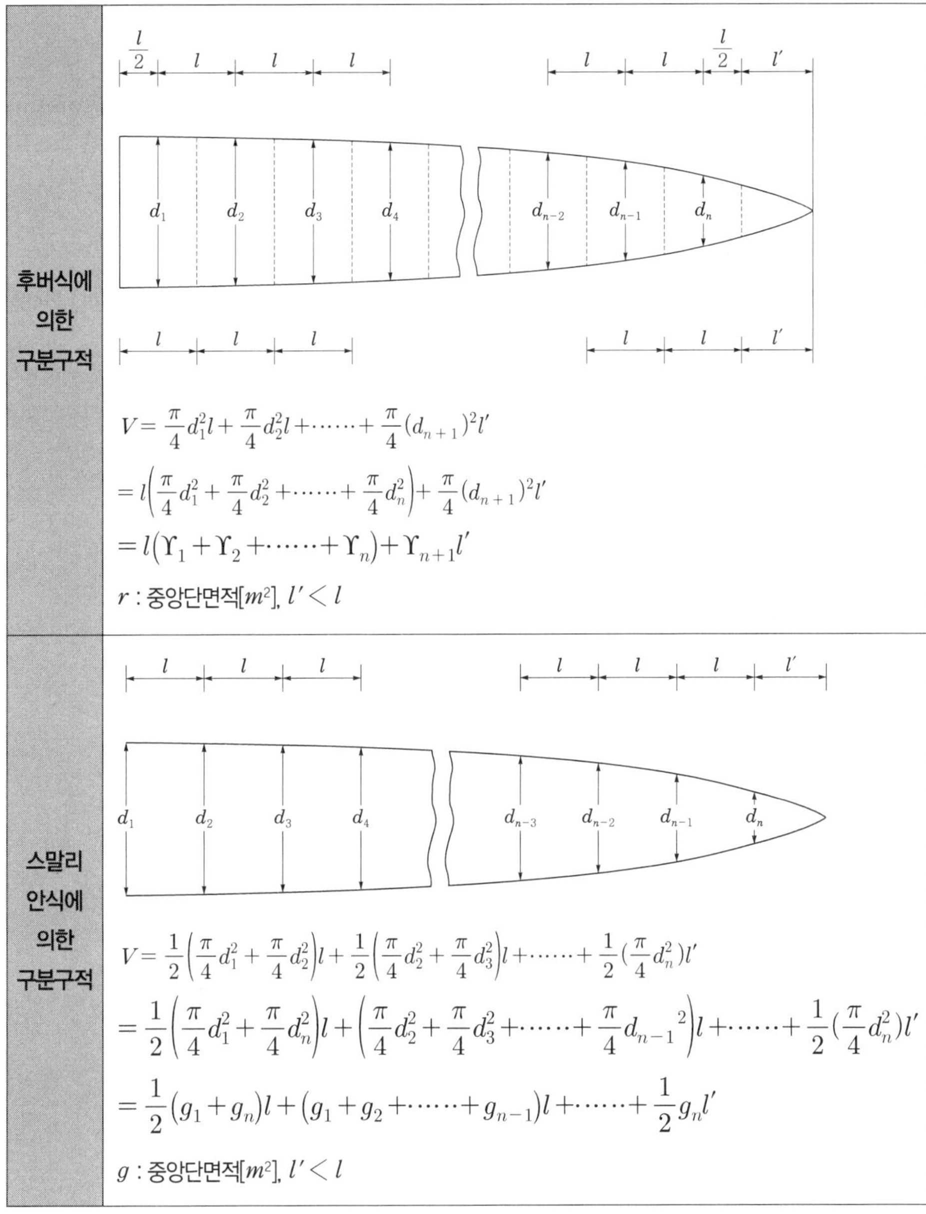

후버식에 의한 구분구적	$V=\frac{\pi}{4}d_1^2l+\frac{\pi}{4}d_2^2l+\cdots\cdots+\frac{\pi}{4}(d_{n+1})^2l'$ $=l\left(\frac{\pi}{4}d_1^2+\frac{\pi}{4}d_2^2+\cdots\cdots+\frac{\pi}{4}d_n^2\right)+\frac{\pi}{4}(d_{n+1})^2l'$ $=l(\Upsilon_1+\Upsilon_2+\cdots\cdots+\Upsilon_n)+\Upsilon_{n+1}l'$ r : 중앙단면적[m^2], $l'<l$
스말리안식에 의한 구분구적	$V=\frac{1}{2}\left(\frac{\pi}{4}d_1^2+\frac{\pi}{4}d_2^2\right)l+\frac{1}{2}\left(\frac{\pi}{4}d_2^2+\frac{\pi}{4}d_3^2\right)l+\cdots\cdots+\frac{1}{2}\left(\frac{\pi}{4}d_n^2\right)l'$ $=\frac{1}{2}\left(\frac{\pi}{4}d_1^2+\frac{\pi}{4}d_n^2\right)l+\left(\frac{\pi}{4}d_2^2+\frac{\pi}{4}d_3^2+\cdots\cdots+\frac{\pi}{4}d_{n-1}{}^2\right)l+\cdots\cdots+\frac{1}{2}\left(\frac{\pi}{4}d_n^2\right)l'$ $=\frac{1}{2}(g_1+g_n)l+(g_1+g_2+\cdots\cdots+g_{n-1})l+\cdots\cdots+\frac{1}{2}g_nl'$ g : 중앙단면적[m^2], $l'<l$

④ 구분구적법은 주로 후버식과 스말리안식을 사용한다.

⑤ 1구 부의 길이는 보통 2m로 하고, l' 부분은 원추로 취급한다.

2) 구적기법

① Planimeter를 사용하여 재적을 구하는 방법이다.

② 임목 단면적은 원이 아니므로 구적기를 사용하여 정확하게 단면적을 측정할 수 있다.

③ 재적계산 방안지에 가로축에는 수고, 세로축에는 단면적을 잡아서 plot하며, plot된 점을 연결하여 곡선과 가로축 및 세로축으로 둘러싸인 면적을 측정한다. 이렇게 측정한 단면적은 통나무의 재적과 정비례하므로 재적을 측정하는 데 유용하게 사용할 수 있다.

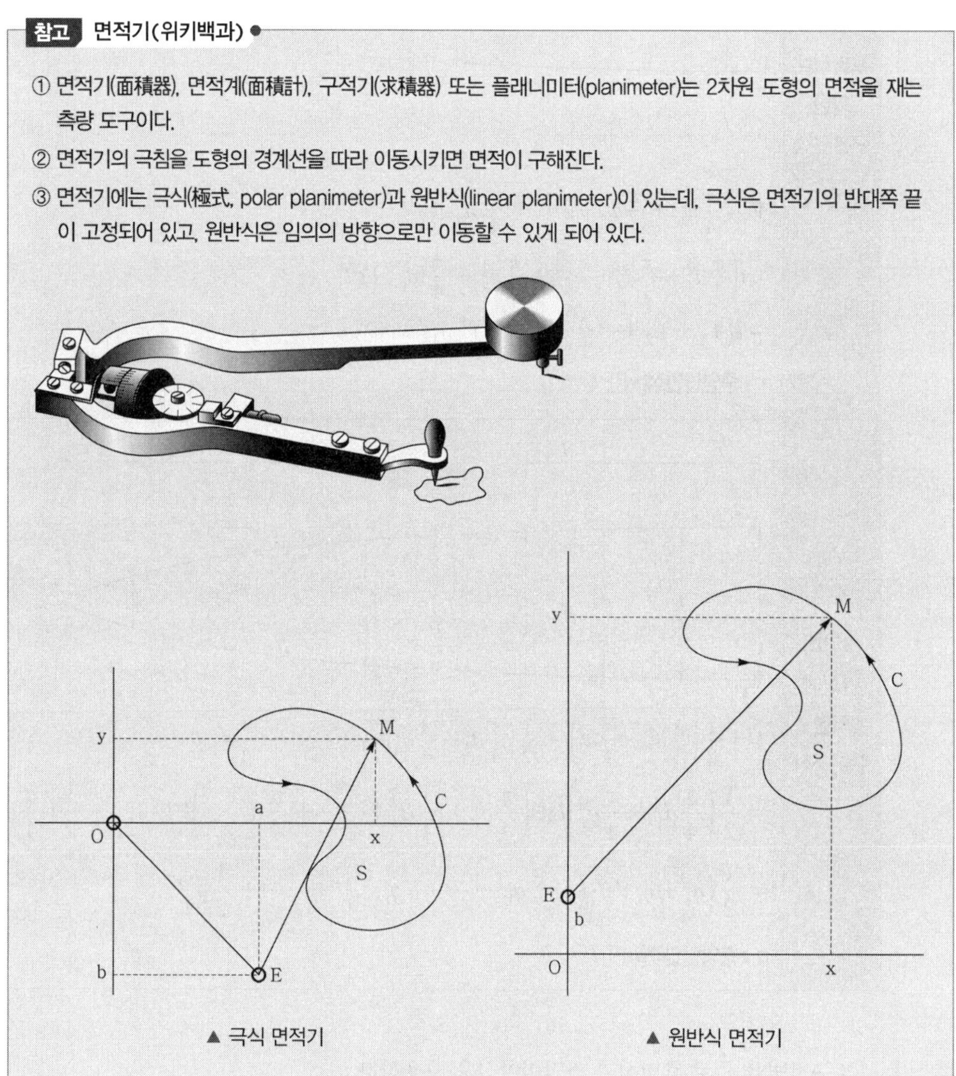

참고 면적기(위키백과)

① 면적기(面積器), 면적계(面積計), 구적기(求積器) 또는 플래니미터(planimeter)는 2차원 도형의 면적을 재는 측량 도구이다.

② 면적기의 극침을 도형의 경계선을 따라 이동시키면 면적이 구해진다.

③ 면적기에는 극식(極式, polar planimeter)과 원반식(linear planimeter)이 있는데, 극식은 면적기의 반대쪽 끝이 고정되어 있고, 원반식은 임의의 방향으로만 이동할 수 있게 되어 있다.

▲ 극식 면적기

▲ 원반식 면적기

3) 측용기법

① Hossfeld(1812)가 고안한 측용기(xylometer)를 이용하여 재적을 측정한다.

② 수중에 물체를 넣었을 때 같은 용적의 물을 배출하는 원리 응용하였다.

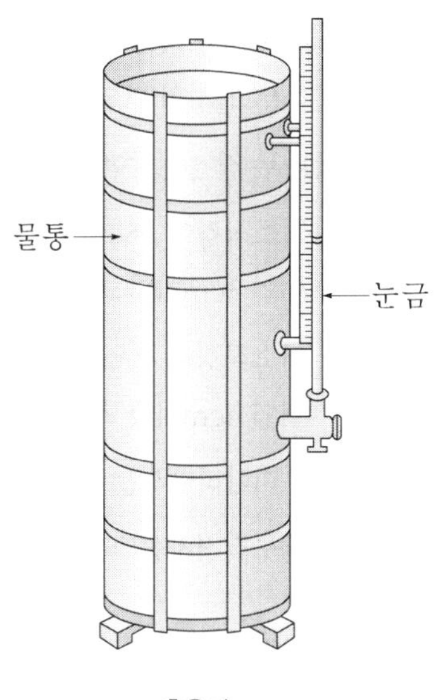

▲ 측용기

4) 비중법

① 물체를 수중에서 측정하면 공기 중에서 측정하는 중량보다 이로 인해서 배출되는 물의 중량만큼 감소한다는 아르키메데스의 법칙을 응용하여 목재의 재적을 측정하는 방법이다.

② 어떤 목재의 공기 중에서 무게가 100kg이라 하고, 이 목재의 수중에서의 무게를 50kg이라고 하면, 이때 생기는 50kg의 차이는 목재의 재적이 된다. 이때 목재의 재적은 4℃, 1기압을 기준으로 0.050m^{3}가 된다.

5) 중량비법

① 많은 나무 전체를 측용기로 측정하기는 곤란하므로 이 중에 비중의 평균이 될 만한 표본을 선정하여 표본의 중량과 재적을 측정하여 전체 재적을 구하는 방법이다.

② 표본의 중량:표본의 재적=전체 중량:전체 재적

③ 내항의 곱은 외항의 곱과 같으므로 "표본의 재적×전체 중량=표본의 중량×전체 재적"이 된다.

④ 전체 재적에 대하여 식을 정리하면

$$\text{전체 재적} = \frac{\text{표본의 재적} \times \text{전체 중량}}{\text{표본의 중량}}$$

⑤ 단목을 측정할 수도 있지만, 목재가 적재되어 있는 경우 한꺼번에 많은 재적을 구할 수 있다.

4 이용재적의 계산

이용재적은 벌채목이 판재, 각재 등으로 이용될 때 사용하는 제품재적이다. 미국의 경우 통나무의 이용재적을 보트푸트로 표시하고, log scale 또는 log rule이라 부른다. 검척법에서는 통나무에서 이용재적을 계산하려고 할 때 말구단면에서 최소직경을 측정하는 것을 원칙으로 한다.

1) 우리나라에서 사용되는 검척법

① 통나무 직경의 단위는 1cm로 하고, 단위 치수 미만의 끝수는 끊어버린다.

② 통나무 직경은 수피를 제외한 길이 검척 내의 최소직경으로 한다.

- 최소직경이 15cm 이상으로써 최소직경에 직각인 직경과의 차가 3cm 이상인 것은 그 차이인 3cm마다 최소직경에 1cm를 가산한다.
- 최소직경이 40cm 이상으로써 최소직경에 직각인 직경과의 차가 4cm 이상인 것은 그 차이인 4cm마다 최소직경에 1cm를 가산한다.
- 우리나라에서는 말구직경자승법을 이용하여 이용재적을 계산한다.
- 말구직경자승법은 실제 이용재적보다 과대치가 계산된다.

2) Scribner log rule

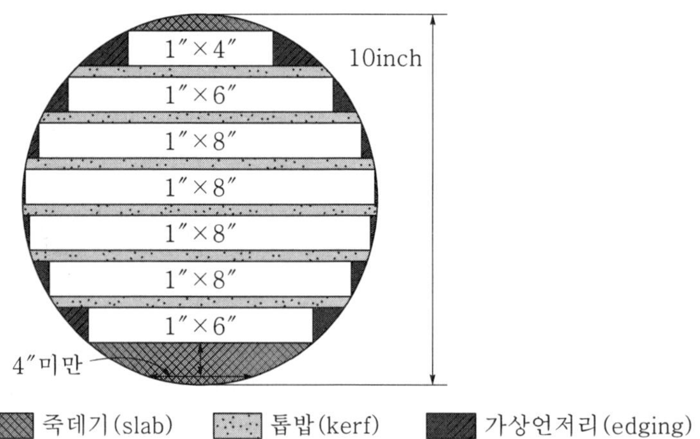

① 말구단면을 원으로 그린 후 톱밥(kerf)이 될 부분을 제외하고 제재목도를 그려 이용재적을 구하는 방법이다.

② 무피(無皮)말구직경(D.I.B.)의 크기에 따라 그림을 그려서 산출하므로 Diagram Rule이라고도 한다.

③ 두께 1″의 판재가 4″ 이상 나오지 않을 때는 죽더기에 포함시킨다.

3) Scribnet decimal C log rule

① Scribner log rule에서 끝자리 숫자를 반올림하여 10단위로 표시하여 이용재적을 나타내는 방법이다.

② 미국 임야청에서 목재를 매매할 때 사용하는 단위다.

③ 177b.f.를 18로 173b.f.는 17로 표시한다.

4) Doyle log rule

미국에서 이용재적식으로 이용되며, 작은 목재는 과소치가 나타난다.

$$V = (D-4)^2 \times \frac{l}{16}$$

D : 무피말구직경[inch], l : 목재의 길이(feet)

5) International log rule

① 4feet 길이의 목재에 대해서 적용되는 이용재적이다.

② 목재가 4feet보다 길면 4feet로 잘라서 아래의 식을 이용하며, 구해진 값을 합쳐서 이용재적을 구한다.

$$V = 0.22D^2 - 0.71D$$

D : 무피말구직경(inch)

③ 1inch의 판재를 생산하는 데 1inch 외에 $\frac{1}{8}$inch의 톱밥과 $\frac{1}{16}$inch의 건조수축을 고려하면 $\frac{19}{16}$inch가 더 필요하다.

④ 톱날의 두께가 $\frac{1}{4}$inch가 되면 1inch 외에 $\frac{1}{4}$inch의 톱밥과 $\frac{1}{16}$의 건초수축을 고려하면 $\frac{21}{16}$ inch의 원목이 더 필요하다.

$$V = \frac{19}{21}(0.22D^2 - 0.71D) = 0.199D^2 - 0.642D$$

6) British Columbia log rule

영국령 columbia에서 사용되는 이용재적 공식이다.

$$V_{b.f.} = 0.727\frac{\pi}{4}(D-1.5)^2\frac{l}{12}$$

D : 말구직경(inch), l : 목재의 길이(feet) 〈 20feet

5 공제량

임목이 해충 또는 기타 장애로 판자(板子, lumber)로 이용할 수 없는 부분이 공제량으로, 결함의 위치에 따라 다르므로 일정한 규칙을 만들어서 공제해야 한다. 우리나라에서는 공동의 크기를 구하는 식을 만들어 공제하고 있는데, 10% 미만이면 공제하지 않는다. 공동의 직경은 1cm 단위로 측정하여 구한 평균직경으로 한다.

① 공동이 원목의 한쪽 끝에만 있는 경우

$$D = d^2 \times \frac{l}{12} \times \frac{1}{10,000} [m^3]$$

d : 공동의 평균직경(cm)

② 공동이 원목의 양쪽 끝에 있을 경우

$$D = d_1^2 \times l \times \frac{1}{10,000} [m^3]$$

d_1 : 공동의 평균직경이 큰 단면의 공동의 평균직경

③ 미국 임야청에서 사용하는 공제식

$$D = \frac{W \times T \times L}{12} \times \frac{80}{100} = \frac{1}{15} (W \times T \times L)$$

D : 공제량, W : 결함의 너비, T : 결함의 두께, L : 결함의 길이

6 층적재적

1) 층적재적

① 펄프용재(pulp wood)나 장작 등의 목재는 하나씩 재적을 측정하지 않고 쌓아진 나무의 용적을 측정하여 목재의 양을 표시한다.

② 공간을 포함한 목재의 부피를 층적(層積, stacked content)이라 하고, 목재만의 재적은 실적(實積, 알짜부피)이라고 한다.

③ 층적에 사용하는 단위는 m^3(raummeter)이고, 미국에서는 cord 또는 pen을 사용한다.

④ 실적과 층적의 비(%)를 실적계수(solid contents of stacked wood)라고 한다.

2) 실적계수에 관여하는 인자

① 수종

- 굴곡이 심하거나 옹이가 있는 수종은 실적계수가 작다.
- 두꺼운 수피(樹皮)를 가지는 수종은 그렇지 않은 수종에 비하여 실적계수가 작다.
- 활엽수는 침엽수보다 실적계수가 2~8% 정도 작다.

② 형상 및 크기

- 같은 수종이어도 그 형상(形狀)이 불규칙한 부분의 실적계수는 그렇지 않은 것에 비해 작다.

- 간재(幹材)보다는 기조(技條)가, 직경이 작은 나무보다는 직경이 큰 나무가 실적계수가 작다.
- 재장(材長)이 짧은 것은 긴 것에 비해 할재(割材)는 통나무에 비해 실적계수가 작다.

③ 쌓는 방법과 그 형상
- 조밀(稠密)하게 쌓은 것이 조잡(粗雜)하게 쌓은 것에 비해 실적계수가 크다.
- 실적계수는 대체로 55%~78%의 범위의 것이 많다.

7 수피 · 지조 및 근주의 재적 측정법

① 수피의 재적 측정
- 수피(樹皮)의 재적(材積)을 측정(測定)할 때는 무게를 달아 kg으로 표시하거나 묶음(束) 또는 cord를 사용한다.
- 수피의 실적(實積)은 측용기(測容器, xylometer)를 사용하여 측정한다.
- 수피를 떼어 재적을 측정하면 경비와 시간이 많이 소요되므로, 수피율(樹皮率, bark volume percent)로 표시한다.
- 수피율이란 수피재적을 수피가 붙은 간재적(幹材積)으로 나눈 비율(%)이다.
- 수피율은 수종, 연령, 생육상태 및 나무의 부분 등에 따라서 다르지만 일반적으로 10~20%이다.
- 수피의 두께를 측정하기 위해서는 수피후측정기(swedish bark gauge)를 사용한다.
- 수피의 두께(Y)와 흉고직경(D) 간에는 다음과 같은 관계식이 성립된다.

$$Y = a + bD$$

a, b : 회귀상수 또는 정수

② 지조의 재적 측정
- 기조(技條, branch)는 묶음 또는 cord를 단위로 하여 측정하거나 목측(目測)에 의해 측정하지만, 정확히 측정하고자 할 때에는 측용기 또는 구적식에 의한다.
- 기조율(技條率, branch volume percent)로 기조재적(技條材積)을 표시하는 것이 일반적이다.
- 지조율은 지조재적과 수간재적의 비(%)이며, 수종, 연령, 생육환경에 따라 달라진다.
- 수고가 높아지면 지조율은 낮아진다.

③ 근주의 재적 측정
- 근주(根珠, stump)는 목측에 의하여 측정한다.
- 근주재적은 대체로 상부간재적(上部幹材積)의 15~25%로 추정되고 있다.

section 6 수간석해

1 수간석해의 목적

1) 수간석해(stem analysis)의 개념

① 나무를 벌채하여 일정한 간격으로 단판을 채취한 다음 연륜 폭을 측정한다.

② 수목의 과거 성장과정을 정밀하게 조사할 목적으로 측정하는 것이 수간석해다.

③ 수간석해를 통해 수간재적표를 만든다.

2) 수간석해의 목적

① 수간석해의 목적은 단목의 성장과정을 조사하여 임분의 성장상태를 파악하는 것이다.

② 수간석해의 정확도는 표준목의 선정 방법에 따라 다르고, 현재의 표준목이 과거에도 표준목이었다고 할 수 없으므로 정확도가 높다고 보기 어렵다.

③ 수간석해의 목적을 아래와 같이 구분할 수 있다.

㉠ 과거의 임목성장을 단기일 내 추정한다.

㉡ 임분의 성장상태를 단기간 내 파악한다.

㉢ 과거성장을 토대로 앞으로의 성장을 추정한다.

2 수간석해의 방법

1) 벌채목 선정

① 유의선택법이나 임의추출법으로 표준목을 선정한다.

② 되도록 편의(偏倚, bias)를 가져오지 않는 방법으로 표준목을 선정한다.

③ 선정된 표준목에 대해 임목의 위치도, 지황 및 임황 등을 조사하여 기록한다.

2) 벌채점의 위치 선정

① 벌채점은 지상 0.2m로 선정한다.

② 흉고를 1.3m로 하면 벌채점은 0.3m로 해야 한다.

③ 벌채점이 결정되면 벌채점에 표시하고, 벌채점이 손상되지 않도록 유의한다.

④ 원판 손상에 유의하면서 벌채한다.

3) 원판을 채취할 위치

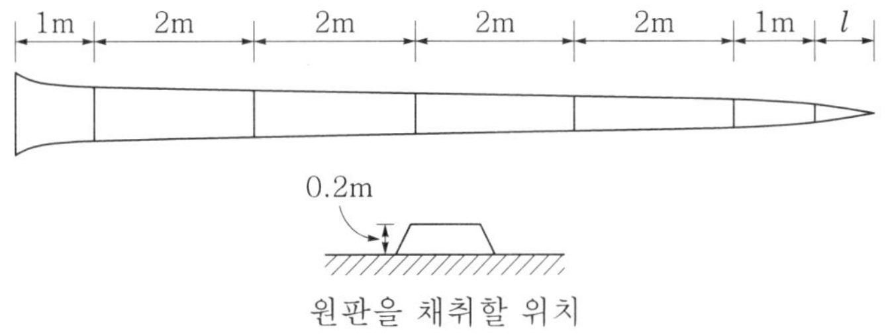

원판을 채취할 위치

① 수간과 직교하도록 원판을 채취하며, 원판에 위치와 방향을 표시한다.

② 구분의 길이는 후버식에 의한 구분구적법을 사용하므로 2m로 한다.

4) 원판의 측정

원판을 측정하기 전에 절단면을 대패나 칼로 깎아 매끈하게 한다.

① 원판 연륜수 측정

- 0.2m 성장에 소요된 연수를 가산하여 연륜을 측정한다.
- 원판의 연륜수가 30개, 0.2m 수고성장에 2년이 소요되었다면 32년생이 된다.

② 단면의 반경

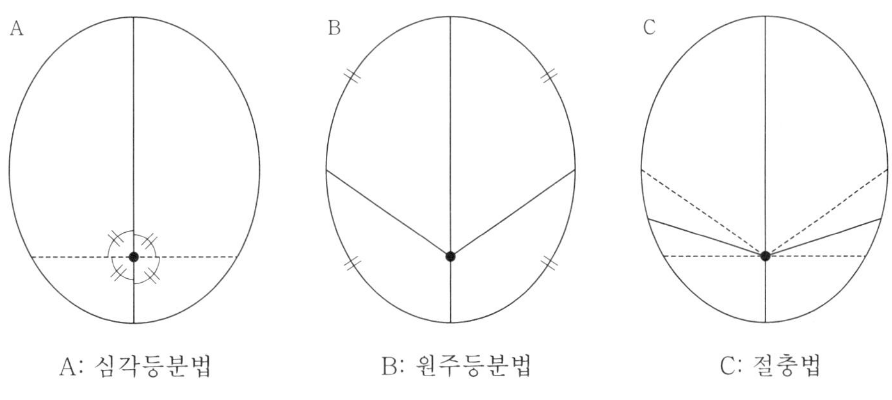

▲ 반경의 측정 방법

- 단면의 반경은 5년마다 측정하며, 수에서부터 5의 배수가 되는 연륜까지 측정한다.
- 반경은 4 방향을 측정한 후 평균하여 구한다.
- 반경의 측정 방향을 결정하는 방법은 아래의 세 가지가 있다.

심각등분법	심각을 직각으로 교차하는 두 선을 그어 직경의 반경을 측정한다.
원주등분법	원둘레를 4등분하여 수(pith)와 연결하는 선을 그어 반경을 측정한다.
절충법	심각등분과 원주등분을 절충하여 반경을 측정한다.

③ 반경의 측정

- **자를 이용하여 mm 단위로 측정한다.**
- **연륜측정기(digital positiometer)를 사용하면 $\frac{1}{100}$mm 단위로 연년성장량을 측정할 수 있다.**

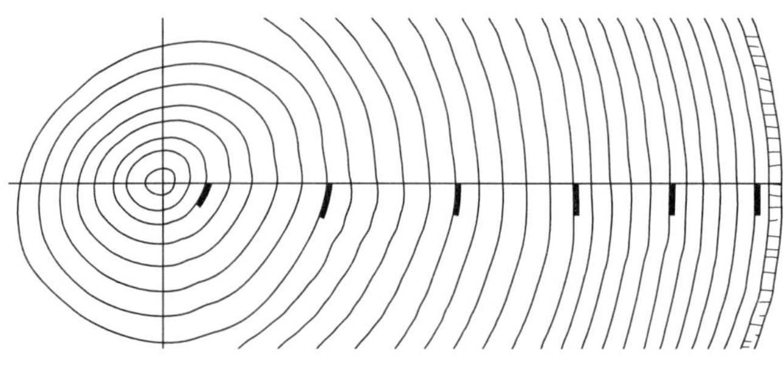

반경의 측정위치(5, 10, 15, 20......년, 즉 5년 간격 측정)

5) 수간석해도 작성

① 방안지를 이용하여 간축(stem axis)을 세로선으로 긋는다.

② 간축은 수고를 표시하며, 축척 $\frac{1}{10}$~$\frac{1}{20}$(수고 크기에 따라)을 사용한다.

③ 가로선은 반경 표시하고, 축척 $\frac{1}{1}$~$\frac{1}{2}$을 사용한다.

④ 각 선의 축척이 결정되면 가로선을 긋고, 중심의 좌우에 반경의 측정치를 기록한다.

6) 각 영급의 수고를 결정한다.

① **수고곡선법** : 성장에 걸린 연수를 구한 다음 **가로축에 연수, 세로축에 수고**를 그래프로 그려 수고를 결정한다.

② **직선연장법** : **구하고자 하는 연령의 최후 단면의 값과 그 바로 앞 단면의 값을 연결한 직선**을 연장하여 간축을 그린 선과 만나게 하여 그 점을 영급의 수고로 결정한다.

③ **평행선법** : **석해도 밖에 있는 영급의 선과 평행선을 그어 간축과 만나는 점**을 그 영급의 수고로 결정한다. 0.2m 단면의 D.O.B와 1.2m 단면의 D.O.B를 연결한 선이 간축과 만나는 점이 영급의 수고가 된다.

7) 재적계산

① 결정간재적, 근단부재적, 근부재적의 3부분으로 나누어 계산한다.

② 조사 시점 이전 각 영급에 대한 재적, 수고, 및 흉고직경 등의 성장량을 알 수 있다.

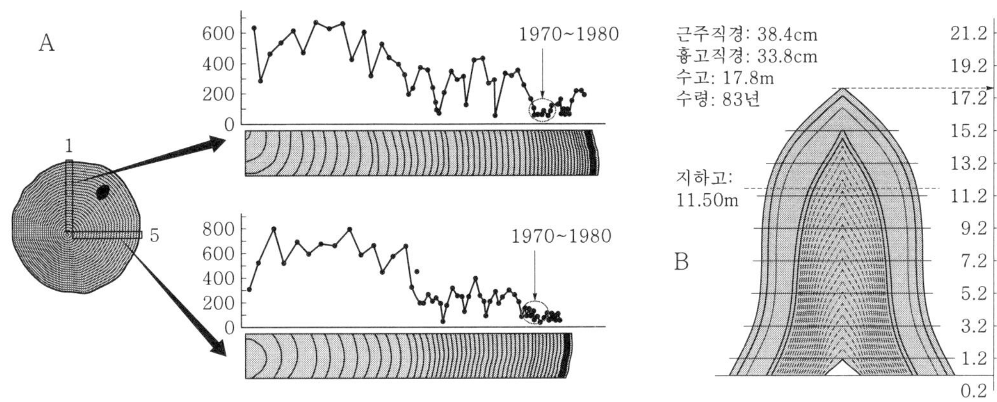

▲ 연륜생장의 횡단면(A)과 수간석해에 의한 종단면도(B)

8) 각종 성장량의 계산

과거 성장의 결과를 가지고 정기 성장량표를 만들어 성장량도를 그린다.

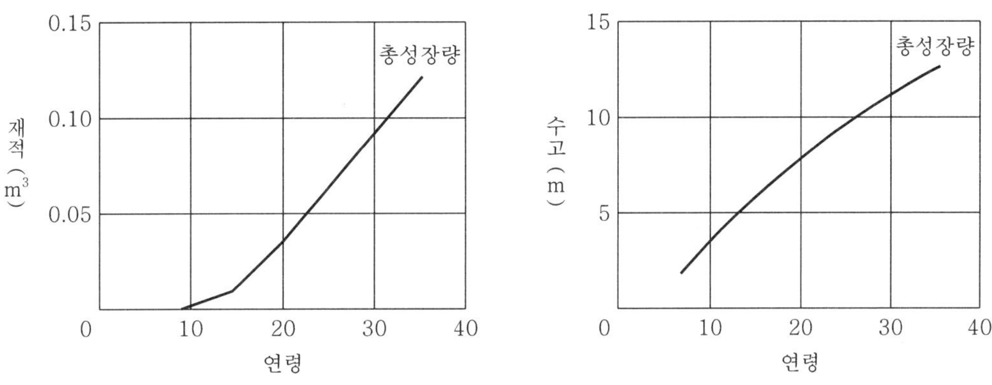

▲ 재적성장곡선과 수고성장곡선

section 7 임목재적

임목의 재적을 측정하는 방법에는 목측법과 구적식응용법, 약산법과 형수법 그리고 임목재적표에 의한 방법 등이 있다.

1 구적기의 응용

① 구적식은 벌채목의 재적 측정에는 사용하지만, 입목의 경우에는 사용되지 않는다.

② 벌채목의 재적 측정에 사용한 구적식을 임목에 적용하려면 수간 상부에 있는 직경도 측정해야 하기 때문에 적용이 어렵다.

③ 적용할 수 있어도 수간의 형태(form)가 불규칙해서 구적식을 사용하면 오차가 커진다.

④ 정확성이 필요할 때 구분구적법을 사용하는 것은 좋지만, 하부에서는 구분 길이를 짧게 하고, 위로 가면서 길게 하면 편리하다.

2 형수법

1) 개념

① 임목의 재적이 원기둥의 재적과 관련성이 있는 것을 이용하여 임목의 재적을 계산하는 방법이다.

② 수간의 재적과 그 수간의 직경과 높이가 같은 원기둥의 체적(부피)의 비를 형수(form factor)라고 한다.

$$형수 = \frac{입목재적}{원주의\ 체적}$$

③ 위의 식에서 원주가 비교원주 또는 기초원주라 하고 형수는 f로 표시한다. 이때 단면적을 g라고 하면 원주체적은 gh가 되므로 형수(f)는 다음과 같다.

h: 높이, d : 흉고직경

$V = ghf \quad \therefore f = \frac{V}{gf}$

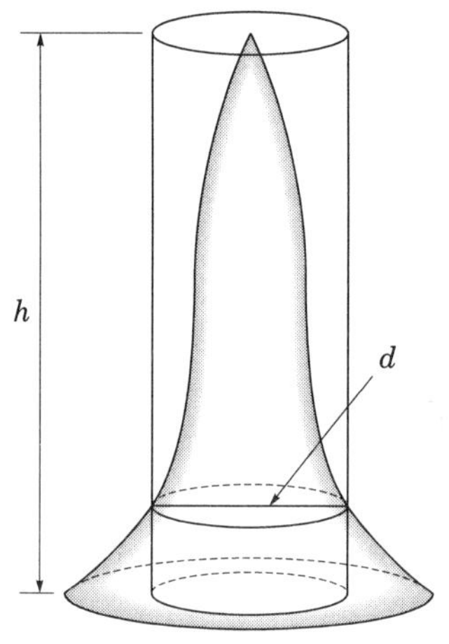

▲ 나무의 줄기와 원주의 비교

④ f가 결정되면 수간재적은 원주체적에 f를 곱하여 구할 수 있다. 이렇게 형수를 이용하여 입목의 재적을 구하는 방법을 형수법이라고 한다.

2) 직경의 측정 위치에 따른 분류

비교원주의 직경을 측정하는 위치에 따라 분류한다.

① 부정형수 : 1.2m 높이에서 직경을 측정한다. 흉고형수라고도 한다.

② 정형수 : 나무 높이의 $\frac{1}{10}$ 또는 $\frac{1}{20}$ 의 위치에서 직경을 측정한다.

③ 절대형수 : 임목의 최하부에서 직경을 측정한다.

3) 나무의 부위에 따른 분류

① 수간형수 : 줄기만 고려하여 만든 형수

② 지조형수 : 가지와 잎만을 고려하여 만든 형수

③ 근주형수 : 그루터기와 뿌리를 고려하여 만든 형수

④ 수목형수 : 지조형수, 수간형수, 근주형수를 모두 포함한 형수

4) 흉고형수를 좌우하는 인자

① 수종 및 품종에 따라 수간의 형상과 성장이 달라지므로 형수도 차이가 있다.

② 생육구역 : 기후, 토질 등으로 수형 또는 성장이 변화하여 형수에 영향을 미친다.

③ **지위 : 지위가 불량하면 형수가 크다. 지위가 양호하면 형수가 작다.**

④ **수관밀도 : 수관밀도가 높으면 형수가 크다.** 수관밀도가 낮으면 형수는 작다.

⑤ 지하고 : **지하고가 높으면 형수가 크다.**

⑥ 수관의 양 : **수관의 양이 작으면 형수가 크다.**

⑦ 수고 : **수고가 작으면 형수가 크다.**

⑧ 흉고직경 : **흉고직경이 작으면 형수가 크다.**

⑨ 연령 : **연령이 많으면 형수가 크다.**

5) 구성에 따른 형수

① 단목형수 : 연령 또는 그 밖의 조건을 고려하지 않고 크기와 형상이 비슷한 나무의 형수를 평균한 것이 단목형수이다.

② 임분형수 : 임분의 총재적(V)를 그 임분의 흉고단면적합계(G)와 평균수고(H)와의 승수(GH)로 나눈 값을 임분형수라고 한다.

$$임분형수(F) = \frac{V}{GH}$$

임분의 재적계산에 사용되며, 형수(F)는 재적계산에만 사용되므로 재적계수라고도 한다.

3 흉고형수의 결정법

① 벌채목의 흉고형수는 구분구적법이나 측용기법 등으로 재적을 정확히 측정한 다음 흉고직경과 수고를 실측하여 구할 수 있다.

② 입목의 경우는 벌채목의 형수표를 만들고 형수표에서 적합한 형수를 찾아서 사용한다.

③ 흉고형수표는 수고와 흉고직경의 함수로 표시한다.

④ 형수의 값은 대체로 0.4~0.6이며, 0.45~0.55가 가장 많다.

⑤ V=ghf이므로 f(형수)만을 표시하는 것보다 hf를 표시하면 계산하기 더 편리하다.

⑥ hf를 형상고(form height)라고 한다.

4 약산법과 목측법

1) 약산법

① 망고법

– 흉고직경의 $\frac{1}{2}$ 되는 지름을 가진 곳의 수고와 흉고직경에 재적을 구한다.

– 가슴 높이 지름의 $\frac{1}{2}$인 지름을 가진 곳을 망점이라 한다.

– 벌채 지점에서 망점까지의 높이를 망고라 한다.

– 망고는 스피겔릴라스코프를 이용하여 구할 수 있다.

– 망고는 보통 목측으로 구한다.

– 망고는 나무 높이의 60~80%의 값이 많으며 평균 70% 정도이다.

– 약산법에서는 망고를 0.7H로 계산하게 된다.

– 망고를 측정하면 벌채점 이상의 수간재적은 다음 식에 의해 구할 수 있다.

$$V = \frac{2}{3} \times g \times (H + \frac{m}{2})$$

V : 재적(m^3)

g : $\frac{\pi \times d^2}{4}$ (d는 흉고직경)

H : 망고(벌채점에서 망점까지 높이)

m : 벌채점에서 가슴 높이까지 높이

② 덴진법(denzin)

– 형수법은 임목 재적을 측정할 때에 반드시 나무 높이를 측정해야 한다.

– 덴진법은 가슴 높이 지름만으로 재적을 구할 수 있다.

– 흉고직경을 cm 단위로 측정하고 그 제곱 값을 1,000으로 나누면, m^3 단위의 재적을 구할 수 있다.

– **덴진법은 나무 높이 25m, 형수 0.51을 전제로 재적을 개략적으로 알 수 있는 방법이다.**

– 나무 높이가 25m가 아닌 경우 수종별로 보정표를 만들어 수정해 주어야 한다.

$$V = g \times h \times f = \frac{\pi \times d^2}{4} \times h \times f = \frac{d^2}{4} \times \pi \times h \times f$$

지름의 단위는 cm이고, 이것을 재적 단위인 m^3으로 환산할 때는 지름의 제곱을 하였으므로 1m는 100cm를 제곱한 10,000을 나누어 주어야 한다.

$$V = \frac{d^2}{4} \times \frac{1}{10,000} \times \pi \times h \times f$$

위 식의 전제는 h = 25m, f = 0.51이므로

$$\pi \times h \times f = 3.141592 \times 25 \times 0.51 \fallingdotseq 40.0553 \fallingdotseq 40$$

$$\therefore V = \frac{d^2}{4} \times \frac{1}{10,000} \times 40 = \frac{d^2}{1,000}$$

2) 목측법

계측기를 사용하지 않고 입목을 눈으로 보고 재적을 추정하는 방법으로, 목측법은 숙련되지 않으면 좋은 결과를 얻을 수 없다.

① 직접법 : 벌채목의 재적을 측정할 때 기억해 두었다가 그때의 재적과 비교하여 추측한다.

② 간접법 : 약측(略測)법에 적용되는 요소를 목측으로 측정한 다음 암산으로 추정한다.

③ 목측을 할 때 주의해야 할 점

㉠ 목측물에서의 거리를 항상 일정하게 한다. 20m 또는 30m 떨어진 곳에서 목측한다.

㉡ 경사지에서는 사면의 위에서 목측한다. 아래에서 하면 오차가 크다.

㉢ 오차에 유의하여 목측한다. 광선의 명암, 광선투사의 방향, 지엽의 유무, 수피가 평활한지 여부, 부근에 있는 나무 등이 오차를 발생시킨다.

5 입목재적표에 의한 방법

① 재적표를 사용하는 데 필요한 수고와 흉고직경을 측정하여 재적표에서 직접 구한다.

② 입목의 재적을 구하려면 수종과 지역에 맞는 재적표가 있어야 한다.

[강원지방 소나무의 재적표(수피 포함)]

Height	DHB													
	4	6	8	10	12	14	16	18	20	22	24	26	28	30
5	0.0039	0.0081	0.0136	0.0203	0.0281	0.0371	0.0472	0.0584	0.0707	0.0841	0.0985	0.1139	0.1305	0.1480
6	0.0047	0.0098	0.0163	0.0244	0.0338	0.0447	0.0568	0.0703	0.0851	0.1012	0.1185	0.1372	0.1570	0.1782
7	0.0055	0.0114	0.0191	0.0285	0.0395	0.0522	0.0664	0.0822	0.0995	0.1183	0.1386	0.1604	0.1836	0.2083
8	0.0063	0.0131	0.0218	0.0326	0.0452	0.0597	0.0760	0.0941	0.1139	0.1354	0.1586	0.1835	0.2102	0.2385
9	0.0071	0.0147	0.0246	0.0367	0.0509	0.0673	0.0856	0.1059	0.1282	0.1525	0.1786	0.2067	0.2367	0.2686
10	0.0079	0.0163	0.0273	0.0408	0.0566	0.0748	0.0952	0.1178	0.1426	0.1695	0.1986	0.2299	0.2632	0.2987
11	0.0087	0.0180	0.0301	0.0449	0.0623	0.0823	0.1047	0.1296	0.1569	0.1866	0.2186	0.2530	0.2898	0.3288
12	0.0095	0.0196	0.0328	0.0490	0.0680	0.0898	0.1143	0.1415	0.1713	0.2037	0.2386	0.2762	0.3163	0.3589
13	0.0103	0.0213	0.0356	0.0531	0.0737	0.0973	0.1239	0.1533	0.1856	0.2207	0.2586	0.2993	0.3428	0.3891
14	0.0111	0.0229	0.0383	0.0572	0.0794	0.1048	0.1334	0.1652	0.1999	0.2378	0.2786	0.3225	0.3693	0.4191
15	0.0119	0.0245	0.0411	0.0613	0.0851	0.1124	0.1430	0.1770	0.2413	0.2548	0.2986	0.3456	0.3958	0.4492
16	0.0127	0.0262	0.0438	0.0654	0.0908	0.1199	0.1526	0.1888	0.2286	0.2719	0.3186	0.3688	0.4223	0.4793
17	0.0135	0.0278	0.0466	0.0695	0.0965	0.1274	0.1621	0.2007	0.2430	0.2889	0.3386	0.3919	0.4489	0.5094
18	0.0143	0.0294	0.0493	0.0736	0.1022	0.1349	0.1717	0.2125	0.2573	0.3060	0.3586	0.4150	0.4754	0.5395
19	0.0151	0.0311	0.0520	0.0777	0.1078	0.1424	0.1813	0.2244	0.2716	0.3230	0.3786	0.4382	0.5019	0.5696
20	0.0159	0.0327	0.0548	0.0818	0.1135	0.1499	0.1908	0.2362	0.2860	0.3401	0.3986	0.4613	0.5284	0.5997
21	0.0166	0.0344	0.0575	0.0859	0.1192	0.1574	0.2004	0.2480	0.3003	0.3571	0.4185	0.4844	0.5549	0.6297
22	0.0174	0.0360	0.0603	0.0900	0.1249	0.1649	0.2099	0.2599	0.3416	0.3742	0.4385	0.5076	0.5814	0.6598
23	0.0182	0.0376	0.0530	0.0941	0.1306	0.1724	0.2195	0.2717	0.3290	0.3912	0.4585	0.5307	0.6078	0.6899
24	0.0190	0.0393	0.0658	0.0982	0.1363	0.1799	0.2291	0.2835	0.3433	0.4083	0.4785	0.5538	0.6343	0.7200
25	0.0198	0.0409	0.0685	0.1023	0.1420	0.1875	0.2386	0.2954	0.3576	0.4253	0.4985	0.5770	0.6608	0.7500

section 8 임분재적

임분재적 측정법		관련성
전림법	전 임목을 전부 측정하는 방법	
표본조사법	표본점을 추출하고, 표본점에 대해 측정하여 전 임분의 재적을 추정하는 방법	
목측법	목측재적과 실제재적 간의 상관관계를 찾아 비추정법으로 임분재적을 추정한다.	

전림법	
매목조사법	• 각 입목의 재적 측정 : 정밀도가 요구될 때 • 각 임목의 직경 측정 : 통상의 경우
매목목측법	• 하나하나의 임목을 개별 목측하여 재적 추정 • 시간과 경비를 적게 들여서 임목이 가지는 개성 파악
재적표 이용법	직경 및 수고를 측정 또는 목측한 후, 입목재적표를 이용하여 재적 산출
항공사진 이용법	항공사진으로 필요한 자료를 측정하여 임분재적을 산출하는 방법
수확표 이용법	• 5년 간격으로 만들어지는 수확표를 이용하여 임분재적을 산출 • 임분의 임령, 지위, 지위지수를 결정하여 임분재적 산출

1 매목조사법

매목조사법은 통상의 경우에 임분을 구성하는 각 임목의 흉고직경만을 측정하여 임분재적을 산출한다. 정밀도가 요구되는 매목조사의 경우에는 각 입목의 재적을 측정하며, 엄격한 의미에서 전림법은 각 임목의 흉고직경만을 측정하는 것이므로 매목직경조사법이라고도 한다.

1) 직경측정 방법

① 직경을 조사할 때 측정자는 정확히 1.2m 되는 곳에 윤척 또는 직경테이프를 대고 자의 눈금을 읽고 기장자가 기록한다.

② 매목조사법에서 직경 측정은 두 방향을 평균하는 것이 아니라 임의의 방향으로 한 번만 측정한다.

③ 수고는 수고곡선에 의해 구하고 재적은 수고와 지름을 함수로 한 재적표를 이용하여 구한다.

④ 매목조사를 할 때에는 측정 예정지를 답사하여 측정에 필요한 계획을 수립한다.

⑤ 지형, 임분의 밀도, 수종의 혼효도와 요구되는 정밀도에 따라 다르지만 기장자 1명, 측정자 2~3명으로 측정한다.

⑥ 흉고단면적의 불규칙으로 인한 오차를 줄이기 위해서는 직경테이프를 사용하기도 한다.

⑦ 윤척을 사용할 때는 2cm로 괄약된 눈금을 미리 새겨 넣고, 임의의 방향으로 한 번만 측정한다.

⑧ 측정 위치는 지상 1.2m, 즉 가슴 높이이며 경사지에서는 위쪽에서 측정한다.

⑨ 측정자가 부른 측정치를 기입할 때는 오기(誤記)를 피하기 위해 기장자가 복창하여야 한다.

⑩ 용재림에서는 흉고직경이 6cm 미만인 임목은 측정하지 않는다.

⑪ 지름의 측정값은 흉고직경별 그루 수를 正(정)자로 기록한다.

2) 매목조사 시 주의사항

매목조사를 할 때는 다음과 같은 주의가 필요하다.

① 수간(樹幹)이 흉고 이하에서 갈라진 경우에는 분기된 수간 하나하나에 대하여 측정한다.
- 수간이 갈라진 곳은 통상의 줄기보다 굵으므로 좀 높은 곳을 측정한다.

② 측정자가 2인 이상일 때에는 서로 교대하여 측정치를 부른다.
- 측정자가 동시에 부르면 기록하지 못하는 경우가 있다.

③ 수종이 다른 경우에는 수종을 먼저 부른 후 직경을 부른다.
- 수종이 다른 경우는 기장자(記帳者)의 복창이 끝난 다음 다른 나무를 측정한다.

④ 기장자는 측정자가 잘 측정하는지 확인해야 한다.

2 표준목법

표준목(sample tree)은 임분재적을 총 본수로 나눈 평균재적을 가지는 나무를 말한다.

$$\text{표준목의 재적}(v) = \frac{V(\text{임분의 재적})}{N(\text{임분의 그루 수})}$$

미지의 임분재적을 추정하는 데 평균재적을 가지는 나무를 이용하여 재적을 산출한다는 것은 모순이 있다.

1) 정의

임분의 재적을 측정하기 위하여 표준목을 선정하여 전 임분재적을 추정하는 방법이다.

2) 표준목의 결정

표준목을 이용하여 재적을 산출하려면 표준목의 흉고직경, 수고, 흉고형수가 결정이 되어야 한다.

가) 표준목의 흉고직경 결정

① 흉고단면적법

$$g = \frac{\sum G}{n},\ g = \frac{\pi}{4}d^2\text{이므로 } d = 1.1284\sqrt{g}$$

g : 표준목의 평균흉고단면적, n : 임목본수

$\sum G$: 전임목의 흉고단면적 합계, d : 표준목의 흉고직경

② 산술평균지름법

$$d = \frac{\sum d}{n}$$

d : 표준목의 흉고직경, n : 임목본수

$\sum d$: 전임목의 흉고직경 합계

③ Weise's method

입목의 지름이 작은 것부터 나열했을 때 작은 것으로부터 60%에 해당하는 임목의 직경을 표준목의 직경으로 결정한다. 임상이 균일한 산림에 적용한다.

나) 표준목의 수고 결정

① 매목조사 성과로 얻어진 흉고직경의 평균값을 가지는 나무의 수고를 측정해서 표준목의 수고로 결정한다.

② 흉고직경의 평균값은 전체 흉고직경을 합한 값에서 전체 그루 수를 나누어서 구한다.

③ 평균흉고직경을 가지는 나무가 2본 이상이면 평균수고를 표준목의 수고로 한다.

④ 전술한 수고 결정법은 표준목의 수고를 결정하는 데 측정한 값을 가지고도 다시 측정하여야 하는 불합리한 점이 있다.

⑤ 흉고직경과 수고의 관계를 그래프로 수고곡선을 그린 후 수고를 결정하는 것이 합리적이다.

⑥ 수고곡선을 결정하는 방법은 자유곡선법, 평균이동법, 최소자승법 등이 있다.

다) 표준목의 흉고형수 결정

① 각 직경급마다 평균적인 형수를 산출하여 사용하는 방법이 있지만 복잡하므로 형수표를 사용한다.

라) 표준목의 재적 측정

① 흉고직경, 수고, 형수가 결정되면 형수법으로 표준목의 재적을 구한다.

② 흉고직경과 수고를 이용하면 재적표를 가지고 구하는 방법도 있다.

3) 표준목법의 종류

가) 단급법

① **전 임분을 1개의 급(class)으로 하고, 1개의 표준목을 선정하여 전 임분재적을 산출한다.**

> V= v′×N (V : 전 임분의 재적, v′ : 표준목의 재적, N : 전 임분의 임목본수)

② 임상이 균일하지 못할 때는 오차가 발생하므로 형상고(hf)가 같을 때 사용한다.

나) 드라우드(draudt)법

① **직경급을 대상으로 표준목을 선정한다.**

② **조사한 매목본수가 많을 때 사용한다.**

③ 직경급별로 표준목을 선정하므로 표준목의 선정이 간단하다.

④ 조사본수가 300본이고 10본의 표준목을 선정한다면 표준목과 조사본수의 비율이 $\frac{1}{30}$이므로 직경급의 본수가 20본이라면 $\frac{1}{30}\times 20 = 0.67$본인데 1본의 표준목을 배정한다.

⑤ 각 표준목이 각 직경급에 골고루 배분되므로 비교적 정확하다.

$$V = v \times \frac{N}{n}$$ (v : 표준목의 재적합계, n : 표준목 수, N : 전 임분의 임목본수)

다) 우리히(urich)법

① **전 임분을 몇 개의 계급(grade)으로 나누고, 각 계급에서 같은 수의 표준목을 선정한다.**

② 표준목수를 계급수의 배수로 하면 각 계급에서 동일한 수의 표준목을 선정할 수 있다.

$$V = v \times \frac{G}{g}$$ (v : 표준목의 재적합계, g : 표준목 수, G :전 임분의 나무 수)

라) 하르티히(hartig)법

하르티히법은 **각 계급의 흉고단면적을 같게 한 임목의 그루 수가 같은 몇 개의 계급으로 나누어 각 계급별로 같은 수의 표준목을 선정한다.**

① 계급 수를 정한다.

② 전체 흉고단면적 합계를 구한다.

③ 흉고단면적 합계를 계급 수로 나누어 각 계급의 흉고단면적을 구한다.

④ 배당된 값에 도달하면 다음 계급을 계산한다.

⑤ 각 계급의 본수가 결정되면 각 계급의 표준목 크기를 구한 다음 표준목을 선정한다.

⑥ 표준목을 측정하여 전체 재적을 추정한다.

$$V_n = v_n \times \frac{G}{g}$$

(v_n: 표준목의 재적합계, g : 표준목의 흉고단면적 합계, G : 전 임분의 흉고단면적 합계)

참고

단급법은 간편하지만 정도(精度)가 낮고, **하르티히법은 복잡하지만 정도가 제일 높다.**

표준목법	표준목 선정 방법
단급법	1임분 1표준목
Draudt법	1직경급 1표준목
Urich법	1본수계급 당 1표준목
Hartig법	1단면적급 1표준목

3 표본조사법

표본점을 추출하고 표본점에 대해 측정하여 전 임분의 재적을 추정하는 것으로, 전체 임분 중에서 일부 구역이나 적은 그루 수를 선발하여 조사하고, 시간 또는 경비가 제한되어 있을 때 작은 구역을 대상으로 측정하고 전체 임분의 재적을 추정한다.

표본 조사를 하기 위해 선정되는 구역을 표본점이라 하고, 선정된 입목을 표본목이라 한다. 표본점에는 재적 조사와 같이 일시적인 필요에 따라 유동적으로 설치되는 일시적 표본점과 수확표 또는 생장량 조사와 같이 일정한 자료를 얻기 위해 고정적으로 설치되는 영구적 표본점이 있다.

1) 임의 추출법

표본을 추출하려고 하는 모집단, 즉 임분을 표본 단위와 같은 크기의 격자로 구분하고 그 교점에서 필요한 수만큼 표본을 추출하는 방법이다.

2) 계통적추출법

① 계통적 추출법은 측정자가 추출 대상에 대해 일정한 계통을 정해 놓고 추출하는 방법이다.

② "국가산림자원조사"와 같이 대규모의 산림을 조사하는 경우에는 임분을 표본 단위와 같은 크기의 격자로 구분하고 그 교점에 계통을 세워 표본을 추출하여 조사한다.

③ 예를 들어 모집단에 1에서 400까지의 일련번호를 붙인 다음, 계통적 추출법에 의해 20개를 추출한다면 $\frac{400}{20}=20$, 즉 20개의 교점마다 1개씩 추출한다. 1에서 20 사이에서 난수표에 의해 5가 추출되었다면 다음 표본의 위치는 No) 25, No) 45, No) 65... 순으로 20개를 추출한다.

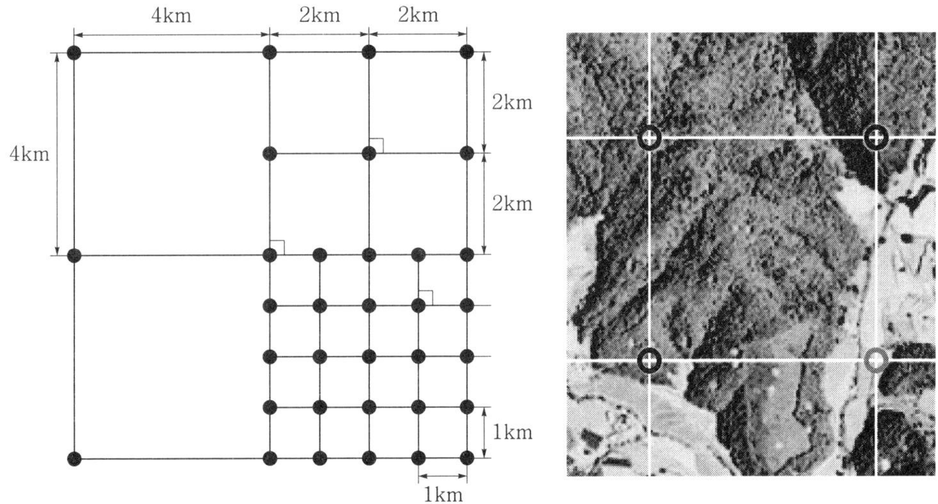

▲ 고정표본점의 계통적 추출법(산림자원조사 지침서, 2011, 국립산림과학원)

3) 층화추출법

① 임분은 구성이 매우 복잡한 모집단이라면 나이가 다른 나무를 동일하게 취급하여 표본을 추출한다면 표준 편차가 클 것이므로 먼저 **임분을 연령별로 몇 개로 나누고 구분된 각 임분에서 표본을 추출하는 방법이다.**

② 임분을 몇 개로 구분하는 것을 층화한다고 하는데, 층화할 때에는 구성 요소를 수종, 연령 등과 같이 동질적인 것으로 해야 한다.

4) 부차추출법

① **모집단인 임분을 여러 개의 집단으로 나누어 그중에서 몇 개를 추출하고, 추출된 집단에서 다시 표본점을 추출하여 측정하는 방법이다.**

② 2단 추출법이라고도 한다.

5) 이중추출법

① **항공사진을 병용한 표본 조사에서 사용되는 방법이다.**

② **항공사진 재적표가 만들어져 있을 때 사진에서 많은 표본점을 조사한 후, 그중에서 몇 개를 추출하여 지상 조사를 한다.**

③ 사진상의 측정값과 지상 조사의 결과에 의해 회귀 계수를 구하여 전체를 추정하는 방법이다.

[표본조사법의 키워드]

표본조사법	표본점 선정 방법
임의추출	교점에서 **무작위로 표본점 선정**
계통추출	교점에서 계통별 **난수표로 표본점 선정**
층화추출	**수종별로 추출 후 연령급별로 표본점 선정**
부차추출	**집단별로 추출 후 추출집단에서 표본점 선정**
이중추출	**항공사진 표본점 조사 후 지상 표본점을 선정하여 조사**

6) 표본점 조사

① 전체를 조사하는 대신 적은 구역 또는 적은 개수를 무작위로 뽑아 조사하는 방법을 표본조사 또는 표본점조사라고 한다.

② 표본점에는 일시적으로 재적조사만을 위해 설치하는 일시적 표본점과 수확표 또는 성장량을 조사하기 위하여 영구적으로 설치하는 영구적 표본점이 있다.

③ 표본점의 개수 결정

표본점의 개수를 결정하는 방법은 아래와 같다. 5%의 오차, 95%의 유의 수준을 가지는 신뢰도 계수(자유도, $n-1$)가 2인 모집단의 경우 임분의 면적을 A, 표본점의 면적을 a, 변이계수를 c, 오차율을 e라고 하면

표본점의 개수 n 은 $n \geq \frac{4Ac^2}{e^2A+4ac^2}$ 이다.

무한모집단의 표본점의 조사개수는 $n \geq (\frac{tc}{e})^2$ 으로 계산한다.
공식에서 t : t-table에서 자유도(n−1)에 대한 값, 신뢰도계수, c : 변이계수, e : 오차율

일반적으로 오차율 5%, 즉 95%의 신뢰도와 신뢰도계수 t의 값이 정규분포를 보인다고 가정하면 신뢰도계수 t는 1.96이 되므로 2를 사용하면 안전하게 최소 표본점 수를 구할 수 있다.

오차율 e의 값이 배로 증가하면, 표본점의 수는 반 이하로 줄어들게 된다.

[표본점의 크기가 10m×10m일 때 필요한 표본점의 수]

면적 (A)	10m×10m 표본점수 (N)	e=5%(오차율)			e=10%(오차율)		
		c(변이계수)			c(변이계수)		
		c=20	c=40	c=60	c=20	c=40	c=60
1(ha)	100	39	72	85	14	39	59
5	500	57	169	268	16	57	112
10	1,000	60	203	365	16	60	126
20	2,000	62	227	447	16	62	134
30	3,000	63	236	483	16	63	137
40	4,000	63	241	503	16	63	139
50	5,000	63	244	516	16	63	140
60	6,000	63	246	526	16	63	141
70	7,000	63	247	532	16	63	141
80	8,000	63	248	537	16	63	141
90	9,000	64	249	541	16	63	142
100	10,000	64	250	545	16	64	142
500	50,000	64	255	573	16	64	144
1,000	100,000	64	255	573	16	64	144
5,000	500,000	64	256	575	16	64	144
10,000	1,000,000	64	256	576	16	64	144

조사의 정도(精度)는 신뢰도와 조사경비를 모두 고려해야 하므로 사업에 소요되는 경비에 따라 오차율 e를 결정할 수 있다.

실력 확인 문제

산림조사면적이 1ha, 표본점의 크기는 10m×10m, 오차율은 5%, 변이계수는 20이라고 할 때 조사해야 하는 표본점은 몇 개 이상 선정하여야 하는가?

해설

– 표본점의 면적 : $10m \times 10m = 100m^2 \times \frac{1ha}{10{,}000m^2} = 0.01ha$

– 표본점의 수 ≥ $\frac{4 \times 1ha \times 0.2^2}{0.05m^2 \times 1ha + 4 \times 0.01ha \times 0.2^2} = \frac{0.16}{0.0025 + 0.0016} = \frac{0.16}{0.0041} = 39.02439 ≒ 39$

② 표본의 추출 간격

$$\text{표본추출간격} : d = \sqrt{\frac{A}{n}} \times 100\,(m)$$

(d : 표본추출간격, A : 전조사 대상면적, n : 표본점 추출개수)

4 기타 방법

1) 표준지법

가) 표준지법의 개념

① **표준지법은 임분재적 측정을 위해 전림조사 대신에 일부를 선택하여 조사하는 방법을 말한다.**

② 조사대상 임분에서 일정한 면적의 임지를 표준지로 선정하고, 표준지의 재적을 기준으로 전체 임분의 재적을 구한다.

③ 전체 임분에서 표본으로 선택된 지역을 표준지 또는 표본점이라고 한다.

④ 표준지에 대하여 필요한 항목을 조사·측정하는 것을 표준지 조사라고 한다.

⑤ 표준지 조사의 목적이 임분재적의 측정일 경우 해당 지역 내의 입목에 대한 수종 명, 흉고직경, 수고 등을 측정한다.

⑥ 표준지 조사는 목적에 따라서 지하고, 수관폭, 그리고 임목의 서 있는 위치 등과 같은 정밀 임분조사를 실시하기도 한다.

⑦ 재적 추정을 목적으로 시행되는 임분조사에서는 일반적으로 흉고직경 6cm 이상인 임목만을 대상으로 조사가 이루어진다.

⑧ 식생조사 목적의 표준지 조사는 치수도 조사 범위에 포함시킨다.

⑨ 표준지법은 산림의 면적이 클 때, 지형이 험준하여 측정이 어려울 때, 정밀한 조사가 필요하지 않을 때, 임상이 비교적 균질할 때 사용하는 산림조사 방법이다.

⑩ 표준지법에는 대상표준지법, 원형표준지법, 각산정표준지법 등이 있다.

⑪ 표준지법은 우리나라의 산림 경영을 위한 산림조사에서 사용되고 있는 방법이다.

⑫ 실시설계 표준지는 200m×200m의 격자를 그어 그 교점에 설치하고, 감리표준지는 400m×400m의 격자를 그어 설치한다.

나) 표준지 선정 시 유의사항

① **표준지는 면적의 계산이 쉬운 모양으로 선정한다.**

– 정방형 또는 장방형, 원형 등

② **표준지는 임상이 고르게 분포한 곳으로 선정한다.**

– 나무의 수가 평균이라고 볼 수 없는 곳은 선정하지 않는다.

– 전체를 살펴 나무가 고르게 분포한 곳을 선정한다.

③ **경사지에서는 띠 모양으로 표준지를 설정한다.**

– 산 정상에서 산각의 띠 모양으로 설정한다.

④ **지위가 편중되지 않도록 한다.**

⑤ **표준지의 크기는 수고에 따라 결정한다.**

– 수고가 20m 내외면 20m×20m, 10m 정도의 높이라면 10m×10m로 결정한다.

⑥ **5ha 미만의 임분은 전림법으로 조사한다.**

– 5ha 이상의 면적일 때 표준지법을 이용한다.

2) 각산정표준지법(angle count method)

① Bitterich가 고안한 산림조사 방법이다.

② **표본점을 설치하지 않기 때문에 간편하게 사용할 수 있다.**

③ 한 표본점에서 Speigel Relascope 등과 같은 측정기구를 이용하여 시준되는 각도 a에 의해 측정 대상 입목을 산정하고, 측정 대상 입목의 수와 직경에 의해 ha당 흉고단면적이나 본수 등을 간단하게 구할 수 있는 표본조사법이다.

④ 이 조사법은 표준지조사법과는 달리 표준지를 설치할 필요가 없기 때문에 무표본지표조사법(plotless sampling)이라고도 한다.

⑤ 임분의 재적은 V=G·H·F에 의해서 구하는데, G는 임분흉고단면적합계, H는 임분평균수고, F는 임분형수이다.

$$V = G \times H \times F = knHF$$

- V : 전체 임분의 재적
- k : 릴라스코프로 측정한 단면적 상수
- n : 임목본수
- G : 임분의 흉고단면적 합계($k \times n$)
- H : 임분의 평균수고
- F : 임분형수
  - H는 직접 측정하며, F는 단목형수를 대신 사용하고, G를 구하기 위해서 매목조사를 한다.
  - 매목조사를 하게 되면 시간과 경비가 많이 소요되므로 대단히 비경제적인 조사 방법이 된다.
  - 각산정표준지법의 특징은 측정기구에 의해 선정되어 측정 대상이 되는 각 입목에 대하여 일정 양의 흉고단면적을 할당하는데, 이를 흉고단면적 상수라고 하며 측정기구에 따라 1, 2, 4m^2로 구분된다.
  - 예를 들어 한 표본점에서 흉고단면적 정수 1m^2를 선택하여 10본의 입목이 측정되었다면 표본점의 ha당 흉고단면적은 10m^2가 되는 것으로, 간단하고 쉽게 임분의 ha당 흉고단면적을 측정할 수 있는 장점을 가지고 있다.
  - 각산정표준지법에서 어떤 입목이 측정 대상이 되느냐 하는 것은 입목의 직경(Di)과 표본점에서 해당 입목까지의 거리(Ri)에 의하여 결정되는데, 그 관계식은 Ri=cDi로 표현할 수 있다. 여기에서 c는 단면적 정수에 따라 달라지는 상수이다.
  - 각산정표준지법은 표준지를 설치할 필요는 없으나 각 입목의 직경 크기에 따라 원으로 된 가상적 표준지를 갖는데, 이 가상적 표준지의 반경이 Ri이다.
  - 입목의 직경 Di에 의하여 그 크기가 달라지는 가상적 표준지 내에 표본점이 존재하면 그 입목은 측정기구에 의해 산정이 되고, 밖에 있으면 측정 대상에서 제외된다.

CHAPTER

6 산림 경영계획 실제

section 1 산림 경영계획의 업무내용

산림 경영계획은 산림생태계의 보호 및 다양한 산림기능을 효율적을 발휘하기 위해서 작성하며, 산림 경영계획을 통해 산림보호, 임산물 생산, 휴양문화, 고용기능 등을 증진시킨다. 산림 경영에 대한 수지 개선을 통해 합리적인 산림 경영이 이루어지도록 유도하는 데 산림 경영계획의 목적이 있다. **경영계획구에 대한 종합적인 경영계획은 10년 단위로 작성하며, 산림 경영계획의 작성 주체는 소유자 또는 관리자가 된다.**

[산림 경영계획의 작성 내용]

민유림(공·사유림)	국유림
① 경영목표 및 중점사업 ② 조림면적, 수종, 수량 ③ 육림(풀베기, 어린 나무 가꾸기)에 관한 사항 ④ 벌채(방법, 수량, 기준벌기령) ⑤ 임도, 작업로, 운재로 시설 등 ⑥ 산림소득의 증대를 위한 사업 등	① 조림(갱신 방법, 수종, 면적, 수량 등) ② 육림(비료주기, 풀베기, 어린 나무 가꾸기, 덩굴 제거, 천연림 보육, 솎아베기 등) ③ 임목생산(벌채종, 벌채율, 벌채량, 생산 방법, 재적 및 벌기령 등) ④ 시설(임도, 사방, 자연휴양림 등) ⑤ 산림소득사업(약초재배, 수액 채취, 관상수 식재, 부산물 생산 등) ⑥ 산림생태계 및 산지 특정 소생물권 관리 등

1 일반조사

산림조사는 경영계획구에 대한 지황, 임황 및 관련 정도를 파악할 목적으로 하며, 산림 경영의 방향을 결정하는 데 산림조사 자료는 중요한 기초자료로 활용된다. 산림조사는 현장조사와 자료조사를 병행하며 산림입지도, 임소반도, 적지적수도, 항공사진 등 지리정보를 이용하여 자료조사를 한다.

1) 일반현황 조사

산림조사 시 단위에 있어 면적(ha), 재적(m^3), 죽재의 경우는 "속"으로 하며, 생장량을 제외하고 정수 처리한다.

① 산림의 지리적 위치, 면적 및 지세 : 행정구역상의 위치와 면적 및 인접 영림계획구의 관련 상황, 경도와 위도 및 산림대, 하천과의 거리 및 주요 산맥의 해발고, 하천의 수원관계 등을 조사하고 영림계획구 전체에 대한 대체적인 지위와 지세를 조사한다.

② 면적 : 영림계획구의 면적과 영림계획 편성면적 및 행정구역별 면적을 조사한다.

③ 기상 : 영림계획구의 온도, 습도, 강우량, 풍속, 일조량을 개략적으로 조사하되, 인근 기상대의 과거 관측자료를 평균치로 활용한다.

④ 경영 연혁 : 과거부터 현재까지의 소유관리 변천 연혁과 경영계획 편성 연혁을 조사한다.

⑤ 산림개황 : 영림계획구 산림에 대한 모암 구성, 토양 성질, 비옥도와 산림을 구성하고 있는 수종, 임종, 임령, 축적량 등을 개략 조사하고 전차기의 특기할 만한 산림 경영 방법이나 문제점 등을 조사한다.

⑥ 교통시설 및 임산물 시장 상황 : 임산물의 반출 및 이동 등을 위한 교통시설을 조사하고, 임산물 생산에 대한 소비상황 및 시장가격 등을 조사한다.

⑦ 산원주민의 실정 : 인구 및 직업 상황, 타 산업의 발달 및 토지 이용 상황, 임금 등에 대하여 개략적으로 조사한다.

⑧ 기타 사항 : 지역 주민이 요구하는 사항(임산물 채취, 등산로 개설, 산촌마을 조성 등)과 지역사회가 참여하고자 하는 사항을 조사한다.

2) 조사자료 정리

① 외업조사

㉠ 자료준비 : 과거시업 관계를 도면에 모두 표시한다.

㉡ 1일 조사면적 확정 : 1일 조사할 임반 코스를 확정한다.(예 능선 → 계곡부 도면 표시)

㉢ 조사 방법

- 도면에 표시한 임·소반 구획이 현지와 합당한지 실시한다.
- 현지와 합당할 때 : 표준이 되는 위치에서 표준지 조사법에 의거 수고, 경급 등 임황 및 지황조사 실시
- 불부합 시 : 도면 위치 정정 후 지·임황조사 실시

※ 소면적 화전조림지가 계획지에서 누락되어 과거 시업이 전무한 경우 → 소반 구획이 가능한 면적인 경우 반드시 보조 소반으로 구획 관리

- 조사 구역 내 특수 수종 및 특이사항(소로길, 방화선, 동굴 등)과 야생동식물 분포 등도 함께 조사하여 기록 유지

② 내업조사

㉠ 면적 정리 : 조사 지역의 면적이 행정구역별 지번별 면적과 반드시 일치 되게 정리

㉡ 경영계획부 작성 : 영림계획프로그램에 의거하여 처리 정리

㉢ 작업 종별 시업 계획 내역 작성

㉣ $\frac{1}{25,000}$ 또는 $\frac{1}{5,000}$ 임·소반별 임상도 작성 : FGIS에 의거 수치지도로 작성

㉤ 각종 조사 야장

- 산림조사 야장
- 표준지 매목조사 야장 및 재적 계산서
- 수고조사 야장 및 수고 계산표
- 산림조사 임야도(임소반 구획 및 시업 계획구역 구획)

3) 산림조사 준비사항

① 도면

㉠ 전기와 차기 4개 도면($\frac{1}{25,000}$) : 위치도, 영림계획도, 목표임상도, 산림기능도 등

㉡ 참고 도면 : 산림이용기본도, 임도망도, 산림입지도, 전차기 각종사업 실행도면

② 조사기구 준비

㉠ 수고측정 : 측고기(순토, 덴드로메타, 하그로프측고기 등)

㉡ 흉고측정 : 윤척 또는 직경테이프, 빌트모어스틱 등

㉢ 줄자 : 30~50m 규격의 줄자가 현지에서 사용하기가 가장 적당(표준지 설정)

㉣ 생장추 : 수령 측정(생장추로 수령 측정이 불가한 수종은 톱으로 잘라 측정)

㉤ 격자판 : 도면상 면적 산출

㉥ 산림조사야장, 표준지매목조사야장, 수고조사야장, GPS장비, 노트북, 계산기 등

2 산림측량과 산림구획

1) 산림측량

산림 경영계획에서 산림측량(forest survey)은 주위측량, 산림구획측량, 시설측량으로 구분한다. 주위측량은 경계를 구분하기 위한 측량으로 가장 중요하다.

① 주위측량

- **산림의 경계선을 명백히 하고 그 면적을 확정하기 위해** 실시하는 측량이 주위측량이다.
- 주위는 개별 필지의 주위가 아니라 산림경영계획구에 속해 있는 단지(團地)의 주위를 말한다.
- 단지를 만들 때 넓은 구역에 걸쳐있는 큰 지역에서는 그중에 있는 주요한 구역선으로 나눈다.
- 주요 구역선으로는 하천, 계류, 군·면 경계, 도로 등이며, 산림 내부에는 방화선, 농지, 원야 등이 포함된다.
- 500ha 이상 큰 단지는 삼각측량으로 경계를 확정한다.

- 경계측량은 협각측량(俠角測量)이 적합하지만 비용과 노력이 많이 들므로 삼각점(三角點), 그 밖의 확실한 정점(定點) 사이의 경계선은 방위 측량(方位測量)으로 연결한다.
- 방위 측량은 트랜싯(transit)을 사용하며 면적이 크지 않을 때에는 보통 컴퍼스(compass) 또는 평판측량을 한다.
- 국토정보공사에서 지형도를 제공하고 있으므로 이것을 이용하여 실측검정한다.
- 실측검정을 통해 정확성을 조사한 후 필요한 장소만을 측량하면 경비와 시간을 절약할 수 있다.
- 측량 후에는 경계선 번호, 각도, 거리, 인접지의 소유자 그 밖의 상황을 기재한 경계부를 만든다.
- 협각측량의 면적 계산은 경위거 계산을 하고, 방위 측량의 면적 계산은 삼각경위거로 계산한다.
- 계산이 되지 않는 부분은 플라니미터로 계산하여 합계한다.
- CAD를 이용하여 면적을 계산하는 전자면적법이 면적 계산에 가장 많이 쓰인다.

② **산림구획측량(山林區劃測量)**

- 주위측량이 끝난 후 산림구획계획을 수립한 후 산림구획측량을 한다.
- 산림구획측량은 **각종 산림구획의 경계선, 즉 임반, 소반의 구획선 및 면적을 구분**하기 위해 실시한다.

③ **시설측량(施設測量)**

- 산림 경영에 필요한 **임도의 신설 및 보수 그 밖의 건물을 설치할 때**에 하는 측량이 시설측량이다.
- 측량한 결과는 도면에 명시하고, 1단지의 주위측량이 끝나면 도로 및 하천 등의 교통로는 이를 실측하여 그 면적을 공제한다.
- 측량한 기록과 지적이 일치하지 않는 경우에는 지적법과 민법의 규정에 따라 처리한다.

2) 산림구획

① 산림구획 단위 및 구분 기준

> 산림경영계획구 〉 임반 〉 소반

② 임반

㉠ 면적

- **가능한 100㏊ 내외를 구획하고, 현지 여건상 불가피한 경우는 조정한다.**

㉡ 구획

- **하천, 능선, 도로 등 자연경계나 도로 등 고정적 시설을 따라 확정한다.**

- **사유림은 100㏊ 미만 1필지 소유산주의 경우는 지번별로 구획한다.**

㉢ 번호

- 임반 번호는 아라비아 숫자로 유역 하류에서부터 시계 방향으로 연속하여 부여한다.
- 신규재산 취득 등의 사유로 보조 임반을 편성할 때에 연접된 임반의 번호에 보조번호를 부여한다.
- 보조 임반은 1-1, 1-2, 1-3...순으로 부여한다.(예 1-1→1임반, 1보조 임반)

③ 소반

㉠ **면적은 최소 1㏊ 이상으로 구획하되 부득이한 경우에는 소수점 한 자리까지 기록할 수 있다.**

㉡ **지형지물 또는 유역경계를 달리하거나 시업상 취급을 다르게 할 구역은 다음과 같이 소반을 달리 구획**한다.

- **기능**(생활환경보전림, 자연환경보전림, 수원함양림, 산지재해방지림, 산림휴양림, 목재생산림)을 고려한다.
- **지종**(법정제한지, 일반경영지 및 입목지, 무립목지)이 상이할 때
- **임종, 임상, 작업 종**이 상이할 때
- **임령, 지리, 지위, 운반계통**이 상이할 때

㉢ 번호 : 일반 번호와 같은 방향으로 소반명을 1-1-1, 1-1-2, 1-1-3...연속되게 부여하고, **보조 소반의 경우에는 연접된 소반의 번호에 1-1-1-1, 1-1-1-2, 1-1-1-3...로 표기한다.**(예 1-1-1-3 → 1임반, 1보조 임반, 1소반, 3보조 소반 1-0-1-3 → 1임반, 1소반, 3보조 소반)

※ 면적 산출 : $\frac{1}{25,000}$ 또는 $\frac{1}{5,000}$ 도면상에서 격자판 또는 구적기로 산출하거나 수치지도상 측정된 면적으로 확정한다.

3 산림조사

1) 조사대상 산림

① 당해 연도에 산림조사 계획이 수립된 산림경영계획구 내의 산림

② 신규 취득한 산림

2) 지황조사

가) 지종 구분

① 입목지 : 수관 점유 면적 및 입목 본수 비율이 31% 이상 점유하고 있는 임분

② 무립목지

㉠ 미립목지 : 수관 점유 면적 및 입목본수 비율이 30% 미만인 임분

㉡ 제지 : 암석 및 석력지로 조림이 불가능한 임지

③ 법정지정림 : 산림법 등 관계 법률에 의거 지정된 법정임지(국립공원, 산림보호구역, 상수원 보호구역 등)

나) 방위

구획한 임지의 주 사면을 보고 동, 서, 남, 북, 남동, 남서, 북동, 북서의 8방위로 구분한다.

다) 경사도

① 완경사지(완) : 15도 미만

② 경사지(경) : 15~20도 미만

③ 급경사지(급) : 20~25도 미만

④ 험준지(험) : 25~30도 미만

⑤ 절험지(절) : 30도 이상

라) 표고

지형도에 의거 최저에서 최고 높이를 표시(예 600~800m)한다.

마) 토양형

점토와 모래의 함유량으로 구분한다.

① **사토(사) : 흙을 손에 쥐었을 때 대부분 모래만으로 구성된 감이 있을 때(점토의 함유량이 12.5% 이하)**

② **사양토(사양) : 모래가 대략 $\frac{1}{3}$~$\frac{2}{3}$를 점하는 것(점토의 함량이 12.6%~25%)**

③ 양토(양) : 대략 $\frac{1}{3}$ 미만의 모래를 함유하는 것(점토의 함유량이 26%~37.5%)

④ 식양토(식양) : 점토가 대략 $\frac{1}{3}$~$\frac{2}{3}$를 점하고 점토 중 모래의 촉감이 있는 것(점토 함량이 37.6%~50%)

⑤ **점토(점) : 점토가 대부분인 것(점토 함유량이 50% 이상)**

바) 토심

유효토심의 깊이에 따라 천, 중, 심으로 구분한다.

① 천(천) : 유효토심 30cm 미만

② 중(중) : 유효토심 30~60cm 미만

③ 심(심) : 유효토심 60cm 이상

사) 건습도

B층(심층토) 토양의 수분 정도를 촉감법으로 구분한다.

구분	기준	해당 지역
건조	손으로 꽉 쥐었을 때, **수분에 대한 감촉이 거의 없음**	풍충지에 가까운 경사지(산정, 능선)
약건	손바닥에 **습기가 약간 묻는 상태**	경사가 약간 급한 사면(산복, 경사면)
적윤	손바닥 전체에 습기가 묻고 **물에 대한 감촉이 뚜렷함**	계곡, 평탄지, 계곡평지, 산록부
약습	손가락 사이에 **물기가 비친 정도**	경사가 완만한 사면(계곡 및 평탄지)
습	손가락 사이에 **물방울이 맺히는 정도**	오목한 지대로 지하수위가 높은 곳

아) 지위

임지생산력 판단 지표로 상, 중, 하로 구분하여 조사한다.

① 직접조사법 : 우세목의 수령과 수고를 측정하여 지위지수표에서 지수를 찾거나 임목자원 평가 프로그램에서 산정한다.

② 간접조사법 : 산림입지조사 자료를 활용한다.

영급	지위 지수					
	침엽수			활엽수		
	상	중	하	상	중	하
Ⅰ	≥4	3	≤2	≥9	8~6	≤5
Ⅱ	11	10–6	5	14	13–8	7
Ⅲ	17	16–9	8	16	15–9	8
Ⅳ	20	19–10	9	17	16–8	9
Ⅴ	22	21–11	10	17	16–11	10
Ⅵ 이상	≥22	21–11	≤10	≥17	16–11	≤10

* 침엽수 임분은 주 수종 기준, 활엽수는 참나무 기준

자) 지리

10등급으로 임도 또는 도로까지의 거리를 100m 단위로 구분한다.

① 1급지 : 100m 이하
② 2급지 : 101~200m 이하
③ 3급지 : 201~300m 이하
④ 4급지 : 301~400m 이하
⑤ 5급지 : 401~500m 이하
⑥ 6급지 : 501~600m 이하
⑦ 7급지 : 601~700m 이하
⑧ 8급지 : 701~800m 이하
⑨ 9급지 : 801~900m 이하
⑩ 10급지 : 901m 이상

공사유림의 경우는 임도에서 소반의 중심까지로 계산하고, 국유림의 경우는 소반의 경계까지로 거리를 계산한다.

차) 하층식생

천연치수 발생상황과 산죽, 관목, 초본류의 종류 및 지면 피복도를 조사하여 기재한다.

3) 임황조사

① 임황조사는 산림의 상태를 조사하는 것이다.

② 임황조사 결과는 경영계획 시 시업 방법, 즉 벌기, 수종의 갱신, 수확의 예정, 벌채 순서 등을 결정할 기초자료로 사용한다.

③ 임황조사에는 임종, 임상, 수종, 혼효율, 임령, 영급, 수고, 경급, 소밀도, 축적 등이 포함된다.

가) 임종

① 천연림 : 산림이 천연적으로 조성된 임지, 천연하종 갱신, 움싹 갱신

② 인공림 : 산림이 인공적으로 조성된 임지, 파종, 식재

나) 임상

임목재적 비율, 수관 점유면적 비율에 의하여 구분한다.

① 침엽수림 : 침엽수가 75% 이상 점유하고 있는 임분

② 활엽수림 : 활엽수가 75% 이상 점유하고 있는 임분

③ 혼효림 : 침엽수 또는 활엽수가 26~75% 미만 점유하고 있는 임분

다) 수종

① 주요 수종의 수종 명, 점유 비율이 높은 수종부터 5종까지 조사한다.

② 임분을 구성하고 있는 주요 수종의 수종 명을 기재한다.

라) 혼효율

① 수종 점유율

② 임목재적 또는 수관 점유면적 비율에 의하여 100분율로 산정한다.

$$\text{혼효율} = \frac{\text{해당현실축적}}{\text{현실축적합계}} \times 100$$

마) 임령

① 임분의 최저-최고 수령의 범위를 분모로 하고, 평균수령을 분자로 표시한다.

$$\text{임령} = \frac{\text{평균임령}}{\text{최저임령} - \text{최고임령}}$$

예 $\frac{40}{30-50}$ 년

② 인공 조림지는 조림년도의 묘령을 기준으로 임령을 산정한다.

③ 천연림의 경우 생장추로 뚫어 임령을 산정하거나, 가지의 발생상태, 벌도목의 나이테, 임상 등을 종합적으로 판단하여 임령을 추정한다.

바) 영급

10년을 Ⅰ영급으로 하며, 영급기호 및 수령 범위는 다음과 같다.

① Ⅰ : 1~10년생　　② Ⅱ : 11~20년생

③ Ⅲ : 21~30년생　　④ Ⅳ : 31~40년생

⑤ Ⅴ : 41~50년생　　⑥ Ⅵ : 51~60년생

⑦ Ⅶ : 61~70년생　　⑧ Ⅷ : 71~80년생

⑨ Ⅸ : 81~90년생　　⑩ Ⅹ : 91~100년생

사) 소밀도

조사면적에 대한 임목의 수관면적이 차지하는 비율을 100분율로 표시한다.

① 소(′) : 수관밀도가 40% 이하인 임분

② 중(″) : 수관밀도가 41~70%인 임분

③ 밀(‴) : 수관밀도가 71% 이상인 임분

아) 축적

① 현실축적, 법정축적, 연년생장량 등으로 구분하여 기재할 수 있다.

② ha당 축적 : $\frac{\text{단재적 재계}}{\text{표준지면적(0.04ha)령}}$ 를 계산(소수점 2자리까지 기입)

③ 총 축적 : ha당 축적×산림조사야장의 면적(소수점 2자리까지 기입)

자) 수고

① 평균수고/(최저수고−최고수고), 가중평균으로 구한다.

예 $\frac{17}{10-25}\ m$

② 임분의 최저, 최고, 및 평균을 측정하여 최저~최고 수고의 범위를 분모로 하고 평균 수고를 분자로 하여 표기한다.(예 15/10−20m)

③ 축적을 계산하기 위한 수고는 측고기를 이용하여 가슴 높이 지름 2cm 단위별로 평균이 되는 입목의 수고를 측정하여 삼점평균 수고를 산출한다.(경급별수고 결정)

차) 경급 구분

① 평균경급/(최저경급 - 최고경급), 가중평균으로 구한다.

예 $\frac{28}{24-34}cm$

② 입목 가슴 높이 지름의 최저, 최고, 평균을 2cm 단위로 측정하여 입목 가슴 높이 지름의 최저~최고의 범위를 분모로 하고 평균지름을 분자로 표기한다.(예 20/10−30cm)

㉠ 치수 : 흉고직경 6cm 미만 임목의 수관 점유 비율이 50% 이상인 임분

㉡ 소경목 : 흉고직경 6~16cm 임목의 수관 점유 비율이 50% 이상인 임분

㉢ 중경목 : 흉고직경 18~28cm 임목의 수관 점유 비율이 50% 이상인 임분

㉣ 대경목 : 흉고직경 30cm 이상 임목의 수관 점유 비율이 50% 이상인 임분

카) 입목도

① **입목도** $= \frac{\text{현실축적}}{\text{법정축적}} \times 100$

② **같은 지위와 같은 나이를 가진 수종을 기준으로 정상임분의 축적에 대한 현실임분의 축적 비를 백분율로 표시한다.**

4 부표와 도면

산림에 대한 조사 결과는 산림조사 야장에 기록한다. 산림조사야장에 기록하지 못하는 세부조사(細部調査)의 결과를 기록한 것을 부표라고 하고, 세부조사 결과는 되도록 각종 부표(簿表, table) 또는 도면에 기재한다. 조사결과는 벌채개소의 배치, 반출관계 등 모든 작업을 일목요연하게 알 수 있도록 부표와 도면에 옮긴다.

1) 부표

① 부표에는 경계부, 면적표, 지위 및 지리별 면적표, 지종·임상·영급별 면적축적표, 산림조사부 등이 있다.

② 부표 중에는 산림조사부가 가장 중요하고 그 다음이 지종, 임상, 영급별 면적 축적표이다.

가) 산림조사부

① 지황 · 임황의 조사결과를 총괄하여 표시한 양식이 산림조사부이다.

② 산림조사부에는 수종별, 영급별 면적과 축적, 생장량 등의 일람표를 작성한다.

③ 산림조사부 기재순서는 임반번호 및 소반기호의 순으로 한다.

④ 아래 서식은 국유림에서 사용하는 서식이다.

산 림 조 사

구획						산림 소유자			제차기	지종	면적						지황							적요	임					
											입목지	무립목지				합계	지세		토지			지[illegible]	지리		임종	임상	수종	혼효율%	임령	영급
군	면	리	지번	임반	소반	주소	직업	성명				미립목지	화전	제지	소계		방위	경사	보성도	심도	습도									

▲ 산림조사부

나) 경계부

경계측량 결과를 기재하는 부표

다) 면적표

임소반별로 임목지, 미립목지, 제지, 개간가능지 등으로 구분하여 면적을 기재한다.

라) 지위 및 지리별 면적표

작업급의 지위와 지리별로 면적을 기재한다.

마) 지종별, 임상별, 영급별 면적 축적표

수종별로 영급분배 상태를 표시한 것이며, 10년 영계로 I 영급을 만들고 면적과 축적을 기재한다.

2) 도면

산림 경영계획에 사용하는 도면에는 기본도, 위치도, 산림경영계획도 등이 있다. 기본도는 측량에 따른 구역 확정 및 면적 계산에 이용되고, 위치도는 산림경영계획구 등의 위치를 표시한다.

가) 산림경영계획도

① 산림 경영계획도는 경영계획으로 편성한 10년의 계획을 표현한 도면이다.

② 1:3,000 또는 1:6,000 지형도에 임소반, 임상, 영급, 소멸도, 사업 위치 등을 기재한다.

③ 임상은 색으로 칠하고, 영급은 색채로 표시하며, 영급이 높을수록 짙은 색채를 사용한다.

④ 산림경영계획도에는 작성연월일, 행정구역계, 임소반계, 하천, 방위, 면적, 임상, 영급, 축적, 소밀도, 임도, 도로, 주벌, 간벌, 조림, 소생물권 등을 표시한다.

⑤ 산림경영계획도에 추가로 표기할 사항은 작성자의 판단에 따른다.

⑥ 산림경영계획도 기재 방법은 아래와 같다.

㉠ 육림 : 각 사업별로 최초로 시행되는 사업에만 표시한다.

㉡ 임목생산 : 주벌(임목의 최종 수확에 대하여 표시) 및 수익간벌(1차 간벌 이후에 대하여 표시)

㉢ 소득사업 : 임목생산 외의 산림부산물에 대한 소득사업을 표시한다.

㉣ 제지 : 암석 등 경영 부적지를 표시한다.

㉤ 미사업지 : 경영계획이 편성되지 않은 곳을 표시한다.

㉥ 산림 소생물권 : 희귀하거나 특별한 보호·관리가 필요한 곳을 표시한다.

산 림 경 영 계 획 도

	영림구계	임·소반계	주벌	간벌	조림	소생물권	임도시설	도로	하천
작성예	녹색변채	검은색 (임반계) (소반계)	주황색 연변채	황색 연변채	하늘색 명채	녹색 연변채	적색 점선	적색	청색

▲ 산림경영계획도 서식

나) 기본도

① 경계도, 주위측량도 및 산림구획 측량 결과를 기록한 도면이다.

② 산림의 각 부분의 면적을 계산하고, 지형지물의 위치와 구역을 확인하기 위해 작성한다.

③ 리, 동의 주소 단위로 작성한 도면에 경영계획구와 임반, 소반을 표시한다.

④ 축척은 $\frac{1}{6,000}$ 이나 $\frac{1}{3,000}$ 을 사용한다.

다) 위치도

① 경영계획구의 위치를 표시하는 도면이다.

② 축척은 $\frac{1}{50,000}$ 을 사용한다.

5 시업체계의 조직

산림을 유지 조성하기 위하여 벌채, 조림, 보육 등의 제반 행위를 적절하게 조합하여 목적에 맞는 산림을 취급하는 것을 산림시업(forest management prescription, forest practices, 山林施業)이라고 한다.

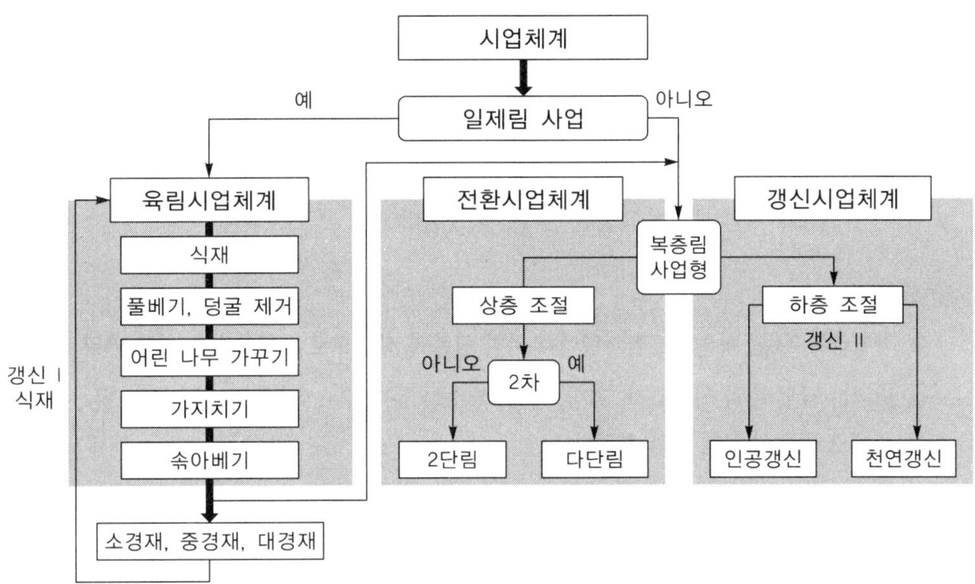

▲ 인공림 시업체계 의사결정 흐름도

1) 시업 내용 결정

① 수확과 조림, 숲 가꾸기 등 산림 취급에 대한 일반적 방침을 정하여 구체적인 시업 계획을 수립한다.

② 시업 계획에서 중요한 사항은 조림 수종 선정, 작업 종의 선정, 윤벌기 결정, 작업급의 편성, 벌채 순서의 결정 등이 있다.

2) 수종 선정

① 수종을 선정할 때는 산림조사에 따른 입지조건과 산주의 경영 목적을 참작한다.

② 수종은 산림의 생육과 수확량 관계, 임산물의 수요, 가격, 시장성, 시업제한림에서는 그 사업의 적합성 여부 등을 감안하여 선정한다.

3) 작업 종 선정

① 작업 종은 원칙적으로 적용할 소반별로 선정한다.

② 작업 종은 산림의 현황과 갱신 수종의 상태, 과거에 채용하였던 작업 종의 운영성과 경제성 등을 고려하여 적용한다.

③ **작업 종이 다른 임분을 하나의 작업급으로 취급하는 것은 피해야 한다.**

④ **작업 종은 소구역 개벌작업, 택벌작업, 모수작업 등이 있고, 사유림에서는 왜림작업도 허용된다.**

⑤ 작업 종 선정 시 고려할 점은 천연적 요소, 축적관계, 재정적 관계, 지방적 목재 수요, 운반설비 등이다.

4) 윤벌기 결정

① 임분생장, 목재이용면을 고려하여 임목의 평균생장량이 최대인 시기를 윤벌기로 한다.

② 우리나라의 경우 재적 수확 최대의 벌기령을 적용한다. 다만, 특수 용재 생산, 시업제한림에서는 별도로 시업 목적에 적합한 벌기령을 정한다.

5) 작업급

① **작업급은 수종, 작업 종, 벌기령이 유사한 임분의 집단으로 수확보속을 위한 단위 조직이다.**

② 벌채는 작업 종과 입지조건, 지방적으로 특수한 목재 수요 관계, 운반설비 및 벌채 사업 실행 관계와 벌채 순서에 따라 결정한다.

6 산림 경영계획의 결정

1) 국유림

가) 산림 경영계획의 승인

① 지방산림관리청 관할 국유림의 경우 지방산림관리청장은 해당 연도의 전년도까지 관할 국유림의 영림계획을 작성하고 산림청장에게 보고하여야 한다.

② 다른 관리청 소관 국유림은 관서의 장, 제주도의 국유림을 관리하는 시장, 군수가 영림계획을 작성하였을 때에는 특별시장, 광역시장, 도지사(재위임 받은 자 포함)에게 승인을 신청한다.

③ 산림청 소관 국유림을 사용하는 국립대학 연습림은 사용하는 자가 작성하여 관할 관리소장을 경유하여 지방산림관리청장에게 승인 신청을 하여야 한다.

④ 조림대부지(분수림 설정자 포함)는 수대부자(설정권자)가 작성하여 국유림관리소장에게 승인 신청한다. 국립대학연습림으로 사용하고 있는 국유림 및 조림대부림(분수림 포함)과 다른 관리청 소관 국유림의 영림계획은 당해 연도 8월 말까지 작성하여 당해 승인권자에게 승인 신청을 하고, 승인권자는 신청서를 접수한 날로부터 60일 이내에 그 승인 여부를 결정하여야 하며, 영림계획 내용을 보완할 필요가 있다고 인정될 때에는 보완 작성하도록 하여 이를 승인할 수 있다.

나) 영림계획의 변경

영림계획 변경은 다음 각 호의 사유가 발생한 때에는 승인권자의 승인을 받거나 동의를 얻어야 한다.

① 산림기본계획 및 지역산림계획의 변경이 있는 때

② 중간평가 결과 변경이 필요하다고 인정될 경우

③ 영림계획상 시업이 없는 개소를 시업하고자 할 때. 다만, 영림계획지 외에서의 벌채시업이 가능한 경우에는 그러하지 아니한다.

④ 민유림 매수, 교환, 조림대부, 분수림의 환수 등 신규 취득 산림에 대하여 조림 등의 사업을 하고자 할 때

⑤ 영림계획을 변경하고자 할 때에는 당초의 영림계획서를 수정하고 변경 사유를 명시하여 수정된 경영계획부 및 위치도, 영림계획도, 목표임상도, 산림기능도를 첨부한다.

2) 공사유림

① 시장, 군수, 구청장은 영림계획이 인가된 산림에 대하여 특별한 사정이 없는 한 국비 및 지방비의 보조, 융자사업 등을 우선적으로 지원하여야 한다.

② 지급대상 우선순위는 ⓐ 독림가, 임업후계자 소유 산림, 협업영림계획구, 대리경영임지, ⓑ 경제림육성단지, 임업진흥촉진지역, ⓒ 보전산지 중 임업용산지, ⓓ 일단의 면적이 10㏊ 이상인 산림으로 정한다.

③ 영림계획 인가신청 시에는 산림경영계획서와 산림경영계획도를 제출한다.

7 산림 경영계획의 총괄

1) 사업 계획 총괄표

경영계획상 이루어지는 조림, 육림, 임목생산, 시설, 소득사업 등에 대하여 사업 계획(事業計劃)을 편성하고 기능별 사업 계획량을 조사하여 기록한다.

2) 사업별 총괄계획

① 조림계획 : 갱신면적과 본수 등을 인공갱신계획과 천연갱신계획으로 구분하여 기록한다.

② 육림계획 : 비료주기, 풀베기, 어린 나무 가꾸기, 가지치기, 무육간벌, 천연림 보육 등에 대한 사업 계획량을 기록한다.

③ 입목생산계획 : 주벌과 수익간벌 사업 계획량을 기록한다.

④ 시설계획 : 임도, 사방 및 자연휴양림 시설계획으로 구분하여 작성한다.

⑤ 소득사업 계획 : 산양삼, 산채 등의 임산물 소득사업에 대한 사업량을 작성한다.

⑥ 기타 사업 계획 : 상기 외의 사업 계획이 있을 때 작성한다.

3) 수확 조절

① 법정축적법에 따라 수확량을 산출하여 관리한다.

② 법정축적과 현실림의 축적 및 생장량을 조사하여 표준벌채량을 산출한다.

③ 해당 경영계획구의 임·소반별 벌채계획을 종합하여 작성한다.

④ 현실 임분의 축척을 증대시키고자 할 때에는 표준벌채량을 임분생장량 이하로 조절하여 현실림의 축척이 법정축적에 도달하도록 유도한다.

4) 산림 경영계획의 업무 구분

산림 경영계획은 예업, 본업, 후업으로 구분하기도 하며, 그 내용은 다음과 같다.

① 예업 : 일반조사, 산림측량과 산림구획, 산림조사, 부표와 도면 작성

② 본업 : 시업 내용 결정, 수확과 조림계획, 시설계획, 시업계획의 총괄

③ 후업 : 보수 및 조사업무, 경영안의 재편과 검정

5) 산림경영계획설명서

① 시업경영에 필요한 부표와 도면을 총정리하고, 경영 안을 편성한다.

② 시업방침을 실행할 때 과오를 줄이기 위해 산림경영계획설명서를 작성한다.

③ 산림경영계획설명서는 산림 경영계획을 작성한 취지와 내용을 철저히 이해하고 작성하여야 한다.

④ 산림경영계획설명서는 산림 경영계획의 목적을 달성하기 위하여 여러 가지 사항에 대한 설명을 기재한다.

⑤ 산림경영계획설명서는 시설내용이 결정된 사유와 부표, 도면 등으로 나타낼 수 없는 사항을 보충적으로 설명한다.

8 운용

1) 경영계획서 실행 시 유의할 사항

① 연차별 사업량 책정 방침

- 경영계획상 10년 동안의 사업 계획을 연간 1할 내외로 배분하고, 당해 연도 예산사정 등을 감안하여 사업량을 책정한다.

② 사업 착수 우선순위

- 기본적으로 임분 여건상 시급을 요하는 개소를 우선 선정하여 시행하되 임도 주변 및 국도 가시권 지역, 수자원 함양 보안림 등을 다른 지역보다 우선 실행한다.
- 사업별 우선순위는 보식, 풀베기, 덩굴류 제거, 어린 나무 가꾸기, 무육간벌, 가지치기, 비료주기, 천연림 보육, 수확벌채, 조림의 순으로 하되 지역의 실정에 따라 사업 실행 순위를 조정하여 운영할 수 있다.

③ 기타 사업 실행상 특히 주의를 요하는 사항

- 사업 실행상 주의를 요하는 특별한 사항 등을 기록하여 적절한 사업 실행이 되도록 유도한다.

2) 작업설명서

① 경영계획 작성 후 경영계획 편성자는 계획 수립의 추진경과와 주의사항 등을 기술하여 담당자 변경 시와 차기 계획 수립에 도움이 되도록 작업설명서(作業說明書)를 작성한다.

② 작업설명서에는 작업 추진과정, 계획 수립의 기준, 경영 전망에 대한 특별히 주의해야 하거나 착안해야 할 사항 등을 기술한다.

③ 차기 경영계획 수립에 있어서 미진한 부분을 기록하여 차기 경영계획을 수립할 때 보완할 수 있도록 하고 경영계획을 실행할 때 참고자료로 활용하도록 한다.

9 변경

① 산림 경영계획을 시행하는 동안 경영과 관련된 현저한 변화 등 특수한 사정으로 계획을 수정하거나 변경하여야 할 때가 있다.

② 대체로 한 시업기를 마치면 과거의 시업경험을 검정 및 분석하여 다시 새로운 산림 경영계획을 작성해야 한다.

③ 산림 경영계획의 변경에는 정기검정, 임시검정, 일부 수정 등이 있다.

④ 영림계획 변경은 다음 각 호의 사유가 발생한 때에는 승인권자의 승인을 받거나 동의를 얻어야 한다.

- 산림기본계획 및 지역산림계획의 변경이 있는 때

- 중간평가 결과 변경이 필요하다고 인정될 경우
- 영림계획상 시업이 없는 개소를 시업하고자 할 때. 다만, 영림계획지 외에서의 벌채시업이 가능한 경우에는 그러하지 아니한다.
- 민유림 매수, 교환, 조림대부, 분수림의 환수 등 신규 취득 산림에 대하여 조림 등의 사업을 하고자 할 때

⑤ 영림계획을 변경하고자 할 때에는 당초의 영림계획서를 수정하고 변경 사유를 명시하여 수정된 경영계획부 및 위치도, 영림계획도, 목표임상도, 산림기능도를 첨부한다.

section 2 산림의 다목적 경영계획

1 계획 기간

1) 총 사업 계획

① 임목생산, 조림 및 육림 등 10년 계획 기간 내에 실행해야 할 총체적인 사업물량에 대해 계획한다.

② 경영계획을 실행하기 위해 영림계획구 전체 사업을 대상으로 연간 계획량을 사정한다.

③ 보통 총 사업량을 계획 기간으로 나눈 값을 연간 계획량으로 한다.

④ 산림 경영은 연간 계획에 따라 실행하며, 연간 계획량은 계획 기간 범위 안에서 탄력적으로 조정하여 실행한다.

⑤ 산림 경영의 실효성을 높이기 위하여 가능한 유역완결방식의 사업이 되도록 계획한다.

⑥ 총 사업 계획의 실행 결과는 경영계획부에 기록한다.

2) 재정계획

① 향후 10년간 당해 영림계획구의 재정계획은 연간 사업량을 토대로 계획 집행에 소요되는 예산을 산정한다.

② 재정계획이 수립되어야 산림 경영 사업이 원활하게 수행될 수 있다.

③ 재정계획의 수립 시 단위사업별 소요예산 및 수입원별 예상수입 등을 면밀히 검토한다.

3) 산림기본계획

① 산림청장은 산림자원 및 임산물의 수요와 공급에 관한 장기 전망을 기초로 20년을 단위로 하는 산림기본계획을 수립·시행한다.

② 산림기본계획을 토대로 국가 및 지방자치단체는 산림의 다양한 기능을 증진하기 위하여 산림자원의 조성, 수목원의 육성, 산림 휴양공간 조성 등에 필요한 시책을 수립·시행한다.

③ 국가 및 지방자치단체는 임업의 육성을 위하여 임업 경영기반의 조성, 임산물의 가격 안정·품질 인증 및 산림정보화 등에 필요한 시책을 수립·시행하도록 하고, 산촌지역의 진흥, 도시와 산촌의 교류 등에 필요한 시책을 수립·시행한다.

가) 산림기본계획의 개념

각종 산림사업의 실행은 물론 산림행정상 필요한 근거를 제공하는 국가산림계획으로서, 산림기본계획(국가) – 지역산림계획(광역) – 국영림계획(기초, 지방) 체계로 **20년 주기계획으로 작성**하고 있다.

나) 산림기본계획의 성격

① **산림정책의 목표와 추진 방향을 정하는 20년 단위의 장기 계획**

② 지역산림계획과 국유림종합계획, 산림경영계획을 수립하는 기준 및 토대

③ 산림자원, 산지산업, 산림생태계, 산촌 등에 관한 종합계획

4) 산림기본계획의 체계

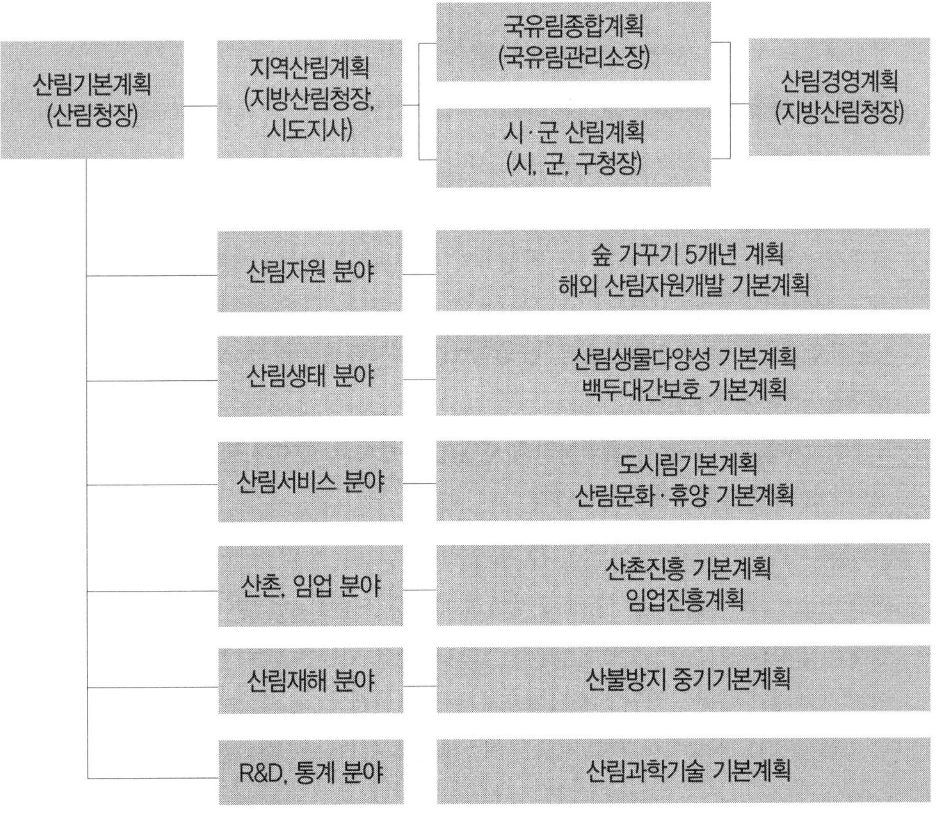

2 수확 계획

1) 수확을 위한 벌채

① 공통기준

- 수확을 위한 벌채는 생태적으로 건전하고 지속 가능하나 경영이 이루어질 수 있도록 하여야 한다.
- 능선부, 암석지, 석력지, 황폐우려지로써 갱신이 어렵다고 판단되는 지역은 임지를 보호하기 위하여 벌채를 해서는 아니 된다.
- 수확을 위한 벌채는 입목의 평균 수령이 기준벌기령 이상에 해당하는 임지에서 실행한다.

② 모두베기

- 벌채면적은 최대 30ha 이내로 한다.
- **벌채면적이 5ha 이상인 경우에는 벌채구역을 구분해야 한다. 이 경우 1개 벌채구역은 5ha 이내로 하며, 벌채구역과 벌채구역 사이에는 폭 20m 이상의 수림대를 남겨두어야 한다.**

③ 골라베기

- 골라베기는 형질이 우량한 임지에서 실행한다.
- **골라베기 비율은 재적을 기준으로 30% 이내로 한다.** 다만, 표고재배용 나무는 50% 이내로 할 수 있다.

④ 모수작업

- 모수작업은 형질이 우량한 임지로서 종자의 결실이 풍부하여 천연하종갱신이 확실한 임지에서 실행한다.
- **1개 벌채구역은 5ha 이내로 하며, 벌채구역과 다른 벌채구역 사이에는 폭 20m 이상의 수림대를 남겨 두어야 한다.**
- **모수는 1h에 15~20본을 존치시키되 형질이 우량하고 종자가 비산할 수 있도록 바람이 불어오는 방향에 위치한 입목**이어야 한다.

⑤ 왜림작업

- 왜림작업은 참나무로서 맹아를 이용하여 후계림을 조성할 수 있는 임지에서 실행한다.
- 벌채는 입목의 생장휴지기에 실행한다. 벌채 방법은 빗물 등으로 인한 썩음을 방지하고 맹아 발생이 용이하도록 절단면을 남향으로 약간 기울게 한다.
- 그 밖에 수림대 존치 등에 관한 사항은 모두베기의 방법으로 준용한다.

2) 숲 가꾸기를 위한 벌채

① 대상 임지

- 숲 가꾸기를 위한 벌채(솎아베기)는 수관이 상호 중첩되어 밀도 조절이 필요한 임지에서 실행한다.
- 솎아베기는 수관이 상호 중첩되어 밀도 조절이 필요하거나 산림의 기능별 관리 목표를 위해 필요한 임지에서 실행한다.
- 우량목 등 보육대상목의 생육에 지장이 없는 입목과 하층식생은 존치시켜 입목과 임지가 보호되도록 한다.

② 솎아베기의 시업기준

- 산림의 기능에 따른 목표 임상의 달성을 위해 목재 생산림은 다음과 같이 목표 생산재를 설정하고 그에 적합한 솎아베기를 실행하도록 한다.

[목표 생산재 설정 기준]

목표 생산재	설정 기준
대경재	가슴 높이 지름 40cm 이상
중경재	가슴 높이 지름 20cm 이상 40cm 미만
특용 · 소경재	가슴 높이 지름 20cm 미만

3 갱신계획

1) 수종 갱신을 위한 벌채

① 불량림의 수종 갱신

- 수종 갱신은 수간이 심하게 굽었거나 생장상태가 불량하여 다른 수종으로 갱신하지 않고는 정상적 생육이 어려운 임지에 실행한다. 다만, 암석지, 석력지, 황폐우려지로서 갱신이 어려운 지역과 산림토양도상의 비옥도 Ⅳ급지, Ⅴ급지인 지역은 수종 갱신 대상에서 제외한다.
- 수종 갱신을 위하여 벌채하는 입목은 수간이 심하게 굽었거나 생장상태가 불량한 입목에 한하며, 불량목에 해당되지 않는 입목은 벌채 대상에서 제외한다.

② 유실수의 수종 갱신

- 밤나무 등 유실수의 노령목에 대한 갱신을 하고자 하거나 품종개량을 위하여 갱신이 필요하다고 인정되는 지역에서는 수종 갱신을 할 수 있다.

2) 피해목 제거를 위한 벌채

병해충, 산불 또는 기상피해 등 정상적 생육이 어려운 피해목을 제거하기 위한 벌채는 피해의 확산방지 또는 피해복구에 알맞은 방법으로 실시한다.

4 시설계획

1) 시설계획

임도, 작업로, 운재로 등에 대해 계획하고, 시설하는 개소수 및 사업량(km)을 기재한다.

2) 임산물 운반로 시설 기준

① 임산물 운반로의 노폭은 2m 내외로 하되 최대 3m를 초과하여서는 아니 된다. 다만, 배향곡선지, 차량대피소시설 등 부득이한 경우에는 3m를 초과할 수 있다.

② 임산물 운반로의 길이는 산물 반출에 필요한 최소한으로 하여야 하며, 경사가 급하여 토사유출, 산사태 등의 피해가 우려되는 곳에는 임산물 운반로를 시설하여서는 아니 된다.

③ 임산물 운반로를 시설할 때에는 토사 유출, 산사태 등의 피해를 예방할 수 있는 조치를 취하여야 하며, 임산물 운반로를 시설한 목적이 완료된 후에는 조림 그 밖의 방법으로 복구하여야 한다. 다만, 산림 경영에 필요하다고 판단되는 지역은 임산물 운반로를 존치하게 할 수 있다.

3) 시설의 구분

구분	시설 명칭
운재시설	차도, 우마도, 궤도, 반출설비, 저목장, 창고
조림시설	묘포, 종사자 숙소, 퇴비장, 종자저장고
보호시설	방화선, 산화경방탑, 산림순시원 막사
산림이용시설	벌채사무소, 저목장, 제재소, 목탄창고, 표고건조장
국토보안시설	사방공사, 공작물 신설과 보수

5 조림벌채계획부 작성

① 조림벌채계획부는 산림청 소관 요존국유림 영림계획 운영 요강에 포함되어 있었다.

② 조림벌채계획부는 본 시업기 중의 시업 계획에 한하여 산림경영계획구별로 작성한다.

③ 조림벌채계획부의 기재요령은 아래와 같다.

④ 축적란까지의 사항은 산림조사부에 기재되어 있는 임·소반의 순서로 전부 기재한다.

⑤ 벌채의 구분란에 임목 처분은 “임”, 직영 생산은 “직”으로 기재한다.

⑥ 벌채종에서 주벌은 산림조사부 상의 작업 종 기재요령에 의하되 간벌은 “간”으로 기재한다.

⑦ 벌채율은 임소반 안의 벌채 예정 구역 내 축적에 대한 벌기재적의 100분율을 기재한다.

⑧ 벌채란에서 재적은 본 시업기 중에 벌채를 예정된 해당 임소반의 축적, 벌채종 및 벌채하지 않고 잔존시켜야 할 부분에 해당하는 재적 등을 고려, 실제 벌채 예정 채적을 기재하며, 적요란는 벌채상 특히 주의를 요하는 사항을 기재한다.

⑨ 갱신란에서 갱신종별은 인공조림은 “인”, 천연갱신은 “천”으로, 면적은 수종별로, 적요는 헥타르당 식재본수, 갱신 방법 등 참고사항을 기재한다.

⑩ 보식란에서 면적은 보식에 필요한 면적을 기재하고, 적요는 수종 명, 헥타르당 본수, 회수, 실행상의 주의사항 등을 기재하며, 천연생림의 보식일 경우는 그 요지를 기재한다.

⑪ 무육란에서 면적은 구역면적을 나타내며 무육종별에서 풀베기는 “풀”, 비료주기는 “비”, 어린 나무 가꾸기는 “어린”, 덩굴 제거는 “덩”으로 기재한다. 다만, 천연림의 경우에는 이 약호의 앞에 “천”자로 부한다. 적요는 실행상 주의할 사항 등을 기재한다.

⑫ 임도란에서 임도는 신설임도에 대하여 기재하며, 적요는 시설상의 주의사항을 기재한다.

⑬ 비고란에는 임황, 생육상황 등 특히 장래의 취급에 영향이 큰 사항 및 기타 필요한 사항을 기재한다.

6 산림 노동력 확보 계획

1) 노동력 확보 계획

① 연간 소요 노동인력은 계획 수립 당년도의 평균 작업공정을 적용하여 결정한다.

② 경영계획 기간 10년 동안 필요한 총 소요 노동력은 연간 소요 노동인력에 10을 곱하여 산출한다.

③ 총 소요 노동력의 약 $\frac{1}{10}$을 연간 소요 노동인력으로 한다.

④ 산림사업에 투입되는 상시 노동인력의 연간 작업일수를 약 240일로 추정하여 상시 노동력을 산출한다.

연간 소요 노동인력÷240일=상시 임업기능인의 수

⑤ 산림사업에 투입되는 상시 노동인력은 임업기능인영림단으로 구성한다.

2) 임업기계 사용계획

① 사업 계획과 현임업 기계장비 보유현황 등을 분석하여 추가 보급 여부를 계획한다.

② 임업 기계장비는 고가이므로 임업 기계장비의 사용계획을 정하여 임업 기계장비의 활용도를 높이는 방안을 강구한다.

③ 임업 기계장비에 의한 산림작업이 자연친화적, 생태적 작업이 되도록 장비사용 계획을 수립한다.

section 3 산림 경영계획의 기법

1 선형계획법(LP)

1) LP의 개념

① 선형계획법은 하나의 목표 달성을 위하여 한정된 자원을 최적으로 배분하는 수리계획법의 일종이다.

② 선형계획법은 경쟁적인 활동 아래에 있는 제한된 생산요소들을 최적의 방법으로 배분할 수 있는 수학적 기법이다.

③ 선형계획법은 목표를 최대화 또는 최소화하기 위해 목표 함수를 만든다.

④ 선형계획법은 목표를 달성하기 위한 제약요소들, 즉 가지고 있는 자원들로 제약 함수를 만든다.

⑤ 선형계획법에 사용하는 목표 함수와 제약 함수는 모두 y=ax+b 형태의 1차 방정식이다.

2) LP의 전제조건

LP의 전제조건	내용
비례성	선형계획 모형에서 작용성과 이용량은 항상 활동수준에 비례하도록 요구된다.
비부성	• 의사결정 변수는 어떠한 경우에도 음의 값을 나타내서는 안 된다. • 의사결정 변수 X1, X2, …, Xn은 어떠한 경우에도 음(−)의 값을 나타내서는 안 된다.
부가성	• 두 가지 이상의 활동이 동시에 고려되어야 한다면 전체 생산량은 개개의 생산량의 합계와 일치해야 한다. • 개개의 활동 사이에 어떠한 변환작용도 일어날 수 없다.
분할성	• 모든 생산물과 생산수단은 분할이 가능해야 한다. • 의사결정 변수는 정수는 물론 소수 값도 가질 수 있다는 것을 의미한다.
선형성	모든 변수들의 관계가 수학적으로 선형 함수, 즉 1차 함수로 표시되어야 한다.
제한성	• 선형계획 모형에서 모형을 구성하는 활동의 수와 생산 방법은 제한이 있어야 한다. • 제한된 자원량이 선형계획 모형에서 제약조건으로 표시되며, 목적 함수가 취할 수 있는 의사결정 변수 값의 범위가 제한된다.
확정성	• 선형계획 모형에서 사용되는 값이 확정적으로 일정한 값을 가져야 한다. • 문제의 상황이 변하지 않는 정적인 상태에 있다고 가정하였기 때문이다.

3) 선형계획법의 종류

① 정수계획법

– 정수계획법은 선형계획 모형의 특성 중 분할성 대신 **변수가 정수가 되어야 하는** 정수제약 조건을 갖는다.

- 정수계획 모형의 특성은 ⓐ 선형목적 함수, ⓑ 선형제약 조건식, ⓒ 모형변수들이 0 또는 양(+)의 정수, ⓓ 특정 변수에 대한 정수 제약조건이다.
- 정수계획 문제는 ⓐ 순수정수 문제, ⓑ 혼합정수 문제, ⓒ 0−1 정수 문제의 유형이 있다.

② 목표계획법

- 목표계획법은 불가능한 선형계획 문제를 해결할 수 있는 수단으로 소개되었다.
- 목표계획법은 본질적으로 선형계획법의 확장된 형태라고도 할 수 있다.
- 목표계획법은 단일목표나 다수의 목표를 가지는 의사결정 문제 해결에 매우 유효한 기법이다.
- **목표계획법은 선형계획법에서와 같이 목적 함수를 직접적으로 최대화 또는 최소화하지 않고, 목표들 사이에 존재하는 편차를 주어진 제약조건 하에서 최소화 한다.**
- 목표계획법은 다표준 의사결정 문제의 해결과 산림의 다목적 이용을 위한 경영계획 문제에 적용할 수 있다.

4) 선형계획법의 해법

가) 도표해법

① 의사결정 변수가 둘일 경우에만 사용한다.

② 탐색접근법과 등이익 함수접근법이 있다.

㉠ 탐색접근법 : 최적해는 제약조건에 의해 형성되는 실행 가능한 해 영역의 꼭짓점 중의 하나에서 반드시 결정된다.

㉡ 등이익 함수접근법 : 등이익 함수선 상의 모든 점이 동일한 총수익을 갖는 직선이라는 특징을 이용해 최적해를 구하는 도표해법이다.

③ 도표해법 실행단계

1단계 : 도표 상에 모든 제약조건을 표시한다.

⬇

2단계 : 실행 가능해 영역을 규정한다.

⬇

3단계 : 최적해를 결정한다.

나) 단체법

① 의사결정 변수가 둘 이상인 경우에 사용한다.

② 최적해를 도출하기 위하여 반복적인 연산과정으로 한상 원점에서 시작하여 현재보다 나은 꼭짓점으로 이동해 가면서 더 이상 나은 해를 구할 수 없을 때까지 최적해를 찾아가는 방법이다.

③ 단체법 실행단계

㉠ 1단계 : 단체, simplex 모형으로의 전환

㉡ 2단계 : 최초 해의 규명 및 단체표의 작성

- 최초 해의 도출 : 모든 의사결정 변수는 항상 0의 값을 갖는다. 단체법은 항상 원점에서 최적해를 탐색한다.
- 단체표의 작성 : 기저변수(해를 구성하는 변수)와 공헌율(목적 함수의 변수가 갖는 기여도)을 결정한다.
- 단체표의 완성

㉢ 3단계 : 최적해의 판정

㉣ 4단계 : 도입변수와 방출변수의 결정

- 도입변수 : 기준 열에 목표가 최대화라면 가장 큰 값, 목표가 최소화라면 가장 작은 값을 선택한다.
- 방출변수 : 도표법에는 제약조건의 수만큼 기저변수가 존재한다.
- 도표법에서는 기저변수의 수를 동일하게 유지해야 한다.
- 도입변수를 기저해로 도입하기 위해서는 현재의 기저변수 중에서 어느 한 변수가 기저해에서 방출되어야 한다.
- 도입변수가 기저해로 대치되면서 기저해에서 방출되는 변수를 방출변수라고 한다.
- 방출변수의 결정은 해 값을 기준열의 계수로 나눈 값 중에서 양의 최솟값을 구하면 된다.
- 방출변수로 결정된 기저변수의 행을 기준행이라고 한다.
- 기준열과 기준행이 교차하는 란의 계수를 기준요소라고 한다.

㉤ 5단계 : 새로운 해의 산출

$$\text{기준행의 새로운 값} = \frac{\text{기존의 값}}{\text{기준요소}}$$

㉥ 6단계 : 최적해의 판정 및 단계의 반복

2 LP에 의한 목재수확 조절

목재수확 조절의 사례를 중심으로 LP를 살펴본다.

1) 선형계획 모형

① 김정호 사유림 일반경영계획구의 산림 경영계획은 2021년부터 2030년까지 총 10년으로 계획을 수립하였다.

② 경영계획구에는 잣나무임분 300ha에 215개의 보조 소반이 있다. 이 잣나무 임분의 총 재적은 36,808m^{3}이었다.

2) 벌채량의 결정

① 10년의 경영계획 기간 동안 수확되는 목재의 벌채량은 Hundeshagen법으로 계산하였다.

$$\text{연간표준벌채량(E)} = \text{현실축적}(Vw) \times \frac{\text{법정벌채량}(En)}{\text{법정축적}(Vn)}$$

3) 생장방정식

① 생장량은 수확표와 그간의 조사자료를 바탕으로 유도된 생장방정식에 의해 계산한다.

$$Y = 1.2 + 64 \times \frac{1}{\text{연령}} - 0.03 \times \text{재적} + 1.7 \times \text{평균연년생장량}$$

4) 선형계획 모형의 구성

① 산림 경영계획 기간 동안 법정상태에 도달하면서 목재수확량을 최대로 하기 위한 선형계획 모형은 다음과 같다.

$$\text{– 최대화 : } Z = \sum_{i=1}^{m}\sum_{j=1}^{n} X_{ij} \times V_{ij}$$

$$\text{– 제약조건 : } \sum_{j=1}^{n} X_{ij} \le A_i$$

$$N_{ij} \le MA_j (= 5ha)$$

$$\sum_{i=1}^{m} N_{ij} \le NMA_j$$

$$\sum_{j=1}^{n} N_{ij} \le V_{ij} \le MAXV_j$$

– 식에서 i : 보조 소반, j : 계획분기(년), X_{ij} : j분기에 i보조 소반에서 벌채되는 면적, V_{ij} : j분기에 i보조 소반에서 벌채되는 재적, A_j : 각 보조 소반의 면적, MA_j : 1년 동안에 벌채되는 최대 면적(=5ha), NMA_j : 각 분기의 최대 벌채 면적, $MAXV_j$: j분기에 벌채되는 최대 재적

② 제약조건 중 $\sum_{i=1}^{m} N_{ij} \le NMA_j$는 산림 경영의 보속성을 유지하기 위한 중요한 요소이다.

③ 이 조건을 통해 각 분기의 이용면적이 지속적이 되고, 법정상태에 도달할 수 있다.

3 LP에 의한 산림 경영계획

산림 경영계획에서 LP를 통한 문제해결 사례를 살펴본다.

1) 의사결정 내용

제한된 비료, 비용 및 노동량을 가지고 경영할 때 이익을 최대로 하는 낙엽송과 잣나무의 생산면적을 결정하는 사례를 살펴본다. 주어진 조건에서 최대의 이익을 남기기 위해서 필요한 낙엽송과 잣나무 묘목 생산면적은 얼마가 되어야 하는가?

2) 제약조건

구분	낙엽송(ha당)	잣나무(ha당)	투입 가능한 자원
비료	9kg	4kg	360kg
비용	40,000원	50,000원	2,000,000원
노동일수	3일	10일	300일
이익	7만 원	12만 원	

① 결정변수

x = 낙엽송 면적

y = 잣나무 면적

② 목적식 또는 목적 함수

$\text{Max } Z = 7x + 12y$

③ 조건식

$9x + 4y \leq 360$ ----------- ⓐ

$4x + 5y \leq 200$ ----------- ⓑ

$3x + 10y \leq 300$ ----------- ⓒ

$x \geq 0,\ y \geq 0$ ----------- ⓓ

ⓐ, ⓑ, ⓒ는 제약 조건식이고, ⓓ는 비부(非負) 조건식이다.

④ LP를 사용한 의사결정

LP는 조건식 ⓐ, ⓑ, ⓒ, ⓓ를 동시에 만족시키면서 목적식의 이익을 최대로 하는 결정변수 x와 y를 구해야 한다.

3) LP를 이용한 문제 해결 방법

① 도해법(圖解法)

- 도면상의 그림으로 최적의 해를 구하는 방법이다.
- 단, 도해법을 사용하려면 결정변수가 2개일 때만 가능하다.

② 기타 방법

– 의사 결정변수가 3개 이상이면 그림으로 문제를 해결할 수가 없기 때문에 단체표법(단체법)을 사용한다.

– 결정변수가 3개 이상으로 복잡한 경우에는 "Lindo 6.1" 등의 LP 전용 프로그램을 이용한다.

4) 도해법에 의한 풀이

① 목적식은 , $y = -\frac{7}{12}x + \frac{Z}{12}$, $Z = 7x + 12y$

② 제약식을 정리하면

㉠ 9x+4y ≤ 360 → $y = \frac{9}{4}x + 90$

㉡ 4x+5y ≤ 200 → $y \leq -\frac{4}{5}x + 40$

㉢ 3x+10y ≤ 300 → $y \leq -\frac{3}{10}x + 30$

③ 제약식을 그래프로 도해한다.

제약식을 도해할 때는 정리된 제약식에 x와 y에 대해 "0"을 대입하여 계산하면 x축과 y축의 값이 나온다. 계산된 x축과 y축의 값에 해당하는 점을 찍은 후 직선으로 연결한다.

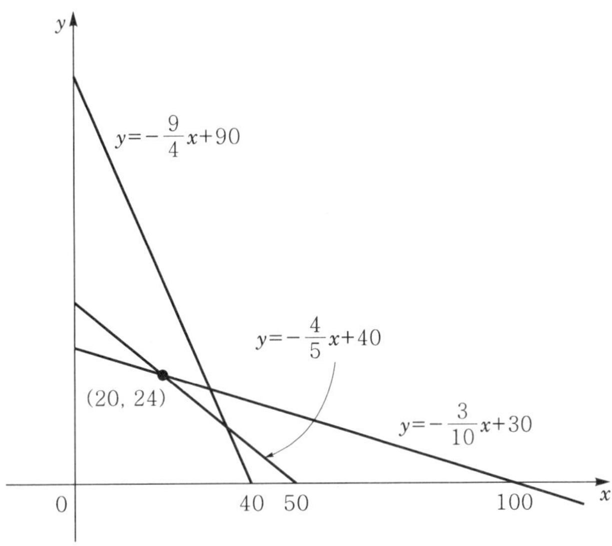

▲ 도해한 제약식

(0, 0)일 때 $Z = 0$

(0, 30)일 때 $30 = \frac{Z}{12}$ $\therefore Z = 360$

(40, 0)일 때 $0 = -\frac{7}{12} \times 40 + \frac{Z}{12}$ $\therefore Z = 280$

(20, 24)일 때 $24 = \frac{7}{12} \times 20 + \frac{Z}{12}$ $\quad \therefore Z = 428$

$(34\frac{14}{29},\ 12\frac{12}{29})$일 때 $Z =$ 약 389

낙엽송 면적 20ha와 잣나무 면적 24ha일 때 이익은 ha당 428만 원으로 최대가 된다.

$\therefore x = 20ha,\ y = 24ha$

4 산림계획 문제의 기본 요소

1) 생산계획(harvesting schedulling)

언제(when), 어디서(where), 얼마나(how much) 생산할 것인가를 결정할 수 있다.

2) 의사결정의 목적

① 최대 목재 생산(maximize wood flow over time)

② 최대 순현재가(maximize present net value)

③ 최대 현금흐름(maximize cash flow)

3) 제약조건

① 제한된 자원으로 인해서 생기는 조건을 제약조건이라고 한다.

㉠ 제한된 양의 임지(limited amount of land)

㉡ 노동력의 제약조건

㉢ 사용할 수 있는 비용의 제한

4) LP를 이용하기 위하여 필요한 3가지 요소

① 달성하려는 목표(objective)를 목적 함수(objective function)로 만든다.

② 목적 함수는 동원 가능한 1일 노동력, 총 예산 등 제한된 자원으로 인한 제약조건의 함수이다.

㉠ Maximize 이윤

㉡ Minimize 비용

㉢ Maximize wood flow

③ 의사결정 변수(decision variables)는 최종적으로 LP를 통하여 결정해야 할 변수를 말한다.

CHAPTER

7 산림휴양

section 1 산림휴양자원

1 산림휴양자원의 정의

1) 산림휴양의 개념

① 산림휴양이란 산림 안에서 이루어지는 심신의 휴식 및 치유 등을 말한다.

② 휴양은 편안히 쉰다는 뜻의 休와 몸과 마음을 원상태로 회복한다는 뜻의 養이란 글자로 구성되어 있다. “편안히 쉬며 원상태를 회복한다.”는 휴양이 산림에서 이루어지는 것이 산림휴양이라고 본다면 산림휴양은 야외휴양의 형태라고 볼 수 있다.

③ 채집, 걷기 등의 활동과 야영, 식사 등의 휴식이 산림휴양의 주된 내용이 될 것이다.

④ 사람들은 자연을 동경하지만 거기에서 느끼는 감정은 다르다. 강가의 갈대밭처럼 키가 큰 풀이 자라는 곳은 멀리서 보기에는 좋지만 그 속을 헤매는 사람은 불안감을 느낀다. 키가 작은 풀밭이나 나무가 자라는 숲에서 사람에게 안정감과 편안함을 느낀다. 이런 안정감이 산림휴양의 가장 큰 매력이다.

⑤ 산림휴양은 나무에서 나오는 방향물질인 피톤치드와 음이온으로 인해 사람에게 치유의 효과까지 있다는 연구결과도 있다.

⑥ 아파트와 아스팔트가 주 생활공간인 도시인들에게 적합한 휴양활동이 산림휴양이다.

2) 산림휴양자원의 개념

① 산림휴양자원이란 산림 안에서 심신의 휴식 및 치유 등을 하기 위해 존재하거나 조성된 자원을 말한다.

② **산림휴양자원에는 자연휴양림, 산림욕장, 숲길, 숲속야영장과 산림문화자산이 포함된다.**

③ 산림문화란 산림과 인간의 상호작용으로 형성되는 총체적 생활양식이다.

④ “산림문화자산”이란 산림 또는 산림과 관련되어 형성된 것으로서 생태적, 경관적, 정서적으로 보존할 가치가 큰 유형·무형의 자산을 말한다.

⑤ "산림문화·휴양"이라 함은 산림과 인간의 상호작용으로 형성되는 총체적 생활양식과 산림 안에서 이루어지는 심신의 휴식 및 치유 등을 말한다.

3) 산림휴양의 필요성

① 휴양에 대한 수요는 소득 증가와 생활수준 향상으로 점차 수요가 늘어나고 있다. 사실 산림휴양은 인류가 살아온 환경이 농업혁명 이전에는 숲이었다는 것을 떠올리면 인류는 누구나 숲을 필요로 하고 거기서 편안함을 느끼는 것은 당연하다.

② 도로와 교통수단의 발달, 그리고 쉬는 날이 많아짐에 따라 휴양 수요는 많이 늘었다. 휴식을 즐기기 위해 산을 찾는 사람도 많아졌다. 그에 비해 산림휴양활동이 저조할 수밖에 없는 것은 목재 생산활동 중심의 산림청 정책이 휴양활동 중심으로 바뀌는 데 시간이 많이 필요하기 때문이기도 하고, 휴양활동에 필요한 임도시설이 부족하기 때문이기도 하다. 또한 주차장 등 시설도 자연휴양림 위주로 설치되기 때문에 임도에 접근하기는 쉽지 않은 면도 있다.

2 산림휴양자원의 유형과 기능

유형	기능
자연휴양림	국민의 정서함양, 보건휴양 및 산림교육 등의 활동
산림욕장	산림 안에서 맑은 공기를 호흡하고 접촉하며 산책 및 체력단련 등의 활동
치유의 숲	향기, 경관 등 자연의 다양한 요소를 활용하여 인체의 면역력을 높이고 건강을 증진시키는 활동
숲길	등산, 트레킹, 레저스포츠, 탐방 또는 휴양, 치유 등의 활동
숲속야영장	산림 안에서 텐트와 자동차 등을 이용한 야영활동
산림레포츠 시설	산림 안에서 이루어지는 모험형, 체험형 레저스포츠 등의 활동

1) 자원중심형 휴양

① 자연자원을 배경으로 한 환경을 이용하여 이루어지는 휴양 형태를 말한다.

② 모든 산림휴양활동이 산림자원을 배경으로 하므로 자원중심형 휴양에 속한다.

③ 자원중심의 휴양은 활동의 성격에 따라 원시형, 중간형 그리고 현대형 휴양으로 구분한다.

가) 원시형 휴양

① **원시형 휴양은 많은 산림휴양 기술이 필요하고,** 기계 등의 현대적 장비 없이 활동이 이루어진다.

② 원시형 휴양은 자연자원의 사용에 규제를 받지 않고 자연과 밀착하여 현대적 문명과 떨어져 있는 느낌을 받을 수 있다.

나) 중간형 휴양

① 중간형의 휴양은 중간 수준의 산림휴양 기술이 필요하고, 자연자원의 이용에 있어서 어느 정도 규제가 따르지만 충분한 자유를 느낄 수 있다.

② 중간형 휴양은 자연의 친화와 사회적 교류와의 적당한 균형을 이루며, 대부분 소규모 집단으로 활동하는 특성을 가진다.

다) 현대형 휴양

① 현대적 또는 도시적 형태의 휴양은 자연과의 교류가 그다지 밀접하지 않다.

② 현대형 휴양은 개발되거나 감시가 잘 이루어지는 곳에서 광범위한 기술을 이용할 수 있다.

③ 현대형 휴양은 다른 이용객의 출현 또는 집중적인 관리로 인하여 안전의식을 느낄 수 있는 특징이 있다.

2) 활동중심형 휴양

① 운동경기나 음악 등의 수행 및 관람 등 비자연적인 또는 개발된 형태의 환경에서 이루어진다.

3) 자연휴양림의 수림공간 유형

가) 산개림 중심의 자연휴양림

① 개념 : **식생밀도가 낮고, 독립된 단목이나 소수 그룹의 식재가 초지를 바탕으로 산개된 휴양림이다.**

② 공간적 특성

– 전망이 양호하다.

– **개방적 경관을 즐길 수 있다.**

– 활동 공간 면적이 확보되어 레크리에이션 활동의 자유도가 최대로 높은 구역이다.

– 그룹에 의한 집단적 이용이 가능하다.

– **이용밀도도가 가장 높은 공간이다.**

나) 소생림 중심의 자연휴양림

① 수관울폐도를 기준으로 할 때 산개림과 밀생림의 중간 형태이다.

② 자연림 또는 2차림의 수림이 주체가 되며, 산개림과 같이 인공적 관리가 필요하다.

③ 솎아베기와 풀베기 등의 인위적 관리가 이루어져야 한다.

④ **산개림보다 임내 접근이 용이하지 않기 때문에 레크리에이션 공간 및 이용밀도가 낮다.**

⑤ 계절적인 이용에 따른 공간 분화와 레크리에이션 활동의 만족도를 위하여 저목림의 육성과 교목림의 육성방식으로 구분 형성이 가능하다.

⑥ 피도는 저목림과 다르지 않지만 생립본수가 적고 통풍이 잘되기 때문에 시원한 공간이 형성된다.

⑦ 여름철에는 임지 내가 어두워 곳곳에 임내 공지의 설정이 요구된다.

다) 밀생림 중심의 자연휴양림

① 교목층과 아교목층의 수관이 상호 중첩되어 거의 하늘을 덮을 정도의 폐쇄적인 수림형이다.

② 레크리에이션 활동공간을 주변지역과 물리적, 경관적으로 차단하는 완충기능을 가지며, 동시에 배경적 역할을 한다.

③ 자연도가 매우 높은 수림이며, 인위적인 간섭이 배제되는 상태로 수림의 보육관리가 자연생태계에 의해 지속된다.

3 산림휴양 및 환경 관련 법규

1) 산림문화 · 휴양에 관한 법률(약칭 산림휴양법)

제1장 총칙

제1조(목적) 이 법은 산림문화와 산림휴양자원의 보전·이용 및 관리에 관한 사항을 규정하여 국민에게 쾌적하고 안전한 산림문화·휴양서비스를 제공함으로써 국민의 삶의 질 향상에 이바지함을 목적으로 한다.

제2조(정의) 이 법에서 사용하는 용어의 정의는 다음과 같다.

1. "산림문화·휴양"이라 함은 산림과 인간의 상호작용으로 형성되는 총체적 생활양식과 산림 안에서 이루어지는 심신의 휴식 및 치유 등을 말한다.
2. "자연휴양림"이라 함은 국민의 정서함양, 보건휴양 및 산림교육 등을 위하여 조성한 산림(휴양시설과 그 토지를 포함한다)을 말한다.
3. "산림욕장"(山林浴場)이란 국민의 건강증진을 위하여 산림 안에서 맑은 공기를 호흡하고 접촉하며 산책 및 체력단련 등을 할 수 있도록 조성한 산림(시설과 그 토지를 포함한다)을 말한다.
4. "산림치유"란 향기, 경관 등 자연의 다양한 요소를 활용하여 인체의 면역력을 높이고 건강을 증진시키는 활동을 말한다.
5. "치유의 숲"이란 산림치유를 할 수 있도록 조성한 산림(시설과 그 토지를 포함한다)을 말한다.
6. "숲길"이란 등산, 트레킹, 레저스포츠, 탐방 또는 휴양, 치유 등의 활동을 위하여 제23조에 따라 산림에 조성한 길(이와 연결된 산림 밖의 길을 포함한다)을 말한다.

7. "산림문화자산"이란 산림 또는 산림과 관련되어 형성된 것으로서 생태적, 경관적, 정서적으로 보존할 가치가 큰 유형·무형의 자산을 말한다.

8. "숲속야영장"이란 산림 안에서 텐트와 자동차 등을 이용하여 야영을 할 수 있도록 적합한 시설을 갖추어 조성한 공간(시설과 토지를 포함한다)을 말한다.

8의2. "산림레포츠"란 산림 안에서 이루어지는 모험형, 체험형 레저스포츠를 말한다.

9. "산림레포츠 시설"이란 산림레포츠에 지속적으로 이용되는 시설과 그 부대시설을 말한다.

제3조(국가와 지방자치단체의 책무) 국가 및 지방자치단체는 산림문화·휴양의 진흥을 위한 시책을 수립·시행하여야 하며, 산림문화·휴양자원의 보전과 이용이 조화와 균형을 이루도록 하여야 한다.

제2장 산림문화 · 휴양기본계획 등

제4조(산림문화·휴양기본계획의 수립·시행 등)

① 산림청장은 관계중앙행정기관의 장과 협의하여 전국의 산림을 대상으로 산림문화·휴양기본계획(이하 "기본계획"이라 한다)을 5년마다 수립·시행할 수 있다.

② 기본계획에는 다음 각 호의 사항이 포함되어야 한다.

1. 산림문화·휴양시책의 기본 목표 및 추진 방향
2. 산림문화·휴양 여건 및 전망에 관한 사항
3. 산림문화·휴양 수요 및 공급에 관한 사항
4. 산림문화·휴양자원의 보전, 이용, 관리 및 확충 등에 관한 사항
5. 산림문화·휴양을 위한 시설 및 그 안전관리에 관한 사항
6. 산림문화·휴양정보망의 구축, 운영에 관한 사항
7. 그 밖에 산림문화·휴양에 관련된 주요 시책에 관한 사항

③ 산림청장 또는 특별시장, 광역시장, 특별자치시장, 도지사, 특별자치도지사(이하 "시·도지사"라 한다)는 기본계획에 따라 관할 구역의 특수성을 고려하여 지역산림문화·휴양계획(이하 "지역계획"이라 한다)을 5년마다 수립·시행할 수 있다.

제3장 산림치유지도사 등

제4장 자연휴양림 및 산림욕장 등의 조성 등

제5장 숲길 등

제6장 산림문화자산의 지정 · 관리

제7장 보칙

제8장 벌칙

2) 산림교육의 활성화에 관한 법률

제1장 총칙

제1조(목적) 이 법은 산림교육의 활성화에 필요한 사항을 정하여 국민이 산림에 대한 올바른 지식을 습득하고 가치관을 가지도록 함으로써 산림을 지속 가능하게 보전하고 국가와 사회 발전 및 국민의 삶의 질 향상에 이바지함을 목적으로 한다.

제2조(정의) 이 법에서 사용하는 용어의 정의는 다음과 같다.

1. "산림교육"이란 산림의 다양한 기능을 체계적으로 체험, 탐방, 학습함으로써 산림의 중요성을 이해하고 산림에 대한 지식을 습득하며 올바른 가치관을 가지도록 하는 교육을 말한다.
2. "**산림교육전문가**"란 산림교육전문가 양성기관에서 산림교육 전문과정을 이수한 사람으로서 다음 각 목의 어느 하나에 해당하는 사람을 말한다.
   가. 숲해설가 : 국민이 산림문화·휴양(「산림문화·휴양에 관한 법률」 제2조 제1호의 산림문화·휴양을 말한다)에 관한 활동을 통하여 산림에 대한 지식을 습득하고 올바른 가치관을 가질 수 있도록 해설하거나 지도·교육하는 사람
   나. 유아숲지도사 : 유아(「유아교육법」 제2조 제1호의 유아를 말한다. 이하 같다)가 산림교육을 통하여 정서를 함양하고 전인적(全人的) 성장을 할 수 있도록 지도·교육하는 사람
   다. 숲길등산지도사 : 국민이 안전하고 쾌적하게 등산 또는 트레킹(길을 걸으면서 지역의 역사·문화를 체험하고 경관을 즐기며 건강을 증진하는 활동을 말한다)을 할 수 있도록 해설하거나 지도·교육하는 사람
3. "산림교육전문가 양성기관"이란 산림교육전문가를 양성하기 위하여 제7조 제1항에 따라 지정된 기관 또는 단체를 말한다.

제3조(책무) 국가 및 지방자치단체는 산림교육의 활성화를 위한 시책을 수립·시행하여야 하며, 산림교육이 체계적으로 실시되도록 노력하여야 한다.

제4조(산림교육종합계획의 수립·시행 등)

① 산림청장은 산림교육을 활성화하기 위하여 다음 각 호의 사항이 포함된 산림교육종합계획(이하 "종합계획"이라 한다)을 5년마다 수립·시행하여야 한다.

1. 산림교육의 기본 목표와 추진 방향
2. 산림교육전문가의 체계적 육성 및 지원 방안
3. 산림교육의 활성화를 위한 기반의 구축 방안
4. 산림교육 자료의 개발 및 보급
5. 산림교육에 대한 실태조사 및 평가에 관한 사항
6. 산림교육의 활성화를 위한 재원조달 방안

7. 그 밖에 산림교육의 활성화를 위하여 필요한 사항

제2장 종합계획의 수립 · 시행 등

제3장 산림교육전문가 등

제4장 산림교육시설 등

제12조(유아숲체험원의 등록 등)

제13조(산림교육센터의 지정 등)

제16조(한국숲사랑청소년단)

제5장 보칙

제6장 벌칙

3) 산림복지 진흥에 관한 법률

제1장 총칙

제1조(목적) 이 법은 산림복지의 진흥에 필요한 사항을 정하여 산림을 기반으로 체계적인 산림복지서비스를 제공함으로써 국민의 건강 증진, 삶의 질 향상 및 행복 추구에 이바지함을 목적으로 한다.

제2조(정의) 이 법에서 사용하는 용어의 뜻은 다음과 같다.

1. "산림복지"란 국민에게 산림을 기반으로 하는 산림복지서비스를 제공함으로써 국민의 복리 증진에 기여하기 위한 경제적, 사회적, 정서적 지원을 말한다.
2. "산림복지서비스"란 산림문화 · 휴양, 산림교육 및 치유 등 산림을 기반으로 하여 제공하는 서비스를 말한다.
3. "산림복지소외자"란 「국민기초생활 보장법」에 따른 수급권자, 그 밖에 소득수준이 낮은 저소득층 등 대통령령으로 정하는 자를 말한다.
4. "산림복지서비스이용권"이란 산림복지 소외자가 각종 산림복지서비스를 이용할 수 있도록 금액이나 수량이 기재(전자적 또는 자기적 방법에 의한 기록을 포함한다. 이하 같다)된 증표를 말한다.
5. "산림복지서비스제공자"란 산림복지시설에서 산림복지서비스이용권을 산림복지서비스 제공에 활용하기 위하여 제10조에 따라 산림청장에게 등록한 기관 또는 단체를 말한다.
6. **"산림복지전문가"**란 산림복지서비스를 제공하는 다음 각 목의 자를 말한다.
   가. 「산림교육의 활성화에 관한 법률」 제2조 제2호 가목에 따른 **숲해설가**
   나. 「산림교육의 활성화에 관한 법률」 제2조 제2호 나목에 따른 **유아숲지도사**
   다. 「산림교육의 활성화에 관한 법률」 제2조 제2호 다목에 따른 **숲길체험지도사**
   라. 「산림문화 · 휴양에 관한 법률」 제11조의2에 따른 **산림치유지도사**

7. “산림복지전문업”이란 숲해설, 산림치유 등 산림복지서비스 제공을 영업의 수단으로 하는 업으로서 대통령령으로 정하는 것을 말한다.
8. “산림복지지구”란 산림자원을 활용한 산림복지서비스를 제공하기 위하여 산림청장이 지정한 지역을 말한다.
9. “산림복지시설”이란 산림복지서비스를 제공하기 위하여 조성된 다음 각 목의 시설을 말한다.
   가. 「산림문화·휴양에 관한 법률」에 따른 자연휴양림, 산림욕장, 치유의 숲, 숲길
   나. 「산림교육의 활성화에 관한 법률」에 따른 유아숲체험원 또는 산림교육센터
   다. 그 밖에 산림복지서비스 제공 및 산림복지단지 운영에 직접 관련된 시설로서 대통령령으로 정하는 시설
10. “산림복지단지”란 산림복지지구에서 산림복지서비스를 제공하기 위하여 다수의 산림복지시설로 조성된 지역을 말한다.

제3조(국가 및 지방자치단체의 책무)

① 국가와 지방자치단체는 산림복지서비스 진흥 등을 통하여 모든 국민이 산림복지 혜택을 누릴 수 있도록 필요한 시책을 수립·시행하여야 한다.

② 국가와 지방자치단체는 산림복지소외자에 대한 산림복지서비스를 확대하기 위하여 필요한 시책을 강구하여야 한다.

제4조(다른 법률과의 관계)

① 이 법은 산림복지지구 지정 및 산림복지단지 조성에 관하여 다른 법률에 우선하여 적용한다.

② 산림복지서비스이용권에 관하여 이 법에서 정하지 아니한 사항은 「사회서비스 이용 및 이용권 관리에 관한 법률」을 준용한다.

4) 산림치유지도사

산림문화 · 휴양에 관한 법률 제3장 11조의 2

① 산림청장은 산림치유를 활성화하기 위하여 대통령령으로 정하는 자격기준을 갖춘 사람에게 산림치유를 지도하는 사람(이하 “산림치유지도사”라 한다)의 자격을 부여하고 이를 육성할 수 있다.

② 산림치유지도사가 되려는 사람은 제1항에 따른 자격기준을 갖추고 농림축산식품부령으로 정하는 바에 따라 산림청장에게 산림치유지도사 자격증 발급을 신청하여야 한다.

③ 제1항에 따른 산림치유지도사는 자연휴양림, 산림욕장, 치유의 숲, 숲길 등에서 농림축산식품부령으로 정하는 산림치유 프로그램을 개발·보급하거나 지도하는 업무를 담당한다.

④ 다음 각 호의 어느 하나에 해당하는 사람은 산림치유지도사가 될 수 없다.

1. 피성년후견인 또는 피한정후견인
2. 다음 각 목의 어느 하나에 해당하는 죄를 저질러 금고 이상의 실형을 선고받고 그 집행이 종료되거나 집행을 받지 아니하기로 확정된 후 2년이 지나지 아니한 사람
   가. 이 법 또는 「산림교육의 활성화에 관한 법률」에 따른 죄
   나. 「형법」 제297조, 제297조의2, 제298조부터 제301조까지, 제301조의2, 제302조, 제303조, 제305조, 제305조의2 또는 제339조의 죄
   다. 「성폭력범죄의 처벌 등에 관한 특례법」 제3조부터 제11조까지 또는 제15조(같은 법 제3조부터 제9조까지의 미수범으로 한정한다)의 죄
   라. 「아동·청소년의 성보호에 관한 법률」 제7조부터 제10조까지의 죄
   마. 나목부터 라목까지의 죄로서 다른 법률에 따라 가중 처벌되는 죄
3. 제2호 각 목의 어느 하나에 해당하는 죄를 저질러 금고 이상의 형의 집행유예를 선고받고 그 유예기간 중에 있는 사람
4. 법원의 판결 또는 법률에 따라 자격이 상실되거나 정지된 사람

⑤ 이 법에 따라 자격이 부여된 사람이 아니면 산림치유지도사 명칭이나 이와 비슷한 명칭을 사용하지 못한다.

⑥ 산림치유지도사는 다른 사람에게 그 명의를 사용하게 하거나 자격증을 대여해서는 아니 된다.

⑦ 누구든지 산림치유지도사의 자격을 취득하지 아니하고 그 명의를 사용하거나 자격증을 대여받아서는 아니 되며, 명의의 사용이나 자격증의 대여를 알선해서도 아니 된다.

■ 산림문화·휴양에 관한 법률 시행규칙[별표 3]

산림치유지도사 업무 범위(제12조의2 제2항 관련)

등급	구분	업무 범위
1급 산림치유 지도사	기획·개발	• 산림치유 프로그램의 기획·개발 • 산림치유 프로그램의 매뉴얼 작성 • 산림치유 프로그램의 실행 계획 수립 • 산림치유 프로그램의 실행을 위한 산림치유지도사 자체 능력배양 교육 계획 수립 • 산림치유 프로그램에 대한 평가 • 산림치유 프로그램 관련 관리·실행 업무(2급 산림치유지도사의 업무를 포함한다)
2급 산림치유 지도사	관리·실행	• 산림치유 프로그램의 활동계획 수립 • 산림치유 프로그램의 참가자 관리 • 산림치유 프로그램의 실행을 위한 시설 및 이용자의 안전관리 • 산림치유 프로그램 활동의 지도

5) 산림문화자산

가) 지정 및 해제

산림문화 · 휴양에 관한 법률 제6장 산림문화자산의 지정 · 관리

제29조(산림문화자산의 지정 및 지정 해제)

① 산림청장 또는 시·도지사는 산림문화자산을 대통령령으로 정하는 기준, 방법 등에 따라 국가 또는 시·도 산림문화자산으로 지정할 수 있다. 다만, 「문화재보호법」에 따른 지정문화재, 임시지정문화재, 등록문화재, 보호물 또는 보호구역은 제외한다.

② 제1항에 따라 산림문화자산을 지정하려면 대통령령으로 정하는 바에 따라 이를 공고하고 해당 소유자 및 이해관계자 등의 의견을 들어야 한다.

③ 산림청장 또는 시·도지사는 제1항에 따라 지정된 국가 또는 시·도 산림문화자산(이하 "지정산림문화자산"이라 한다)이 다음 각 호의 어느 하나에 해당하게 된 경우에는 해당 지정산림문화자산의 전부 또는 일부에 대하여 그 지정을 해제할 수 있다. 다만, 제1호의 경우에는 그 지정을 해제하여야 한다.

1. 「문화재보호법」에 따른 지정문화재, 보호물 또는 보호구역으로 지정되거나 등록문화재로 등록된 경우
2. 천재지변이나 그 밖의 사유로 지정 목적을 달성하기 어렵게 되거나 지정 가치를 상실한 경우
3. 도로, 철도, 학교, 군사시설이나 그 밖에 대통령령으로 정하는 공용·공공용 시설의 용지로 사용하려는 경우
4. 그 밖에 공익 목적으로 사용하기 위하여 그 지정의 해제가 불가피하다고 인정되는 경우

④ 산림청장 또는 시·도지사는 제1항 및 제3항에 따른 지정·지정 해제를 한 경우 농림축산식품부령으로 정하는 바에 따라 그 사실을 고시하고, 그 소유자 및 관할 시장, 군수, 구청장에게 알려야 한다.

⑤ 산림문화자산의 지정·지정 해제의 절차 등에 필요한 사항은 농림축산식품부령으로 정한다.

나) 문화자산의 유형

산림문화·휴양에 관한 법률 시행령 제6장 산림문화자산의 지정·관리

제14조(산림문화자산의 지정기준)

① 법 제29조 제1항에 따른 산림문화자산의 지정기준은 다음 각 호와 같다.

1. 유형산림문화자산 : 토지, 숲, 나무, 건축물, 목재제품, 기록물 등 형체를 갖춘 것으로서 생태적, 경관적, 예술적, 역사적, 정서적, 학술적으로 보존가치가 높은 산림문화자산일 것

2. 무형산림문화자산 : 전설, 전통의식, 민요, 민간신앙, 민속, 기술 등 형체를 갖추지 아니한 것으로서 예술적, 역사적, 학술적으로 보존가치가 높은 산림문화자산일 것

② 법 제29조 제1항에 따른 국가 산림문화자산 및 시·도 산림문화자산의 지정은 다음 각 호의 기준에 따른다.

1. 국가 산림문화자산 : 다음 각 목의 산림문화자산
   가. 국유림 안에 소재하는 산림문화자산
   나. 둘 이상의 시·도에 걸쳐있는 산림문화자산
   다. 시·도지사가 국가 산림문화자산으로 지정하여줄 것을 산림청장에게 신청하는 시·도 산림문화자산
   라. 그 밖에 국가적 차원에서 지정·관리가 필요하다고 산림청장이 인정하는 산림문화자산
2. 시·도 산림문화자산 : 제1호 외의 산림문화자산

③ 산림청장 또는 시·도지사는 제1항 및 제2항에 따라 산림문화자산을 지정하려면 관계 행정기관의 장 및 관련 분야 전문가의 의견을 들어야 한다.

④ 제1항부터 제3항까지의 규정에 따른 산림문화자산의 지정기준 및 지정 방법 등에 관하여 필요한 세부사항은 산림청장이 정한다.

6) 배치 기준

가) 산림치유지도사 배치 기준

시행형 제4조의4(산림치유지도사의 활용기준)

법 제11조의3에 따라 국가 또는 지방자치단체가 산림치유지도사를 활용하는 기준은 다음 각 호와 같다.

1. 50만 제곱미터 이상의 치유의 숲 : 1급 또는 2급 산림치유지도사 3명 이상(1급 산림치유지도사 1명 이상을 포함하여야 한다)
2. 50만 제곱미터 미만의 치유의 숲 : 1급 또는 2급 산림치유지도사 2명 이상(1급 산림치유지도사 1명 이상을 포함하여야 한다)
3. 자연휴양림, 산림욕장 또는 숲길 : 1급 또는 2급 산림치유지도사 2명 이상(1급 산림치유지도사 1명 이상을 포함하여야 한다)

나) 산림교육전문가 배치 기준

■ 산림교육의 활성화에 관한 법률 시행령 [별표 2] 〈개정 2018. 8. 14.〉

산림교육전문가의 배치 기준(제12조 관련)

산림전문가	배치 시설	배치 기준
숲해설가	「산림문화·휴양에 관한 법률」 제2조 제2호에 따른 자연휴양림	2명 이상
	「산림문화·휴양에 관한 법률」 제2조 제3호에 따른 산림욕장	1명 이상
	「국유림의 경영 및 관리에 관한 법률」 제14조에 따라 지정된 국민의 숲	1명 이상
	「수목원·정원의 조성 및 진흥에 관한 법률」 제2조 제1호에 따른 수목원	2명 이상
	「산림보호법」 제2조 제2호에 따른 생태숲 (산림생태원을 포함한다)	1명 이상
	「산림자원의 조성 및 관리에 관한 법률」 제2조 제4호 및 제5호에 따른 도시림 및 생활림	1명 이상
	「자연공원법」 제2조 제1호에 따른 자연공원 (국립공원은 제외한다)	1명 이상
유아숲 지도사	법 제12조에 따라 등록된 유아숲체험원	별표 3 제4호에 따른 유아숲체험원 운영인력의 배치 기준
	그 밖에 국가 또는 지방자치단체의 장이 유아숲지도사 활용에 적합하다고 인정하는 지역	1명 이상
숲길등산 지도사	「산림문화·휴양에 관한 법률」 제2조 제2호에 따른 자연휴양림	1명 이상
	「산림문화·휴양에 관한 법률」 제2조 제3호에 따른 산림욕장	1명 이상
	「산림문화·휴양에 관한 법률」 제2조 제6호에 따른 숲길	2명 이상
	「자연공원법」 제2조 제1호에 따른 자연공원 (국립공원은 제외한다)	1명 이상

다) 유아숲체험원의 운영인력

① 유아숲체험원의 효율적 운영을 위해 다음의 구분에 따른 인원의 유아숲지도사를 상시 배치하여야 한다.

㉠ 유아의 상시 참여인원이 25명 이하인 경우 : 유아숲지도사 1명

㉡ 유아의 상시 참여인원이 26명 이상 50명 이하인 경우 : 유아숲지도사 2명

㉢ 유아의 상시 참여인원이 51명 이상인 경우 : 유아숲지도사 3명

② 유아의 안전을 위한 유아숲지도사 외에 보조교사가 선정·배치되어 있어야 한다.

4 휴양수요 예측 및 공급

1) 산림휴양 수요

산림휴양의 수요는 다목적 이용을 목표로 하는 산림 경영에서 숲의 휴양, 치유, 교육 등의 복지 기능에 대한 사회적 요구의 정도를 의미한다. 이는 단순히 여가시간 증가, 삶의 질에 대한 관심

고조, 소득수준 증가 및 가계경제의 활성화, 차량 보급대수의 증가 등과 같이 생활환경 및 여건 개선으로 인해 산림기반 휴양활동의 사회적 요구가 증대되는 사회적 산림휴양 수요로 볼 수 있고, 산림휴양에 대한 의지가 방문으로 이어지기 위한 욕구 발생, 인식 변화, 태도 변화, 참여의 과정에 대한 제약 요인들을 모두 고려하는 개별적 경험 욕구로서의 산림휴양 수요로 정의될 수 있다.

[산림휴양 수요에 영향을 미치는 관련 변수]

변수 분류	관련 변수
인구통계학적 변수	총인구, 도시인구
기술적 변수	자동차 소유율, 인터넷 사용률
경제적 변수	근로시간, 1인당 가처분 소득, 소비자 물가지수, 여가활동비 지출
환경적 변수	도시화율, 산림면적
여가·문화적 변수	동반유형, 이동수단, 숙박관광, 야외여가활동

※ 자료 : 산림청, 2002, 주5일 근무제를 대비한 산림휴양종합대책 수립

① 잠재수요

- 과도한 업무, 스트레스 등과 같은 만족스럽지 못한 일상생활에서의 탈피는 가장 기초적인 욕구로 일상의 전환에 대한 요구이다.
- 이러한 기초적인 욕구는 여가활용, 휴양 참여, 취미활동에 대한 요구로 나타나지만 여가시간, 비용 한계 등 다양하고 개별적인 제약 요인들에 의해 충족되지 못하게 된다.
- 이렇게 충족되지 못한 요구는 미충족 욕구 또는 잠재적인 산림휴양 수요로서 잠재수요로 구분될 수 있다.

② 유효수요

- 여가시간, 비용 한계, 휴양자원 공급 및 기타 제약 요인들로 인해 충족되지 못한 수요는 제약 요인이 제거되거나 공급이 증가될 때 실질적인 수요로 현실화될 수 있다.
- 산림휴양에 대한 유효수요는 설문조사를 통해 이루어지므로 산림휴양 수요자가 접근성, 비용, 참여 시기 등의 주어진 조건에 비추어 참여하고자 의도한 참여량을 의미하는 것이지 실제로 현시화된 참여량을 의미하지는 않는다.

③ 현시수요

- 산림휴양에서의 실질적인 참여가 이루어지는 수요를 현시수요라고 한다.
- 휴양이 이루어지는 대상지에서 관찰될 수 있으므로 산림휴양객의 행태, 인식 등에 대한 목적지 조사에서 취합되는 자료이다.

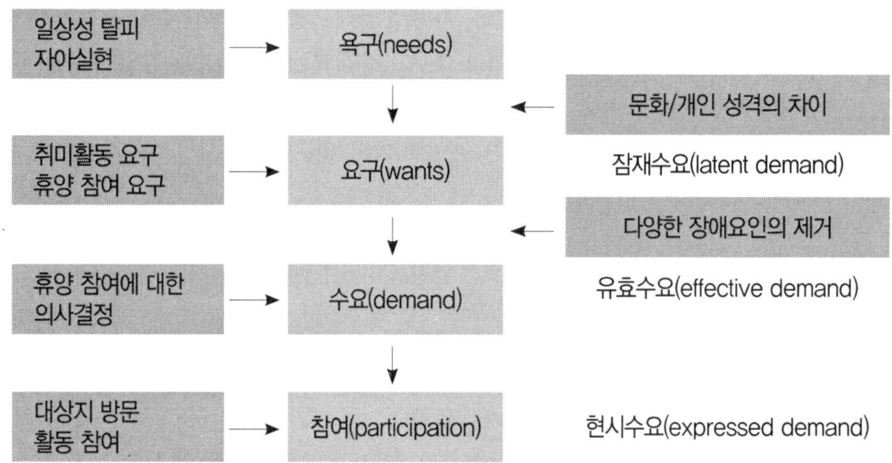

▲ 산림휴양 수요의 구체적 과정

2) 산림휴양의 공급

① 휴양을 하기 위한 휴양여행은 쇼핑센터에서 이루어지는 재화의 구매와 다르다.

② 쇼핑센터에서 이루어지는 수요에 대한 공급은 소비자와 생산자가 완전히 분리되어 있다.

③ 휴양여행의 경우에는 휴양자 자신이 생산자가 되어 휴양활동을 생산하기 위해 시간, 장비, 연료, 휴양시설을 조합한다.

④ 이렇게 여행의 생산자로써 휴양참여자를 개념화하면 가계생산이론(household production theory)을 적용하여 공급량을 예측할 수 있다.

⑤ 산림휴양의 공급은 여행자 자신도 참여자로 공급하지만 휴양지의 시설투자비, 휴양지의 운영비용, 행정부의 정책에도 영향을 받는다.

⑥ 미국의 경우 휴양공급(the supply of recreation)은 토지를 기반으로 하는 휴양 기회는 동부지방보다 서부지방에서 5~15배 정도 더 이용 가능하다. 또한 물을 기반으로 하는 휴양 기회는 서부에서 2~8배 정도 더 많다.

⑦ 야외휴양 기회 이용 가능성에 대한 제약은 사유지와 물로의 접근, 또는 개인이 접근을 막고 있는 공공휴양지라고 할 수 있다.

⑧ 공공 부문은 공유지에 휴양지, 시설, 서비스에 대한 민간투자를 활발히 촉진하고 있고, 이것이 공유지에 대한 휴양 기회를 늘리는 데 기여하였다.

section 2 산림휴양시설의 조성 및 관리

1 자연휴양림

1) 자연휴양림의 지정

법 제13조(자연휴양림의 지정)

① 산림청장은 소관 국유림을 자연휴양림으로 지정할 수 있다.

② 산림청장은 공유림 또는 사유림의 소유자(사용·수익할 수 있는 자를 포함한다. 이하 이 장 및 제32조에서 같다) 또는 국유림의 대부 또는 사용허가(이하 "대부등"이라 한다)를 받은 자의 지정 신청에 따라 그가 소유하고 있거나 대부 등을 받은 산림을 자연휴양림으로 지정할 수 있다. 이 경우 지정 신청의 절차 등은 농림축산식품부령으로 정한다.

③ 산림청장은 제1항과 제2항에 따라 자연휴양림으로 지정하려는 산림에 둘러싸인 토지 중 자연휴양림으로 관리할 필요가 있는 것으로서 대통령령으로 정하는 면적 이내의 토지를 자연휴양림에 포함하여 지정할 수 있다. 이 경우 지정된 토지는 「산림자원의 조성 및 관리에 관한 법률」 제2조 제1호의 산림으로 본다.

④ 산림청장은 제1항부터 제3항까지에 따라 자연휴양림을 지정한 때에는 이를 신청인 및 관계 행정기관의 장에게 통보하고 자연휴양림의 명칭, 위치, 지번, 지목, 면적 그 밖에 필요한 사항을 고시하여야 한다.

⑤ 자연휴양림 지정의 방법·절차, 그 밖에 필요한 사항은 농림축산식품부령으로 정한다.

2) 자연휴양림의 조성

제14조(자연휴양림의 조성)

① 산림청장은 제13조 제1항에 따라 자연휴양림으로 지정된 국유림에 휴양시설의 설치 및 숲 가꾸기 등을 하려는 경우 농림축산식품부령으로 정하는 바에 따라 휴양시설 및 숲 가꾸기 등의 조성계획(이하 "자연휴양림조성계획"이라 한다)을 작성하여야 한다. 자연휴양림조성계획을 변경하려는 경우에도 또한 같다.

② 제13조 제2항 및 제3항에 따라 자연휴양림으로 지정된 산림에 휴양시설의 설치 및 숲 가꾸기 등을 하려는 자는 농림축산식품부령으로 정하는 바에 따라 자연휴양림조성계획을 작성하여 시·도지사의 승인을 받아야 한다. 승인받은 자연휴양림조성계획을 변경하는 경우에도 또한 같다.

③ 시·도지사는 제2항에 따라 자연휴양림조성계획을 승인한 때에는 산림청장에게 통보하여야 한다.

④ 자연휴양림 안에 설치할 수 있는 휴양시설의 종류 및 기준 등은 대통령령으로 정한다.

⑤ 산림청장 또는 시·도지사는 자연휴양림조성계획을 작성 또는 변경 작성하거나 승인 또는 변경 승인한 경우에는 농림축산식품부령으로 정하는 바에 따라 그 내용을 고시하여야 한다.

⑥ 산림청장 또는 지방자치단체의 장은 자연휴양림조성계획에 따라 자연휴양림을 조성하는 자에게 그 사업비의 전부 또는 일부를 보조하거나 융자할 수 있다.

3) 자연휴양림 시설의 종류

구분	시설의 종류
숙박시설	숲속의 집, 산림휴양관, 트리하우스 등
편익시설	임도, 야영장(야영데크를 포함한다), 오토캠핑장, 야외탁자, 데크로드, 전망대, 모노레일, 야외쉼터, 야외공연장, 대피소, 주차장, 방문자안내소, 산림복합경영시설, 임산물판매장 및 매점과 「식품위생법 시행령」에 따른 휴게음식점영업소 및 일반음식점영업소 등
위생시설	취사장, 오물처리장, 화장실, 음수대, 오수정화시설, 샤워장 등
체험·교육 시설	산책로, 탐방로, 등산로, 자연관찰원, 전시관, 천문대, 목공예실, 생태공예실, 산림공원, 숲속교실, 숲속수련장, 산림박물관, 교육자료관, 곤충원, 동물원, 식물원, 세미나실, 산림작업체험장, 임업체험시설, 로프체험시설, 「산림교육의 활성화에 관한 법률」 제12조 제1항에 따른 유아숲체험원 및 같은 법 제13조 제1항에 따른 산림교육센터 등
체육시설	철봉, 평행봉, 그네, 족구장, 민속씨름장, 배드민턴장, 게이트볼장, 썰매장, 테니스장, 어린이놀이터, 물놀이장, 산악승마시설, 운동장, 다목적잔디구장, 암벽등반시설, 산악자전거시설, 행글라이딩시설, 패러글라이딩시설 등
전기·통신 시설	전기시설, 전화시설, 인터넷, 휴대전화중계기, 방송음향시설 등
안전시설	울타리, 화재감시카메라, 화재경보기, 재해경보기, 보안등, 재해예방시설, 사방댐, 방송시설 등

4) 자연휴양림 시설의 설치 기준

구분	설치 기준
숙박시설	1) 산사태 등의 위험이 없을 것 2) 일조량이 많은 지역에 배치하되, 바깥의 조망이 가능하도록 할 것
편익시설	1) 「식품위생법 시행령」에 따른 휴게음식점영업소 또는 일반음식점영업소는 각각 1개소 이내로 설치할 것 2) 야영장 및 오토캠핑장은 자연배수가 잘 되는 지역으로서 산사태 등의 위험이 없는 안전한 곳에 설치할 것
위생시설	1) 쾌적성과 편리성을 갖추도록 설치할 것 2) 산림오염이 발생되지 않도록 할 것 3) 식수는 먹는 물 수질기준에 적합할 것 4) 외부 화장실에는 장애인용 화장실을 설치할 것
체험·교육 시설	1) 산책로, 탐방로, 등산로 등 숲길은 폭을 1미터 50센티미터 이하(안전, 대피를 위한 장소 등 불가피한 경우에는 1미터 50센티미터를 초과할 수 있다)로 하되, 접근성, 안전성, 산림에의 영향 등을 고려하여 산림형질 변경이 최소화될 수 있도록 설치할 것 2) 자연관찰원은 자연탐구 및 학습에 적합한 산림을 선정하여 다양한 수종을 관찰할 수 있도록 할 것 3) 숲속수련장은 강의실, 숙박시설, 광장 등을 갖추어야 하며, 1회에 100명 이상을 동시에 수용할 수 있는 규모로 설치할 것 4) 임업체험시설은 경사가 완만한 지역에 설치하여야 하며, 체험활동에 필요한 기본 장비 등을 갖출 것

안전시설	1) 긴급한 재난, 안전사고 시 신속히 그 내용을 알릴 수 있도록 방송시설을 갖출 것 2) 숙박시설에는 소화설비(소화기, 간이 스프링클러 등), 경보설비(가스시설을 사용하는 시설이 있는 경우 가스누설경보기), 피난설비(「소방시설 설치·유지 및 안전관리에 관한 법률 시행령」 별표 1 제3호 가목에 따른 피난기구)를 갖출 것 3) 응급약품 등 비상물품을 갖춘 별도의 비상대피시설을 지정할 것 4) 이용객의 안전을 위해 폐쇄회로 텔레비전(CCTV) 등 안전시설을 갖추고, 시설의 이용 방법, 유의사항 및 비상시 대피경로 등을 이용자들이 잘 볼 수 있는 장소에 게시할 것

5) 자연휴양림 안에 설치할 수 있는 시설의 규모

제7조(자연휴양림시설의 종류·기준 등)

① 법 제14조 제4항에 따라 자연휴양림 안에 설치할 수 있는 시설의 종류 및 설치 기준은 별표 1의 4와 같다.

② 법 제14조 제4항에 따라 자연휴양림 안에 설치할 수 있는 시설의 규모는 다음 각 호와 같다.

1. 자연휴양림시설의 설치에 따른 **산림의 형질변경 면적(자연휴양림 조성 전에 설치된 임도, 순환로, 산책로, 숲체험코스 및 등산로의 면적은 산림의 형질변경 면적에서 제외한다)은 10만 제곱미터 이하가 되도록 할 것**
2. **자연휴양림시설 중 건축물이 차지하는 총 바닥면적은 1만 제곱미터 이하가 되도록 할 것**
3. **개별 건축물의 연면적은 900제곱미터 이하로 할 것.** 다만, 「식품위생법 시행령」에 따른 휴게음식점영업소 또는 일반음식점영업소의 연면적(국가 또는 지방자치단체 외의 자가 소유한 자연휴양림의 경우에는 각 층의 바닥면적 중 가장 넓은 바닥면적을 말한다)은 200제곱미터 이하로 하여야 한다.
4. **건축물의 층수는 3층 이하가 되도록 할 것**

6) 자연휴양림 등의 타당성 평가

제21조의2(자연휴양림 등의 타당성 평가)

① 산림청장 또는 시·도지사는 다음 각 호의 경우에 대상지의 경관, 위치, 면적 등이 대통령령으로 정하는 기준에 적합한 지에 대한 평가(이하 이 조에서 "타당성 평가"라 한다)를 하여야 한다. 자연휴양림 또는 산림욕장 등(이하 "자연휴양림등"이라 한다)의 면적을 확대하는 경우에도 또한 같다.

1. 제13조에 따라 자연휴양림을 지정하는 경우
2. 제20조 제1항에 따라 산림욕장 등을 조성하는 경우
3. 제20조 제2항에 따라 산림욕장 등 조성계획을 승인하는 경우

② 산림청장 또는 시·도지사는 제1항에 따른 타당성 평가를 대통령령으로 정하는 기관 또는 단체에 위탁하여 실시할 수 있다.

③ 산림청장 또는 시·도지사는 제2항에 따라 기관 또는 단체에 타당성 평가를 위탁하여 실시하는 경우에는 예산의 범위에서 필요한 경비를 지원할 수 있다.

④ 타당성 평가의 절차· 방법, 그 밖에 필요한 사항은 농림축산식품부령으로 정한다.

7) 자연휴양림의 지정을 위한 타당성 평가 기준

령 제9조의5(자연휴양림 등의 타당성 평가) ① 법 제21조의2 제1항 각 호 외의 부분 전단에서 "대통령령으로 정하는 기준"이란 자연휴양림 등의 대상지에 대한 다음 각 호의 기준을 말한다.

1. 경관 : 표고차, 임목 수령, 식물 다양성 및 생육 상태 등이 적정할 것
2. 위치 : 접근도로 현황 및 인접도시와의 거리 등에 비추어 그 접근성이 용이할 것
3. 면적 : 자연휴양림 및 치유의 숲은 그 조성 대상지의 산림면적이 다음 각 목의 구분에 따른 면적 이상일 것
   가. 자연휴양림 : 국가 또는 지방자치단체가 조성하는 경우에는 30만 제곱미터, 그 밖의 자가 조성하는 경우에는 20만 제곱미터. 다만, 「도서개발 촉진법」 제2조에 따른 도서지역의 경우에는 조성 주체와 관계없이 10만 제곱미터로 한다.
   나. 치유의 숲 : 국가 또는 지방자치단체가 조성하는 경우에는 50만 제곱미터(특별시 또는 광역시의 관할구역에 조성하는 경우에는 25만 제곱미터), 그 밖의 자가 조성하는 경우에는 30만 제곱미터(특별시 또는 광역시의 관할구역에 조성하는 경우에는 15만 제곱미터). 다만, 「도서개발 촉진법」 제2조에 따른 도서 지역의 경우에는 조성 주체와 관계없이 10만 제곱미터로 한다.
4. 개발여건 : 개발비용, 토지이용 제한요인 및 재해빈도 등이 적정할 것
5. 조성 목적 등 : 자연휴양림 등의 조성 목적 및 프로그램 운영 등이 적정할 것

② 제1항에서 규정한 사항 외에 법 제21조의2 제1항에 따른 타당성 평가의 세부기준은 산림청장이 정하여 고시한다.

2 산림욕장

1) 산림욕장의 조성

법 제20조(산림욕장 등의 조성)

① 산림청장은 소관 국유림에 산림욕장, 치유의 숲, 숲속야영장, 산림레포츠 시설(이하 "산림욕장등"이라 한다)을 조성하려는 경우 농림축산식품부령으로 정하는 바에 따라 산림욕장 등에 필요한 시설 등의 조성계획(이하 "산림욕장등조성계획"이라 한다)을 작성하여야 한다. 산림욕장 등 조성계획을 변경하려는 경우에도 또한 같다.

② 공유림 또는 사유림의 소유자 또는 국유림의 대부 등을 받은 자는 소유하고 있거나 대부 등을 받은 산림을 산림욕장 등으로 조성하려면 농림축산식품부령으로 정하는 바에 따라 산림욕장 등 조성계획을 작성하여 시·도지사의 승인을 받아야 한다. 승인받은 산림욕장 등 조성계획을 변경하려는 경우에도 또한 같다.

③ 산림청장 또는 시·도지사는 제1항과 제2항에 따라 산림욕장 등으로 조성하려는 산림에 둘러싸인 토지 중 산림욕장 등으로 조성할 필요가 있는 것으로서 대통령령으로 정하는 면적 이내의 토지를 산림욕장 등 조성계획에 포함하여 작성하거나 승인할 수 있다. 이 경우 작성하거나 승인된 토지는 「산림자원의 조성 및 관리에 관한 법률」 제2조 제1호에 따른 산림으로 본다.

④ 시·도지사는 제2항에 따라 산림욕장 등 조성계획을 승인한 때에는 산림청장에게 통보하여야 한다.

⑤ 제1항부터 제3항까지에 따라 조성하는 산림욕장 등에 설치하는 시설의 종류 및 기준 등에 관하여 필요한 사항은 대통령령으로 정한다.

⑥ 산림청장 또는 시·도지사는 산림욕장 등 조성계획을 작성 또는 변경 작성하거나 승인 또는 변경 승인한 경우에는 농림축산식품부령으로 정하는 바에 따라 그 내용을 고시하여야 한다.

⑦ 산림청장 또는 지방자치단체의 장은 산림욕장 등 조성계획에 따라 산림욕장 등을 조성하는 자에게 그 사업비의 전부 또는 일부를 보조하거나 융자할 수 있다.

2) 산림욕장 시설의 종류

구분	시설의 종류
편익시설	임도, 전망대, 야외탁자, 데크로드, 야외쉼터, 야외공연장, 대피소, 주차장, 방문자안내소 등
위생시설	오물처리장, 화장실, 음수대, 오수정화시설 등
체험·교육 시설	산책로, 탐방로, 등산로, 자연관찰원, 목공예실, 생태공예실, 숲속교실, 곤충원, 식물원, 「산림교육의 활성화에 관한 법률」 제12조 제1항에 따른 유아숲체험원 등
체육시설	철봉, 평행봉, 그네, 배드민턴장, 족구장, 어린이놀이터, 물놀이장, 운동장, 다목적잔디구장 등
전기·통신 시설	전기시설, 전화시설, 휴대전화중계기, 방송음향시설 등
안전시설	울타리, 화재감시카메라, 화재경보기, 재해경보기, 보안등, 재해예방시설, 사방댐 등

3) 산림욕장 시설의 설치 기준

구분	설치 기준
편익시설	1) 경사가 완만한 산림을 대상으로 할 것 2) 산책로, 의자, 간이쉼터 등 산림욕에 필요한 시설을 설치할 것
위생시설	1) 쾌적성과 편리성을 갖추도록 시설할 것 2) 산림오염이 발생되지 않도록 할 것 3) 식수는 먹는 물 수질기준에 적합할 것 4) 외부 화장실에는 장애인용 화장실을 설치할 것

체험·교육시설	1) 산책로, 탐방로, 등산로 등 숲길은 폭을 1미터 50센티미터 이하(안전, 대피를 위한 장소 등 불가피한 경우에는 1미터 50센티미터를 초과할 수 있다)로 하되, 접근성, 안전성, 산림에의 영향 등을 고려하여 산림형질 변경이 최소화될 수 있도록 설치할 것 2) 자연관찰원은 자연탐구 및 학습에 적합한 산림을 선정하여 다양한 수종을 관찰할 수 있도록 할 것

3 치유의 숲

1) 치유의 숲에 설치할 수 있는 시설의 규모

령 제9조의2(치유의 숲시설의 종류·기준 등)

① 삭제

② 법 제20조 제5항에 따라 치유의 숲 안에 설치할 수 있는 시설의 종류 및 설치 기준은 별표 3과 같다.

③ 법 제20조 제5항에 따라 치유의 숲 안에 설치할 수 있는 시설의 규모는 다음 각 호와 같다.

1. 치유의 숲시설의 설치에 따른 산림의 형질 변경 면적(치유의 숲 조성 전에 설치된 임도, 순환로, 산책로, 숲체험코스 및 등산로의 면적은 산림의 형질 변경 면적에서 제외한다)은 치유의 숲 전체 면적의 10퍼센트 이하가 되도록 할 것
2. 치유의 숲시설 중 건축물이 차지하는 총 바닥면적은 치유의 숲 전체 면적의 2퍼센트 이하가 되도록 할 것
3. 건축물의 층수는 2층 이하가 되도록 할 것

④ 제2항 및 제3항에서 규정한 사항 외에 치유의 숲시설의 설치·운영 및 관리 등에 필요한 사항은 산림청장이 정한다.

2) 치유의 숲 시설의 종류

구분	시설의 종류
산림치유시설	숲속의 집, 치유센터, 치유숲길, 일광욕장, 풍욕장, 명상공간, 숲체험장, 경관조망대, 체력단련장, 체조장, 산책로, 탐방로, 등산로, 산림작업장, 「산림교육의 활성화에 관한 법률」 제12조 제1항에 따른 유아숲체험원 등
편익시설	임도, 야외탁자, 데크로드, 야외쉼터, 대피소, 주차장, 방문자센터, 안내판, 임산물판매장, 매점, 「식품위생법 시행령」에 따른 휴게음식점영업소 및 일반음식점영업소 등
위생시설	오물처리장, 화장실, 음수대, 오수정화시설 등
전기·통신 시설	전기시설, 전화시설, 인터넷, 휴대전화중계기, 방송음향시설 등
안전시설	울타리, 화재감시카메라, 화재경보기, 재해경보기, 보안등, 재해예방시설, 사방댐 등

3) 치유의 숲 시설의 설치 기준

구분	설치 기준
산림치유시설	1) 향기, 경관, 빛, 바람, 소리 등 산림의 다양한 요소를 활용할 수 있도록 하되, 건축물은 흙, 나무 등 자연재료를 사용하여 저층, 저밀도로 시설하고 운동시설은 접근성, 안전성 등을 고려하여 설치할 것 2) 치유숲길은 폭을 1미터 50센티미터 이내(안전, 대피를 위한 장소 등 불가피한 경우에는 1미터 50센티미터를 초과할 수 있다)로 하되, 접근성, 안전성, 산림에의 영향 등을 고려하여 산림형질 변경이 최소화될 수 있도록 설치할 것
편익시설	1) 경사가 완만한 산림에 주변경관과 조화되도록 설치할 것 2) 방문자센터는 정보 제공, 홍보, 상담 등의 시설을 갖출 것 3) 「식품위생법 시행령」에 따른 휴게음식점영업소 및 일반음식점영업소는 식이요법을 시행하는 데에 적합하게 설치할 것
위생시설	1) 쾌적하고 편리하며 산림오염이 발생되지 않도록 설치할 것 2) 식수는 먹는 물 수질 기준에 적합할 것 3) 외부 화장실에는 장애인용 화장실을 설치할 것

4 숲길

1) 숲길의 조성계획

법 제22조의3(숲길기본계획의 수립 등)

① 산림청장은 등산, 트레킹, 산림레포츠, 탐방 및 휴양, 치유 등의 활동을 증진하기 위하여 제22조의 2에 따른 숲길의 종류별로 전국 산림에 대한 숲길의 조성·관리기본계획(이하 "숲길기본계획"이라 한다)을 5년마다 수립·시행할 수 있다.

② 숲길기본계획에는 다음 각 호의 사항이 포함되어야 한다.

1. 숲길 시책의 기본 목표 및 추진 방향
2. 숲길에 관한 수요와 여건 및 전망
3. 숲길 조성 추진체계 및 관리기반 구축에 관한 사항
4. 숲길 정보망의 구축·운영에 관한 사항
5. 그 밖에 숲길과 관련된 주요 시책에 관한 사항

③ 산림청장은 숲길기본계획의 시행성과 및 사회적, 지역적, 산림환경적 여건변화 등을 고려하여 필요하다고 인정하면 숲길기본계획을 변경할 수 있다.

④ 산림청장은 제1항 및 제3항에 따라 숲길기본계획을 수립하거나 변경하는 경우에는 「산림복지 진흥에 관한 법률」 제5조에 따른 산림복지진흥계획과 연계되도록 하여야 한다.

⑤ 지방산림청장과 지방자치단체의 장(이하 "숲길관리청"이라 한다)은 숲길기본계획이 수립된 경우 관할 산림(「자연공원법」에 따른 자연공원은 제외한다. 이하 이 조에서 같다)에 대하여 숲길기본계획에 따라 매년 숲길의 조성·관리 연차별계획(이하 "숲길연차별계획"이라 한다)

을 수립하여야 한다.

⑥ 산림청장 및 숲길관리청은 숲길기본계획 및 숲길연차별계획을 수립하거나 이를 변경하기 위한 기초 자료로 사용하기 위하여 숲길의 예정 노선 및 그 주변 산림의 현황과 이미 조성한 숲길의 운영·관리 실태를 조사하여야 한다.

⑦ 산림청장 및 숲길관리청은 제6항에 따른 조사업무를 「산림조합법」에 따른 산림조합 등 대통령령으로 정하는 법인·단체에 위탁할 수 있다.

⑧ 숲길기본계획과 숲길연차별계획의 수립·변경 및 제6항에 따른 조사에 필요한 사항은 농림축산식품부령으로 정한다.

2) 숲길의 조성

제23조(숲길의 조성 등)

① 숲길관리청이 숲길을 조성하려면 숲길연차별계획에 따라 해당 숲길의 노선이 포함된 숲길조성계획을 수립하여 노선 선정·조성계획의 적절성, 생태계와 지역사회에 미치는 영향 등에 관하여 대통령령으로 정하는 기준에 따라 그 타당성을 평가하고, 이해관계인(토지소유자를 포함한다)의 의견을 수렴하여야 한다. 이 경우 숲길관리청은 효율적인 타당성 평가를 위하여 필요한 경우에는 대통령령으로 정하는 법인·단체에 타당성 평가를 위탁할 수 있다.

② 숲길관리청은 제1항에 따른 타당성 평가 및 의견 수렴 결과 숲길의 조성이 타당하다고 인정되면 숲길의 명칭을 부여하고 그 노선을 지정하여 고시하여야 한다. 지정된 노선의 변경, 지정의 해제를 하는 경우에도 고시하여야 한다.

③ 제2항에 따라 숲길의 노선이 지정·고시되면 「산지관리법」 제15조의 2에 따른 산지 일시 사용신고를 하거나 「산림자원의 조성 및 관리에 관한 법률」 제36조에 따른 입목벌채 등의 허가를 받은 것으로 본다.

④ 제1항 및 제2항에 따른 숲길조성계획의 수립, 타당성 평가의 절차, 숲길 명칭의 부여, 숲길 노선의 지정·변경·지정 해제 및 그 고시, 그 밖에 필요한 사항은 농림축산식품부령으로 정한다.

3) 숲길의 종류

법 제5장 숲길 등

제22조의2(숲길의 종류) 숲길의 종류는 다음 각 호와 같다.

1. **등산로** : 산을 오르면서 심신을 단련하는 활동(이하 "등산"이라 한다)을 하는 길
2. **트레킹길** : 길을 걸으면서 지역의 역사·문화를 체험하고 경관을 즐기며 건강을 증진하는 활동(이하 "트레킹"이라 한다)을 하는 다음 각 목의 길

   가. 둘레길 : 시점과 종점이 연결되도록 산의 둘레를 따라 조성한 길

   나. 트레일 : 산줄기나 산자락을 따라 길게 조성하여 시점과 종점이 연결되지 않는 길

3. **산림레포츠길** : 산림레포츠를 하는 길

4. **탐방로** : 산림생태를 체험·학습 또는 관찰하는 활동(이하 "탐방"이라 한다)을 하는 길

5. **휴양·치유숲길** : 산림에서 휴양·치유 등 건강증진이나 여가 활동을 하는 길

4) 국가숲길의 지정기준

■ 산림문화·휴양에 관한 법률 시행령 [별표 3의4] 〈신설 2020. 6. 2.〉

국가숲길의 지정기준(제11조의6 제1항 관련)

1. 법 제23조의3 제1항에 따른 국가숲길은 법 제23조에 따라 조성된 숲길(이하 이 표에서 "숲길"이라 한다)이 가목 또는 나목의 기준을 갖추고, 다만 라목의 기준을 모두 갖춘 경우에 지정한다.
   가. 숲길 또는 숲길과 연계된 그 주변지역의 산림생태적 가치가 높을 것
   나. 지역을 대표하는 숲길로서 역사와 문화적 가치가 높거나 지역의 역사·문화자원과의 연계성이 높을 것
   다. 다음의 어느 하나에 해당하는 규모를 갖춘 숲길로서 국가 차원에서 체계적으로 관리할 필요성이 있을 것
      1) 둘 이상의 특별시, 광역시, 특별자치시, 도에 걸쳐 있는 숲길일 것
      2) 셋 이상의 시, 군, 구(자치구를 말한다)에 걸쳐 있는 숲길일 것
      3) 숲길의 거리(연계가능 거리를 포함한다)가 50킬로미터 이상인 숲길일 것
      4) 숲길 탐방객의 수가 3년 평균 30만 명 이상인 숲길일 것
   라. 숲길이 다음의 요건을 모두 갖추었을 것
      1) 법 제22조의 2에 따른 숲길의 종류에 적합하게 조성되었을 것
      2) 숲길의 조성을 위한 운영·관리체계를 갖추고 있거나 갖출 수 있을 것
      3) 국가숲길의 지정 이후에 노선의 추가 또는 연결이 가능할 것
      4) 이용자의 접근성이 확보되어 있거나 확보될 수 있을 것
2. 제1호 가목부터 라목까지의 규정에 따른 지정기준의 세부사항은 산림청장이 정하여 고시한다.

5 숲속야영장

1) 숲속야영장에 설치할 수 있는 시설의 규모

제9조의3(숲속야영장에 설치할 수 있는 시설의 종류 · 기준 등)

① 법 제20조 제5항에 따라 숲속야영장에 설치할 수 있는 시설의 종류 및 기준은 별표 3의 2와 같다.

② 법 제20조 제5항에 따라 숲속야영장에 설치할 수 있는 시설의 규모는 다음 각 호와 같다.

1. 숲속야영장 조성에 따른 산림의 **형질변경 면적**(숲속야영장 조성 전에 설치된 임도, 순환로, 산책로, 숲체험코스 및 등산로의 면적은 산림의 형질변경 면적에서 제외한다)은 다음 각 목의 기준에 따를 것

   가. 국가 또는 지방자치단체가 조성하는 경우 : **숲속야영장 면적의 100분의 10 이하**

   나. 가목 외의 자가 조성하는 경우

   1) 숲속야영장 면적이 **1만 제곱미터 이하**인 경우 : **숲속야영장 면적의 100분의 30 이하**
   2) 숲속야영장 면적이 **1만 제곱미터 초과 5만 제곱미터 이하**인 경우 : **숲속야영장 면적 중 1만 제곱미터를 초과하는 면적의 100분의 5에 3천 제곱미터를 합한 면적 이하**
   3) 숲속야영장 면적이 **5만 제곱미터 초과**인 경우 : **숲속야영장 면적의 100분의 10 이하**

2. **위생복합시설, 관리센터 등 건축물의 층수는 2층 이하**가 되도록 하고, 숲속야영장 중 건축물이 차지하는 총 바닥면적은 **숲속야영장 면적의 100분의 10 미만**이 되도록 할 것

③ 제1항 및 제2항에서 규정한 사항 외에 숲속야영장의 설치·운영 및 관리 등에 필요한 사항은 산림청장이 정한다.

2) 숲속야영장에 설치할 수 있는 시설의 종류

구분	시설의 종류
기본 시설	일반야영장(야영데크를 포함한다. 이하 같다), 자동차야영장, 숲속의 집 및 트리하우스 등
편익시설	임도, 야외탁자, 데크로드, 전망대, 모노레일, 야외쉼터, 야외공연장, 대피소, 주차장, 방문자안내소, 임산물판매장, 매점 및 「식품위생법 시행령」에 따른 휴게음식점영업소 등
위생시설	취사장, 오물처리장, 화장실, 음수대, 오수정화시설 및 샤워장 등
체험·교육 시설	산책로, 탐방로, 등산로, 목공예실, 생태공예실, 산림공원, 숲속교실, 숲속수련장, 세미나실, 산림작업체험장, 임업체험시설, 로프체험시설 및 「산림교육의 활성화에 관한 법률」 제12조 제1항에 따른 유아숲체험원 등
체육시설	철봉, 평행봉, 그네, 족구장, 민속씨름장, 배드민턴장, 게이트볼장, 썰매장, 테니스장, 어린이놀이터, 물놀이장, 운동장 및 다목적잔디구장 등
전기·통신 시설	전기시설, 전화시설, 인터넷중계기, 휴대전화중계기 및 방송음향시설 등
안전시설	울타리, 화재감시카메라, 화재경보기, 소화기, 재해경보기, 보안등, 비상조명설비, 비상조명기구, 재해예방시설, 사방댐 및 방송시설 등

※ 비고 : 가목에 따른 기본 시설을 설치할 경우 해당 기본 시설 안에 다목에 따른 위생시설을 포함하여 설치할 수 없다.

3) 숲속야영장에 설치하는 시설의 기준

<table>
<tr><th colspan="2">구분</th><th>설치 기준</th></tr>
<tr><td colspan="2">일반 기준</td><td>1) 산림생태계의 훼손을 최소화하며, 주변 경관과 조화를 이루도록 설치할 것
2) 자연배수가 잘 되고 평균 경사도가 25도 이내의 평지 또는 완경사 지역에 설치할 것
3) 「산림보호법」 제45조의 8에 따라 산사태 취약지역으로 지정된 지역에 설치하지 아니하고, 산사태, 급경사지 붕괴, 토석류 등의 위험이 없는 안전한 곳에 설치할 것
4) 태풍, 홍수, 폭설 등으로 인한 침수, 범람으로 고립 위험이 없는 곳에 설치할 것
5) 구급차, 소방차 등 긴급 차량의 진입이 원활하도록 야영장 진입로 및 내부 도로는 1차선 이상의 차로를 확보하고, 1차선 차로만 확보한 경우에는 적정한 곳에 차량의 교행이 가능한 공간을 확보할 것
6) 차량 주행도로(「도로법」 제10조 각 호에 따른 도로를 말한다)와 야영장은 20미터 이상 충분한 이격거리를 확보할 것
7) 전기시설의 경우 침수위험이 없도록 충분한 높이에 누전차단기를 설치하고 접지를 하며, 보행로 상에 전선피복이 노출되지 않도록 할 것</td></tr>
<tr><td rowspan="3">시설별 설치 기준</td><td>1) 기본 시설</td><td>가) 일반야영장의 야영시설은 야영공간(텐트 1개를 설치할 수 있는 공간을 말한다)당 15제곱미터 이상을 확보하고, 텐트 간 이격거리를 6미터 이상 확보할 것
나) 자동차야영장의 야영시설은 야영공간(차량을 주차하는 공간과 그 옆에 야영장비 등을 설치할 수 있는 공간을 말한다)당 50제곱미터 이상을 확보하고, 텐트 간 이격거리를 6미터 이상 확보할 것
다) 야영지는 주변 환경을 고려하여 적당한 울폐도(鬱閉度 : 숲이 우거진 정도) 및 차폐도(遮蔽度 : 숲으로 둘러싸인 정도) 등을 유지할 것</td></tr>
<tr><td>2) 편익 · 위생 시설</td><td>가) 이용자의 쾌적성과 편리성을 고려하여 설치하고, 시설 중 일부는 장애인이 이용함에 불편함이 없도록 할 것
나) 식수는 먹는 물 수질기준에 적합하도록 할 것</td></tr>
<tr><td>3) 안전시설</td><td>가) 긴급한 재난 · 사고 시 신속히 그 상황을 알릴 수 있도록 방송시설을 갖출 것
나) 야영공간 2개소당 1기 이상의 소화기를 배치할 것
다) 응급약품 등 비상물품을 갖춘 별도의 비상대피시설을 지정할 것
라) 비상시 야영장에서 대피시설까지 원활하게 이동할 수 있도록 비상조명설비 또는 비상조명기구를 갖출 것</td></tr>
</table>

※ 비고 : 나목에서 정하지 않은 시설별 설치 기준은 「관광진흥법」 제4조 제3항 및 제20조의 2에 따른 야영장업에 관한 기준에 따른다.

6 산림레포츠 시설 등 기타

1) 산림레포츠 시설의 규모

령 제9조의 4(산림레포츠 시설의 종류 · 기준 등)

① 법 제20조 제5항에 따른 산림레포츠 시설의 종류 및 기준은 별표 3의 3과 같다.

② 제1항에 따른 산림레포츠 시설의 규모는 다음 각 호와 같다.

1. 산림레포츠 시설 중 건축물이 차지하는 총 바닥면적은 5천 제곱미터 이하가 되도록 할 것
2. 개별 건축물의 연면적은 900제곱미터 이하로 할 것. 다만, 「식품위생법 시행령」에 따른 휴게음식점영업소의 연면적은 200제곱미터 이하로 하여야 한다.
3. 건축물의 층수는 2층 이하가 되도록 할 것

③ 제1항 및 제2항에서 규정한 사항 외에 산림레포츠 시설의 설치·운영 및 관리 등에 필요한 사항은 산림청장이 정한다.

2) 산림레포츠 시설의 종류별 필수시설

기타 시설은 오리엔티어링, 암벽등반, 레일바이크, 서바이벌 체험, 외줄이동시설, 트리탑 등 로프 체험과 그 밖에 산림청장이 「산림복지 진흥에 관한 법률」 제8조에 따른 산림복지심의위원회의 심의를 거쳐 고시하는 시설을 말하며, 내연기관을 동력원으로 하는 차량을 이용하는 시설은 제외한다.

구분	필수 시설
산악승마시설	산악승마코스, 위험지역 차단시설, 시설·안전 안내표지판, 방향·거리 표지판
산악자전거시설	산악자전거코스, 급경사구간 차단시설, 시설·안전 안내표지판, 방향·거리 표지판
행글라이딩시설 또는 패러글라이딩시설	이륙장, 착륙장, 진입로, 풍향표시기, 시설·안전 안내표지판, 방향·거리 표지판
산악스키시설	산악스키코스, 안전망, 안전매트, 시설·안전 안내표지판, 방향·거리 표지판
산악마라톤시설	산악마라톤코스, 시설·안전 안내표지판, 방향·거리 표지판
기타 시설	안전 안내표지판과 그 밖에 산림청장이 정하여 고시하는 시설

3) 산림레포츠 시설의 기준

가. 산림 훼손과 오염을 최소화하며 친자연적으로 시공할 것

나. 「산림보호법」 제45조의 8에 따라 산사태 취약지역으로 지정되지 않은 지역에 설치할 것

다. 「재난 및 안전관리 기본법」 제3조 제1호에 따른 재난에 효과적 대응이 가능하도록 안전시설과 장비를 갖출 것

라. 건설, 전기, 통신, 소방, 환경, 위생 등 관련 법령에서 요구되는 시설기준을 충족할 것

마. 「체육시설의 설치·이용에 관한 법률」, 「말산업 육성법」, 「항공법」 등 관련 법령에서 정하는 시설 및 안전기준에 적합할 것

바. 산림레포츠에 활용되는 각종 시설, 장비, 기구 등은 안전하게 이용될 수 있는 상태를 유지할 것

사. 수용인원에 적합한 규모와 면적으로 시설을 설치할 것

아. 시설 및 기구·설비 등은 이용하기에 편리한 구조로 하여야 하며, 장애인이 이용하기 편리하도록 설치할 것

자. 등산객, 탐방객이 많이 이용하는 노선은 피하고, 산림레포츠 시설 이용자와 등산객, 탐방객의 충돌을 피하기 위한 안내 표지판이나 교행 공간 등을 둘 것

차. 계절별, 시간별로 구분·운영하는 등의 경우에는 동일 코스를 두 개 이상의 산림레포츠 종목의 시설로 활용할 수 있으며, 이 경우 상호 충돌을 피하기 위한 안내 표지판이나 교행 공간 등을 둘 것

카. 임산물판매장, 매점 및 「식품위생법 시행령」에 따른 휴게음식점영업소는 주차장, 매표소, 사무실 등 부수적으로 설치할 수 있는 시설에 인접하여 설치할 것

참고자료

- 임업 경영학 향문사
- 산림 경영학 향문사
- 산림측정학 향문사
- 산림휴양 수요의 전망에 대한 보고서 [산림청]
- 산림임업 용어사전[산림청]

실력점검문제

01 임업소득에 대한 설명으로 옳지 않은 것은?

① 임업소득은 조림지 면적이 커짐에 따라 증대된다.
② 임업조수익 중에서 임업소득이 차지하는 비율을 임업의존도라 한다.
③ 임업소득 가계충족률은 임가의 소비경제가 임업에 의하여 지탱되는 정도를 나타낸다.
④ 임업순수익은 임업경영이 순수익의 최대를 목표로 하는 자본가적 경영이 이루어졌을 때 얻을 수 있는 수익이다.

해설
- 임업의존도=(임업소득/임가소득)×100 임업소득이 차지하는 비율을 말한다.
- 임업순수익=임업조수익-임업경영비-가족임금추정액
- 임업소득=임업조수익-임업 경영비
- 임가소득=임업소득+농업소득+농업 이외의 소득
- 겸업 및 부업 등도 농업 이외의 소득으로 임가소득에 포함된다.

02 형수(form factor)에 대한 설명으로 옳지 않은 것은?

① 정형수는 흉고직경을 기준으로 한다.
② 절대형수는 수간 최하부의 직경을 기준으로 한다.
③ 지하고가 높고 수관량이 적은 나무일수록 흉고형수가 크다.
④ 일반적으로 지위가 양호할수록 흉고형수는 작은 경향이 있다.

해설
- 비교원주의 직경을 측정하는 위치에 따라 형수를 분류한다.
- 부정형수 : 1.2m 높이에서 직경을 측정한다. 흉고형수라고도 한다.
- 정형수(수고의 $\frac{1}{n}$ 위치를 기준) : 나무 높이의 $\frac{1}{10}$ 또는 $\frac{1}{20}$ 의 위치에서 직경을 측정한다.
- 절대형수 : 임목의 최하부에서 직경을 측정한다.

03 흉고직경 20cm, 수고 10m인 입목의 재적이 약 0.14m³로 계산되었다. 재적계산에 적용된 형수는 약 얼마인가?

① 0.30　② 0.35
③ 0.40　④ 0.45

해설 $V = g$(단면적) $\times h$(높이) $\times f$(형수)

$g = \frac{\pi}{4}D^2 = \frac{3.14}{4} \times (0.2)^2 = 0.0314$

$0.14 = 0.0314 \times 10 \times f$

$f \fallingdotseq 0.4458 \fallingdotseq 0.45$

04 임지기망가의 최대값에 영향을 주는 인자에 대한 설명으로 옳지 않은 것은?

① 이율이 낮을수록 최대값이 빨리 온다.
② 간벌 수익이 클수록 최대값이 빨리 온다.
③ 주벌 수익의 증대속도가 빨리 감퇴할수록 최대값이 빨리 온다.
④ 관리비는 임지기망가가 최대로 되는 시기와는 관계가 없다.

해설 임지기망가 최대값 영향인자

주벌수익	증대속도가 낮아질수록 최대값에 빨리 도달한다.

정답 01. ② 02. ① 03. ④ 04. ①

간벌수익	클수록 그 시기가 이를수록 최대값에 빨리 도달한다.
이율	클수록 최대값에 빨리 도달한다.
조림비	작을수록 최대값에 빨리 도달한다.
채취비	작을수록 최대값에 빨리 도달한다.

- 관리비는 임지기망가의 최대값과 무관하고, 일반적으로 채취비가 작을수록 임지기망가의 최대값에 빨리 도달한다.

05 임지기망가 계산식에서 필요한 인자가 아닌 것은?

① 조림비 ② 산림면적
③ 주벌수익 ④ 간벌수익

해설
- 임지기망가는 임지에 일정한 시업을 영구적으로 실시한다는 가정으로 토지에 기대되는 순수익의 전가(현재가) 합계액을 계산한 것이다.
- 계산식에는 주벌수익, 조림비, 이율, 간벌수익, 관리비가 있다.

$$\frac{(R-C)}{(1.0P)^n-1}$$

R = 수익에 대한 전가, C = 비용에 대한 전가, n = 벌기 연수, P = 이율

06 이율은 5%이고 앞으로 10년 후에 300,000원의 간벌수익을 얻으리라고 예상하면 간벌수입의 전가합계는?

① 약 69,000원
② 약 184,000원
③ 약 489,000원
④ 약 1,296,000원

해설 간번수익의 전가합계를 P라고 하면

$P \rightarrow$10년 후

$P(1.05)^{10} = 300000$

$P = \frac{300000}{1.6289} \fallingdotseq 184,173$(원)

07 윤척 사용법에 대한 설명으로 옳지 않은 것은?

① 수간 축에 직각으로 측정한다.
② 흉고부(지상 1.2m)를 측정한다.
③ 경사진 곳에서는 임목보다 낮은 곳에서 측정한다.
④ 흉고부에 가지가 있으면 가지 위나 아래를 측정한다.

해설
- 윤척은 입목의 직경측정에 쓰이며, 땅이 기울어진 경사지에서는 뿌리보다 높은 곳에서 측정한다.

[흉고직경을 측정하는 방법]
① 땅이 기울어진 경사지에서는 뿌리보다 높은 것에서 측정한다.
② 1.2m의 높이, 가슴높이에서 측정한다.
③ 수간 축에 직각 방향으로 윤척을 대고 측정한다.
④ 흉고 부위에 가지가 있으면 위나 아래를 측정하여 평균한다.
⑤ 장변을 잰 값과 단변을 잰 값을 평균한다.
⑥ 평균한 값을 2cm 괄약하여 매목조사야장에 기재한다.
⑦ 유동각과 고정각 그리고 자의 3면이 모두 수간에 닿도록 하여 측정한다.

08 손익분기점에 대한 설명으로 옳지 않은 것은?

① 원가는 노동비와 재료비로 구분한다.
② 고정비는 생산량 증감에 관계없이 항상 일정하다.
③ 제품의 판매가격은 판매량과 관계없이 항상 일정하다.
④ 제품 한 단위당 변동비는 생산량에 관계없이 항상 일정하다.

정답 05. ② 06. ② 07. ③ 08. ①

해설 손익분기점 분석의 전제조건(가정)

- 원가는 고정비와 변동비로 구분된다.
- 제품의 단위당 판매가격은 판매량의 변동에도 변하지 않는다.
- 제품 한 단위당 변동비는 항상 일정하다.
- 고정비는 생산량의 증감에 관계없이 항상 일정하다.
- 생산량과 판매량은 항상 같으며, 생산과 판매에 동시성이 있다.
- 제품의 생산능률은 고려하지 않는다.(변함이 없다.)

09 **지위지수에 대한 설명으로 옳지 않은 것은?**

① 임지의 생산능력을 나타낸다.

② 우세목의 수고는 밀도의 영향을 많이 받는다.

③ 지위지수 분류표 및 곡선은 동형법 또는 이형법으로 제작할 수 있다.

④ 우리나라에서는 보통 임령 20년 또는 30년일 때 우세목의 수고를 지위지수로 하고 있다.

해설
- 우세목의 수고는 밀도의 영향을 거의 받지 않는다.
- 지위지수의 의미 : 임지의 생산능력을 나타낸다. 지위는 토양 지형 입지 및 산림생장인자를 이용 등 다양한 인자로부터 판단할 수 있다
- 지위지수분류곡선은 임령별로 조사된 우세목 수고 자료로부터 동형법 또는 이형법으로 제작될 수 있다

10 **수간석해를 통해 총 재적을 구할 때 합산하지 않아도 되는 것은?**

① 근주재적 ② 지조재적

③ 결정간재적 ④ 초단부재적

해설 지조의 재적측정

- 지조(branch)율은 지조재적과 수간재적의 비(%)이며, 수종·연령·생육환경에 따라 달라진다.
- 수고가 높아지면 지조율은 낮아진다.
- 수간석해를 통하여 수간재적을 구한다. 나무의 부위에 따라 결정(수)간재적, 초단부재적, 근주재적으로 나누어 계산하고 이것을 합하여 전체 재적으로 한다

11 **Huber식에 의한 수간석해 방법으로 옳지 않은 것은?**

① 구분의 길이를 2m로 원판을 채취한다.

② 반경은 일반적으로 5년 간격으로 측정한다.

③ 단면의 반경은 4방향으로 측정하여 평균한다.

④ 벌채점의 위치는 흉고 높이인 지상 1.2m로 한다.

해설 벌채점의 위치 선정

- 벌채점은 일반적으로 흉고를 1.2m이면 지상 0.2m로 선정한다.
- 흉고를 1.3m로 하면 벌채점은 0.3m로 해야 한다.
- 벌채점이 결정되면 벌채점에 표시하고, 벌채점이 손상되지 않도록 유의한다.
- 원판 손상에 유의하면서 벌채한다.

12 **투자에 의해 장래에 예상되는 현금 유입과 유출의 현재가를 동일하게 하는 할인율로서 투자효율을 결정하는 방법은?**

① 회수기간법 ② 순현재가치법

③ 내부수익률법 ④ 수익·비용비법

해설
- 수익비용률법 : 투자비용의 현재가에 대하여 투자의 결과로 기대되는 현금 유입의 현재가 비율을 나타낸다. B/C비율이 1보다 크면 투자가치가 있는 것으로 판단한다.
- 순현재가치법(NPV; Net Present Value, 현재가치=Σ(연차별 수입-연차별 비용)/0.0P) : 현재가가 0보다 큰 투자 안을 가치 있는 것으로 판단한다.(수익의 현재가가 투자비용의 현재가보다 크다는 것을 의미)

정답 09. ② 10. ② 11. ④ 12. ③

- 내부수익률법(internal rate of return) : 내부투자수익률이란 투자를 하여 미래에 예상되는 현금 유입의 현재가치와 예상되는 현금 유출의 현재가치를 같게 하는 할인율이다.
- 투자효율에 대한 계산은 화폐의 시간 가치를 반영하지 않은 비할인 모형은 회수기간법(payback period)과 투자이익률법이 있다.

13 임목평가 방법에 대한 설명으로 옳지 않은 것은?

① 장령림의 임목평가는 임목기망가법을 적용한다.
② 벌기 이상의 임목평가는 시장가역산법을 적용한다.
③ 중령림의 임목평가에는 원가수익절충방법인 Glaser법을 적용한다.
④ 유령림의 임목평가는 비용가법을 적용하며 이자를 포함하지 않는다.

해설
- 비용가법은 유령임목의 평가에 적용하며 이자도 포함된다.
- 유령림은 임목비용가법, 벌기 미만의 장령림에는 임목기망가법, 중령림에는 임목비용가법과 임목기망가법의 중간적인 Glaser법, 벌기 이상의 임목에는 임목매매가가 적용되는 시장가역산법으로 평가한다.

14 산림경영계획을 할 때 산지의 구분 중 공익용 산지에 해당하지 않는 것은?

① 채종림 ② 사찰림
③ 자연휴양림 ④ 산림보호구역

해설 채종림은 보전산지에서 임업용산지에 속한다.
※ 보전산지=임업용+공익용
- 임업용 : 보전국유림, 채종림, 실험림 등
- 공익용 : 보호림, 휴양림, 그 외 보호구역 등

15 윤벌기에 대한 설명으로 옳지 않은 것은?

① 택벌작업에 따른 법정림의 개념이다.
② 임목의 생산기간과는 일치하지 않는다.
③ 작업급의 법정영급분배를 예측하는 기준이다.
④ 작업급의 모든 임목을 일순벌 하는 데 소요되는 기간이다.

해설

윤벌기	벌기령
작업급에 성립	임분 또는 수목에 성립
연년작업이 진행되는 작업급의 전 임목을 일순벌 하는 데 요하는 기간이다	임목 그 자체의 생산기간을 나타내는 예상적 연령 개념이다.

16 우리나라에서 통나무의 재적을 구하는 데 이용되는 재적검량방법에 의해 계산한 벌채목의 재적(m^3)은?

- 원구직경 : 16cm
- 말구직경 : 14cm
- 중앙직경 : 15cm
- 재장 : 8.50cm

① 0.099 ② 0.167
③ 0.198 ④ 0.218

해설 국내산 원목 재적 측정법(6m 이상인 경우)

$$V(m^3) = (d_n + \frac{[L]-4}{2})^2 \times \frac{L}{10000}$$

$$= (14 + \frac{8-4}{2})^2 \times \frac{8.5}{10000} \fallingdotseq 0.2176(m^3)$$

V : 재적, d_n : 말구지름(cm), $[L]$: 소수점 이하 버리는 정수(m)

정답 13. ④ 14. ① 15. ① 16. ④

17 **유형고정자산의 감가 중에서 기능적 요인에 의한 감가에 해당되지 않는 것은?**

① 부적응에 의한 감가
② 진부화에 의한 감가
③ 경제적 요인에 의한 감가
④ 마찰 및 부식에 의한 감가

해설
- 유형고정자산의 가치 감소를 계산하여 장부에 기록하는 절차를 감가상각이라고 한다.
- 실제로 거래는 발생하지 않았으나 고정자산의 가치 감소분만큼 장부가액을 감소시킨다
- 기술적 진보 등에 의해 발생하는 감모분을 진부화(陳腐化)에 의한 감가라고 한다.
- 마찰 및 부식에 의한 감가는 물질적 감가에 속한다.

18 **단목의 연령측정 방법이 아닌 것은?**

① 목측에 의한 방법
② 지절에 의한 방법
③ 방위에 의한 방법
④ 생장추에 의한 방법

해설
- 임분의 연령을 측정하는 방법으로 본수령, 재적령, 면적령, 표본목령이 있다.
- 단목의 연령 측정 방법으로는 목측법에 의한 대략적인 임령을 측정, 가지가 윤상으로 자라는 경우 가지(지절)를 이용하여 임령을 측정 또는 생장추를 이용하는 방법이 있다.

19 **산림경영의 지도원칙으로 옳지 않은 것은?**

① 수익을 비용으로 나누어 그 값이 최소가 되도록 경영한다.
② 최대의 순수익 또는 최고의 수익률을 올리도록 경영한다.
③ 생산물량을 생산요소의 양으로 나눈 값이 최대가 되도록 경영한다.
④ 가장 질 좋은 임목을 안정된 가격에 대량 생산하여 국민의 기대에 부응하도록 경영한다.

해설
- 산림의 지도원칙에는 수익성, 경제성, 생산성, 공공성, 보속성, 합자연성, 환경보전의 원칙이 있으며, ② 수익성의 원칙, ③ 생산성 원칙, ④ 보속성 원칙에 대한 내용이다.
- 경제성의 원칙은 최소의 비용으로 최대의 효과를 발휘하는 원칙이다. 매년 같은 양의 수익 혹은 수확 등의 개념은 보속성의 원칙에 해당된다.

20 **흉고높이에서 생장추를 이용하여 반경 1cm 내의 연륜수 5를 얻었다. 흉고직경이 32cm, 상수가 500일 때 슈나이더(Schneider)식을 이용한 재적생장율은?**

① 2.5%　② 3.1%
③ 3.6%　④ 4.0%

해설 슈나이더에 의한 생장률

$$= \frac{\text{상수 } K}{\text{연륜수 } n \times \text{흉고직경 } D}$$

- 상수 값 K는 수피 벗긴 흉고직경 30 이하 550, 30 이상 500

슈나이더에 의한 생장률

$$= \frac{\text{상수}}{1cm\text{내의 연륜수} \times \text{흉고직경}}$$

$$= \frac{500}{5 \times 32} = 3.1(\%)$$

21 **어떤 산림의 현실 축적이 200,000m^3이고, 윤벌기가 40년일 때 Mantel법(Masson법)에 의한 표준연벌량은?**

① 5,000m^3　② 10,000m^3
③ 15,000m^3　④ 20,000m^3

해설 Mantel법

연간표준벌채량(E)

$$= \text{현실축적}(Vw) \times \frac{2}{\text{윤벌기}(U)}$$

$$= \frac{2 \times 200,000}{40} = 10,000$$

정답 17. ④ 18. ③ 19. ① 20. ② 21. ②

22 **임목의 생장량을 측정하는 데 있어서 현실 생장량의 분류에 속하지 않는 것은?**

① 연년생장량
② 정기생장량
③ 벌기생장량
④ 벌기평균생장량

해설 • 벌기평균생장량은 평균생장량에 속한다.
• 현실생장량 분류 : 연년생장량, 정기생장량, 벌기생장량, 총생장량 등이다.

23 **숲해설가의 배치기준으로 옳지 않은 것은?**

① 수목원 – 2명 이상
② 삼림욕장 – 1명 이상
③ 국립공원 – 2명 이상
④ 자연휴양림 – 2명 이상

해설 • 산림교육전문가의 배치기준에서 자연공원법에 의거 자연공원은 1명 이상 배치하며, 이때 국립공원은 제외한다.
• 수목원, 정원, 숲길, 자연휴양림은 2명 이상, 그 이외는 1명

24 **어떤 입지는 육림용으로 사용할 수도 있고, 목축용으로 사용할 수도 있다. 이때 임지를 육림용으로 사용할 경우 목축용으로 사용할 때 얻을 수 있는 수익을 포기하는 것을 의미하는 원가는?**

① 기회원가 ② 변동원가
③ 한계원가 ④ 증분원가

해설 • 한계원가 : 경영활동의 규모 또는 수준이 한 단위 변할 때 발생되는 총원가의 증감액을 한계원가라고 한다.
• 증분원가, 차액원가 : 생산 방법의 변경, 설비의 증감, 조업도의 증감 등 기존의 경영활동의 규모나 수준에 변동이 있을 경우 증가되는 원가를 증분원가, 감소하는 원가를 차액원가라고 한다.
• 매몰원가 : 과거에 이미 발생했으므로 어떤 의사결정이 내려진다고 해도 회피될 수 없는 원가를 매몰원가(sunk cost)라고 한다.
• 기회원가 : 기회원가는 하나의 대체 안이 선택됨으로 인해 포기되는 잠재적인 효익을 말한다.

25 **입목재적표는 입목의 재적을 구하기 위해 만들어진 재적표를 말하는데, 방안지에 곡선을 그리고 자유곡선법에 의해 평활한 곡선으로 수정하여 완성하게 된다. 이 곡선에서 수치를 읽어 재적표를 만드는 방법은?**

① 형수법 ② 직접법
③ 도표법 ④ 곡선도법

해설 흉고직경과 수고의 관계를 그래프로 그린 수고곡선을 그린다. 수고곡선을 결정하는 방법은 자유곡선법, 평균이동법, 최소자승법 등이 있다. 이때 가로축에 평균직경을, 세로축은 재적을 기준으로 만든 그래프에서 평균직경에 상응하는 수치를 읽어 재적표를 만드는 방법을 곡선도법이라 한다.

26 **자본장비도와 자본효율의 개념을 임업에 도입할 때 자본장비도에 해당하는 것은?**

① 노동 ② 소득
③ 생장률 ④ 임목축적

해설 자본장비도는 임업자본의 충실도를 나타내는 방법 중의 하나로 자본을 K, 종사자의 수를 N이라고 하면 K/N이 자본장비도가 된다. 임업에 도입할 경우 자본장비도는 임목축적, 자본효율은 생장률에 해당한다.

27 **자연휴양림시설의 종류에 따른 규모의 기준으로 옳지 않은 것은?**

① 건축물의 층수는 3층 이하일 것
② 건축물이 차지하는 총 바닥면적은 1만 제곱미터 이하일 것
③ 음식점을 제외한 개별 건축물의 연면적은 900제곱미터 이하일 것
④ 시설 설치에 따른 산림의 형질변경 면적은 20만 제곱미터 이하일 것

정답 22. ④ 23. ③ 24. ① 25. ④ 26. ④ 27. ④

해설 자연휴양림 : 국가 또는 지방자치단체가 조성하는 경우에는 30만 제곱미터, 그 밖의 자가 조성하는 경우에는 20만 제곱미터. 다만, 도서 지역의 경우에는 조성 주체와 관계없이 10만 제곱미터로 한다. 시설 설치에 따른 산림의 형질 변경은 면적 기준 10만 제곱미터 이하이다.

28 임령에 따른 연년생장량과 평균생장량의 관계에 대한 설명으로 옳지 않은 것은?

① 처음에는 연년생장량이 평균생장량보다 크다.
② 평균생장량의 극대점에서 두 생장량의 크기는 다르다.
③ 연년생장량은 평균생장량보다 빨리 극대점을 가진다.
④ 평균생장량이 극대점에 이르기까지는 연년생장량이 항상 평균생장량보다 크다.

해설 연년생장량과 평균생장량 간의 관계
- 처음에는 연년생장량이 평균생장량보다 크다.
- 연년생장량은 평균생장량보다 빨리 극대점을 갖는다.
- 평균생장량의 극대점에서 두 생장량의 크기는 같다.
- 평균생장량이 극대점에 이르기까지는 연년생장량 이상 평균생장량보다 크다.
- 평균생장량이 극대점을 지난 후에는 연년생장량이 평균생장량보다 작다.
- 연년생장량이 극대점에 이르는 기간을 유령기, 유령기부터 평균생장량의 극대점까지를 장령기, 그 이후를 노령기로 구분할 수 있다.
- 임목은 평균생장량이 극대점을 이루는 해에 벌채하면 가장 많은 목재를 생산할 수 있다.

29 지황조사 항목으로 토양의 점토 함유량이 30%인 경우 토양형은?

① 사토(사) ② 양토(양)
③ 사양토(사양) ④ 식양토(식양)

해설
- 사토(사) : 흙을 손에 쥐었을 때 대부분 모래만으로 구성된 감이 있을 때(점토의 함유량이 12.5% 이하)
- 사양토(사양) : 모래가 대략 $\frac{1}{3}$ ~ $\frac{2}{3}$를 점하는 것(점토의 함량이 12.6% ~ 25%)
- 양토(양) : 대략 $\frac{1}{3}$ 미만의 모래를 함유하는 것(점토의 함유량이 26% ~ 37.5%)
- 식양토(식양) : 점토가 대략 $\frac{1}{3}$ ~ $\frac{2}{3}$를 점하고 점토 중 모래의 촉감이 있는 것(점토 함량이 37.6% ~ 50%)
- 점토(점) : 점토가 대부분인 것(점토 함유량이 50% 이상)

30 법정상태의 요건이 아닌 것은?

① 법정벌채량
② 법정생장량
③ 법정영급분배
④ 법정임분배치

해설 법정상태 요건으로 법정영급분배, 법정임분배치, 법정생장량, 법정축적이 있다.

31 임목평가 방법에 대한 설명으로 옳지 않은 것은?

① 장령림의 임목평가는 임목기망가법을 적용한다.
② 벌기 이상의 임목평가는 시장가역산법을 적용한다.
③ 중령림의 임목평가에는 원가수익절충 방법인 Glaser법을 적용한다.
④ 유령림의 임목평가는 비용가법을 적용하며 이자를 포함하지 않는다.

해설 유령림은 임목비용가법, 벌기 미만의 장령림에는 임목기망가법, 중령림에는 임목비용가법과 임목기망가법의 중간적인 Glaser법, 벌기 이상의 임목에는 임목매매가가 적용되는 시장가역산법으로 평가한다. 비용가법은 유령임목의 평가에 적용하며 이자도 포함된다.

정답 28. ② 29. ② 30. ① 31. ④

32 노령림과 미숙림이 함께 존재하는 임분을 벌채할 때 어느 쪽이든지 경제적 불이익을 감소시키기 위하여 설정하는 기간은?

① 갱신기 ② 윤벌기
③ 회귀년 ④ 정리기

해설
- 정리기(갱정기)는 법정인 영급으로 정리하는 기간을 말한다.
- 회귀년 : 택벌림의 벌구식 택벌 작업에서 택벌된 벌구가 또다시 택벌될 때까지 걸리는 기간
- 갱신기 : 예비벌, 하종벌, 후벌의 과정을 거치는 기간적 개념
- 윤벌기 : 보속작업을 하는 데 작업급 내 모든 임분을 일순벌 하는 데 걸리는 기간

33 임업조수익 중에서 임업소득이 차지하는 비율은?

① 임업의존율
② 임업소득률
③ 임업순수익률
④ 임업소득가계충족률

해설 임업소득률은 임업소득과 임업조수익의 백분율로 나타낸다.

$$임업소득률 = \frac{임업소득}{임업조수익} \times 100(\%)$$

34 산림평가에 쓰이는 용어 중 의미가 다른 것은?

① 환원율 ② 할인율
③ 전가계수 ④ 현재가계수

해설
- 전가계수는 현재가계수, 할인율, 전가계수, 현재가계수 등을 포함한다.
- 환원율은 미래에 대한 자본 환산에 필요한 이율로서 다른 보기의 용어와는 관련이 없다.

35 이자를 계산인자로 포함하는 벌기령은?

① 공예적 벌기령
② 재적수확 최대 벌기령
③ 화폐수익 최대 벌기령
④ 토지순수익 최대 벌기령

해설 임지기망가가 최댓값에 이르는 때를 벌기로 결정하면 "토지순수익 최대의 벌기령"이 된다.

36 벌채 실행을 모두베기로 할 때 벌채면적은 최대 30ha 이내로 하되, 벌채면적이 5ha 이상일 경우에는 하나의 벌채 구역을 몇 ha 이내로 하는가?

① 3ha ② 5ha
③ 6ha ④ 10ha

해설 모두베기
- 벌채면적은 최대 30ha 이내로 한다.
- 벌채면적이 5ha 이상인 경우에는 벌채구역을 구분해야 한다. 이 경우 1개 벌채구역은 5ha 이내로 하며, 벌채구역과 벌채구역 사이에는 폭 20m 이상의 수림대를 남겨두어야 한다.

37 50ha의 산림에 0.02ha의 표본점을 추출하고 조사를 실시할 때, 조사 대상지의 지도에 가로 100m와 세로 100m의 간격으로 격자를 나누고, 각 격자의 교차점에 표본점을 설치한다면 이 산림조사의 표본비율[%]은?

① 2 ② 3
③ 4 ④ 5

해설 $$표본비율 = \frac{표본점면적}{조사대상지면적} \times 100(\%)$$

$$= \frac{200\,m^2 \times 50개}{500{,}000m^2} \times 100$$

$$= \frac{10{,}000\,m^2}{500{,}000m^2} \times 100 = 2[\%]$$

정답 32. ④ 33. ② 34. ① 35. ④ 36. ② 37. ①

38 **재적수확이 최대가 되는 벌기령은?**

① 화폐수익이 최대인 때
② 토지순수익이 최대인 때
③ 벌기평균생장량이 최대인 때
④ 벌기평균생장률이 최대인 때

해설
- 임지기망가가 최대값에 이르는 때를 벌기로 결정하면 "토지순수익 최대의 벌기령"이 된다.
- 재적수확 최대의 벌기령은 단위면적당 매년 평균적으로 수확되는 목재 생산량이 최대가 되는 연령을 벌기령으로 정하는 것이다.
- 재적수확이 최대가 되는 벌기령은 결국 벌기평균생장량이 최대가 되는 때이다.

39 **컴퓨터의 발전과 더불어 산림경영계획 분야 및 산림의 다목적 이용계획에 적용하는 분석기법으로 1차 식인 수학모형을 이용하는 것은?**

① 선형계획법 ② 동적계획법
③ 비선형계획법 ④ 그물망분석법

해설 선형계획법(LP; Linear Programming)은 목적함수와 제약식이 1차 함수(직선)로 이루어진 문제를 푸는 방법론을 뜻한다. 선형계획법은 목적 달성을 위해 최적의 배치와 계획을 위해 개발된 방법이며 약자로 LP라 한다.

40 **임업경영은 목적에 따라 종속적, 부차적, 겸업적, 주업적 임업경영으로 나눌 수 있다. 이 중 종속적 임업경영에 대한 설명으로 옳지 않은 것은?**

① 주요 생산적 임업의 용역을 제공하는 것이다.
② 주업경영의 생산을 내부적으로 지탱하기 위한 것이다.
③ 주요 생산적 임업의 생산에 필요한 자재를 공급하는 것이다.
④ 생산요소의 유휴화를 막고 이용률을 높여 경영 전체의 수익을 높이기 위한 것이다.

해설 유휴화를 막아 수익을 높이는 것은 부차적 임업 경영의 특징이다.

41 **다음 보기의 조건을 활용한 관계식으로 가장 적합한 것은?**

- NAC : 법정연간벌채량
- In : 법정생장량
- MAI : 벌기평균생장량
- R : 윤벌기
- Vr : 벌기임분의 재적

① NAC=In=MAI÷R=Vr
② NAC=In=MAI×R=Vr
③ NAC=2×In=MAI÷R=2×Vr
④ NAC=2×In=MAI×R=2×Vr

해설 법정연간벌채량(NAC)=법정생장량(In)=벌기평균생장량(MAI)×윤벌기(R)
=벌기임분의 재적(Vr)

42 **산림경영계획의 체계에 대한 설명으로 옳지 않은 것은?**

① 국가적 또는 지역적인 관점에서의 종합적인 계획에 근간을 두고 있다.
② 산림청장은 전국 산림을 대상으로 20년 단위로 산림기본계획을 공표·수립한다.
③ 국유림을 경·관리하는 기관은 산림청-국유림관리소-지방산림청 순서 체계로 구성된다.
④ 시, 도지사(공,사유림) 및 지방산림청장(국유림)은 지역산림계획을 수립·시행한다.

정답 38. ③ 39. ① 40. ④ 41. ② 42. ③

해설 • 국유림 종합계획은 국유림 관리소장이 국유림 경영계획은 지방산림 청장이 수립한다.
• 산림경영계획은 산림자원의 지속적 배양으로 생산력의 증진을 도모하고 국토를 보전할 수 있도록 합리적으로 산림을 경영하고자 수립하는 계획이다.

43 산림평가에서 임업이율을 고율로 평정할 수 없고 오히려 보통이율보다 약간 저율로 평정해야 하는 이유에 해당하지 않는 것은?

① 산림소유의 안정성
② 산림수입의 고소득성
③ 산림관리경영의 간편성
④ 문화발전에 따른 이율의 저하

해설 Endress는 다음과 같은 이유로 임업이율은 낮아야 한다고 설명한다.
• 재적 및 금원 수확의 증가와 산림 재산가치의 등귀
• 산림 소유의 안정성
• 산림재산 및 임료수입의 유동성
• 산림관리 경영의 간편성
• 생산기간의 장기성
• 사회발전 및 경제안정에 따른 이율의 하락

44 측고기를 사용할 때 주의사항으로 옳지 않은 것은?

① 경사지에서 측정할 때에는 오차가 생기기 쉬우므로 여러 방향에서 측정하여 평균해야 하고 가급적 등고선 방향으로 이동하여 측정한다.
② 여러 방향에서 측정하면 오차값을 줄일 수 있다.
③ 측정하고자 하는 나무 끝과 근원부가 잘 보이는 지점을 선정해야 한다.
④ 측정위치가 멀면 오차가 생기므로 나무 높이의 절반 정도 떨어진 곳에서 측정하는 것이 좋다.

해설 측고기 사용상의 주의사항
• 가능하면 나무의 근원부와 등고위치에서 잰다.
• 나무의 정단과 밑이 잘 보이는 데서 측정한다.
• 나무만큼 떨어진 위치에서 측정한다.
• 경사지에서는 여러 방향을 측정하여 평균한다.

45 산림의 이용 구분에 따른 보전산지 중 공익용 산지가 아닌 것은?

① 채종림의 산지
② 사찰림의 산지
③ 자연휴양림의 산지
④ 산림보호구역의 산지

해설 채종림(採種林)
• 산림청장이 우량한 조림용 종자를 채취하기 위하여 필요하다고 인정될 때에 산림이나 수목에 대하여 지정하는 산림으로 채종림의 산지는 보전산지에서 임업용 산지에 속한다.
• 임업용 : 요존국유림, 채종림, 실험림 등
• 공익용 : 보호림, 휴양림, 그 외 보호구역 등

46 기준벌기령 이상에 해당하는 임지에서 수확을 위한 벌채가 아닌 것은?

① 골라베기 ② 모두베기
③ 솎아베기 ④ 모수작업

해설 솎아베기는 간벌의 다른 표현으로 수확이 목적이 아닌 밀도 조절과 부적합 임목을 제거하는 작업이다.

47 임업경영의 비용을 조림비, 관리비, 지대, 채취비로 구분할 때 관리비에 속하는 것은?

① 벌목비 ② 감가상각비
③ 목재 운반비 ④ 묘목 구입비

해설 • 산림평가에서의 비용은 조림비, 관리비 및 지대, 그리고 채취비로 구성된다.
• 묘목 구입비는 조림비에 속하고, 벌목비와 운반비는 채취비에 속한다.

정답 43. ② 44. ④ 45. ① 46. ③ 47. ②

48 감가상각비에 대한 설명으로 옳지 않은 것은?

① 고정자산의 감가 원인은 물리적 원인과 기능적 원인으로 나눌 수 있다.
② 감가상각비는 시간의 경과에 따른 부패, 부식 등에 의한 가치의 감소를 포함한다.
③ 새로운 발명이나 기술진보에 따른 사용가치의 감가는 감가상각비로 처리하지 않는다.
④ 시장변화 및 제조방법 등의 변경으로 인하여 사용할 수 없게 된 경우에도 감가상각비로 처리한다.

해설
- 유형고정자산의 가치 감소를 계산하여 장부에 기록하는 절차를 감가상각이라고 한다.
- 실제로 거래는 발생하지 않았으나 고정자산의 가치 감소분만큼 장부가액을 감소시킨다.
- 기술적 진보 등에 의해 발생하는 감모분을 진부화(陳腐化)에 의한 감가라고 한다.
- 마찰 및 부식에 의한 감가는 물질적 감가에 속한다.

49 임업자산의 유형과 구성요소의 연결로 옳지 않은 것은?

① 유동자산 – 비료
② 유동자산 – 현금
③ 고정자산 – 묘목
④ 임목자산 – 산림축적

해설
- 자산을 현금화할 수 있는 정도를 유동성이라고 하고, 우리나라에서는 1년 안에 현금화할 수 있는 자산을 유동자산, 1년 안에 현금화하기 힘든 자산을 고정자산으로 구분한다.
- 유동자산은 대부분 현금과 현금 등과물, 그리고 벌채목과 같이 처분을 목적으로 가지고 있는 자산이다.

50 산림경영의 지도원칙 중 보속성의 원칙에 해당되지 않는 것은?

① 합자연성 ② 목재수확 균등
③ 생산자본 유지 ④ 화폐수확 균등

해설 보속성
- 보속성은 계속, 끊임 없음, 반복, 항구성, 지속성, 중단 없음 등의 중립적인 시간 개념을 가진다.
- 수확조정의 전제조건으로써 보속성의 원칙은 규범적이고 능률적인 임업의 기초로 독일에서 발전되었다.
- 정적인 보속성을 특정한 "상태의 지속성"으로 파악한다면, 동적인 보속성은 일정한 "능률의 지속성"으로 표현할 수 있다.
- 정적인 보속에는 산림면적, 산림생물, 임목축적, 임업자산, 임업자본, 노동력 등의 보속성이 해당된다.
- 동적인 보속에는 생장량, 목재수확, 화폐수확, 산림수익, 산림순수확, 창업능력, 산림의 다목적 이용 등이 해당된다.

정답 48. ③ 49. ③ 50. ①

MEMO

part
3

기출문제

산 림 기 사 필 기

• 조림학

• 임업경영학

산림기사 필기

2016년 제1회 기출문제

제1과목 조림학

01 활엽수 가지치기 방법으로 옳지 않은 것은?

① 원칙적으로 직경 5cm 이상의 가지는 자르지 않는다.
② 참나무류와 사시나무류는 으뜸가지 이하의 가지만 잘라준다.
③ 단풍나무, 벚나무는 상처 유합이 잘 안되므로 자연낙지를 유도한다.
④ 절단면이 줄기와 평행하도록 가지를 제거하여 지융부가 상하지 않게 한다.

해설 활엽수는 줄기와 평행하게 절단하면 지융이 손상되므로 지융부를 피해서 절단한다.

02 환원법에 의한 종자활력검사 방법에 대한 설명으로 옳지 않은 것은?

① 단기간 내에 실시할 수 있다.
② 휴면 종자에는 적용이 어렵다.
③ 테트라졸륨 대신 테룰루산칼륨도 사용된다.
④ 침엽수의 종자는 배와 배유가 함께 염색되도록 한다.

해설 환원법에 의한 종자검사는 휴면종자에도 적용이 가능하다.

03 순림과 비교하여 혼효림의 장점으로 옳지 않은 것은?

① 생물의 다양성이 높다.
② 환경적 기능이 우수하다.
③ 병해충에 대한 저항력이 크다.
④ 무육작업과 산림경영이 경제적이다.

해설 ④는 단순림에 대한 설명이다.

04 광색소인 파이토크롬(phytochrome)에 대한 설명으로 옳은 것은?

① 분자량이 120Dalton이다.
② 높은 광도에서만 반응한다.
③ 생장점 부근에 가장 적게 나타난다.
④ 암흑 속에서 기른 식물체에서 많이 검출된다.

해설 ① phytochrome의 분자량은 124,000 정도이다.
② 660nm~730nm에서 가역적인 반응을 한다.
③ 뿌리를 포함한 모든 세포에 골고루 있다.

05 월평균기온이 다음과 같은 지역의 한랭지수는?

월	1	2	3	4	5	6	7	8	9	10	11	12
평균기온(℃)	−3	1	8	12	17	21	24	25	20	14	7	2

① −15 ② −9
③ −3 ④ 0

정답 01. ④ 02. ② 03. ④ 04. ④ 05. ①

해설 한랭지수는 월평균 기온에서 5℃를 차감한 온도 중에서 마이너스 값만 합한 것이다. 온량지수는 플러스 값만 합한 것이다.

월	1	2	3	4	5	6	7	8	9	10	11	12
평균 기온	-3	1	8	12	17	21	24	25	20	14	7	2
-5 기온	-8	-4	3	7	12	16	19	20	15	9	2	-3

- 한랭지수 : (-8)+(-4)+(-3)=-15
- 온량지수 : 3+7+12+16+19+20+15+9+2=103

06 알카리성 토양에서 잘 자라는 수종은?

① *Acer palmatum*

② *Thuja orientalis*

③ *Pinus Koraiensis*

④ *Quercus variabilis*

해설 ① 단풍나무, ② 측백나무, ③ 잣나무, ④ 굴참나무
- 알칼리성 토양에서도 잘 자랄 수 있는 수종은 측백나무, 물푸레나무, 오리나무 등이다.

07 참나무류 임분을 왜림작업으로 갱신하려 할 때 벌채시기로 가장 적절한 것은?

① 늦겨울~초봄

② 늦봄~초여름

③ 늦여름~초가을

④ 늦가을~초겨울

해설 왜림작업의 벌채는 생장휴지기인 11월부터 2월 사이에 한다.

08 묘포지 선정 조건으로 가장 적절한 것은?

① 평탄한 점토질 토양

② 5도 이하의 완경사지

③ 한랭한 지역에서는 북향

④ 남향에 방풍림이 있는 곳

해설 묘포지는 침엽수 1~2°, 기타 3~5° 정도의 완경사지가 적합하다.
① 완경사의 사양토
③ 한랭한 지역에서는 남향
④ 방풍림은 북서향에 설치

09 풀베기 시행 시 전면깎기를 실시하는 수종은?

① 전나무　② 삼나무

③ 비자나무　④ 가문비나무

해설
- 전면깎기는 양수 수종에 적합한 풀베기 형식이다.
- 전나무, 비자나무, 가문비나무는 모두 음수 수종이다.

10 임목생장과 식재밀도에 대한 설명으로 옳지 않은 것은?

① 밀도가 높을수록 완만재가 된다.

② 밀도는 수고생장에 큰 영향을 끼친다.

③ 밀도가 낮을수록 직경생장이 좋아진다.

④ 밀도가 높을수록 간재적의 비율이 높아진다.

해설 밀도는 수고생장에는 거의 영향이 없다.

11 중림작업에 대한 설명으로 옳은 것은?

① 산벌작업에서 중간에 벌채하는 작업 종이다.

② 모수작업에서 중간목을 벌채하는 작업을 말한다.

③ 나무 높이가 크지도 작지도 않은 중경목을 생산하는 작업 종이다.

④ 상층임관은 교림, 하층임관은 왜림으로 구성하는 작업을 말한다.

해설 ① 산벌작업에서 중간에 벌채하는 작업 종이다. => 하종벌
② 중간목은 Hawley의 간벌형식에서 나오는 수형으로 준우세목과 피압목 사이의 수형이다.
③ 중경목을 생산하는 작업 종은 교림작업인 개벌, 산벌, 모수벌에서 벌기를 짧게 해야 한다.

정답 06. ② 07. ① 08. ② 09. ② 10. ② 11. ④

12 일본에서 도입하여 조림된 수종은?

① *Pinus rigida*

② *Zelkova serrata*

③ *Larix kaempferi*

④ *Quercus acutissima*

해설 ① 리기다소나무 → 미국
② 느티나무 → 도입 수종 아님
④ 상수리나무 → 도입 수종 아님(중국이라는 설도 있다. 마을 근처에만 상수리나무를 볼 수 있다.)

13 활엽수에 대한 설명으로 옳은 것은?

① 활엽수 모두 떡잎식물이다.

② 밑씨가 노출되고 씨방이 없다.

③ 잎맥이 그물모양으로 되어 있다.

④ 목부는 주로 헛물관으로 되어 있다.

해설 ① 활엽수 모두 떡잎식물이다. => 활엽수는 모두 쌍떡잎식물이다.
② 밑씨가 노출되고 씨방이 없다. => 겉씨식물(침엽수)의 특징
④ 목부는 주로 헛물관으로 되어 있다. => 겉씨식물(침엽수)의 특징

14 목본 식물조직에 대한 기능의 설명으로 옳지 않은 것은?

① 사부조직 : 수분의 통로 및 지탱 역할을 한다.

② 분비조직 : 점액, 고무질, 수지 등을 분비한다.

③ 후막조직 : 세포벽이 두껍고 원형질이 없으며 지탱 역할을 한다.

④ 유조직 : 원형질을 가지고 살아 있으며 세포 분열이 일어난다.

해설 사부조직은 양분의 통로가 된다.

15 토양의 수분 부족으로 인한 잎의 생리현상으로 옳지 않은 것은?

① 팽압 상승

② 기공 폐쇄

③ 광합성 중단

④ 단백질 합성 감소

해설
- 세포의 팽압은 내부의 수분에 의해 세포막에 발생한다. 팽압이 상승했다는 것은 세포 내의 수분이 많다는 것이다.
- 토양 수분이 부족하면 수목잎은 기공을 폐쇄하고, 광합성은 중단하고, 단백질의 합성을 줄인다.

16 양성화를 갖는 수종으로 옳은 것은?

① 벚나무 ② 오리나무

③ 은행나무 ④ 상수리나무

해설
- 꽃 하나에 암술과 수술이 함께 있는 것이 양성화다.
- 오리나무, 참나무류, 밤나무는 암꽃과 수꽃이 한 나무에 달리는 1가화, 즉 자웅동주다.
- 은행나무는 암꽃이 피는 나무와 수꽃이 피는 나무가 다른 2가화, 즉 자웅이주다.

17 솎아베기(간벌)에 대한 설명으로 옳은 것은?

① 도태간벌은 하층간벌에 속한다.

② Hawley가 제시한 택벌식 간벌에서는 주로 우세목을 간벌한다.

③ 일본잎갈나무의 최초 간벌 적기는 조림 후 25~30년이 경과한 이후이다.

④ 지위가 나쁜 곳에서는 지위가 좋은 지역에 비해 빨리 간벌을 하는 것이 좋다.

해설 Hawley의 택벌식 간벌은 우세목을 벌채하여 수확하고, 우세목 아래에 있는 수목의 생육을 촉진하는 간벌형식이다.

정답 12. ③ 13. ③ 14. ① 15. ① 16. ① 17. ②

18 1,000개의 종자의 실중이 500g이고, 용적중이 600g일 때 2L의 종자립 수는?

① 600립 ② 1000립
③ 1200립 ④ 2400립

해설 2ℓ의 중량은 1,200g,
1,200g의 종자수는 500g : 1,200g = 1,000개 : x개에서 내항의 곱은 외항의 곱과 같으므로

$$x = \frac{1,200 \times 1,000}{500} = 2,400\text{개}$$

19 산림토양의 물리적 성질을 나타내는 인자가 아닌 것은?

① 토양입자 ② 토양공극
③ 토양산도 ④ 토양진비중

해설 토양산도는 화학적 성질과 관련된 인자다.

20 묘목을 산지에 이식할 때 단근을 실시하는 이유로 옳은 것은?

① 산지 이식 후 묘목 활착률을 높일 수 있다.
② 묘목 출하 시 운반 중량을 줄이기 위함이다.
③ 증산량과 광합성량을 높이기 위해 실시한다.
④ 직근 발달을 촉진하고 세근 발달은 억제시킨다.

해설
- 단근을 하면 잔뿌리가 발달하게 되어 묘목의 활착률이 높아진다.
- 묘포에서 이식할 때는 측근에서 세근이 빨리 나므로 묘목이 충실해진다.
- 산지에 식재하는 경우에도 단근을 하면 묘목의 활착률이 높아진다.

제3과목 임업경영학

21 임업조수익 중에서 임업소득이 차지하는 비율은?

① 임업의존율
② 임업소득률
③ 임업순수익률
④ 임업소득가계충족률

해설 임업소득률은 임업소득과 임업조수익의 백분율로 $\frac{\text{임업소득}}{\text{임업조수익}} \times 100(\%)$이다.

22 임목 직경을 수고의 1/n 되는 곳의 직경과 같게 하여 정한 형수는?

① 정형수 ② 수고형수
③ 절대형수 ④ 흉고형수

해설
- 부정형수 : 1.2m 높이에서 직경을 측정한다. 흉고형수라고도 한다.
- 정형수(수고의 $\frac{1}{n}$ 위치를 기준) : 나무높이의 $\frac{1}{10}$ 또는 $\frac{1}{20}$의 위치에서 직경을 측정한다.
- 절대형수 : 임목의 최하부에서 직경을 측정한다.

23 임목의 연년생장률에 대한 설명으로 옳은 것은?

① 총생장량을 면적으로 나눈 백분율
② 정기생장량을 그 기간의 연수로 나눈 백분율
③ 총생장량을 벌기까지의 총연수로 나눈 백분율
④ 1년간의 생장량을 당초의 재적으로 나눈 백분율

해설 연년생장률은 1년간의 생장한 양을 기준 기간의 이전에 재적으로 나눈 백분율을 의미한다.

정답 18. ④ 19. ③ 20. ① 21. ② 22. ① 23. ④

24 산림면적이 300ha, 벌기평균재적이 150m^3, 1ha당 벌기재적이 200m^{3}일 경우 개위면적은?

① 200ha ② 300ha
③ 400ha ④ 500ha

해설 개위면적 : 토지생산력에 기초한 면적

$$개위면적 = 현식면적 \times \frac{평균재적}{단위당\ 벌기재적}$$

$$= 300 \times \frac{200}{150} = 400$$

25 임업투자 사업에서 감응도 분석의 대상으로 고려하여야 할 주요 요인이 아닌 것은?

① 생산량
② 자본예산
③ 사업기간의 지연
④ 생산물의 가격 및 노임 등의 가격 요인

해설 감응도 분석 : 미래에 불확실한 투자 분석에 포함하여 어느 정도 민감하게 변화되는지를 예측하는 것으로 생산량, 사업기간 지연, 생산물 가격, 노임, 자재비용(원료 및 원자재) 등이 있다.

26 산림문화휴양에 관한 법률에 정의된 사항으로 다음 설명에 해당하는 것은?

> 국민의 건강증진을 위하여 산림 안에서 맑은 공기를 호흡하고 접촉하며 산책 및 체력단련 등을 할 수 있도록 조성한 산림

① 숲길 ② 산림욕장
③ 치유의 숲 ④ 자연휴양림

해설 "자연휴양림"이라 함은 국민의 정서함양 · 보건휴양 및 산림교육 등을 위하여 조성한 산림(휴양시설과 그 토지를 포함한다)을 말한다. <보기>의 내용은 산림문화 휴양에 관한 법률의 내용으로 산림욕장에 대한 정의이다.

27 산림평가에 쓰이는 용어 중 의미가 다른 것은?

① 환원율 ② 할인율
③ 전가계수 ④ 현재가계수

해설 전가계수는 현재가계수, 할인율, 전가계수, 현재가계수 등을 포함한다. 환원율은 미래에 대한 자본 환산에 필요한 이율로써 보기의 산림용어와는 관련이 없다.

28 금년에 간벌수입이 100만 원의 순수입이 있어 이를 연이율 10%로 하여 2년 후의 후가를 계산하면 얼마인가?

① 110만 원 ② 121만 원
③ 133만 원 ④ 146만 원

해설 후가계산 공식인 $N = V(1+P)^n$에 대입하여 도출한다.
$100(1+0.1)^2 = 121$

29 산림문화 휴양에 관한 법률에 의한 치유의 숲 시설 종류가 아닌 것은?

① 체육시설 ② 안전시설
③ 편익시설 ④ 위생시설

해설 치유의 숲 시설로 산림치유시설, 편익시설, 위생시설, 전기시설, 통신시설, 안전시설이 있다. 체육시설은 산림욕장시설의 종류 중 하나이다.

30 법정림에 있어서 윤벌기가 50년인 경우, 법정년벌률(법정수확률)은?

① 1% ② 2%
③ 3% ④ 4%

해설 $법정\ 연벌률 = \frac{2}{50} \times 100 = 4\%$

정답 24. ③ 25. ② 26. ② 27. ① 28. ② 29. ① 30. ④

31 **재적수확이 최대가 되는 벌기령은?**

① 화폐수익이 최대인 때
② 토지순수익이 최대인 때
③ 벌기평균생장량이 최대인 때
④ 벌기평균생장률이 최대인 때

해설 재적수확이 최대가 되는 벌기령은 결국 벌기평균생장량이 최대가 되는 때이다.

32 **임지의 특성에 해당하지 않는 것은?**

① 임업 이외의 다른 사업이 어려운 편이다.
② 임지는 넓고 험하여 집약적인 작업이 어렵다.
③ 교통의 편리성에 따라 임지의 경제적 가치는 결정된다.
④ 수직적으로 생육환경이 다르지만 비교적 수종분포가 균일하다.

해설 임지는 지역이나 환경에 따라 수종이 다양하다.

33 **컴퓨터의 발전과 더불어 산림경영계획 분야 및 산림의 다목적 이용계획에 적용하는 분석기법으로 1차식인 수학모형을 이용하는 것은?**

① 선형계획법 ② 동적계획법
③ 비선형계획법 ④ 그물망분석법

해설 1차원적 함수인 그래프의 직선을 의미하는 선형계획법은 목적 달성을 위해 최적의 배치와 계획을 위해 개발된 방법이며 약자로 LP라 한다.

34 **임목의 평가 방법을 짝지은 것으로 옳지 않은 것은?**

① 원가방식 – 비용가법
② 수익방식 – 기망가법
③ 비교방식 – 수익환원법
④ 원가수익절충방식 – Glaser법

해설 비교방식의 방법은 시장가역산법과 매매가법이 있다.

35 **흉고직경 20cm, 수고 10m인 입목의 재적이 약 0.14m^3로 계산되었다. 재적계산에 적용된 형수는 약 얼마인가?**

① 0.30 ② 0.35
③ 0.40 ④ 0.45

해설 $V = g(\text{단면적}) \times h(\text{높이}) \times f(\text{형수})$

$g = \frac{\pi}{4}D^2 = \frac{3.14}{4} \times (0.2)^2 = 0.0314$

$0.14 = 0.0314 \times 10 \times f$

$f \fallingdotseq 0.4458 \fallingdotseq 0.45$

36 **임지기망가의 최대치에 도달하는 속도를 빠르게 하기 위한 조건으로 옳지 않은 것은?**

① 이율이 높을수록
② 조림비가 많을수록
③ 간벌수확이 많을수록
④ 주벌수확의 증대속도가 빠를수록

해설 조림비는 클수록 최댓값 도달은 늦어진다.(이주 간 클수록 채조는 작을수록 최댓값에 빨리 도달한다.)

37 **평균생장량과 연년생장량 간의 관계를 옳게 설명한 것은?**

① 초기에는 평균생장량이 연년생장량보다 크다.
② 평균생장량이 연년생장량에 비해 최대점에 빨리 도달한다.
③ 평균생장량이 최대가 될 때 연년생장량과 평균생장량은 같게 된다.
④ 평균생장량이 최대점에 이르기까지는 연년생장량이 평균생장량보다 항상 작다.

정답 31. ③ 32. ④ 33. ① 34. ③ 35. ④ 36. ② 37. ③

해설 초기에는 평균생장량보다 연년생장량이 크며 연년생장량의 최대점이 더 빨리 온다. 그리고 평균생장량의 최대점이 되기까지 연년생장량이 평균생장량보다 항상 크다.

38 **산림교육의 활성에 관한 법률에 규정한 산림교육전문가의 배치기준 중 숲해설가를 배치하는 시설이 아닌 것은?**

① 도시림 ② 국민의 숲
③ 자연휴양림 ④ 유아숲체험원

해설 산림교육전문가 배치 기준에 의거 숲해설가는 자연휴양림, 삼림욕장, 국민의숲, 수목원, 생태숲, 도시림 및 생활림, 자연공원에 배치되며, 유아숲체험원은 유아숲지도사가 배치된다.

39 **국유림의 소반경영계획 수립 시 임목생산에 대한 설명으로 옳지 않은 것은?**

① 수확조절은 축적 위주로 임목생산량을 선정하는 것을 지양한다.
② 벌기령은 임분의 평균생산기간을 의미하고 보속성 여부를 판단한다.
③ 산림의 공간배치는 수확대상 임분을 선정하는 데 중요한 의미를 갖는다.
④ 정해진 벌기령의 범위 안에서 매 임분급 단위로 대략 영급구성 면적이 같아지도록 한다.

해설 수확조절 시 축적 위주의 임목생산량을 선정하고 면적 위주의 임목생산량을 지양한다.

40 **임업기계의 감가상각비(D)를 구하는 공식으로 옳은 것은? (단, P : 기계구입가격, S : 기계 폐기 시의 잔존가치, N : 기계의 수명)**

① $D=(P-S)\times N$ ② $D=\frac{N}{S-P}$

③ $D=\frac{P-S}{N}$ ④ $D=\frac{N}{P-S}$

해설 감가상각비의 종류 중 정액법 공식이다.

정답 38. ④ 39. ① 40. ③

산림기사 필기

2016년 제2회 기출문제

제1과목 조림학

01 발아율이 85%이고 발아세가 80%인 종자의 경우 발아율에서 발아세를 뺀 값인 5%의 종자에 대한 설명으로 옳은 것은?

① 발아가 빠르게 되는 종자이다.
② 불량묘가 될 가능성이 높은 종자이다.
③ 묘포에 파종할 때 발아가 되지 않는 종자이다.
④ 종자를 채취할 때 섞여 들어간 다른 수종의 종자이다.

해설 발아세는 가장 많이 발아한 날까지의 종자 수를 기준으로 한다. 이때 이후에 싹튼 묘목은 다른 묘목들에 비해 빛을 덜 받게 되어 피압되므로 생장이 약한 불량묘가 될 가능성이 높다.

02 침엽수의 가지치기 작업 방법으로 옳은 것은?

① 으뜸가지 이상의 가지를 친다.
② 줄기와 직각이 되도록 잘라낸다.
③ 생장 휴지기에 실시하는 것이 좋다.
④ 초두부까지 가지를 쳐내어 통직한 간재를 생산하도록 한다.

해설 침엽수 가지치기는 대부분의 침엽수가 지융이 수간에 수평한 경우가 많으므로 줄기와 수평하게 자른다. 활엽수는 지융이 손상되지 않도록 자른다.

03 산림 갱신 방법 중 예비벌, 하종벌, 후벌 단계를 거치는 작업 종은?

① 개벌작업 ② 택벌작업
③ 모수작업 ④ 산벌작업

해설 지문은 산벌에 대한 설명이다. 예비벌은 수광벌, 후벌의 마지막을 종벌이라고 부르기도 한다.

04 산림 생태적인 면에서 환경친화적인 작업 종과 가장 거리가 먼 것은?

① 개벌작업 ② 택벌작업
③ 모수작업 ④ 산벌작업

해설 "개벌>모수벌>산벌"의 순으로 임분이 일시에 베어지는 면적이 많아 환경에 해로운 정도가 크다. "택벌>산벌>모수벌>개벌"의 순으로 환경친화적이다.

05 회귀년을 고려하여야 할 작업 종은?

① 개벌작업 ② 택벌작업
③ 모수작업 ④ 산벌작업

해설 회귀년은 벌구식 택벌에 있어서 한 번 벌채한 벌채구역을 다시 벌채할 때까지 걸리는 기간을 말한다. 모든 택벌방식에 회귀년이 있는 것은 아니다.

06 일반 공기 중에는 약 78%가 질소로 구성되어 있으나 식물이 이를 직접 이용하기는 어렵다. 식물이 질소를 이용 가능한 형태로 바꾸는 것을 무엇이라 하는가?

① 질소 이동 ② 질소 환원
③ 질소 순환 ④ 질소 고정

정답 01. ② 02. ③ 03. ④ 04. ① 05. ② 06. ④

해설 • 대기원의 질소는 안정적이므로 식물이 직접 사용할 수 없다.
• 토양수분에 질소 성분이 이온화되어 녹는 과정을 질소고정이라고 한다.

07 극양수에 해당하는 수종은?

① 주목 ② 단풍나무
③ 서어나무 ④ 일본잎갈나무

해설 • 극양수 : 대왕송, 방크스소나무, 낙엽송, 버드나무, 자작나무, 포플러 등
• 양수 : 은행나무, 소나무, 측백나무, 향나무, 오리나무, 버즘나무 등
• 잎갈나무(우리나라 재래종 낙엽송), 일본잎갈나무(일본에서 도입된 낙엽송)

08 인공림 침엽수의 수형목 지정기준으로 옳지 않은 것은?

① 상층 임관에 속할 것
② 수관이 넓고 가지가 굵을 것
③ 밑가지들이 말라서 떨어지기 쉽고 그 상처가 잘 아물 것
④ 주위 정상목 10본의 평균보다 수고 5%, 직경 20% 이상 클 것

해설 수형목은 줄기가 굵고 수관이 좁고 가지가 가는 것을 지정한다.

09 묘포 입지선정 조건으로 가장 부적합한 것은?

① 완경사지
② 점토질 토양
③ 관개, 배수가 유리한 곳
④ 교통과 노동력 공급이 유리한 곳

해설 묘포의 토질은 사양토나 양토가 적합하다.

10 식생조사에서 빈도에 대한 설명으로 옳지 않은 것은?

① 빈도는 방형구의 크기에 영향을 받지 않는다.
② 어느 종이 출현한 방형구 수와 총조사 방형구 수의 백분비로 표시된다.
③ 어느 종이 얼마나 넓은 지역에 걸쳐 출현하는가를 알기 위한 척도이다.
④ 군락 내에 있어서 종 간의 양적관계를 알기 위한 척도로는 상대빈도를 이용한다.

해설 방형구의 크기가 클수록 빈도는 크게 나타난다.

11 난대 수종으로 일반적으로 온대 중부 이북에서 조림하기 어려운 수종은?

① *Quercus acuta*
② *Abies holophylla*
③ *Pinus Koraiensis*
④ *Fraxinus rhynchophylla*

해설 ① 붉가시나무, ② 전나무, ③ 잣나무, ④ 물푸레나무
• 붉가시나무는 난대림 수종이다.

12 숲 가꾸기 품셈에는 수종별, 흉고직경별 간벌 후 입목본수 기준이 제시되어 있다. 흉고직경이 20cm인 경우에 간벌 후 ha당 입목본수가 가장 적은 수종은?

① 편백 ② 삼나무
③ 참나무류 ④ 일본잎갈나무

해설 간벌 후 잔존본수 기준표[요약]

수 종	가슴 높이 직경급(cm)				
	8	10	12	14	16
낙엽송	1,500	1,300	1,100	1,000	900
삼나무	2,200	1,860	1,630	1,430	1,260
편백	2,700	2,200	1,700	1,510	1,330
참나무류	980	880	800	730	660

정답 07. ④ 08. ② 09. ② 10. ① 11. ① 12. ③

13 식토에 관한 설명으로 옳지 않은 것은?

① 식토는 사토에 비하여 보수력이 높다.

② 식토는 사토보다 식물의 뿌리 발달에 유리하다.

③ 식토는 사토에 비하여 양이온치환용량(C.E.C)이 크다.

④ 식토는 토양수분 함량이 낮아질 때 거북등처럼 갈라지나 사토는 그렇지 않다.

해설 사토가 배수와 뿌리의 호흡이 원활하므로 식토보다 뿌리 발달에 유리하다.

14 정상적인 생육을 위해 무기양분을 가장 많이 요구하는 수목은?

① 향나무 ② 소나무
③ 오리나무 ④ 느티나무

해설

양분 요구도	수종
높은 수종	오동나무, 느티나무, 참나무
중간 수종	낙엽송, 잣나무, 서어나무, 피나무
낮은 수종	소나무, 해송, 향나무, 오리나무

15 개화 후 다음 해 10월경에 종자가 성숙하는 수종은?

① *Quercus dentata*

② *Quercus serrata*

③ *Quercus mongolica*

④ *Quercus acutissima*

해설 ① 떡갈나무, ② 참나무, ③ 신갈나무, ④ 상수리나무
• 상수리나무와 굴참나무는 개화한 이듬 해 가을에 성숙한다.

16 잣나무 성목을 대상으로 실시한 가지치기 작업이 임목에 미치는 영향으로 옳지 않은 것은?

① 무절재의 생산

② 수고생장 촉진

③ 직경생장 촉진

④ 수간의 완만도 향상

해설 이 문제는 답을 직경생장을 전제로 출제되었다. 조림학[향문사, 이돈구]에는 가지치기도 직경생장을 촉진한다고 서술되어 있으니 공무원 시험 등을 보시는 분은 유의하기 바란다.

17 잣나무에 대한 설명으로 옳지 않은 것은?

① 침엽이 5개씩 모아 난다.

② 종자에 달린 날개는 퇴화되어 있다.

③ 어려서 음수이며 커감에 따라 햇빛 요구량이 줄어든다.

④ 한대수종으로 토심이 깊고 비옥하고 적윤한 곳에서 잘 자란다.

해설 잣나무는 어려서는 그늘에 잘 견디는 음수성 수종이지만, 자라면서 햇빛요구량이 증가하는 양수로 변한다.

18 임목의 개화결실을 촉진시키는 방법으로 가장 효과가 적은 것은?

① 도태간벌

② 환상박피

③ 충분한 비료주기

④ 생장촉진 호르몬 처리

해설 • 도태간벌은 개화결실을 촉진시키는 방법이 아니라 갱신 방법 중의 하나다.
• 도태간벌은 우량 대경재 생산을 목적으로 하는 간벌 방법 중 하나이다.

정답 13. ② 14. ④ 15. ④ 16. ③ 17. ③ 18. ①

19 노지에서 1년생으로 상체하는 것이 적합한 수종은?

① 곰솔 ② 잣나무
③ 전나무 ④ 가문비나무

해설 • 1년생 상체 수종 : 소나무, 해송, 편백, 낙엽송, 삼나무
• 2년생 상체 수종 : 참나무류, 독일가문비, 잣나무
• 3년생 상체 수종 : 전나무

20 다음과 같은 조건에서 소나무 종자를 산파하려 할 때 파종량은?

• 파종상의 면적 : $10m^2$
• 가을이 되어 세워둘 묘목 수 : 500본/m^2
• 종자립 수 : 10,000개/L
• 순량률 : 80%
• 종자발아율 : 50%
• 묘목잔존율 : 50%

① 1L ② 2L
③ 3L ④ 4L

해설 솎아내기를 감안하면 파종량은 계산된 양보다 많아야 한다.
파종량(l) =

$$\frac{\text{파종면적}(m^2)\times\text{묘목밀도(본수}/m^2)}{\text{종자효율(발아율×순량률)×잔존율(0.3~0.5)×종자립수(립/}l)}$$

$$=\frac{10\times500}{0.8\times0.5\times0.5\times10,000}=\frac{5,000}{20,000}=2.5[l]$$

제3과목 임업경영학

21 작업급의 영급 관계가 편중되어 노령림이 너무 많거나 유령림이 너무 많을 때 윤벌기로 구한 연벌량에서 오는 불이익을 적게 하여 수확량을 대략 균등하게 지속시키기 위해서 채택하는 생산기간은?

① 정리기 ② 회귀년
③ 갱신기 ④ 윤벌기

해설 • 정리기 : 갱정기라고도 하며, 법정인 영급으로 정리하는 기간을 말한다.
• 회귀년 : 택벌림 임분이 처음 잘리고 다음 택벌까지의 기간
• 갱신기 : 예비벌, 하종벌, 후벌의 과정을 거치는 기간적 개념
• 윤벌기 : 보속작업을 하는 데 작업급 내 모든 임분을 벌채하는 데 걸리는 기간

22 임업경영은 목적에 따라 종속적, 부차적, 주업적 임업경영으로 나눌 수 있다. 이 중 종속적 임업경영에 대한 설명으로 옳지 않은 것은?

① 주요 생산적 임업의 용역을 제공하는 것이다.
② 주업경영의 생산을 내부적으로 지탱하기 위한 것이다.
③ 주요 생산적 임업의 생산에 필요한 자재를 공급하는 것이다.
④ 생산요소의 유휴화를 막고 이용률을 높여 경영 전체의 수익을 높이기 위한 것이다.

해설 유휴화를 막아 수익을 높이는 것은 부차적 임업경영의 특징이다.

정답 19. ① 20. ③ 21. ① 22. ④

23 다음 보기의 조건을 활용한 관계식으로 가장 적합한 것은?

> • NAC : 법정연간벌채량
> • In : 법정생장량
> • MAI : 벌기평균생장량
> • R : 윤벌기
> • Vr : 벌기임분의 재적

① NAC = In = MAI ÷ R = Vr
② NAC = In = MAI × R = Vr
③ NAC = 2 × In = MAI ÷ R = 2 × Vr
④ NAC = 2 × In = MAI × R = 2 × Vr

해설 법정연간벌채량 = 법정생장량 = 벌기평균생장량 × 윤벌기 = 벌기임분재적

24 산림의 생산력 발전 단계 중 노동생산성이 작업노동과 관리노동으로 분리 취급된 단계는?

① 자연력 통제의 단계
② 자연력 의존의 단계
③ 자연자원 보존의 단계
④ 자본장비 확충의 단계

해설 생산력 발전 단계
- 자연력 의존 : 자연에서 나오는 그대로를 채취
- 자연력 통제 : 관리노동, 작업노동 등 노동의 제어
- 자본장비 확충 : 작업 체계의 고도화 및 작업효율의 향상
- 자연자원의 보존과 환경위기 : 환경문제에 대한 인식 및 개선

25 자산, 부채, 자본의 관계를 잘 나타낸 것은?

① 자산 = 자본 − 부채
② 자산 = 자본 + 부채
③ 자산 = 부채 − 자본
④ 자산 = 자본 ÷ 부채

해설 산림뿐만 아니라 재무, 회계적 개념에서 자산은 자신의 자본과 타인의 자본인 부채의 합을 자산이라 한다.

26 산림교육의 활성화에 관한 법률에서 제시된 산림교육전문가가 아닌 것은?

① 숲해설가
② 유아숲지도사
③ 산림치유지도사
④ 숲길체험지도사

해설 숲해설가, 유아숲지도사, 숲길체험지도사는 산림교육법 제2호 2항에 의거하여 지정된 산림교육전문가이다.

27 법정상태 때의 임목본수와 현재 생육하고 있는 임목본수의 비로 표시하는 것은?

① 입목도 ② 소밀도
③ 울폐도 ④ 폐쇄도

해설 임목도는 적정상태 임목본수나 재적에 대한 현재 생육 중인 임목본수 혹은 재적의 비를 말한다.

28 연이율이 6%이고 매년 240만 원씩 영구히 순수익을 얻을 수 있는 산림을 3600만 원에 구입하였을 때의 손익은?

① 이익 24만 원 ② 손해 24만 원
③ 이익 400만 원 ④ 손해 400만 원

해설 매년 영구히 발생하는 수익의 자본가는 무한연년 전가합과 같다.

$$자본가 = \frac{수익}{이율} = \frac{2,400,000}{0.06}$$

$$= 40,000,000(원)$$

40,000,000 - 36,000,000 = 4,000,000

4백만 원의 차액만큼 이익

정답 23. ② 24. ① 25. ② 26. ③ 27. ① 28. ③

29 산림경영계획의 체계에 대한 설명으로 옳은 것은?

① 국가적 또는 지역적인 관점에서의 종합적인 계획에 근간을 두고 있다.
② 산림청장은 지역산림계획을 5년 단위로 공표하거나 상황에 따라 수정한다.
③ 국유림을 경영·관리하는 기관은 산림청–국유림관리소–지방산림청 순서체계로 구성된다.
④ 산림기본계획은 지역산림계획에 따라 특별시장, 광역시장, 도지사 및 산림청장이 수립한다.

해설 주어진 산림에 대하여 산림자원의 지속적 배양으로 생산력의 증진을 도모하고 국토를 보전할 수 있도록 합리적으로 산림을 경영하고자 수립하는 계획이다.

30 임업투자계획의 경제성을 평가하는 방법이 아닌 것은?

① 순현재가치의 방법
② 편익비용비의 방법
③ 내부수익률의 방법
④ 수확표에 의한 방법

해설 • 일반적으로 수확표를 이용하여 벌기수확 또는 벌기평균 생장량을 이용하여 법정축적을 구한다.
• 경제성 분석을 위해 사용되는 방법 : 순현재가치법, 내부수익률법, 회수기간법, 투자이익률법

31 산림문화 휴양에 관한 법률에서 정의된 "국민의 정서함양, 보건휴양 및 산림교육 등을 위하여 조성한 산림"에 해당하는 것은?

① 숲길
② 삼림욕장
③ 치유의 숲
④ 자연휴양림

해설 "자연휴양림"이라 함은 국민의 정서함양·보건휴양 및 산림교육 등을 위하여 조성한 산림(휴양시설과 그 토지를 포함한다)을 말한다.

32 산림평가 방법이 올바르게 짝지어진 것은?

① 유령림 – 비용가법
② 중령림 – 기망가법
③ 장령림 – 매매가법
④ 성숙림 – Glaser식

해설 유령림은 임목비용가법, 벌기 미만의 장령림에는 임목기망가법, 중령림에는 임목비용가법과 임목기망가법의 중간적인 Glaser법, 벌기 이상의 임목에는 임목매매가가 적용되는 시장가역산법으로 평가한다.

33 산림의 6가지 기능 중 생태·문화 및 학술적으로 보호할 가치가 있는 산림을 보호·보전하기 위한 기능은?

① 수원함양기능
② 자연환경보전기능
③ 생활환경보전기능
④ 산지재해방지기능

해설 생태, 문화, 역사, 경관, 학술적 가치의 보전에 필요한 산림을 자연환경보전림이라 한다.

34 감가상각비에 대한 설명으로 옳지 않은 것은?

① 고정자산의 감가 원인은 물리적 원인과 기능적 원인으로 나눌 수 있다.
② 감가상각비는 시간의 경과에 따른 부패, 부식 등에 의한 가치의 감소를 포함한다.
③ 새로운 발명이나 기술 진보에 따른 사용가치의 감가는 감가상각비로 처리하지 않는다.
④ 시장변화 및 제조방법 등의 변경으로 인하여 사용할 수 없게 된 경우에도 감가상각비로 처리한다.

정답 29. ① 30. ④ 31. ④ 32. ① 33. ② 34. ③

해설 발명이나 진보 등에 따른 기능적 가치의 하락 역시 감가상각비로 처리하며, 이를 진부화라 한다.

35 **면적이 120ha, 윤벌기 40년, 1영급이 10영계인 산림의 법정영급면적과 법정영계면적은?**

① 3ha, 10ha ② 3ha, 30ha
③ 30ha, 3ha ④ 30ha, 10ha

해설 • 법정영계면적 $=\frac{\text{산림면적}}{\text{윤벌기}}=\frac{120}{40}=3$

• 법정영급면적 $=\frac{\text{면적}}{\text{윤벌기}}\times\text{영계수}$
$=\frac{120}{40}\times10=30$

36 **복합임업경영의 주목적으로 가장 적합한 것은?**

① 임업 주수입의 증대
② 임업 조수입의 증대
③ 임업경영지의 대단지화
④ 임업수입의 조기화와 다양화

해설 복합임업경영의 주목적은 조기화와 다양화이다.

37 **매년 산림경영관리에 투입되는 비용이 20만 원, 연이율이 5%인 경우에 자본가는?**

① 4만 원 ② 19만 원
③ 1백만 원 ④ 4백만 원

해설 매년 영구히 발생하는 수익의 자본가는 무한연년 전가합과 같다.
자본가 $=\frac{\text{수익}}{\text{이율}}=\frac{200,000}{0.05}$
$=4,000,000$(원)

38 **임목 및 임분을 측정하는 경우 불완전한 기계 또는 계산에 의한 오차는?**

① 과오 ② 부주의
③ 누적오차 ④ 상쇄오차

해설 측정기기의 부정확과 측정자의 버릇에 의한 오차를 정오차 혹은 누적오차라 한다. 누적오차는 측량 후 오차 조정이 가능하다.

39 **산림평가에서 임업이율을 고율로 평정할 수 없고 오히려 보통이율보다 약간 저율로 평정해야 하는 이유에 해당하지 않는 것은?**

① 산림소유의 안정성
② 산림수입의 고소득성
③ 산림관리경영의 간편성
④ 문화발전에 따른 이율의 저하

해설 Endress는 임업이율은 보통이율보다 낮게 책정해야 한다고 주장하였으며, 이유로는 소유의 안정, 경영의 간편, 발전에 의한 이율 저하, 생산기간의 장기성, 수입과 재산의 유동성이 있다.

40 **측고기를 사용할 때 주의 사항으로 옳지 않은 것은?**

① 경사지에서 측정할 때에는 오차가 생기기 쉬우므로 여러 방향에서 측정하여 평균해야 하고, 가급적 등고선 방향으로 이동하여 측정한다.
② 여러 방향에서 측정하면 오차값을 줄일 수 있다.
③ 측정하고자 하는 나무 끝과 근원부가 잘 보이는 지점을 선정해야 한다.
④ 측정 위치가 멀면 오차가 생기므로 나무 높이의 절반 정도 떨어진 곳에서 측정하는 것이 좋다.

해설 나무 높이의 절반이 아니라 대략적으로 나무 높이만큼 떨어진 곳에서 측정해야 오차를 줄일 수 있다.

정답 35. ③ 36. ④ 37. ④ 38. ③ 39. ② 40. ④

산림기사 필기

2016년 제3회 기출문제

제1과목 조림학

01 종자의 발아휴면성 원인과 관련 없는 것은?

① 배의 미성숙
② 가스교환 촉진
③ 종피의 기계적 작용
④ 종자 내의 생장억제 물질 존재

해설
• 가스교환 촉진이 아니라 억제가 휴면의 원인이다.
• 잣 등의 딱딱한 종피를 가진 종자는 이산화탄소가 종피 내에 가득 차서 가스교환이 억제된다는 주장이 있다.

02 중림작업을 통한 갱신에 대한 설명으로 옳은 것은?

① 내음성이 약한 수종을 하층목으로 식재한다.
② 하층목은 개벌에 의한 맹아 갱신을 반복한다.
③ 상층목으로 쓰이는 것은 지하고가 낮은 것이 좋다.
④ 상층목이 하층목 생장에 방해되지 않도록 ha당 1,000본 정도로 식재한다.

해설
① 내음성이 강한 수종을 하층목으로 식재한다.
③ 상층목으로 쓰이는 것은 지하고가 높은 것이 좋다.
③ 상층목은 하층목 생장에 방해되지 않도록 ha당 100본 이하로 식재한다.

03 토양입자의 구분 중에서 자갈의 입경 크기 기준은?

① 0.001mm 이상 ② 0.2mm 이상
③ 2.0mm 이상 ④ 10.0mm 이상

해설

명칭	입자의 크기
자갈	2mm 이상
거친 모래	0.2~2mm
가는 모래	0.02~0.2mm
고운 모래	0.002~0.02mm
점토	0.002mm 이하

04 토양 수분에 대한 설명으로 옳지 않은 것은?

① 중력수는 중력의 작용에 의하여 이동할 수 있어 토양공극으로부터 쉽게 제거된다.
② 토양 내 작은 교질 입자 주변에 존재하거나 화학적으로 결합한 결합수는 식물이 이용 가능하다.
③ 모세관수는 중력에 저항하여 토양입자와 물분자 간의 부착력에 의해 모세관 사이에 남아있다.
④ 포화습도의 공기 중에 시든 식물을 둔다 하더라도 시든 식물이 회복되지 않을 때의 수분량을 영구위조점이라 한다.

해설
• 결합수는 식물이 사용하기 불가능한 수분이다.
• 식물이 사용 가능한 수분의 종류는 모세관수다.

정답 01. ② 02. ② 03. ③ 04. ②

05 왜림작업으로 갱신하려 할 때 왕성한 맹아 발아를 위해 가장 유리한 벌채 시기는?

① 겨울~봄　② 봄~여름
③ 여름~가을　④ 가을~겨울

해설 맹아 발생에 유리한 벌채 시기는 생장휴지기인 11월~2월(겨울~봄)이다.

06 조림지의 풀베기 작업에 대한 설명으로 옳은 것은?

① 풀베기 작업은 겨울철에 실시한다.
② 밀식조림의 경우에는 줄베기 작업을 한다.
③ 모두베기할 경우 조림목이 피압될 염려가 없다.
④ 둘레베기 작업은 노동력이 가장 많이 필요하다.

해설 ① 풀베기 작업은 봄부터 가을 사이에 1~2회 실시한다.
② 밀식조림의 경우에는 모두베기 작업을 한다.
④ 모두베기 작업이 노동력을 가장 많이 필요로 한다.

07 목부 조직의 횡단면이 다음 그림과 같은 형태를 보이는 수종은?

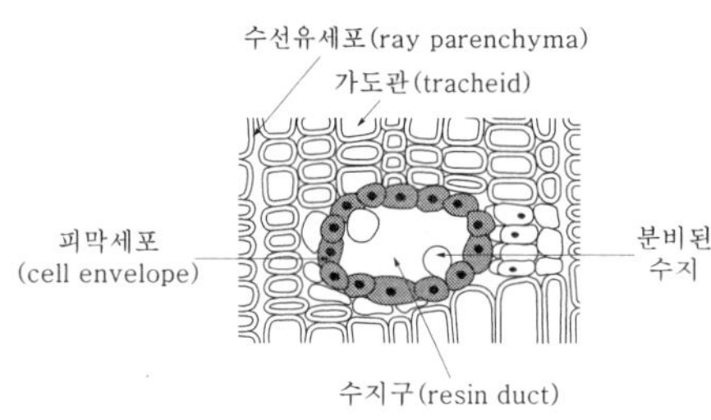

① *Abies koreana*
② *Quercus mongolica*
③ *Cornus controversa*
④ *Robinia pseudoacacia*

해설 ① 구상나무, ② 신갈나무, ③ 층층나무, ④ 아까시나무
• 가도관이 발달하는 것은 침엽수이므로 구상나무의 횡단면으로 볼 수 있다.
• 침엽수는 가도관(헛물관), 활엽수는 물관과 체관으로 관다발이 구성된다.

08 산성 토양에 가장 잘 적응할 수 있는 수종은?

① *Catalpa ovata*
② *Acer negundo*
③ *Alnus japonica*
④ *Larix kaempferi*

해설 ① 개오동나무, ② 네군도단풍, ③ 오리나무, ④ 낙엽송
• 산성 토양 : 소나무, 낙엽송, 리기다소나무
• 중성 토양 : 피나무, 단풍나무, 참나무류
• 알카리성 토양 : 물풀나무, 오리나무, 회양목, 서어나무, 측백나무

09 묘목의 굴취를 용이하게 하고 묘목의 생장을 조절하기 위해 실시하는 작업은?

① 단근　② 심경
③ 관수　④ 철선감기

해설 단근은 직근을 잘라 굴취를 쉽게 하고, 웃자람을 방지한다. 또한 단근은 수평근에 세근의 발생을 촉진하여 식재 후 활착을 돕는다.

10 지존작업에 대한 설명으로 옳은 것은?

① 묘목을 심기 위하여 구덩이를 파는 작업이다.
② 개간한 곳에 조림 묘목을 식재하는 작업이다.
③ 조림지에서 덩굴치기, 제벌을 행하는 것을 뜻한다.
④ 조림예정지에서 잡초, 덩굴식물, 관목 등을 제거하는 작업이다.

정답 05. ① 06. ③ 07. ① 08. ④ 09. ① 10. ④

해설 ① 묘목을 심기 위하여 구덩이를 파는 작업은 식혈 작업이다.
② 개간한 곳에 묘목을 심는 것은 식재작업이다.
③ 조림지에서 덩굴치기, 제벌을 행하는 것은 숲 가꾸기 작업이다.

11 종자를 파종하기 한 달쯤 전에 노천매장을 하여 발아를 촉진시키는 수종은?

① 삼나무　② 벚나무
③ 단풍나무　④ 들메나무

해설 • 종자 채취 즉시 매장 : 들메나무, 벚나무, 잣나무, 호두나무, 가래나무 등
• 11월 중 매장 : 벽오동, 팽나무, 물푸레나무, 신나무, 피나무 등
• 파종 1개월 전 매장 : 소나무, 해송, 리기다소나무, 삼나무, 편백나무, 무궁화 등

12 삽목 방법에 대한 설명으로 옳지 않은 것은?

① 삽수의 끝눈은 남쪽을 향하게 한다.
② 삽수가 건조하거나 눈이 상하지 않도록 한다.
③ 포플러류 같은 속성수는 삽수를 수직으로 세운다.
④ 비가 온 직후 상면이 습할 때 실시하면 활착률이 높다.

해설 삽목 후 공중 습도는 높게 관리해야 하지만, 상면의 배수가 안되면 발근이 안되거나 고사할 수 있으므로 비가 온 직후에 삽수하는 것은 피한다.

13 목본식물 내 존재하는 지질(lipid)에 대한 설명으로 옳지 않은 것은?

① 보호층을 조성한다.
② 저항성을 증진한다.
③ 세포의 구성성분이다.
④ 세포액의 삼투압을 증가시킨다.

해설 • 세포액의 삼투압을 증가시키는 것은 지질이 아니라 당질(탄수화물)과 이온이다.
• 지방질은 세포막의 구성 성분이며, 에너지를 저장하고, 열을 차단하는 기능을 가지고 있다.

14 산림 토양에서 부식에 대한 설명으로 옳지 않은 것은?

① 토양 미생물의 생육을 자극한다.
② 토양의 입단구조를 형성하게 한다.
③ 칼슘, 마그네슘, 칼륨 등 염기를 흡착하는 능력인 염기 치환 용량이 작다.
④ 임상 내 H층에 해당되며 유기물이 많이 함유되어 있다.

해설 칼슘, 마그네슘, 칼륨 등은 토양콜로이드의 음이온에 흡착되는 치환성 양이온이다. 일반적으로는 염기를 흡착하는 능력이 없다.

15 가지치기에 대한 설명으로 옳지 않은 것은?

① 줄기의 완만도를 조절한다.
② 활엽수는 지융부를 제거한다.
③ 옹이 없는 무절재를 생산한다.
④ 산불 발생 시 수관화 확산을 감소시킨다.

해설 • 활엽수는 지융부에 상처가 나지 않도록 최대한 가깝게 자른다.
• 침엽수는 지융이 수간과 수평인 경우가 많으므로 수간과 평행하게 자른다.

16 암수딴그루인 수종으로만 짝지어진 것은?

① 소철, 은행나무
② 소나무, 삼나무
③ 버드나무, 자작나무
④ 단풍나무, 상수리나무

해설 • 자웅이주 : 소철, 은행, 삼나무, 버드나무 등
• 자웅동주 : 소나무, 자작나무, 단풍나무, 상수리나무 등

정답 11. ① 12. ④ 13. ④ 14. ③ 15. ② 16. ①

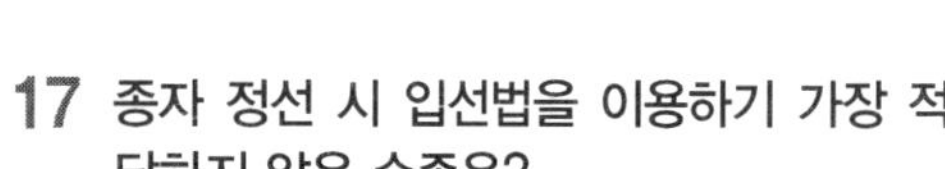

17 종자 정선 시 입선법을 이용하기 가장 적당하지 않은 수종은?

① 목련 ② 밤나무
③ 자작나무 ④ 가래나무

해설 • 입선법은 대립종의 정선에 적합하다.
• 오리나무, 자작나무는 견과에 속하는 소립종으로 풍선법으로 정선한다.

18 제초의 효과가 있는 성분은?

① IAA ② NAA
③ TTC ④ 2,4-D

해설 • 2,4-D는 합성옥신이며 잎이 넓은 잡초의 제초제로 쓰인다.
• IAA, NAA는 발근촉진제로 사용된다.

19 처음에는 피압된 가장 낮은 수관층의 수목을 벌채하고 그 후 점차 상층의 수목을 제거하는 HAWLEY의 간벌 방법은?

① A종간벌 ② 수관간벌
③ 하층간벌 ④ 상층간벌

해설 Hawley의 정성간벌 양식 중 A형에 대한 설명이다. 간벌 후 우세목과 준우세목이 남는다.

20 파종 후 발아 과정에서 해가림이 필요한 수종은?

① 느티나무 ② 가문비나무
③ 물푸레나무 ④ 아까시나무

해설 잣나무와 음수인 주목, 전나무 등은 묘포에서 발아하는 과정에 해가림이 필요하다.

제3과목 임업경영학

21 다음 설명에 해당하는 것은?

> 국민이 안전하고 쾌적하게 등산 또는 트레킹을 할 수 있도록 해설하거나 지도, 교육하는 사람

① 숲해설가
② 유아숲지도사
③ 숲길체험지도사
④ 산림치유지도사

해설 숲길체험지도사는 유아숲지도사, 숲해설가와 함께 산림교육전문가로서 국민이 안전하고 쾌적하게 등산 또는 트레킹을 할 수 있도록 해설 및 지도, 교육하는 사람을 말한다.

22 산림의 이용구분에 따른 보전산지 중 공익용 산지가 아닌 것은?

① 채종림의 산지
② 사찰림의 산지
③ 자연휴양림의 산지
④ 산림보호구역의 산지

해설 채종림의 산지는 보전산지에서 임업용산지에 속한다.
※ 보전산지
• 임업용 : 요존국유림, 채종림, 실험림 등
• 공익용 : 보호림, 휴양림, 그 외 보호구역 등

23 소나무 임분의 벌기평균생장량이 $6m^3$/ha이고, 윤벌기가 50년이라고 할 때, 이 임분의 법정연벌량과 법정수확률은 각각 얼마인가?

① $250m^3$/ha, 4%
② $250m^3$/ha, 5%
③ $300m^3$/ha, 4%
④ $300m^3$/ha, 5%

정답 17. ③ 18. ④ 19. ③ 20. ② 21. ③ 22. ① 23. ③

해설 ※ 법정연벌량 = 법정생장량
벌기평균생장량×윤벌기 = 6×50=300m^3/ha
※ 법정수확률 = 법정연벌률

$\frac{200}{윤벌기} = \frac{200}{50} = 4\%$

24 임업 순수익의 계산 방법으로 옳은 것은?

① 임업조수익＋임업경영비
② 임업조수익－감가상각액
③ 임업조수익＋가족임금추정액
④ 임업조수익－임업경영비－가족임금추정액

해설 • 임업 소득=임업 조수익 - 임업경영비
• 임업 순수익=임업조수익 - 임업경영비 - 가족임금추정액

25 산림의 순수익이 최대가 되는 벌기령 결정과 가장 거리가 먼 인자는?

① 이율　② 조림비
③ 관리비　④ 주벌수입

해설 산림순수익 최대 벌기령에는 이자를 고려하지 않는다.
※ 산림 순수익 최대 벌기령 공식

$\frac{Au+\sum D-(C+uV)}{u}$

Au : 주벌수확, C: 조림비,
$\sum D$: 간벌수확합계, V : 관리비, u : 벌기령

26 Huber식을 이용하여 중앙직경이 10cm, 재장이 20m인 통나무의 재적(m^3)은?

① 0.0785　② 0.1570
③ 0.7850　④ 1.5700

해설 후버식
= π×반지름^2×재장
= 3.14×0.05^2×20
= 0.157

27 복합적 임업경영의 형태 중에서 농지의 주변이나 둑, 농지와 산지의 경계에 유실수, 특용수, 속성수 등을 식재하여 임업 수입의 조기화를 도모하는 방법은?

① 혼목임업　② 혼농임업
③ 농지임업　④ 부산물임업

해설 • 농지임업은 복합산림경영 형태의 종류 중 하나이며 농지의 주변에 유실수, 특용수, 속성수 등을 식재하여 임업 수입의 조기화를 도모하는 형태이다.
• 복합산림경영의 형태 종류 : 농지임업, 비임지임업, 혼농업, 혼목임업, 양봉임업, 부산물임업, 수예적임업, 수렵임업

28 임지의 자연적 생산력을 가장 포괄적으로 표시하는 것은?

① 지리　② 지위
③ 토양습도　④ 임목비옥도

해설 지위는 임지가 가지는 생산력을 의미하는데, 여러 환경인자에 의해 결정된다.

29 다음은 수확조절 방법 중의 Kameral Taxe법 공식이다. 이때 Ir의 의미는?

$$Ya = Ir + \frac{Va - Vn}{a}$$

① 연간 생장률
② 작업급의 생장량
③ 연간 가치 생장량
④ 연간 벌채량과 생장량과의 차이

해설 Kameral Taxe법에서 Ir은 작업급의 생장량(현실연간생장량)을 의미한다.
※ Kameraltaxe법
법정연간생장량-현실연간생장량+[(현실축척-법정축척)/갱정기]

정답 24. ④ 25. ① 26. ② 27. ③ 28. ② 29. ②

30 **산림환경자원으로서 야생동물의 서식밀도는 어떻게 표시하는가?**

① 10ha당의 마릿수(봄철)
② 10ha당의 마릿수(여름철)
③ 100ha당의 마릿수(봄철)
④ 100ha당의 마릿수(여름철)

해설 야생동물 서식밀도는 야생동물보호 기본계획에 의거 여름철 기중 100ha당 마릿수로 나타낸다.

31 **기준벌기령 이상에 해당하는 임지에서 수확을 위한 벌채가 아닌 것은?**

① 골라베기 ② 모두베기
③ 솎아베기 ④ 모수작업

해설 솎아베기는 수확이 목적이 아닌 밀도 조절과 부적합 임목을 제거하는 작업이다.

32 **임업경영 성과분석 방법 중 임업의존도의 계산식으로 옳은 것은?**

① (가계비/임업소득) × 100
② (임업소득/가계비) × 100
③ (임업소득/임가소득) × 100
④ (임업소득/임업조수익) × 100

해설 임업의존도 = (임업소득/임가소득)×100 : 임업소득이 차지하는 비율을 말한다.

33 **산림평가에 대한 설명으로 옳지 않은 것은?**

① 부동산 감정평가와 동일한 평가 방법 적용이 용이하다.
② 공익적 기능을 포함한 다면적 이용에 대한 평가도 포함한다.
③ 산림을 구성하는 임지·임목·부산물 등의 경제적 가치를 평가한다.
④ 생산기간이 장기적이고 금리의 변동이 커서 정밀하게 평가하기 쉽지 않다.

해설 산림평가에 있어 부동산과 같은 토지뿐 아니라 임목 및 임산물 등 여러 요인들이 많아 동일 평가 방법 적용이 어렵다.

34 **수간석해를 위한 원판 채취방법에 대한 설명으로 옳지 않은 것은?**

① 원판의 두께는 10cm가 되도록 한다.
② 원판을 채취할 때는 수간과 직교하도록 한다.
③ 측정하지 않을 단면에는 원판의 번호와 위치를 표시하여 둔다.
④ Huber식에 의한 방법에서 흉고이상은 2m마다 원판을 채취하고 최후의 것은 1m가 되도록 한다.

해설 수간석해 시 원판의 채취 두께는 3~5cm를 기준으로 한다.

35 **벌기에 있어서 손익을 계산하는 방법 중 완전 간단 작업에 해당하는 것은?**

① 임목매상대 − 조림비원가누계 + 관리비원가누계
② 임목매상대 + 조림비원가누계 + 관리비원가누계
③ 임목매상대 + 조림비원가누계 − 관리비원가누계
④ 임목매상대 − 조림비원가누계 − 관리비원가누계

해설 완전간단작업은 임목매상대에서 조림비와 관리비 항목을 감하여 준다.

36 **시장가역산법에 의한 임목가 결정에 필요한 인자로 가장 거리가 먼 것은?**

① 원목시장가
② 벌채운반비
③ 기업이익률
④ 조림무육관리비

정답 30. ④ 31. ③ 32. ③ 33. ① 34. ① 35. ④ 36. ④

해설 시장가역산법은 원목의 시장가를 조사하여 역산하는 방법, 간접적으로 임목가격을 측정하는 방법으로 주요 결정요인으로 시장가, 운반비, 기업이익, 이자율, 자본회수기간 등이 있다.

37 우리나라에서는 전국 산림을 대상으로 10년마다 계획을 수립하는데 임업경영의 조직별로 산림기본계획, 지역산림계획, 산림경영계획을 수립한다. 다음 중 산림경영계획에서 수립하는 사항이 아닌 것은?

① 소반별 벌채에 관한 사항
② 연차별 식재면적에 관한 사항
③ 풀베기, 간벌 및 기타 육림에 관한 사항
④ 산림의 합리적 이용과 산림자원의 배양에 관한 사항

해설 산림의 합리적 이용과 산림자원의 배양에 관한 사항은 산림기본계획에 대한 내용이다.
※ 산림기본계획
• 주요 임산물의 수요 공급에 대한 장기 전망
• 산림의 합리적 이용과 산림자원의 배양에 관한 사항
• 산림의 공익정 기능 증진과 국토보전에 관한 사항
• 조림, 사방, 육림, 보호, 벌채, 임도 등 산림사업별 목표량과 그 추진 방향에 관한 사항

38 전체 임목본수 200본 중에서 표준목을 10본 선정하고자 한다. 어떤 직경급의 본수가 35본이면 이 직경급에 몇 본의 표준목을 실제적으로 배정하는 것이 가장 좋은가?

① 1본 ② 2본
③ 3본 ④ 4본

해설 200본 기준 10본 선정의 비례에 맞추어 35본에서는 약 2본을 선정한다.

$$35 \times \frac{10}{200} = 1.75 \fallingdotseq 2$$

39 산림청장은 산림복지의 진흥을 위하여 산림복지진흥계획을 몇 년마다 수립 및 시행하여야 하는가?

① 5년 ② 10년
③ 15년 ④ 20년

해설 산림복지 진흥에 관한 법률에 의거 산림복지진흥계획을 5년마다 수립 및 진행한다.

40 농업이나 축산 또는 기타 사업을 하면서 여력을 이용하여 임업을 경영하는 형태는?

① 농가임업 ② 부업적 임업
③ 겸업적 임업 ④ 주업적 임업

해설 주업적 경영을 하면서 임업을 부업으로 경영하는 형태를 부업적 임업이라 한다.

정답 37. ④ 38. ② 39. ① 40. ②

산림기사 필기

2017년 제1회 기출문제

제1과목 조림학

01 광합성 색소인 카로테노이드(carotenoids)에 관한 설명으로 옳지 않은 것은?

① 식물에서 노란색, 오렌지색, 빨간색 등을 나타내는 색소이다.
② 광도가 높을 경우 광산화작용에 의한 엽록소의 파괴를 방지한다.
③ 식물체 내에 있는 색소 중에서 광질에 반응을 나타내며 광주기 현상과 관련된다.
④ 엽록소를 보조하여 햇빛을 흡수함으로써 광합성 시 보조색소 역할을 담당한다.

해설 ③번은 광색소 단백질인 파이토크롬에 대한 설명이다.

02 식재 밀도에 따른 수목 생장에 대한 설명으로 옳은 것은?

① 식재 밀도가 높으면 초살형으로 자란다.
② 식재 밀도가 높을수록 단목재적이 빨리 증가된다.
③ 식재 밀도는 수고생장보다 직경생장에 더 큰 영향을 끼친다.
④ 식재 밀도가 낮으면 경쟁이 완화되어 단목의 생활력이 약해진다.

해설 밀도가 높을수록 완만재가 형성되며 밀도가 낮을수록 초살형이 나타난다. 식재 밀도가 지나치게 높을 경우 단목의 생활력이 감소하기에 간벌이 필요하다.
① 식재 밀도가 높으면 완만재로 자란다.
② 식재 밀도가 높을수록 재적의 증가가 느려진다.
④ 식재 밀도가 낮으면 경쟁이 완화되어 단목의 생활력이 강해진다.

03 소나무의 구과 발달에 대한 설명으로 옳은 것은?

① 개화한 후 빨리 자라서 3~4개월 만에 성숙한다.
② 개화한 그 해 5~6월경에 빨리 자라서 수정하고 가을에 성숙한다.
③ 개화한 해에 수정해서 크게 되고 다음 해에는 크게 자라지 않으며 2년째 가을에 성숙한다.
④ 개화한 해에는 거의 자라지 않고 다음 해 5~6월경에 빨리 자라서 수정하며 2년째 가을에 성숙한다.

해설 ① 사시나무, 버드나무 수종 등의 특징이다.
② 삼나무 구과발달 패턴에 대한 설명이다.
③ 향나무의 종자발달 패턴에 대한 설명이다.

정답 01. ③ 02. ③ 03. ④

04 택벌작업을 통한 갱신 방법에 대한 설명으로 옳은 것은?

① 양수 수종 갱신이 어렵다.
② 병충해에 대한 저항력이 낮다.
③ 임목벌채가 용이하여 치수 보존에 적당하다.
④ 일시적인 벌채량이 많아 경제적으로 효율적이다.

해설 택벌 작업은 수관층이 만드는 그늘로 인해 양수 수종 갱신이 어렵다.
② 택벌작업은 병충해에 대한 저항력이 높다.
③ 임목벌채가 개벌이나 산벌에 비해 어렵다.
④ 일시적인 벌채량이 많아 경제적으로 효율적인 것은 일제동령림의 특징이다.

05 음이온의 형태로 수목의 뿌리로부터 흡수되는 것은?

① K ② Ca
③ NH_4 ④ SO_4

해설 K^+, Ca^2, NH_4^+는 양이온의 형태로 흡수되고, SO_4^{2-}는 음이온의 형태로 흡수된다.

06 대면적의 임분을 한꺼번에 벌채하여 측방 천연하종으로 갱신하는 방법은?

① 택벌작업 ② 개벌작업
③ 산벌작업 ④ 보잔목작업

해설 임분을 한 번에 벌채하는 것을 개벌작업이라 한다.

07 간벌 방법 중 피압목부터 제거하는 방법은?

① 택벌간벌 ② 상층간벌
③ 하층간벌 ④ 기계적 간벌

해설 • 피압목은 일반적으로 수관의 하층을 구성한다.
• 택벌식 간벌은 상층목을 수확하고 주변을 솎아 벤다.
• 기계식 간벌은 상층과 하층을 구분하지 않고 골고루 솎아 벤다.

08 순림의 장점이 아닌 것은?

① 병충해에 강하다.
② 간벌 등 작업이 용이하다.
③ 조림이 경제적으로 될 수 있다.
④ 경관상으로 더 아름다울 수 있다.

해설 • 단순한 수종으로 구성된 순림은 병충해에 약하다.
• 병충해에 강한 것은 혼효림의 장점이다.

09 결실주기가 5년 이상인 수종은?

① *Salix koreensis*
② *Larix kaempferi*
③ *Betula platyphylla*
④ *Chamaecyparis obtusa*

해설 ① 버드나무, ② 낙엽송, ③ 자작나무, ④ 편백
• 낙엽송, 너도밤나무의 결실주기가 5년 이상이다.

10 가지치기의 목적과 효과에 대한 설명으로 옳지 않는 것은?

① 무절재를 생산한다.
② 역지 이하의 가지를 제거한다.
③ 산불 발생 시 수간화를 줄여준다.
④ 연륜 폭을 조절하여 수간의 완만도를 높인다.

해설 가지치기를 하면 수관 밑의 마른 가지가 제거되어 수관화로 번지는 것을 줄일 수 있다.

11 잣나무 묘목을 가로 2.5m, 세로 2.0m 간격으로 2ha에 식재할 경우 필요한 묘목 본수는?

① 100주 ② 400주
③ 1000주 ④ 4000주

해설 가로 2.5m×세로 2m=$5m^2$
20,000m^2(2ha) ÷ $5m^2$=4,000

정답 04. ① 05. ④ 06. ② 07. ③ 08. ① 09. ② 10. ③ 11. ④

12 수목에 나타나는 미량요소 결핍에 대한 설명으로 옳지 않은 것은?

① 아연이 결핍되면 잎이 작아진다.
② 철 결핍은 주로 알칼리성 토양에서 일어난다.
③ 구리가 결핍되면 잎 끝부분부터 괴사 현상이 일어난다.
④ 칼륨 결핍 증상은 잎에 검은 반점이 생기거나 주변에 황화현상이 나타나는 것이다.

해설 구리가 결핍되면 생장점이 말라죽는다. 잎끝마름과 잎말림 괴사현상은 망간결핍현상이다.

13 수목 체내의 질소화합물에 해당하지 않는 것은?

① 핵산 관련 그룹
② 대사의 2차 산물 그룹
③ 아미노산과 단백질 그룹
④ 지방산과 지방산 유도체 그룹

해설 지방산은 산소와 수소가 결합된 물질로 질소를 포함하지 않는다. 지방산 유도체는 지방산의 수소원자가 다른 염이나 원자로 치환되어 생성된 화합물이다.

14 모수작업에 의한 갱신이 가장 유리한 수종은?

① 소나무 ② 잣나무
③ 호두나무 ④ 상수리나무

해설 모수작업은 소나무, 낙엽송 등의 양수 수종에 적합한 갱신작업 종이다.

15 묘포지 선정 조건으로 가장 적합한 것은?

① 평탄한 점질토양
② 10° 정도의 경사지
③ 남쪽지방에서 남향
④ 배수가 좋은 사양토

해설 ① 평탄한 점질토양은 배수가 되지 않아 부적합하다.
② 5° 이하의 완경사지, 5° 이상은 계단식 경작
③ 따뜻한 지방은 북서향 지형, 추운 지방은 남동향 지형, 방풍림은 북서쪽에

16 염기성 토양에 가장 잘 견디는 수종은?

① 곰솔 ② 오리나무
③ 떡갈나무 ④ 가문비나무

해설 염기성 토양에 적합한 수종으로 오리나무, 물푸레나무, 백합나무 등이 있다.

17 비교적 작은 입자(2~5mm)로 구성되어 모서리가 둥글고 딱딱하고 치밀하며 주로 건조한 곳에서 발달하는 토양 구조는?

① 벽상 구조 ② 입상 구조
③ 단립상 구조 ④ 세립상 구조

해설

구분	특징
입상(구상)	• 외관이 거의 구상이고, 입단이 둥글다. • 건조 조건하에서 생성되고, 유기물이 많은 곳에서 발달한다. • 1cm 이하의 빵조각 구조로서 작토 또는 표토에 많으며 작물생육에 유리하다.
괴상	• 다면체를 이루며, 밭토양과 삼림의 하층토에 많다. • 여러 토양의 B층에서 흔히 볼 수 있으며, 입단 상호간의 간격이 좁다.
주상	• 반건조~건조지방의 심토에서 발달하며, 우리나라 해성토의 심토에서 볼 수 있다. • 점토질 논토양과 알칼리성 토양에서 발달한다.
판상	• 습윤지대의 A층에서 발달하며 논의 작토 밑에서 볼 수 있다. • 토양 수분의 수직배수가 불량하다.

18 종자가 5월경에 성숙하는 수종은?

① 회화나무 ② 사시나무
③ 자작나무 ④ 구상나무

해설 • 자작나무는 4~5월에 암꽃과 수꽃이 한 나무에서 피고, 견과 2배 크기의 날개 달린 종자가 9월에 익는다.

정답 12. ③ 13. ④ 14. ① 15. ④ 16. ② 17. ② 18. ②

- 회화나무는 8월경에 꽃이 피고, 염주알 모양의 협과 안에서 10월경에 종자가 익는다.
- 구상나무는 5~6월에 솔방울 같은 꽃이 피고, 이듬해 9월에 종자가 익는다.

19 **난대 수종에 해당하지 않는 것은?**

① *Abies nephrolepis*

② *Pittosporum tobira*

③ *Machilus thunbergii*

④ *Cinnamomum camphora*

해설 ① 분비나무, ② 돈나무, ③ 후박나무, ④ 녹나무
- 분비나무는 아한대림에서 잘 자라는 수종이다.

20 **제벌 작업에 대한 설명으로 옳은 것은?**

① 6~9월에 실시하는 것이 좋다.

② 숲 가꾸기 과정에서 한 번만 실시한다.

③ 간벌 이후에 불량목을 제거하기 위해 실시한다.

④ 산림경영 과정에서 중간 수입을 위해서 실시한다.

해설 ② 숲 가꾸기 과정에서 제벌의 목적이 달성될 때까지 시행할 수 있다.
③ 제벌은 풀베기가 끝나고 3~4년 후 실시한다.
④ 산림경영 과정에서 중간 수입을 위해서 실시하는 것은 수익간벌이다.

제3과목 임업경영학

21 **어떤 입지는 육림용으로 사용할 수도 있고, 목축용으로 사용할 수도 있다. 이때 임지를 육림용으로 사용할 경우 목축용으로 사용할 때 얻을 수 있는 수익을 포기하는 것을 의미하는 원가는?**

① 기회원가 ② 변동원가

③ 한계원가 ④ 증분원가

해설
- 한계원가 : 경영활동의 규모 또는 수준이 한 단위 변할 때 발생되는 총원가의 증감액을 한계원가라고 한다.
- 증분원가, 차액원가 : 생산방법의 변경, 설비의 증감, 조업도의 증감 등 기존 경영활동의 규모나 수준에 변동이 있을 경우 증가되는 원가를 증분원가, 감소하는 원가를 차액원가라고 한다.
- 매몰원가 : 과거에 이미 발생했으므로 어떤 의사결정이 내려진다고 해도 회피될 수 없는 원가를 매몰원가(sunk cost)라고 한다.
- 기회원가 : 기회원가는 하나의 대체 안이 선택됨으로 인해 포기되는 잠재적인 효익을 말한다.

22 **재적조사에 대한 설명으로 옳지 않은 것은?**

① 유용 수종은 수종별로 나누어 실시한다.

② 원칙적으로 모든 소반을 답사하여 표준지가 될 수 있는 지역을 정한다.

③ 산림의 실태조사 중에서 제일 중요한 작업으로써 수확을 조절하는 데 절대 필요한 작업이다.

④ 법정축적법 · 재적평분법 · 조사법 등과 같이 축적과 생장량에 중점을 두고 있는 방법에서는 정확하게 할 필요가 없이 약식으로 한다.

해설 법정축적법, 재적평분법, 조사법 등의 축적과 생장량에 중점을 둔 것은 수확조정법에 대한 내용이다.

23 **다음과 같은 조건에서 시장가역산식을 이용한 임목가는?**

- 원목시장가격 : 100,000원
- 총비용 : 30,000원
- 정상이윤 : 20,000원

① 50,000원 ② 70,000원

③ 80,000원 ④ 150,000원

정답 19. ① 20. ① 21. ① 22. ④ 23. ①

해설 시장가역산식은 벌기 이상의 원목이 시장에서 매매되는 가격에서 원목을 시장까지 벌채하여 운반하는 비용과 이윤 등을 역으로 공제하는 순수임목가이다.
100,000원(원목시장가격) - (20,000+30,000)
= 50,000

24 벌구식 택벌작업에서 맨 처음 벌채된 벌구가 다시 택벌될 때까지의 소요기간을 무엇이라고 하는가?

① 회귀년 ② 벌기령
③ 윤벌기 ④ 벌채령

해설

윤벌기	벌기령
작업급에 성립	임분 또는 수목에 성립
연년작업이 진행되는 작업급의 전 임목을 일순벌 하는 데 요하는 기간이다.	임목 그 자체의 생산기간을 나타내는 예상적 연령 개념이다.

25 수확표의 내용과 관련이 없는 것은?

① 재적 ② 평균수고
③ 지위등급 ④ 지리등급

해설
- 임분의 생장 및 수확을 예측하는 가장 간단한 형태로 수확표가 있다.
- 수확표에 기입하는 내용으로 단위면적당 본수, 직경, 수고, 재적, 생장량을 임령별, 지위별 등을 표시하며, 지리등급은 관련이 없다.

26 자연휴양림으로 지정된 산림에 휴양시설의 설치 및 숲 가꾸기 등의 조성계획을 승인하는 자는?

① 산림청장
② 시 · 도지사
③ 농림축산식품부장관
④ 자연휴양림 관리소장

해설 자연휴양림 조성 계획승인은 시, 도지사가 검토 및 승인하고 산림청장에게 통보한다.

27 다음 조건에서 5년간 발생한 순수익은?

- 35년생 소나무림 입목축적 : $90m^3$
- 40년생 소나무림 입목축적 : $100m^3$
- 5년 동안의 이용재적량 : $30m^3$
- 소나무의 임목 $1m^3$당 가격 : 10,000원

① 350,000원 ② 400,000원
③ 450,000원 ④ 500,000원

해설 5년 동안 발생한 임목축적(100-90) = $10m^3$
이용한 재적량 $30m^3 + 10m^3 = 40m^3$(순수익의 임목축적)
40×10,000원 = 400,000원

28 입목재적표는 입목의 재적을 구하기 위해 만들어진 재적표를 말하는데, 방안지에 곡선을 그리고 자유곡선법에 의해 평활한 곡선으로 수정하여 완성하게 된다. 이 곡선에서 수치를 읽어 재적표를 만드는 방법은?

① 형수법 ② 직접법
③ 도표법 ④ 곡선도법

해설
- 흉고직경과 수고의 관계를 그래프로 그린 수고곡선을 그린다.
- 수고곡선을 결정하는 방법은 자유곡선법, 평균이동법, 최소자승법 등이 있다. 이때 가로축에 평균직경을, 세로축은 재적을 기준으로 만든 그래프에서 평균직경에 상응하는 수치를 읽어 재적표를 만드는 방법을 곡선도법이라 한다.

29 임분밀도를 나타내는 척도로 옳지 않은 것은?

① 재적 ② 입목도
③ 지위지수 ④ 상대공간지수

해설 지위지수의 의미
- 임지의 생산능력을 나타낸다.
- 지위는 토양 지형 입지 및 산림생장인자를 이용 등 다양한 인자로부터 판단할 수 있다.
- 지위지수분류곡선은 임령별로 조사된 우세목 수고 자료로부터 동형법 또는 이형법으로 제작될 수 있다.

정답 24. ① 25. ④ 26. ② 27. ② 28. ④ 29. ③

30 **임목 재적측정 시 가장 먼저 할 일은?**

① 조사목 선정
② 조사구역 설정
③ 조사목의 중량측정
④ 임분의 현존량 추정

해설 임목 재적 측정 시 가장 먼저 조사구역을 설정한다.

31 **형수를 사용해서 입목의 재적을 구하는 방법을 형수법이라고 하는데, 비교 원주의 직경 위치를 최하단부에 정해서 구한 형수는?**

① 정형수 ② 단목형수
③ 절대형수 ④ 흉고형수

해설
- 부정형수 : 1.2m 높이에서 직경을 측정한다. 흉고형수라고도 한다.
- 정형수(수고의 $\frac{1}{n}$ 위치를 기준) : 나무높이의 $\frac{1}{10}$ 또는 $\frac{1}{20}$의 위치에서 직경을 측정한다.
- 절대형수 : 임목의 최하부에서 직경을 측정한다.

32 **투자비용의 현재가에 대하여 투자의 결과로 기대되는 현금 유입의 현재가 비율을 나타내는 것으로 투자효율을 결정하는 방법은?**

① 회수기간법 ② 수익비용률법
③ 순현재가치법 ④ 투자이익률법

해설 수익비용률법 : 투자비용의 현재가에 대하여 투자의 결과로 기대되는 현금유입의 현재가 비율을 나타낸다. B/C비율이 1보다 크면 투자가치가 있는 것으로 판단한다.

33 **자본장비도와 자본효율의 개념을 임업에 도입할 때 자본장비도에 해당하는 것은?**

① 노동 ② 소득
③ 생장률 ④ 임목축적

해설 자본장비도는 임업자본의 충실도를 나타내는 방법 중의 하나로 자본을 K, 종사자의 수를 N이라고 하면 $\frac{K}{N}$가 자본장비도가 된다. 임업에 도입할 경우 자본장비도는 임목축적, 자본효율은 생장률에 해당한다.

34 **원가계산을 위한 원가비교 방법으로 옳지 않은 것은?**

① 기간비교 ② 상호비교
③ 수익비용비교 ④ 표준실제비교

해설 원가계산을 위한 원가비교 방법으로 기간비교, 상호비교, 표준실제비교가 있다.

35 **자연휴양림시설의 종류에 따른 규모의 기준으로 옳지 않은 것은?**

① 건축물의 층수는 3층 이하일 것
② 건축물이 차지하는 총 바닥면적은 1만 제곱미터 이하일 것
③ 음식점을 제외한 개별 건축물의 연면적은 900제곱미터 이하일 것
④ 시설 설치에 따른 산림의 형질 변경 면적은 20만 제곱미터 이하일 것

해설 자연휴양림
- 국가 또는 지방자치단체가 조성하는 경우에는 30만 제곱미터, 그 밖의 자가 조성하는 경우에는 20만 제곱미터. 다만, 도서 지역의 경우에는 조성주체와 관계없이 10만 제곱미터로 한다.
- 시설 설치에 따른 산림의 형질 변경은 면적기준 10만 제곱미터 이하이다.

36 **현재 축적이 $1000m^3$이고 생장률이 연 3%일 때 단리법에 의한 9년 후 축적은?**

① $1270m^3$ ② $1300m^3$
③ $1344m^3$ ④ $1453m^3$

해설 단리법에 의한 원리합계
$=A(1+nP)=1000(1+9\times0.03)=1,270$

정답 30. ② 31. ③ 32. ② 33. ④ 34. ③ 35. ④ 36. ①

37 임업경영의 생산성 원칙을 달성하기 위하여 어떤 종류의 생장량이 최대인 시기를 벌기로 결정해야 하는가?

① 총생장량 ② 연년생장량
③ 평균생장량 ④ 한계생장량

해설 임목은 평균생장량이 극대점을 이루는 해에 벌채하면 가장 많은 목재를 생산할 수 있다.

38 임업경영자산 중 유동자산으로 볼 수 없는 것은?

① 임업 종자 ② 임업용 기계
③ 미처분 임산물 ④ 임업생산 자재

해설
• 임업용기계는 고정자산에 속한다.
• 유동자산 : 미처분임산물, 묘목, 비료, 종자 등

39 임목의 연년생장량과 평균생장량 간의 관계에 대한 설명으로 옳은 것은?

① 초기에는 연년생장량이 평균생장량보다 작다.
② 연년생장량이 평균생장량보다 최대점에 늦게 도달한다.
③ 평균생장량이 최대가 될 때 연년생장량과 평균생장량은 같게 된다.
④ 평균생장량이 최대점에 이르기까지는 연년생장량이 평균생장량보다 항상 작다.

해설 연년생장량과 평균 생장량 간의 관계
• 처음에는 연년생장량이 평균생장량보다 크다.
• 연년생장량은 평균생장량보다 빨리 극대점을 갖는다.
• 평균생장량의 극대점에서 두 생장량의 크기는 같다.
• 평균생장량이 극대점에 이르기까지는 연년생장량이 항상 평균생장량보다 크다.
• 평균생장량이 극대점을 지난 후에는 연년생장량이 평균생장량보다 작다.
• 연년생장량이 극대점에 이르는 기간을 유령기, 유령기부터 평균생장량의 극대점까지를 장령기, 그 이후를 노령기로 구분할 수 있다.
• 임목은 평균생장량이 극대점을 이루는 해에 벌채하면 가장 많은 목재를 생산할 수 있다.

40 임업이율의 성격으로 옳은 것은?

① 명목이율 ② 실질이율
③ 대부이율 ④ 현실이율

해설 임업이율의 성격
• 임업이율은 대출이자가 아니고 자본이자이다.
• 임업이율은 현실이율이 아니고 평정이율이다.
• 임업이율은 실질적 이율이 아니고 명목적 이율이다.
• 임업이율은 장기이율이다.

정답 37. ③ 38. ② 39. ③ 40. ①

산림기사 필기

2017년 제2회 기출문제

제1과목 조림학

01 관다발 형성의 시원세포가 목부 방향으로 분열하여 형성하는 조직은?

① 부정아 ② 체관부
③ 물관부 ④ 수피층

해설
- 관다발 형성층의 시원세포가 목부 방향(중심 방향, 안쪽)으로 분열하여 물관을 만들고, 수피 방향(사부 방향, 바깥 방향)으로 분열하여 사부를 만든다.
- 시원세포(initial cell) : 생장점에 있는 세포

02 산림 내에서 나무가 죽어 공간이 생기면 주변의 나무들이 빈 공간 쪽으로 자라오고, 숲의 가장자리에 위치한 나무는 햇빛이 많이 있는 바깥쪽으로 빨리 자란다. 이는 어떤 현상과 가장 밀접한 관련이 있는가?

① 굴지성 ② 주광성
③ 휴면성 ④ 삼투성

해설
- 빛의 자극에 대해 빛 방향으로 자라는 것을 양의 주광성이라 한다.
- 굴지성 : 중력에 반응하는 성질이다. 뿌리는 중력 방향으로 자라는 양성굴지성, 줄기는 지구의 중력 방향에 거꾸로 바라는 음성굴지성을 나타낸다. 뿌리의 양성굴지성과 줄기의 음성굴지성을 정상굴지성이라고 한다.
- 휴면성 : 부적절한 환경에 발아하지 않는 종자의 성질
- 삼투성(osmosis) : 반투과성 막을 통한 용매 분자 및 이온의 성질

03 수목의 개화 촉진 방법이 아닌 것은?

① 환상박피 실시
② 단근, 이식 실시
③ 봄철에 질소 시비
④ 간벌, 가지치기 실시

해설 질소질 비료를 시비하는 것은 영양생장을 촉진하는 방법이다. 질소 비료를 주면 C/N률이 낮아져 개화보다는 영양생장을 한다.

04 파종량을 산정할 때 필요한 인자가 아닌 것은?

① 발아세 ② 종자수
③ 발아율 ④ 순량률

해설 파종량을 산정하려면 파종면적, g당 종자수, 순량률, 발아율, 득묘율, 평방미터당 남길 종자수, 이렇게 6개의 계산인자가 필요하다.

05 식재 후 첫 번째 제벌작업이 실시되는 임종별 임령으로 옳은 것은?

① 소나무림 : 15년
② 삼나무림 : 20년
③ 상수리나무림 : 15년
④ 일본잎갈나무림 : 8년

해설

제벌 개시 임령	수종
3~8년	소나무, 낙엽송
10년	삼나무, 편백
13~15년	전나무, 가문비나무

정답 01. ③ 02. ② 03. ③ 04. ① 05. ④

06 광합성 작용에 의해서 생성된 탄수화물이 이동 운반되는 통로는?

① 체관 ② 물관
③ 헛물관 ④ 수지관

해설 물관은 쌍떡잎식물에서 물의 이동통로로 이용되며, 헛물관은 양치식물과 겉씨식물에서 물과 무기양분의 이동통로로 이용된다. 수지관(resin duct)은 식물의 수지를 분비하는 기관이다.

07 묘목의 자람이 늦어 묘상에 가장 오랫동안 거치하는 수종은?

① *Picea jezoensis*
② *Larix kaempferi*
③ *Pinus densiflora*
④ *Quercus acutissima*

해설 ① 가문비나무, ② 일본잎갈나무, ③ 소나무, ④ 상수리나무
- 자람이 늦은 전나무, 가문비나무 등은 2년 혹은 그 이상 거치 후 이식한다.

08 침엽수의 적절한 가지치기 방법은?

① 역지 이상의 가지를 자른다.
② 역지 이하의 가지를 자른다.
③ 수고의 1/2 이상의 가지를 자른다.
④ 수고의 1/2 이하의 가지를 자른다.

해설 침엽수는 역지 이하의 가지를 수간과 평행하게 자른다. 역지는 수관을 지탱하는 가장 아래의 가지를 말한다.

09 소나무류에서 주로 실시하는 접목은?

① 절접 ② 박접
③ 아접 ④ 할접

해설
- 할접 : 소나무류, 감나무, 동백나무, 참나무류 등
- 복접 : 참나무류, 각종 과목류
- 아접 : 복숭아나무, 호두나무, 장미 등

10 천연림 보육에 대한 설명으로 옳지 않은 것은?

① 하층임분은 특별한 이유가 없는 한 그대로 둔다.
② 미래목은 실생목보다 맹아목을 우선적으로 고려하여 선정하는 것이 좋다.
③ 세력이 너무 왕성한 보호목은 가지를 제거하여 미래목의 생장에 영향이 없도록 한다.
④ 상층목의 생육공간을 확보해주기 위하여 수관경쟁을 하고 있는 불량형질목과 가치가 낮은 임목은 제거한다.

해설 미래목은 최종 수확목이므로 맹아목보다 뿌리의 자람이 좋은 실생묘를 선정하는 것이 좋다.

11 인공조림에 의하여 새로운 수종의 숲을 조성하는 데 가장 효율적인 갱신 방법은?

① 모수작업 ② 산벌작업
③ 택벌작업 ④ 개벌작업

해설
- 인공조림에 적합한 갱신법은 개벌작업이다.
- 모수림작업과 산벌작업은 천연하종 갱신으로 작업하므로 인공조림에 의하지 않는다.
- 택벌작업 역시 간벌 형식의 벌채를 하지만 인공조림은 하지 않는다.
- 택벌림의 경우 후계림이 성립되지 않을 때 수하식재(인공조림)를 하기도 하지만 가장 효율적인 인공조림 방법은 될 수 없다.

12 잎의 유관속이 1개인 수종은?

① *Pinus rigida*
② *Pinus densiflora*
③ *Pinus koraiensis*
④ *Pinus Thunbergii*

해설 ① 리기다소나무, ② 소나무, ③ 잣나무, ④ 곰솔
- 유관속이 1개인 수종의 목질이 부드럽다. 목질이 연하고 춘추재의 전환이 점진적이다.
- 잣나무나 백송은 유관속이 1개, 소나무의 경우 2개이다.

정답 06. ① 07. ① 08. ② 09. ④ 10. ② 11. ④ 12. ③

13 단순림과 비교한 혼효림의 장점으로 옳은 것은?

① 산림병해충 등 각종 재해에 대한 저항력이 높다.
② 가장 유리한 수종으로만 임분을 형성할 수 있다.
③ 산림작업과 경영이 간편하고 경제적으로 수행할 수 있다.
④ 숲을 구성하는 임목의 나이 차이가 거의 없어 관리하기 용이하다.

해설 ②, ③, ④는 순림의 장점이다.

14 산벌작업 방법에 속하는 것은?

① 단벌 ② 윤벌
③ 후벌 ④ 전벌

해설 산벌작업의 과정은 예비벌, 하종벌, 후벌이다.

15 테트라졸륨의 사용 목적으로 옳은 것은?

① 바이러스 검출
② 종자활력검사
③ 발아촉진 유도
④ 대기오염의 영향 검사

해설 테트라졸륨 0.1~1% 수용액으로 검사하는 것은 환원법에 의한 종자활력검사다. 건전한 배가 적색으로 변하고, 테룰루산칼륨에 의한 반응은 흑색이다.

16 Móller의 항속림 사상의 강조 내용으로 옳은 것은?

① 인공갱신을 원칙으로 한다.
② 정해진 윤벌기에 군상목택벌을 원칙으로 한다.
③ 벌채목 선정은 산벌작업의 선정기준에 준해서 한다.
④ 개벌을 금하고 해마다 간벌 형식의 벌채를 반복한다.

해설 묄러의 항속림 사상은 택벌을 지향한다. 간벌형식의 벌채를 반복하는 것이 택벌이다. 택벌은 수확과 숲 가꾸기를 동시에 하기 때문에 간벌형식의 수확이라는 표현을 쓴다.

17 토양 수분에서 수목이 이용 가능한 것은?

① 결합수 ② 흡습수
③ 팽윤수 ④ 모세관수

해설
- 토양에서 이용 가능한 수분은 모세관수이며 pF 2.54~4.2 정도의 값이다.
- 교재에 따라 모세관수를 pF 2.7~4.5로 제시한 것도 있다.

18 잎의 기공을 열게 하여 증산작용을 촉진시키는 방법은?

① 암흑 조건을 제공한다.
② 잎의 수분 포텐셜을 높여준다.
③ 휴면 유도 물질인 ABA를 주입한다.
④ 잎의 엽육조직 세포간극에 존재하는 탄산가스 농도를 높여준다.

해설 대기 중의 수분 포텐셜은 보통 -30Mpa 정도다. 잎의 수분 포텐셜은 -1.3Mpa, 토양용액의 수분 포텐셜은 -0.5Mpa 정도이다. 잎의 수분 포텐셜을 높인다는 의미는 -1.3보다 큰값 .. -1.2..-0.9가 된다는 것이다. 이럴 때 포텐셜 에너지의 차이가 커지므로 증산작용은 촉진된다. 결론적으로, 잎의 수분 포텐셜을 높이면 대기 중으로 증산작용이 촉진된다.

19 나자식물의 엽육조직에서 책상조직과 해면조직이 분화되지 않은 수종은?

① 주목 ② 전나무
③ 소나무 ④ 은행나무

해설
- 해면조직과 함께 잎살을 구성하는 울타리 모양의 조직을 책상조직이라 하며, 책상조직 아래 둥근 모양의 세포를 해면조직이라 한다. 이러한 조직이 분화하지 않는 수종에는 소나무가 있다.

정답 13. ① 14. ③ 15. ② 16. ④ 17. ④ 18. ② 19. ③

나자식물 의 잎	• 은행목, 주목목, 구과목 • 은행, 미송, 주목, 전나무는 책상조직과 해면조직 분화 • 소나무는 책상조직과 해면조직 미분화
피자식물 의 잎	• 엽식, 엽육, 엽맥으로 구성 • 엽맥의 상표피는 목부, 하표피는 사부 • 책상조직은 햇빛을 받고, 해면조직은 탄산가스 확산

20 소립종자 1,000개의 무게로 나타내는 종자검사 기준은?

① 실중　② 효율
③ 용적율　④ 발아력

해설 실중은 소립종자 1,000개의 무게로 나타내는 종자 검사 기준이다. 무게가 많이 나갈수록 충실한 종자라고 할 수 있다. 중립종은 500개, 대립종은 100개의 무게를 각각 4회 반복 측정한다.

제3과목 임업경영학

21 다음 그림에서 총수익선과 총비용선이 만나는 점(A)을 무엇이라 하는가?

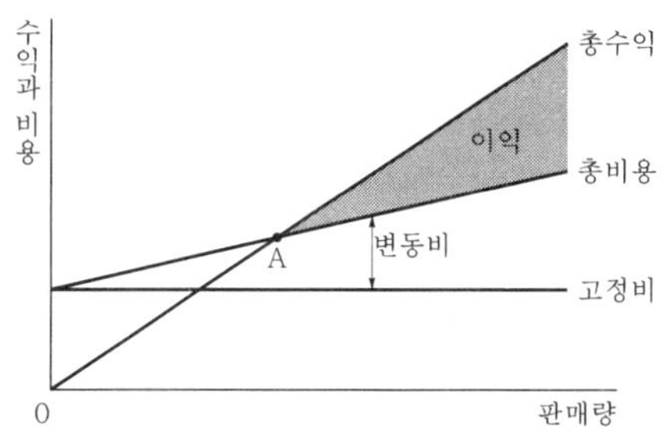

① 수익최대점　② 비용최대점
③ 비용최소점　④ 손익분기점

해설 총수익과 총비용이 같아지는 지점을 손익분기점이라 한다.

22 임목의 가격을 평가하기 위해 조사해야 할 항목으로 가장 거리가 먼 것은?(단, 주벌수확의 경우임)

① 재종별 시장가격
② 부산물 소득 정도
③ 조재율 또는 이용률
④ 총재적의 재종별 재적

해설 부산물 소득 정도는 임목의 가격 평가 항목에 포함되지 않는 임산물 소득이다.

23 어떤 임목의 흉고단면적이 $0.1m^2$, 수고가 14m, 형수는 0.4일 때 형수법에 의한 재적(m^3)은?

① 0.14　② 0.56
③ 1.4　④ 5.6

해설 $V = ghf$(형수 : f, 단면적 : g, 높이 : h)

$V = 0.1 \times 14 \times 0.4 = 0.56(m^3)$

24 배치 시설별 숲해설가 배치 기준으로 옳지 않은 것은?

① 수목원은 2명 이상
② 국립공원은 1명 이상
③ 삼림욕장은 1명 이상
④ 자연휴양림은 2명 이상

해설
• 산림교육전문가의 배치기준에서 자연공원법에 의거 자연공원은 1명 이상 배치하며, 이때 국립공원은 제외한다.
• 수목원, 정원, 숲길, 자연휴양림은 2명 이상, 그 이외는 1명

25 임업이율의 성격으로 옳지 않은 것은?

① 현실이율이 아니고 평정이율이다.
② 단기이율이 아니고 장기이율이다.
③ 대부이자가 아니고 자본이자이다.
④ 명목이율이 아니고 실질적 이율이다.

정답 20. ① 21. ④ 22. ② 23. ② 24. ② 25. ④

해설 임업이율은 실질이율이 아닌 명목이율이다.

26 다음 조건에서 Huber식에 의한 통나무 재적은?

- 재장 : 5m
- 원구직경 : 25cm
- 중앙직경 : 23cm
- 말구직경 : 18cm

① 약 0.127m³ ② 약 0.157m³
③ 약 0.208m³ ④ 약 0.245m³

해설 후버식은 중앙단면적과 재장을 이용하여 구한다.
※ 후버식 = 중앙단면적×재장
$\pi \times r^2 \times l$
$= 3.14 \times 0.115^2 \times 5 \fallingdotseq 0.208m^3$

27 수간석해에 대한 설명으로 옳지 않은 것은?

① 표준목을 대상으로 실시한다.
② 수간과 직교하도록 원판을 채취한다.
③ 흉고를 1.2m로 했을 경우 지상 1.2m를 벌채점으로 한다.
④ 수목의 성장과정을 정밀히 사정할 목적으로 측정하는 것이다.

해설 수간석해의 방법
- 흉고를 1.2m 했을 경우 지상 0.2m 지점을 벌채점으로 한다.
- 수간석해를 위해 선정된 표준목은 지상 20cm 위치를 벌채한 후 근원경을 측정한다.
- 벌채 부위와 그로부터 1m 올라간 흉고 부위에서 단판을 채취하고, 그 다음부터는 일반적으로 2m 간격으로 채취한다.
- 수간과 직교하도록 원판을 채취하며, 원판에 위치와 방향을 표시한다.
- 원판의 두께는 2~3cm로 한다.
- 5년 간격의 재적을 구분구적법에 의해 계산한다.

28 임업경영비를 올바르게 표현한 것은?

① 임업소득－가족임금추정액
② 임업소득－(자본이자＋가족노임추정액)
③ 임업현금수입＋임산물가계소비액＋임목성장액＋미처분 임산물 증감액＋임업생산 자재 재고증감액
④ 임업현금지출＋감가상각액＋주임목감소액＋미처분 임산물재고 감소액＋임업생산 자재 재고감소액

해설 ① 임업 순수익, ② 임지 귀속 소득, ③ 임업 조수익, ④ 임업 경영비

29 치유의 숲 안에 설치할 수 있는 시설에 해당하지 않은 것은?

① 편익시설 ② 위생시설
③ 안정시설 ④ 전기·통신시설

해설 치유의 숲에 설치 시설 종류로 안정시설은 없으며, 시설의 종류로는 산림치유시설, 편익시설, 위생시설, 전기·통신시설, 안전시설 등이 있다.

30 임목의 평균생산량이 최대가 될 때를 벌기령으로 정한 것은?

① 재적수확 최대의 벌기령
② 화폐수익의 최대 벌기령
③ 토지 순이익 최대 벌기령
④ 산림 순수익 최대 벌기령

해설
- 재적수확 최대 벌기령은 단위면적당 목재 생산량이 최대가 되는 시점이다.
- 법정벌채량은 법정수확량이라고도 하며, 법정상태를 유지하면서 벌채할 수 있는 재적을 말한다. 법정연벌량과 법정생장량은 일치하며, 벌기평균생장량에 윤벌기를 곱한 값과 같다.

정답 26. ③ 27. ③ 28. ④ 29. ③ 30. ①

31 산림 관리회계에서 주로 다루는 내용으로 옳지 않은 것은?

① 원가평가
② 원가계산
③ 업적평가
④ 계획수립과 특수한 의사 결정에 도움이 되는 정보

해설 산림 관리회계에서는 원가계산, 원가통제, 업적 평가와 기업의 성장을 위한 계획 수립 등의 내용을 다룬다.

32 임지의 가격 형성에 영향을 미치는 요인을 개별적 요인과 지역적 요인으로 구분할 경우 개별적 요인이 아닌 것은?

① 임지의 위치
② 임지의 면적
③ 임지의 지세
④ 임지의 토양상태

해설 임지의 토양상태는 지역적 요인으로 구분할 수 있다.

33 산림 수확 조절을 위해 면적-재적검증방법 이용 시 필요한 사항으로 옳지 않은 것은?

① 미래 임분을 위한 윤벌기
② 임분 수확 우선순위의 결정
③ 소반으로 구분된 모든 산림 면적
④ 수확시기까지 각 연령의 생장량을 계산할 수 있는 능력

해설 산림 수확 조절을 위한 면적-재적검증 시 필요 사항
- 미래 임분을 위한 윤벌기
- 임분 수확 우선순위의 결정
- 연령으로 구분된 모든 산림의 면적이 있다.
- 수확시기까지 각 연령의 생장량을 계산할 수 있는 능력

34 흉고형수에 대한 설명으로 옳은 것은?

① 지위가 양호할수록 형수가 크다.
② 흉고직경이 작아질수록 형수가 작다.
③ 수고가 작은 나무일수록 형수가 크다.
④ 지하고가 낮고 수관의 양이 적은 나무의 형수가 크다.

해설 수고가 높을수록, 직경이 커질수록, 수관령이 클수록, 지하고가 낮을수록, 지위가 양호할수록 흉고형수가 작아진다.

35 임업투자 결정방법에 있어 수익비용률법에 의해 투자효율을 분석하는 식은?

① 수익 ÷ 비용　② 비용 ÷ 수익
③ 수익 – 비용　④ 비용 – 수익

해설 수익비용률법 : 투자비용의 현재가에 대하여 투자의 결과로 기대되는 현금 유입의 현재가 비율을 나타낸다. B/C비율이 1보다 크면 투자가치가 있는 것으로 판단한다.

36 지황조사 항목으로 토양의 점토 함유량이 30%인 경우 토양형은?

① 사토(사)　② 양토(양)
③ 사양토(사양)　④ 식양토(식양)

해설
- 사토(사) : 흙을 손에 쥐었을 때 대부분 모래만으로 구성된 감이 있을 때(점토의 함유량이 12.5% 이하)
- 사양토(사양) : 모래가 대략 $\frac{1}{3}$ ~ $\frac{2}{3}$를 점하는 것(점토의 함량이 12.6% ~ 25%)
- 양토(양) : 대략 $\frac{1}{3}$ 미만의 모래를 함유하는 것(점토의 함유량이 26%~37.5%)
- 식양토(식양) : 점토가 대략 $\frac{1}{3}$ ~ $\frac{2}{3}$를 점하고 점토 중 모래의 촉감이 있는 것(점토 함량이 37.6% ~ 50%)
- 점토(점) : 점토가 대부분인 것(점토 함유량이 50% 이상)

정답 31. ① 32. ④ 33. ③ 34. ③ 35. ① 36. ②

37 다음 조건의 잣나무 임분에서 하이어(Heyer) 공식법에 의한 표준벌채량(m^3/ha)은?

> • 평균생장량 : $7m^3$/ha
> • 현실축적 : $350m^3$/ha
> • 법정축적 : $400m^3$/ha
> • 갱정기 : 20년
> • 조정계수 : 0.9

① 3.8　　② 4.8
③ 5.3　　④ 6.3

해설 표준벌채량법(Heyer법) =

$$(\text{평균생장량} \times \text{조정계수}) + \frac{\text{현실축적} - \text{법정축적}}{\text{갱정기}}$$

$$= (7 \times 0.9) + \frac{350 - 400}{20} = 6.3 - 2.5 = 3.8$$

38 임목평가 방법에 대한 설명으로 옳지 않은 것은?

① 장령림의 임목평가는 임목기망가법을 적용한다.
② 벌기 이상의 임목평가는 시장가역산법을 적용한다.
③ 중령림의 임목평가에는 원가수익절충 방법인 Glaser법을 적용한다.
④ 유령림의 임목평가는 비용가법을 적용하며 이자를 포함하지 않는다.

해설 유령림은 임목비용가법, 벌기 미만의 장령림에는 임목기망가법, 중령림에는 임목비용가법과 임목기망가법의 중간적인 Glaser법, 벌기 이상의 임목에는 임목매매가가 적용되는 시장가역산법으로 평가한다. 비용가법은 유령임목의 평가에 적용하며 이자도 포함된다.

39 임업의 경제적 특성으로 옳지 않은 것은?

① 임업생산은 조방적이다.
② 자연조건의 영향을 많이 받는다.
③ 육성임업과 채취임업이 병존한다.
④ 원목가격의 구성요소는 대부분이 운반비이다.

해설 임업의 경제적 특성은 농업에 비하여 자연 조건의 영향을 거의 받지 않는 것이 특징이다.

40 임분 수확표에 필요한 인자로 옳지 않은 것은?

① 임지표고　　② 지위지수
③ 평균직경　　④ 흉고단면적

해설 임목수확표는 수확량의 예측을 위해 사용되며 수확표에 기입하는 내용으로 단위면적당 본수, 직경, 수고, 재적, 생장량을 임령별, 지위별 등을 표시하며, 임지표고는 관련이 없다.

정답 37. ① 38. ④ 39. ② 40. ①

산림기사 필기

2017년 제3회 기출문제

제1과목 조림학

01 종자의 실중(A), 용적중(B), 1L당 종자수(C)의 관계식으로 옳은 것은?

① C = B × (A × 1000)
② C = B ÷ (A × 1000)
③ C = B × (A ÷ 1000)
④ C = B ÷ (A ÷ 1000)

해설 실중(A) = 종자 1개 무게(a) × 1,000
용적중(B) = a × 종자립수(C)/1L
a = A ÷ 1,000이고, C = B ÷ a이므로 정리하면
C = B ÷ (A ÷ 1,000)

02 중림작업의 장점으로 옳지 않은 것은?

① 임지의 노출이 방지된다.
② 교림작업보다 조림비용이 낮다.
③ 높은 작업 기술을 필요로 하지 않는다.
④ 상목은 수광량이 많아서 좋은 성장을 하게 된다.

해설 중림작업은 교목의 수확과 맹아림 작업이 동시에 시행되므로 높은 작업 기술을 요구한다.

03 묘목의 T/R율에 대한 설명으로 옳지 않은 것은?

① 지상부와 지하부의 중량비이다.
② 수치가 클수록 묘목이 충실하다.
③ 묘목의 근계발달과 충실도를 설명하는 개념이다.
④ 수종과 묘목의 연령에 따라서 다르지만 일반적으로 3.0 정도가 좋다.

해설 T/R율은 지상부와 지하부의 무게 비율로 우량묘목은 T/R율 값이 적다. 즉 뿌리의 무게가 상대적으로 많이 나간다.

04 잎의 수분 포텐셜에 대한 설명으로 옳은 것은?

① 뿌리보다 높은 값을 가진다.
② 삼투 포텐셜은 대부분 + 값이다.
③ 시든 잎의 압력 포텐셜은 대부분 + 값이다.
④ 일반적으로 한낮보다 한밤중에 높아진다.

해설 ① 물의 흡수가 뿌리에서 줄기, 잎으로 이어지므로 수분 포텐셜은 뿌리가 제일 높고 잎이 제일 낮다. 포텐셜에너지는 높은 곳에서 낮은 곳으로 이동한다.
② 모든 포텐셜 에너지는 항상(-) 값을 가진다.
③ 모든 포텐셜 에너지는 항상(-) 값을 가진다.

05 삽목의 장점으로 옳지 않은 것은?

① 모수의 특성을 계승한다.
② 묘목의 양성 기간이 단축된다.
③ 천근성이 되어 수명이 길어진다.
④ 종자 번식이 어려운 수종의 묘목을 얻을 수 있다.

해설 삽목을 하면 유전자의 특성이 그대로 이어지므로 천근성이 된다거나, 수명이 길어지는 것은 아니다. 삽목표는 실생묘에 비해 대체로 수명이 짧다.

정답 01. ④ 02. ③ 03. ② 04. ④ 05. ③

06 가지치기 작업에 따른 효과가 아닌 것은?

① 무절재를 생산한다.
② 부정아 발생을 억제한다.
③ 수간의 완만도를 높인다.
④ 하층목의 생장을 촉진한다.

해설 가지치기를 과도하게 하면 부정아와 도장지 등이 생기기 쉽다.

07 개벌작업 이후 밀식을 하는 경우의 장점으로 옳지 않은 것은?

① 줄기는 가늘지만 근계발달이 좋아 풍해 및 설해 등을 입지 않는다.
② 개체 간의 경쟁으로 연륜 폭이 균일하게 되어 고급재를 생산할 수 있다.
③ 제벌 및 간벌작업을 할 때 선목의 여유가 생겨 우량 임분으로 유도할 수 있다.
④ 수관의 울폐가 빨리 와서 표토의 침식과 건조를 방지하여 개벌에 의한 지력의 감퇴를 줄일 수 있다.

해설 밀식하면 근계발달이 약해지므로 풍해를 입기 쉽고, 가지가 말라 겨울에 남아있게 되면 설해를 입기 쉽다.

08 목본식물의 조직 중 사부의 기능으로 옳은 것은?

① 수분 이동
② 탄소동화작용
③ 탄수화물 이동
④ 수분 증발 억제

해설
- 수분 이동은 목부의 기능이다.
- 탄소동화작용은 엽록체의 기능이다.
- 수분 증발 억제는 기공의 폐쇄로 이루어진다.

09 어린 나무 가꾸기 작업에 대한 설명으로 옳은 것은?

① 여름철에 실시하는 것이 좋다.
② 제초제 또는 살목제를 사용하지 않는다.
③ 윤벌기 내에 1회로 작업을 끝내는 것이 원칙이다.
④ 일반적으로 벌채목을 이용한 중간 수입을 기대할 수 있다.

해설
- 어린 나무 가꾸기는 주로 6~9월에 실시한다.
- 생가지치기를 수반하는 어린 나무 가꾸기는 되도록 생장휴지기인 11월~2월에 실시한다.

10 정아우세현상을 억제시키는 호르몬은?

① 옥신 ② 지베렐린
③ 아브시스산 ④ 사이토키닌

해설
- 사이토키닌과 옥신은 모두 성장촉진호르몬이다.
- 옥신은 측지의 성장을 억제하는 효과가 있다.
- 사이토키닌은 측지의 성장도 촉진하므로 정아우세현상이 줄어든다.
- 사이토키닌의 다른 효과는 세포 분열, 기관 형성, 노쇠 지연, 종자발아 촉진, 엽록체 발달 및 엽록소 합성 촉진 등이 있다.

11 낙엽성 침엽수에 해당하는 수종은?

① *Pinus thubergii*
② *Juniperus chinensis*
③ *Taxodium distichum*
④ *Cryptomeria japonica*

해설 ① 곰솔, ② 향나무, ③ 낙우송, ④ 삼나무
- 곰솔, 향나무, 삼나무는 상록성 침엽수다.
- 낙우송과 메타세쿼이아, 낙엽송은 낙엽성 침엽수다.

정답 06. ② 07. ① 08. ③ 09. ① 10. ④ 11. ③

12 간벌의 효과로 거리가 먼 것은?

① 산불위험도 감소
② 직경의 생장 촉진
③ 임목 형질의 향상
④ 개체목 간 생육공간 확보 경쟁 촉진

해설 간벌은 임목 간 경쟁을 해소해 주어 개체목의 생육공간을 확보해 주는 작업이다.

13 혼효림과 비교한 단순림에 대한 장점으로 옳은 것은?

① 식재 후 관리가 용이하다.
② 양료 순환이 빠르게 진행된다.
③ 생물 다양성이 비교적 높은 편이다.
④ 토양양분이 효율적으로 이용될 수 있다.

해설 ②, ③, ④는 혼효림의 특징이다.

14 종자의 순량률을 구하는 산식에 필요한 사항으로만 올바르게 나열한 것은?

① 순정 종자의 수, 전체 종자의 수
② 순정 종자의 무게, 전체 종자의 무게
③ 발아된 종자의 수, 발아되지 않은 종자의 수
④ 발아된 종자의 무게, 발아 되지 않은 종자의 무게

해설 순량률은 작업을 하는 전체 종자의 무게와 순정종자 무게의 백분율이다.

$$순량률(\%) = \frac{순정종자의\ 무게(g)}{전체\ 시표의\ 무게(g)} \times 100$$

15 점성이 있는 점토가 대부분인 토양은?

① 식토 ② 사토
③ 석력토 ④ 사양토

해설

토양	진흙 함량(%)
사토	12.5 이하
사양토	12.5~25.0
양토	25.0~37.5
식양토	37.5~50.0
식토	50.0 이상

16 개벌작업에 대한 설명으로 옳지 않은 것은?

① 음수 수종 갱신에 유리하다.
② 벌목, 조재, 집재가 편리하고 비용이 적게 든다.
③ 작업의 실행이 빠르고 높은 수준의 기술이 필요하지 않다.
④ 현재의 수종을 다른 수종으로 바꾸고자 할 때 가장 쉬운 방법이다.

해설 개벌작업은 양수 수종의 갱신에 적합하다.

17 산벌작업 중 결실량이 많은 해에 1회 벌채하여 종자가 땅에 떨어지도록 하는 것은?

① 종벌 ② 후벌
③ 예비벌 ④ 하종벌

해설 산벌작업은 예비벌, 하종벌, 후벌의 과정을 거친다. 결실량이 많은 해에 벌채하는 것은 하종벌이다.

18 열매의 형태가 삭과에 해당하는 수종은?

① *Acer palmatum*
② *Ulmus davidiana*
③ *Camellia japonica*
④ *Quercus acutissima*

해설 ① 단풍나무, ② 느릅나무, ③ 동백나무, ④ 상수리나무
삭과(蒴果, Capsule) : 2개 또는 여러 개의 심피(心皮)가 유합해서 1실 또는 여러 실로 된 자방(子房)을 만들고 각 심피에 종자가 붙어 있다. 성숙하여 열매가 벌어지면 종자가 나온다. 포플러류, 버드나무류, 오동나무류, 개오동나무류, 동백나무 등

정답 12. ④ 13. ① 14. ② 15. ① 16. ① 17. ④ 18. ③

19 일본잎갈나무, 소나무, 삼나무, 편백 등의 종자 저장 및 발아 촉진에 가장 효과가 있는 종자 처리 방법은?

① 고온 처리법 ② 냉수 처리법
③ 황산 처리법 ④ 기계적 처리법

해설 침수처리법
- 냉수처리법과 온수처리법을 병용하는 방법
- 맑은 물에 담가 발아억제 물질 제거
- 낙엽송, 삼나무, 편백, 소나무 종자에 적합

20 온량지수 계산 시 기준이 되는 온도는?

① 0℃ ② 5℃
③ 10℃ ④ 15℃

해설 한랭지수는 월평균 기온에서 5℃를 차감한 온도 중에서 마이너스 값만 합한 것이다. 온량지수는 플러스 값만 합한 것이다.

제3과목 임업경영학

21 유동자산에 해당하지 않은 것은?

① 현금 ② 묘목
③ 산림축적 ④ 미처분 임산물

해설 산림축적은 임목자산에 속한다.
※ 유동자산 : 미처분 임산물, 묘목, 비료, 종자 등

22 산림청장은 관계 중앙행정기관의 장과 협의하여 전국의 산림을 대상으로 산림문화·휴양기본계획을 몇 년마다 수립·시행하는가?

① 1년마다 ② 5년마다
③ 10년마다 ④ 20년마다

해설 산림문화 및 휴양기본계획 수립은 10년마다 시행한다.

23 산림의 수자원 함양기능을 증진시키기 위한 바람직한 관리방법이 아닌 것은?

① 벌기령을 길게 한다.
② 2단림 작업을 실시한다.
③ 소면적 벌채를 실시한다.
④ 대면적 개벌을 실시한다.

해설 대면적 개벌로 인하여 산림이 황폐화되면 수자원 함양기능이 떨어진다.

24 Huber식에 의한 수간석해 방법으로 옳지 않은 것은?

① 구분의 길이를 2m로 원판을 채취한다.
② 반경은 일반적으로 5년 간격으로 측정한다.
③ 단면의 반경은 4방향으로 측정하여 평균한다.
④ 벌채점의 위치는 흉고 높이인 지상 1.2m로 한다.

해설 벌채점의 위치 선정
- 벌채점은 일반적으로 흉고가 1.2m이면 지상 0.2m로 선정한다.
- 흉고를 1.3m로 하면 벌채점은 0.3m로 해야 한다.
- 벌채점이 결정되면 벌채점에 표시하고, 벌채점이 손상되지 않도록 유의한다.
- 원판 손상에 유의하면서 벌채한다.

25 종합원가계산 방법에 대한 설명으로 옳지 않은 것은?

① 공정별 원가계산 방법이라고도 한다.
② 제품의 원가를 개개의 제품 단위별로 직접 계산하는 방법이다.
③ 같은 종류와 규격의 제품이 연속적으로 생산되는 경우에 사용한다.
④ 생산된 제품의 전체 원가를 총생산량으로 나누어서 단위 원가를 산출한다.

정답 19. ② 20. ② 21. ③ 22. ③ 23. ④ 24. ④ 25. ②

해설 • 종합원가계산(공정별 원가계산)은 일정 기간 제품 생산에 소요된 공정별 원가요소를 집계하여 생산된 제품의 전체 원가를 총생산량으로 나누어 단위 원가를 산출한다.
• 같은 종류와 규격의 제품이 연속적으로 생산되는 경우에 사용한다.
• 하나의 제품의 공정별 원가를 집계하여 각 공정의 능률을 파악한다.

26 투자에 의해 장래에 예상되는 현금 유입과 유출의 현재가를 동일하게 하는 할인율로써 투자효율을 결정하는 방법은?

① 회수기간법
② 순현재가치법
③ 내부수익률법
④ 수익·비용비법

해설 • 수익비용률법 :투자비용의 현재가에 대하여 투자의 결과로 기대되는 현금 유입의 현재가 비율을 나타낸다. B/C비율이 1보다 크면 투자가치가 있는 것으로 판단한다.
• 순현재가치법 : 현재가가 0보다 큰 투자 안을 가치 있는 것으로 판단한다.(수익의 현재가가 투자비용의 현재가보다 크다는 것을 의미)
• 내부수익률법 : 투자를 하여 미래에 예상되는 현금 유입의 현재가치와 예상되는 현금 유출의 현재가치를 같게 하는 할인율이다.
• 투자효율에 대한 계산은 화폐의 시간가치를 반영하지 않은 비할인 모형은 회수기간법(pay-back period)과 투자이익률법이 있다.

27 임지기망가 계산식에서 필요한 인자가 아닌 것은?

① 조림비 ② 산림면적
③ 주벌수익 ④ 간벌수익

해설 • 임지기망가는 임지에 일정한 시업을 영구적으로 실시한다는 가정으로 토지에 기대되는 순수익의 전가(현재가) 합계액을 계산한 것이다.
• 계산식에는 주벌수익, 조림비, 이율, 간벌수익, 관리비가 있다.

28 법정상태의 요건이 아닌 것은?

① 법정벌채량 ② 법정생장량
③ 법정영급분배 ④ 법정임분배치

해설 법정상태 요건으로 법정영급분배, 법정임분배치, 법정생장량, 법정축적이 있다.

29 법정림의 산림면적이 60ha, 윤벌기 60년, 1영급을 편성한 영계가 10개로 구성된 경우 법정영급면적은? (단, 갱신기는 고려하지 않음)

① 10ha ② 20ha
③ 30ha ④ 50ha

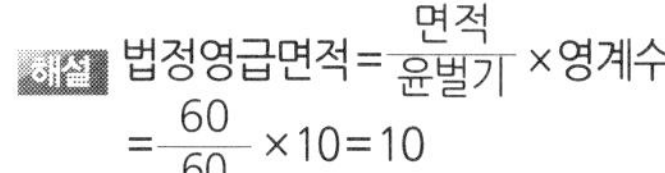

해설 법정영급면적 $= \frac{면적}{윤벌기} \times 영계수$
$= \frac{60}{60} \times 10 = 10$

30 다음 그림과 같은 4가지 형태의 산림의 구조 중 속성수 도입 및 복합임업경영(혼농임업 등) 도입이 필요한 산림구조는?

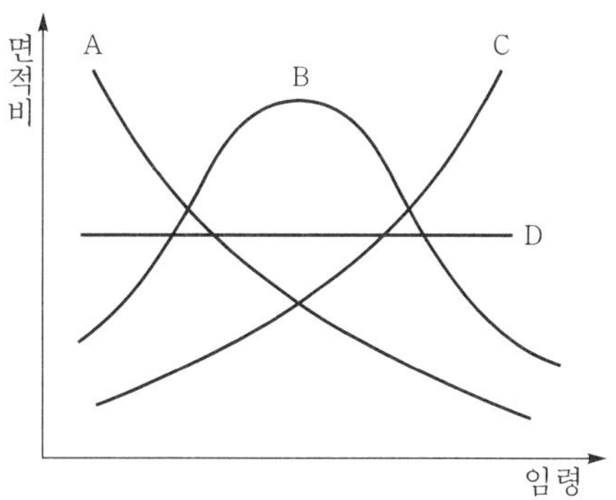

① A ② B
③ C ④ D

해설 국내의 산림은 A형 구조(유령림이 많은 산림)가 많아 속성수 및 복합임업경영을 통해 산림의 구조를 개선해야 한다.

정답 26. ③ 27. ② 28. ① 29. ① 30. ①

31 노령림과 미숙림이 함께 존재하는 임분을 벌채할 때 어느 쪽이든지 경제적 불이익을 감소시키기 위하여 설정하는 기간은?

① 갱신기　② 윤벌기
③ 회귀년　④ 정리기

해설 정리기(갱정기)는 법정인 영급으로 정리하는 기간을 말하며, 경제적 불이익을 적게 하여 수확량을 균등하고 지속시키기 위한 생산기간이다.
- 회귀년 : 택벌림 임분이 처음 잘리고 다음 택벌까지의 기간
- 갱신기 : 예비벌, 하종벌, 후벌의 과정을 거치는 기간적 개념
- 윤벌기 : 보속작업을 하는 데 작업급 내 모든 임분을 벌채하는 데 걸리는 기간

32 소생림 중심의 자연휴양림 관리방법으로 옳은 것은?

① 여름철 산책공간 조성을 위해 교목림으로 육성한다.
② 출입제한 등의 이용규제가 없어도 높은 자연성을 유지할 수 있다.
③ 이용밀도가 가장 높은 공간이므로 답압에 의한 영향을 고려해야 한다.
④ 인위적 관리를 통해 수목은 적게 하고 잔디 및 초지가 잘 자라도록 관리한다.

해설 소생림형은 관리가 필요한 자연휴양림으로 수림피도가 40~60% 정도로써 여름철 교목림을 육성하여 산책공간을 확보한다.

33 임목의 흉고직경은 20cm, 수고는 15m, 형수는 0.4를 적용하였을 경우 임목의 재적은?

① $0.018m^3$　② $0.188m^3$
③ $1.884m^3$　④ $18.840m^3$

해설 $V = ghf$(형수 : f, 단면적 : g, 높이 : h)

$$V = \frac{3.14\times0.2^2}{4}\times15\times0.4 = 0.1884$$

$\fallingdotseq 0.188(m^3)$

34 생장량을 구분할 때 수목의 생장에 따른 분류와 임목의 부분에 따른 분류가 있다. 다음 중 수목의 생장에 따른 분류에 해당되지 않는 것은?

① 등귀생장　② 직경생장
③ 재적생장　④ 형질생장

해설 수목의 생장에 따라 재적생장, 형질생장, 등귀생장으로 분류하며 재적생장, 형질생장, 등귀생장의 합을 총가생장이라 한다.

35 임도를 신설하기 위해 필요한 비용을 전액 대출받고 10년간 상환하는 경우에 임도 시설비용에 대하여 매년마다 균등한 액수의 상환비용을 의미하는 것은?

① 유한연년이자 전가식
② 유한연년이자 후가식
③ 무한정기이자 전가식
④ 무한정기이자 후가식

해설 유한연년이자의 전가식은 매년 말 일정 금액을 n회에 걸쳐 얻을 수 있는 원리합계로서 임도시설 비용에 대한 매년 균등한 액수의 상환비용을 의미한다.

36 임목의 흉고직경을 계산하는 방법으로 산술평균직경법(a)과 흉고단면적법(b)의 관계에 대한 설명으로 옳은 것은?

① a와 b는 같은 값이 된다.
② a가 b보다 큰 값이 된다.
③ b가 a보다 큰 값이 된다.
④ a와 b 사이에는 일정한 관계가 없다.

정답 31. ④ 32. ① 33. ② 34. ② 35. ① 36. ③

해설 흉고직경의 결정

① 흉고단면적법 :

$g = \frac{\sum G}{n}$, $g = \frac{\pi}{4}d^2$ 이므로

$d = 1.1284\sqrt{g}$

g : 표준목의 평균흉고단면적, n : 임목본수,
$\sum G$: 전임목의 흉고단면적 합계,
d : 표준목의 흉고직경

② 산술평균직경법

$d = \frac{\sum d}{n}$

d : 표준목의 평균흉고단면적, n : 임목본수,
$\sum d$: 전임목의 흉고단면적 합계

산술평균직경법은 흉고직경의 합계에 임목본수를 나누어 흉고직경을 잡는 방법이다. 흉고단면적법은 흉고직경을 가지고 임분의 ha당 흉고단면적을 계산한 다음, 그 평균 흉고단면적을 갖는 임목의 직경을 표준목의 직경으로 결정하는 방법으로 기준의 차이로 인해 흉고단면적법이 산술평균직경법보다 약간 큰 값이 나오게 된다.

37 다음 시장역산가식에서 b가 의미하는 것은?

> 임목단가 =
> $이용률(\frac{생산원목의\ 판매예정단가}{1+자본회수기간 \times 이율} - b)$

① 조재율 ② 임목시가
③ 임목가격 ④ 단위생산비용

해설 b는 단위재적당 벌목, 운반비용인 단위생산비용이다.

38 조림 후 5년이 경과한 산지에 산불로 인하여 임목이 소실되었을 경우 피해액을 조사하기 위해 가장 적합한 임목가 계산 방법은?

① Glaser법 ② 임목매매가
③ 임목기망가 ④ 임목비용가

해설 실제 소실된 임목 가격을 평가해야 하기에 임목을 조성하는 데 실제로 쓴 비용을 합계한 임목 비용가를 적용하는 것이 가장 적합하다.

39 임업소득의 계산방법으로 옳은 것은?

① 자본에 귀속하는 소득 = 임업순수익 − (지대 + 자본이자)
② 자본에 귀속하는 소득 = 임업소득 − (지대 + 가족노임추정액)
③ 가족노동에 귀속하는 소득 = 임업소득 − (지대 + 자본이자)
④ 가족노동에 귀속하는 소득 = 임업소득 − (지대 + 가족노임추정액)

해설 임업소득은 임산물의 생산과 판매를 통해 임가가 얻는 소득으로서 임업조수입에서 임업경영비를 빼면 구할 수 있다.

① 자본에 귀속하는 소득 = 임업소득-(지대 + 가족노임추정액)
② 임지에 귀속하는 소득 = 임업소득-(자본이자 + 가족노임추정액)
④ 경영관리에 귀속하는 소득 = 임업순수익 - (지대 + 자본이자)

40 벌채목의 길이가 20m, 원구단면적이 $0.6m^2$이고, 중앙단면적이 $0.55m^2$, 말구단면적이 $0.4m^2$일 경우에 스말리안(Smalian)식에 의한 재적은?

① $8.0m^3$ ② $10.0m^3$
③ $10.3m^3$ ④ $11.0m^3$

해설 스말리안식

$= \frac{원구단면적 + 말구단면적}{2} \times 길이$

$= \frac{0.6+0.4}{2} \times 20 = 10(m^3)$

정답 37. ④ 38. ④ 39. ③ 40. ②

산림기사 필기

2018년 제1회 기출문제

제1과목 조림학

01 삽목상의 조건으로 가장 적합한 것은?

① 건조를 막기 위해 해가림이 필요하다.
② 온도가 30℃ 이상 높은 온도에서 발근이 유리하다.
③ 토양 내 미생물의 종류가 다양할수록 발근에 유리하다.
④ 발근에 시간이 오래 걸리는 수종의 경우 잎의 증산이 원활하도록 공중습도를 조절한다.

해설 ② 삽목상은 25℃ 이하로 관리한다.
③ 토양 내 미생물의 종류가 다양하면 감염이나 병해가 발생할 수 있다.
④ 발근에 시간이 오래 걸리는 수종의 경우 잎의 증산이 억제되도록 공중습도를 높인다.

02 토양 산성화로 인한 수목 생육 장애요인으로 옳지 않은 것은?

① 인산 이용의 결핍
② 염기성 양이온의 용탈
③ 뿌리의 양분 흡수력 저하
④ 토양 미생물과 소동물의 활성 증가

해설 토양이 산성화되면 토양 미생물의 활동이 억제 및 약화된다.

03 어린 나무 가꾸기의 대상 임목은?

① 폭목 ② 중용목
③ 경합목 ④ 피해목

해설 어린 나무 가꾸기에서 대상 임목은 미래목과 중용목이다. 폭목, 경합목, 피해목은 제거 대상이다.

04 개화한 당년에 종자가 성숙하는 수종과 개화한 다음 해에 종자가 성숙하는 수종이 바르게 짝지어진 것은?

① 졸참나무–떡갈나무
② 신갈나무–갈참나무
③ 신갈나무–상수리나무
④ 굴참나무 – 상수리나무

해설 • 개화한 당년 종자가 성숙하는 수종 : 삼나무, 떡갈나무, 신갈나무, 졸참나무 등
• 개화한 다음 해에 종자가 성숙하는 수종 : 상수리나무, 굴참나무, 소나무, 잣나무, 향나무 등

05 묘포의 경운작업에 대한 설명으로 옳지 않은 것은?

① 호기성 토양 미생물이 증식할 수 있는 환경을 제공한다.
② 토양의 풍화작용을 억제하여 영양분을 가용성으로 만든다.
③ 토양의 보수력 및 흡열력, 그리고 비료의 흡수력을 증가시킨다.
④ 토양을 부드럽게 하고 통기가 잘 되도록 하여 토양 산소량을 많게 한다.

해설 경운작업은 영양분을 가용성 좋게 만들지만 풍화작용을 촉진한다.

정답 01. ① 02. ④ 03. ② 04. ③ 05. ②

06 수목의 체내에서 양료의 이동성이 떨어지는 무기원소는?

① 인 ② 질소
③ 칼슘 ④ 마그네슘

해설 • 이동이 쉬운 양분 : N, P, K, Mg
• 이동이 어려운 양분 : Ca, Fe, B

07 우량 묘목의 조건으로 가장 부적합한 것은?

① 우량한 유전성을 지닌 것
② 근계의 발달이 충실한 것
③ 가지가 사방으로 고루 뻗어 발달한 것
④ 정아보다 측아의 발달이 잘 되어 있는 것

해설 측아 발달보다 정아가 우세한 것이 우량 묘목이다.

08 속씨식물에 대한 설명으로 옳지 않은 것은?

① 중복수정을 하지 않는다.
② 배유의 염색체는 3배체(3n)이다.
③ 완전화의 경우 배주가 심피에 싸여 있다.
④ 건조지에서 자라는 수목의 잎은 책상조직이 양쪽에 있어서 앞뒤의 구별이 불분명하다.

해설 속씨식물은 중복수정을 한다.

09 동령적 혼효림 조성 시 고려해야 할 사항으로 옳지 않은 것은?

① 가급적 양수와 음수를 모두 식재한다.
② 생장속도가 비슷한 수종으로 식재한다.
③ 각 수종이 비슷한 윤벌기 내에 성숙하도록 한다.
④ 내음성이 비슷한 수종의 경우 생장속도가 빠른 수종은 일찍 식재한다.

해설 성장속도가 빠른 수종은 늦게 식재한다.

10 포플러류 중 양버들에 해당하는 것은?

① *Populus alba*
② *Populus nigra*
③ *Populus davidiana*
④ *Populus tomentiglandulosa*

해설 ① 은백양, ② 양버들, ③ 사시나무, ④ 은사시나무

11 간벌에 대한 설명으로 옳은 것은?

① 임목의 형질을 퇴화시키는 단점이 있다.
② 정량간벌은 간벌목 선정이 수형급을 중심으로 이루어진다.
③ 간벌을 하지 않은 임분은 입지 조건이 열악해지는 단점이 있다.
④ 직경 생장을 촉진시켜 연륜 폭을 고르게 하는 데 도움을 줄 수 있다.

해설 ① 간벌은 불량목을 제거하여 임분의 형질을 올려준다.
② 간벌목 선정이 수형급을 중심으로 이루어지는 것은 정성간벌이다.
③ 간벌을 하지 않는다고 해서 입지(환경) 조건이 나빠지는 것은 아니다.

12 종자의 휴면타파 방법이 아닌 것은?

① 후숙 ② 노천매장
③ 침수처리 ④ 밀봉저장

해설 밀봉저장은 종자의 건조저장법 중의 하나다.

13 수분의 주요 이동통로로 이용되는 조직은?

① 수 ② 사부
③ 목부 ④ 형성층

해설 • 수분은 목부를 통해서 이동한다.
• 도관, 세포막공, 가도관 등의 기관이 목부에 속한다.

정답 06. ③ 07. ④ 08. ① 09. ④ 10. ② 11. ④ 12. ④ 13. ③

14 **우리나라 온대 중부지방을 대표하는 특징 수종은?**

① 신갈나무 ② 분비나무
③ 후박나무 ④ 너도밤나무

해설 후박나무는 난대림, 너도밤나무는 온대림, 분비나무는 아한대림에 서식한다. 너도밤나무는 온대남부의 일부에 서식하며, 자생 군락은 울릉도에만 존재하므로 대표 수종이라고 할 수 없다.

15 **자연생태계의 물순환 과정에서 산림의 역할에 대한 설명으로 옳지 않은 것은?**

① 산림토양의 특성은 지표의 우수 유출 경로를 결정하며 홍수에 큰 영향을 끼친다.
② 물은 광합성에 의해 물질생산에 기여하고, 생산된 물질순환 과정에서 산림토양이 형성된다.
③ 증산작용에 의한 지표면의 열환경 변화는 도시림에서는 거의 무시할 수 있을 정도로 미미하다.
④ 산림의 대규모 소실은 지표의 열환경 변화와 대량의 증산량 감소로 인해 광역의 물순환을 변화시킨다.

해설 도시림은 지표면의 열환경 변화에 큰 영향을 미친다. 잘 자란 나무 한 그루가 에어컨 몇 대의 역할을 한다고 한다.

16 **열대우림에 대한 설명으로 옳지 않은 것은?**

① 종 다양성이 높다.
② 목의 뿌리는 대부분 심근성이다.
③ 과도한 침식과 용탈로 토양이 척박해지기 쉽다.
④ 연평균 강우량이 2,000mm 이상의 적도 주변 지역에 분포한다.

해설 열대우림의 수목 뿌리는 극심한 경쟁으로 천근성과 심근성이 함께 존재한다.

17 **단벌기 작업에서 맹아에 의한 갱신 방법은?**

① 왜림작업 ② 중림작업
③ 이단림작업 ④ 모수림작업

해설 왜림작업은 소경재 생산을 목적으로 맹아로 갱신한다.

18 **종자의 결실주기가 가장 짧은 수종은?**

① *Alnus japonica*
② *Picea jezoensis*
③ *Larix kaempferi*
④ *Abies holophylla*

해설 ① 오리나무, ② 가문비, ③ 일본잎갈나무, ④ 전나무

주기	수종
매년	버드나무, 포플러, 오리나무
격년결실	소나무, 오동나무, 자작나무
2~3년	참나무, 들메나무, 삼나무
3~4년	전나무, 가문비나무, 녹나무
5년 이상	낙엽송, 너도밤나무

19 **활엽수의 가지치기 절단 위치로 가장 적합한 곳은?**

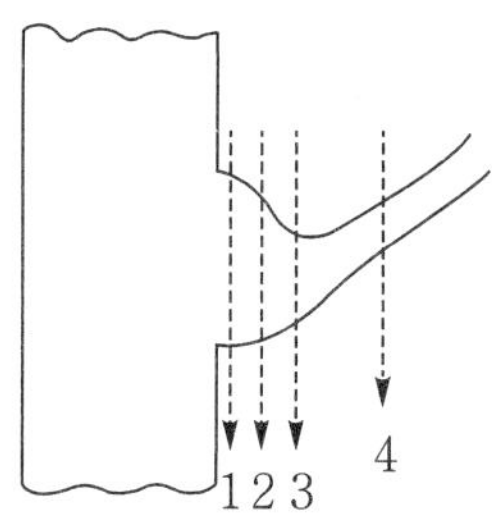

① 1 ② 2
③ 3 ④ 4

해설 활엽수는 지융이 손상되지 않도록 자르고, 침엽수는 줄기와 평행하게 자른다.

정답 14. ① 15. ③ 16. ② 17. ① 18. ① 19. ③

20 산벌작업에 적용이 가장 적합한 수종은?

① 곰솔, 소나무
② 전나무, 너도밤나무
③ 사시나무, 자작나무
③ 리기다소나무, 일본잎갈나무

해설 산벌작업은 너도밤나무, 가문비나무, 전나무 등 대부분의 음수와 소나무와 같은 양수에 적용할 수 있다.

제3과목 임업경영학

21 임지기망가를 적용하는 데 있어 이론과 현실이 달라 발생하는 문제점으로 옳지 않은 것은?

① 플러스(+) 값만 발생되어 현실과 맞지 않는다.
② 수익과 비용인자는 평가 시점에 따라 수시로 변동한다.
③ 동일한 작업을 영구히 계속하는 것은 비현실적이다.
④ 임업이율을 정하는 객관적인 근거가 없어 평정이 자의적으로 되기 쉽다.

해설 임지기망가

- 당해 임지에 일정한 시업을 영구적으로 실시한다고 가정할 때 기대되는 순수익의 전가합계를 임지기망가라고 한다.
- 임지기망가법은 동일한 작업법을 영구히 계속함을 전제로 한 것으로 비현실적이다.
- 임지기망가는 주벌수익과 간벌수익보다 조림비와 관리비가 크면 마이너스 값이 발생할 수도 있다.

22 어느 임업 법인체의 임목벌채권 취득원가가 8000만 원이고, 잔존가치는 3000만 원이라고 한다. 총벌채 예정량은 10만m^3이고 당기 벌채량은 4천m^3이라고 하면 당기 총 감가상각비는?

① 1,000,000원 ② 2,000,000원
③ 3,000,000원 ④ 4,000,000원

해설 감가상각비율/m^3

=감가상각대상금액×가동률

$=(\text{취득원가}-\text{잔존가치})\times\frac{\text{벌채량}}{\text{총벌채예정량}}$

$=(8{,}000\text{만 원}-3{,}000\text{만 원})\times\frac{4\text{천}m^3}{10\text{만}m^3}$

=200만 원

23 수확조정 방법 중 조사법에 대한 설명으로 옳지 않은 것은?

① 주로 개벌작업에 적용하고 있다.
② 직접 연년생장량을 측정하여 수확예정량을 결정한다.
③ 경영자의 경험에 의하기 때문에 고도의 기술적 숙련을 필요로 하는 문제점이 있다.
④ 자연법칙을 존중하면서 임업의 경제성을 높이고 다량의 목재생산을 지속하려는 방법이다.

해설 수확조정 방법에서 생장량법의 종류

- Martin법 : 각 임분의 평균 성장 합계를 수확량으로 결정한다.
- 성장률법(생장률법) : 현실축적에 각 임분의 평균 성장률을 곱하여 수확량을 결정한다.
- 조사법 : 임분 별로 성장량과 조림상태를 고려하여 수확량을 결정한다. 경영자의 경험에 의하기 때문에 고도의 기술적 숙련을 필요로 하는 주로 택벌림에서 실행한다. 자연법칙을 존중하면서 임업의 경제성을 높이고 다량의 목재생산을 지속하려는 방법이므로 개벌작업에는 맞지 않는다.

정답 20. ② 21. ① 22. ② 23. ①

24 임업이율 중 일반 물가등귀율을 내포하고 있는 것은?

① 자본 이자 ② 평정 이율
③ 장기적 이율 ④ 명목적 이율

해설 물가등귀율을 내포하고 있는 이율은 명목적 이율로 명목이율과 물가등귀율을 반영하여 실질이율을 구할 수 있다.

25 윤척 사용법에 대한 설명으로 옳지 않은 것은?

① 수간 축에 직각으로 측정한다.
② 흉고부(지상 1.2m)를 측정한다.
③ 경사진 곳에서는 임목보다 낮은 곳에서 측정한다.
④ 흉고부에 가지가 있으면 가지 위나 아래를 측정한다.

해설 윤척은 입목의 직경측정에 쓰이며, 땅이 기울어진 경사지에서는 뿌리보다 높은 곳에서 측정한다.

26 경영계획구 내에서 수종, 작업 종, 벌기령이 유사하여 공통적으로 시업을 조절할 수 있는 임분의 집단은?

① 임반 ② 작업급
③ 시업단 ④ 벌채열구

해설 작업급은 수종, 작업 종, 벌기령이 유사한 임분의 집단을 말한다.

27 전체 산림 면적을 윤벌기 연수와 같은 수의 벌구로 나누어 한 윤벌기를 거치는 동안 매년 한 벌구씩 벌채 수확할 수 있도록 조정하는 방법은?

① 평분법 ② 재적배분법
③ 법정축적법 ④ 구획윤벌법

해설 전 산림면적을 윤벌기 연수와 동일하게 벌구로 나누고 매년 한 벌구씩 수확하는 방법을 구획윤벌법이라 한다.

28 자연휴양림의 수림 공간 형성 특성 중 레크레이션 활동 공간으로써 자유도가 가장 높은 구역은?

① 산개림형 ② 열개림형
③ 소생림형 ④ 밀생림형

해설
- 밀생림형이 레크레이션의 활동 공간으로는 부적합하나 교육적 활동은 가능한 수림형이다.
- 레크레이션 이용 밀도로 산개림이 가장 높고 다음으로 소생림, 밀생림 순서이다.

29 법정림의 법정상태 요건이 아닌 것은?

① 법정축적 ② 법정벌채량
③ 법정영급분배 ④ 법정임분배치

해설 법정림이란 재적수확의 엄정보속을 실현할 수 있는 내용조건을 완전히 갖춘 산림을 말한다. 이러한 상태를 법정상태라고 하며, 일반적으로 법정영급분배, 법정임분배치, 법정생장량, 법정축적을 들 수 있다.

30 임분이 성장하여 성숙기에 도달하는 산림경영계획상의 연수는?

① 벌채령 ② 벌기령
③ 윤벌기 ④ 회귀령

해설 벌기령은 임목을 일정 성숙한 상태로 육성하고 수확하는 데 필요한 계획상의 연수임목생산을 위한 수목별 기준벌기령

31 산림에서 간벌할 임목을 대묘로 굴취하여 도시의 환경 미화목으로 사용함으로써 중간수입을 얻는 임업경영의 형태는?

① 농지임업 ② 혼목임업
③ 수예적 임업 ④ 비임지임업

해설 수예적 임업은 간벌할 임목을 대묘(大苗)로 굴취하여 도시의 환경미화목으로 이용하거나 꽃나무와 기타 관상수를 생산하여 중간 수입을 거두는 형태의 임업이다.

정답 24. ④ 25. ③ 26. ② 27. ④ 28. ① 29. ② 30. ② 31. ③

32 **잣나무 30년생의 ha당 재적이 120m³였던 것이 35년생 때 160m³가 되었다. 이때 (160－120)÷5＝8m³의 계산식으로 구하는 성장량은?**

① 연년성장량
② 정기성장량
③ 총평균성장량
④ 정기평균성장량

해설 일정 기간 동안의 성장량을 측정하여 그 기간을 나누어 1년간의 성장량으로 할 때를 정기평균성장량이라 한다.

$$\frac{\Delta V}{\Delta t} = \frac{(160 - 120)}{(35 - 30)} = 8(m^3/\text{년})$$

33 **임가소득에 대한 설명으로 옳지 않은 것은?**

① 농업소득도 임가소득에 포함된다.
② 임업 외 소득도 임가소득에 포함된다.
③ 겸업 또는 부업으로 인한 소득은 임가소득에서 제외된다.
④ 임가소득지표로 생산자원의 소유 형태가 서로 다른 임가 사이의 임업경영 성과를 직접 비교할 수 없다.

해설
- 임업순수익＝임업조수익-임업경영비-가족임금 추정액
- 임업소득＝임업조수익-임업 경영비
- 임가소득＝임업소득＋농업소득＋농업 이외의 소득
- 겸업 및 부업 등도 농업 이외의 소득으로 임가소득에 포함된다.

34 **임지기망가의 기본 공식으로 옳은 것은? (단, R＝수익에 대한 전가, C＝비용에 대한 전가, n＝벌기연수, p＝이율)**

① $\dfrac{R-C}{0.0P}$ ② $\dfrac{R-C}{1.0P}$

③ $\dfrac{R-C}{1.0P^n-1}$ ④ $\dfrac{R-C}{0.0P(1.0P^n-1)}$

해설 임지기망가는 임지에 일정한 시업을 영구적으로 실시한다는 가정으로 토지에 기대되는 순수익의 전가(현재가) 합계액을 계산한 것이다.

$$\frac{R-C}{1.0P^n-1}$$

R : 수익에 대한 전가, C : 비용에 대한 전가,
n : 벌기 연수, P : 이율

35 **임업소득에 대한 설명으로 옳지 않은 것은?**

① 임업소득은 조림지 면적이 커짐에 따라 증대된다.
② 임업조수익 중에서 임업소득이 차지하는 비율을 임업의존도라 한다.
③ 임업소득 가계충족률은 임가의 소비경제가 임업에 의하여 지탱되는 정도를 나타낸다.
④ 임업순수익은 임업경영이 순수익의 최대를 목표로 하는 자본가적 경영이 이루어졌을 때 얻을 수 있는 수익이다.

해설
- 임업의존도＝(임업소득/임가소득)×100 : 임업소득이 차지하는 비율을 말한다.
- 임업순수익＝임업조수익-임업경영비-가족임금 추정액
- 임업소득＝임업조수익-임업 경영비
- 임가소득＝임업소득＋농업소득＋농업 이외의 소득
- 겸업 및 부업 등도 농업 이외의 소득으로 임가소득에 포함된다.

36 **잣나무의 흉고직경이 36cm, 수고가 25m일 때 덴진(Denzin)식에 의한 재적(m³)은?**

① 0.025 ② 0.036
③ 1.296 ④ 2.592

해설 $V = \dfrac{\text{흉고직경}^2}{1{,}000} = \dfrac{36^2}{1{,}000} = 1.296$

정답 32. ④ 33. ③ 34. ③ 35. ② 36. ③

37 형수(form factor)에 대한 설명으로 옳지 않은 것은?

① 정형수는 흉고직경을 기준으로 한다.
② 절대형수는 수간 최하부의 직경을 기준으로 한다.
③ 지하고가 높고 수관량이 적은 나무일수록 흉고형수가 크다.
④ 일반적으로 지위가 양호할수록 흉고형수는 작은 경향이 있다.

해설
- 비교원주의 직경을 측정하는 위치에 따라 형수를 분류한다.
- 부정형수 : 1.2m 높이에서 직경을 측정한다. 흉고형수라고도 한다.
- 정형수(수고의 $\frac{1}{n}$ 위치를 기준) : 나무높이의 $\frac{1}{10}$ 또는 $\frac{1}{20}$ 의 위치에서 직경을 측정한다.
- 절대형수 : 임목의 최하부에서 직경을 측정한다.

38 해마다 연말에 간벌수입으로 100만 원씩 수입이 있는 임분을 가지고 있을 때, 이 임분의 자본가는? (단, 이율은 4%)

① 9,615,385원 ② 1,040,000원
③ 2,500,000원 ④ 25,000,000원

해설 매년 영구히 발생하는 수익의 자본가는 무한연년 전가합과 같다.

$$자본가 = \frac{수익}{이율} = \frac{1,000,000}{0.04} = 25,000,000(원)$$

39 손익분기점에 대한 설명으로 옳지 않은 것은?

① 원가는 노동비와 재료비로 구분한다.
② 고정비는 생산량 증감에 관계없이 항상 일정하다.
③ 제품의 판매가격은 판매량과 관계없이 항상 일정하다.
④ 제품 한 단위당 변동비는 생산량에 관계없이 항상 일정하다.

해설 손익분기점 분석의 전제조건(가정)
- 원가는 고정비와 변동비로 구분된다.
- 제품의 단위당 판매가격은 판매량의 변동에도 변하지 않는다.
- 제품 한 단위당 변동비는 항상 일정하다.
- 고정비는 생산량의 증감에 관계없이 항상 일정하다.
- 생산량과 판매량은 항상 같으며, 생산과 판매에 동시성이 있다.
- 제품의 생산능률은 고려하지 않는다.(변함이 없다.)

40 산림휴양림의 공간이용지역 관리에 관한 설명으로 옳지 않은 것은?

① 기계적 솎아베기 금지
② 덩굴 제거는 필요한 경우 인력으로 제거
③ 작업 시기는 방문객이 적은 시기에 실시
④ 가급적 목재생산림의 우량대경재에 준하여 관리

해설 ①, ②, ③은 공간이용지역 관리에 대한 내용이며, 자연유지지역 관리는 가급적 목재생산림의 우량대경재에 준하여 관리한다.

정답 37. ① 38. ④ 39. ① 40. ④

2018년 제2회 기출문제

제1과목 조림학

01 인공조림과 비교한 천연갱신에 대한 설명으로 옳은 것은?

① 순림의 조성이 쉽다.
② 동령림의 조성이 잘 된다.
③ 초기 노동인력이 많이 필요하다.
④ 생태적으로 보다 안정된 임분을 조성할 수 있다.

해설 ①, ②, ③은 인공조림의 특징이다.

02 자엽 내에 저장물질을 가지고 있거나 배유가 전혀 없는 무배유 종자에 해당하는 것은?

① 소나무 ② 전나무
③ 물푸레나무 ④ 아까시나무

해설
- 유배유종자(albuminous seed) : 소나무, 잣나무, 전나무, 물푸레나무 등
- 무배유종자(exalbuminous seed) : 밤나무, 호두나무, 참나무, 자작나무, 칠엽수, 아까시나무 등

03 종자의 저장 수명이 가장 긴 수종은?

① *Salix koreensis*
② *Quercus variabilis*
③ *Robinia pseudoacacia*
④ *Cryptomeria japonica*

해설 ① 버드나무, ② 굴참나무, ③ 아까시나무, ④ 삼나무

종자의 수명	수종
2주 정도	버드나무류, 회양목
단명종자(1~2년)	참나무류, 삼나무
장명종자(4~5년, 그 이상)	콩과식물

04 삽목상의 환경조건에 대한 설명으로 옳지 않은 것은?

① 통기성이 좋아야 한다.
② 해가림을 하여 건조를 막는다.
③ 온도는 10~15℃가 가장 적합하다.
④ 삽수에 적절한 수분을 공급하여야 한다.

해설 삽목상은 낮 기준 25℃ 이하로 관리해야 토양세균의 번식으로 인한 피해를 입지 않는다.

05 수목 체내에서 이동이 어렵고 결핍증상이 어린잎에서 먼저 나타나는 무기원소는?

① 칼슘 ② 질소
③ 인산 ④ 칼륨

해설
- 칼슘, 붕소, 철이 수체 내에서 이동하기 어려운 양분에 해당한다.
- 이동이 쉬운 양분 : N, P, K, Mg
- 이동이 어려운 양분 : Ca, Fe, B

정답 01. ④ 02. ④ 03. ③ 04. ③ 05. ①

06 간벌의 효과가 아닌 것은?

① 목재의 형질 향상
② 임목의 초살도 감소
③ 산불의 위험성 감소
④ 벌기수확이 양적 및 질적으로 증가

해설 간벌은 밀도를 낮추어 주는 작업이다. 밀도를 낮추면 임목의 초살도는 높아진다.

07 수목 내에서 물의 주요 기능이 아닌 것은?

① 원형질의 구성성분이다.
② 세포의 팽압을 유지한다.
③ 엽록소를 구성하고 동화작용을 한다.
④ 여러 대사물질을 다른 곳으로 운반시키는 운반체이다.

해설 엽록소를 구성하는 것은 마그네슘과 수소, 탄소 등이다.

08 식재 조림을 위한 묘목의 선정과 관리에 대한 설명으로 옳지 않은 것은?

① 악취가 나는 묘목은 조림 대상에서 제외한다.
② 묘목은 약간 건조한 상태에서 저장하여야 한다.
③ 묘목의 뿌리나 줄기를 손톱이나 칼로 약간 벗겨보면 습기가 있고 백색으로 윤기가 돌아야 한다.
④ 묘목의 동아가 자라지 않고 단단하여야 하며, 흰색의 세근이 4~5mm 이상 자라지 않은 상태여야 한다.

해설 묘목은 햇빛이나 바람에 노출되어 건조되지 않도록 주의한다.

09 풀베기 작업을 시행하기에 가장 적절한 시기는?

① 3월 상순~5월 하순
② 3월 하순~5월 하순
③ 6월 상순~8월 상순
④ 8월 하순~10월 상순

해설 풀베기 시기는 보통 6월~8월에 실시하며 9월 이후는 실시하지 않는다.

10 토양산도와 수목의 상호관계에 대한 설명으로 옳은 것은?

① 일본잎갈나무는 알칼리성 토양에서 가장 잘 자란다.
② 철은 산성 토양에서 결핍현상이 자주 발생한다.
③ 참나무류, 단풍나무류, 피나무류 등은 pH 5.5~6.5에서 양호한 생장을 보인다.
④ 묘포의 토양산도가 pH 4.5 이하의 강산성을 보일 경우에는 모잘록병이 자주 발생한다.

해설 ① 일본잎갈나무는 산성토양에서 잘 자란다.
② 철은 알칼리성토양에서 결핍현상이 자주 발생한다.
④ 모잘록병은 배수가 잘 안되는 습한 묘포에서 자주 발생한다.

11 우리나라 난대림에 대한 설명으로 옳지 않은 것은?

① 제주도는 난대림만 존재한다.
② 특징 임상은 상록활엽수림이다.
③ 연평균 기온이 14℃ 이상의 지역이다.
④ 우리나라 산림대 중에 가장 적은 면적을 차지한다.

해설 제주도의 한라산은 아래쪽에서부터 난대림, 온대림이 나타나고 1,500m 이상에서 아한대림이 나타난다.

정답 06. ② 07. ③ 08. ② 09. ③ 10. ③ 11. ①

12 잎이 5개씩 모여서 나는 것은?

① *Pinas rigida*
② *Pinus parviflora*
③ *Pinus bungeana*
④ *Pinus thunbergii*

해설 ① 리기다소나무, ② 섬잣나무, ③ 백송, ④ 곰솔
- 잎이 다섯 개씩 모여 나는 것은 잣나무 종류들이다.
- 잣나무, 섬잣나무, 스트로브잣나무 등이 있다.
- 리기다소나무와 백송은 잎이 3개가 모여난다.
- 해송과 소나무는 잎이 2개가 모여난다.

13 동일 임분에서 대경목을 지속적으로 생산할 수 있는 작업 종은?

① 택벌작업 ② 개벌작업
③ 산벌작업 ④ 제벌작업

해설
- 동일임분에서 대경목을 지속적으로 생산할 수 있는 보속작업이 가능한 것은 택벌이다.
- 개벌과 산벌작업은 각 작업급에서 대경목을 지속적으로 생산할 수 있다.

14 묘목의 가식에 대한 설명으로 옳지 않은 것은?

① 산지 가식은 조림지 근처에 한다.
② 가식지 주변에 배수로를 만들어 준다.
③ 일반적으로 45° 정도 경사지게 가식한다.
④ 비가 오거나 또는 비가 온 후에는 수분이 충분하므로 즉시 가식한다.

해설 비가 오거나 비가 온 직후에 가식하면 수목의 뿌리가 호흡이 어려우므로 이때를 피해서 가식한다.

15 테트라졸륨 용액을 이용한 종자 활력검사에 대한 설명으로 옳지 않은 것은?

① 휴면종자에도 잘 나타난다.
② 테트라졸륨 용액은 어두운 곳에 보관한다.
③ 침엽수의 종자는 배와 배유가 함께 염색되도록 한다.
④ 활력이 없는 종자의 조직을 접촉시키면 붉은색으로 변한다.

해설 활력이 없는 종자는 색의 변화가 없다.

16 열대우림에 대한 설명으로 옳지 않은 것은?

① 동식물의 종 다양성이 높다.
② 낙엽의 분해가 빨라서 1차 생산성이 낮다.
③ 연중 비가 내리는 열대우림에는 상록활엽수가 우점한다.
④ 토양은 화학적 풍화가 빠르고 수용성 물질의 용탈이 심하다.

해설 낙엽의 분해가 빨라서 양분의 순환이 빨라지므로 1차 생산성이 높은 것이 열대우림이다.

17 맹아갱신을 적용하는 작업 종이 아닌 것은?

① 모수작업 ② 왜림작업
③ 중림작업 ④ 두목작업

해설
- 왜림은 맹아갱신으로 만든 숲, 중림은 교림과 왜림으로 이루어진 숲, 두목작업은 임목을 지상 1~2m에서 잘라 자른 부분에서 발생한 맹아만 매년 채취하는 작업법이다.
- 모수작업은 맹아갱신이 아니라 천연하종에 갱신법이다.

정답 12. ② 13. ① 14. ④ 15. ④ 16. ② 17. ①

18 옥신의 효과로 옳지 않은 것은?

① 종자 휴면 유도
② 정아 우세 현상
③ 뿌리의 생장 촉진
④ 고농도에서 제초제의 역할

해설 • 종자의 휴면을 유도하는 호르몬은 스트레스 호르몬인 아브시스산이다.
• 옥신과 지베렐린은 종자의 휴면타파, 종자의 발아를 촉진한다.

19 겉씨식물의 특성으로 옳은 것은?

① 중복수정을 한다.
② 헛물관 세포가 있다.
③ 대부분 잎은 그물맥이다.
④ 밑씨가 씨방 속에 들어 있다.

해설 ①, ③, ④는 속씨식물의 특징이다.

20 어린 나무 가꾸기 작업에 대한 설명으로 옳지 않은 것은?

① 임분 전체의 형질 향상이 목적이다.
② 목적하는 수종의 완전한 생장과 건전한 자람을 도모한다.
③ 조림목이 임관을 형성한 후부터 간벌시기 이전에 시행한다.
④ 하목의 수광량을 감소시켜 불필요한 수목 및 잡초의 생장을 지연시킨다.

해설 유해 수종, 불량 수목, 덩굴류를 제거하여 하목의 수광량을 증가시킨다.

제3과목 임업경영학

21 어느 법정림의 춘계축적이 900m^3, 추계축적이 1100m^{3}라 할 때 법정축적은?

① 900m^3　　② 1000m^3
③ 1100m^3　　④ 2000m^3

해설 $\text{법정축적} = \dfrac{\text{춘계축적}+\text{추계축적}}{2}$

$= \dfrac{900+1{,}100}{2} = 1{,}000(\text{m}^3)$

22 지위지수에 대한 설명으로 옳지 않은 것은?

① 임지의 생산능력을 나타낸다.
② 우세목의 수고는 밀도의 영향을 많이 받는다.
③ 지위지수 분류표 및 곡선은 동형법 또는 이형법으로 제작할 수 있다.
④ 우리나라에서는 보통 임령 20년 또는 30년일 때 우세목의 수고를 지위지수로 하고 있다.

해설 우세목의 수고는 밀도의 영향을 거의 받지 않는다.

23 자연휴양림 지정을 위한 타당성 평가 기준이 아닌 것은?

① 경관　　② 면적
③ 위치　　④ 활용여건

해설 • 자연휴양림등 타당성 평가의 세부기준 [시행 2018. 8. 9.]
• 자연휴양림 지정을 위한 타당성 평가 기준으로는 경관, 위치, 수계, 휴양유발 및 개발여건 등의 항목이 있다.
• 표고차, 환경파괴 정도, 독특성, 상층목 수령, 식물 다양성, 생육 상태(울폐도) 및 야생동물의 종 다양성 등은 경관에 해당된다.

정답 18. ① 19. ② 20. ④ 21. ② 22. ② 23. ④

24 수간석해를 통해 총 재적을 구할 때 합산하지 않아도 되는 것은?

① 근주재적 ② 지조재적
③ 결정간재적 ④ 초단부재적

해설 지조의 재적측정
- 지조(branch)율은 지조재적과 수간재적의 비(%)이며, 수종 · 연령 · 생육환경에 따라 달라진다.
- 수고가 높아지면 지조율은 낮아진다.
- 수간석해를 통하여 수간재적을 구한다. 나무의 부위에 따라 결정(수)간재적, 초단부재적, 근주재적으로 나누어 계산하고, 이것을 합하여 전체 재적으로 한다.

25 임업이율이 보통이율보다 낮게 평정되는 이유로 옳지 않은 것은?

① 생산기간의 장기성
② 산림소유의 안정성
③ 산림재산의 유동성
④ 산림 관리경영의 복잡성

해설 임업이율이 낮아야 하는 이유
- 임업은 장기간의 투자를 전제로 하므로 위험성과 불확실성이 크다.
- 임업은 위험과 불확실성이 크기 때문에 이론적으로 임업이율은 높아야 한다.
- 산림경영의 수익성이 낮기 때문에 보통 이율보다 약간 낮게 계산한다는 주장도 있다.
- Endress는 다음과 같은 이유로 임업이율은 낮아야 한다고 설명한다.
  - 재적 및 금원수확의 증가와 산림 재산가치의 등귀
  - 산림 소유의 안정성
  - 산림재산 및 임료수입의 유동성
  - 산림 관리경영의 간편성
  - 생산기간의 장기성
  - 사회발전 및 경제안정에 따른 이율의 하락
  - 기호 및 간접이익의 관점에서 나타나는 산림 소유에 대한 개인적 가치평가

26 윤벌기에 대한 설명으로 옳지 않은 것은?

① 택벌작업에 따른 법정림의 개념이다.
② 임목의 생산기간과는 일치하지 않는다.
③ 작업급의 법정영급분배를 예측하는 기준이다.
④ 작업급의 모든 임목을 일순벌하는 데 소요되는 기간이다.

해설

윤벌기	벌기령
작업급에 성립	임분 또는 수목에 성립
연년작업이 진행되는 작업급의 전 임목을 일순벌 하는 데 요하는 기간이다.	임목 그 자체의 생산기간을 나타내는 예상적 연령 개념

택벌작업은 회귀년과 관련이 있다. 윤벌기는 한 작업급의 전 임목을 일순벌 하는 데 요하는 기간이다. 전체 숲의 벌채가 끝날 때까지의 기간을 의미한다.

27 유형고정자산의 감가 중에서 기능적 요인에 의한 감가에 해당되지 않는 것은?

① 부적응에 의한 감가
② 진부화에 의한 감가
③ 경제적 요인에 의한 감가
④ 마찰 및 부식에 의한 감가

해설
- 유형고정자산의 가치 감소를 계산하여 장부에 기록하는 절차를 감가상각이라고 한다.
- 실제로 거래는 발생하지 않았으나 고정자산의 가치 감소분만큼 장부가액을 감소시킨다.
- 기술적 진보 등에 의해 발생하는 감모분을 진부화(陳腐化)에 의한 감가라고 한다.
- 마찰 및 부식에 의한 감가는 물질적 감가에 속한다.

28 임업소득을 결정하는 생산요소에 포함되지 않은 것은?

① 임지 ② 자본
③ 노동 ④ 보속성

해설 임업소득은 임지, 노동, 자본, 경영관리 등이 생산요소에 포함된다.

정답 24. ② 25. ④ 26. ① 27. ④ 28. ④

29 유동 자본재에 속하는 것은?

① 임도 ② 기계
③ 묘목 ④ 저목장

해설 유동자본의 종류로 종자, 묘목, 약제, 비료가 있다.

30 임지기망가가 최대치에 도달하는 시기에 대한 설명으로 옳은 것은?

① 이율이 낮을수록 빨리 나타난다.
② 채취비가 클수록 빨리 나타난다.
③ 조림비가 클수록 늦게 나타난다.
④ 간벌수확이 적을수록 빨리 나타난다.

해설 임지기망가 최댓값 영향인자

주벌수익	증대속도가 낮아질수록 최댓값에 빨리 도달한다.
간벌수익	클수록 그 시기가 이를수록 최댓값에 빨리 도달한다.
이율	클수록 최댓값에 빨리 도달한다.
조림비	작을수록 최댓값에 빨리 도달한다.
채취비	작을수록 최댓값에 빨리 도달한다.

관리비는 임지기망가의 최댓값과 무관하고, 일반적으로 채취비가 클수록 임지기망가의 최댓값이 늦게 온다.(이주 간 클수록 채조는 작을수록 최댓값에 빨리 도달한다)

31 법정림에서 법정벌채량과 의미가 다른 것은?

① 법정수확률
② 법정연벌량
③ 법정생장량
④ 벌기평균생장량 × 윤벌기

해설 법정벌채량은 법정수확량이라고도 하며, 법정상태를 유지하면서 벌채할 수 있는 재적을 말한다. 법정연벌량과 법정생장량은 일치하며 벌기평균생장량에 윤벌기를 곱한 값과 같다.
법정수확률은 법정상태를 유지하면서 수확할 수 있는 벌채량의 법정축적에 대한 비율로 $\frac{\text{법정연벌량}}{\text{법정축적}} \times 100$으로 나타낸다.

32 임업의 특성으로 옳지 않은 것은?

① 임업생산은 노동집약적이다.
② 육성임업과 채취임업이 병존한다.
③ 임업노동은 계절적 제약을 크게 받지 않는다.
④ 원목가격의 구성요소 중 운반비가 차지하는 비율이 가장 낮다.

해설 원목가격의 구성요소에서 운반비가 차지하는 비율이 가장 크다.

33 임업투자 결정과정의 순서로 옳은 것은?

① 투자사업 모색→현금흐름 추정→투자사업의 경제성 평가→투자사업 재평가→투자사업 수행
② 현금흐름 추정→투자사업의 경제성 평가→투자사업 모색→투자사업 수행→투자사업 재평가
③ 투자사업 모색→현금흐름 추정→투자사업의 경제성 평가→투자사업 수행→투자사업 재평가
④ 현금흐름 추정→투자사업 모색→투자사업의 경제성 평가→투자사업 수행→투자사업 재평가

해설 임업투자는 투자사업을 모색하고 현금의 흐름을 추정, 사업의 경제성을 평가하여 투자사업을 수행하고 마지막으로 이것을 재평가하여 결정하는 과정을 거친다.

34 표준목법에 의한 임분 재적 측정 방법으로, 전 임목을 몇 개의 계급으로 나누고 각 계급의 본수를 동일하게 하여 표준목을 선정하는 것은?

① 단급법 ② Urich법
③ Hartig법 ④ Draudt법

정답 29. ③ 30. ③ 31. ① 32. ④ 33. ③ 34. ②

해설 드라우트는 직경급별로 표준목을, 우리히는 본수계급별로 표준목을, 하르티히는 흉고단면적 계급별로 표준목을 선정하였다.

35 임목의 평가 방법에 대한 분류방식으로 옳지 않은 것은?

① 비교방식 – Glaser법
② 수익방식 – 기망가법
③ 원가방식 – 비용가법
④ 원가수익절충방식 – 임지기망가법 응용법

해설 임목의 평가
유령림은 임목비용가법, 벌기 미만의 장령림에는 임목기망가법, 중령림에는 임목비용가법과 임목기망가법의 중간적인 Glaser법, 벌기 이상의 임목에는 임목매매가가 적용되는 시장가역산법으로 평가한다.

36 우리나라에서 통나무의 재적을 구하는 데 이용되는 재적검량 방법에 의해 계산한 벌채목의 재적(m^3)은?

• 원구직경 : 16cm	• 말구직경 : 14cm
• 중앙직경 : 15cm	• 재장 : 8.50m

① 0.099　　② 0.167
③ 0.198　　④ 0.218

해설 국내산 원목 재적 측정법(6m 이상인 경우)

$$V(m^3) = (d_n + \frac{[L]-4}{2})^2 \times \frac{L}{10,000}$$
$$= (14 + \frac{8-4}{2})^2 \times \frac{8.5}{10,000}$$
$$≒ 0.2176(m^3)$$

V : 재적, d_n : 말구지름(cm), $[L]$: 소수점 이하 버리는 정수(m)

37 임도 개설을 위하여 투자한 굴삭기의 비용이 3000만 원, 수명은 5년, 폐기 이후의 잔존가치는 없다고 한다. 이 투자에 의하여 5년 동안 해마다 720만 원의 순이익이 있다면 비율이 가장 낮다. 투자이익률은? (단, 감각상각비 계산은 정액법을 적용)

① 36%　　② 48%
③ 64%　　④ 7%

해설 투자이익률 = 연평균순수익 ÷ 연평균투자액
연평균순수익 = 720만 원
→ 연평균투자액 = (기초투자액 + 기말투자액) ÷ 2 = $\frac{(3,000+0)}{2}$ = 1,500
→ 투자이익률 = (720만 원 ÷ 1,500만 원) × 100(%) = 48(%)

38 산림보호법에서 규정한 산림보호구역의 종류가 아닌 것은?

① 생활환경보호구역
② 재해방지보호구역
③ 백두대간보호구역
④ 산림유전자원보호구역

해설 산림보호법에서 규정한 산림보호구역으로는 생활환경보호구역, 경관보호구역, 수원함양보호구역, 재해방지보호구역, 산림유전자원보호구역이 있다.

39 자연휴양림의 공익적 효용을 직접효과와 간접효과로 구분할 때 간접효과에 해당되는 것은?

① 대기정화기능
② 건강증진효과
③ 정서함양효과
④ 레크레이션효과

해설 자연휴양림의 공익적 효용
• 직접효과 : 정서함양, 건강증진 등
• 간접효과 : 환경보존, 공해 완화, 재해방지, 기상환경 완화 등

정답 35. ① 36. ④ 37. ② 38. ③ 39. ①

40 **단목의 연령측정 방법이 아닌 것은?**

① 목측에 의한 방법
② 지절에 의한 방법
③ 방위에 의한 방법
④ 생장추에 의한 방법

해설
- 임분의 연령을 측정하는 방법으로 본수령, 재적령, 면적령, 표본목령이 있다.
- 단목의 연령측정 방법으로는 목측법에 의한 대략적인 임령을 측정, 가지가 윤상으로 자라는 경우 가지(지절)를 이용하여 임령을 측정 또는 생장추를 이용하는 방법이 있다.

정답 40. ③

산림기사 필기

2018년 제3회 기출문제

제1과목 조림학

01 우리나라 난대림의 특정 수종으로 옳은 것은?

① 곰솔 ② 후박나무
③ 서어나무 ④ 가문비나무

해설 난대림 특정 수종(난대림에만 서식하는 수종) : 가시나무류, 동백, 아왜, 후박나무, 삼나무 등

02 광합성 광반응에 대한 설명으로 옳지 않은 것은?

① ATP를 소모한다.
② NADPH를 생산한다.
③ 햇빛이 있을 때에 일어난다.
④ 엽록체의 grana에서 진행된다.

해설 광반응은 엽록체의 그라나에서 일어난다. 광반응으로 ATP를 생산하고, 물을 분해하여 NADPH를 합성한다.

03 우리나라에서 넓은 분포면적을 가지고 있으며 지역품종(생태형)이 다양한 것은?

① *Pinus rigida*
② *Pinus densiflora*
③ *Pinus koraiensis*
④ *Pinus thunbergii*

해설 ① 리기다소나무, ② 소나무, ③ 잣나무, ④ 곰솔
- 소나무는 Ueki가 분포지역에 따라 6가지 생태형으로 구분하였다.

04 밤나무 품종 중 조생종은?

① 미풍 ② 석추
③ 은기 ④ 단택

해설 미풍, 석추, 은기는 모두 만생종에 속한다.

05 대립 종자를 파종하는 데 가장 알맞은 방법은?

① 점파 ② 산파
③ 상파 ④ 조파

해설 대립 종자의 경우 일정 간격으로 종자를 1~3립 파종하는 방법인 점파가 적합하며, 대표 수종으로는 밤나무, 참나무류, 호두나무, 은행나무 등이 있다.

06 다음의 설명에 해당하는 것은?

- 땅속 50~100cm 깊이에 종자를 모래와 섞어서 저장하는 방법이다.
- 종자를 후숙하여 발아를 촉진하는 방법으로도 사용된다.

① 냉습적법 ② 저온저장법
③ 보호저장법 ④ 노천매장법

해설
- 땅속에 묻는 것은 보습저장법 중 노천매장법에 해당한다.
- 종자 파종 한 달 전에 노천매장을 하면 종자의 발아가 촉진된다.
- 종자의 후숙을 도와 발아를 촉진시킨다.

정답 01. ② 02. ① 03. ② 04. ④ 05. ① 06. ④

07 벌채지에 종자를 공급할 수 있는 나무를 산생 또는 군상으로 남기고 나머지 임목들은 모두 벌채하는 작업은?

① 개벌작업 ② 산벌작업
③ 택벌작업 ④ 모수작업

해설 모수는 종자 공급 목적으로 산생 또는 군생으로 남기는 나무를 말한다.

08 가지치기의 장점으로 옳지 않은 것은?

① 무절재 생산
② 부정아 발생 감소
③ 연륜 폭을 고르게 한다.
④ 산불로 인한 수관화 피해 경감

해설 부정아와 도장지는 과도한 가지치기의 부작용이다.

09 열매가 핵과에 속하는 수종은?

① *Alnus japonica*
② *Cercis chinensis*
③ *Prunus serrulata*
④ *Albizia julibrissin*

해설 ① 오리나무, ② 태기나무, ③ 벚나무, ④ 자귀나무
- 핵과 3개 층의 과피를 가지며 내과피가 단단한 핵으로 이루어진다.
- 호두, 살구, 복숭아, 벚나무 등이 해당된다.

10 모두베기 작업에 대한 설명으로 옳지 않은 것은?

① 양수성 수종 갱신에 유리하다.
② 숲 생태계 기능 복원에 가장 유리한 갱신 방법이다.
③ 성숙한 임분에 가장 간단하게 적용할 수 있는 방법이다.
④ 기존 임분을 다른 수종으로 갱신할 때 가장 빠른 방법이다.

해설 모두베기는 생태계의 기능 회복이 가장 느리다. 택벌이 기능 복원에 가장 유리한 갱신 방법이다.

11 삽목 작업에 사용하는 발근촉진제로 가장 부적합한 것은?

① 인돌초산 ② 인돌부티르산
③ 테트라졸륨산 ④ 나프탈렌초산

해설 테트라졸륨은 종자의 활력검사법 중 환원법에 해당하는 검사시약이다.

12 조림 후 육림실행 과정 순서로 옳은 것은?

① 풀베기→어린 나무 가꾸기→솎아베기→가지치기→덩굴 제거
② 풀베기→덩굴 제거→어린 나무 가꾸기→가지치기→솎아베기
③ 풀베기→솎아베기→가지치기→어린나무 가꾸기→덩굴 제거
④ 가지치기→어린 나무 가꾸기→덩굴 제거→솎아베기→풀베기

해설 육림의 실행은 풀베기가 제일 먼저 시행되고, 어린나무 가꾸기, 가지치기, 솎아베기의 순이다. 덩굴 제거는 필요시에 시행한다.

13 수목의 직경생장에 대한 설명으로 옳지 않은 것은?

① 성목의 경우 목부의 생장량이 사부보다 많다.
② 형성층의 활동은 식물호르몬인 옥신에 의해 좌우된다.
③ 목부와 사부 사이에 있는 형성층의 분열활동에 의해서 이루어진다.
④ 형성층의 분열조직은 안쪽으로 체관세포를 형성하고, 바깥쪽으로 물관세포를 형성한다.

해설 형성층 안쪽은 목부(물관), 바깥쪽은 사부(체관)세포를 형성한다.

정답 07. ④ 08. ② 09. ③ 10. ② 11. ③ 12. ② 13. ④

14 종자의 정선방법으로만 올바르게 나열한 것은?

① 사선법, 풍선법, 수선법
② 봉타법, 유궤법, 침수법
③ 구도법, 사선법, 풍선법
④ 수선법, 도정법, 부숙법

해설 종자 정선법은 입선법, 풍선법, 사선법, 액체선법이 있다.

15 솎아베기 작업의 목적이 아닌 것은?

① 산불의 위험 감소
② 임분 밀도의 조절
③ 임분의 수평구조 안정화
④ 조림목의 생육공간 조절

해설 솎아베기는 수관의 상층과 하층에 대해 균형적 분포를 이루고자 하므로 수직구조 안정화가 솎아베기의 목적 중 하나라고 볼 수 있다.

16 임업 묘포에 대한 설명으로 옳은 것은?

① 임간묘포는 대부분 고정묘포에 속한다.
② 포지의 토양은 부식질이 풍부한 점토질 토양이 좋다.
③ 해가림이 필요한 수종은 묘상의 구획을 동서방향으로 길게 하는 것이 좋다.
④ 우리나라 남부지방에서는 경사 5도 이상의 북향사면에 포지를 조성하는 것이 좋다.

해설 ① 임간묘포는 대부분 임시묘포에 속한다. 고정묘포는 전문양묘장에 설치한다.
② 포지의 토양은 부식질이 풍부한 사양토가 좋다.
④ 우리나라 남부지방에서는 경사 5도 미만의 북향사면에 포지를 조성하는 것이 좋다.

17 인공조림과 천연갱신에 대한 설명으로 옳지 않은 것은?

① 천연갱신은 산림 작업 및 임분 관리가 용이하다.
② 천연갱신은 성림으로 조성하는 데 오랜 기간이 소요된다.
③ 인공조림은 임지생산력과 조림성과의 저하를 초래할 수 있다.
④ 인공조림은 묘목의 근계발육이 부자연스럽고 각종 재해에 취약할 수 있다.

해설 산림작업과 임분관리가 용이한 것은 인공조림이다.

18 우리나라 산림대에서 난대림지대의 연평균기온 기준은?

① 4℃ 이상
② 8℃ 이상
③ 14℃ 이상
④ 18℃ 이상

해설
- 난대림 : 연평균기온 14℃ 이상
- 온대림 : 5~14℃
- 아한대림 : 5℃ 미만

19 질소고정 미생물 중 생활형태가 독립적인 것은?

① Frankia ② Anabaena
③ Rhizobium ④ Azotobacter

해설
- 아조토박터(Azotobacter)와 Anabaena는 모두 독립생활을 하는 질소고정 생물이다.
- 정답이 ②번과 ④번 두 개라고 볼 수 있는데, Anabaena는 질소고정을 하는 실모양의 시아노박테리아의 일종으로 담수와 기수에 광범위하게 존재한다.

정답 14. ① 15. ③ 16. ③ 17. ① 18. ③ 19. ④

20 산림 생태계에서 생물종 간 상호작용에 대한 설명으로 옳지 않은 것은?

① 타감작용은 생물종 간에 기생이라고 할 수 있다.
② 간벌은 생물종 간의 경쟁을 완화하기 위한 작업에 해당된다.
③ 두 가지 생물종이 생태적 지위가 다를 경우 서로 중립이라고 한다.
④ 한 생물종은 이로움을 받지만 다른 생물종은 무관한 경우를 편리공생이라고 한다.

해설
- 타감작용은 한 생물에서 분비되는 물질이 다른 생물에 대해 억제작용을 하는 것을 말한다.
- 기생은 한 생물이 다른 생물에게 양분흡수, 포식자 회피 등의 이익을 보며 숙주에 피해를 주는 생활형을 말한다.

제3과목 임업경영학

21 연이율이 5%이고 매년 800,000원씩 조림비를 5년간 지불하며, 마지막 지불이 끝났을 때 이자의 후기합계는?

① 약 199,526원
② 약 626,820원
③ 약 1,021,025원
④ 약 4,420,800원

해설 유한연년이자
매년 말 A씩 n회 얻을 수 있는 이자의 후가합계 F는 아래와 같다.

$$F = \frac{A[(1+P)^n - 1]}{P}$$

$$= \frac{800,000[(1+0.05)^5 - 1]}{0.05} \fallingdotseq 4,420,505$$

22 산림경영의 지도원칙으로 옳지 않은 것은?

① 수익을 비용으로 나누어 그 값이 최소가 되도록 경영한다.
② 최대의 순수익 또는 최고의 수익률을 올리도록 경영한다.
③ 생산물량을 생산요소의 양으로 나눈 값이 최대가 되도록 경영한다.
④ 가장 질 좋은 임목을 안정된 가격에 대량 생산하여 국민의 기대에 부응하도록 경영한다.

해설
- 산림의 지도원칙에는 수익성, 경제성, 생산성, 공공성, 보속성, 합자연성, 환경보전의 원칙이 있으며, ②수익성 원칙, ③생산성 원칙, ④보속성 원칙에 대한 내용이다.
- 경제성의 원칙은 최소의 비용으로 최대의 효과를 발휘하는 원칙이다. 매년 같은 양의 수익 혹은 수확 등의 개념은 보속성의 원칙에 해당된다.

23 법정수확표를 이용한 임목 재적 추정에 가장 불필요한 것은?

① 지위지수
② 영급 분배표
③ 임분의 영급
④ 법정임분과 관련된 임목축적

해설 법정수확표는 일정 연한마다 단위면적당 본수, 재적 및 관련 기타 주요 사항을 표시한 표로서 지위지수, 임분 영급, 법정임분에 관련된 임목축적 등이 추정에 도움이 된다.

24 각 계급의 흉고단면적 합계를 동일하게 하여 표준목을 선정한 수 전체 재적을 추정하는 방법은?

① 단급법 ② Urich법
③ Hartig법 ④ Draudt법

해설 드라우트는 직경급별로 표준목을, 우리히는 본수계급별로 표준목을, 하르티히는 흉고단면적 계급별로 표준목을 선정하였다.

정답 20. ① 21. ④ 22. ① 23. ② 24. ③

25 임업경영의 분석을 위한 공식으로 옳지 않은 것은?

① 자본수익률 = 순수익 ÷ 자본
② 임업의존도 = 임업소득 ÷ 임가소독
③ 임업소득률 = 임업소득 ÷ 임업자본
④ 임업소득 가계충족률 = 임업소득 ÷ 가계비

해설 $임업소득률 = \frac{임업소득}{임업조수익} \times 100$

26 산림탄소상쇄 제도의 사업유형이 아닌 것은?

① 신규 조림
② 산림개발
③ 산림경영
④ 산지전용 억제

해설 산림탄소상쇄 제도는 신규 조림, 재조림, 산림경영, 산지전용 방지, 목질계 바이오매스 이용 등으로 온실가스 감축을 위한 사업이다.

27 임목의 평가 방법에 대한 설명으로 옳은 것은?

① 원가방식에는 기망가법이 있다.
② 수익방식에는 비용가법이 있다.
③ 원가수익절충방식에는 매매가법이 있다.
④ 벌기 이상의 임목평가는 시장가역산법으로 실시한다.

해설 유령림은 임목비용가법, 벌기 미만의 장령림에는 임목기망가법, 중령림에는 임목비용가법과 임목기망가법의 중간적인 Glaser법, 벌기 이상의 임목에는 임목매매가가 적용되는 시장가역산법으로 평가한다.

28 특정 용도에 적합한 용재를 생산하는 데 필요한 연령을 기준으로 결정되는 벌기령은?

① 공예적 벌기령
② 자연적 벌기령
③ 재적수확 최대의 벌기령
④ 산림순수익 최대의 벌기령

해설 공예적 벌기령 : 임목이 펄프 용재의 생산, 철도 침목 등과 같이 특정 용도에 적합한 크기로 성장하는데 필요한 연령을 고려하여 정한 벌채 연령을 공예적 벌기령이라 한다.

29 수간석해를 할 때 반경은 보통 몇 년 단위로 측정하는가?

① 1년 ② 3년
③ 5년 ④ 10년

해설 수간석해의 방법
- 수간석해를 위해 선정된 표준목은 지상 20cm 위치를 벌채한 후 근원경을 측정한다.
- 벌채 부위와 그로부터 1m 올라간 흉고 부위에서 단판을 채취하고, 그다음부터는 일반적으로 2m 간격으로 채취한다.
- 수간과 직교하도록 원판을 채취하며, 원판에 위치와 방향을 표시한다.
- 원판의 두께는 2~3cm로 한다.
- 5년 간격의 재적을 구분구적법에 의해 계산한다.

30 화폐의 시간적 가치를 고려하여 투자효율을 분석하는 방법으로 가장 거리가 먼 것은?

① 회수기간법
② 순현재가치법
③ 내부수익률법
④ 편익-비용 비율법

해설 투자효율의 분석 방법으로 순현재가치법, 내부투자수익률법, 수익-비용률법, 회수기간법, 투자이익률법이 있다. 여기서 시간적 가치를 고려한 방법은 순현재가치법, 내부투자수익률법, 수익-비용률법이며, 시간적 가치를 고려하지 않은 방법은 회수기간법, 투자이익률법이다.

정답 25. ③ 26. ② 27. ④ 28. ① 29. ③ 30. ①

31 **산림문화 · 휴양기본계획은 몇 년마다 수립 시행하는가?**

① 1　　② 5
③ 10　　④ 20

해설 산림문화, 휴양에 관한 법률(산림휴양법)<개정 2018. 2. 21.>
산림청장은 관계중앙행정기관의 장과 협의하여 전국의 산림을 대상으로 산림문화, 휴양기본계획(이하 "기본계획"이라 한다.)을 5년마다 수립 · 시행할 수 있다.

32 **임지비용가법을 적용할 수 있는 경우가 아닌 것은?**

① 임지의 가격을 평정하는 데 다른 적당한 방법이 없을 때
② 임지소유자가 매각 시 최소한 그 토지에 투입된 비용을 회수하고자 할 때
③ 임지소유자가 그 토지에 투입한 자본의 경제적 효과를 분석 검토하고자 할 때
④ 임지에서 일정한 시업을 영구적으로 실시한다고 가정하여 그 토지에서 기대되는 순수익의 현재 합계액을 산출할 때

해설 임지기망가 : 임지에 일정한 시업을 영구적으로 실시한다고 가정할 때 기대되는 순수익의 전가합계를 임지기망가라고 한다.

33 **자산, 부채, 자본의 관계를 잘 나타낸 것은?**

① 자산 = 자본 + 부채
② 자산 = 자본 − 부채
③ 자산 = 부채 − 자본
④ 자산 = 자본 ÷ 부채

해설 자산은 자본 + 부채이며, 총자본이라고도 한다.

34 **손익분기점 분석을 위한 가정으로 옳지 않은 것은?**

① 생산과 판매는 동시성이 있다.
② 제품의 생산능률은 변함이 없다.
③ 제품 한 단위당 변동비는 생산량에 따라 증가한다.
④ 제품의 판매가격은 판매량이 변동하여도 변화되지 않는다.

해설 손익분기점 분석의 전제조건(가정)
- 원가는 고정비와 변동비로 구분된다.
- 제품의 단위당 판매가격은 판매량의 변동에도 변하지 않는다.
- 제품 한 단위당 변동비는 항상 일정하다.
- 고정비는 생산량의 증감에 관계없이 항상 일정하다.
- 생산량과 판매량은 항상 같으며, 생산과 판매에 동시성이 있다.
- 제품의 생산능률은 고려하지 않는다.(변함이 없다.)

35 **흉고높이에서 생장추를 이용하여 반경 1cm 내의 연륜수 5를 얻었다. 흉고직경이 32cm, 상수가 500일 때 슈나이더(Schneider)식을 이용한 재적생장률은?**

① 2.5%　　② 3.1%
③ 3.6%　　④ 4.0%

해설 슈나이더 생장률 = $\frac{\text{상수}K}{\text{연륜수}\,n \times \text{흉고직경}D}$

상수 값 K는 수피 벗긴 흉고직경 30 이하 550, 30 이상 500
슈나이더에 의한 생장률

$= \frac{\text{상수}}{1cm\text{내의 연륜수} \times \text{흉고직경}}$

$= \frac{500}{5 \times 32} = 3.1(\%)$

정답 31. ② 32. ④ 33. ① 34. ③ 35. ②

36 등귀생장에 관한 설명으로 옳은 것은?

① 재적의 증가를 말한다.
② 매년 1년 동안 생장한 양을 말한다.
③ 단위량에 대한 가격의 증가를 말한다.
④ 목재의 수급관계 및 화폐가치의 변동 등에 의한 가격의 변화를 말한다.

해설
- 목재의 수급관계 및 물가의 변동에 의한 목재 가치의 증가를 등귀생장이라 한다.
- 물가등귀율을 내포하고 있는 이율은 명목적 이율로 명목이율과 물가등귀율을 반영하여 실질이율을 구할 수 있다.

37 어떤 산림의 현실 축적이 200,000m³이고, 윤벌기가 40년일 때, Mantel법(Masson법)에 의한 표준연벌량은?

① $5,000m^3$ ② $10,000m^3$
③ $15,000m^3$ ④ $20,000m^3$

해설 $\frac{2 \times 200,000}{40} = 10,000$

- 이용률법에 해당하는 수확조정법은 훈데스하겐 공식법과 만텔 공식법이 있다.
- 이용률법은 현실축적에 일정한 이용률을 곱하여 표준연벌채량을 구한다.

① Hundeshagen법
연간표준벌채량(E)
$= \text{현실축적}(Vw) \times \frac{\text{법정벌채량}(En)}{\text{법정축적}(Vn)}$

② Mantel법
연간표준벌채량(E)
$= \text{현실축적}(Vw) \times \frac{2}{\text{윤벌기}(U)}$

38 현재 5년생인 동령림에서 임목을 육성하는 데 소요된 순비용(육성원가)의 후가합계는?

① 임목비용가 ② 임목기망
③ 임목매매가 ④ 임목원가계산

해설
- 일반적으로 임목비용가는 임목가의 최저 한도액을 나타낸다고 할 수 있다.
- 비용가는 산림의 취득, 임목의 생산 등에 소요된 경비를 기초로 한 가격이다.
- 5년생인 동령림은 유령림으로 소요된 순비용의 후가합계 방법으로 임목비용가법이 적합하다.

39 임목의 생장량을 측정하는 데 있어서 현실생장량의 분류에 속하지 않는 것은?

① 연년생장량
② 정기생장량
③ 벌기생장량
④ 벌기평균생장량

해설
- 벌기평균생장량은 평균생장량에 속한다.
- 현실생장량 분류 : 연년생장량, 정기생장량, 벌기생장량, 총생장량 등이다.

40 숲해설가의 배치기준으로 옳지 않은 것은?

① 수목원 – 2명 이상
② 삼림욕장 – 1명 이상
③ 국립공원 – 2명 이상
④ 자연휴양림 – 2명 이상

해설
- 산림교육전문가의 배치기준에서 자연공원법에 의거 자연공원은 1명 이상 배치하며, 이때 국립공원은 제외한다.
- 수목정원, 숲길, 자연휴양림은 2명 이상, 그 이외는 1명

정답 36. ④ 37. ② 38. ① 39. ④ 40. ③

산림기사 필기

2019년 제1회 기출문제

제1과목 조림학

01 임지가 비옥하거나 식재목이 광선을 많이 요구할 때 실시하며, 소나무나 일본잎갈나무 등의 조림지에 가장 적합한 풀베기 방법은?

① 줄깎기　② 둘레깎기
③ 전면깎기　④ 솎아깎기

해설 음수에 적합한 줄깍기는 비용이 절감되고 보호효과도 있어서 가장 많이 사용한다. 둘레깍기는 음수에 적합하고, 작업이 복잡하며, 가장 작은 비용이 든다.

02 천연림 보육과정에서 간벌작업 시 미래목 관리 방법으로 옳은 것은?

① 미래목 간의 거리는 2m 정도로 한다.
② 활엽수는 100~150본/ha 정도로 선정한다.
③ 침엽수는 200~300본/ha 정도로 선정한다.
④ 가슴높이에서 10cm의 폭으로 적색 수성 페인트를 둘러서 표시한다.

해설 • 미래목은 가슴높이에서 10cm의 폭으로 황색 수성페인트로 둘러서 표시한다.
① 미래목 간의 거리는 5m 정도로 한다. [솎아베기 단계]
② 활엽수는 150~300본/ha 정도로 선정한다. [솎아베기 단계의 미래목 관리]
④ 가슴높이에서 10cm의 폭으로 황색 수성 페인트를 둘러서 표시한다. [솎아베기 단계]

03 종자 결실 주기가 가장 긴 수종은?

① *Alnus japonica*
② *Abies holophylla*
③ *Betula platyphylla*
④ *Robinia pseudoacacia*

해설 ① 오리나무, ② 전나무, ③ 자작나무, ④ 아까시나무
• 전나무는 3~4년 정도의 결실 주기를 가지며 소나무, 자작나무, 아까시나무는 격년의 결실 주기를 갖는다.

04 종자의 검사 방법에 대한 설명으로 옳은 것은?

① 효율은 발아율과 순량률의 곱으로 계산한다.
② 실중은 종자 1L에 대한 무게를 kg 단위로 나타낸 것이다.
③ 순량률은 전체시료무게를 순정종자무게에 대한 백분율로 나타낸 것이다.
④ 발아세는 발아시험기간 동안 발아입수를 시료 수에 대한 백분율로 나타낸 것이다.

해설 ② 종자 1L에 대한 무게를 kg 단위로 나타낸 것은 용적중이다. 실중은 종자 1,000립의 무게다.
③ 순량률은 순정종자무게를 전체시료무게에 대한 백분율로 나타낸 것이다.
④ 발아세는 발아시험기간동안 발아한 입수를 파종된 종자 수에 대한 백분율로 나타낸 것이다.

정답 01. ③ 02. ③ 03. ② 04. ①

05 묘포에서 시비에 대한 설명으로 옳은 것은?

① 기비는 무기질 비료, 추비는 속효성 비료를 사용하는 것이 좋다.
② 기비는 유기질 비료, 추비는 완효성 비료를 사용하는 것이 좋다.
③ 기비는 완효성 비료, 추비는 유기질 비료를 사용하는 것이 좋다.
④ 기비는 속효성 비료, 추비는 무기질 비료를 사용하는 것이 좋다.

해설 기비는 무기질 비료, 추비는 속효성 비료를 사용하는 것이 좋다.

06 생가지치기를 피해야 하는 수종이 아닌 것은?

① *Acer palmatum*
② *Zelkova serrata*
③ *Prunus serrulata*
④ *Populus davidiana*

해설 ① 단풍나무, ② 느티나무, ③ 벚나무, ④ 사시나무
• 단풍나무, 느티나무, 벚나무는 생가지치기를 피해야 하는 수종이다.

07 산림대에 대한 설명으로 옳은 것은?

① 우리나라의 남한 지역에는 한대림이 존재하지 않는다.
② 우리나라 난대림의 주요 특징 수종으로 가시나무가 있다.
③ 열대림은 넓은 지역에 걸쳐 단일 수종으로 단순림을 구성할 때가 많다.
④ 지중해 연안 지역의 산림은 우리나라 온대 북부의 산림 구성과 유사하다.

해설 ① 우리나라 남한 지역의 고산지대에는 한대림이 존재한다.
③ 열대림은 넓은 지역에 걸쳐 다양한 수종이 복층, 이령, 혼효림으로 구성된다.
④ 지중해 연안 지역의 산림은 우리나라 온대 남부의 산림 구성과 유사하다.

08 수목의 광보상점에 대한 설명으로 옳은 것은?

① 호흡에 의한 이산화탄소 방출량이 최대인 경우의 광도이다.
② 광합성에 의한 이산화탄소 흡수량이 최대인 경우의 광도이다.
③ 광합성에 의한 이산화탄소 흡수량이 최소인 경우의 광도이다.
④ 호흡에 의한 이산화탄소 방출량과 광합성에 의한 이산화탄소 흡수량이 동일한 경우의 광도이다.

해설 • 광보상점은 이산화탄소 흡수나 배출이 없을 때의 광량이다.
• 광포화점은 광합성량이 빛이 세져도 더 이상 증가하지 않을 때의 광량이다.

09 여름 기온이 높고 강수량이 풍부한 낙엽활엽수림에 주로 분포하는 우리나라의 산림 토양은?

① 갈색산림토양
② 암적색산림토양
③ 적황색산림토양
④ 회갈색산림토양

해설 갈색산림토는 온대와 난대에 폭넓게 분포한다.

10 파종상에 짚덮기를 하는 이유로 옳지 않은 것은?

① 잡초의 발생을 억제한다.
② 약제 살포의 효과를 증대시킨다.
③ 빗물로 인한 흙과 종자의 유실을 막는다.
④ 파종상의 습도를 높여 발아를 촉진시킨다.

정답 05. ① 06. ④ 07. ② 08. ④ 09. ① 10. ②

해설 약제 살포의 효과 증대는 짚덮기의 목적이 아니다.

11 **옥신의 생리적 효과에 대한 설명으로 옳지 않은 것은?**

① 뿌리 생장 ② 정아 우세
③ 제초제 효과 ④ 탈리현상 촉진

해설 탈리현상 촉진은 스트레스에 관여하는 호르몬인 아브시스산(ABA)의 생리적 효과다.

12 **산벌작업에 대한 설명으로 옳은 것은?**

① 인공적으로 조림하여 갱신한다.
② 왜림을 조성하기 위한 작업이다.
③ 음수 수종은 갱신이 어려운 작업이다.
④ 예비벌, 하종벌, 후벌 순서로 작업을 진행한다.

해설 ① 산벌은 천연하종을 이용해 갱신한다.
② 산벌은 교림을 조성하기 위한 작업 종이다.
③ 산벌은 대부분의 음수 수종에 적합한 작업 종이다.

13 **수분 부족 스트레스를 받은 수목의 일반적인 현상이 아닌 것은?**

① 춘재 비율이 추재 비율보다 더 많아진다.
② 체내의 수분이 부족하여 팽압이 감소한다.
③ ABA를 생산하기 시작해서 기공의 크기에 영향을 준다.
④ 생화학적인 반응을 감소시켜 효소의 활동을 둔화시킨다.

해설 수분스트레스를 받은 임목은 춘재보다 추재의 비율이 높아진다. 성장이 왕성할 때 춘재의 비율이 높아진다.

14 **잎의 끝이 두 갈래로 갈라지는 수종은?**

① 비자나무
② 구상나무
③ 가문비나무
④ 일본잎갈나무

해설 구상나무는 잎 끝이 2갈래로 살짝 갈라져 있으며, 가지와 줄기, 잎이 돌려난다.

15 **수목의 내음성에 대한 설명으로 옳지 않은 것은?**

① 주목은 음수 수종이다.
② 소나무는 양수 수종이다.
③ 수목이 햇빛을 좋아하는 정도이다.
④ 수목이 그늘에서 견딜 수 있는 정도이다.

해설 내음성은 식물이 낮은 광도 조건에서 생육하는 능력을 말하며, 내음성이 강할수록 낮은 광도에서도 생장이 용이하다.

16 **천연하종갱신에 대한 설명으로 옳은 것은?**

① 노동력과 비용이 많이 필요하다.
② 동령단순림으로 숲이 빠르게 성립한다.
③ 조림지의 교란으로 토양 환경이 악화된다.
④ 오랜 시간 동안 환경에 적응되어 숲 조성에 실패가 적다.

해설 ① 자연력을 이용하므로 노동력과 비용이 적게 들어간다.
② 천연하종갱신은 단시간에 성립시키기 어렵다. 동령단순림으로 숲이 빠르게 성립시킬 수 있는 것은 인공조림이다.
③ 자연력을 이용하므로 조림지의 토양이 교란되지 않는다.

정답 11. ④ 12. ④ 13. ① 14. ② 15. ③ 16. ④

17 택벌작업에 대한 설명으로 옳지 않은 것은?

① 보속수확이 가능하다.
② 음수 수종 갱신에 적합하다.
③ 작업과정에서 하층목의 손상 위험이 매우 작다.
④ 임분 내에는 다양한 연령의 수목이 존재한다.

해설 택벌작업은 다층림에서 교목을 수확할 때 하층목이 존재하므로 임목의 수확 과정에서 하층목이 손상될 수 있다.

18 조림용 묘목의 규격을 측정하는 기준이 아닌 것은?

① 간장　　② 근원경
③ 수관폭　　④ H/D율

해설 간장, H/D율, 근원경, 묘령 등으로 묘목의 규격을 표시한다.

19 버드나무류나 사시나무류의 종자를 채취한 후 바로 파종하는 이유로 옳은 것은?

① 종자의 수명이 짧기 때문에
② 종자의 크기가 작기 때문에
③ 종자의 발아력이 높기 때문에
④ 종자가 바람에 잘 흩어지기 때문에

해설 버드나무, 사시나무 등은 종자의 수명이 14일 정도로 짧기 때문에 바로 파종하여야 한다.

20 편백에 대한 설명으로 옳지 않은 것은?

① 암수 한 그루이다.
② 편백나무과에 속한다.
③ 성숙한 구과는 적갈색이다.
④ 잎에 Y자형의 흰 기공선이 나타난다.

해설 측백나무과에 속한다.

제3과목 임업경영학

21 소나무 임분의 벌기평균생장량이 6m³/ha이고 윤벌기가 50년이라고 할 때, 이 임분의 법정연벌량과 법정수확률은 각각 얼마인가?

① 300m³/ha, 3%
② 300m³/ha, 4%
③ 600m³/ha, 3%
④ 600m³/ha, 4%

해설 법정연벌량=법정생장량
벌기평균생장량×윤벌기 =6×50=300m³/ha
법정수확률=법정연벌률
$\frac{2}{\text{윤벌기}}=\frac{2}{50}=0.04 \quad \therefore 4\%$

22 측고기를 사용할 때 주의 사항으로 옳지 않은 것은?

① 여러 방향에서 측정하면 오차를 줄일 수 있다.
② 경사지에서는 가급적 등고 위치에서 측정한다.
③ 측정하고자 하는 나무 끝과 근원부가 잘 보이는 지점을 선정해야 한다.
④ 측정 위치가 멀면 오차도 생기므로 나무 높이의 절반 정도 떨어진 곳에서 측정하는 것이 좋다.

해설 측고기 사용상의 주의 사항
- 가능하면 나무의 근원부와 등고 위치에서 잰다.
- 나무의 정단과 밑이 잘 보이는 데서 측정한다.
- 나무만큼 떨어진 위치에서 측정한다.
- 경사지에서는 여러 방향을 측정하여 평균한다.

23 동령림의 직경급별 임분구조는 전형적으로 어떤 형태로 나타나는가? (단, x축은 흉고직경, y축은 본수를 나타냄)

① J자 형태　　② W자 형태
③ 역 J자 형태　　④ 정규분포 형태

정답 17. ③ 18. ③ 19. ① 20. ② 21. ② 22. ④ 23. ④

해설 • 동령림 : 각 임목의 연령이 동일하거나 거의 같은 임분을 동령림이라고 하는데, 인공조림지가 동령림에 속한다. 일반적으로 가운데가 볼록한 종 모양의 정규분포 형태의 그래프는 동령림의 직경분포를 나타낸다.
• 역 J자 형태는 이령림의 직경분포 형태이다.

24 임업경영 성과분석 방법으로 임업의존도 계산식에 해당하는 것은? (단, x축은 흉고직경, y축은 본수를 나타냄)

① $\frac{\text{가계비}}{\text{임업소득}} \times 100$

② $\frac{\text{임업소득}}{\text{임가소득}} \times 100$

③ $\frac{\text{임업소득}}{\text{가계비}} \times 100$

④ $\frac{\text{임업소득}}{\text{임업조수익}} \times 100$

해설 • 임업 의존도 [%] = $\frac{\text{임업소득}}{\text{임가소득}} \times 100$
• 임업소득 가계 충족률[%] = $\frac{\text{임업소득}}{\text{가계비}} \times 100$
• 임업 소득률[%] = $\frac{\text{임업소득}}{\text{임업조수익}} \times 100$
• 자본수익률[%] = $\frac{\text{순수익}}{\text{자본}} \times 100$

25 연간 임산물 생산과 관련된 고정비가 2백만 원, 변동비가 5천 원, 판매단가가 6천 원일 경우 손익분기점에 해당하는 임산물 생산량은?

① 181개 ② 334개
③ 2,000개 ④ 20,000개

해설 임산물 생산량(판매량)

$= \frac{\text{생산과 관련된 고정비용}}{\text{판매단가 - 가변비용}}$

$= \frac{2{,}000{,}000}{6{,}000 - 5{,}000} = 2{,}000\text{개}$

26 임반에 대한 설명으로 옳지 않은 것은?

① 산림구획의 골격을 형성한다.
② 고정적 시설을 따라 확정한다.
③ 보조 임반을 편성할 때는 인접한 암반의 보조번호를 부여한다.
④ 임반의 표기는 경영계획구 상류에서 시계방향으로 표기를 시작한다.

해설 • 면적 : 가능한 100ha 내외를 구획하고, 현지 여건상 불가피한 경우는 조정한다.
• 구획
- 하천, 능선, 도로 등 자연경계나 도로 등 고정적 시설을 따라 확정한다.
- 사유림은 100ha 미만 1필지 소유산주의 경우는 지번별로 구획한다.
• 번호 : 임반번호는 아라비아 숫자로 유역 하류에서부터 시계방향으로 연속하여 부여한다.

27 수확조정법에 대한 설명으로 옳지 않은 것은?

① Hufnagl법은 재적배분법의 일종이다.
② 전 산림면적을 윤벌기 연수와 동일하게 벌구로 나누고 매년 한 벌구씩 수확하는 방법을 구획윤벌법이라 한다.
③ 토지의 생산력에 따라 개위면적을 산출하여 벌구면적을 조절, 연수확량을 균등하게 하는 방법을 비례구획윤벌법이라 한다.
④ 전 임분을 윤벌기 연수의 1/2 이상 되는 연령의 것과 그 이하의 것으로 나누어 전자는 윤벌기의 전반에, 후자는 윤벌기 후반에 수확하는 방법을 Beckmann법이라 한다.

해설 재적배분법
• Beckmann법 : 성목기와 미성목기의 재적을 달리하여 수확량을 산출한다.
• Hufnagl법 : 윤벌기의 $\frac{1}{2}$과 $\frac{2}{2}$ 시기의 재적을 달리하여 수확량을 산출한다. Beckmann법은

정답 24. ② 25. ③ 26. ④ 27. ④

수확조정기법에서 재적을 기준으로 하는 재적배분법에 속한다.

28 임업기계의 감가상각비(D)를 정액법으로 구하는 공식으로 옳은 것은? (단, P : 기계구입가격, S : 기계 폐기 시의 잔존가치, N : 기계의 수명)

① $D=\frac{S-P}{N}$ ② $D=\frac{P-S}{N}$

③ $D=\frac{N}{S-P}$ ④ $D=\frac{N}{P-S}$

해설 임업기계의 감가상각비(D)를 정액법으로 구하는 공식
(P : 기계구입가격, S : 기계 폐기 시의 잔존가치, N : 기계의 수명)
$D=\frac{P-S}{N}$

29 자연휴양림을 조성 및 신청하려는 자가 제출하여야 하는 예정지의 위치도 축척 크기는?

① 1/5,000 ② 1/15,000
③ 1/25,000 ④ 1/50,000

해설 자연휴양림 예정지의 위치도는 축척 1/25,000 기준으로 하며, 구역도는 축척 1/5,000 혹은 1/6,000로 한다.

30 임분 재적 측정을 위하여 전 임목을 몇 개의 계급으로 나누고 각 계급의 본수를 동일하게 한 다음 각 계급에서 같은 수의 표준목을 선정하는 방법은?

① 단근법
② 우리히(Urich)법
③ 하르티히(Hartig)법
④ 드라우트(Draudt)법

해설

표준목법	표준목 선정 방법
단급법	1임분 1표준목
Draudt법	1직경급 1표준목
Urich법	1본수계급당 1표준목
Hartig법	1단면적급 1표준목

31 임업 이율의 종류 중 용도에 따른 이율에 해당하는 것은?

① 경영이율, 환원이율
② 단기이율, 장기이율
③ 현실이율, 평정이율
④ 공정이율, 시중이율

해설 임업의 이율은 사용 용도에 따라 경영이율, 환원이율이 있다. 기간에 따라 장기이율, 단기이율이 있으며 또한 현실성에 따라 현실이율과 평정이율로 분류된다.

32 산림 생산기간에 대한 설명으로 옳지 않은 것은?

① 회귀년은 택벌작업에 적용되는 용어이다.
② 회귀년은 길이와 연벌구역면적은 정비례한다.
③ 벌채 후 갱신이 지연되는 경우 늦어지는 기간을 갱신기라고 한다.
④ 어떤 임분에서 벌채와 동시에 갱신이 시작되는 경우 윤벌기와 윤벌령은 동일하다.

해설 일반적으로 회귀년이 길어지면 한 번에 벌채되는 재적은 증가하고 짧은 경우에는 감소한다. 회귀년의 길이가 길어지면 연벌채구역면적은 줄어들게 되므로 반비례한다.

정답 28. ② 29. ③ 30. ② 31. ① 32. ②

33 산림휴양림의 조성 및 관리에 대한 설명으로 옳지 않은 것은?

① 방풍 및 방음형으로 관리할 수 있다.
② 공간이용지역과 자연유지지역으로 구분한다.
③ 관리목표는 다양한 휴양기능을 발휘할 수 있는 특색 있는 산림조성이다.
④ 법령에 의한 자연휴양림 휴양기능 증진을 위해 관리가 필요한 산림을 대상으로 한다.

해설 산림휴양림은 국민의 정서함양, 보건휴양, 산림교육 등을 목적으로 조성한 산림으로, 생활환경보전림의 방풍 및 방음형으로 관리하는 것은 목적에 맞지 않는다.

34 입업 투자계획의 경제성을 평가하는 방법이 아닌 것은?

① 순현재가치 ② 편익비용비
③ 내부수익률 ④ 수확표 분석

해설 법정축적을 각 영계별 재적으로 계산하는 것은 복잡하므로 일반적으로 수확표 벌기수확 또는 벌기평균 생장량을 이용하여 법정축적을 구한다.

35 임지를 취득한 후 조림 등 임목 육성에 알맞은 상태로 계량하는 데 소요되는 모든 비용의 후가에서 그 동안 수입의 후가를 공제한 가격을 무엇이라 하는가?

① 임지비용가 ② 임지기망가
③ 임지공제가 ④ 임지매매가

해설 임지비용가는 현재까지 발생한 경비의 원리 합계에서 그 사이 얻은 수확의 원리 합계를 뺀 잔액이다. 즉 토지의 소유권을 획득하여 이것을 조림에 적합한 상태로 이끌어 오기까지 소요된 순경비의 현재가(후가) 합계가 토지비용가(soil cost value)가 된다.

36 임목의 평균생장량과 연년생장량에 대한 설명으로 옳지 않은 것은?

① 초기에는 연년생장량이 크다.
② 연년생장량의 극대점이 평균생장량의 극대점보다 빨리 온다.
③ 연년생장량의 극대점에서 연년생장량과 평균생장량은 일치한다.
④ 평균생장량의 극대점에서 평균생장량과 연년생장량은 일치한다.

해설 연년생장량과 평균생장량 간의 관계

- 처음에는 연년생장량이 평균생장량보다 크다.
- 연년생장량은 평균생장량보다 빨리 극대점을 갖는다.
- 평균생장량의 극대점에서 두 생장량의 크기는 같다.
- 평균생장량이 극대점에 이르기까지는 연년생장량이 항상 평균생장량보다 크다.
- 평균생장량이 극대점을 지난 후에는 연년생장량이 평균생장량보다 작다.

37 임목 평가에 적용하는 Glaser식에 대한 설명으로 옳은 것은?

① 임목 비용가법과 임목기망가법을 절충한 식이다.
② 임목 매매가법과 임목비용가법을 절충한 식이다.
③ 임목 매매가법과 임목기망가법을 절충한 식이다.
④ 예상이익을 현재가치로 환산하여 임목의 가치를 구하는 방법이다.

해설 Glaser법은 원가수익절충방식으로 임목 비용가법과 임목기망가법을 절충한 방식으로 성숙중간에 있는 임목의 가격평정을 위하여 제안된 것이다.

정답 33. ① 34. ④ 35. ① 36. ③ 37. ①

38 흉고직경 20cm, 수고 10m인 입목의 재적이 약 $0.14m^3$인 경우 형수의 수치는?

① 약 0.11　　② 약 0.14
③ 약 0.45　　④ 약 0.55

해설 $V = ghf$ (형수 : f, 단면적 : g, 높이 : h)

$0.14 = \frac{\pi \times 0.2^2}{4} \times 10 \times f$

형수 $f \fallingdotseq 0.45$

$(\frac{3.14}{4} \times 0.2^2) \times$ 형수 $\times 10 = 0.14$

39 다음 설명에 해당하는 용어는?

> 재적이 $0.5m^3$인 통나무 2개 가격의 합보다 재적 $1m^3$인 통나무 1개의 가격이 훨씬 높다.

① 형질생장　　② 가치생장
③ 등귀생장　　④ 재적생장

해설 형질생장은 목재의 질이 좋아짐이 곧 가격의 증가를 의미한다.

40 시장가역산법으로 임목가를 평정할 때 필요하지 않은 인자는?

① 집재비　　② 운반비
③ 조림 및 육림비　　④ 벌목 및 조재비

해설 임목의 시장가격에서 투입비용과 이윤 등을 차감하여 간접적으로 평가하는 방법을 시장가역산법이라고 한다. 시장가역산법은 유통되는 가격을 조사하여 벌채 및 운반에 필요한 비용을 공제한 임목의 가격을 역으로 구하는 방법으로 벌목비, 조재비, 집재비, 운반비, 이자, 잡비 등이 필요하다.

정답 38. ③ 39. ① 40. ③

2019년 제2회 기출문제

제1과목 조림학

01 종자의 결실 주기가 가장 긴 수종은?

① *Alnus japonica*
② *Larix leptolepis*
③ *Pinus densiflora*
④ *Betula platyphylla*

해설 ① 오리나무, ② 낙엽송, ③ 소나무, ④ 자작나무
• 낙엽송, 너도밤나무는 결실주기가 5년 이상이다.

02 개벌왜림작업법에 대한 설명으로 옳은 것은?

① 지력의 소모가 낮다.
② 대경재 생산이 가능하다.
③ 비용이 많이 들지만 자본회수가 빠르다.
④ 작업이 간단하여 단벌기 경영에 적합하다.

해설 ① 왜림작업은 지력의 소모가 많다.
② 소경재 생산이 가능하다.
③ 작업이 간단하여 비용이 적게 들고, 자본회수가 빠르다.

03 우수우상복엽이며 소엽은 긴 타원형이고 가장자리에 파상톱니가 있고 가끔 가시가 줄기에 발달하는 콩과의 교목성 수종은?

① 다릅나무 ② 회화나무
③ 주엽나무 ④ 아까시나무

해설 주엽나무는 쌍떡잎식물 장미목 콩과 낙엽교목이다. 회화나무와 아까시나무는 잎의 가장자리에 파상톱니가 없다. 다릅나무는 끝이 약간 뾰족한 타원형이고 가장자리는 밋밋하다.

04 가지치기에 대한 설명으로 옳지 않은 것은?

① 부정아가 감소한다.
② 무절 완만재를 생산한다.
③ 수관화로 인한 산불 피해를 줄일 수 있다.
④ 자연낙지가 잘 되는 수종은 가지치기를 생략할 수 있다.

해설 부정아 발생 증가와 도장지 발생은 과도한 가지치기에 의한 부작용이다.

05 수목에 반드시 필요한 필수원소가 아닌 것은?

① 철 ② 질소
③ 망간 ④ 알루미늄

해설 • 필수원소에는 탄소, 수소, 산소, 질소, 칼륨, 칼슘, 철, 망간, 구리 등이 있다.
• 질소와 마그네슘 등은 대량요소에 속하고, 철과 망간은 미량요소로 구분한다.

정답 01. ② 02. ④ 03. ③ 04. ① 05. ④

06 실생묘의 묘령 표시 방법으로 2-2-1에 대하여 옳은 것은?

① 파종상에서 2년, 그 뒤 두 번 상체된 일이 있고, 첫 상체상에서 2년과 이후 1년을 경과한 5년생 묘목이다.
② 파종상에서 2년, 그 뒤 두 번 상체된 일이 있고, 각 상체상에서 1년을 경과한 5년생 묘목이다.
③ 파종상에서 2년, 그 뒤 세 번 상체된 일이 있고, 각 상체상에서 1년을 경과한 5년생 묘목이다.
④ 파종상에서 2년, 그 뒤 한 번 상체된 일이 있고, 상체상에서 2년 경과 후 산지에 식재된지 1년된 5년생 묘목이다.

해설 ② 2-1-2, ③ 2-1-1-1, ④ 2-2

07 인공 조림지의 무육작업 순서로 옳은 것은?

① 어린 나무 가꾸기→풀베기→솎아베기→가지치기
② 가지치기→풀베기→어린 나무 가꾸기→솎아베기
③ 풀베기→어린 나무 가꾸기→가지치기→솎아베기
④ 가지치기→어린 나무 가꾸기→솎아베기→풀베기

해설 인공 조림지의 무육작업은 풀베기, 어린 나무 가꾸기, 가지치기, 솎아베기의 순서로 진행된다.

08 자웅이주에 해당하는 수종은?

① *Ilex crenata*
② *Alnus japonica*
③ *Pinus densiflora*
④ *Cryptomeria japonica*

해설 ① 꽝꽝나무, ② 오리나무, ③ 소나무, ④ 삼나무
• 버드나무류, 포플러류, 은행나무, 주목, 삼나무, 식나무, 초피나무, 소철, 꽝꽝나무 등이 자웅이주에 속한다.

09 모수작업법에 대한 설명으로 옳은 것은?

① 풍치적 가치를 보면 개벌작업보다 월등히 낮다.
② 모수는 되도록 한 지역에 집중적으로 남긴다.
③ 임지에 잡초와 관목이 발생하여 갱신에 지장을 주기도 한다.
④ 전체 재적의 절반 정도만 벌채하여 이용하고 모수를 절반 정도 남긴다.

해설 ① 풍치적 가치는 개벌작업이나 모수작업이나 비슷하다.
② 모수는 되도록 전 임지에 골고루 남기거나 대상, 열식으로 남긴다.
③ 본수대비 2~3%, 재적대비 10%를 남긴다.

10 수목 체내에서 일어나는 변화에 대한 설명으로 옳은 것은?

① 낙엽수는 가을에 탄수화물 농도가 최저로 떨어진다.
② 낙엽수는 겨울철에 전분 함량이 증가하고 환원당의 함량이 감소된다.
③ 상록수의 탄수화물 함량의 계절적인 변화는 낙엽수에 비하여 적은 편이다.
④ 재발성 개엽 수종은 줄기 생장이 이루어질 때마다 탄수화물이 증가한 다음 다시 감소한다.

해설 ① 낙엽수는 가을에 탄수화물 농도가 최고치로 올라가고 늦은 봄에 최저치가 된다.
② 낙엽수는 겨울철에 전분 함량이 감소하고 환원당의 함량이 증가한다. 이렇게 하면 가지의 내한성이 증가되어 얼지 않는다.

정답 06. ① 07. ③ 08. ① 09. ③ 10. ③

④ 재발성 개엽 수종은 줄기 생장이 이루어질 때마다 탄수화물이 감소한 다음 다시 증가한다.

11 **주로 종자에 의해 양성된 묘목으로 높은 수고를 가지며 성숙해서 열매를 맺게 되는 숲은?**

① 왜림　　② 교림
③ 중림　　④ 죽림

해설 교림은 주로 종자로 양성된 실생묘로 갱신한다. 왜림은 맹아로 갱신한다.

12 **다음 조건에서 파종량은?**

- 파종상 면적 : $500m^2$
- 묘목 잔존본수 : $600본/m^2$
- 1g당 평균입수 : 99립
- 순량률 95%
- 발아율 90%
- 묘목 잔존율 30%

① 약 11.8kg　　② 약 12.3kg
③ 약 31.6kg　　④ 약 37.3kg

해설 $파종량(g) = \dfrac{파종면적 \times m^2당\ 잔존본수}{g당\ 종자수 \times 순량률 \times 발아율 \times 득묘율}$

$= \dfrac{500 \times 600}{99 \times 0.95 \times 0.9 \times 0.3}$

$\fallingdotseq 1,184g = 11.8kg$

13 **산림 생태계의 천이에 대한 설명으로 옳은 것은?**

① 우리나라 소나무림은 극상에 있다.
② 식물의 이동은 천이의 원인이 될 수 없다.
③ 식생이 입지에 주는 영향을 식생의 반작용이라 한다.
④ 아극성상은 어떤 원인에 의해 극성상의 뒤에 올 수 있다.

해설 • 생물이 환경에 주는 영향은 반작용, 환경이 생물에게 주는 영향은 작용이라고 한다.
① 우리나라 소나무림은 기후적 극상이다. 중용수인 참나무, 음수인 서어나무로 천이된다.
② 천이의 원인은 생물의 유입인 식물 이동으로 시작되고, 식생의 반작용, 타감작용 등으로 변화한다.
④ 극상 뒤에 교란을 받게 되면 퇴행천이로 말미암아 아극상이 올 수 있다.
※문제 출제의 오류로 보인다.

14 **개화 결실 촉진을 위한 처리 방법으로 옳지 않은 것은?**

① 단근작업을 한다.
② 질소 비료의 과용을 피한다.
③ 수광량이 많아질 수 있도록 한다.
④ 환상박피와 같은 스트레스를 주는 작업은 하지 않는다.

해설 환상박피는 양분이 다른 부위로 이동이 잘 되지 않아 결실이 많아진다.

15 **택벌작업의 장점에 대한 설명으로 옳지 않은 것은?**

① 심미적 가치가 가장 높다.
② 양수 수종의 갱신에 적합하다.
③ 병충해에 대한 저항력이 높다.
④ 임지와 치수가 보호를 받을 수 있다.

해설 택벌작업은 음수 수종에 적합한 갱신 방법이다.

16 **산림토양 단면에서 층위에 순서로 옳은 것은?**

① 모재층→용탈층→집적층→유기물층
② 모재층→집적층→용탈층→유기물층
③ 모재층→용탈층→유기물층→집적층
④ 모재층→유기물층→용탈층→집적층

해설 토양의 단면의 가장 아래층은 모재층, 다음으로 집적층, 용탈층, 유기물층 순서로 구분된다.

정답 11. ② 12. ① 13. ③ 14. ④ 15. ② 16. ②

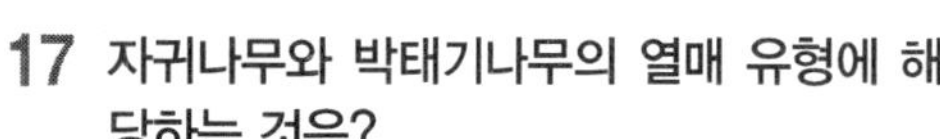

17 자귀나무와 박태기나무의 열매 유형에 해당하는 것은?

① 견과　② 협과
③ 장과　④ 영과

해설 아까시나무, 자귀나무, 박태기나무 등 콩과식물은 꼬투리에 종자가 들어있는 협과에 해당한다.

18 식재밀도의 특징으로 옳은 것은?

① 식재밀도가 높을수록 단목 재적이 빨리 증가한다.
② 식재밀도가 낮으면 수목의 지름은 가늘지만 완만재가 된다.
③ 식재밀도가 낮을수록 총생산량 중 가지의 비율이 낮아진다.
④ 식재밀도가 높으면 수관이 조기에 울폐되어 임지의 침식을 줄일 수 있다.

해설 ① 식재밀도가 낮을수록 광합성 량이 많아져 단목 재적이 빨리 증가한다.
② 식재밀도가 높으면 수목의 지름은 가늘지만 완만재가 된다.
③ 식재밀도가 높을수록 총생산량 중 가지의 비율이 낮아진다.

19 간벌에 대한 설명으로 옳지 않은 것은?

① 주로 6~8월에 실시한다.
② 정성적 간벌과 정량적 간벌이 있다.
③ 조림목 간의 경쟁을 최소화하기 위한 것이다.
④ 잔존목의 생장 촉진과 형질 향상을 위하여 실시한다.

해설
- 6~8월에 주로 실시하는 것은 풀베기 작업이다.
- 산 가지치기를 수반하지 않을 경우에는 솎아베기는 연중 실행 가능하다.

20 수분과 수목생장의 관계에 대한 설명으로 옳지 않은 것은?

① 수분의 증산은 기공에서 공변세포의 칼륨 펌프와 관련이 있다.
② 토양의 수분 가운데 수목이 이용 가능한 수분을 모세관수라고 한다.
③ 수목이 영구위조점을 넘어서면 수분을 공급해 주어도 회복되지 않는다.
④ 토양의 수분 포텐셜이 뿌리의 수분 포텐셜보다 낮아야 식물 뿌리가 토양으로부터 수분을 흡수할 수 있다.

해설 포텐셜에너지는 위치에너지다. 물이 높은 곳에서 낮은 곳으로 흐르듯 토양의 수분 포텐셜이 뿌리의 수분 포텐셜보다 높아야 물이 토양에서 뿌리로 흡수될 수 있다. 토양의 수분 포텐셜은 -0.5 정도이며, 뿌리의 수분 포텐셜은 0.7 정도 된다.
-0.5 > -0.7

제3과목 임업경영학

21 임업경영의 지도원칙 중 경제성의 원칙에 대한 설명으로 옳지 않은 것은?

① 최소의 비용으로 최대의 효과를 발휘하는 것이다.
② 일정한 비용으로 최대의 수익을 올릴 수 있도록 하는 것이다.
③ 일정한 수익을 올리기 위하여 비용을 최소한으로 줄이는 것이다.
④ 최대의 비용으로 매년 같은 양의 수익을 올릴 수 있도록 하는 것이다.

해설 산림의 지도원칙에는 수익성, 경제성, 생산성, 공공성, 보속성, 합자연성, 환경보전의 원칙이 있으며, 이 중에서 수익성, 경제성, 생산성, 공공성은 경제원칙에 해당한다. 경제성의 원칙은 최소의 비용으로 최대의 효과를 발휘하는 원칙이다. 매년 같은 양

정답 17. ② 18. ④ 19. ① 20. ④ 21. ④

의 수익 혹은 수확 등의 개념은 보속성의 원칙에 해당된다.

22 산림청장 또는 시 · 도지사가 산림문화 휴양 기본계획 및 지역계획을 수립하거나 이를 변경하고자 할 때에 실시해야 하는 기초 조사 내용은?

① 산림문화 · 휴양정보망의 구축 · 운영 실태
② 산림문화 · 휴양자원의 보전 · 이용 · 관리 및 확충 방안
③ 산림문화 · 휴양을 위한 시설 및 안전 관리에 관한 사항
④ 산림문화 · 휴양자원의 현황과 주변 지역의 토지이용 실태

해설 산림청장 또는 시 · 도지사는 기본계획 및 지역계획을 수립하거나 이를 변경하고자 하는 때에는 산림문화 · 휴양자원의 현황과 주변지역의 토지이용 실태 등에 관한 기초 조사를 실시하여야 한다.

23 임업 순수익 계산 방법으로 옳은 것은?

① 임업조수익＋임업경영비
② 임업조수익－감가상각액
③ 임업조수익＋가족임금추정액
④ 임업조수익－임업경영비 － 가족임금추정액

해설 임업순수익은 임업경영이 순수익의 최대를 목표로 하는 자본가적 경영이 이루어졌을 때 얻을 수 있는 수익이다.

- 임업순수익＝임업조수익-임업경영비-가족임금추정액
- 임업소득＝임업조수익-임업 경영비
- 임가소득＝임업소득＋농업소득＋농업 이외의 소득

24 산림경영을 위하여 설정하는 산림구획이 아닌 것은?

① 임반　② 소반
③ 표준지　④ 경영계획구

해설 산림경영을 위한 산림구획은 경영계획구, 임반, 소반으로 구획한다. 전체 임분에서 표본으로 선택된 지역을 표준지 또는 표본점이라고 한다.

25 수익 · 비용률법을 투자의 의사결정 방법으로 사용할 때 투자 가치가 있는 사업으로 평가되는 것은? (단, B는 수익이고, C는 비용)

① B/C율 > 1
② B/C율 < 1
③ B/C율 > 0
④ B/C율 < 0

해설 수익비용률법 : 투자비용의 현재가에 대하여 투자의 결과로 기대되는 현금 유입의 현재가비율을 나타낸다. B/C율이 1보다 크면 투자가치가 있는 것으로 판단한다.

26 육림비에 대한 설명으로 옳지 않은 것은?

① 고정비는 종자, 묘목, 거름, 농약 등이 포함된다.
② 노동비에는 고용노동비와 가족노동비가 포함된다.
③ 자본이자는 차입자본과 자기자본이자가 포함된다.
④ 임지지대는 차입지와 자가임지의 지대 또는 토지자본이자를 의미한다.

해설 종자, 묘목, 약제, 비료 등은 고정비가 아니라 유동비에 포함된다.

정답 22. ④ 23. ④ 24. ③ 25. ① 26. ①

27 손익분기점 분석에 필요한 가정으로 옳지 않은 것은?

① 원가는 고정비와 유동비로 구분할 수 있다.
② 제품의 생산능률은 판매량에 관계없이 일정하다.
③ 제품 한 단위당 변동비는 판매량에 따라 달라진다.
④ 제품의 판매가격은 판매량이 변동하여도 변화되지 않는다.

해설 손익분기점 분석의 전제조건(가정)

- 원가는 고정비와 변동비로 구분된다.
- 제품의 단위당 판매가격은 판매량의 변동에도 변하지 않는다.
- 제품 한 단위당 변동비는 항상 일정하다.
- 고정비는 생산량의 증감에 관계없이 항상 일정하다.
- 생산량과 판매량은 항상 같으며, 생산과 판매에 동시성이 있다.
- 제품의 생산능률은 고려하지 않는다.(변함이 없다.)

28 산림평가에 대한 설명으로 옳지 않은 것은?

① 부동산 감정평가와 동일한 평가 방법 적용이 용이하다.
② 공익적 기능을 포함한 다면적 이용에 대한 평가도 포함한다.
③ 산림을 구성하는 임지 · 임목 · 부산물 등의 경제적 가치를 평가한다.
④ 생산기간이 장기적이고 금리의 변동이 커서 정밀하게 평기하기 쉽지 않다.

해설 산림평가는 토지뿐 아니라 임목 및 임산물 등 여러 요인들이 많아서 부동산 감정평가와 동일한 평가 방법 적용이 어렵다.

29 산림수확 조절을 위한 선형계획 모형의 전제조건이 아닌 것은?

① 비례성 ② 활동성
③ 부가성 ④ 제한성

해설 선형계획 모형 전제조건은 비례성, 비부성, 부가성, 분할성, 제한성, 선형성, 확정성이 있다.

30 측고기 사용 방법으로 옳지 않은 것은?

① 수목의 높이만큼 떨어진 곳에서 측정한다.
② 측정 위치가 수목과 가까울수록 오차가 생긴다.
③ 측정하고자 하는 수목의 정단과 밑이 잘 보이는 지점을 선정한다.
④ 경사진 곳에서 측정할 때는 오차를 줄이기 위해 수목의 정단이 잘 보이는 높은 곳에서 측정한다.

해설 측고기 사용상의 주의 사항

- 가능하면 나무의 근원부와 등고 위치에서 잰다.
- 나무의 정단과 밑이 잘 보이는 데서 측정한다.
- 나무만큼 떨어진 위치에서 측정한다.
- 경사지에서는 여러 방향을 측정하여 평균한다.

31 농지의 주변이나 둑, 농지와 산지의 경계에 유실수, 특용수, 속성수 등을 식재하여 임업 수입의 조기화를 도모하는 것은?

① 혼목임업 ② 혼농임업
③ 농지임업 ④ 부산물임업

해설 농지임업은 농지의 주변 및 산지에 유실수, 속성수 등을 심어 조기 수입을 얻는 형태를 말한다.

32 임업이율의 분류로 옳지 않은 것은?

① 업종에 의한 분류 – 명목이율
② 용도에 의한 분류 – 경영이율
③ 현실성에 의한 분류 – 평정이율
④ 기간의 장단에 의한 분류 – 장기이율

정답 27. ③ 28. ① 29. ② 30. ④ 31. ③ 32. ①

해설 임업의 이율은 업종에 따라서는 보통이율, 상업이율, 공업이율, 농업이율, 임업이율이 있다. 사용 용도에 따라서 경영이율, 환원이율, 기간에 따라서는 장기이율, 단기이율이 있으며, 또한 현실성에 따라 현실이율과 평정이율로 분류된다.

33 시장가역산법에 의한 임목가 결정에 필요한 인자로 가장 거리가 먼 것은?

① 원목시장가　② 벌채운반비
③ 기업이익률　④ 조림 및 관리비

해설 시장가역산법은 유통되는 가격을 조사하여 벌채 및 운반에 필요한 비용을 공제한 임목의 가격을 역으로 구하는 방법으로, m^3당 임목가격, f=이용률(조재율), a=m^3당 원목 시장가격, b=m^3당 원목 생산경비(조재비, 운재비, 집재비, 잡비 등), p=월이율, 그리고 l=자본회수 기간(월)

기업이윤(r)을 고려하였을 경우
$x = f(\frac{a}{1+lp+r} - b)$ 가 된다.

34 임분의 연령을 측정하는 방법에 해당되지 않은 것은?

① 재적령　② 면적령
③ 생장추법　④ 표본목령

해설
- 임분의 연령을 측정하는 방법으로 본수령, 재적령, 면적령, 표본목령이 있다.
- 단목의 연령 측정 방법으로는 목측법에 의한 대략적인 임령을 측정, 가지가 윤상으로 자라는 경우 가지(지절)를 이용하여 임령을 측정 또는 생장추를 이용하는 방법이 있다.

35 5년 전의 임분재적이 80m³/ha이고, 현재의 임분재적이 100m³/ha인 경우 Pressler 식에 의한 임분재적 생장률은?

① 약 3.3%　② 약 4.4%
③ 약 5.5%　④ 약 6.6%

해설 프레슬러 성장률 $= \frac{\text{기말재적} - \text{기초재적}}{\text{기말재적} + \text{기초재적}} \times \frac{200}{\text{경과기간}}$

$= \frac{100m^3 - 80m^3}{100m^3 + 80m^3} \times \frac{200}{5} \fallingdotseq 4.4(\%)$

36 다음 설명에 해당하는 것은?

> 국민의 건강증진을 위하여 산림 안에서 맑은 공기를 호흡하고 접촉하여 산책 및 체력 단련 등을 할 수 있도록 조성한 산림(시설과 그 토지를 포함)이다.

① 숲길　② 산림욕장
③ 치유의 숲　④ 자연휴양림

해설
- 자연휴양림 : 국민의 정서함양, 보건휴양 및 산림교육 등의 활동
- 산림욕장 : 산림 안에서 맑은 공기를 호흡하고 접촉하며 산책 및 체력단련 등의 활동
- 치유의 숲 : 향기, 경관 등 자연의 다양한 요소를 활용하여 인체의 면역력을 높이고 건강을 증진시키는 활동
- 숲길 : 등산, 트레킹, 레저스포츠, 탐방 또는 휴양, 치유 등의 활동
- 숲속야영장 : 산림 안에서 텐트와 자동차 등을 이용하여 야영활동
- 산림레포츠시설 : 산림 안에서 이루어지는 모험형 · 체험형 레저스포츠 등의 활동

37 똑같은 산림경영 패턴이 영구히 반복된다는 것을 가정한 임지의 평가 방법은?

① 임지비용가법　② 임지기망가법
③ 임지예상가법　④ 임지매매가법

해설
- 임지기망가 : 당해 임지에 일정한 시업을 영구적으로 실시한다고 가정할 때 기대되는 순수익의 전가합계를 임지기망가라고 한다.
- 임지기망가가 최댓값에 이르는 때를 벌기로 결정하면 "토지순수익 최대의 벌기령"이 된다.
- 임지기망가법은 동일한 작업법을 영구히 계속함을 전제로 한 것이다.

정답 33. ④ 34. ③ 35. ② 36. ② 37. ②

38 임분의 재적을 측정하기 위해 임분의 임목을 모두 조사하는 방법이 아닌 것은?

① 표본조사법　② 매목조사법
③ 재적표 이용법　④ 수확표 이용법

해설 표본조사법
- 표본점을 추출하고, 표본점에 대해 측정하여 전 임분의 재적을 추정한다.
- 표본조사법은 전체 임분 중에서 일부의 구역이나 적은 그루 수를 선발하여 조사한다.
- 표본 조사를 하기 위해 선정되는 구역을 표본점이라 하고, 선정된 입목을 표본목이라 한다.

39 법정림에서 산림면적이 400ha, 윤벌기가 50년이면 1영계의 면적은?

① 0.8ha　② 8ha
③ 80ha　④ 800ha

해설 법정영급면적 = (산림면적/윤벌기) × 영계수

$= \frac{400}{50} \times 1 = 8(ha)$

40 지위가 서로 다른 3개 임분의 면적과 벌기재적이 다음 표와 같을 때 Ⅰ등지 임분의 개위면적은?

임분	면적(ha)	1ha당 벌기재적(m^3)	비고
Ⅰ등지	300	200	윤벌기 100년 1영급=10영계
Ⅱ등지	400	150	
Ⅲ등지	300	100	

① 200ha　② 300ha
③ 400ha　④ 500ha

해설 평균벌기재적

$= \frac{(300 \times 200) + (400 \times 150) + (300 \times 100)}{300 + 400 + 300}$

$= \frac{150,000}{1,000} = 150$

Ⅰ등지임분의 개위면적

$= \frac{1ha\text{당 벌기재적}}{\text{평균 벌기재적}} \times \text{산림면적}$

$= \frac{200}{150} \times 300 = 400(ha)$

정답 38. ① 39. ② 40. ③

산림기사 필기

2019년 제3회 기출문제

제1과목 조림학

01 솎아베기 작업에 대한 설명으로 옳은 것은?

① 잔존목의 수고생장을 크게 촉진한다.
② 최종 생산될 목재의 형질을 개선한다.
③ 자연낙지를 유도하여 지하고를 높인다.
④ 줄기에 발생하는 부정아를 감소시킨다.

해설 ① 잔존목의 직경생장을 크게 촉진한다.
③ 밀식으로 자연낙지를 유도하여 지하고를 높인다. 솎아베기에 대한 설명이 아니다.
④ 과도한 솎아베기로 줄기에 발생하는 부정아가 늘어날 수 있다.

02 우리나라 산림대에 대한 설명으로 옳지 않은 것은?

① 연평균 기온에 따라 구분된다.
② 온대림이 차지하는 면적이 가장 넓다.
③ 먼구슬나무, 녹나무, 모새나무는 난대림의 특징 수종이다.
④ 한라산보다는 설악산에서 난대, 온대, 한대의 수직적 분포가 잘 나타난다.

해설 설악산에는 난대림이 분포하지 않는다. 한라산은 난대, 온대, 한대의 수직적 분포가 나타난다.

03 윤벌기가 완료되기 전에 짧은 갱신기간 동안 몇 차례 벌채를 실시하여 임목을 완전히 제거하는 작업은?

① 모수작업　② 산벌작업
③ 개벌작업　④ 택벌작업

해설 산벌작업에 대한 설명이다.

04 온대 남부지역에서 수하식재가 가장 용이한 수종은?

① 편백　② 소나무
③ 오동나무　④ 잎본잎갈나무

해설 수하식재에는 음수성 수종이 적합하다. 소나무, 오동나무, 낙엽송은 모두 양수에 속한다.

05 인공림 침엽수의 수형목 지정기준으로 옳지 않은 것은?

① 상층 임관에 속할 것
② 수관이 넓고 가지가 굵을 것
③ 밑가지들이 말라서 떨어지기 쉽고 그 상처가 잘 아물 것
④ 주위 정상목 10본의 평균보다 수고 5%, 직경 20% 이상 클 것

해설 수관이 좁고, 줄기는 굵고, 길며, 가지는 가는 것

06 가지치기를 시행하는 시기로 가장 적합한 것은?

① 11월~2월　② 3월~6월
③ 7월~8월　④ 9월~10월

정답 01. ② 02. ④ 03. ② 04. ① 05. ② 06. ①

해설 생가지치기를 수반하는 가지치기는 생장휴지기인 11월~이듬해 2월 사이에 실시한다.

07 지베렐린에 대한 설명으로 옳지 않은 것은?

① 줄기의 신장 생장을 촉진한다.
② 개화 및 결실을 돕는 역할을 한다.
③ 대부분의 지베렐린은 알칼리성이다.
④ 벼의 키다리병을 일으키는 것과 관련이 있다.

해설 지베렐린은 산성도 알칼리성도 띠지 않는다. 지베렐린은 물에 잘 녹기 때문에 목부(물관)를 통해서 이동한다. 옥신은 사부를 통해서 이동한다.

08 꽃의 구조와 종자 및 열매의 구조가 올바르게 연결된 것은?

① 주심－배　② 주피－종피
③ 배주－열매　④ 씨방－종자

해설 ① 주심-내종피, ③ 배주-씨앗(종자), ④ 씨방(자방)-과실(열매)
- 배주(ovule)는 후에 종자가 되는 기관이다. 자성배우체(속씨식물의 배낭)와 그것을 둘러싸는 주심, 주심을 둘러싸는 주피로 구성된다.
- 씨방은 속씨식물의 심피(carpel)의 아래가 확장된 것으로 밑씨(배주, ovule)가 만들어 지는 곳이다. 씨방은 종자를 형성하는 부위로 열매를 만들어 밑씨를 보호한다.

09 일본에서 도입하여 조림된 수종은?

① *Pinus rigida*
② *Larix kaempferi*
③ *Zelkova serrata*
④ *Quercus acutissima*

해설 ① 리기다소나무, ② 낙엽송, ③ 느티나무, ④ 상수리나무
- 낙엽송이 일본에서 도입된 수종이다.

10 종자의 크기가 가장 작은 수종은?

① *Alnus japonica*
② *Pinus koraiensis*
③ *Camellia japonica*
④ *Aesculus turbinata*

해설 ① 오리나무, ② 잣나무, ③ 동백나무, ④ 칠엽수
- 칠엽수는 특대립종자, 동백나무는 대립종자, 잣나무는 중립종자를 가진다.
- 오리나무의 종자는 세립종자로 분류되어 작은 편이다.

11 수목에서 질소 결핍 증상으로 나타나는 주요 현상은?

① T/R률 증가
② 겨울눈 조기 형성
③ 성숙한 잎의 황화 현상
④ 모잘록병 발생률 증가

해설 질소는 수목에서 이동성이 어느 정도 있으므로 성숙한 잎에서 결핍증상이 일어난다. 질소가 부족하면 단백질과 효소를 만들지 못하므로 조직이 작아지고, 황백화된다. 심하면 괴사하게 된다.
①, ④는 질소질 과다 시 발생할 수 있다.

12 조림지의 풀베기 작업에 대한 설명으로 옳은 것은?

① 모두베기는 음수를 조림한 지역에서 적합하다.
② 풀베기 작업의 시기는 가을철인 9월에 실시한다.
③ 한풍해가 우려되는 조림지에서는 둘레베기가 바람직하다.
④ 전나무 조림지에 대한 풀베기 작업은 조림 후 2년 이내에 종료한다.

해설 ① 모두베기는 양수를 조림한 지역에서 적합하다.
② 풀베기 작업의 시기는 6월에서 8월에 실시하고, 늦어도 9월 이전에 마친다.
④ 전나무와 같이 자람이 늦은 수종은 조림 후 5~6년까지 풀베기를 한다.

정답 07. ③ 08. ② 09. ② 10. ① 11. ③ 12. ③

13 흙 속에서 공기와 물이 차지하고 있는 부분은?

① 균근 ② 비중
③ 공극 ④ 교질

해설 공극은 토양입자 사이의 틈으로 물이나 공기가 차지한다.

14 지존작업에 대한 설명으로 옳은 것은?

① 묘목을 심기 위하여 구덩이를 파는 작업이다.
② 개간한 곳에 조림용 묘목을 식재하는 작업이다.
③ 조림지에서 덩굴치기 및 제벌작업을 행하는 것을 뜻한다.
④ 조림 예정지에서 잡초, 덩굴식물, 관목 등을 제거하는 작업이다.

해설 지존작업은 조림 예정지를 준비하는 작업이다.

15 파종상을 만들고 실시하는 경운 작업에 대한 설명으로 옳지 않은 것은?

① 시비의 효과를 고르게 한다.
② 토양이 팽윤해지고 공기와 수분의 유통이 좋아진다.
③ 토양의 보수력, 흡열력 및 비료의 흡수력이 증가한다.
④ 잡초의 뿌리는 땅속 깊이 묻어주고 잡초의 종자는 땅 위로 노출되게 한다.

해설 잡초의 뿌리는 노출시켜 마르게 하고, 잡초의 종자는 싹이 트기 힘들게 땅속으로 들어가게 하는 것이 경운작업의 목적 중 하나다.

16 수목의 호흡 작용이 일어나는 세포 내 기관은?

① 핵 ② 액포
③ 엽록체 ④ 미토콘드리아

해설 • 핵은 DNA를 함유하고 있어, 수목 고유의 특징을 결정한다.
• 엽록체는 광합성 작용을 하고, 액포는 독성물질이나 노폐물을 저장 및 분해하는 역할을 한다.

17 묘 간 거리가 가로 1m, 세로 4m의 장방형 식재 시 1ha에 식재되는 묘목 본수는?

① 2500본 ② 3000본
③ 3333본 ④ 5000본

해설 $\frac{10,000m^2}{1m \times 4m}$ =2500본

18 임목의 직경분포가 다음과 같이 나타나는 임형은?

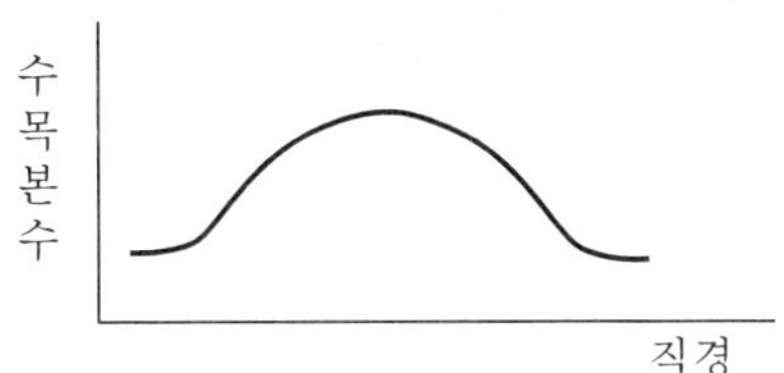

① 동령림 ② 택벌림
③ 이령림 ④ 보잔목림

해설 동령림의 직경분포는 가운데가 볼록한 종모양의 정규분포의 형태를 띤다.

19 모수작업에서 모수에 대한 설명으로 옳은 것은?

① 열세목을 대상으로 선발한다.
② 유전적 형질과는 관련이 없다.
③ 바람에 대한 저항력이 높아야 한다.
④ 종자를 적게 생산하는 개체 중에서 택한다.

해설 ① 모수는 우량목에서 선발한다.
② 모수의 유전적 형질은 우수해야 한다.
④ 모수는 되도록 종자를 많이 생산하는 개체 중에서 택한다.

정답 13. ③ 14. ④ 15. ④ 16. ④ 17. ① 18. ① 19. ③

20 택벌작업의 장점이 아닌 것은?

① 임분의 지력 유지에 유리하다.
② 상층목은 채광이 좋아 결실이 잘 된다.
③ 면적이 좁은 산림에서 보속 수확이 가능하다.
④ 작업 내용이 간단하여 고도의 기술이 필요하지 않다.

해설 택벌작업이 복잡하고 고도의 기술을 요구하는 것은 택벌 갱신작업의 단점이다.

제3과목 임업경영학

21 자연휴양림 지정을 위한 대상지의 타당성 평가 기준으로 옳지 않은 것은?

① 개발여건 : 개발비용, 토지이용 제한 요인 및 재해빈도 등이 적정할 것
② 생태여건 : 표고차, 임목, 수령, 식물 다양성 및 생육 상태 등이 적정할 것
③ 면적 : 국가 또는 지방자치단체가 조성하는 경우 30만 제곱미터 이상일 것
④ 위치 : 접근도로 현황 및 인접도시와 거리 등에 비추어 그 접근성이 용이할 것

해설
- 자연휴양림 지정을 위한 타당성 평가 기준으로는 경관, 위치, 수계, 휴양유발 및 개발여건 등의 항목이 있다.
- 표고차, 환경파괴 정도, 독특성, 상층목 수령, 식물 다양성, 생육 상태(울폐도) 및 야생동물의 종 다양성 등은 경관에 해당된다.

22 항속림 사상과 가장 밀접한 관계가 있는 임업경영의 지도원칙은?

① 수익성 원칙 ② 공공성 원칙
③ 생산성 원칙 ④ 합자연성 원칙

해설 뮬러(moller)의 항속림 사상은 자연법칙을 존중하는 합자연성 원칙과 관련이 있다.

23 복합임업경영의 주요 목적으로 가장 적합한 것은?

① 임업 주수입의 증대
② 임업 조수입의 증대
③ 임업 경영지의 대단지화
④ 임업 수입의 조기화와 다양화

해설 복합임업경영의 주목적은 임업 수입의 조기화와 다양화이다.

24 산림투자에 있어서 미래상황의 불확실성을 투자분석에 포함시킨 것은?

① 회수기간법 ② 감응도 분석
③ 내부수익률법 ④ 순현재가치법

해설 감응도 분석(sensitivity analysis)은 불확실한 미래의 상황변화를 사업분석에 포함시킨 것이다. 감응도 분석의 대상으로 고려하여야 할 요인으로는 가격요인, 생산량, 원자재의 가격 사업 기간의 지연 생산량, 사업기간 지연 등이 있다.

25 생장량에 대한 설명으로 옳지 않은 것은?

① 연년생장량은 총생장량을 수령 또는 임령으로 나눈 양이다.
② 총생장량은 처음에는 점증하다가 증가세가 변곡점에서 최대에 달한다.
③ 평균생장량이 최고점에 달한 이후 벌채하지 않고 두는 것은 비효율적이다.
④ 정기평균생장량은 일정한 기간의 생장량을 그 기간의 연수로 나눈 값이다.

정답 20. ④ 21. ② 22. ④ 23. ④ 24. ② 25. ①

해설 연년생장량은 수목이 1년간의 생장량을 말하며, n년 때의 재적을 V_n, n+1년 때의 재적을 V_{n+1}이라 할 때 연년생장량은 $V_{n+1}-V_n$이다.

26 **기준벌기령 이상에 해당하는 임지에서 수확을 위한 벌채가 아닌 것은?**

① 골라베기 ② 모두베기
③ 솎아베기 ④ 모수작업

해설
- 숲 가꾸기를 위한 벌채(솎아베기)는 수관이 상호 중첩되어 밀도 조절이 필요한 임지에서 실행한다.
- 솎아베기는 기준벌기령 이전에 실시하여 숲 가꾸기 관리와 중간수입을 얻는 데 있다.

27 **임지평가 방법에 대한 설명으로 옳지 않은 것은?**

① 환원가법은 연년 수입의 전가합계로 평가한다.
② 비용가법은 취득원가의 복리합계액으로 평가한다.
③ 원가방법은 재조달원가의 전가합계액으로 평가한다.
④ 기망가법은 장래에 기대되는 수입의 전가합계로 평가한다.

해설 원가방식은 평가시점에서 그 부동산을 재생산 또는 재취득하는 데 소요되는 재조달원가를 산출하고, 이 원가에 감가상각하여 대상 물건의 현재 가격을 산정하는 방법이다.

28 $\dfrac{Au+\Sigma D-(C+uV)}{u}$ **의 식이 나타내는 벌기령은? (단, Au : 주벌수확, C : 조림비, u : 벌기령, ΣD : 간벌수확합계, V : 관리비)**

① 재적수확 최대의 벌기령
② 화폐수익 최대의 벌기령
③ 토지순수익 최대의 벌기령
④ 산림순수익 최대의 벌기령

해설 산림순수익 최대의 벌기령 공식은 $\dfrac{Au+\Sigma D-(C+uV)}{u}$ 이다.

29 **현재 기준연도에서 벌채 예정 연도까지의 임목기망가 산출 공식으로 옳은 것은?**

① (주벌 및 간벌수확 후가합계)−(지대 및 관리비 후가합계)
② (주벌 및 간벌수확 후가합계)−(지대 및 관리비 전가합계)
③ (주벌 및 간벌수확 전가합계)−(지대 및 관리비 후가합계)
④ (주벌 및 간벌수확 전가합계)−(지대 및 관리비 전가합계)

해설 임지기망가
당해 임지에 일정한 시업을 영구적으로 실시한다고 가정할 때 기대되는 순수익의 전가합계를 임지기망가라고 한다.

[Faustmann의 지가식]

$$\frac{A^u+D_a\times 1.0P^{u-a}+\cdots+D_b\times 1.0P^{u-b}-C\times 1.0P^u}{1.0P^u-1}-\frac{v}{0.0P}$$

- 영향인자 : 주벌수익(A^u)과 간벌수익(D), 조림비(C), 관리비(v), 이율(P), 벌기(u)

30 **현재 축적이 1,000m³이고 생장률이 연 3%일 때, 단리법에 의한 9년 후 축적은?**

① 1,030m³ ② 1,127m³
③ 1,270m³ ④ 1,304m³

해설 단리법
- 최초의 원금에 대해서만 이자를 계산하는 방법이다.
- 단리법의 원리합계 계산식
  $N=V(1+nP)=1{,}000(1+9\times0.03)=1{,}270$
  식에서, N=원리합계, V=원금, n=기간, P=이율

정답 26. ③ 27. ③ 28. ④ 29. ④ 30. ③

31 감가삼각비의 계산방법 중 정액법에 의한 것은?

① $\frac{\text{취득원가} - \text{잔존가치}}{\text{추정내용연수}}$

② (취득원가−잔존가치) × 감가율

③ 실제작업시간 × $\frac{\text{취득원가} - \text{잔존가치}}{\text{추정총작업시간}}$

④ (취득원가 − 감가삼각비누계액) × (감가율)

해설 정액법은 매년 일정액이 감소한다는 가정으로 계산하는 방법이다.

32 보속작업에 있어서 하나의 작업급에 속하는 모든 임분을 일순벌 하는 데 소요되는 기간은?

① 윤벌령 ② 윤벌기
③ 벌기령 ④ 벌채령

해설 윤벌기 : 보속작업을 하는 데 작업급 내 모든 임분을 일순벌 하는 데 걸리는 기간

33 임업경영자산 중 유동자산으로 볼 수 없는 것은?

① 임업 종자
② 임업용 기계
③ 미처분 임산물
④ 임업생산 자재

해설 임업용기계는 고정자산에 속한다.

34 수고측정에 적합하지 않는 기구는?

① 섹터포크(sector fork)
② 덴드로미터(dendrometer)
③ 스피겔리라스코프(spigel relascope)
④ 아브네이핸드레블(Abney hand level)

해설
- 수고측정 기구는 와이제측고기, 아소스측고기, 메리트측고기, 크리스튼측고기, 블루메라이스측고기, 덴드로미터(dendrometer), 스피겔리라스코프(spigel relascope) 및 아브네이핸드레블(Abney hand level) 등이 있다.
- 섹터포크는 직경 측정 기기이다.

35 수간석해에 대한 설명으로 옳지 않은 것은?

① 표준목을 대상으로 실시한다.
② 수간과 직교하도록 원판을 채취한다.
③ 흉고를 1.2m로 했을 경우 지상 1.2m를 벌채점으로 한다.
④ 수목의 성장과정을 정밀히 사정할 목적으로 측정하는 것이다.

해설 벌채점의 위치 선정
- 벌채점은 일반적으로 흉고가 1.2m이면 지상 0.2m로 선정한다.
- 흉고를 1.3m로 하면 벌채점은 0.3m로 해야 한다.
- 벌채점이 결정되면 벌채점에 표시하고, 벌채점이 손상되지 않도록 유의한다.
- 원판 손상에 유의하면서 벌채한다.

36 산림교육활성화를 위하여 산림교육종합계획을 수립 · 시행하는 자는?

① 산림청장
② 시 · 도지사
③ 국유림관리소장
④ 농림축산식품부 장관

해설 산림청장은 산림교육을 활성화하기 위하여 산림교육종합계획을 5년마다 수립 및 시행해야 한다.

37 정적임분생장모델에 해당하는 것은?

① 수확표 ② 산림조사부
③ 확률밀도함수 ④ 누적밀도함수

정답 31. ① 32. ② 33. ② 34. ① 35. ③ 36. ① 37. ①

해설 임분생장모델의 정적임분생장모델은 관리 방법을 고정된 상태에서 임분의 생장 및 수확을 예측하는 모델로 가장 간단한 형태로 수확표가 있다.

38 **임업조수익 중에서 임업소득이 차지하는 비율은?**

① 임업의존율

② 임업소득률

③ 임업순수익률

④ 임업소득가계충족률

해설
- 임업 의존도 [%] = $\frac{\text{임업소득}}{\text{임가소득}} \times 100$
- 임업소득 가계 충족률[%] = $\frac{\text{임업소득}}{\text{가계비}} \times 100$
- 임업 소득률[%] = $\frac{\text{임업소득}}{\text{임업조수익}} \times 100$
- 자본수익률[%] = $\frac{\text{순수익}}{\text{자본}} \times 100$

39 **산림경영에서 매년 발생하는 수익이 20만 원, 연이율이 5%인 경우에 자본가는?**

① 1만 원　　② 4만 원

③ 1백만 원　　④ 4백만 원

해설 매년 영구히 발생하는 수익의 자본가는 무한연년 전가합과 같다.

자본가 = $\frac{\text{수익}}{\text{이율}} = \frac{200,000}{0.05}$

=4,000,000(원)

40 **어떤 밤나무의 말구직경이 14cm이고 재장이 8.5m 일 때, 국내산 원목의 재적검량 방법에 의한 재적은?**

① $0.1308m^3$　　② $0.1667m^3$

③ $0.2176m^3$　　④ $0.4352m^3$

해설 국내산 원목 재적 측정법(6m 이상인 경우)

$$V(m^3) = (d_n + \frac{[L]-4}{2})^2 \times \frac{L}{10,000}$$

$$= (14 + \frac{8-4}{2})^2 \times \frac{8.5}{10,000}$$

$$\fallingdotseq 0.2176(m^3)$$

V : 재적, d_n : 말구지름(cm)

$[L]$: 소수점 이하 버리는 정수(m)

정답 38. ② 39. ④ 40. ③

산림기사 필기

2020년 제1·2회 기출문제

제1과목 조림학

01 종자 발아 시험에서 일정 기간 내의 발아 종자수를 시험에 사용한 전체 종자 수에 대한 백분율로 나타낸 것은?

① 효율 ② 순량률
③ 발아율 ④ 발아세

해설 ① 효율=순량률×발아율
② 순량률 : 종자를 정선하여 이물질을 제외한 순수 종자의 무게 비율(%)
④ 발아세 : 일정한 기간 내에 씨앗이 발아하는 정도

02 생가지치기를 하는 경우 절단면이 썩을 위험성이 가장 큰 수종은?

① *Acer palmatum*
② *Pinus densiflota*
③ *Cryptomeria japonica*
④ *Chamaecyparis obtusa*

해설 ① 단풍나무, ② 소나무, ③ 삼나무, ④ 편백나무
• 단풍나무, 느릅나무, 벚나무, 물푸레나무 등은 생가지치기를 피해야 할 수종이다.

03 옻나무, 피나무, 콩과 수목 종자의 발아를 촉진시키는 방법으로 가장 적합한 것은?

① 환원법 ② 황산처리법
③ 침수처리법 ④ 고저온처리법

해설 혁질의 종피를 가진 콩과 수목과 밀랍으로 된 종피를 가진 옻나무와 피나무 종자는 황산처리를 한다.

04 택벌작업을 통한 갱신 방법에 대한 설명으로 옳은 것은?

① 양수 수종 갱신이 어렵다.
② 병충해에 대한 저항력이 낮다.
③ 임목벌채가 용이하여 치수 보존에 적당하다.
④ 일시적인 벌채량이 많아 경제적으로 효율적이다.

해설 ② 택벌림은 이령, 다층 혼효림으로 병충해에 대한 저항력이 높다.
③ 택벌림은 벌채에 세심한 기술이 필요하고 벌채 시에 치수가 다치기 쉽다.
④ 일시적인 벌채량이 많아 경제적으로 효율적인 것은 개벌에 해당한다.

05 종자가 발아하기에 적합한 환경에서 발아하지 못하는 휴면에 해당하지 않는 것은?

① 배휴면 ② 종피휴면
③ 이차휴면 ④ 생리적 휴면

해설 ① 배휴면 : 물푸레나무, 들메나무, 은행나무, 주목 등 미성숙한 배로 인한 휴면
② 종피휴면 : 혁질의 종피를 가진 공과, 딱딱한 종피를 가진 핵과 종자 등 견고한 종피로 인한 휴면
④ 생리적 휴면 : 휴면하고 있는 종자나 식물체에 알맞은 생육 환경 조건이 주어져도 내적 요인으로 인하여 일정 기간 발아나 개화, 생장을 하지 않는 일(타발휴면, 강제휴면)

정답 01. ③ 02. ① 03. ② 04. ① 05. ③

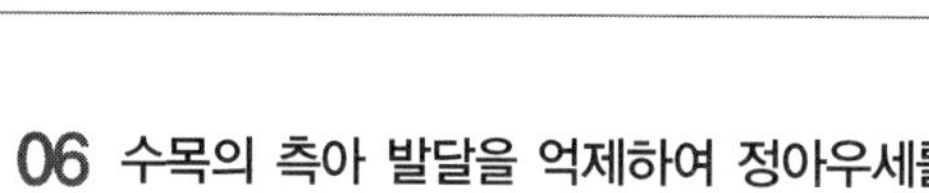

06 수목의 측아 발달을 억제하여 정아우세를 유지시켜주는 호르몬은?

① 옥신　② 지베렐린
③ 사이토키닌　④ 아브시스산

해설 정아가 주지의 끝에서 측아의 성장을 억제해서 원추형 수관을 만드는 유한생장을 하는 것은 옥신의 영향이다.

07 산림에 해당되지 않는 것은?

① 휴양 및 경관 자원
② 집단적으로 자라고 있는 대나무와 그 토지
③ 산림의 경영 및 관리를 위하여 설치한 도로
④ 집단적으로 자라고 있던 입목이 일시적으로 없어지게 된 토지

해설 산지관리법과 산림자원의 조성 및 관리에 관한 법률에서 정하는 "산림"의 정의를 묻는 문제다. 산림자원의 조성 및 관리에 관한 법률에서 산림자원은 생물자원, 무생물자원, 휴양 및 경관자원으로 정의하고 있다.

08 간벌에 대한 설명으로 옳지 않은 것은?

① 가지치기 작업 이전에 실시한다.
② 생산될 목재의 형질을 좋게 한다.
③ 수목의 직경 생장을 촉진하고 연륜폭이 넓어진다.
④ 수목의 수액 이동 정기지인 겨울철에 실시하는 것이 좋다.

해설 간벌 작업은 가지치기 작업 이후에 실시한다.

09 실생묘 생산을 위한 임목 종자의 파종량 계산에 필요한 인자가 아닌 것은?

① 순량률
② 종자 발아율
③ 잔존 묘목수
④ 발아묘 생장률

해설 $파종량 = \dfrac{파종면적 \times 잔존묘목수}{종자립수 \times 순량률 \times 발아율 \times 득묘율}$

10 산림토양 내에 존재하는 질소에 대한 설명으로 옳은 것은?

① 호기성 세균은 질산태질소를 암모늄태질소로 변화시키는 과정에서 중심 역할을 한다.
② 산성이 강한 산림토양에서는 질산화작용에 의해 질소 성분이 주로 질산태질소 형태로 존재한다.
③ 동식물의 사체가 분해되면 처음에 질산태질소가 생성되며, 그 후에 세균에 의해 암모늄태질소로 변화된다.
④ 산성이 강한 산림토양에서는 세균보다 진균이 동식물의 사체를 암모늄 형태의 질소로 분해하는 데 더 크게 기여한다.

해설 ① 혐기성 세균인 질산환원균이 질산태질소를, 호기성 세균은 암모늄태질소를 질산태질소로 변화시키는 과정에서 중심 역할을 한다. 질산에는 산소가 포함되어 있다. 환원시키는 과정에서 발생하는 산소를 질산환원균이 사용할 수 있으므로 질산환원세균은 혐기조건에서도 생존할 수 있다.
② 산성이 강한 산림토양에서는 질산환원작용에 의해 질소 성분이 주로 암모늄태질소 형태로 존재한다.
③ 동식물의 사체가 분해되면 암모늄태질소가 생성되며, 그 후에 아질산균과 질화세균에 의해 질산태질소로 변화된다. 이후 탈질세균에 의해 공중질소와 N_2O로 변화된다.

정답 06. ① 07. ① 08. ① 09. ④ 10. ④

11 삽목 작업에 대한 설명으로 옳지 않은 것은?

① 삽수의 끝눈은 남향으로 향하게 한다.
② 비가 온 후 상면이 습하면 작업을 하지 않는다.
③ 작업 중 삽수가 건조하거나 눈이 상하지 않도록 주의한다.
④ 삽목 토양으로는 배수성이 좋은 토양보다는 양료가 충분히 있는 양토 계통의 토양을 이용하는 것이 좋다.

해설 삽목토양은 양료가 충분히 있는 토양보다 배수성이 좋은 토양이 좋다. 양료가 충분한 토양에서는 세균 등이 삽수에 영향을 미칠 수 있다.

12 양엽과 비교한 음엽에 대한 설명으로 옳지 않은 것은?

① 두께가 넓다.
② 광포화점이 높다.
③ 책상조직이 엉성하다.
④ 엽록소의 함량이 많다.

해설 음엽은 양엽에 비해 광포화점과 광보상점이 낮다.

13 이중정방향으로 묘간거리 5m로 1ha에 식재되는 묘목의 본수는?

① 200본 ② 800본
③ 2000본 ④ 8000본

해설 식재 묘목수

$$= \frac{\text{조림면적}}{\text{묘목간거리} \times \text{식재열간거리}} \times 2(\text{이중정방형식재})$$

$$= \frac{10,000}{5 \times 5} \times 2 = 800[\text{본}]$$

14 산림이나 묘포장의 토양 산도에 대한 설명으로 옳은 것은?

① 묘포 토양은 pH 6.5 이상이 되어야 좋다.
② pH 7.4~8.0 토양에서는 침엽수종의 생육에 유리하다.
③ pH 4.0~4.7 토양에서는 망간, 알루미늄이 다량 용해되어 수목의 생육에 적합하다.
④ pH 6.6~7.3 토양에서는 미생물의 활동이 왕성하고 양료의 이용이 높으며, 부식의 형성이 쉽게 진전된다.

해설 ① 묘포 토양은 pH 6.0 이하가 적당하다. 침엽수의 경우 pH 5.0~6.0, 활엽수의 경우 pH 5.5~6.5가 적당하다.
② pH 5.0~6.0 토양에서는 침엽수종의 생육에 유리하다.
③ pH 4.0~4.7 토양에서는 망간, 알루미늄이 다량 용해되어 수목의 생육에 부적합하다.

15 토양의 무기양료에 대한 요구도가 가장 낮은 수종은?

① *Zelkova serrata*
② *Abies Holophylla*
③ *Juniperus chinensis*
④ *Quercus acutissima*

해설 일반적으로 성장속도가 느린 수종이 양료의 요구도가 낮은 수종이다. 제시된 수종 중 향나무의 성장속도가 가장 느리다.(① 느티나무, ② 전나무, ③ 향나무, ④ 상수리나무)

양분 요구도	수종
높은 수종	오동나무, 느티나무, 참나무
중간 수종	낙엽송, 잣나무, 서어나무, 피나무
낮은 수종	소나무, 해송, 향나무, 오리나무

정답 11. ④ 12. ② 13. ② 14. ④ 15. ③

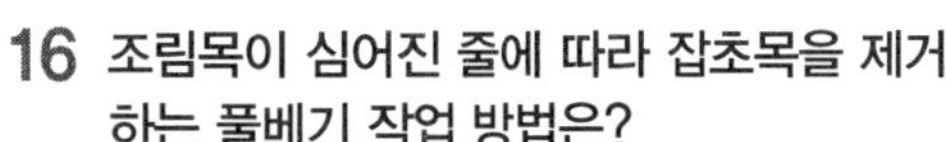

16 **조림목이 심어진 줄에 따라 잡초목을 제거하는 풀베기 작업 방법은?**

① 점베기 ② 줄베기
③ 모두베기 ④ 둘레베기

해설 ① 점베기 : 풀베기 작업 방법에 해당하지 않는다.
③ 모두베기 : 조림목이 심어진 전 임지의 풀을 모두 깎는다. 양수에 적합하다.
④ 둘레베기 : 조림목 주변의 풀만 깎는다. 음수에 적합하다.

17 **모수작업에 대한 설명으로 옳은 것은?**

① 소경재 생산을 목적으로 벌기를 짧게 하는 갱신 방법이다.
② 모수를 제외하고 성숙한 임목만을 벌채하여 갱신을 유도하는 방법이다.
③ 비교적 짧은 갱신기간 중에 몇 차례에 걸친 벌채로 작업 구역에 있는 임목이 완전히 제거된다.
④ 새로 형성된 임분은 모수가 상층을 구성하는 것을 제외하고는 동령림으로 되지만, 모수가 많으면 이단림으로 볼 수 있다.

해설 ① 소경재 생산을 목적으로 벌기를 짧게 하는 갱신 방법이다. => 왜림작업
② 모수작업은 모수를 제외하고 전 임목을 벌채하여 갱신을 유도하는 방법이다.
③ 비교적 짧은 갱신기간 중에 몇 차례에 걸친 벌채로 작업 구역에 있는 임목이 완전히 제거된다. => 산벌작업

18 **수목의 뿌리를 통하여 흡수된 질소, 인, 칼륨 등의 무기양료가 잎까지 이동되는 주요 통로가 되는 조직은?**

① 수 ② 사부
③ 목부 ④ 수지관

해설 잎에서 생산된 영양소는 사부를 통해 식물의 체내로 이동하고, 뿌리에서 물에 녹아서 이온형태로 존재하는 무기양료들은 목부(물관)를 통하여 잎으로 이동한다.

19 **외떡잎식물의 특징이 아닌 것은?**

① 떡잎이 한 장이다.
② 엽맥은 그물맥이다.
③ 관다발 조직이 줄기 내에 흩어져 있다.
④ 보통 원뿌리가 없는 수염뿌리를 가지고 있다.

해설 외떡잎식물의 엽맥은 나란히맥이다.

20 **대면적 개벌 천연하종갱신에 대한 설명으로 옳은 것은?**

① 작업 소요기간이 길다.
② 이령림 형성에 유리하다.
③ 양수의 갱신에 적합하다.
④ 토양의 이화화적 성질이 좋아진다.

해설 ① 갱신에 필요한 작업 소요기간이 짧다.
② 동령림 형성에 유리하다.
④ 토양의 이화화적 성질이 나빠진다.

제3과목 임업경영학

21 **임목수관의 지상투영면적 백분율을 나타내는 임분밀도의 척도는?**

① 상대밀도
② 임분밀도지수
③ 상대공간지수
④ 수관경쟁인자

해설 임분밀도는 임목의 축적량, 임지의 이용도, 임목간의 경쟁강도 등을 평가할 수 있으며, 밀도가 높을수록 임목의 생장률은 감소한다.

정답 16. ② 17. ④ 18. ③ 19. ② 20. ③ 21. ④

22 손익분기점 분석을 위한 가정으로 옳지 않은 것은?

① 제품의 생산능률은 변화한다.
② 제품 한 단위당 변동비는 항상 일정하다.
③ 고정비는 생산량의 증감에 관계없이 항상 일정하다.
④ 제품의 판매가격은 판매량이 변동하여도 변화하지 않는다.

해설 손익분기점 분석의 전제조건(가정)
- 원가는 고정비와 변동비로 구분된다.
- 제품의 단위당 판매가격은 판매량의 변동에도 변하지 않는다.
- 제품 한 단위당 변동비는 항상 일정하다.
- 고정비는 생산량의 증감에 관계없이 항상 일정하다.
- 생산량과 판매량은 항상 같으며, 생산과 판매에 동시성이 있다.
- 제품의 생산능률은 고려하지 않는다.(변함이 없다.)

23 다음 조건에서 프레슬러(Pressler) 공식을 이용한 임목의 수고생장률은?

- 2010년 임목의 수고는 15m
- 2015년 임목의 수고는 18m

① 약 0.4% ② 약 3.6%
③ 약 36.4% ④ 약 44.4%

해설 $\text{프레슬러 성장률} = \frac{\text{기말재적} - \text{기초재적}}{\text{기말재적} + \text{기초재적}} \times \frac{200}{\text{경과기간}}$

$\text{수고생장률} = \frac{18-15}{18+15} \times \frac{200}{5} = 0.0909 = 3.6\%$

24 벌기가 20년인 활엽수 맹아림의 임목가는 40만 원이다. 마르티나이트(Martineit) 식으로 계산한 15년생의 임목가는?

① 112,500원 ② 150,000원
③ 225,000원 ④ 350,000원

해설 중령림의 임목평가 방법의 하나로 마르티나이트의 산림이용가법

$= \text{표준벌기의 임목가격} \times \frac{\text{평가대상 임목의 현재 연령}^2}{\text{표준벌기}^2}$

$= 400{,}000 \times \frac{15^2}{20^2} = 225{,}000\text{원}$

25 임목재적 측정 시 가장 먼저 할 일은?

① 조사목 선정
② 조사목 측정
③ 조사구역 설정
④ 임분의 현존량 추정

해설 임목의 재적 측정은 조사구역 설정→조사목 선정→조사목 측정→임분의 현존량 추정의 순으로 이루어진다.

26 다음 조건에서 글라제(Glaser)의 보정식에 따른 15년생 현재의 평가대상 임목가는?

- 현재 15년생인 소나무림 1ha의 조림비와 10년생까지 지출한 경비의 후가합계가 60만 원이다.
- 30년생의 벌기수확이 380만 원으로 예상된다.

① 800,000원 ② 812,500원
③ 850,000원 ④ 887,500원

해설 글라제(Glaser)의 보정식
대부분의 비용이 조림 초기 10년에 집중되는 것을 감안하여 글라제르식을 보정한 것이다.

$A_m = (A_n - C_{10}) \frac{(m-10)^2}{(n-10)^2} + C_{10}$

여기서, C_{10} = 조림 초기 10년 동안의 비용의 후가합계

$= (3{,}800{,}000 - 600{,}000) \times \frac{(15-10)^2}{(30-10)^2} + 600{,}000$

$= 3{,}200{,}000 \times 0.0625 + 600{,}000 = 800{,}000\text{원}$

정답 22. ① 23. ② 24. ③ 25. ③ 26. ①

27 입목의 가격을 산정하기 위한 방법으로 시장역산가 공식에 사용하지 않는 인자는?

① 조재율
② 간벌수익
③ 자본회수기간
④ 원목의 시장단가

해설 입목의 시장가격에서 투입비용과 이윤 등을 차감하여 간접적으로 평가하는 방법을 시장가역산법이라고 한다. 시장가역산법에 의한 m^3당 임목가격, f = 이용률(조재율), a = m^3당 원목 시장가격, b = m^3당 원목생산경비(조재비, 운재비, 집재비, 잡비 등), p = 월이율, 그리고 l = 자본회수 기간(월) 기업이윤(r)을 고려하였을 경우 $x = f(\frac{a}{1 + lp + r} - b)$ 가 된다.

28 종합원가계산 방법에 대한 설명으로 옳지 않은 것은?

① 공정별 원가계산방법이라고도 한다.
② 제품의 원가를 개개의 제품단위별로 직접 계산하는 방법이다.
③ 같은 종류와 규격의 제품이 연속적으로 생산되는 경우에 사용한다.
④ 생산된 제품의 전체원가를 총생산량으로 나누어 단위 원가를 산출한다.

해설 종합원가계산(공정별 원가계산)은 일정 기간 제품생산에 소요된 공정별 원가요소를 집계하여 생산된 제품의 전체원가를 총생산량으로 나누어 단위원가를 산출한다. 같은 종류와 규격의 제품이 연속적으로 생산되는 경우에 사용한다.

29 벌구식 택벌작업에서 맨 처음 벌채된 벌구가 다시 택벌될 때까지의 소요기간을 무엇이라고 하는가?

① 벌기령 ② 윤벌기
③ 벌채령 ④ 회귀년

해설 회귀년 : 작업급을 몇 개의 택벌구로 나누어 매년 한 구역씩 택벌하여 일순하고 다시 최초의 택벌구로 벌채가 회귀하는 방법이다. 이렇게 회귀하는 데 필요한 기간을 회귀년 또는 순환기라고 한다. 일반적으로 회귀년이 길어지면 한 번에 벌채되는 재적은 증가하고 짧은 경우에는 감소한다. 회귀년은 윤벌기를 벌채구로 나눈 값이다.

30 숲길의 조성 · 관리 연차별계획에 포함되어야 할 사항은?

① 1년 단위 연차별 투자실적 및 계획
② 5년 단위 연차별 투자실적 및 계획
③ 10년 단위 연차별 투자실적 및 계획
④ 20년 단위 연차별 투자실적 및 계획

해설 산책로, 탐방로, 등산로 등 숲길은 폭을 1미터 50센티미터 이하(안전 · 대피를 위한 장소 등 불가피한 경우에는 1미터 50센티미터를 초과할 수 있다)로 하되, 접근성, 안전성, 산림에의 영향 등을 고려하여 산림형질 변경이 최소화될 수 있도록 설치한다. 산림청은 전국 산림에 대한 숲길의 조성 · 관리 기본계획을 5년마다 수립 · 시행한다.

31 자본장비도에 대한 설명으로 옳지 않은 것은?

① 종사자 1인당 자본액이다.
② 종사자 수를 총자본으로 나눈 것이다.
③ 일반적으로 고정자본에서 토지를 제외한다.
④ 경영의 총자본은 고정자본과 유동자본의 합이다.

해설 자본장비도는 임업자본의 충실도를 나타내는 방법 중의 하나로 자본을 K, 종사자의 수를 N이라고 하면 $\frac{K}{N}$가 자본장비도가 된다.

정답 27. ② 28. ② 29. ④ 30. ② 31. ②

32 임업이율의 성격으로 옳지 않은 것은?

① 현실이율이 아니고 평정이율이다.
② 단기이율이 아니고 장기이율이다.
③ 대부이자가 아니고 자본이자이다.
④ 명목적 이율이 아니고 실질적 이율이다.

해설 임업이율의 성격
- 임업이율은 대출이자가 아니고 자본이자이다.
- 임업이율은 현실이율이 아니고 평정이율이다.
- 임업이율은 실질적 이율이 아니고 명목적 이율이다.
- 임업이율은 장기이율이다.

33 산림경영의 지도원칙 중 경제원칙이 아닌 것은?

① 공공성 ② 수익성
③ 보속성 ④ 생산성

해설 임목생산을 대상으로 하여 산림에서 매년 수확을 균등적 항상적으로 영속할 수 있도록 경영해야 한다는 원칙이다.

34 생태 · 문화 · 역사 · 경관 · 학술적 가치의 보전에 필요한 산림은?

① 수원함양림
② 생활환경보전림
③ 산지재해방지림
④ 자연환경보전림

해설 자연환경보전림은 생태 · 문화 · 역사경관 · 학술적 가치의 보전에 보호할 가치가 있는 산림자원이 건강하게 보전될 수 있는 산림이다.

35 산림의 경제성 분석방법 중 현금흐름할인법에 해당하지 않는 것은?

① 회수기간법
② 순현재가치법
③ 내부수익률법
④ 편익비용비율법

해설 현금흐름할인법(DCF; Discount Cash Flow method)은 투자효율에 화폐의 시간 가치를 고려한다.

36 산림수확 조절방법 중 수리계획법이 아닌 것은?

① 장기계획법 ② 선형계획법
③ 목표계획법 ④ 정수계획법

해설 선형계획은 하나의 목표달성을 위하여 한정된 자원을 최적으로 배분하는 수리계획법의 일종이다. 정수계획법과 목표계획법은 선형계획법의 종류이다.

37 산림문화 휴양에 관한 법률에서 정의된 국민의 정서함양, 보건휴양 및 산림교육 등을 위하여 조성한 산림에 해당하는 것은?

① 삼림욕장 ② 치유의 숲
③ 숲속야영장 ④ 자연휴양림

해설

유형	기능
자연휴양림	국민의 정서함양 · 보건휴양 및 산림교육 등의 활동
산림욕장	산림 안에서 맑은 공기를 호흡하고 접촉하며 산책 및 체력단련 등의 활동
치유의 숲	향기, 경관 등 자연의 다양한 요소를 활용하여 인체의 면역력을 높이고 건강을 증진시키는 활동
숲길	등산, 트레킹, 레저스포츠, 탐방 또는 휴양, 치유 등의 활동
숲속야영장	산림 안에서 텐트와 자동차 등을 이용하여 야영활동
산림레포츠시설	산림 안에서 이루어지는 모험형, 체험형 레저스포츠 등의 활동

38 임분재적 측정방법으로 전수조사에 해당되는 것은?

① 목측 ② 표본조사
③ 매목조사 ④ 계통적 추출

해설 매목조사법
- 매목조사법은 통상의 경우에 임분을 구성하는 각 임목의 흉고직경 만을 측정하여 임분재적을 산출한다.

정답 32. ④ 33. ③ 34. ④ 35. ① 36. ① 37. ④ 38. ③

- 정밀도가 요구되는 매목조사의 경우에는 각 입목의 재적을 측정한다.
- 엄격한 의미에서 전림법은 각 임목의 흉고직경만을 측정하는 것이므로 매목직경조사법이라고도 한다.

39 **Huber식에 의한 수간석해 방법으로 옳지 않은 것은?**

① 구분의 길이를 2m로 원판을 채취한다.

② 반경은 일반적으로 5년 간격으로 측정한다.

③ 벌채점의 위치는 가슴높이인 지상 1.2m로 한다.

④ 단면의 반경은 4방향으로 측정한 값의 평균값이다.

해설 벌채점의 위치 선정
- 벌채점은 일반적으로 흉고가 1.2m이면 지상 0.2m로 선정한다.
- 흉고를 1.3m로 하면 벌채점은 0.3m로 해야 한다.
- 벌채점이 결정되면 벌채점에 표시하고, 벌채점이 손상되지 않도록 유의한다.
- 원판 손상에 유의하면서 벌채한다.

40 **감가상각비에 대한 설명으로 옳지 않은 것은?**

① 시간의 경과에 따른 부패, 부식 등에 의한 가치의 감소를 포함한다.

② 고정자산의 감가 원인은 물리적 원인과 기능적 원인으로 나눌 수 있다.

③ 새로운 발명이나 기술진보에 따른 사용가치의 감가는 감가상각비로 처리하지 않는다.

④ 시장변화 및 제조방법 등의 변경으로 인하여 사용할 수 없게 된 경우에도 감가상각비로 처리한다.

해설
- 유형고정자산의 가치 감소를 계산하여 장부에 기록하는 절차를 감가상각이라고 한다.
- 실제로 거래는 발생하지 않았으나 고정자산의 가치 감소분만큼 장부가액을 감소시킨다.
- 기술적 진보 등에 의해 발생하는 감모분을 진부화(陳腐化)에 의한 감가라고 한다.

정답 39. ③ 40. ③

산림기사 필기

2020년 제3회 기출문제

제1과목 조림학

01 이태리포플러와 유연관계가 가장 가까운 수종은?

① 왕버들
② 황철나무
③ 미루나무
④ 은수원사시나무

해설 이탈리아 원산인 이태리포플러는 미국 원산 미루나무(Populus deltoides)와 유럽 원산 양버들(Populus nigra)의 잡종 가운데 선발한 것이다.

02 순림에 대한 설명으로 옳은 것은?

① 입지 자원을 골고루 이용할 수 있다.
② 경제적으로 가치 있는 나무를 대량으로 생산할 수 있다.
③ 숲의 구성이 단조로우며 병충해, 풍해에 대한 저항력이 강하다.
④ 침엽수로만 형성된 순림에서는 임지의 악화가 초래되는 일이 없다.

해설 순림을 경제적으로 가치 있는 한 가지 수종으로 구성하면 대량으로 생산할 수 있다.

03 소나무를 양묘하려고 채종을 하였다. 열매를 탈각하여 5kg을 얻었으며, 정선하여 얻은 순정종자는 4.5kg이었다. 이 종자의 발아율을 조사하니 80%였다면, 이 종자의 효율은?

① 64% ② 72%
③ 80% ④ 90%

해설 효율[%]=순량률×발아율

$$= \frac{4.5}{5} \times \frac{80}{100} \times 100$$

$$= 0.9 \times 0.8 \times 100 = 72[\%]$$

04 간벌에 대한 설명으로 옳지 않은 것은?

① 정성간벌은 임목본수와 현존량으로 결정한다.
② 수액 이동 정지기인 겨울과 봄에 실시하는 것이 좋다.
③ 수목의 생장량이 증가함에 따라 생육 공간 조절을 위해 실시한다.
④ 지위가 '상'이면 활엽수종의 간벌 개시 시기는 임령이 20~30년일 때부터이다.

해설 임목본수와 현존량으로 간벌량을 결정하는 것은 정량간벌이다.

정답 01. ③ 02. ② 03. ② 04. ①

05 묘목의 연령표시에 대한 설명으로 옳지 않은 것은?

① 1/2묘 : 뿌리는 1년, 줄기는 2년된 삽목묘
② 1-0묘 : 판갈이를 하지 않고 1년이 경과한 실생 묘목
③ 1-1묘 : 파종상에서 1년, 판갈이 하여 1년이 경과된 2년생 묘목
④ 2-1-1묘 : 파종상에서 2년, 판갈이 하여 1년, 다시 판갈이 하여 1년을 지낸 4년생 묘목

해설 뿌리는 2년생 대목, 줄기는 1년생인 접목묘

06 일반적으로 파종 1년 후에 판갈이 작업을 실시하는 것이 좋은 수종으로만 올바르게 나열한 것은?

① 삼나무, 전나무
② 소나무, 잣나무
③ 소나무, 일본잎갈나무
④ 전나무, 독일가문비나무

해설 전나무는 3년생, 잣나무는 2년생으로 상체한다.

1년생 상체 수종	소나무, 해송, 편백, 낙엽송, 삼나무
2년생 상체 수종	참나무류, 독일가문비, 잣나무
3년생 상체 수종	전나무

07 종자의 후숙이 필요하지 않는 수종은?

① *Salix koreensis*
② *Tilia amurensis*
③ *Cornus officinalis*
④ *Robinia pseudoacacia*

해설 ① 버드나무, ② 피나무, ③ 산수유, ④ 아까시나무
• 버드나무류의 종자는 수명이 매우 짧아 채파 하여야 하는 수종이다. 피나무, 산수유, 아까시나무 등은 배의 미성숙으로 인한 후숙이 필요한 수종이다.

08 양료 간에 흡수를 상호 촉진하는 비료 성분으로 올바르게 짝지어진 것은?

① 철-망간
② 칼륨-칼슘
③ 인산-마그네슘
④ 칼륨-마그네슘

해설 마그네슘은 ATP의 인산 부분과 활성단백질 부위 사이에서 연결다리 역할을 하여 인산화반응이 쉽게 일어나게 함으로 식물 체내에서 인산의 흡수와 이동을 돕는 상조 역할을 수행한다.

09 택벌작업에 대한 설명으로 옳지 않은 것은?

① 심미적 가치가 가장 높다.
② 음수 수종의 갱신에 적합하다.
③ 일시의 벌채량이 많으므로 경제상 효율적이다.
④ 소면적 임지에 보속생산을 하는 데 가장 적합한 방법이다.

해설 일시의 벌채량이 많으므로 경제상 효율적인 것은 개벌작업이다.

10 빛과 관련된 수목 생리에 대한 설명으로 옳은 것은?

① 우리나라에서 자라는 대부분의 활엽수는 C_4 식물군에 속한다.
② 엽록체 내에서 광에너지를 이용한 광반응이 일어나는 곳은 스트로마(Stroma)이다.
③ 내음성은 동일 수종이라도 수목의 연령이나 생육조건 등에 따라서 변할 수 있다.
④ 수목 한 개체 내에서는 양엽이나 음엽에 상관없이 광보상점이나 광포화점이 동일하다.

해설 ① 우리나라에서 자라는 대부분의 활엽수는 C_3 식물군에 속한다. C_4 식물군은 일부 수수과 식물

정답 05. ① 06. ③ 07. ① 08. ③ 09. ③ 10. ③

에 한정되어 있고 활엽수와 침엽수 등 수목에는 거의 없다.
② 엽록체 내에서 광에너지를 이용한 광반응이 일어나는 곳은 그라나다. 스트로마(Stroma)에서는 암반응이 일어난다.
④ 수목 한 개체 내에서도 양엽이 음엽보다 광포화점과 광보상점이 높고, 음엽이 양엽보다 광보상점과 광포화점이 낮다.

11 일반적으로 연료재와 소경재, 일반용재를 동일 임지에서 생산하는 산림작업 종은?

① 군상개벌　② 모수작업
③ 왜림작업　④ 중림작업

해설 중림작업은 교림으로 일반용재를 생산하고, 왜림으로 연료재와 소경재를 생산한다.

12 인공조림의 특징으로 옳은 것은?

① 동령단순림 형성이 많다.
② 주로 택벌작업지에 실시된다.
③ 다양한 규격의 목재 생산이 용이하다.
④ 천연갱신에 비해 성숙림이 늦게 이루어진다.

해설 ② 인공조림은 주로 개벌작업지에 실시된다.
③ 인공조림은 일정한 규격의 목재 생산이 용이하다.
③ 인공조림은 천연갱신에 비해 성숙림이 빠르게 이루어진다.

13 환원법에 의한 종자활력검사 방법에 대한 설명으로 옳지 않은 것은?

① 단기간 내에 실시할 수 있다.
② 휴면 종자에는 적용이 어렵다.
③ 테트라졸륨 대신에 테룰루산칼륨도 사용한다.
④ 침엽수의 종자는 배와 배유가 함께 염색되도록 한다.

해설 • 환원법에 의한 종자검사는 휴면종자에도 활용할 수 있다.
• 환원법은 수확 직후의 종자, 발아시험 기간이 긴 종자에 효과적인 활력검사 방법이다.
• 환원법은 주로 피나무, 주목, 향나무, 목련, 잣나무 등의 종자 검사에 쓰인다.

14 토양 수분에 대한 설명으로 옳지 않은 것은?

① 토양의 모세관수는 수목이 이용할 수 있다.
② 토양 수분이 포화 상태일 때의 pF는 3.8이다.
③ 토양의 수분 포텐셜은 포화 상태로부터 건조해짐에 따라 낮아진다.
④ 위조점은 토양 수분의 부족으로 수목이 시들기 시작하는 수분상태를 말한다.

해설 • 토양 수분이 포화 상태일 때의 pF는 2.7 이하 정도로 볼 수 있다.
• pF 3.8은 초기 위조점에 해당한다. 영구위조점의 pF는 4.2 정도이다.

15 생가지치기를 하여도 부후의 위험성이 거의 없는 수종으로만 올바르게 나열한 것은?

① 편백, 포플러
② 벚나무, 느릅나무
③ 삼나무, 물푸레나무
④ 자작나무, 단풍나무

해설 너도밤나무, 단풍나무, 느릅나무, 벚나무, 물푸레나무 등은 생가지치기를 하지 않는 것이 좋다.

16 근삽에 의한 무성번식 방법을 적용하는 데 가장 적합한 수종은?

① 소나무　② 벚나무
③ 밤나무　④ 오동나무

해설 • 소나무, 벚나무, 밤나무는 삽목이 어려운 수종이다.
• 오동나무는 뿌리삽목에 의한 무성번식으로 묘목을 만들기 쉬운 수종이다.

정답 11. ④ 12. ① 13. ② 14. ② 15. ① 16. ④

17 복층림 조성에 대한 설명으로 옳지 않은 것은?

① 경관 유지 및 관리에 적절하다.
② 벌채 시 설비비와 반출경비가 많이 절약된다.
③ 임목의 수확 기간이 길어져서 대경목 생산이 가능하다.
④ 생장이 균일하여 연륜 폭이 균등하고 치밀한 목재를 생산할 수 있다.

해설 벌채 시 설비비와 반출경비가 많이 절약되는 것은 개벌작업의 장점이다. 상층목을 벌채할 때 하층목이 존재하므로 반출경비가 더 많이 들 수 있다.

18 우리나라에서 한대림의 특징 수종이 아닌 것은?

① *Larix olgensis*
② *Picea jezoensis*
③ *Taxus cuspidata*
④ *Quercus myrsinaefolia*

해설 ① 잎갈나무, ② 가문비나무, ③ 주목, ④ 가시나무
• 가시나무는 난대림에서 자라는 수종이다.

19 수목 잎의 기공에 대한 설명으로 옳지 않은 것은?

① 잎의 수분 포텐셜이 낮아지면 기공이 닫힌다.
② 온도가 30℃ 이상으로 상승하면 기공이 닫힌다.
③ 기공이 열리는 데 필요한 광도는 순광합성이 가능한 광도이면 된다.
④ 엽육 세포 내부의 이산화탄소 농도가 높아지면 기공이 열린다.

해설 엽육세포 내부에 광합성에 필요한 이산화탄소 농도가 높아지면 더 이상 이산화탄소를 흡수할 필요가 없으므로 기공을 닫게 된다.

20 쌍떡잎식물에 대한 설명으로 옳지 않은 것은?

① 잎은 그물맥이다.
② 떡잎이 두 장이다.
③ 원뿌리에 곁뿌리가 붙어있다.
④ 관다발이 줄기에 산재되어 있다.

해설 관다발이 줄기에 산재되어 있는 것은 옥수수, 벼, 갈대 등 외떡잎식물의 특징이다.

제3과목 임업경영학

21 다음 조건에서 임분의 초기 재적에 대한 순생장량 계산 공식은?

• V_1 : 측정 초기의 생존 임목의 재적
• V_2 : 측정 말기의 생존 임목의 재적
• M : 측정기간 동안의 고사량
• C : 측정기간 동안의 벌채량
• A : 측정기간 동안의 진계생장량

① V_2-V_1
② V_2+C-V_1
③ $V_2+C-A-V_1$
④ $V_2+M-C-A-V_1$

해설 • V_2-V_1 : 임목축적에 대한 순변화량
• V_2+C-V_1 : 진계생장량을 포함하는 순생장량
• $V_2+C-A-V_1$: 초기 재적에 대한 순생장량
• $V_2+M+C-A-V_1$: 초기 재적에 대한 총생장량

정답 17. ② 18. ④ 19. ④ 20. ④ 21. ③

22 다음과 같은 그림으로 분석이 가능한 임분 구조가 아닌 것은?

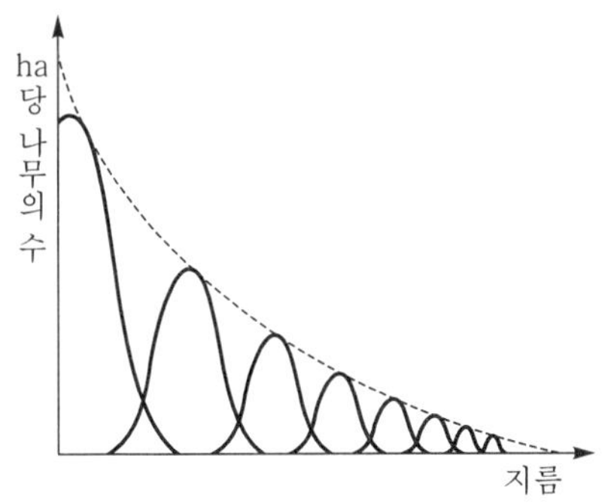

① 동령림
② 택벌림
③ 이령림
④ 영급이 다양한 임분

해설 그림은 택벌에 의해 각 영급별 정규분포곡선 형태를 갖는 균형적 이령임분을 이루고 있는 구조를 나타낸다.

23 산림문화·휴양에 관한 법률에 의한 산림문화 자산에 대한 설명으로 다음 (　　) 안에 들어갈 내용으로 옳지 않은 것은?

> 산림문화자신이란 산림 또는 산림과 관련되어 형성된 것으로서 (　　)으로 보존할 가치가 큰 유형·무형의 자산을 말한다.

① 사회적　② 생태적
③ 경관적　④ 정서적

해설 산림문화자산이란 산림 또는 산림과 관련되어 형성된 것으로서 생태적·경관적·정서적으로 보존할 가치가 큰 유형·무형의 자산을 말한다.

24 회귀년에 대한 설명으로 옳은 것은?

① 임목이 실제로 벌채되는 연령이다.
② 택벌을 실시한 일정 구역에 또다시 택벌하기까지의 기간이다.
③ 보속작업에서 작업급에 속하는 모든 임분을 벌채하는 데 소요되는 기간이다.
④ 임분이 처음 성립하여 생장하는 과정에 있어 성숙기에 도달하는 계획상의 연수이다.

해설 작업급을 몇 개의 택벌구로 나누어 매년 한 구역씩 택벌하여 일순하고 다시 최초의 택벌구로 벌채가 회귀하는 방법이다. 이렇게 회귀하는 데 필요한 기간을 회귀년 또는 순환기라고 한다. 일반적으로 회귀년이 길어지면 한 번에 벌채되는 재적은 증가하고 짧은 경우에는 감소한다. 회귀년은 윤벌기를 벌채구로 나눈 값이다.

25 임업소득이 5백만 원이고 임가소득이 1천만 원일 때 임업의존도는?

① 0.5%　② 5%
③ 50%　④ 200%

해설
- 임업의존도[%] $= \dfrac{\text{임업소득}}{\text{임가소득}} \times 100$
- 임업의존도 $= \dfrac{5,000,000}{10,000,000} \times 100 = 50\%$

26 수간석해에서 원판측정 방법에 해당하는 것은?

① 표준목법　② 수고곡선법
③ 직선연장법　④ 원주등분법

해설 심각등분법, 원주등분법,절충법은 수간석해에서 원판의 반경 측정방향을 결정하는 데 사용하는 방법의 하나로 채취한 원판의 원둘레를 4등분하여 수(pith)와 연결하는 선을 그어 반경을 측정한다.

정답 22. ① 23. ① 24. ② 25. ③ 26. ④

27 **임지의 평가 방법이 아닌 것은?**

① 수익가법 ② 비용가법
③ 환원가법 ④ 기망가법

해설 산림의 평가 방법
- 원가방식 : 구입시점에서 취득에 소요되는 비용의 원가를 감가 조정
- 수익방식 : 대상 산림이 장래에 거두어들일 수익을 현재가로 환원
- 비교방식 : 대상 산림과 유사성이 있는 매매사례를 조사, 시점 조정
- 절충방식 : 위의 세 가지를 절충하여 산림평가

28 **순또측고기를 사용하여 임목의 수고를 측정할 때 올바른 계산식은?**

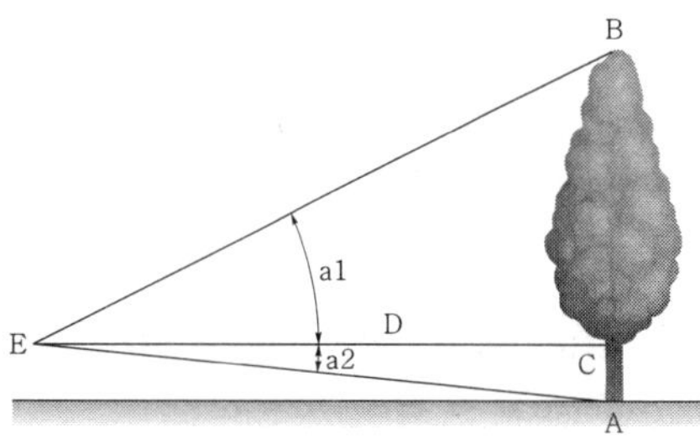

① (tan a1 + tan a2) × D
② (tan a1 − tan a2) × D
③ (cos a1 + cos a2) × D
④ (cos a1 − cos a2) × D

해설 수고는 $AB = AC + BC = (tan\ a1 + tan\ a2) \times D$

29 **임업경영의 비용을 조림비, 관리비, 지대, 채취비로 구분할 때 관리비에 속하는 것은?**

① 벌목비 ② 감가상각비
③ 목재 운반비 ④ 묘목 구입비

해설
- 산림평가에서의 비용은 조림비, 관리비 및 지대, 그리고 채취비로 구성된다.
- 묘목 구입비는 조림비에 속하고, 벌목비와 운반비는 채취비에 속한다.

30 **다음 조건에서 시장가역산식을 이용한 임목가는?**

- 임목의 시장가격 : 100,000원
- 자금회수기간 : 10개월
- 월이율 : 10%
- 총비용 : 30,000원

① 20,000원 ② 50,000원
③ 70,000원 ④ 80,000원

해설 시장가역산법

$$= \frac{\text{단위재적당 원목시장가}}{(1+\text{자본회수기간}\times\text{월이율})} - \text{총비용}$$

$$= \frac{100,000}{(1+10\times0.1)} - 30,000$$

$$= \frac{100,000}{2} - 30,000 = 20,000\text{원}$$

31 **투자효율의 결정방법 중 화폐의 시간적 가치를 고려하지 않는 것은?**

① 순현재가치법
② 투자이익률법
③ 수익비용률법
④ 내부투자수익률법

해설
- 현금흐름할인법(DCF; Discount Cash Flow method) : 투자효율에 화폐의 시간 가치를 고려
  - 수익비용률법 : B/C비율이 1보다 크면 투자가치가 있는 것으로 판단한다.
  - 순현재가치법 : 현재가가 0보다 큰 투자 안을 가치 있는 것으로 판단한다.(수익의 현재가가 투자비용의 현재가보다 크다는 것을 의미)
  - 내부수익률법 : 투자를 하여 미래에 예상되는 현금 유입의 현재가치와 예상되는 현금 유출의 현재가치를 같게 하는 할인율이다.
- 투자효율에 대한 계산으로 화폐의 시간가치를 반영하지 않은 비할인 모형은 회수기간법과 투자이익률법이 있다.

정답 27. ① 28. ① 29. ② 30. ① 31. ②

32 자본장비도에 대한 설명으로 옳지 않은 것은?

① 자본장비율이라고도 한다.
② 1인당 소득은 자본장비도와 자본효율에 의해서 정해진다.
③ 다른 요소에 변화가 없을 때 자본이 많아지면 자본효율이 커진다.
④ 자본장비도는 경영의 총자본을 경영에 종사하는 수로 나눈 값을 말한다.

해설 자본장비도는 임업자본의 충실도를 나타내는 방법 중의 하나로 자본을 K, 종사자의 수를 N이라고 하면 $\frac{K}{N}$가 자본장비도가 된다. 자본이 많아지면 자본효율은 작아진다.

33 임업이율의 성격이 아닌 것은?

① 평정이율 ② 장기이율
③ 자본이자 ④ 실질적 이율

해설 임업이율의 성격
- 임업이율은 대출이자가 아니고 자본이자이다.
- 임업이율은 현실이율이 아니고 평정이율이다.
- 임업이율은 실질적 이율이 아니고 명목적 이율이다.
- 임업이율은 장기이율이다.

34 산림경영계획을 위한 지황조사에서 유효토심의 구분 기준으로 옳은 것은?

① 천 : 유효토심 20cm 미만
② 중 : 유효토심 20~30cm
③ 경 : 유효토심 30~60cm
④ 심 : 유효토심 60cm 이상

해설 유효토심의 깊이에 따라 천, 중, 심으로 구분한다.
- 천(천) : 유효토심 30cm 미만
- 중(중) : 유효토심 30~60cm 미만
- 심(심) : 유효토심 60cm 이상

35 다음 조건에서 정액법에 의한 감가상각비는?

- 기계톱 구입비 : 35만 원
- 폐기 시 잔존가액 : 5만 원
- 사용연수 : 5년

① 5만 원/년 ② 6만 원/년
③ 7만 원/년 ④ 8만 원/년

해설 임업기계의 감가상각비(D)를 정액법으로 구하는 공식
(P : 기계구입가격, S : 기계 폐기시의 잔존가치, N : 기계의 수명)

$$D = \frac{P-S}{N} = \frac{(350,000 - 50,000)}{5}$$

=60,000(원/년)

36 다음 그림에서 이익에 해당하는 것은?

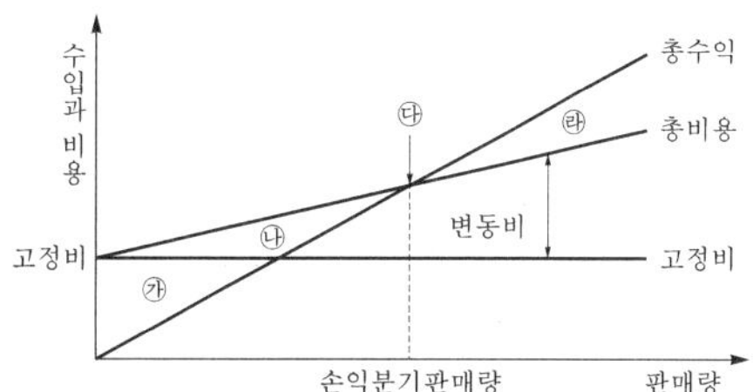

① 삼각형 면적 ㉮
② 삼각형 면적 ㉯
③ 삼각형 면적 ㉱
④ 점 ㉰에서의 수입

해설 손익분기점 분석에 사용되는 변수
TC=총비용, TR=총수익, FC=총고정비, VC=총변동비, TQ=총판매량(총생산량)
v : 단위당 변동비, p=판매가격, q=손익분기점의 판매량(생산량)
이익은 총수익에서 총비용을 공제한 것이다

정답 32. ③ 33. ④ 34. ④ 35. ② 36. ③

37 **우리나라 원목의 말구직경을 측정하는 방법으로 옳은 것은?**

① 수피를 포함한 길이 검척 내의 최대 직경으로 한다.
② 수피를 포함한 길이 검척 내의 최소 직경으로 한다.
③ 수피를 포함한 길이 검척 내의 최대 직경으로 한다.
④ 수피를 포함한 길이 검척 내의 최소 직경으로 한다.

해설 원목의 말구직경은 수피를 포함한 길이 검척 내의 최소 직경으로 한다.

38 **평균생장량이 최대가 되는 때를 벌기령으로 결정하는 것은?**

① 수익률 최대의 벌기령
② 재적수확 최대의 벌기령
③ 화폐수익 최대의 벌기령
④ 토지순수익 최대의 벌기령

해설 재적수확 최대의 벌기령은 단위면적당 매년 평균적으로 수확되는 목재 생산량이 최대가 되는 연령을 벌기령으로 정하는 것으로, 임목은 평균생장량이 극대점을 이루는 해에 벌채하면 가장 많은 목재를 생산할 수 있다.

39 **총생장량, 평균생장량, 연년생장량 간의 관계에 대한 설명으로 옳지 않은 것은?**

① 평균생장량과 연년생장량 두 곡선이 만나기 전에는 연년생장량이 더 크다.
② 연년생장량곡선은 총생장량곡선이 변곡점에 이르는 시점에서 최고점에 도달한다.
③ 평균생장량곡선은 원점을 지나는 직선이 총 생장량곡선과 접하는 시점에서 최고점에 도달한다.
④ 평균생장량과 연년생장량 두 곡선은 총생장량 곡선이 최고에 도달하는 시점에서 서로 만난다.

해설 연년생장량과 평균생장량 간의 관계

- 처음에는 연년생장량이 평균생장량보다 크다.
- 연년생장량은 평균생장량보다 빨리 극대점을 갖는다.
- 평균생장량의 극대점에서 두 생장량의 크기는 같다.
- 평균생장량이 극대점에 이르기까지는 연년생장량이 항상 평균생장량보다 크다.
- 평균생장량이 극대점을 지난 후에는 연년생장량이 평균생장량보다 작다.
- 연년생장량이 극대점에 이르는 기간을 유령기, 유령기부터 평균생장량의 극대점까지를 장령기, 그 이후를 노령기로 구분할 수 있다.
- 임목은 평균생장량이 극대점을 이루는 해에 벌채하면 가장 많은 목재를 생산할 수 있다.

40 **자연휴양림 안에 설치할 수 있는 시설의 종류가 아닌 것은?**

① 위생시설 ② 체육시설
③ 안정시설 ④ 편익시설

해설 자연휴양림 시설 : 숙박시설, 편익시설, 위생시설, 체육교육시설, 안전시설

정답 37. ④ 38. ② 39. ④ 40. ③

산림기사 필기

2020년 제4회 기출문제

제1과목 조림학

01 택벌작업에 대한 설명으로 옳은 것은?

① 양수 수종의 갱신에 적당하다.
② 일시 벌채량이 많아 경제적이다.
③ 소면적이 임지에서 보속생산이 가능하다.
④ 임목 벌채가 쉽고 치수에 손상을 주지 않는다.

해설 ① 음수 수종의 갱신에 적당하다.
② 일시 벌채량이 많아 경제적인 것은 개벌작업의 장점이다.
④ 임목 벌채가 쉽고 치수에 손상을 주지 않는 것은 개벌작업의 장점이다.

02 묘포 작업 중 밭갈이, 쇄토, 작상 작업의 효과가 아닌 것은?

① 잡초의 발생을 억제한다.
② 유용 토양미생물이 증가한다.
③ 토양의 통기성을 증가시켜 준다.
④ 토양의 풍화작용을 지연시켜 준다.

해설 밭갈이, 쇄토 작업은 토양의 물리적 풍화의 원인이 될 수 있다.

03 장미과에 속하는 수종은?

① *Taxus cuspidata*
② *Prunus serrulata*
③ *Albizia julibrissin*
④ *Populus davidiana*

해설 ① 주목-주목과 ② 벚나무-장미과
③ 자귀나무-콩과 ④ 사시나무-버드나무과

04 잎에 유관속이 1개인 수종은?

① *Pinus rigida*
② *Pinus densiflora*
③ *Pinus koraiensis*
④ *Pinus thunbergii*

해설 ① 리기다소나무, ② 소나무, ③ 잣나무, ④ 해송(곰솔)
• 잣나무류(5엽송, 백송)의 유관속은 1개이고, 소나무류(소나무, 해송, 리기다소나무)는 2개이다.

05 종자가 휴면하는 원인으로 옳지 않은 것은?

① 미성숙한 배
② 가스교환 촉진
③ 종피의 기계적 작용
④ 종자 내의 생장억제 물질 존재

해설 종피가 딱딱하여 산소와 이산화탄소의 교환이 이루어지지 않아 종자가 휴면하는 경우가 있다. 가스교환 촉진은 휴면의 원인이 아니다.

06 가지치기에 대한 설명으로 옳은 것은?

① 벚나무는 절단면이 잘 유합된다.
② 지름 5cm 이상의 가지를 잘라낸다.
③ 형질이 좋은 수목을 대상으로 우선 실시한다.
④ 살아있는 가지를 치는 시기는 봄부터 여름까지가 좋다.

정답 01. ③ 02. ④ 03. ② 04. ③ 05. ② 06. ③

해설 ① 벚나무, 물푸레나무 등은 상처의 유합이 잘 안 되고 썩기 쉬우므로 죽은 가지만 잘라 준다.
② 일반적으로 상처의 유합이 잘 안되고 썩기 쉽기 때문에 직경 5cm 이상의 가지는 원칙적으로 자르지 않는다.
④ 생장기에는 작업 시에 수피가 벗겨지는 등 피해가 우려되므로 생장휴지기인 11월 이후부터 이듬해 3월까지가 가지치기의 적기이다.

07 풀베기 작업을 실시하기에 가장 적합한 시기는?

① 3월~5월 ② 6월~8월
③ 9월~11월 ④ 12월~1월

해설 풀베기는 6~8월에 실시하며 9월 이후의 풀베기는 피한다.

08 수목의 내음성에 대한 설명으로 옳지 않은 것은?

① 버드나무와 자작나무는 양수이다.
② 양수는 음수보다 광포화점이 높다.
③ 음수는 어릴 때 그늘에서 잘 견딘다.
④ 양수와 음수를 구분하는 기준은 햇빛을 좋아하는 정도이다.

해설 양수와 음수를 구분하는 기준은 그늘에서 견딜 수 있는 정도이다.

09 측아의 발달을 억제하는 정아우세 현상에 관여하는 호르몬은?

① 옥신
② 지베렐린
③ 사이토키닌
④ 아브시스산

해설 정아가 주지의 끝에서 측아의 성장을 제한하는 현상을 정아우세라고 한다.

10 개화 및 결실 과정에서 화기의 구조와 종자 또는 열매의 상호 관계를 올바르게 연결한 것은?

① 자방–종자 ② 배주–열매
③ 낙핵–배유 ④ 주피–종피

해설 ① 자방-열매(과실)
② 배주(밑씨)-종자
③ 난핵(밑씨)-종자

11 수목의 개화생리에 대한 설명으로 옳지 않은 것은?

① 지베렐린은 개화에 영향을 미친다.
② 개화 능력은 유전적 요인과 관련이 있다.
③ 생리적 스트레스를 주면 개화가 억제된다.
④ 수목의 영양 상태를 좋게 하면 개화가 촉진된다.

해설 수목은 건조, 단근 등의 스트레스를 받으면 꽃이 많이 피게 된다.

12 임목 종자의 품질기준 중 효율에 대한 설명으로 옳은 것은?

① 발아율과 순량률을 곱한 값이다.
② 종자가 일제히 싹트는 힘을 의미한다.
③ 씨앗의 충실도를 무게로 파악하여 나타낸다.
④ 전체 종자 수에 대한 발아 종자 수의 백분율이다.

해설 ② 발아세, ③ 실중 또는 용적중, ④ 발아율

정답 07. ② 08. ④ 09. ① 10. ④ 11. ③ 12. ①

13 산벌작업에서 결실량이 많은 해에 일부 임목을 벌채하여 종자 산포를 돕는 것으로 1회의 벌채로 목적을 달성하는 것은?

① 후벌 ② 간벌
③ 하종벌 ④ 예비벌

해설 ① 후벌 : 치수의 자람에 따라 점차 베어내는 것
② 간벌 : 솎아베기(산벌작업에 해당하지 않는다.)
④ 예비벌 : 결실이 많이 되도록 임목들 간의 경쟁을 해소해 주는 작업으로 목적이 달성될 때까지 2~3회 반복한다.

14 토양 입자에 매우 큰 분자 인력에 얇은 층으로 흡착되어 있는 토양 수분은?

① 결합수 ② 흡습수
③ 모관수 ④ 중력수

해설
- 결합수 : 토립자 안에 분자상태로 결합한 수분
- 모관수 : 토립자 사이의 모세 공극에 존재하는 수분
- 흡습수 : 토립자와 수분이 이온의 힘으로 부착되어 있는 수분

15 순림과 비교한 혼효림에 대한 설명으로 옳은 것은?

① 병충해나 기상재해에 대한 저항력이 높다.
② 산림작업과 경영을 경제적으로 수행할 수 있다.
③ 원하는 수종으로 임분을 용이하게 조성할 수 있다.
④ 임목의 벌채비용 절감 등 시장성이 유리하다.

해설 ②, ③, ④는 순림의 장점이다.

16 수목 생육에 있어 필요한 다량 원소에 해당하는 것은?

① 황 ② 철
③ 붕소 ④ 아연

해설
- 다량원소 : C, H, O, N, P, K, S, K, Mg
- 미량원소 : Fe, Mn, B, Zn, Cu, Mo, Cl

17 왜림작업에 대한 설명으로 옳지 않은 것은?

① 단벌기 작업에 적합하다.
② 연료재와 소경재 생산을 목적으로 한다.
③ 벌채 계절은 늦겨울부터 초봄 사이가 좋다.
④ 참나무류, 아카시아나무, 소나무가 주요 대상 수종이다.

해설 왜림작업은 맹아력이 강한 수종인 참나무류와 포플러류, 피나무류, 서어나무, 물푸레나무 등에 적합하다. 아까시나무와 소나무는 맹아력이 약하기 때문에 왜림작업 수종으로 부적합하다.

18 무성 번식에 의한 묘목이 아닌 것은?

① 용기묘 ② 삽목묘
③ 접목묘 ④ 취목묘

해설 용기묘란 용기(pot, 콘테이너)에서 키운 실생묘이므로 유성생식으로 생산한 묘목이다.

19 양묘 과정 중 해가림 시설을 해야 하는 수종으로만 올바르게 나열한 것은?

① 편백, 삼나무, 아까시나무
② 곰솔, 소나무, 가문비나무
③ 잣나무, 소나무, 사시나무
④ 잣나무, 전나무, 가문비나무

해설 해가림은 지면으로부터 증발을 조정하여 묘상의 건조와 지표온도의 상승을 방지하기 위해 인공적으로 광선을 차단하는 작업이다. 주목, 전나무, 가

정답 13. ③ 14. ② 15. ① 16. ① 17. ④ 18. ① 19. ④

문비나무 등의 음수와 잣나무와 낙엽송의 유묘는 해가림이 필요하다.

20 **활엽수림의 어린 나무 가꾸기 작업에 가장 효과적인 시기는?**

① 3월~5월 ② 6월~8월
③ 9월~11월 ④ 12월~2월

해설
- 어린 나무 가꾸기와 풀베기는 6~8월 사이에 실시한다.
- 생가지치기를 수반하는 어린 나무 가꾸기와 솎아베기는 11월~2월 사이에 실시한다.

제3과목 임업경영학

21 **흉고직경과 중앙직경의 비율로 표시하여 임목의 완만도를 의미하는 것은?**

① 형률 ② 직경률
③ 절대형률 ④ 상대형률

해설
- 직경률은 흉고직경과 수고의 $\frac{1}{2}$ 이 되는 곳의 직경 (중앙직경)과의 비율로 표시한다.
- 수간의 완만도 측정에 이용된다

22 **임업 원가에 대한 설명으로 옳지 않은 것은?**

① 제품의 생산 수준에 따라 비례하는 원가를 변동 원가라 한다.
② 특정 제품의 생산만을 위해서 발생한 원가를 직접 원가라 한다.
③ 과거에 이미 현금을 지불하였거나 부채가 발생한 원가를 매몰 원가라 한다.
④ 어떤 생산 수준에서 제품의 여러 단위를 더 생산할 때 추가로 발생하는 원가를 한계원가라 한다.

해설
- 한계원가 : 경영활동의 규모 또는 수준이 한 단위 변할 때 발생되는 총원가의 증감액을 한계원가라고 한다.
- 증분원가, 차액원가 : 생산방법의 변경, 설비의 증감, 조업도의 증감 등 기존의 경영활동의 규모나 수준에 변동이 있을 경우 증가되는 원가를 증분원가, 감소하는 원가를 차액원가라고 한다.
- 매몰원가 : 과거에 이미 발생했으므로 어떤 의사결정이 내려진다고 해도 회피될 수 없는 원가를 매몰원가(sunk cost)라고 한다.
- 기회원가 : 기회원가는 하나의 대체 안이 선택됨으로 인해 포기되는 잠재적인 효익을 말한다. 기회원가는 일반적으로 회계장부에서는 원가로 기록되지는 않지만 모든 의사결정에 있어 명확히 고려되어야 한다.

23 **산림의 가치 평가 방법으로 재화의 판매가격의 최저한도 결정 활용에 가장 적합한 것은?**

① 비용가 ② 매매가
③ 기망가 ④ 자본가

해설 일반적으로 임목비용가는 임목가의 최저 한도액을 나타낸다고 할 수 있다. 비용가는 산림의 취득, 임목의 생산 등에 소요된 경비를 기초로 한 가격이다.

24 **산림 조사에서 험준지에 해당하는 경사는?**

① 15~20° ② 20~25°
③ 25~30° ④ 30° 이상

해설 경사도
완경사지, 경사지, 급경사지, 험준지, 절험지로 구분한다.
- 완경사지(완) : 15도 미만
- 경사지(경) : 15~20도 미만
- 급경사지(급) : 20~25도 미만
- 험준지(험) : 25~30도 미만
- 절험지(절) : 30도 이상

정답 20. ② 21. ② 22. ④ 23. ① 24. ③

25 **임지기망가가 최댓값에 도달하는 시기에 대한 설명으로 옳지 않은 것은?**

① 조림비가 클수록 늦어진다.
② 이율의 값이 클수록 빨라진다.
③ 관리비가 많아질수록 늦어진다.
④ 간벌 수익이 많을수록 빨라진다.

해설 • 임지기망가 최댓값 영향인자
- 주벌수익 : 증대속도가 낮아질수록 최댓값에 빨리 도달한다.
- 간벌수익 : 클수록 그 시기가 이를수록 최댓값에 빨리 도달한다.
- 이율 : 클수록 최댓값에 빨리 도달한다.
- 조림비 : 작을수록 최댓값에 빨리 도달한다.

• 관리비는 임지기망가의 최댓값과 무관하고, 일반적으로 채취비가 클수록 임지기망가의 최댓값이 늦게 온다.

26 **윤척을 사용하는 방법으로 옳지 않은 것은?**

① 수간 축에 직각으로 측정한다.
② 흉고부(지상 1.2m)를 측정한다.
③ 경사진 곳에서는 임목보다 낮은 곳에서 측정한다.
④ 흉고부에 가지가 있으면 가지 위나 아래를 측정한다.

해설 윤척은 입목의 직경측정에 쓰이며, 땅이 기울어진 경사지에서는 뿌리보다 높은 곳에서 측정한다.

27 **25년생 잣나무 임분의 입목재적이 $45m^3/ha$이고 수확표의 입목재적은 $50m^3/ha$이라면 입목도는?**

① 0.5　　② 0.7
③ 0.9　　④ 1.1

해설 $\text{입목도} = \frac{\text{현재축적}}{\text{정상축적}} = \frac{45}{50} = 0.9$

28 **자연휴양림 시설의 종류에 해당되지 않는 것은?**

① 수익시설　　② 위생시설
③ 체육시설　　④ 체험·교육시설

해설 자연휴양림시설의 종류에는 숙박시설, 편익시설, 위생시설, 체험·교육시설, 체육시설, 전기·통신시설, 안전시설 등이 있다.

29 **임목축적, 생장률, 생장량의 관계에 대한 설명으로 옳은 것은?**

① 생장률이 일정할 경우 임목축적이 작으면 생장량은 커진다.
② 임목축적이 일정한 산림의 경우 생장률과 생장량은 반비례한다.
③ 임목축적이 매우 많은 경우 생장률도 상승하여 생장량이 커진다.
④ 생장률이 높아도 임목축적이 매우 작으면 생장량은 상대적으로 작아진다.

해설 임분밀도는 임목의 축적량, 임지의 이용도, 임목간의 경쟁강도 등을 평가할 수 있으며, 일반적으로 밀도가 높을수록 임목의 생장률은 감소한다. 임목축적과 생장률이 너무 크거나 작으면 생장량이 작아지므로 적절한 임목축적과 생장률을 갖추어야 생장량이 증가한다.

30 **이율의 크기를 결정하는 주요 요인이 아닌 것은?**

① 대출 기간
② 자본의 크기
③ 자본 투하의 위험성
④ 투하 자본의 유동성

해설 이율의 크기를 결정하는 주요 요소에는 대출기간, 자본투하의 위험성, 투하자본의 유동성, 투자의 선택성, 담보의 유무 등이 있다.

정답 25. ③ 26. ③ 27. ③ 28. ① 29. ④ 30. ②

31 국유림에서 임목생산을 위한 기준벌기령으로 옳은 것은?

① 잣나무 : 60년
② 참나무류 : 50년
③ 일본잎갈나무 : 30년
④ 리기다소나무 : 20년

해설
- 국유림 기준벌기령은 잣나무, 소나무, 편백, 참나무류 60년, 낙엽송 50년, 리기다소나무 30년
- 기준벌기령 및 목표직경이 명시되지 않은 수종 중 침엽수는 편백, 활엽수는 참나무의 기준벌기령을 각각 적용한다.

32 산림 경영의 지도 원칙 중 경제 원칙에 해당하는 것은?

① 합자연성 원칙
② 공공성의 원칙
③ 보속성의 원칙
④ 환경보전의 원칙

해설 산림의 지도원칙에는 수익성, 경제성, 생산성, 공공성, 보속성, 합자연성, 환경보전의 원칙이 있으며, 이 중에서 수익성, 경제성, 생산성, 공공성은 경제원칙에 해당한다. 공공성의 원칙은 산림 또는 산림생산의 사회적 의의를 더욱 더 발휘하고 인류 생활의 복리를 더욱 증진할 수 있도록 산림을 경영하는 원칙이다.

33 수간석해를 통하여 계산할 수 없는 것은?

① 근주 재적　② 지조 재적
③ 초단부 재적　④ 결정간 재적

해설 지조의 재적측정
- 지조율은 지조재적과 수간재적의 비(%)이며, 수종 · 연령 · 생육환경에 따라 달라진다.
- 수고가 높아지면 지조율은 낮아진다.
- 수간석해를 통하여 수간재적을 구한다. 나무의 부위에 따라 결정(수)간 재적, 초단부 재적, 근주 재적으로 나누어 계산하고 이것을 합하여 전체 재적으로 한다.

34 산림문화 · 휴양 기본계획은 몇 년마다 수립 · 시행하는가?

① 5년　② 15년
③ 10년　④ 20년

해설 산림청장은 관계중앙행정기관의 장과 협의하여 전국의 산림을 대상으로 산림문화 · 휴양기본계획(이하 "기본계획"이라 한다)을 5년마다 수립 · 시행할 수 있다.

35 기계톱의 구입가가 100만 원, 내용 연수는 10년, 폐기 시 가격이 20만 원일 때, 정액법에 의한 감가상각비는?

① 2만 원/년　② 8만 원/년
③ 10만 원/년　④ 20만 원/년

해설 임업기계의 감가상각비(D)를 정액법으로 구하는 공식
(P : 기계구입가격, S : 기계 폐기 시의 잔존가치, N : 기계의 수명)

$$D = \frac{P-S}{N} = \frac{(1{,}000{,}000 - 200{,}000)}{10}$$

$= 80{,}000$(원/년)

36 임상 개량의 목적이 달성될 때까지 임시적으로 설정하는 예상적 기간은?

① 회귀년　② 갱신기
③ 윤벌기　④ 정리기

해설 정리기(개량기)는 불법정인 영급관계를 법정인 영급으로 정리 및 개량하는 기간으로 개벌작업을 행하는 산림에 적용되는 기간 개념이며, 임상개량을 완료할 때까지 필요로 하는 예상적 기간이다. 산벌에서 예비벌을 시작하여 후벌을 끝낼 때까지의 기간을 말하며, 작업 종에 따라 갱신수종이 완전하게 생육할 수 있을 때까지의 기간으로 정한다.

정답 31. ① 32. ② 33. ② 34. ① 35. ② 36. ④

37 이율이 4%이고 매년 말에 수익이 200만 원일 때 자본가는? (단, 무한연연수입의 전가합계식으로 산정)

① 50만 원　② 192만 원
③ 208만 원　④ 5,000만 원

해설 무한연년이자의 전가계산식

$$= \frac{a}{0.0P} = \frac{2{,}000{,}000}{0.04} = 50{,}000{,}000(\text{원})$$

38 연년생장량에 대한 설명으로 옳은 것은?

① 벌기에 도달했을 때의 생장량
② 총생장량을 임령으로 나눈 양
③ 일정한 기간 내에 평균적으로 생장한 양
③ 임령이 1년 증가함에 따라 추가적으로 증가하는 수확량

해설 연년생장량은 1년간의 생장량을 말하며, n년 때의 재적을 , V_n, n+1년 때의 재적을 V_{n+1} 이라 할 때, 연년생장량은 V_{n+1} - V_n이다.

39 산림 수확 조절 방법으로 다수의 목표를 가지는 의사 결정 문제의 해결에 가장 적합한 것은?

① 목표계획법　② 정수계획법
③ 선형계획법　④ 비선형계획법

해설 목표계획법은 선형계획법의 확장된 형태라고 할 수 있는 방법으로 다수의 목표를 가지는 의사결정 문제 해결에 매우 유용한 기법이라 할 수 있다. 다수의 목표를 가지는 문제에 대해서는 조직에 대한 기여도나 중요도에 따라 여러 목표에 대한 우선순위가 결정되어 모델에 포함될 수 있다. 임업분야에서는 목재수확조절 문제에 적용되고 있으며, 산림의 여러 가지 기능을 동시에 만족시키면서 산림을 관리하고자 하는 다목적 산림경영문제에도 적용된다.

40 투자 비용의 현재가에 대하여 투자의 결과로 기대되는 현금 유입의 현재가 비율을 나타내어 투자효율을 결정하는 방법은?

① 순현재가치법
② 투자이익률법
③ 수익비용률법
④ 내부투자수익률법

해설
- 현금흐름할인법(DCF; Discount Cash Flow method) : 투자효율에 화폐의 시간 가치를 고려
  - 수익비용률법 : B/C비율이 1보다 크면 투자가치가 있는 것으로 판단한다.
  - 순현재가치법 : 현재가가 0보다 큰 투자 안을 가치 있는 것으로 판단한다.(수익의 현재가가 투자비용의 현재가보다 크다는 것을 의미)
  - 내부수익률법 : 투자를 하여 미래에 예상되는 현금 유입의 현재가치와 예상되는 현금 유출의 현재가치를 같게 하는 할인율이다.
- 투자효율에 대한 계산은 화폐의 시간가치를 반영하지 않은 비할인 모형은 회수기간법과 투자이익률법이 있다.

정답 37. ④ 38. ④ 39. ① 40. ③

산림기사 필기

2021년 제1회 기출문제

제1과목 조림학

01 산림작업에서 결실량이 많은 해에 일부 임목을 벌채하여 하종을 돕는 과정은?

① 택벌 ② 후벌
③ 예비벌 ④ 하종벌

해설 산벌작업법 중 하종벌에 대한 설명이다.

02 가지치기 작업에 대한 설명으로 옳은 것은?

① 대체로 5월경이 작업 적기이다.
② 원칙적으로 역지 이하를 잘라주어야 한다.
③ 가지 기부에 존재하는 지융부도 잘라주어야 한다.
④ 가지치기 작업한 나무 아래쪽의 상구는 위쪽 상구보다 유합이 빠르다.

해설 ① 대체로 6~8월경이 작업 적기이다. 생가지치기를 수반한 작업의 경우에는 생장휴지기인 11~2월경에 실시한다.
③ 가지 기부에 존재하는 지융부는 손상이 되지 않도록 잘라주어야 한다.
④ 가지치기 작업한 나무 위쪽의 상구유합이 아래쪽의 상구보다 유합이 빠르다.

03 수관의 모양과 줄기의 결점을 고려하여 우세목을 1급목과 2급목, 열세목을 3, 4, 5급목으로 구분하는 수형급은?

① 덴마크 ② KRAFT
③ 데라사키 ④ HAWLEY

해설
- 1급목 : 수관의 발달이 이웃한 나무에 의하여 방해를 받는 일이 없고, 또 자람에 편의가 없으며 발달하기에 알맞은 공간을 가지고 수목의 형태가 불량하지 않은 것
- 2급목 : 폭목, 개재목, 편기목, 곡차목, 피압목
- 3급목 : 세력이 감소되고, 자람이 늦지만 수관이 피압되지 않는 나무로서 상층임관을 형성할 가능성을 가진 나무(중간목, 중립목)
- 4급목 : 피압상태에 있으나 아직 생활수관을 가지고 있는 것(피압목)
- 5급목 : 고사목, 도목, 피해목, 그리고 고사상태에 있는 나무

04 강원도 지역에서 수하식재 방법을 이용하여 조림을 실시하고자 할 때 가장 적합한 수종은?

① *Larix kaempferi*
② *Pinus densiflora*
③ *Abies holophlla*
④ *Betula platyphylla*

해설
- 수하식재는 큰 나무의 아래에 작은 나무를 식재하는 것으로 양수보다는 음수가 적합하다.
- *Larix kaempferi*(낙엽송), *Pinus densiflora*(소나무), *Betula platyphylla*(자작나무) 모두 양수에 해당하므로 수하식재에 부적합하다.
- *Abies holophlla*(전나무, 젓나무)는 음수로 수하식재에 적합하다.

정답 01. ④ 02. ② 03. ③ 04. ③

05 다음 설명에 해당하는 무기양료로만 나열된 것은?

> 수목의 체내 이동이 어려워 생장점이나 어린잎 등 세포 분열이 일어나는 곳에서 결핍증상이 잘 나타난다.

① 칼슘, 철, 붕소
② 질소, 칼슘, 칼륨
③ 철, 망간, 마그네슘
④ 구리, 마그네슘, 질소

해설
- 칼슘, 철, 붕소, 아연, 구리는 수목의 체내 이동이 어려운 양분이다.
- 칼륨, 마그네슘, 몰리브덴은 수목의 체내 이동이 잘 되는 양분이다.

06 산림작업 종을 분류하는 기준으로 가장 거리가 먼 것은?

① 벌채 종
② 임분의 기원
③ 갱신 임분의 수종
④ 벌구의 크기와 형태

해설
- 산림작업 종은 목재를 생산하는 벌채 방법 또는 갱신과정을 포함한 일련의 시스템을 말한다.
- 산림작업 종을 결정하는 요인은 목표재의 크기, 갱신 및 벌채 방법(갱신 종, 벌채 종), 갱신 면적(벌채 면적, 작업지 면적), 임분의 기원(천연림, 인공림) 등에 따라 구분한다.
- 양수, 음수 또는 성장속도 등 수종의 특징도 작업 종을 결정하는 요인이 될 수 있지만, 작업 종을 분류하는 기준은 되지 않는다.
- 산림작업 종은 개벌, 산벌, 택벌, 대상벌, 군상벌 등으로 구분할 수 있다.

07 다음 중 삽목 발근이 가장 용이한 수종은?

① *Salix koreensis*
② *Acer palmatunm*
③ *Zelkova serrata*
④ *Pinus koraiensis*

해설
- *Salix koreensis* : 버드나무는 삽목발근이 용이하다.
- *Acer palmatunm*(단풍나무), *Zelkova serrata*(느티나무), *Pinus koraiensis*(잣나무)는 삽목발근이 어렵다.

08 종자의 활력 시험 중 종자 내 산화 효소가 살아있는지의 여부를 시약의 발색반응으로 검사하는 방법은?

① 절단법 ② 환원법
③ X선분석법 ④ 배추출시험법

해설
- 환원법에는 테트라졸륨과 테룰루산칼륨이 사용된다.
- 테트라졸륨(2,3,5-triphenyltetrazolium chloride : tz) 0.1~1.0%의 수용액에 생활력이 있는 종자의 조직을 접촉시키면 붉은색으로 변하고, 죽은 조직에는 변화가 없다.
- 테룰루산칼륨(potassium tellurite : $K_3T_eO_3$) 1% 액을 사용하면 건전한 배가 흑색으로 변한다.

09 덩굴 제거 시 사용되는 디캄바 액제에 대한 설명으로 옳지 않은 것은?

① 페녹시계 계통이다.
② 호르몬형 이행성 제초제이다.
③ 약효가 높아지는 30℃ 이상 고온 조건에서 사용한다.
④ 주로 콩과 식물에 해당하는 광엽 잡초에 효과적이다.

해설 디캄바는 고온 조건에서 약해가 발생한다.

정답 05. ① 06. ③ 07. ① 08. ② 09. ③

10 **모수작업에 대한 설명으로 옳은 것은?**

① 모수는 ha당 100본 이상이어야 한다.
② 전 임목 본수에서 10% 정도로 모수를 남긴다.
③ 모수는 소나무, 곰솔 등 양수 수종이 적합하다.
④ 작업 대상 임지의 토양 침식과 유실이 발생하지 않는다.

해설 ① 모수는 종자의 비산이 잘되는 수종은 15~30본을 남기고, 종자비산이 잘 안되는 수종은 50본 이상을 남긴다.
② 본수의 2~3%, 재적의 10% 내외를 남긴다.
④ 작업 대상 임지에 토양침식과 유실이 발생한다.

11 **다음 설명에 해당하는 목본 식물의 조직은?**

- 대사 기능이 없고, 지탱 역할을 한다.
- 세포벽이 두껍고 원형질이 없다.

① 유조직 ② 후막조직
③ 후각조직 ④ 분비조직

해설 • 대사기능이 없다는 것은 죽어있는 조직을 말한다. 제시된 지문 중 후막조직만 죽은 세포로 구성된다.
① 유조직은 살아있는 유세포가 모여서 만들어진 조직으로 세포 분열과 분화능력이 높다.
③ 후각조직은 식물세포에서 각진 모서리 부분을 말하며, 원형질이 살아있다.
④ 분비조직은 식물체 내에서 수지, 유액, 점액 등의 분비물을 저장하는 조직으로 살아있는 조직이다.

12 **밤나무, 상수리나무, 굴참나무 종자를 저장하는 방법으로 가장 적합한 것은?**

① 기건저장법 ② 보호저장법
③ 밀봉냉장법 ④ 노천매장법

해설 밤, 도토리 등 전분질 종자는 보호저장법으로 종자를 저장한다.

13 **난대림 자생 수종이 아닌 것은?**

① 동백나무 ② 가시나무
③ 후박나무 ④ 박달나무

해설 박달나무는 온대림에서 자라는 낙엽 교목이다.

14 **지질의 종류 가운데 수목의 2차 대사물질인 이소프레노이드(isoprenoid) 화합물이 아닌 것은?**

① 고무 ② 수지
③ 테르펜 ④ 리그닌

해설 • 지방산 및 지방산 유도체 : palmitic산, 단순지질(지방, 기름), 복합지질(인지질, 당지질), 납, 큐틴, 수베린
• isoprenoid 화합물 : 테르펜, 카로테노이드, 고무, 수지, 스테롤
• phenol 화합물 : 리그닌, 탄닌, 후라보노이드

15 **원생림이 파괴된 뒤에 회복된 산림은?**

① 1차림 ② 2차림
③ 원시림 ④ 극상림

해설 • 2차림은 여러 가지 교란에 의해 생성 및 발달된 산림으로 인간 간섭이나 재해에 의한 교란의 흔적을 보여주는 종으로 구성된다.
• 원생림이 보존된 숲이 1차림이다.
• 극상림은 천이 후기의 마지막에 나타나는 식생이다.

16 **100~110℃로 가열해도 분리되지 않는 토양수분은?**

① 결합수 ② 중력수
③ 흡습수 ④ 모세관수

해설 • 토양수분 중 결합수는 토립자 내의 점토광물과 분자끼리 결합되어 고온으로 가열해도 분리되지 않는다.

정답 10. ③ 11. ② 12. ② 13. ④ 14. ④ 15. ② 16. ①

• 흡습수는 토립자의 주변에 이온의 결합으로 고온으로 가열하면 분리되는 수분이다.

17 **다음 조건에 따른 파종량은?**

- 파종상 실면적 : $500m^2$
- 묘목 잔존본수 : 60본/m^2
- 1g당 종자평균입수 : 66.5립
- 순량률 : 0.95
- 실험실 발아율 : 0.9
- 묘목 잔존율 : 0.3

① 약 1.8kg ② 약 3.5kg
③ 약 17.6kg ④ 약 35.2kg

해설 파종량 $= \dfrac{500 \times 60}{66.5 \times 0.95 \times 0.9 \times 0.3} = 1{,}758.78kg$
$= 1.8kg$

18 **다음 중 측백나무과 및 낙우송과 수목의 개화-결실 촉진에 가장 효과적인 식물호르몬은?**

① GA3 ② IAA
③ NAA ④ 2,4-D

해설 • 합성 지베렐린[GA3]은 측백나무과 및 낙우송과 수목의 개화와 결실 촉진에 효과적이다.
• ② IAA, ③ NAA, ④ 2,4-D는 합성 옥신으로 성장속도 조절에 효과적이다.

19 **묘목을 식재할 때 밀도가 높은 경우에 대한 설명으로 옳은 것은?**

① 입목의 초살도가 증가한다.
② 솎아베기 작업을 생략할 수 있다.
③ 수고 생장보다는 직경 생장을 촉진한다.
④ 임관이 빨리 울폐되어 표토의 침식과 건조를 방지한다.

해설 ① 입목의 초살도가 감소한다. 완만재가 된다.
② 솎아베기 작업으로 적정 밀도를 유지해야 한다.
③ 식재밀도가 높으면 직경생장이 둔화된다.

20 **소나무 종자가 수분된 후 성숙되는 시기는?**

① 개화 당년
② 개화 3년째 가을
③ 개화 이듬해 여름
④ 개화 이듬해 가을

해설 • 개화 당년 : 삼나무
• 개화 3년째 가을 : 노간주나무
• 소나무는 개화한 이듬해에 수정이 이루어지고, 가을에 성숙한다.
• 향나무는 개화한 해에 열매가 크게 되고, 이듬해 가을에 성숙한다.

제3과목 임업경영학

21 **임령에 따른 연년생장량과 평균생장량의 관계에 대한 설명으로 옳지 않은 것은?**

① 처음에는 연년생장량이 평균생장량보다 크다.
② 평균생장량의 극대점에서 두 생장량의 크기는 다르다.
③ 연년생장량은 평균생장량보다 빨리 극대점을 가진다.
④ 평균생장량이 극대점에 이르기까지는 연년생장량이 항상 평균생장량보다 크다.

해설 연년생장량과 평균생장량 간의 관계
• 처음에는 연년생장량이 평균생장량보다 크다.
• 연년생장량은 평균생장량보다 빨리 극대점을 갖는다.
• 평균생장량의 극대점에서 두 생장량의 크기는 같다.

정답 17. ① 18. ① 19. ④ 20. ④ 21. ②

- 평균생장량이 극대점에 이르기까지는 연년생장량이 항상 평균생장량보다 크다.
- 평균생장량이 극대점을 지난 후에는 연년생장량이 평균생장량보다 작다.
- 연년생장량이 극대점에 이르는 기간을 유령기, 유령기부터 평균생장량의 극대점까지를 장령기, 그 이후를 노령기로 구분할 수 있다.
- 임목은 평균생장량이 극대점을 이루는 해에 벌채하면 가장 많은 목재를 생산할 수 있다.

22 **임지기망가의 최댓값에 영향을 주는 인자에 대한 설명으로 옳지 않은 것은?**

① 이율이 낮을수록 최댓값이 빨리 온다.

② 간벌 수익이 클수록 최댓값이 빨리 온다.

③ 주벌 수익의 증대속도가 빨리 감퇴할수록 최댓값이 빨리 온다.

④ 관리비는 임지기망가가 최대로 되는 시기와는 관계가 없다.

해설 임지기망가 최댓값 영향인자

주벌수익	증대속도가 낮아질수록 최댓값에 빨리 도달한다.
간벌수익	클수록 그 시기가 이를수록 최댓값에 빨리 도달한다.
이율	클수록 최댓값에 빨리 도달한다.
조림비	작을수록 최댓값에 빨리 도달한다.
채취비	작을수록 최댓값에 빨리 도달한다.

관리비는 임지기망가의 최댓값과 무관하고, 일반적으로 채취비가 작을수록 임지기망가의 최댓값에 빨리 도달한다.

23 **산림생장 및 예측모델을 구축하는 데 있어서 제일 먼저 수행해야 할 과정은?**

① 자료 수집

② 모델 구성

③ 모델 선정 및 설계

④ 자료 분석 및 생장 함수식 유도

해설 산림생장 및 예측모델을 구축하는 데 있어서 제일 먼저 수행해야 할 과정은 선정 및 설계과정이다.

24 **이자를 계산인자로 포함하는 벌기령은?**

① 공예적 벌기령

② 재적수확 최대 벌기령

③ 화폐수익 최대 벌기령

④ 토지순수익 최대 벌기령

해설 임지기망가가 최댓값에 이르는 때를 벌기로 결정하면 "토지순수익 최대의 벌기령"이 된다.

25 **벌채실행을 모두베기로 할 때 벌채면적은 최대 30ha이내로 하되, 벌채면적이 5ha 이상일 경우에는 하나의 벌채 구역을 몇 ha 이내로 하는가?**

① 3ha ② 5ha

③ 6ha ④ 10ha

해설 모두베기

- 벌채면적은 최대 30ha 이내로 한다.
- 벌채면적이 5ha 이상인 경우에는 벌채구역을 구분해야 한다. 이 경우 1개 벌채구역은 5ha 이내로 하며, 벌채구역과 벌채구역 사이에는 폭 20m 이상의 수림대를 남겨두어야 한다.

26 **산림평가 시 임업이율은 보통이율보다 낮아야 하는 이유로 옳지 않은 것은?**

① 생산기간의 장기성 때문

② 산림소유의 불안정성 때문

③ 산림의 관리경영이 간편하기 때문

④ 재적 및 금원 수확의 증가와 산림재산 가치의 등귀 때문

해설 임업이율이 낮아야 하는 이유

- 임업은 장기간의 투자를 전제로 하므로 위험성과 불확실성이 크다.
- 임업은 위험과 불확실성이 크기 때문에 이론적으로 임업이율은 높아야 한다.

정답 22. ① 23. ③ 24. ④ 25. ② 26. ②

- 산림경영의 수익성이 낮기 때문에 보통 이율보다 약간 낮게 계산한다는 주장도 있다.
- Endress는 다음과 같은 이유로 임업이율은 낮아야 한다고 설명한다.
  - 재적 및 금원수확의 증가와 산림 재산가치의 등귀
  - 산림 소유의 안정성
  - 산림재산 및 임료수입의 유동성
  - 산림 관리경영의 간편성
  - 생산기간의 장기성
  - 사회발전 및 경제안정에 따른 이율의 하락
  - 기호 및 간접이익의 관점에서 나타나는 산림 소유에 대한 개인적 가치평가

27 30년생 임목이 7본, 25년생 임목이 12본, 20년생 임목이 7본인 경우 본수령으로 계산한 평균임령은?

① 15년　② 20년

③ 25년　④ 30년

해설 $\frac{30\times7+25\times12+20\times7}{7+12+7}=25$(년)

28 임업자산의 유형과 구성요소의 연결로 옳지 않은 것은?

① 유동자산 – 비료

② 유동자산 – 현금

③ 고정자산 – 묘목

④ 임목자산 – 산림축적

해설
- 자산을 현금화할 수 있는 정도를 유동성이라고 하고, 우리나라에서는 1년 안에 현금화할 수 있는 자산을 유동자산, 1년 안에 현금화하기 힘든 자산을 고정자산으로 구분한다.
- 유동자산은 대부분 현금과 현금 등과물, 그리고 벌채목과 같이 처분을 목적으로 가지고 있는 자산이다.

29 산림경영의 지도원칙 중 보속성의 원칙에 해당되지 않는 것은?

① 합자연성

② 목재수확 균등

③ 생산자본 유지

④ 화폐수확 균등

해설 보속성
- 보속성은 계속, 끊임 없음, 반복, 항구성, 지속성, 중단 없음 등의 중립적인 시간 개념을 가진다.
- 수확조정의 전제조건으로서 보속성의 원칙은 규범적이고 능률적인 임업의 기초로 독일에서 발전되었다.
- 정적인 보속성을 특정한 "상태의 지속성"으로 파악한다면, 동적인 보속성은 일정한 "능률의 지속성"으로 표현할 수 있다.
- 정적인 보속에는 산림면적, 산림생물, 임목축적, 임업자산, 임업자본, 노동력 등의 보속성이 해당된다.
- 동적인 보속에는 생장량, 목재수확, 화폐수확, 산림수익, 산림순수확, 창업능력, 산림의 다목적 이용 등이 해당된다.

30 손익분기점의 분석을 위한 가정에 대한 설명으로 옳지 않은 것은?

① 제품 한 단위당 변동비는 항상 일정하다.

② 총비용은 고정비와 변동비로 구분할 수 있다.

③ 제품의 판매가격은 판매량이 변동하여도 변화되지 않는다.

④ 생산량과 판매량은 항상 다르며 생산과 판매에 보완성이 있다.

해설 손익분기점 분석의 전제조건(가정)
- 원가는 고정비와 변동비로 구분된다.
- 제품의 단위당 판매가격은 판매량의 변동에도 변하지 않는다.
- 제품 한 단위당 변동비는 항상 일정하다.
- 고정비는 생산량의 증감에 관계없이 항상 일정하다.

정답 27. ③ 28. ③ 29. ① 30. ④

- 생산량과 판매량은 항상 같으며, 생산과 판매에 동시성이 있다.
- 제품의 생산능률은 고려하지 않는다.(변함이 없다.)

31 **임업투자 결정 중 현금 유입을 통하여 투자 금액을 회수하는 데 소요되는 기간을 가지고 투자 결정을 하는 방법은?**

① 회수기간법
② 내부수익률법
③ 순현재가치법
④ 수익 · 비용비법

해설 ② 내부수익률법(internal rate of return) : 내부투자수익률이란 투자를 하여 미래에 예상되는 현금유입의 현재가치와 예상되는 현금 유출의 현재가치를 같게 하는 할인율이다.
③ 순현재가치법(NPV; Net Present Value) : 현재가가 0보다 큰 투자 안을 가치 있는 것으로 판단한다(수익의 현재가가 투자비용의 현재가보다 크다는 것을 의미).
④ 수익비용률법 : B/C비율이 1보다 크면 투자가치가 있는 것으로 판단한다.

32 **법정림(개벌작업)에서 작업급의 윤벌기가 50년인 경우의 법정수확률은?**

① 2% ② 3%
③ 4% ④ 5%

해설 법정연벌량=법정생장량
법정수확률=법정연벌률
$\frac{2}{\text{윤벌기}} = \frac{2}{50} = 0.04 = 4\%$

33 **트레킹길 중 산줄기나 산자락을 따라 길게 조성하여 시점과 종점이 연결되지 않는 길은?**

① 둘레길 ② 탐방로
③ 트레일 ④ 산림레포츠길

해설 숲길 : 등산, 트레킹, 레저스포츠, 탐방 또는 휴양, 치유 등의 활동

34 **수간석해를 위한 원판 채취 방법에 대한 설명으로 옳지 않은 것은?**

① 원판의 두께는 10cm가 되도록 한다.
② 원판을 채취할 때는 수간과 직교하도록 한다.
③ 측정하지 않을 단면에는 원판의 번호와 위치를 표시하여 둔다.
④ Huber식에 의한 방법에서 흉고이상은 2m마다 원판을 채취하고 최후의 것은 1m가 되도록 한다.

해설 1) 벌채점의 위치 선정
- 벌채점은 일반적으로 흉고가 1.2m이면 지상 0.2m로 선정한다.
- 흉고를 1.3m로 하면 벌채점은 0.3m로 해야 한다.
- 벌채점이 결정되면 벌채점에 표시하고, 벌채점이 손상되지 않도록 유의한다.
- 원판 손상에 유의하면서 벌채한다.

2) 원판을 채취할 위치
- 수간과 직교하도록 원판을 채취하며, 원판에 위치와 방향을 표시한다.
- 구분의 길이는 후버식에 의한 구분구적법을 사용하므로 2m로 한다.
- 원판의 두께는 2~3cm가 되도록 한다.

35 **산림경영의 대상이 되는 경영계획구에 대해서 산림소유자나 지방자치단체장이 수립하는 계획은?**

① 지역산림계획
② 산림기본계획
③ 산림경영계획
④ 국유림경영계획

해설 • 경영계획구에 대한 종합적인 경영계획은 10년 단위로 작성한다.
• 산림경영계획의 작성 주체는 소유자 또는 관리자가 된다.

정답 31. ① 32. ③ 33. ③ 34. ① 35. ③

36 임목평가의 방법 중에서 유령림의 평가에 가장 적합한 것은?

① Glaser법 ② 시장가역산법
③ 임목기망가법 ④ 임목비용가법

해설 유령림은 임목비용가법, 벌기 미만의 장령림에는 임목기망가법, 중령림에는 임목비용가법과 임목기망가법의 중간적인 Glaser법, 벌기 이상의 임목에는 임목매매가가 적용되는 시장가역산법으로 평가한다.

37 다음 조건에 따라 정액법으로 구한 임업기계의 감가상각비는?

- 취득원가 : 5,000,000원
- 잔존가치 : 500,000원
- 내용연수 : 50년

① 90,000원/년
② 100,000원/년
③ 500,000원/년
④ 1,100,000원/년

해설
- 정액법(직선법) : 감가상각비 총액을 각 사용연도에 할당하여 매년 균등하게 감가하는 방법
- 계산식 : 감가상각비 = $\frac{\text{취득원가 - 잔존가치}}{\text{추정내용연수}}$

$=\frac{(5,000,000 - 500,000)}{50}$

$=90,000(\text{원/년})$

38 임목재적을 측정하기 위한 흉고형수에 대한 설명으로 옳지 않은 것은?

① 지위가 양호할수록 형수가 작다.
② 수고가 작을수록 형수는 작아진다.
③ 연령이 많아질수록 형수는 커진다.
④ 흉고직경이 작아질수록 형수는 커진다.

해설 흉고형수를 좌우하는 인자
- 수종 , 품종, 생육 구역에 따라 수간의 형상과 성장이 달라지므로 형수도 차이가 있다.
- 지위 : 지위가 불량하면 형수가 크다. 지위가 양호하면 형수가 작다.
- 수관밀도 : 수관 밀도가 높으면 형수가 크다. 수관밀도가 낮으면 형수는 작다.
- 지하고 : 지하고가 높으면 형수가 크다.
- 수관의 양 : 수관의 양이 작으면 형수가 크다.
- 수고 : 수고가 작으면 형수가 크다.
- 흉고 직경 : 흉고직경이 작으면 형수가 크다.
- 연령 : 연령이 많으면 형수가 크다.

39 이율은 5%이고 앞으로 10년 후에 300,000원의 간벌수익을 얻으리라고 예상하면 간벌수입의 전가합계는?

① 약 69,000원
② 약 184,000원
③ 약 489,000원
④ 약 1,296,000원

해설 간벌수익의 전가합계가 P라 하면

$P \rightarrow$ 10년 후

$=P(1.05)^{10}=300,000$

$P=\frac{300,000}{1.6289} \fallingdotseq 184,000(\text{원})$

40 자연휴양림을 조성 신청하려는 자가 제출하여야 하는 자연휴양림 구역도의 축척은?

① 1/5,000 ② 1/10,000
③ 1/15,000 ④ 1/25,000

해설
- 자연휴양림 : 국가 또는 지방자치단체가 조성하는 경우에는 30만 제곱미터, 그 밖의 자가 조성하는 경우에는 20만 제곱미터. 다만, 「도서개발 촉진법」 제2조에 따른 도서 지역의 경우에는 조성 주체와 관계없이 10만 제곱미터로 한다.
- 자연휴양림 구역도의 축척은 1/5,000이다.

정답 36. ④ 37. ① 38. ② 39. ② 40. ①

산림기사 필기

2021년 제2회 기출문제

제1과목 조림학

01 가지치기에 대한 설명으로 옳은 것은?

① 활엽수종의 지융부를 제거하면 안 된다.
② 생장휴지기에는 가급적 실시하지 않는다.
③ 수간 상부보다 하부의 비대생장을 촉진 시킨다.
④ 가지치기 작업으로 인해 부정아는 생성되지 않는다.

해설 가지치기를 할 때는 침엽수와 활엽수 모두 지융이 손상되지 않도록 해야 한다.

02 어린 나무 가꾸기에 대한 설명으로 옳은 것은?

① 조림목은 제거하지 않는다.
② 간벌 작업 이전에 실시한다.
③ 생육 휴면기인 겨울철이 적정 시기이다.
④ 일반적으로 수관경쟁이 시작되고 조림목의 생육이 저해되는 시점이 적정 시기이다.

해설 ※ 출제 오류로 확정답안 발표 시 2번, 4번이 정답 처리되었다.
① 침입목이 잘 자라면 조림목을 제거하고, 조림목이 잘 자라면 침입목을 제거한다.
③ 어린 나무 가꾸기는 6~9월 사이에 실시하는 것을 원칙으로 하되 늦어도 11월 말까지는 완료한다.

03 체내에서 이동이 용이하여 성숙 잎에서 먼저 결핍증이 나타나는데, 잎에 검은 반점과 황화현상이 나타나고, 결핍 시 뿌리썩음병에 잘 걸리게 되는 무기영양소는?

① 철　② 칼슘
③ 질소　④ 칼륨

해설
• 철과 칼슘은 수목의 체내에서 이동이 잘 안되어 어린잎에서 결핍증이 먼저 나타난다.
• 칼륨은 수목의 체내에서 이동이 용이하며 잎 끝의 주변부에서 검은 반점이 생기며, 심하면 묘목 전체가 황화되며, 끝눈이 작아진다.
• 질소 결핍은 세포가 작아지고, 잎이 황록색이 된다.

04 풀베기작업을 두 번 하고자 할 때 첫 번째 작업 시기로 가장 적당한 것은?

① 1~3월　② 3~5월
③ 5~7월　④ 7~9월

해설 풀베기의 작업시기
① 일반적으로 1회 실행지는 5월~7월에 실시한다.
② 2회 실행지의 경우는 8월에 추가로 실시할 수 있으며, 9월 초순 이후의 풀베기는 피한다.
③ 지역별 권장 시기는 다음과 같다.
㉠ 온대남부 : 5월 중순~9월 초순
㉡ 온대중부 : 5월 하순~8월 하순
㉢ 고산 및 온대북부 : 6월 초순~8월 중순

정답 01. ① 02. ②,④ 03. ④ 04. ③

05 음엽과 비교한 양엽의 특성으로 옳은 것은?

① 잎이 넓다.
② 광포화점이 낮다.
③ 책상 조직의 배열이 빽빽하다.
④ 큐티클층과 잎의 두께가 얇다.

해설 ① 양엽은 음엽에 비해 잎이 작다. 음엽의 잎이 넓다.
② 음엽의 광포화점이 낮다. 양엽은 광포화점과 광보상점이 모두 높다.
④ 양엽은 큐티클층과 잎의 두께가 음엽에 비해 두껍다.

06 다음 ( ) 안에 들어갈 용어로 올바르게 나열한 것은?

> 중림작업은 ( )작업과 ( )작업의 혼합림작업이다.

① 교림, 죽림 ② 교림, 왜림
③ 죽림, 순림 ④ 죽림, 왜림

해설 중림은 왜림과 교림이 한 임지에 동시에 존재하는 것이다.

07 종자를 건조한 상태로 저장하여도 발아력이 크게 손상되지 않는 수종으로만 올바르게 나열한 것은?

① 목련, 칠엽수
② 편백, 삼나무
③ 밤나무, 가시나무
④ 신갈나무, 가래나무

해설 실온저장법은 종자를 건조한 상태에서 창고, 지하실 등에 두어 저장하는 방법이다. 소나무류, 낙엽송류, 삼나무, 편백나무, 가문비나무 등 알이 작은 종자는 온도가 높고, 공기의 공급이 충분하며, 습기가 있을 때에는 발아력을 잃게 되므로 용기에 넣어 건조한 곳에 둔다.

08 묘목을 식재할 때 뿌리돌림 시기로 가장 적합한 것은?

① 상록활엽수종 : 한겨울
② 상록침엽수종 : 7~8월 상순
③ 낙엽수종 : 11~2월 상순, 혹은 2~3월 상순
④ 수종마다 큰 차이가 없고 연중 어느 때든지 적합하다.

해설 뿌리돌림 시기는 생장 정지기가 적합하다. 흙 속의 미생물이 뿌리의 절단 부위에 감염을 일으킬 수 있으므로, 지온이 낮은 가을에 뿌리를 자르면 휴면시기에 캘러스가 형성되어 상처가 아물고, 봄에 바로 발근이 시작된다.

09 난대 수종으로 일반적으로 온대 중부이북에서 조림하기 어려운 수종은?

① *Quercus acuta*
② *Picea jezoensis*
③ *Abies holophylla*
④ *Pinus koraiensis*

해설 ① *Quercus acuta*(붉가시나무), ② *Picea jezoensis*(가문비나무), ③ *Abies holophylla*(전나무), ④ *Pinus koraiensis*(잣나무)
• 붉가시나무는 상록활엽교목으로 난대림에서 자란다.

10 삽목 발근이 용이한 수종으로만 올바르게 나열한 것은?

① 감나무, 자작나무
② 백합나무, 사시나무
③ 꽝꽝나무, 동백나무
④ 두릅나무, 산초나무

해설 • 삽수 발근이 비교적 잘되는 수종 : 향나무, 주목, 포플러류, 플라타너스, 개나리, 회양목, 꽝꽝나무, 사철나무, 은행나무, 버드나무류, 무궁화, 동백나무, 진달래 종류, 찔레나무, 측백나무 등
• 삽수의 발근이 비교적 어려운 수종 : 전나무류,

정답 05. ③ 06. ② 07. ② 08. ③ 09. ① 10. ③

가문비나무류, 삼나무, 편백나무, 히말라야시다, 들메나무, 느티나무, 단풍나무 등
• 삽수의 발근이 대단히 어려운 수종 : 소나무류, 밤나무, 참나무류, 자작나무류, 백합나무, 사시나무류, 오리나무류 등

11 비료목에 해당하는 수종으로만 올바르게 나열한 것은?

① 자귀나무, 가시나무, 백합나무
② 자귀나무, 오리나무, 족제비싸리
③ 오리나무, 졸참나무, 물푸레나무
④ 아까시나무, 나도밤나무, 물푸레나무

해설 • 자귀나무, 오리나무, 족제비싸리는 모두 질소고정식물로 비료목에 해당한다.

12 종자 결실을 촉진하기 위해 일반적으로 사용하는 방법이 아닌 것은?

① 충분한 관수
② 단근 작업 실시
③ 인산 및 칼륨 시비
④ 임분의 입목밀도 조절

해설 ② 단근 작업을 실시하면 수목이 스트레스를 받아 결실이 촉진된다.
③ 인산 및 칼륨을 시비하면 영양상태가 개선되어 결실이 촉진된다.
④ 임분의 입목밀도가 낮아지면 수관에 햇빛이 비치는 시간이 많아져 결실이 촉진된다.

13 택벌에 대한 설명으로 옳지 않은 것은?

① 양수 수종의 갱신에 유리하다.
② 기상 피해에 대한 저항력이 높다.
③ 임관이 항상 울폐된 상태를 유지한다.
④ 경관적 가치가 다른 작업 종에 비해 높다.

해설 택벌은 음수 수종의 갱신에 유리하다.

14 지베렐린에 대한 설명으로 옳지 않은 것은?

① 알칼리성이다.
② 신장 생장을 촉진한다.
③ 일반적으로 지베렐린이 처리된 수목은 개화량과 개화기간이 길어진다.
④ gibbane의 구조를 가진 화합물이며 일반적으로 GA3라고 표기한다.

해설 지베렐린은 알칼리성 용액에서 효력이 떨어진다. 그러므로 지베렐린 처리 직후에 알칼리성 농약을 살포하면 약효가 떨어진다.

15 순림과 비교한 혼효림의 장점으로 옳지 않은 것은?

① 생물의 다양성이 높다.
② 환경적 기능이 우수하다.
③ 병해충에 대한 저항력이 크다.
④ 무육작업과 산림경영이 경제적이다.

해설 단순한 수종으로 구성된 순림이 무육작업과 산림경영에 경제적이다.

16 수목의 증산작용에 대한 설명으로 옳지 않은 것은?

① 잎의 온도를 낮추어 준다.
② 무기염의 흡수와 이동을 촉진시키는 역할을 한다.
③ 식물의 표면으로부터 물이 수증기의 형태로 방출되는 것을 의미한다.
④ 증산작용을 할 수 없는 100%의 상대습도에서는 식물이 자라지 못한다.

해설 • 많은 열대 우림의 식물들이 증산작용을 할 수 없는 상대습도 100%인 서식지에서 살아간다.
• 60~70%에서 가장 잘 자라는 것으로 알려져 있다.

정답 11. ② 12. ① 13. ① 14. ① 15. ④ 16. ④

17 **파종상에서 1년, 이식상에서 2년, 그 뒤 1번 더 이식한 실생묘의 표시는?**

① 1/2 – 1 ② 1 - 1/2
③ 1 - 2 – 1 ④ 2 - 1 - 1

해설 ① 1/2 : 1년생 접수에 2년생 대목을 접붙인 묘목
④ 2 - 1 - 1 : 파종상에서 2년, 이식상에서 1년, 다시 1년 후에 이식한 4년생 묘목

18 **다음 조건에서 종자의 효율은?**

- 종자시료 전체 무게 : 100g
- 순정종자 무게 : 50g
- 종자시료 전체 개수 : 160개
- 발아한 종자 개수 : 80개

① 25% ② 50%
③ 75% ④ 100%

해설 효율 = 순량률×발아율

$$= \frac{50g}{100g} \times \frac{80개}{160개} \times 100 = 25\%$$

19 **모수작업에 의한 갱신이 가장 유리한 수종은?**

① *Juglans regia*
② *Pinus densiflora*
③ *Pinus koraiensis*
④ *Quercus acutissima*

해설 ① 호두나무, ② 소나무, ③ 잣나무, ④ 상수리나무
• 소나무와 같은 양수가 모수작업에 의한 갱신에 적합하다.

20 **소나무와 곰솔을 비교한 설명으로 옳지 않은 것은?**

① 곰솔의 침엽은 굵고 길다.
② 소나무의 겨울눈은 굵고 회백색이다.
③ 소나무의 수피는 적갈색이고 곰솔은 암흑색이다.
④ 침엽 수지도가 곰솔은 중위이고 소나무는 외위이다.

해설 소나무의 겨울눈은 가늘고 적갈색이다. 해송의 겨울눈이 굵고 회백색이다.

제3과목 임업경영학

21 **산림 평가와 관련된 산림의 특수성에 대한 설명으로 옳지 않은 것은?**

① 관광 산업으로 산지 전용 등 산림에 대한 가치관이 다양화되고 있다.
② 산림은 자연적으로 장기간에 걸쳐 생산된 것이므로 완전히 동형 · 동질인 것은 없다.
③ 산림 평가에 있어서 과거와 장래에 걸친 여러 문제는 중요한 평가 인자로 고려하지 않는다.
④ 임업의 대상지로서 산림은 수익을 예측하기가 어렵고 적합한 예측 방법도 확립되어 있지 않다.

해설 ① 관광 산업으로 산지 전용 등 산림에 대한 가치관이 다양화되고 있다.
② 산림은 자연적으로 장기간에 걸쳐 생산된 것이므로 완전히 동형 · 동질인 것은 없다.
④ 임업의 대상지로서 산림은 수익을 예측하기가 어렵고 적합한 예측 방법도 확립되어 있지 않다.

22 **유령림의 임목을 평가하는 방법으로 가장 적합한 것은?**

① Glaser법 ② 비용가법
③ 기망가법 ④ 매매가법

해설 유령림은 임목비용가법, 벌기 미만의 장령림에는 임목기망가법, 중령림에는 임목비용가법과 임목기망가법의 중간적인 Glaser법, 벌기 이상의 임목에는 임목매매가가 적용되는 시장가역산법으로 평가한다.

정답 17. ③ 18. ① 19. ② 20. ② 21. ③ 22. ②

23 다음 조건에 따른 자본에 귀속하는 소득은?

- 임업소득 : 10,000,000원
- 가족노임 추정액 : 5,000,000원
- 지대 : 1,000,000원
- 자본이자 : 500,000원

① 3,5000,000원
② 4,000,000원
③ 4,500,000원
④ 10,500,000원

해설 자본에 귀속하는 소득=임업소득-이자를 제외한 제 비용

24 임지기망가에 대한 설명으로 옳지 않은 것은?

① 조림비가 클수록 임지기망가가 최대로 되는 시기가 늦어진다.
② 이율이 클수록 임지기망가가 최대로 되는 시기가 빨리 온다.
③ 간벌수익이 클수록 임지기망가가 최대로 되는 시기가 빨리 온다.
④ 지위가 양호한 임지일수록 임지기망가가 최대로 되는 시기가 늦어진다.

해설 ※ 임지기망가 최댓값 영향인자

주벌수익	증대속도가 낮아질수록 최댓값에 빨리 도달한다.
간벌수익	클수록 그 시기가 이를수록 최댓값에 빨리 도달한다.
이율	클수록 최댓값에 빨리 도달한다.
조림비	작을수록 최댓값에 빨리 도달한다.
채취비	작을수록 최댓값에 빨리 도달한다.

25 다음 조건을 활용하여 Austrian 공식으로 구한 표준연벌량은?

- 대상 임분 : 소나무림
- 윤벌기 : 60년
- 갱정기 : 20년
- 연년생장량 : 10,500m^3
- 현실임분 축적 : 249,000m^3
- 법정축적 : 245,000m^3

① 10,500m^3 ② 10,700m^3
③ 11,100m^3 ④ 14,500m^3

해설 법정림에서 "연년 생장량 = 표준연벌량 = 연년 수확량"

- Karl법 : 카알공식법은 Karl이 1838년 카메랄탁세법을 개량하여 만든 것이다.

$$\text{연간표준벌채량} = \text{생장량} \pm \frac{Dv}{\text{정리기}(a)} = \frac{Dz}{\text{정리기}(a)} \times \text{경과년수}(n)$$

Dv = 현실축적 - 법정축적,

Dz = 현실생장량 - 법정생장량

$$\text{표준연벌량} = 10{,}500 + \frac{249{,}000\text{-}245{,}000}{20} = 10{,}700(m^3)$$

26 어떤 잣나무의 흉고형수가 0.4702, 흉고직경이 20cm, 수고가 10m인 경우 형수법에 의한 입목재적은?

① 0.147m^3 ② 0.5906m^3
③ 1.4764m^3 ④ 2.9529m^3

해설 $V = ghf$ (형수 : f, 단면적 : g, 높이 : h)

$$V = \frac{\pi \times 0.2^2}{4} \times 10 \times 0.4702 = 0.147(m^3)$$

27 임분 재적 측정 방법으로 표본조사법 중 선표본점법에 해당하는 것은?

① 임의 추출법 ② 층화 추출법
③ 부차 추출법 ④ 계통적 추출법

정답 23. ② 24. ④ 25. ② 26. ① 27. ④

해설 • 임의추출 : 교점에서 무작위로 표본점 선정
• 계통추출 : 교점에서 계통별 난수표로 표본점 선정
• 층화추출 : 수종별로 추출 후 연령급별로 표본점 선정
• 부차추출 : 집단별로 추출 후 추출집단에서 표본점 선정
• 이중추출 : 항공사진 표본점 조사 후 지상 표본점을 선정하여 조사

28 자연휴양림 안에 설치할 수 있는 시설의 규모에 대한 설명으로 옳은 것은?

① 3층 이상의 건축물을 건축하면 안 된다.
② 일반음식점영업소 또는 휴게음식점영업소의 연면적은 900m² 이하로 한다.
③ 자연휴양림시설 중 건축물이 차지하는 총 바닥면적은 10,000m² 이하가 되도록 한다.
④ 자연휴양림시설의 설치에 따른 산림의 형질 변경 면적은 10,000m² 이하가 되도록 한다.

해설 • 자연휴양림 : 국가 또는 지방자치단체가 조성하는 경우에는 30만 제곱미터, 그 밖의 자가 조성하는 경우에는 20만 제곱미터. 다만, 「도서개발 촉진법」 제2조에 따른 도서 지역의 경우에는 조성주체와 관계없이 10만 제곱미터로 한다.
• 자연휴양림 구역도의 축척은 1/5,000이다.

29 입목의 직경을 측정하는 데 사용하는 도구가 아닌 것은?

① 윤척(caliper)
② 직경 테이프(diameter tape)
③ 빌트모어스틱(biltimore stick)
③ 아브네이핸드레블(abney hand level)

해설 입목의 직경을 측정하는 데 사용하는 도구로는 윤척(caliper), 직경 테이프(diameter tape), 빌트모어스틱(biltimore stick) 등이 있다

30 공 · 사유림 산림경영계획을 작성하기 위한 임황조사 항목이 아닌 것은?

① 지위 ② 경급
③ 임령 ④ 총축적

해설 • 지위는 임지생산력 판단 지표로 상, 중, 하로 구분하여 조사한다.
• 직접조사법 : 우세목의 수령과 수고를 측정하여 지위지수표에서 지수를 찾거나 임목자원평가프로그램에서 산정한다.
• 임황조사는 산림의 상태를 조사하는 것이다.
• 임황조사에는 임종, 임상, 수종, 혼효율, 임령, 영급, 수고, 경급, 소밀도, 축적 등이 포함된다.

31 산림투자의 경제성 분석방법이 아닌 것은?

① 회수기간법
② 순현재가치법
③ 외부수익률법
④ 편익비용비율법

해설 투자효율의 분석 방법으로 순현재가치법, 내부수익률법, 편익-비용률법, 회수기간법, 투자이익률법이 있다. 여기서 시간적 가치를 고려한 방법은 순현재가치법, 내부수익률법, 편익 · 비용비율법(便益 · 費用比率法; benefit/cost ratio, B/C ratio)이며, 현금흐름할인법(discounted cash flow method, DCF법)이라고 하는데, 이것은 화폐의 시간적 가치를 고려하여 경제성을 분석하는 방법이다. 시간적 가치를 고려하지 않은 방법은 회수기간법, 투자이익률법이다.

정답 28. ③ 29. ④ 30. ① 31. ③

32 다음 조건에서 시장가역산법을 적용한 소나무 원목의 임목가는?

- 시장 가격 : 300,000원
- 생산 비용 : 100,000원
- 조재율 : 70%
- 투입 자본의 회수기간 : 5년
- 자본의 연이율 : 4%
- 기업 이익률 : 30%

① 55,000원 ② 70,000원
③ 95,000원 ④ 125,400원

해설 단위재적(m^3)당 임목가격 $x=f(\frac{a}{1+lp}-b)$가 된다.

(x : 시장가역산법에 의한 m^3당 임목가격, f : 이용률(조재율), a : m^3당 원목 시장가격, b : m^3당 원목생산경비(조재비, 운재비, 집재비, 잡비 등), p=월이율, l : 자본회수 기간(월))

기업이윤(r)을 고려하였을 경우

$x = f(\frac{a}{1+lp+r}-b)$가 된다.

문제에서는 자본의 연이율이 4%로 주어졌으므로 자본 회수기간도 5년으로 계산한다.

$x = 0.7 \times (\frac{300,000}{1+5\times0.04+0.3} - 100,000)$

=70,000(원)

33 산림의 생산기간에 대한 설명으로 옳지 않은 것은?

① 회귀년이 짧은 경우 단위면적에서 벌채될 재적이 많다.
② 벌기령과 벌채령이 일치할 때 벌기령을 법정벌기령이라 한다.
③ 개량기는 개벌작업을 하는 산림에 적용되는 기간이며 정리기라고도 한다.
④ 윤벌기란 보속작업에 있어서 한 작업급 내의 모든 임분을 1순벌하는 데 필요한 기간이다.

해설 회귀년 : 작업급을 몇 개의 택벌구로 나누어 매년 한 구역씩 택벌하여 일순하고 다시 최초의 택벌구로 벌채가 회귀하는 방법이다. 이렇게 회귀하는 데 필요한 기간을 회귀년 또는 순환기라고 한다. 일반적으로 회귀년이 길어지면 한 번에 벌채되는 재적은 증가하고 짧은 경우에는 감소한다.

34 임업경영의 지표분석 중 수익성 분석 항목이 아닌 것은?

① 자본순수익 ② 자본이익률
③ 토지회전율 ④ 자본회전율

해설 자본회전율이란 투하된 자본이 1년에 몇 회전하는가를 나타내며, 자본이익률을 향상시키려면 자본순수익률이나 자본회전율을 제고시켜야 하는데, "자본순수익률=자본이익률/자본회전율=자본이익률×자본회전율"이다.

35 우리나라 임업 경영의 특성이 아닌 것은?

① 생산기간이 대단히 길다.
② 임업은 공익성이 크므로 제한성이 많다.
③ 임업노동은 계절적 제약을 크게 받지 않는다.
④ 육성임업과 채취임업은 함께 실시하기 어렵다.

해설 산림경영의 특성

1. 산림의 기술적 특성
   - 생산기간이 대단히 길다.
   - 토지나 기후조건에 대한 요구도가 낮다.
   - 농업에 비하여 자연조건의 영향을 많이 받는다.
2. 산림의 경제적 특성
   - 육성임업과 채취임업이 병존한다.
   - 원목가격 구성요소의 대부분이 운반비이다.
   - 임업노동은 계절적 제약을 크게 받지 않는다.
   - 임업생산은 조방적이다.
   - 임업은 공익성이 크므로 제한성이 많다.
3. 산림의 환경적 특성
   - 임지는 넓고 험하며 지대가 높기 때문에 집약적인 작업이 어렵다.
   - 임지의 경제적 가치는 산림에 접근할 수 있는 교통의 편의에 따라 결정된다.

정답 32. ② 33. ① 34. ③ 35. ④

• 임지는 매매가 잘 되지 않는 고정 자본이므로 투하 자본의 회수가 어렵다.

36 자연휴양림의 지정권자는?

① 산림청장
② 시 · 도지사
③ 시장 · 군수
④ 국립자연휴양림관리소장

해설 자연휴양림의 지정

• 산림청장은 소관 국유림을 자연휴양림으로 지정할 수 있다.
• 산림청장은 공유림 또는 사유림의 소유자 또는 국유림의 대부 또는 사용허가를 받은 자의 지정 신청에 따라 그가 소유하고 있거나 대부 등을 받은 산림을 자연휴양림으로 지정할 수 있다. 이 경우 지정 신청의 절차 등은 농림축산식품부령으로 정한다.

37 산림경영의 지도원칙 중 보속성의 원칙이 아닌 것은?

① 목재 생산의 보속
② 임업기술 유지의 보속
③ 생산자본 유지의 보속
④ 목재수확 균등의 보속

해설 보속성

• 보속성은 계속, 끊임 없음, 반복, 항구성, 지속성, 중단 없음 등의 중립적인 시간 개념을 가진다.
• 정적인 보속성을 특정한 "상태의 지속성"으로 파악한다면, 동적인 보속성은 일정한 "능률의 지속성"으로 표현할 수 있다.
• 정적인 보속에는 산림면적, 산림생물, 임목축적, 임업자산, 임업자본, 노동력 등의 보속성이 해당된다.
• 동적인 보속에는 생장량, 목재수확, 화폐수확, 산림수익, 산림순수확, 창업능력, 산림의 다목적 이용 등이 해당된다.

38 법정림을 구성하기 위한 법정상태의 요건에 해당되지 않는 것은?

① 법정축적 ② 법정생장량
③ 법정노동력 ④ 법정임분배치

해설 법정림이란 재적수확의 엄정보속을 실현할 수 있는 내용조건을 완전히 갖춘 산림을 말한다. 즉 산림생산의 보속이 완전히 이행되어 경영목적에 따라 벌채하면 어떠한 손실도 발생되지 않는 산림이다. 이러한 상태를 법정상태라고 하며, 일반적으로 다음과 같이 4가지를 들 수 있다.

(1) 법정영급분배
(2) 법정임분배치
(3) 법정생장량
(4) 법정축적

39 이령림의 연령을 측정하는 방법이 아닌 것은?

① 벌기령 ② 본수령
③ 재적령 ④ 표본목령

해설 이령림의 연령을 측정하는 방법 : 본수령, 재적령, 표본목령

40 다음 손익분기점 분석 공식에서 q가 의미하는 것은? (단, TC는 총비용, FC는 총고정비, v는 단위당 변동비)

$$TC = FC + v + q$$

① 손실비
② 총수익
③ 판매가격
④ 손익분기점의 생산량

해설 손익분기점 분석에 사용되는 변수

TC=총비용, TR=총수익, FC=총고정비, VC=총변동비, TQ=총판매량(총생산량)
(v : 단위당 변동비, p=판매가격, q=손익분기점의 판매량(생산량))
이익은 총수익에서 총비용을 공제한 것이다.

정답 36. ① 37. ② 38. ③ 39. ① 40. ④

산림기사 필기

2021년 제3회 기출문제

제1과목 조림학

01 왜림 작업에 가장 적합한 수종은?

① *Ainus japonica*
② *Larix kaempferi*
③ *Abies holphylla*
④ *Pinus Koraiensis*

해설 • ① *Ainus japonica*(오리나무), ② *Larix kaempferi*(낙엽송), ③ *Abies holphylla*(전나무) ④ *Pinus Koraiensis*(잣나무)
• 왜림작업은 참나무, 오리나무, 단풍나무, 물푸레나무, 서어나무, 아까시나무, 자작나무, 느릅나무, 너도밤나무 등의 수종에 적용할 수 있다.
• 왜림은 단벌기 작업에 적합한 작업 종이다.

02 수목의 기공 개폐에 대한 설명으로 옳지 않은 것은?

① 30~35℃ 이상 온도가 올라가면 기공이 닫힌다.
② 기공은 아침에 해가 뜰 때 열리며 저녁에는 서서히 닫힌다.
③ 엽육 조직의 세포 간극에 있는 이산화탄소 농도가 높으면 기공이 열린다.
④ 잎의 수분 포텐셜이 낮아지면 수분 스트레스가 커지며 기공이 닫힌다.

해설 엽육 조직의 세포 간극에 있는 이산화탄소 농도가 높으면 기공이 닫히고, 낮으면 열린다.

03 토양의 공극에 대한 설명으로 옳은 것은?

① 토양의 단위 체적 중량이다.
② 토양 내 물의 용적 비율이다.
③ 토양 측정 시 건조된 토립자의 무게이다.
④ 토양 내 공기 및 물에 의해서 채워진 부분이다.

해설 ① 토양의 단위 체적 중량을 용적밀도 또는 가비중이라고 한다.
② 토양의 단위 용적(체적)당 수분의 용적 비율을 용적수분함량이라고 한다.
③ 용적밀도는 토양 측정 시 건조된 토립자의 무게가 된다.

04 가지치기에 대한 설명으로 옳지 않은 것은?

① 수령이 높을수록 효과가 높다.
② 수목의 직경생장을 증대시킨다.
③ 산불이 발생했을 때 수관화를 경감시킨다.
④ 임지 표면에 햇빛을 받는 양이 많아져 하층목 발생에 도움을 준다.

해설 가지치기는 어렸을 때 해야 수형 교정의 효과가 크다.

05 숲의 종류를 구분하는 데 있어 작업 종 또는 생성 기원에 따르지 않은 것은?

① 교림 ② 순림
③ 왜림 ④ 중림

정답 01. ① 02. ③ 03. ④ 04. ① 05. ②

해설
- 순림은 숲의 현재 상태가 한 가지 수종으로 구성된 것을 말한다.
- 교림은 씨앗(종자)으로부터 기원한 숲이다.
- 왜림은 맹아로부터 기원한 숲이다.
- 중림은 종자로부터 기원한 교림과 맹아로부터 기원한 왜림을 같은 공간에서 동시에 키우는 것이다.

06 엽록소의 주요 구성 성분에 해당하는 무기 영양소는?

① 칼슘　② 칼륨
③ 마그네슘　④ 몰리브덴

해설
- 마그네슘이 엽록소의 핵심 원자이고, 엽록소의 생성에는 철분이 조효소로 작용한다.
- 칼슘은 세포벽의 주성분이다. 이동속도가 느리다.
- 칼륨은 공변세포의 크기를 조절하는 물질이고 이동속도가 빠르다.
- 몰리브덴은 질산을 이용하는 질소대사를 조절하는 물질이다. 부족하면 질소 부족과 비슷한 증상이 나타나며 이동속도가 빠르다.

07 덩굴식물 가운데 조림목에 피해를 가장 많이 주고 제거가 가장 어려운 것은?

① 칡　② 머루
③ 사위질빵　④ 으름덩굴

해설
- 칡은 수관 위를 덮어 광합성을 방해하고 줄기를 감아 성장을 방해한다.
- 사위질빵, 머루, 으름덩굴은 키가 큰 조림목에 방해가 되지 않을 정도로 작게 자란다.

08 택벌 작업 시 고려 사항으로 옳지 않은 것은?

① 하종벌과 후벌 시기
② 주요 임분의 물리적 안정성
③ 상층으로 자랄 임목의 건전성
④ 자체 조절 능력이 가능한 단계적 갱신

해설
- 하종벌과 후벌 시기가 중요한 것은 산벌작업이다.
- 산벌작업은 예비벌-하종벌, 후벌의 과정을 거친다.

09 다음 조건에 따른 파종량은?

- 파종상 실면적 : 500m^2
- 묘목 잔존본수 : 1,000본/m^2
- 1g당 종자평균입수 : 60립
- 순량률 : 0.90
- 발아율 : 0.90
- 묘목 잔존율 : 0.4

① 25.7kg　② 27.2kg
③ 28.7kg　④ 29.2kg

해설 파종량 $= \dfrac{500\times1,000}{60\times0.90\times0.90\times0.4}$

$= 25,720g = 25.7kg$

10 관다발 형성층의 시원세포가 수피 방향으로 분열하여 형성되며, 체내 물질의 이동통로가 되는 것은?

① 물관부　② 체관부
③ 수지구　④ 수피층

해설
① 물관부는 관다발 형성층의 시원세포가 수(pith) 방향으로 분열되어 형성되며, 물의 이동통로가 된다.
③ 수지구는 분비조직의 일종으로 수지(resin)를 분비하는 조직이다.
④ 수피층은 수목 체내 물질의 이동과 관련이 없는 조직이다.

11 우리나라 천연림 보육에서 적용하고 있는 수형급이 아닌 것은?

① 미래목　② 중용목
③ 중립목　④ 방해목

해설
- 천연림 보육에 적용하는 수형급은 미래목, 중용목, 보호복, 방해목으로 분류한다.
- 인공림에 적용하는 수형급은 미래목, 중용목, 보호복, 방해목과 밀도 유지를 위해 남기는 무관목으로 분류한다.

정답 06. ③ 07. ① 08. ① 09. ① 10. ② 11. ③

• 중립목(D)은 덴마크의 활엽수 간벌법에서 형질이 좋은 상층목(B)이 될 가능성이 높은 나무를 말한다.
• 데라사끼의 수관급에서 중립목(중간목)은 자람이 늦지만 피압되지 않은 3급목을 말한다.

12 **소나무과 수종의 개화생리에 대한 설명으로 옳지 않은 것은?**

① 암꽃으로 주로 수관의 상단에 핀다.
② 같은 가지에서 암꽃이 수꽃보다 위쪽에 핀다.
③ 수꽃은 생장이 저조한 끝가지의 기부에 많이 핀다.
④ 수꽃은 화분 비산이 끝나도 계속 가지에 붙어 있다가 가을에 떨어진다.

해설 수꽃은 화분 비산이 끝난 후 5월경이면 모두 떨어진다.

13 **산림 종자의 생리적 휴면을 유지시키는 호르몬은?**

① 옥신(auxin)
② 지베렐린(gibberellin)
③ 사이토키닌(cytokinin)
④ 아브시식산(abscisic acid)

해설 • 옥신과 지베렐린, 사이토키닌은 성장촉진 호르몬이다.
• 아브시스산은 스트레스를 감지하여 휴면을 유지시키고, 가지와 잎의 탈리현상을 촉진하는 호르몬이다.

14 **봄철에 종자가 성숙하는 수종은?**

① *Abies koreana*
② *Pinus densiflora*
③ *Populus davidiana*
④ *Quercus mongolica*

해설 ① *Abies koreana*(구상나무) : 이듬해 가을
② *Pinus densiflora*(소나무) : 이듬해 가을
③ *Populus davidiana*(사시나무) : 당년 봄
④ *Quercus mongolica*(신갈나무) : 당년 가을
• 사시나무, 버드나무, 회양목 등은 개화한 후 3~4개월 만에 종자가 성숙한다.

15 **산림 토양에서 질산화 작용에 대한 설명으로 옳지 않은 것은?**

① 질산화 작용이 거의 일어나지 않아 질소가 NH_4^+ 형태로 존재한다.
② 질산화 작용을 담당하는 박테리아는 중성 토양에서 활동이 왕성하다.
③ 질산화 작용이 억제되더라도 뿌리는 균근의 도움으로 암모늄태질소를 직접 흡수할 수 있다.
④ 질산태질소는 토양 내 산소 공급이 잘될 때 환원되어 N_2 가스나 NOx 화합물 형태로 대기권으로 돌아간다.

해설 질산태질소는 산소가 적은 혐기 상태에서 환원되어 N_2 가스나 NOx 화합물 형태로 대기권으로 돌아간다.

16 **판갈이 작업에 대한 설명으로 옳지 않은 것은?**

① 작업 시기로는 봄이 알맞다.
② 땅이 비옥할수록 판갈이 밀도는 밀식하는 것이 좋다.
③ 지하부와 지상부의 균형이 잘 잡힌 묘목을 양성할 수 있다.
④ 참나무류는 만 2년생이 되어 측근이 발달한 후에 판갈이 작업하는 것이 좋다.

해설 땅이 비옥할수록 성장속도가 빠르므로, 판갈이 밀도는 소식하는 것이 좋다.

정답 12. ④ 13. ④ 14. ③ 15. ④ 16. ②

17 **잣나무에 대한 설명으로 옳지 않은 것은?**

① 심근성 수종이다.
② 잎 뒷면에 흰 기공선을 가지고 있다.
③ 한대성 수종으로 잎이 5개씩 모여난다.
④ 어려서는 음수이고 자라면서 햇빛 요구량이 줄어든다.

해설 어려서는 음수에 속하지만 자라면서 양수성으로 바뀌어 햇빛 요구량이 늘어난다.

18 **임분갱신 방법 및 용어에 대한 설명으로 옳은 것은?**

① 소벌구의 모양은 일반적으로 원형이다.
② 산벌은 임목을 한꺼번에 벌채하는 것이다.
③ 소벌구는 측방 성숙 임분의 영향을 받는다.
④ 모수는 갱신될 임지에 식재목을 공급하기 위한 묘목이다.

해설 ① 소벌구의 모양은 일반적으로 대상(띠 모양)이다. 원형, 다각형, 부정형을 취할 수 있다.
② 산벌은 예비벌-하종벌-후벌의 과정을 거치며, 후벌은 치수의 자람에 따라 점차 임목을 벌채하여 수확하는 갱신 방법이다.
④ 모수는 갱신될 임지에 종자를 공급하기 위한 묘목이다.

19 **묘목 양성에 대한 설명으로 옳은 것은?**

① 밤나무에 흔히 적용하는 접목법은 복접이다.
② 용기묘 양성은 양묘 비용이 많이 들지 않고 특별한 기술이 필요 없다.
③ 발육이 완전하고 조직이 충실하며 측아의 발달이 잘 되어 있는 것이 우량묘의 조건이다.
④ 모식물의 가지를 휘어지게 하여 땅속에 묻어 고정하고 발근하게 하는 방법은 압조법이라 한다.

해설
• ① 밤나무에 흔히 적용하는 접목법은 박접이다. 대목의 껍질을 약간 벗기고 그 사이에 조제한 접수를 끼워 접목한다.
• ② 용기묘 양성은 노지묘에 비해 많이 소요되지만 빠르게 양묘할 수 있다.
• ③ 발육이 완전하고 조직이 충실하며 정아가 잘 발달되어 있는 것이 우량묘의 조건이다.

20 **종자를 습한 상태로 낮은 온도에서 보관하여 휴면을 타파하는 방법은?**

① 추파법　　② 노천매장
③ 2차 휴면　　④ 상처 유도

해설 ① 추파법은 채종한 씨앗을 정선 후 바로 뿌리는 것이며, 채파라고도 한다.
③ 2차 휴면은 발아에 부적합한 외부 환경 때문에 발아하지 않는 휴면이다.
④ 상처 유도는 종피가 기계적으로 딱딱하거나, 불투수성을 가진 경우에 종피에 상처를 내는 휴면 타파 방법이다.

제3과목 임업경영학

21 **육림비 절감방법으로 옳지 않은 것은?**

① 낮은 이자율의 자본을 이용한다.
② 투입한 자본의 회수기간을 짧게 한다.
③ 노임을 절약할 수 있는 방법을 찾는다.
④ 중간 부수입(간벌수입 등)은 최소화한다.

해설 육림비의 분석
• 육림비는 대부분 평정이율로 계산된 이자이기

정답 17. ④ 18. ③ 19. ④ 20. ② 21. ④

때문에 육림비는 이율에 따라 크게 변한다.
- 육림비를 절감하려면 이자를 줄이고, 경비를 절감하며, 투자자금의 회수기간을 단축시켜야 한다.
- 육림비의 대부분이 노임이기 때문에 노임의 효율을 높이면 육림비에서 경비가 절감된다.
- 벌기령을 단축시키고, 임목생육기간 중 가능한 한 많은 부수입을 올리면 투자자금의 회수기간이 단축된다.

22 **다음 중 유동자본으로만 올바르게 나열한 것은?**

가. 묘목	나. 임도
다. 벌목기구	라. 제재소 설치비

① 가 ② 가, 나
③ 나, 다 ④ 가, 다, 라

해설 유동자본의 종류로 종자, 묘목, 약제, 비료가 있다.

23 **연이율이 6%이고 매년 240만 원씩 영구히 순수익을 얻을 수 있는 산림을 3,600만 원에 구입하였을 때의 이익은?**

① 225만 원 ② 400만 원
③ 3,374만 원 ④ 4,000만 원

해설 무한정기이자의 전가계산식 $V=\frac{r}{P}$ →r은 연년 수입 또는 연년 지출

$V=\frac{2,400,000}{0.06}$=40,000,000(원)이므로

40,000,000 - 36,000,000=4,000,000(원)

24 **산림평가에서 임업이율을 높게 평정할 수 없고 오히려 보통이율보다 약간 낮게 평정해야 하는 이유에 해당하지 않는 것은?**

① 산림 소유의 안전성
② 산림 수입의 고소득성
③ 산림관리경영의 간편성
④ 문화 발전에 따른 이율의 저하

해설 임업이율이 낮아야 하는 이유
- 임업은 장기간의 투자를 전제로 하므로 위험성과 불확실성이 크다.
- 임업은 위험과 불확실성이 크기 때문에 이론적으로 임업이율은 높아야 한다.
- 산림경영의 수익성이 낮기 때문에 보통 이율보다 약간 낮게 계산한다는 주장도 있다.
- Endress는 다음과 같은 이유로 임업이율은 낮아야 한다고 설명한다.
  - 재적 및 금원수확의 증가와 산림 재산가치의 등귀
  - 산림 소유의 안정성
  - 산림재산 및 임료수입의 유동성
  - 산림 관리경영의 간편성
  - 생산기간의 장기성
  - 사회발전 및 경제안정에 따른 이율의 하락
  - 기호 및 간접이익의 관점에서 나타나는 산림 소유에 대한 개인적 가치평가

25 **입목의 연년생장량과 평균생장량 간의 관계에 대한 설명으로 옳은 것은?**

① 초기에는 연년생장량이 평균생장량보다 작다.
② 연년생장량이 평균생장량보다 최대점에 늦게 도달한다.
③ 평균생장량이 최대가 될 때 연년생장량과 평균생장량은 같게 된다.
④ 평균생장량이 최대점에 도달한 후에는 연년생장량이 평균생장량보다 크다.

해설 연년생장량과 평균생장량 간의 관계
- 처음에는 연년생장량이 평균생장량보다 크다.
- 연년생장량은 평균생장량보다 빨리 극대점을 갖는다.
- 평균생장량의 극대점에서 두 생장량의 크기는 같다.
- 평균생장량이 극대점에 이르기까지는 연년생장량이 항상 평균생장량보다 크다.
- 평균생장량이 극대점을 지난 후에는 연년생장량이 평균생장량보다 작다.
- 연년생장량이 극대점에 이르는 기간을 유령기, 유령기부터 평균생장량의 극대점까지를 장령

정답 22. ① 23. ② 24. ② 25. ③

기, 그 이후를 노령기로 구분할 수 있다.
- 임목은 평균생장량이 극대점을 이루는 해에 벌채하면 가장 많은 목재를 생산할 수 있다.

26 **임업의 특성에 대한 설명으로 옳지 않은 것은?**

① 임업생산은 노동집약적이다.
② 육성임업과 채취임업이 병존한다.
③ 원목 가격의 구성요소 중 운반비가 차지하는 비율이 가장 낮다.
④ 토지나 기후 조건에 대한 요구도가 타 산업에 비해 상대적으로 낮다.

해설 임업의 특성
- 생산기간이 대단히 길다.
- 토지나 기후조건에 대한 요구도가 낮다.
- 농업에 비하여 자연조건의 영향을 많이 받는다.
- 육성임업과 채취임업이 병존한다.
- 원목가격 구성요소의 대부분이 운반비이다.
- 임업노동은 계절적 제약을 크게 받지 않는다.
- 임업생산은 조방적이다.
- 임업은 공익성이 크므로 제한성이 많다.
- 임지는 넓고 험하며 지대가 높기 때문에 집약적인 작업이 어렵다.
- 임지의 경제적 가치는 산림에 접근할 수 있는 교통의 편의에 따라 결정된다.
- 임지는 매매가 잘 되지 않는 고정 자본이므로 투하 자본의 회수가 어렵다.

27 **임분의 재적을 측정하기 위해 임분의 임목을 모두 조사하는 방법이 아닌 것은?**

① 표본조사법 ② 매목조사법
③ 재적표 이용법 ④ 수확표 이용법

해설 표본조사법
- 표본점을 추출하고, 표본점에 대해 측정하여 전 임분의 재적을 추정한다.
- 표본조사법은 전체 임분 중에서 일부의 구역이나 적은 그루 수를 선발하여 조사한다.
- 표본 조사를 하기 위해 선정되는 구역을 표본점이라 하고, 선정된 입목을 표본목이라 한다.

28 **임목의 가격을 평가하기 위해 조사해야 할 항목으로 가장 거리가 먼 것은? (단, 주벌 수확의 경우임)**

① 재종별 시장가격
② 부산물 소득 정도
③ 조재율 또는 이용률
④ 총재적의 재종별 재적

해설 부산물 소득 정도는 임목의 가격 평가 항목에 포함되지 않는 임산물 소득이다.

29 **다음 조건에 따른 원목의 재적은?**

- 재장 : 4.2m
- 말구직경 : 30cm
- 계산 방법 : 말구직경자승법

① $0.126m^3$ ② $0.378m^3$
③ $1.260m^3$ ④ $3.780m^3$

해설 $V = a^2 \times \ell \times \frac{1}{10,000}\ [m^3]$

$V = (30)^2 \times 4.2 \times \frac{1}{10,000}\ [m^3] = 0.378[m^3]$

또는 $V = a^2 \times \ell\ [m^3] = 0.3^2 \times 4.2 = 0.378[m^3]$

30 **산림구획 시 현지 여건상 불가피한 경우를 제외하고 임반을 구획하는 면적 기준은?**

① 1ha ② 10ha
③ 100ha ④ 500ha

해설 1) 면적 : 가능한 100ha 내외를 구획하고, 현지여건상 불가피한 경우는 조정한다.
2) 구획
- 하천, 능선, 도로 등 자연경계나 도로 등 고정적 시설을 따라 확정한다.
- 사유림은 100ha 미만 1필지 소유산주의 경우는 지번별로 구획한다.
3) 번호 : 임반번호는 아라비아 숫자로 유역 하류에서부터 시계 방향으로 연속하여 부여한다.

정답 26. ③ 27. ① 28. ② 29. ② 30. ③

31 **산림 생산기간에 대한 설명으로 옳지 않은 것은?**

① 회귀년은 택벌작업에 적용되는 용어이다.
② 회귀년의 길이와 연벌구역면적은 정비례한다.
③ 벌채 후 갱신이 지연되는 경우 늦어지는 기간을 갱신기라고 한다.
④ 어떤 임분에서 벌채와 동시에 갱신이 시작되는 경우 윤벌기와 윤벌령은 동일하다.

해설 작업급을 몇 개의 택벌구로 나누어 매년 한 구역씩 택벌하여 일순하고 다시 최초의 택벌구로 벌채가 회귀하는 방법이다. 이렇게 회귀하는 데 필요한 기간을 회귀년 또는 순환기라고 한다. 일반적으로 회귀년이 길어지면 한 번에 벌채되는 재적은 증가하고 짧은 경우에는 감소한다. 회귀년의 길이가 길어지면 연벌채구역면적은 줄어들게 되므로 반비례한다.

32 **임령에 따라 적용한 임목의 평가 방법으로 가장 적합한 것은?**

① 유령림의 임목 : 비용가법
② 중령림의 임목 : 기망가법
③ 벌기 이후의 임목 : Glaser법
④ 벌기 미만 장령림의 임목 : 매매가법

해설 유령림은 임목비용가법, 벌기 미만의 장령림에는 임목기망가법, 중령림에는 임목비용가법과 임목기망가법의 중간적인 Glaser법, 벌기 이상의 임목에는 임목매매가가 적용되는 시장가역산법으로 평가한다.

33 **자본장비도 개념을 임업에 도입할 때 자본효율에 해당하는 것은?**

① 축적 ② 생장량
③ 벌채량 ④ 생장률

해설 자본장비도는 임업자본의 충실도를 나타내는 방법 중의 하나로 자본을 K, 종사자의 수를 N이라고 하면 $\frac{K}{N}$가 자본장비도가 된다. 임업에 도입할 경우 자본장비도는 임목축적, 자본효율은 생장률에 해당한다.

34 **산림조사기간 동안 측정할 수 있는 크기로 생장한 새로운 임목들의 재적을 의미하는 것은?**

① 순변화량 ② 순생장량
③ 총생장량 ④ 진계생장량

해설 진계생장량 : 산림조사기간 동안 측정할 수 있는 크기로 생장한 새로운 임목들의 재적

35 **임지생산능력을 판단 및 결정하는 방법으로 가장 거리가 먼 것은?**

① 직경에 의한 방법
② 지표식물에 의한 방법
③ 환경인자에 의한 방법
④ 지위지수에 의한 방법

해설 임지생산능력을 판단 및 결정하는 방법으로는 지표식물, 지위지수 및 환경인자에 의한 방법이 있다.

36 **산림경영계획 작성 시 임황조사 항목이 아닌 것은?**

① 지위 ② 임상
③ 임종 ④ 소밀도

해설 임황조사는 산림의 상태를 조사하는 것이다. 임황조사에는 임종, 임상, 수종, 혼효율, 임령, 영급, 수고, 경급, 소밀도, 축적 등이 포함된다.

정답 31. ② 32. ① 33. ④ 34. ④ 35. ① 36. ①

37 임가소득에 대한 설명으로 옳지 않은 것은?

① 농업소득도 임가소득에 포함된다.
② 임업 외 소득도 임가소득에 포함된다.
③ 겸업 또는 부업으로 인한 소득은 임가소득에서 제외한다.
④ 임가소득지표로 생산자원의 소유형태가 서로 다른 임가 사이의 임업경영성과를 직접 비교할 수 없다.

해설
- 임업소득 = 임업조수익-임업 경영비
- 임가소득 = 임업소득 + 농업소득 + 농업 이외의 소득
  - 임업 의존도[%] = (임업소득/임가소득) × 100%
  - 임업소득 가계 충족률[%] = (임업소득/가계비) × 100%
  - 임업 소득률[%] = (임업소득/임업조수익) × 100%
  - 자본수익률[%] = (순수익/자본) × 100%

38 임목의 생장량을 측정하는 데 있어서 현실생장량의 분류에 속하지 않는 것은?

① 연년생장량
② 정기생장량
③ 벌기생장량
④ 벌기평균생장량

해설
- 벌기평균생장량은 평균생장량에 속한다.
- 현실생장량 분류 : 연년생장량, 정기생장량, 벌기생장량, 총생장량 등이다.

39 산림 면적이 1,200ha, 윤벌기 40년, 1영급이 10영계일 때 법정영급면적과 법정영계면적을 순서대로 올바르게 나열한 것은?

① 30ha, 100ha　② 30ha, 300ha
③ 300ha, 30ha　④ 300ha, 100ha

해설 $\text{법정영계면적} = \frac{\text{산림면적}}{\text{윤벌기}} = \frac{1,200}{40} = 30(\text{ha})$

$\text{법정영급면적} = \frac{\text{산림면적}}{\text{윤벌기}} \times \text{영계수}$

$= \frac{1,200}{40} \times 10 = 300(\text{ha})$

40 다음 조건에 따라 연수합계법으로 계산된 제3년도 감가상각비는?

- 취득원가 : 5,000만 원
- 폐기할 때 잔존가격 : 500만 원
- 추정 내용연수 : 10년

① 약 360만 원　② 약 6554만 원
③ 약 900만 원　④ 약 1,350만 원

해설 연수합계법
감가상각비=(취득원가-잔존가치)×감가율로 계산
감가율=(내용연수를 역순으로 표시한 수)/(내용연수의 합계)
연수합계법에 의한 감가상각비

$= (50,000,000 - 5,000,000) \times \frac{8}{1+2+3+4+5+6+7+8+9+10}$

$= 45,000,000 \times \frac{8}{55} = 6,545,454.55\text{원}$

분모는 추정 내용연수 1~10까지의 합계인 55가 되고, 분자는 1년차에 10, 2년차에 9, 3년차에 8이 된다.

정답 37. ③ 38. ④ 39. ③ 40. ②

2022년 제1회 기출문제

제1과목 조림학

01 묘목 양성 시 해가림을 해주어야 할 수종으로만 올바르게 나열한 것은?

① 주목, 소나무
② 전나무, 삼나무
③ 밤나무, 은행나무
④ 벚나무, 아까시나무

해설
- 해가림은 지면으로부터 증발을 조정하여 묘상의 건조와 지표온도의 상승을 방지하기 위해 인공적으로 광선을 차단하는 작업이다.
- 잣나무, 주목, 가문비나무, 전나무, 삼나무 등의 음수나 낙엽송의 유묘는 해가림이 필요하다.
- 삼나무는 양수지만 묘목 양성 시에는 해가림 시설을 한다.

02 산림에서 식물군락의 일정한 계절적 변화를 의미하는 것은?

① 식생 교란
② 식생 변이
③ 식생 순화
④ 식생 천이

해설 특정 지역에서 식물군락의 종 조성이 시간에 따라 변화하는 것을 천이라고 한다. 교란은 생태계의 진행천이를 방해하는 사건 등을 말한다.

03 침엽수의 가지치기 작업 방법으로 옳은 것은?

① 줄기와 직각이 되도록 잘라낸다.
② 으뜸가지 이상의 가지를 잘라낸다.
③ 생장 휴지기에 실시하는 것이 좋다.
④ 초두부까지 가지를 잘라내어 통직한 간재를 생산하도록 한다.

해설 가지치기는 침엽수, 활엽수 모두 생장 휴지기에 실시하는 것이 좋다.
① 줄기와 평행이 되도록 잘라낸다.
② 으뜸가지 이하의 가지를 잘라낸다.
④ 역지(으뜸가지) 이하의 가지만 잘라낸다. 초두부까지 가지를 잘라내면 남는 가지가 없어 나무가 자라기 어렵다.

04 대면적 산벌작업의 장점으로 옳지 않은 것은?

① 개벌작업 및 모수작업에 비해 갱신이 더 확실하다.
② 어린 나무가 상하지 않고 적은 비용으로 작업할 수 있다.
③ 우량 임목들을 남겨 갱신되는 임분의 유전적 형질을 개량할 수 있다.
④ 수령이 거의 비슷하고 줄기가 곧은 동령일제림으로 조성할 수 있다.

해설 산벌작업의 후벌과정은 치수(어린 나무)의 자람에 따라서 베는 것이기 때문에 어린 나무가 상할 우려가 있어 세심하게 작업해야 한다.

정답 01. ② 02. ④ 03. ③ 04. ②

05 간벌작업을 병행하여 실시하는 갱신 작업 종은?

① 개벌작업 ② 왜림작업
③ 택벌작업 ④ 모수림작업

해설 수확(갱신)과 솎아베기(간벌)를 동시에 하는 작업을 택벌작업이라고 한다.

06 임목의 생육에 필요한 양분에 대한 설명으로 옳지 않은 것은?

① 황, 철, 붕소는 미량원소에 속한다.
② 침엽수는 활엽수보다 양분 요구도가 낮다.
③ 토양 산도에 따라 무기영양소의 유용성이 달라진다.
④ 성숙 잎이 먼저 황화현상을 나타내는 것은 마그네슘 및 질소의 주요 결핍 증상이다.

해설 무기양분의 종류
① 대량원소 : C, H, O, N, P, K, Ca, Mg, S
- 건중량의 0.1% 이상↑, 미만↓
② 미량원소 : Fe, Cl, Mn, B, Zn, Cu, Mo, Ni
- 건중량의 0.1% 미만↓(체내 함량이 많은 순서)

07 종자를 정선한 후 곧바로 노천매장하는 것이 가장 적합한 수종은?

① *Alnus japonica*
② *Pinus koraiensis*
③ *Quercus acutissima*
④ *Robina psudoacasia*

해설 ① *Alnus japonica* : 오리나무
② *Pinus koraiensis* : 잣나무
③ *Quercus acutissima* : 상수리나무
④ *Robina psudoacasia* : 아까시나무
• 종자를 채집, 정선하여 일찍 노천매장을 해야 할 수종 : 들메나무, 단풍나무류, 벚나무류, 은행나무, 잣나무, 백송, 호두나무, 가래나무, 느티나무, 백합나무, 목련 종류 등

08 산림토양에서 집적층에 해당되는 층은?

① A층 ② B층
③ C층 ④ O층

해설 ① A층 : 용탈(세탈)층
② B층 : 집적층
③ C층 : 모재층
④ O층 : 유기물층

09 무성번식에 대한 설명으로 옳지 않은 것은?

① 초기생장 및 개화, 결실이 빠르다.
② 실생번식에 비해 기술이 필요하다.
③ 번식 방법으로는 삽목, 접목, 취목 등이 있다.
④ 모수와는 다른 다양한 후계 양성이 가능하다.

해설 무성번식은 모수와 완전히 같은 유전자를 지니게 된다.

10 종자의 활력을 검정하는 방법으로 옳지 않은 것은?

① 절단법 ② 환원법
③ 양건법 ④ X선 분석법

해설 양건법은 종자를 햇빛에 말리는 방법으로 종자 활력 검정 방법이 아니다.

11 우리나라의 소나무 중에서 수고가 높고, 줄기가 곧으며, 수관이 가늘고 좁고, 지하고가 높은 특성을 보이는 지역형은?

① 금강형 ② 안강형
③ 위봉형 ④ 중남부평지형

해설 • 동북형 : 줄기가 곧고 수관은 난형(계란형)이며 지하고가 짧다.
• 금강형 : 줄기가 곧고 수관이 가늘고 좁으며 지하고가 길다.
• 중남부 평지형 : 줄기가 굽고 수관이 천박하고 넓게 퍼지며 지하고가 길다.

정답 05. ③ 06. ① 07. ② 08. ② 09. ④ 10. ③ 11. ①

• 위봉형 : 50년생까지는 전나무의 모양을 닮았다. 그 이후는 수관이 확대되고 줄기의 신장생장이 늦어진다.
• 안강형 : 줄기가 매우 굽고, 수관이 천박하여 정부는 거의 수평에 가까우며 노목이 없다.
• 중남부 고지형 : 금강형과 중남부 평지형의 중간형으로서 지고, 방위, 기후에 따라 때로는 금강형에, 때로는 중남부 평지형에 가까워진다.

12 다음 조건에 따른 파종량은?

• 파종상 면적 : 500m^2
• 묘목 잔존본수 : 600본/m^2
• 1g당 평균입수 : 99입
• 순량률 : 95%
• 발아율 : 90%
• 묘목잔존율 : 30%

① 약 11.8kg ② 약 12.3kg
③ 약 31.6kg ④ 약 37.3kg

해설 $\frac{500\times600}{99\times0.95\times0.9\times0.3}=11.814[g]\fallingdotseq11.8[kg]$

13 침엽수에 해당하는 수종은?

① *Abies koreana*
② *Bentula platyphylla*
③ *Quercus mongolica*
④ *Cornus controversa*

해설 ① *Abies koreana* : 전나무
② *Bentula platyphylla* : 자작나무, 활엽수
③ *Quercus mongolica* : 신갈나무, 활엽수
④ *Cornus controversa* : 층층나무, 활엽수

14 주로 종자에 의해 양성된 묘목으로 높은 수고를 가지면 성숙해서 열매를 맺게 되는 숲은?

① 왜림 ② 중림
③ 죽림 ④ 교림

해설 ① 왜림 : 맹아에 의해 형성된 키가 작은 숲
② 중림 : 하층은 왜림, 상층은 교림으로 구성된 숲
③ 죽림 : 대나무 숲

15 다음 설명에 해당하는 개벌 방법은?

• 대상 임지가 기복이 심하고 임상이 불규칙하거나 소면적 내에서도 입지 차이가 심한 곳에 적합하다.
• 풍설해 및 병충해 등으로 임관이 소개되어 있는 곳이나 치수가 이미 발생하여 생육을 하고 있는 곳을 우선하여 실시하면 좋다.

① 군상개벌 ② 대면적개벌
③ 연속대상개벌 ④ 교호대상개벌

해설 군상개벌은 대체로 소면적인 곳에 실시한다.

16 너도밤나무가 자연적으로 분포하고 있는 곳은?

① 홍도 ② 제주도
③ 강화도 ④ 울릉도

해설 너도밤나무의 자연 군락은 우리나라에서는 울릉도에만 있다.

17 일반적으로 수목의 광합성에 유효한 광파장 영역은?

① 0~200nm ② 200~400nm
③ 400~700nm ④ 700~1000nm

해설 식물은 주로 가시광선 대역에서 광합성을 한다.

정답 12. ① 13. ① 14. ④ 15. ① 16. ④ 17. ③

18 풀베기 작업에 대한 설명으로 옳은 것은?

① 여름철보다 겨울철에 실시한다.
② 모두베기할 경우 조림목이 피압될 염려가 없다.
③ 모두베기보다 둘레베기는 노동력이 많이 필요하다.
④ 조림목이 양수 수종인 경우 노동력이 더 많이 필요하다.

해설 ① 풀베기는 여름철인 5~8월에 실시한다.
③ 둘레베기는 풀베기 면적이 적으므로 노동력도 적게 필요하다.
④ 조림목이 양수 수종인 경우 노동력이 더 많이 필요하다.

19 어린 나무 가꾸기 작업에 대한 설명으로 옳은 것은?

① 병해충의 피해를 받은 임목만 벌채하는 것이다.
② 임분의 수직구조를 개선하기 위해 실시한다.
③ 목적 이외의 수종이나 형질이 불량한 임목을 제거하는 것이다.
④ 생육공간 확보를 위한 경쟁과정에서 생육공간 조절을 위하여 벌채하는 것이다.

해설 ① 어린 나무 가꾸기는 주로 침입 수종을 제거하는 것이지만, 침입 수종이 잘 자라면 조림 수종을 제거하기도 한다. 병해충의 피해를 받은 임목만 벌채하는 것을 구제벌이라고 한다.
② 임분의 수직구조를 개선하기 위해 실시하는 것은 솎아베기 작업이다. 어린 나무 가꾸기는 높이가 비슷한 어린 나무 중 일부를 제거하는 작업이므로 수평구조를 개선한다고 볼 수 있다.
④ 생육공간 확보를 위한 경쟁과정에서 생육공간 조절을 위하여 벌채하는 것을 솎아베기(간벌)라고 한다.

20 포플러류 등 건조에 약한 종자를 통풍이 잘되는 옥내에 펴서 건조시키는 방법은?

① 인공건조법 ② 양광건조법
③ 자연건조법 ④ 반음건조법

해설 ① 인공건조법은 건조할 종자의 양이 많을 때 건조기를 이용해 건조하는 방법이다.
② 양광건조법은 햇빛이 잘 드는 곳에 구과를 얇게 펴서 말리는 방법이다. 소나무, 회양목, 낙엽송, 전나무 등에 사용한다.
④ 반음건조법은 오리나무류, 포플러나무류, 편백, 참나무류, 밤나무 등에 사용한다.

제3과목 임업경영학

21 묘목을 심어 성림 하기까지 지출되는 비용에 해당하는 항목은?

① 지대 ② 조림비
③ 채취비 ④ 관리비

해설
• 지대 : 직접 지출되는 비용은 아니며 지가에 이윤을 곱해서 산출한다.
• 조림비 : 채취비를 제외한 모든 육림적 경비
• 채취비 : 주산물, 부산물을 수확하여 제품화하는 데 소요되는 비용
• 관리비 : 조림비와 채취비를 제외한 모든 경비

22 입목직경을 수고의 1/n 되는 곳의 직경과 같게 하여 정한 형수는?

① 정형수 ② 수고형수
③ 절대형수 ④ 흉고형수

해설 비교원주의 측정 위치에 따른 형수의 구분
• 부정형수 : 1.2m 높이에서 직경을 측정한다. 흉고형수라고도 한다.
• 정형수 : 나무 높이의 1/10 또는 1/20의 위치에서 직경을 측정한다.
• 절대형수 : 임목의 최하부에서 직경을 측정한다.

정답 18. ② 19. ③ 20. ④ 21. ② 22. ①

23 임업의 경제적 특성으로 옳지 않은 것은?

① 임업생산은 조방적이다.
② 자연조건의 영향을 많이 받는다.
③ 육성임업과 채취임업이 병존한다.
④ 원목 가격의 구성요소 대부분이 운반비이다.

해설 자연조건의 영향을 많이 받는 것은 기술적 특성이다.

24 원가계산을 위한 원가비교 방법으로 옳지 않은 것은?

① 기간비교 ② 상호비교
③ 표준실제비교 ④ 수익비용비교

해설
- 원가계산을 위한 원가비교 방법으로 기간비교, 상호비교, 표준실제비교가 있다.
- 원가는 제품 생산에 사용된 비용이므로 원가계산에서는 수익을 비교하지 않는다.

25 임업기계의 감가상각비(D)를 정액법으로 구하는 공식으로 옳은 것은? (단, P : 기계 구입가격, S : 기계 폐기 시의 잔존가치, N : 기계의 수명)

① D=(P−S)/N ② D=(S−P)/N
③ D=N/(S−P) ④ D=N/(P−S)

해설 감가상각 대상 금액은 자산의 취득가액인 P에서 자산의 잔존가치인 N을 차감한 금액인 (P-N)이 되고, 내용 연수인 기계의 수명 N으로 나누어 주면 매년 일정한 감가상각 금액을 구할 수 있다.

26 임목축적이 2010년 150m³, 2020년 220m³일 때 단리에 의한 생장률은?

① −4.7% ② −3.2%
③ +3.2% ④ +4.7%

해설 $\frac{220[\times^3]-150[m^3]}{150[m^3]}\times 100[\%]/10[년]$

$=4.6666[\%] \fallingdotseq 4.7[\%]$

27 산림평가에서 전가계산식에 사용되는 요소가 아닌 것은?

① 환원율 ② 할인율
③ 전가계수 ④ 현재가계수

해설 $V=\frac{N}{(1+P)^n}$에서 $\frac{1}{(1+P)^n}$을 전가계수, P는 할인율이다. 현재가계수라고 한다.

28 유형고정자산의 감가 중에서 기능적 요인에 의한 감가에 해당되지 않는 것은?

① 부적응에 의한 감가
② 진부화에 의한 감가
③ 경제적 요인에 의한 감가
④ 마찰 및 부식에 의한 감가

해설 감가상각 요인

물리적 감가	• 사용 및 시간 경과에 의한 가치 감소분 • 부패, 마찰, 부식 등 기타 요인에 의해 감소
기능적 감가	• 시장변화, 공장 이전 등 부적응 감가 • 기술적 진보에 의한 감모분 등 진부화 감가

29 임목을 평가하는 방법에 대한 설명으로 옳은 것은?

① 유령림은 임목기망가로 평가한다.
② 장령림은 임목비용가로 평가한다.
③ 벌기 이상의 성숙림은 시장가역산법으로 평가한다.
④ 식재 직후의 임분은 원가수익절충법으로 평가한다.

해설
① 유령림은 원가 방식으로 평가한다. 기망가는 장령림의 평가 방법이다.
② 식재 후 어느 정도 기간이 지난 유령림을 임목비용가로 평가한다.
④ 식재 직후의 임분은 원가법으로 평가한다. 원가수익절충법은 중령림을 평가하는 방법이다.

정답 23. ② 24. ④ 25. ① 26. ④ 27. ① 28. ④ 29. ③

30 자연휴양림 조성계획에 포함되는 사항이 아닌 것은?

① 산림경영계획
② 조성 기간 및 연도별 투자계획
③ 시설물의 종류 및 규모가 표시된 시설계획
④ 축척 1:1000 임야도가 포함된 시설물 종합배치도

해설 시설물종합배치도(축척 6천분의1 이상 1천200분의1 이하 임야도)
산림문화휴양에 관한 법률 시행규칙 제14조(자연휴양림조성계획의 작성 등) ① 법 제14조 제1항 및 제2항에 따른 휴양시설 및 숲 가꾸기 등의 조성계획(이하 "자연휴양림조성계획"이라 한다)에는 다음 각 호의 사항이 포함되어야 한다.
1. 시설물(도로를 포함한다)의 종류 · 규모 등이 표시된 시설계획
2. 시설물종합배치도(축척 6천분의1 이상 1천200분의1 이하 임야도)
3. 조성 기간 및 연도별 투자계획
4. 자연휴양림의 관리 및 운영 방법
5. 산림경영계획

31 각 계급의 흉고단면적 합계를 동일하게 하여 표준목을 선정한 후 전체 제적을 추정하는 방법은?

① 단급법
② Urich법
③ Hartig법
④ Draudt법

해설

표준목법	표준목 선정 방법
단급법	1임분 1표준목
Draudt법	1직경급 1표준목
Urich법	1본수계급당 1표준목
Hartig법	1단면적급 1표준목

32 다음 조건에 따라 Hundeshagen 이용률법으로 계산한 연간 벌채량은?

- 현실 축적 : 280m^3
- 임분 수확표 축적 : 250m^3
- 연간 생장량 : 10m^3

① 8.2m^3 ② 8.9m^3
③ 11.2m^3 ④ 11.5m^3

해설 $V = 280 \times \frac{10}{250} = 11.2[m^3]$

33 산림에서 임목을 벌채하여 제재목을 생산할 때 부수적으로 톱밥이 생산되는데, 이러한 두 가지 생산물의 관계를 뭐라고 하는가?

① 결합생산 ② 경합생산
③ 보완생산 ④ 보합생산

해설 결합생산은 하나의 생산과정에서 두 종류 이상의 물품을 생산하는 것을 말한다.

34 법정림의 춘계축적이 900m^3, 추계축적이 1,100m^3이라 할 때 법정축적(m^3)은?

① 200 ② 1000
③ 1100 ④ 2000

해설 법정축적$= \frac{1,100 - 900}{2} = 1,000[m^2]$

35 임업소득을 계산하는 방법으로 옳은 것은?

① 자본에 귀속하는 소득=임업순수익−(지대+자본이자)
② 가족노동에 귀속하는 소득=임업소득−(지대+자본이자)
③ 임지에 귀속하는 소득=임업소득−(지대+가족노임추정액)
④ 경영관리에 귀속하는 소득=임업소득−(지대+가족노임추정액)

정답 30. ④ 31. ③ 32. ③ 33. ① 34. ② 35. ②

해설 임업소득은 임산물의 생산과 판매를 통해 임가가 얻는 소득으로서 임업조수입에서 임업경영비를 빼면 구할 수 있다.

① 자본에 귀속하는 소득=임업소득-(지대+가족노임추정액)

③ 임지에 귀속하는 소득=임업소득-(자본이자+가족노임추정액)

④ 경영관리에 귀속하는 소득=임업순수익-(지대+가족노임추정액)

36 다음 조건에 따라 후버(Huber)식에 의해 구한 원목 재적은?

- 원구 단면적 : $0.03m^2$
- 중앙 단면적 : $0.025m^2$
- 말구 단면적 : $0.018m^2$
- 재장 : 15m

① $0.225m^3$ ② $0.360m^3$
③ $0.375m^3$ ④ $0.450m^3$

해설 $0.025m^2 \times 15m = 0.375m^3$

37 임분 밀도의 척도에 해당하지 않는 것은?

① 입목도 ② 지위지수
③ 흉고단면적 ④ 상대공간지수

해설 단위 면적당 임목본수, 재적, 흉고(가슴 높이) 단면적, 상대밀도, 임분밀도지수, 상대임분밀도, 수관경쟁인자, 상대공간지수 등이 임분밀도의 척도로 사용된다.

38 산림경영 패턴이 영구히 반복된다는 것을 가정한 임지의 평가 방법은?

① 비용가법 ② 환원가법
③ 매매가법 ④ 기망가법

해설
- 임지에서 장래 기대되는 순수익(純收益)의 현재가(전가) 합계로 계산한 가격을 토지기망가(soil expectation value)라고 한다.
- 토지기망가는 해당 입지에 일정한 시업을 영구적으로 실시한다고 가정할 때, 그 토지에서 기대되는 순수확의 현재가 합계액이다.

39 수간석해를 할 때 반경은 보통 몇 년 단위로 측정하는가?

① 1년 ② 3년
③ 5년 ④ 10년

해설
- 단면의 반경은 5년마다 측정하며, 수에서부터 5의 배수가 되는 연륜까지 측정한다.
- 반경은 4방향을 측정한 후 평균하여 구한다.
- 반경의 측정 방향을 결정하는 방법은 심각등분법, 원주등분법, 절충법 세 가지가 있다.

40 임목축적에서 생장에 따른 분류가 아닌 것은?

① 정기생장 ② 재적생장
③ 형질생장 ④ 등귀생장

해설
- 정기생장은 기간에 따른 분류에 해당한다.
- 재적생장 : 일정 기간 동안 임목의 부피 증가량
- 형질생장 : 임목의 형질 향상으로 생기는 가격의 증가분
- 등귀생장 : 시장가격의 상승이나 생산원가의 절감으로 생기는 임목 가치의 상승분

정답 36. ③ 37. ② 38. ④ 39. ③ 40. ①

산림기사 필기

2022년 제2회 기출문제

제1과목 조림학

01 순림과 혼효림에 대한 설명으로 옳지 않은 것은?

① 순림은 산림작업과 경영이 간편하고 경제적으로 수행될 수 있다.
② 순림은 혼효림보다 유기물의 분해가 더 빨라져 무기양료의 순환이 더 잘 된다.
③ 혼효림은 인공적으로 조성하기에는 기술적으로 복잡하고 보호관리에 많은 경비가 소요된다.
④ 혼효림은 심근성과 천근성 수종이 혼생할 때 바람 저항성이 증가하고 토양단면 공간 이용이 효과적이다.

해설
- 혼효림의 유기물 분해가 더 빠르다.
- 활엽수림 내의 소나무류가 목재부후균에 대한 저항력이 크다.
- 침엽수 순림은 유기물의 분해가 혼효림보다 느리다.

02 곰솔에 대한 설명으로 옳지 않은 것은?

① 수피는 흑갈색이다.
② 소나무과 수종이다.
③ 겨울눈은 붉은색이다.
④ 해안 지역에 주로 분포한다.

해설 곰솔의 겨울눈은 회백색, 소나무는 적갈색이다.

03 덩굴 제거 방법으로 옳지 않은 것은?

① 덩굴의 줄기를 제거하거나 뿌리를 굴취한다.
② 디캄바 액제는 비선택성 제초제로 일반적인 덩굴에 적용한다.
③ 주로 칡, 다래, 머루 같은 덩굴류가 무성한 지역을 대상으로 한다.
④ 글라신 액제를 이용한 덩굴 제거에서는 도포보다는 주로 주입 방법을 이용한다.

해설
- 디캄바는 칡, 아까시나무 등 콩과식물을 비롯한 광엽잡초에 사용하는 선택성 제초제다.
- 이행성제초제는 식물의 체내에서 다른 곳으로 이동하는 것을 말하고, 선택성은 제초의 효과가 특정한 식물에만 작용하는 것을 말한다.
- 디캄바는 약해가 있어 2~3월과 10~11월에 사용한다.
- 글라신은 일반적인 덩굴류에 적용하는 비선택성 제초제다.

04 밤, 도토리 등 함수량이 많은 전분 종자를 추운 겨울 동안 동결하지 않고 부패하지 않도록 저장하는 방법으로 가장 적합한 것은?

① 노천매장법 ② 보호저장법
③ 상온저장법 ④ 저온저장법

해설
- 밤, 도토리, 칠엽수 등 전분질 종자는 보호저장법으로 저장한다.
- 콩류처럼 혁질의 종피로 싸여있는 종자는 상온저장법을 사용한다.

정답 01. ② 02. ③ 03. ② 04. ②

05 **작업종을 분류하는 기준으로 가장 거리가 먼 것은? (단, 대나무는 제외)**

① 벌채 종류 ② 벌구 크기
③ 벌채 위치 ④ 벌구 모양

해설
- 작업종은 갱신 및 벌채과정으로 생산 방법을 분류한 것이다.
- 산림작업종은 목표재의 크기, 벌채 방법(갱신 방법, 벌채종), 벌채면(갱신면, 작업지)의 광협(면적의 대소) 및 형상, 임분의 기원 등에 따라 작업종을 분류한다.

06 **산림 토양에서 부식에 대한 설명으로 옳지 않은 것은?**

① 토양의 입단구조를 형성하게 한다.
② 임상 내 H층에 해당되며 유기물이 많이 함유되어 있다.
③ 토양 미생물의 생육에 필요한 영양분으로 사용 가능하다.
④ 칼슘, 마그네슘, 칼륨 등 염기를 흡착하는 능력인 염기치환용량이 작다.

해설 토양의 부식은 점토와 함께 CEC(양이온치환용량)를 크게 한다.

07 **묘목의 굴취를 용이하게 하고 묘목의 생장을 조절하기 위해 실시하는 작업은?**

① 심경 ② 관수
③ 단근 ④ 철선 감기

해설 단근작업은 묘상의 묘목을 이식하기 전에 뿌리를 잘라주는 작업이다. 굴취를 쉽게 하고 잔뿌리의 발생을 촉진하는 효과가 있다.

08 **음수 갱신에 가장 불리한 작업 방법은?**

① 산벌작업
② 택벌작업
③ 이단림작업
④ 모수림작업

해설 모수림작업은 양수의 갱신에 사용한다. 어린 나무 시기에 해가림이 필요한 음수의 갱신에는 불리하다.

09 **비료의 당도가 너무 높아 묘목이 말라죽는 경우에 토양과 묘목의 수분 퍼텐셜(Ψ)의 관계로 옳은 것은?**

① $\Psi_{토양} > \Psi_{묘목}$ ② $\Psi_{토양} = \Psi_{묘목}$

③ $\Psi_{토양} < \Psi_{묘목}$ ④ $\Psi_{토양} \propto \Psi_{묘목}$

해설 퍼텐셜은 부의 값[-]에 해당하는 힘이고 퍼텐셜이 작은 곳으로 수분이 이동한다. 묘목의 퍼텐셜이 토양의 퍼텐셜보다 큰 ③번의 경우에는 묘목이 수분을 흡수하지 못해 말라죽는다.

10 **우량한 침엽수 묘목에 대한 설명으로 옳지 않은 것은?**

① 측아가 정아보다 우세하다.
② 왕성한 수세를 지니며 조직이 단단하다.
③ 균근이나 공생미생물이 충분히 부착되어 있다.
④ 근계가 충실하며 뿌리가 사방으로 균형 있게 발달한다.

해설 침엽수의 수관은 일반적으로 원추형이고 원추형 수관은 정아우세현상에 의해 나타난다. 정아우세가 나타나는 수목의 생장형은 유한생장이다.

11 **임목 종자에 대한 설명으로 옳지 않은 것은?**

① 리기다소나무 종자의 산지는 미국의 동부지역이다.
② 상수리나무 종자는 보습 저장하여 활력을 유지시킨다.
③ 발아율이 80%이고, 순량율이 70%인 종자의 효율은 56%이다.
④ 박태기나무, 아까시나무 종자 탈종에 가장 적합한 방법은 부숙마찰법이다.

정답 05. ③ 06. ④ 07. ③ 08. ④ 09. ③ 10. ① 11. ④

해설 부숙마찰은 잣나무와 은행나무 등에 사용한다. 박태기나무, 아까시나무 등 콩과식물의 협과와 오리나무의 열매 등을 막대기로 가볍게 두들겨 주는 방법은 건조봉타법이다.

12 **수목에 필요한 무기영양원으로 필수 원소가 아닌 것은?**

① 철 ② 질소
③ 망간 ④ 알루미늄

해설
- 알루미늄은 토양 속에 많은 성분이지만 필수원소에 해당하지는 않는다.
- 질소는 대량원소, 철과 망간은 미량원소에 속한다.

13 **파종 후 발아 과정에서 해가림이 필요한 수종은?**

① *Zelkova serrata*
② *Picea jezoensis*
③ *Robinia pseudoacacia*
④ *Fraxinus rhynchophylla*

해설
- 해가림 수종(낙엽송, 삼나무, 편백, 잣나무, 전나무, 가문비나무)
- 가문비나무는 파종 1개월 전 노천매장이 필요하고, 식재 후 13~15년에 첫 번째 제벌을 실시한다.

14 **식재 밀도에 따른 임목의 형질과 생산량에 대한 설명으로 옳은 것은? (단, 수종과 연령 및 입지는 동일함)**

① 고밀도일수록 연륜폭은 좁아진다.
② 고밀도일수록 지하고는 낮아진다.
③ 고밀도일수록 단목의 평균 간재적은 커진다.
④ 임목밀도에 따라 상층목의 평균수고가 달라진다.

해설 ② 고밀도일수록 자연낙지가 촉진되어 지하고는 높아진다.
③ 고밀도일수록 단목의 평균 간재적은 작아진다.
④ 임목밀도는 달라져도 상층목의 평균수고는 비슷하다.

15 **광합성 색소인 카로테노이드(carotenoids)에 대한 설명으로 옳지 않은 것은?**

① 노란색, 오렌지색, 빨간색 등을 나타내는 색소이다.
② 광도가 높을 경우 광산화작용에 의한 엽록소의 파괴를 방지한다.
③ 수목 내에 있는 색소 중에서 광질에 반응을 나타내며 광주기 현상과 관련된다.
④ 엽록소를 보조하여 햇빛을 흡수함으로써 광합성 시 보조색소 역할을 담당한다.

해설 광주기현상과 관계된 수목의 색소단백질은 피토크롬이다. 660nm의 흡수극대를 가지는 적색광흡수형(Pr)과 730nm의 흡수극대를 가지는 근적외선 흡수형(Pfr)이 있다.

16 **왜림작업으로 갱신하기 가장 부적합한 수종은?**

① 잣나무 ② 오리나무
③ 신갈나무 ④ 물푸레나무

해설
- 왜림은 맹아에 의해 갱신되는 숲이다.
- 잣나무는 맹아력이 약하기 때문에 왜림갱신에 부적합하다.
- 왜림작업은 참나무, 오리나무, 단풍나무, 물푸레나무, 서어나무, 아까시나무, 자작나무, 느릅나무, 너도밤나무 등의 수종에 적용할 수 있다.

정답 12. ④ 13. ② 14. ① 15. ③ 16. ①

17 참나무류 줄기에서 수액 상승 속도가 다른 수종에 비해 빠른 이유는?

① 뿌리가 심근성이기 때문이다.
② 도관의 지름이 크기 때문이다.
③ 심재가 잘 형성되기 때문이다.
④ 잎의 앞면과 뒷면에 모두 기공이 있기 때문이다.

해설 줄기에서 수액의 상승은 도관을 통해서 이루어진다.

18 어린 나무 가꾸기 작업에 대한 설명으로 옳은 것은?

① 주로 6~9월에 실시하는 것이 좋다.
② 숲 가꾸기 과정에서 한 번만 실시한다.
③ 간벌 이후에 불량목을 제거하기 위해 실시한다.
④ 산림경영 과정에서 중간 수입을 위해서 실시한다.

해설 ② 숲 가꾸기 과정에서 목적이 달성될 때까지 실시한다.
③ 간벌 이전에 불량목을 제거하기 위해 실시한다.
④ 어린 나무 가꾸기에서 제거되는 나무는 목재로 사용하기 어렵기 때문에 중간 수입을 기대하기 어렵다.

19 종자가 성숙하고 산포하는 시기가 개화 당년 봄철인 수종은?

① *Populus nigra*
② *Taxus cuspidata*
③ *Torreya nucifera*
④ *Machilus thunbergii*

해설 ① *Populus nigra* : 양버드나무(포플러) 당년 개화 당년 봄 성숙 및 산포
② *Taxus cuspidata* : 주목, 당년 가을 성숙
③ *Torreya nucifera* : 비자나무, 4월 개화 이듬해 가을 성숙
④ *Machilus thunbergii* : 후박나무, 5~6월 개화 이듬해 7월 성숙

20 수목이 외부 환경으로부터 받은 스트레스를 감지하는 역할을 수행하는 호르몬은?

① 옥신 ② 지베렐린
③ 사이토키닌 ④ 에브시스산

해설 옥신, 지베렐린, 사이토키닌은 성장에 관여하는 호르몬이다.

제3과목 임업경영학

21 산림경영계획에서 임종 구분으로 옳은 것은?

① 임반, 소반
② 천연림, 인공림
③ 입목지, 무립목지
④ 침엽수림, 활엽수림, 혼효림

해설
- 임종 : 천연림, 인공림
- 임상 : 침엽수림, 활엽수림, 혼효림
- 지종 : 입목지, 무립목지(미립목지, 제지, 법정제한지)
- 산림의 구획 : 임반과 소반

22 다음 조건에서 정액법에 의한 임업기계의 연간 감가상각비는?

- 내용연수 : 50년
- 취득 비용 : 5,000만 원
- 폐기할 때 잔존가치 : 1,000만 원

① 50만 원 ② 80만 원
③ 100만 원 ④ 160만 원

해설 $\frac{5{,}000-1{.}000}{50} = 80$

정액법에 의한 연간감가상각비는 취득비용에서 잔존가치를 뺀 감가상각대상액을 내용연수로 나누어 구한다.

정답 17. ② 18. ① 19. ① 20. ④ 21. ② 22. ②

23 **현재의 가치가 10,000원인 임목을 이자율 4%로 4년 동안 임지에 존치하였다면 4년 동안의 임목가치 증가액은?**

① 약 1,700원
② 약 2,700원
③ 약 10,000원
④ 약 11,700원

해설 복리산 : 10,000×$(1.04)^4$=11,698.59[원]
11,700-10,000=1,700원
단리산 : (10,000×0.04)×4=1,600[원]

24 **국유림 경영의 목표에서 다섯 가지 주목표에 해당되지 않는 것은?**

① 보호기능 ② 고용기능
③ 경영수지 개선 ④ 국제협력 강화

해설 국유림경영의 주목표는 보호기능, 임산물생산기능, 휴양 및 문화기능, 고용기능, 경영수지 개선이다.

25 **평균생장량과 연년생장량 간의 관계에 대한 설명으로 옳은 것은?**

① 초기에는 평균생장량이 연년생장량보다 크다.
② 평균생장량이 연년생장량에 비해 최대점에 빨리 도달한다.
③ 평균생장량이 최대일 때 연년생장량과 평균생장량은 같게 된다.
④ 평균생장량이 최대점에 이르기까지는 연년생장량이 평균생장량보다 항상 작다.

해설 ① 초기에는 연년생장량이 평균생장량보다 크다.
② 연년생장량이 평균생장량에 비해 최대점에 빨리 도달한다.
④ 평균생장량이 최대점에 이르기까지는 연년생장량이 평균생장량보다 항상 크다.

26 **자본장비도에 대한 설명으로 옳은 것은?**

① 노동생산성은 자본장비도와 자본효율에 의해 결정된다.
② 다른 요소에 변화가 없다고 할 때 자본이 많아지면 자본효율은 커진다.
③ 자본액 중에서 유동자본을 포함한 고정자본을 종사자로 나눈 것이다.
④ 다른 요소에 변화가 없다고 할 때, 자본이 많아지면 자본장비도는 작아진다.

해설 • 자본장비도는 임업자본의 충실도를 나타내는 방법 중의 하나다.
• 자본을 K, 종사자의 수를 N이라고 하면 K/N가 자본장비도가 된다.

$$\frac{Y}{N} = \frac{K}{N} \times \frac{Y}{K}$$

② Y/K가 자본의 효율이므로 분모인 자본 K가 커지면, 자본효율은 작아진다.
③ 임업에서의 자본장비도는 자본액 중에서 유동자본과 토지를 제외한 고정자본으로 계산한다.
④ 다른 요소에 변화가 없다고 할 때, 자본이 많아지면 자본장비도는 커진다.

27 **유동자본으로만 올바르게 짝지은 것은?**

① 임도, 임업기계
② 묘목, 임업기계
③ 임도, 미처분 임산
④ 묘목, 미처분 임산물

해설 • 고정자본재 : 건물, 기계, 운반시설, 제재설비, 임도, 임목 등
• 유동자본재 : 종자, 묘목, 약재, 비료 등

28 **임업조수익의 구성요소에 해당하는 것은?**

① 감가상각액
② 임업 현금지출
③ 미처분 임산물 증감액
④ 농업생산자재 재고 증감액

정답 23. ① 24. ④ 25. ③ 26. ① 27. ④ 28. ③

해설 임업 조수익=임업 현금수입+임업 생산물 가계소비액+미처분 임산물 증가액+임업 생산 자재 재고 증가액+임목 성장액

29 **다음 조건에 따른 시장가역산법에 의한 소나무 원목의 임목가는?**

- 시장 도매가격 : 100,000원/m^3
- 벌채 운반비용 : 60,000원/m^3
- 벌목작업 기간 : 3개월
- 월이율 : 2%
- 기업이익률 : 10%
- 조재율 : 80%

① 약 210원/m^3
② 약 2,100원/m^3
③ 약 20,970원/m^3
④ 약 209,660원/m^3

해설 $0.8 \times \left(\frac{0100,000}{1+3\times0.02+0.1} - 60,000 \right)$
$= 20,965.51$[원]

30 **임지기망가의 크기에 영향을 주는 인자에 대한 설명으로 옳지 않은 것은?**

① 이율이 높으면 높을수록 임지기망가는 커진다.
② 조림비와 관리비의 값은 (−)이므로 이 값이 클수록 임지기망가는 작아진다.
③ 주벌수익과 간벌수익의 값은 (+)이므로 이 값이 클수록 임지기망가는 커진다.
④ 벌기령이 높아지면 임지기망가는 처음에는 증가하다가 어느 시기에 최대에 도달하고, 그 후부터는 점차 감소한다.

해설

임지기망가	임목기망가
• 이율이 높으면 임지기망가의 최댓값 도달시기가 빨리 온다.	• 이율이 높으면 임목기망가는 작아진다.
• 수익이 커지면 최댓값 도달시기가 빨라진다. • 비용이 커지면 최댓값 도달시기가 늦어진다.	• 수익이 커지면 기망가는 커진다. • 비용이 커지면 기망가는 작아진다.

31 **산림수확 조절 방법 중 면적평분법을 적용할 수 없는 작업종은?**

① 복벌　② 재벌
③ 개벌　④ 택벌

해설 • 평분법은 개벌에 적용할 수 있고, 택벌에는 적용할 수 없다.
• 이미 벌채한 과숙한 임분을 다시 1분기에 벌채하는 것을 복벌(double cutting) 또는 재벌이라 하며, 개벌에 적용한다.

32 **다음 설명에 해당하는 평가 방법은?**

투자 효율을 측정할 때 현재가가 0보다 크면 투자할 가치가 있다.

① 회수기간법
② 순현재가치법
③ 수익비용률법
④ 투자이익률법

해설 • 지문에 현재가치가 언급되어 있다.
① 회수기간법 : 투자금이 빨리 회수되는 투자안을 선택한다.
③ 수익비용률법 : 수익의 현재가를 비용의 현재가로 나누어 1보다 큰 것 중에서 가장 큰 투자안을 선택한다.
④ 투자이익률법 : 수익에서 비용을 뺀 값의 현재가를 자본으로 나누어 1보다 큰 것 중에서 가장 큰 투자안을 선택한다.

정답 29. ③ 30. ① 31. ④ 32. ②

33 산림경영의 지도원칙 중에서 수익성의 원칙에 대한 설명으로 옳은 것은?

① 토지의 생산력을 최대로 추구하는 원칙
② 최대의 경제성을 올리도록 경영하는 원칙
③ 최소의 비용으로 최대의 효과를 발휘하는 원칙
④ 최대의 이익 또는 이윤을 얻을 수 있도록 경영하는 원칙

해설 ① 생산성 원칙 : 토지의 생산력을 최대로 추구하는 원칙
② 경제성의 원칙 : 최대의 경제성을 올리도록 경영하는 원칙
③ 경제성 원칙 : 최소의 비용으로 최대의 효과를 발휘하는 원칙

34 산림경영계획에서 1–2–3–4로 표시된 산림구획이 의미하는 것은?

① 임반–보조임반–소반–보조소반
② 임반–소반–보조임반–보조소반
③ 경영계획구–임반–소반–보조소반
④ 경영계획구–임반–보조임반–소반

해설 1임반, 2보조임반, 3소반, 4보조소반

35 형수를 사용해서 입목의 재적을 구하는 방법을 형수법이라고 하는데, 비교 원주의 직경 위치를 최하단부에 정해서 구한 형수는?

① 정형수 ② 단목형수
③ 흉고형수 ④ 절대형수

해설 ① 정형수 : 수고의 1/10 또는 1/20 위치의 직경을 기준으로 한다.
② 단목형수 : 크기와 형상이 비슷한 나무의 형수를 평균한 것이다. 연령 등이나 다른 조건은 고려하지 않는다.
③ 흉고형수 : 1.2m 높이의 직경 기준

36 수간석해를 이용하여 전체 재적을 구할 때 합산하지 않아도 되는 것은?

① 근주재적 ② 지조재적
③ 결정간재적 ④ 초단부재적

해설 • 수간석해에서는 수간의 재적(결정간재적), 근구재적(근단부재적), 초단부재적(근단부재적) 3부분으로 나누어 계산한다.
• 재적계산을 통해 강영급의 재적, 수고, 흉고직경 등 성장량을 알 수 있다.

37 다음에 주어진 법정림 수확표를 이용하여 계산한 법정생장량은? (단, 산림면적은 300ha, 윤벌기는 60년)

임령(년)	20	30	40	50	60
재적 (m^3/ha)	40	100	180	260	340

① $184m^3$ ② $920m^3$
③ $1,700m^3$ ④ $17,000m^3$

해설 법정영계면적은 F/u = 300/60 = 5ha
1ha당 벌기임분의 재적은 340이므로
벌기총재적 = 340×5 = $1,700m^3$
벌기임분의 재적은 법정생장량과 같으므로 법정생장량은 $1,700m^3$이 된다.

38 임지의 지위지수를 결정하는 방법에 대한 설명으로 옳은 것은?

① 기준 임령에서 임분의 전체 축적으로 결정한다.
② 기준 임령에서 임분의 우세목 수고로 결정한다.
③ 기준 임령에서 임분의 우세목 재적으로 결정한다.
④ 기준 임령에서 임분을 구성하는 우세목과 열세목의 평균직경으로 결정한다.

해설 임지의 지위지수는 기준 임령에서 해당 임분의 우세목 평균수고로 결정한다.

정답 33. ④ 34. ① 35. ④ 36. ② 37. ③ 38. ②

39 유령림의 임목을 평가하는 방법으로 가장 적합한 것은?

① 비용가법　② 매매가법
③ 기망가법　④ Glaser법

임령상태	평가 방법	
유령림	원가방식	원가법 비용가법
중령림	절충방식	Glaser법
장령림	수익방식	기망가법 수익환원법
벌기이상	비교방식	시장가역산법 매매가법

40 임목의 흉고직경을 계산하는 방법으로 산술평균직경법(a)과 흉고단면적법(b)의 관계에 대한 설명으로 옳은 것은?

① a와 b는 같은 값이 된다.
② a가 b보다 큰 값이 된다.
③ b가 a보다 큰 값이 된다.
④ a와 b 사이에는 일정한 관계가 없다.

구분	계산 방법
흉고단면적법	매목조사 결과 흉고단면적의 평균
산술평균직경법	직경합계/임목본수. 흉고단면적 법에 비해 과소치가 나오나 계산이 간편하다.
와이제법	작은 것에서 큰 것 순으로 60%에 해당하는 값

정답 39. ① 40. ③

산림기사 필기

2023년 제1회 기출문제

제1과목 조림학

01 산림 내에서 나무가 죽어 공간이 생기면 주변의 나무들이 빈 공간 쪽으로 자라고, 숲의 가장자리에 위치한 나무는 햇빛이 많이 있는 바깥쪽으로 빨리 자란다. 이는 어떤 현상과 가장 밀접한 관련이 있는가?

① 굴지성 ② 주광성
③ 휴면성 ④ 삼투성

해설 빛의 자극에 대해 빛 방향으로 자라는 것을 양의 주광성이라 한다.

02 식재 밀도에 따른 수목 생장에 대한 설명으로 옳은 것은?

① 식재 밀도가 높으면 초살형으로 자란다.
② 식재 밀도가 높을수록 단목재적이 빨리 증가된다.
③ 식재 밀도는 수고생장보다 직경생장에 더 큰 영향을 끼친다.
④ 식재 밀도가 낮으면 경쟁이 완화되어 단목의 생활력이 약해진다.

해설 밀도가 높을수록 완만재가 형성되며 밀도가 낮을수록 초살형이 나타난다. 식재 밀도가 지나치게 높을 경우 단목의 생활력이 감소하기에 간벌이 필요하다.

03 제벌 작업에 대한 설명으로 옳은 것은?

① 6~9월에 실시하는 것이 좋다.
② 숲 가꾸기 과정에서 한 번만 실시한다.
③ 간벌 이후에 불량목을 제거하기 위해 실시한다.
④ 산림경영 과정에서 중간 수입을 위해서 실시한다.

해설
- 숲 가꾸기 과정에서 제벌의 목적이 달성될 때까지 시행할 수 있다.
- 제벌은 풀베기가 끝나고 3~4년 후 실시한다.
- 산림경영 과정에서 중간 수입을 위해서 실시하는 것은 수익간벌이다.

04 식재 후 첫 번째 제벌작업이 실시되는 임종별 임령으로 옳은 것은?

① 소나무림 : 15년
② 삼나무림 : 20년
③ 상수리나무림 : 15년
④ 일본잎갈나무림 : 8년

해설

제벌 개시 임령	수종
3~8년	소나무, 낙엽송
10년	삼나무, 편백
13~15년	전나무, 가문비나무

정답 01. ② 02. ③ 03. ① 04. ④

05 수목의 개화 촉진 방법이 아닌 것은?

① 환상박피 실시
② 단근, 이식 실시
③ 봄철에 질소 시비
④ 간벌, 가지치기 실시

해설 질소질 비료를 시비하는 것은 영양생장을 촉진하는 방법이다. 질소 비료를 주면 C/N률이 낮아져 개화보다는 영양생장을 한다.

06 가지치기 작업에 따른 효과가 아닌 것은?

① 무절재를 생산한다.
② 부정아 발생을 억제한다.
③ 수간의 완만도를 높인다.
④ 하층목의 생장을 촉진한다.

해설 가지치기를 과도하게 하면 부정아와 도장지 등이 생기기 쉽다.

07 개벌작업 이후 밀식을 하는 경우의 장점으로 옳지 않은 것은?

① 줄기는 가늘지만, 근계 발달이 좋아 풍해 및 설해 등을 입지 않는다.
② 개체 간의 경쟁으로 연륜 폭이 균일하게 되어 고급재를 생산할 수 있다.
③ 제벌 및 간벌작업을 할 때 선목의 여유가 생겨 우량 임분으로 유도할 수 있다.
④ 수관의 울폐가 빨리 와서 표토의 침식과 건조를 방지하여 개벌에 의한 지력의 감퇴를 줄일 수 있다.

해설 밀식하면 근계 발달이 약해지므로 풍해를 입기 쉽고, 가지가 말라 겨울에 남아있게 되면 설해를 입기 쉽다.

08 묘포지 선정 조건으로 가장 적절한 것은?

① 평탄한 점토질 토양
② 5도 이하의 완경사지
③ 한랭한 지역에서는 북향
④ 남향에 방풍림이 있는 곳

해설 묘포지는 침엽수 1~2°, 기타 3~5° 정도의 완경사지가 적합하다.

09 풀베기 시행 시 전면깎기를 실시하는 수종은?

① 전나무
② 삼나무
③ 비자나무
④ 가문비나무

해설 전면깍기

- 조림목에 가장 많은 양의 광선을 줄 수 있고, 지상식생의 피압으로 수형이 나빠지기 쉬운 양수에 적용
- 소나무, 해송, 리기다소나무, 낙엽송, 삼나무, 편백 등

10 식생조사에서 빈도에 대한 설명으로 옳지 않은 것은?

① 빈도는 방형구의 크기에 영향을 받지 않는다.
② 어느 종이 출현한 방형구 수와 총조사 방형구 수의 백분비로 표시된다.
③ 어느 종이 얼마나 넓은 지역에 걸쳐 출현하는가를 알기 위한 척도이다.
④ 군락 내에 있어서 종 간의 양적관계를 알기 위한 척도로는 상대빈도를 이용한다.

해설 방형구의 크기가 클수록 빈도는 크게 나타난다.

정답 05. ③ 06. ② 07. ① 08. ② 09. ② 10. ①

11 난대 수종으로, 일반적으로 온대 중부 이북에서 조림하기 어려운 수종은?

① *Quercus acuta*

② *Abies holophylla*

③ *Pinus Koraiensis*

④ *Fraxinus rhynchophylla*

해설 ① 붉가시나무, 난대림 수종
② 전나무
③ 잣나무
④ 물푸레나무

12 삽목 방법에 대한 설명으로 옳지 않은 것은?

① 삽수의 끝눈은 남쪽을 향하게 한다.

② 삽수가 건조하거나 눈이 상하지 않도록 한다.

③ 포플러류 같은 속성수는 삽수를 수직으로 세운다.

④ 비가 온 직후 상면이 습할 때 실시하면 활착률이 높다.

해설 삽목 후 공중 습도는 높게 관리해야 하지만, 상면의 배수가 안 되면 발근이 안 되거나 고사할 수 있으므로 비가 온 직후에 삽수하는 것은 피한다.

13 목본식물 내 존재하는 지질(lipid)에 대한 설명으로 옳지 않은 것은?

① 보호층을 조성한다.

② 저항성을 증진한다.

③ 세포의 구성 성분이다.

④ 세포액의 삼투압을 증가시킨다.

해설 세포액의 삼투압을 증가시키는 것은 지질이 아니라 당질(탄수화물)과 이온이다. 지방질은 세포막의 구성 성분이며, 에너지를 저장하고, 열을 차단하는 기능을 가지고 있다.

14 다음 중 봄철에 종자가 성숙하는 수종은?

① *Abies koreana*

② *Pinus densiflora*

③ *Populus davidiana*

④ *Quercus mongolica*

해설
- *Abies koreana*(구상나무) : 이듬해 가을
- *Pinus densiflora*(소나무) : 이듬해 가을
- *Populus davidiana*(사시나무) : 당년 봄
- *Quercus mongolica*(신갈나무) : 당년 가을

15 산림 토양에서 질산화 작용에 대한 설명으로 옳지 않은 것은?

① 질산화 작용이 거의 일어나지 않아 질소가 NH^+형태로 존재한다.

② 질산화 작용을 담당하는 박테리아는 중성 토양에서 활동이 왕성하다.

③ 질산화 작용이 억제되더라도 뿌리는 균근의 도움으로 암모늄태 질소를 직접 흡수할 수 있다.

④ 질산태 질소는 토양 내 산소 공급이 잘될 때 환원되어 N_2가스나 NO_x화합물 형태로 대기권으로 돌아간다.

해설 질산태 질소는 산소가 적은 혐기 상태에서 환원되어 N_2가스나 NO_x화합물 형태로 대기권으로 돌아간다.

16 잣나무에 대한 설명으로 옳지 않은 것은?

① 심근성 수종이다.

② 잎 뒷면에 흰 기공선을 가지고 있다.

③ 한대성 수종으로 잎이 5개씩 모여난다.

④ 어려서는 음수이고 자라면서 햇빛 요구량이 줄어든다.

해설 어려서는 음수에 속하지만, 자라면서 양수성으로 바뀌어 햇빛 요구량이 늘어난다.

정답 11. ① 12. ④ 13. ④ 14. ③ 15. ④ 16. ④

17 판갈이 작업에 대한 설명으로 옳지 않은 것은?

① 작업 시기로는 봄이 알맞다.
② 땅이 비옥할수록 판갈이 밀도는 밀식하는 것이 좋다.
③ 지하부와 지상부의 균형이 잘 잡힌 묘목을 양성할 수 있다.
④ 참나무류는 만 2년생이 되어 측근이 발달한 후에 판갈이 작업하는 것이 좋다.

해설 땅이 비옥할수록 성장 속도가 빠르므로, 판갈이 밀도는 소식하는 것이 좋다.

18 임분갱신 방법 및 용어에 대한 설명으로 옳은 것은?

① 소벌구의 모양은 일반적으로 원형이다.
② 산벌은 임목을 한꺼번에 벌채하는 것이다.
③ 소벌구는 측방 성숙 임분의 영향을 받는다.
④ 모수는 갱신될 임지에 식재목을 공급하기 위한 묘목이다.

해설
- 소벌구의 모양은 일반적으로 대상(띠 모양)이다. 원형, 다각형, 부정형을 취할 수 있다.
- 산벌은 예비벌-하종벌-후벌의 과정을 거치며, 후벌은 치수의 자람에 따라 점차 임목을 벌채하여 수확하는 갱신방법이다.
- 모수는 갱신될 임지에 종자를 공급하기 위한 묘목이다.

19 모수작업에 의한 갱신이 가장 유리한 수종은?

① *Juglans regia*
② *Pinus densiflora*
③ *Pinus koraiensis*
④ *Quercus acutissima*

해설 ② *Pinus densiflora* : 소나무와 같은 양수가 모수작업에 의한 갱신에 적합하다.
① *Juglans regia* : 호두나무
③ *Pinus koraiensis* : 잣나무
④ *Quercus acutissima* : 상수리나무

20 소나무와 곰솔을 비교한 설명으로 옳지 않은 것은?

① 곰솔의 침엽은 굵고 길다.
② 소나무의 겨울눈은 굵고 회백색이다.
③ 소나무의 수피는 적갈색이고 곰솔은 암흑색이다.
④ 침엽 수지도가 곰솔은 중위이고, 소나무는 외위이다.

해설 소나무의 겨울눈은 가늘고 적갈색이다. 해송의 겨울눈이 굵고 회백색이다.

제3과목 임업경영학

21 지위지수에 대한 설명으로 옳지 않은 것은?

① 임지의 생산능력을 나타낸다.
② 우세목의 수고는 밀도의 영향을 많이 받는다.
③ 지위지수 분류표 및 곡선은 동형법 또는 이형법으로 제작할 수 있다.
④ 우리나라에서는 보통 임령 20년 또는 30년일 때 우세목의 수고를 지위지수로 하고 있다.

해설 우세목의 수고는 밀도의 영향을 거의 받지 않는다.

정답 17. ② 18. ③ 19. ② 20. ② 21. ②

22 어느 법정림의 춘계축적이 900m^3, 추계축적이 1,100m^{3}라 할 때 법정축적은?

① 900m^3 ② 1,000m^3
③ 1,100m^3 ④ 2,000m^3

해설 법정축적 = $\frac{\text{춘계축적+추계축적}}{2}$

$= \frac{900+1,100}{2} = 1,000(m^3)$

23 법정수확표를 이용한 임목 재적 추정에 가장 불필요한 것은?

① 지위지수
② 영급 분배표
③ 임분의 영급
④ 법정임분과 관련된 임목축적

해설 법정수확표는 일정 연한마다 단위면적당 본수, 재적 및 관련 기타 주요 사항을 표시한 표로서 지위지수, 임분 영급, 법정임분에 관련된 임목축적 등이 추정에 도움된다.

24 각 계급의 흉고단면적 합계를 동일하게 하여 표준목을 선정한 수 전체 재적을 추정하는 방법은?

① 단급법 ② Urich법
③ Hartig법 ④ Draudt법

해설 드라우트는 직경급별로 표준목을, 우리히는 본수계급별로 표준목을, 하르티히는 흉고단면적 계급별로 표준목을 선정하였다.

25 수확표의 내용과 관련이 없는 것은?

① 재적 ② 평균수고
③ 지위등급 ④ 지리등급

해설 임분의 생장 및 수확을 예측하는 가장 간단한 형태로 수확표가 있다. 수확표에 기입하는 내용으로 단위면적당 본수, 직경, 수고, 재적, 생장량을 임령별, 지위별 등을 표시하며, 지리 등급은 관련이 없다.

26 다음 조건에서 5년간 발생한 순수익은?

- 35년생 소나무림 임목축적 : 90m^3
- 40년생 소나무림 임목축적 : 100m^3
- 5년 동안의 이용재적량 : 30m^3
- 소나무의 임목 1m^{3}당 가격 : 10,000원

① 350,000원 ② 400,000원
③ 450,000원 ④ 500,000원

해설 5년 동안 발생한 임목축적(100-90) = 10m^3
이용한 재적량 30m^3+10m^3 = 40m^3(순수익의 임목축적)
40×10,000원 = 400,000원

27 수간석해에 대한 설명으로 옳지 않은 것은?

① 표준목을 대상으로 실시한다.
② 수간과 직교하도록 원판을 채취한다.
③ 흉고를 1.2m로 했을 경우 지상 1.2m를 벌채점으로 한다.
④ 수목의 성장과정을 정밀히 사정할 목적으로 측정하는 것이다.

해설 수간석해의 방법
- 흉고를 1.2m 했을 경우 지상 0.2m 지점을 벌채점으로 한다.
- 수간석해를 위해 선정된 표준목은 지상 20cm 위치를 벌채한 후 근원경을 측정한다.
- 벌채 부위와 그로부터 1m 올라간 흉고 부위에서 단판을 채취하고, 그다음부터는 일반적으로 2m 간격으로 채취한다.
- 수간과 직교하도록 원판을 채취하며, 원판에 위치와 방향을 표시한다.
- 원판의 두께는 2~3cm로 한다.
- 5년 간격의 재적을 구분구적법에 의해 계산한다.

정답 22. ② 23. ② 24. ③ 25. ④ 26. ② 27. ③

28 임업경영비를 올바르게 표현한 것은?

① 임업소득 – 가족임금추정액
② 임업소득 – (자본이자 + 가족노임추정액)
③ 임업현금수입 + 임산물가계소비액 + 임목성장액 + 미처분 임산물증감액 + 임업생산 자재재고증감액
④ 임업현금지출 + 감가상각액 + 주임목감소액 + 미처분 임산물재고 감소액 + 임업생산 자재재고감소액

해설 ① 임업 순수익, ② 임지 귀속 소득, ③ 임업 조수익

29 법정림의 산림면적이 60ha, 윤벌기 60년, 1영급을 편성한 영계가 10개로 구성된 경우 법정영급면적은? (단, 갱신기는 고려하지 않음)

① 10ha　② 20ha
③ 30ha　④ 50ha

해설 법정영급면적 = (면적/윤벌기) × 영계수
= 60/60 × 10 = 10

30 다음 그림과 같은 4가지 형태의 산림의 구조 중 속성수 도입 및 복합임업경영(혼농임업 등) 도입이 필요한 산림구조는?

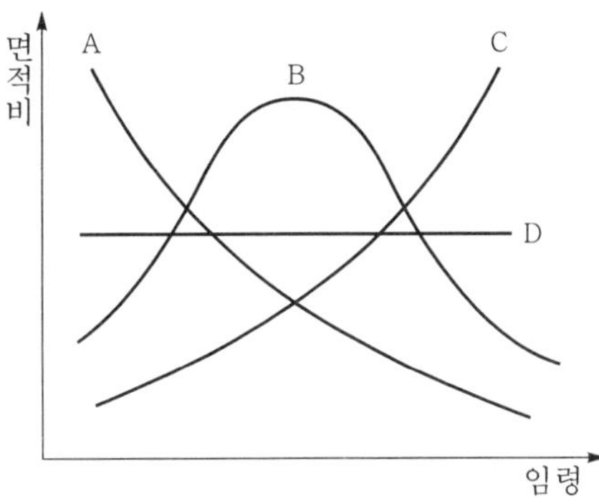

① A　② B
③ C　④ D

해설 국내의 산림은 A형 구조(유령림이 많은 산림)가 많아 속성수 및 복합임업경영을 통해 산림의 구조를 개선해야 한다.

31 재적수확이 최대가 되는 벌기령은?

① 화폐수익이 최대인 때
② 토지순수익이 최대인 때
③ 벌기평균생장량이 최대인 때
④ 벌기평균생장률이 최대인 때

해설 재적수확이 최대가 되는 벌기령은 결국 벌기평균생장량이 최대가 되는 때이다.

32 임지의 특성에 해당하지 않는 것은?

① 임업 이외의 다른 사업이 어려운 편이다.
② 임지는 넓고 험하여 집약적인 작업이 어렵다.
③ 교통의 편리성에 따라 임지의 경제적 가치가 결정된다.
④ 수직적으로 생육환경이 다르지만, 비교적 수종 분포가 균일하다.

해설 임지는 지역이나 환경에 따라 수종이 다양하다.

33 산림의 6가지 기능 중 생태 · 문화 및 학술적으로 보호할 가치가 있는 산림을 보호 · 보전하기 위한 기능은?

① 수원함양기능
② 자연환경보전기능
③ 생활환경보전기능
④ 산지재해방지기능

해설 생태, 문화, 역사, 경관, 학술적 가치의 보전에 필요한 산림을 자연환경보전림이라 한다.

정답 28. ④ 29. ① 30. ① 31. ③ 32. ④ 33. ②

34 면적이 120ha, 윤벌기 40년, 1영급이 10영계인 산림의 법정영급면적과 법정영계면적은?

① 3ha, 10ha ② 3ha, 30ha
③ 30ha, 3ha ④ 30ha, 10ha

해설 $\text{법정영급면적} = \frac{\text{산림면적}}{\text{윤벌기}} \times \text{영계수}$

$= \frac{120}{40} \times 10 = 30(\text{ha})$

$\text{법정영계면적} = \frac{\text{산림면적}}{\text{윤벌기}} = \frac{120}{40} = 3(\text{ha})$

35 벌기에 있어서 손익을 계산하는 방법 중 완전 간단 작업에 해당하는 것은?

① 임목매상대－조림비원가누계＋관리비원가누계
② 임목매상대＋조림비원가누계＋관리비원가누계
③ 임목매상대＋조림비원가누계－관리비원가누계
④ 임목매상대－조림비원가누계 － 관리비원가누계

해설 완전간단작업은 임목매상대에서 조림비와 관리비 항목을 감하여 준다.

36 시장가역산법에 의한 임목가 결정에 필요한 인자로 가장 거리가 먼 것은?

① 원목시장가
② 벌채운반비
③ 기업이익율
④ 조림무육관리비

해설 시장가 역산법은 원목의 시장가를 조사하여 역산하는 방법이다. 간접적으로 임목 가격을 측정하는 방법의 주요 결정요인으로 시장가, 운반비, 기업이익, 이자율, 자본회수기간 등이 있다.

37 다음 조건에 따라 정액법으로 구한 임업기계의 감가상각비는?

- 취득원가 : 5,000,000원
- 잔존가치 : 500,000원
- 내용연수 : 50년

① 90,000원 / 년
② 100,000원 / 년
③ 500,000원 / 년
④ 1,100,000원 / 년

해설 정액법(직선법) : 감가상각비 총액을 각 사용연도에 할당하여 매년 균등하게 감가하는 방법

- 계산식 : $\text{감가상각비} = \frac{\text{취득원가 - 잔존가치}}{\text{추정내용연수}}$

$= \frac{(5,000,000 - 500,000)}{50}$

$= 90,000(\text{원/년})$

38 임목재적을 측정하기 위한 흉고형수에 대한 설명으로 옳지 않은 것은?

① 지위가 양호할수록 형수가 작다.
② 수고가 작을수록 형수는 작아진다.
③ 연령이 많아질수록 형수는 커진다.
④ 흉고직경이 작아질수록 형수는 커진다.

해설 흉고형수를 좌우하는 인자

- 수종, 품종, 생육 구역에 따라 수간의 형상과 성장이 달라지므로 형수도 차이가 있다.
- 지위 : 지위가 불량하면 형수가 크고, 지위가 양호하면 형수가 작다.
- 수관밀도 : 수관 밀도가 높으면 형수가 크고, 수관밀도가 낮으면 형수는 작다.
- 지하고 : 지하고가 높으면 형수가 크다.
- 수관의 양 : 수관의 양이 작으면 형수가 크다.
- 수고 : 수고가 작으면 형수가 크다.
- 흉고 직경 : 흉고직경이 작으면 형수가 크다.
- 연령 : 연령이 많으면 형수가 크다.

정답 34. ③ 35. ④ 36. ④ 37. ① 38. ②

39 다음 손익분기점 분석 공식에서 q가 의미하는 것은? (단, TC는 총비용, FC는 총고정비, v는 단위당 변동비)

$$TC = FC + v + q$$

① 손실비
② 총수익
③ 판매가격
④ 손익분기점의 생산량

해설 손익분기점 분석에 사용되는 변수
TC=총비용, TR=총수익, FC=총고정비, VC=총변동비, TQ=총판매량(총생산량), v=단위당 변동비, p=판매가격, q=손익분기점의 판매량(생산량)

40 이령림의 연령을 측정하는 방법이 아닌 것은?

① 벌기령
② 본수령
③ 재적령
④ 표본목령

해설 이령림의 연령을 측정하는 방법 : 본수령, 재적령, 표본목령

정답 39. ④ 40. ①

산림기사 필기

2023년 제2회 기출문제

제1과목 조림학

01 산림작업에서 결실량이 많은 해에 일부 임목을 벌채하여 하종을 돕는 과정은?

① 택벌
② 후벌
③ 예비벌
④ 하종벌

해설 산벌작업법 중 하종벌에 대한 설명이다.

02 가지치기 작업에 대한 설명으로 옳은 것은?

① 대체로 5월경이 작업 적기이다.
② 원칙적으로 역지 이하를 잘라주어야 한다.
③ 가지 기부에 존재하는 지융부도 잘라주어야 한다.
④ 가지치기 작업한 나무 아래쪽의 상구는 위쪽 상구보다 유합이 빠르다.

해설
- 대체로 6~8월경이 작업 적기이다. 생가지치기를 수반한 작업의 경우에는 생장휴지기인 11~2월경에 실시한다.
- 가지 기부에 존재하는 지융부는 손상이 되지 않도록 잘라주어야 한다.
- 가지치기 작업한 나무 위쪽의 상구유합이 아래쪽의 상구보다 유합이 빠르다.

03 택벌작업을 통한 갱신방법에 대한 설명으로 옳은 것은?

① 양수 수종 갱신이 어렵다.
② 병충해에 대한 저항력이 낮다.
③ 임목벌채가 용이하여 치수 보존에 적당하다.
④ 일시적인 벌채량이 많아 경제적으로 효율적이다.

해설
- 택벌림은 이령, 다층 혼효림으로 병충해에 대한 저항력이 높다.
- 택벌림은 벌채에 세심한 기술이 필요하고, 벌채 시에 치수가 다치기 쉽다.
- 일시적인 벌채량이 많아 경제적으로 효율적인 것은 개벌에 해당한다.

04 종자가 발아하기에 적합한 환경에서 발아하지 못하는 휴면에 해당하지 않는 것은?

① 배휴면 ② 종피휴면
③ 이차휴면 ④ 생리적 휴면

해설
- 배휴면 : 물푸레나무, 들메나무, 은행나무, 주목 등 미성숙한 배로 인한 휴면
- 종피휴면 : 혁질의 종피를 가진 콩과로, 딱딱한 종피를 가진 핵과 종자 등 견고한 종피로 인한 휴면
- 생리적 휴면 : 휴면하고 있는 종자나 식물체에 알맞은 생육환경 조건이 있어도 내적 요인으로 인하여 일정 기간 발아나 개화, 생장하지 않는 일

정답 01. ④ 02. ② 03. ① 04. ③

05 옻나무, 피나무, 콩과 수목 종자의 발아를 촉진시키는 방법으로 가장 적합한 것은?

① 환원법
② 황산처리법
③ 침수처리법
④ 고저온처리법

해설 혁질의 종피를 가진 콩과수목과 밀랍으로 된 종피를 가진 옻나무와 피나무 종자는 황산처리를 한다.

06 일반적으로 파종 1년 후에 판갈이 작업을 실시하는 것이 좋은 수종으로만 올바르게 나열한 것은?

① 삼나무, 전나무
② 소나무, 잣나무
③ 소나무, 일본잎갈나무
④ 전나무, 독일가문비나무

해설
- 1년생 상체 수종 : 소나무, 해송, 편백, 낙엽송, 삼나무
- 2년생 상체 수종 : 참나무류, 독일가문비, 잣나무
- 3년생 상체 수종 : 전나무

07 종자의 후숙이 필요하지 않은 수종은?

① *Salix koreensis*
② *Tilia amurensis*
③ *Cornus officinalis*
④ *Robinia pseudoacacia*

해설
- ① 버드나무, ② 피나무, ③ 산수유, ④ 아까시나무
- 버드나무류의 종자는 수명이 매우 짧아 채파해야 하는 수종이다.
- 피나무, 산수유, 아까시나무 등은 배의 미성숙으로 인한 후숙이 필요한 수종이다.

08 측아의 발달을 억제하는 정아우세 현상에 관여하는 호르몬은?

① 옥신 ② 지베렐린
③ 사이토키닌 ④ 아브시스산

해설 정아가 주지의 끝에서 측아의 성장을 제한하는 현상을 정아우세라고 한다.

09 수목의 내음성에 대한 설명으로 옳지 않은 것은?

① 버드나무와 자작나무는 양수이다.
② 양수는 음수보다 광포화점이 높다.
③ 음수는 어릴 때 그늘에서 잘 견딘다.
④ 양수와 음수를 구분하는 기준은 햇빛을 좋아하는 정도이다.

해설 양수와 음수를 구분하는 기준은 그늘에서 견딜 수 있는 정도이다.

10 개화 및 결실 과정에서 화기의 구조와 종자 또는 열매의 상호 관계를 올바르게 연결한 것은?

① 자방–종자 ② 배주–열매
③ 낙핵–배유 ④ 주피–종피

해설
- 자방-열매(과실)
- 배주(밑씨)-종자
- 난핵(밑씨)-배

11 옥신의 생리적 효과에 대한 설명으로 옳지 않은 것은?

① 뿌리 생장 ② 정아우세
③ 제초제 효과 ④ 탈리현상 촉진

해설 탈리현상 촉진은 스트레스에 관여하는 호르몬인 아브시스산(ABA)의 생리적 효과다.

12 산벌작업에 대한 설명으로 옳은 것은?

① 인공적으로 조림하여 갱신한다.
② 왜림을 조성하기 위한 작업이다.
③ 음수 수종은 갱신이 어려운 작업이다.
④ 예비벌, 하종벌, 후벌 순서로 작업을 진행한다.

정답 05. ② 06. ③ 07. ① 08. ① 09. ④ 10. ④ 11. ④ 12. ④

해설 • 산벌은 천연하종을 이용해 갱신한다.
• 산벌은 교림을 조성하기 위한 작업 종이다.
• 산벌은 대부분의 음수 수종에 적합한 작업 종이다.

13 산림 생태계의 천이에 대한 설명으로 옳은 것은?

① 우리나라 소나무림은 극상에 있다.
② 식물의 이동은 천이의 원인이 될 수 없다.
③ 식생이 입지에 주는 영향을 식생의 반작용이라 한다.
④ 아극성상은 어떤 원인에 의해 극성상의 뒤에 올 수 있다.

해설 생물이 환경에 주는 영향은 반작용, 환경이 생물에게 주는 영향은 작용이라고 한다.
① 우리나라 소나무림은 기후적 극상이다. 중용수인 참나무, 음수인 서어나무로 천이된다.
② 천이의 원인은 생물의 유입인 식물 이동으로 시작되고, 식생의 반작용, 타감작용 등으로 변화한다.
④ 극상 뒤에 교란을 받게 되면 퇴행천이로 말미암아 아극상이 올 수 있다.
※ 문제 출제의 오류로 보인다.

14 파종상을 만들고 실시하는 경운 작업에 대한 설명으로 옳지 않은 것은?

① 시비의 효과를 고르게 한다.
② 토양이 팽윤해지고 공기와 수분의 유통이 좋아진다.
③ 토양의 보수력, 흡열력 및 비료의 흡수력이 증가한다.
④ 잡초의 뿌리는 땅속 깊이 묻어주고 잡초의 종자는 땅 위로 노출되게 한다.

해설 잡초의 뿌리는 노출시켜 마르게 하고, 잡초의 종자는 싹이 트기 힘들게 땅속으로 들어가게 하는 것이 경운작업의 목적 중 하나이다.

15 개화 결실 촉진을 위한 처리 방법으로 옳지 않은 것은?

① 단근작업을 한다.
② 질소 비료의 과용을 피한다.
③ 수광량이 많아질 수 있도록 한다.
④ 환상박피와 같은 스트레스를 주는 작업은 하지 않는다.

해설 환상박피는 양분이 다른 부위로 이동이 잘되지 않아 결실이 많아진다.

16 수목의 호흡 작용이 일어나는 세포 내 기관은?

① 핵
② 액포
③ 엽록체
④ 미토콘드리아

해설 • 핵은 DNA를 함유하고 있어, 수목 고유의 특징을 결정한다.
• 엽록체는 광합성 작용을 하고, 액포는 독성물질이나 노폐물을 저장 및 분해하는 역할을 한다.

17 종자의 결실주기가 가장 짧은 수종은?

① *Alnus japonica*
② *Picea jezoensis*
③ *Larix kaempferi*
④ *Abies holophylla*

해설 ① 오리나무, ② 가문비, ③ 본잎갈나무, ④ 전나무

주기	수종
매년	버드나무, 포플러, 오리나무
격년결실	소나무, 오동나무, 자작나무
2~3년	참나무, 들메나무, 삼나무
3~4년	전나무, 가문비나무, 녹나무
5년 이상	낙엽송, 너도밤나무

정답 13. ③ 14. ④ 15. ④ 16. ④ 17. ①

18 단벌기 작업에서 맹아에 의한 갱신 방법은?

① 왜림작업
② 중림작업
③ 이단림작업
④ 모수림작업

해설 왜림작업은 소경재 생산을 목적으로 맹아로 갱신한다.

19 활엽수의 가지치기 절단 위치로 가장 적합한 곳은?

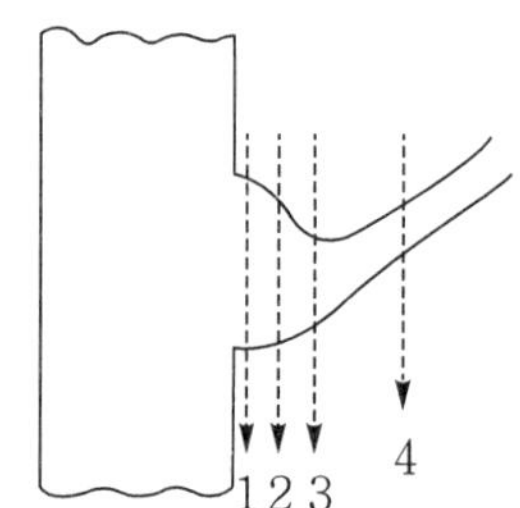

① 1　② 2
③ 3　④ 4

해설 활엽수는 지융이 손상되지 않도록 자르고, 침엽수는 줄기와 평행하게 자른다.

20 산벌작업에 적용하기 가장 적합한 수종은?

① 곰솔, 소나무
② 전나무, 너도밤나무
③ 사시나무, 자작나무
④ 리기다소나무, 일본잎갈나무

해설 산벌작업은 너도밤나무, 가문비나무, 전나무 등 대부분의 음수와 소나무와 같은 양수에 적용할 수 있다.

제3과목 임업경영학

21 임령에 따른 연년생장량과 평균생장량의 관계에 대한 설명으로 옳지 않은 것은?

① 처음에는 연년생장량이 평균생장량보다 크다.
② 평균생장량의 극대점에서 두 생장량의 크기는 다르다.
③ 연년생장량은 평균생장량보다 빨리 극대점을 가진다.
④ 평균생장량이 극대점에 이르기까지는 연년생장량이 항상 평균생장량보다 크다.

해설 연년생장량과 평균생장량 간의 관계
- 처음에는 연년생장량이 평균생장량보다 크다.
- 연년생장량은 평균생장량보다 빨리 극대점을 갖는다.
- 평균생장량의 극대점에서 두 생장량의 크기는 같다.
- 평균생장량이 극대점에 이르기까지는 연년생장량이 항상 평균생장량보다 크다.
- 평균생장량이 극대점을 지난 후에는 연년생장량이 평균생장량보다 작다.
- 연년생장량이 극대점에 이르는 기간을 유령기, 유령기부터 평균생장량의 극대점까지를 장령기, 그 이후를 노령기로 구분할 수 있다.
- 임목은 평균생장량이 극대점을 이루는 해에 벌채하면 가장 많은 목재를 생산할 수 있다.

22 임지기망가의 최댓값에 영향을 주는 인자에 대한 설명으로 옳지 않은 것은?

① 이율이 낮을수록 최댓값이 빨리 온다.
② 간벌 수익이 클수록 최댓값이 빨리 온다.
③ 주벌 수익의 증대속도가 빨리 감퇴할수록 최댓값이 빨리 온다.
④ 관리비는 임지기망가가 최대로 되는 시기와는 관계가 없다.

정답 18. ① 19. ③ 20. ② 21. ② 22. ①

해설 임지기망가 최댓값 영향인자
- 주벌수익 증대속도가 낮아질수록 최댓값에 빨리 도달한다.
- 간벌수익이 클수록 그 시기가 이를수록 최댓값에 빨리 도달한다.
- 이율이 클수록 최댓값에 빨리 도달한다.
- 조림비가 작을수록 최댓값에 빨리 도달한다.
- 채취비가 작을수록 최댓값에 빨리 도달한다.

23 다음 조건을 활용하여 Austrian 공식으로 구한 표준연벌량은?

- 대상 임분 : 소나무림
- 윤벌기 : 60년
- 갱정기 : 20년
- 연년생장량 : 10,000m^3
- 현실임분 축적 : 249,000m^3
- 법정축적 : 245,000m^3

① 10,500m^3 ② 10,700m^3
③ 11,100m^3 ④ 14,500m^3

해설 연간표준벌채량=생장량 ± $\frac{Dv}{정리기(a)}$
$= \frac{Dz}{정리기(a)} \times$ 경과년수(n)

Dv = 현실축적 - 법정축적,
Dz = 현실생장량 - 법정생장량

표준연벌량$=10{,}500+\frac{249{,}000-245{,}000}{20}=10{,}700(m^3)$

24 다음 조건에 따른 자본에 귀속하는 소득은?

- 임업소득 : 10,000,000원
- 가족노임추정액 : 5,000,000원
- 지대 : 1,000,000원
- 자본이자 : 500,000원

① 3,5000,000원 ② 4,000,000원
③ 4,500,000원 ④ 10,500,000원

해설 자본에 귀속하는 소득=임업소득-(이자를 제외한 제비용)

25 입목의 연년생장량과 평균생장량 간의 관계에 대한 설명으로 옳은 것은?

① 초기에는 연년생장량이 평균생장량보다 작다.
② 연년생장량이 평균생장량보다 최대점에 늦게 도달한다.
③ 평균생장량이 최대가 될 때 연년생장량과 평균생장량은 같게 된다.
④ 평균생장량이 최대점에 도달한 후에는 연년생장량이 평균생장량보다 크다.

해설 연년생장량과 평균생장량 간의 관계
- 처음에는 연년생장량이 평균생장량보다 크다.
- 연년생장량은 평균생장량보다 빨리 극대점을 갖는다.
- 평균생장량의 극대점에서 두 생장량의 크기는 같다.
- 평균생장량이 극대점에 이르기까지는 연년생장량이 항상 평균생장량보다 크다.
- 평균생장량이 극대점을 지난 후에는 연년생장량이 평균생장량보다 작다.
- 연년생장량이 극대점에 이르는 기간을 유령기, 유령기부터 평균생장량의 극대점까지를 장령기, 그 이후를 노령기로 구분할 수 있다.
- 임목은 평균생장량이 극대점을 이루는 해에 벌채하면 가장 많은 목재를 생산할 수 있다.

26 임업의 특성에 대한 설명으로 옳지 않은 것은?

① 임업생산은 노동집약적이다.
② 육성임업과 채취임업이 병존한다.
③ 원목 가격의 구성요소 중 운반비가 차지하는 비율이 가장 낮다.
④ 토지나 기후 조건에 대한 요구도가 타 산업에 비해 상대적으로 낮다.

정답 23. ② 24. ② 25. ③ 26. ③

해설 임업의 특성

- 생산기간이 대단히 길다.
- 토지나 기후조건에 대한 요구도가 낮다.
- 농업에 비하여 자연조건의 영향을 많이 받는다.
- 육성임업과 채취임업이 병존한다.
- 원목가격 구성요소의 대부분이 운반비이다.
- 임업노동은 계절적 제약을 크게 받지 않는다.
- 임업생산은 조방적이다.
- 임업은 공익성이 크므로 제한성이 많다.
- 임지는 넓고 험하며 지대가 높기 때문에 집약적인 작업이 어렵다.
- 임지의 경제적 가치는 산림에 접근할 수 있는 교통의 편의에 따라 결정된다.
- 임지는 매매가 잘되지 않는 고정 자본이므로 투하 자본의 회수가 어렵다.

27 임목재적 측정 시 가장 먼저 할 일은?

① 조사목 선정
② 조사목 측정
③ 조사구역 설정
④ 임분의 현존량 추정

해설 임목의 재적 측정은 조사구역 설정→조사목 선정→조사목 측정→임분의 현존량 추정의 순으로 이루어진다.

28 종합원가계산 방법에 대한 설명으로 옳지 않은 것은?

① 공정별 원가계산 방법이라고도 한다.
② 제품의 원가를 개개의 제품 단위별로 직접 계산하는 방법이다.
③ 같은 종류와 규격의 제품이 연속적으로 생산되는 경우에 사용한다.
④ 생산된 제품의 전체원가를 총생산량으로 나누어 단위 원가를 산출한다.

해설 종합원가계산(공정별 원가계산)은 일정 기간 제품 생산에 소요된 공정별 원가요소를 집계하여 생산된 제품의 전체원가를 총생산량으로 나누어 단위원가를 산출하고, 같은 종류와 규격의 제품이 연속적으로 생산되는 경우에 사용한다.

29 순토측고기를 사용하여 임목의 수고를 측정할 때 올바른 계산식은?

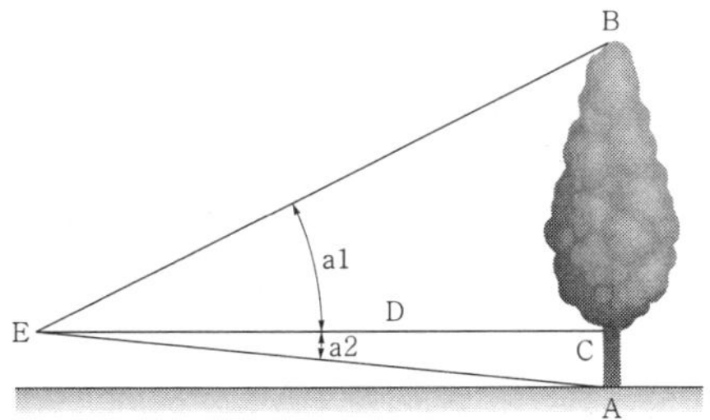

① (tan a1+tan a2)×D
② (tan a1−tan a2)×D
③ (cos a1+cos a2)×D
④ (cos a1−cos a2)×D

해설 수고는 $AB = AC + BC = (tan\ a1 + tan\ a2) \times D$

30 다음 조건에서 시장가역산식을 이용한 임목가는?

- 임목의 시장가격 : 100,000원
- 자금회수기간 : 10개월
- 월이율 : 10%
- 총비용 : 30,000원

① 20,000원 ② 50,000원
③ 70,000원 ④ 80,000원

해설 시장가역산법
={단위재적당 원목시장가/(1+자본회수기간×월이율)-총비용}
={100,000/(1+10×0.1)-30,000}
=(100,000/2)-30,000=20,000원

31 국유림에서 임목생산을 위한 기준벌기령으로 옳은 것은?

① 잣나무: 60년
② 참나무류: 50년
③ 일본잎갈나무: 30년
④ 리기다소나무: 20년

정답 27. ③ 28. ② 29. ① 30. ① 31. ①

해설 국유림 기준 벌기령은 잣나무, 소나무, 편백, 참나무류는 60년, 낙엽송은 50년, 리기다소나무는 30년이고, 기준벌기령 및 목표직경이 명시되지 않은 수종 중 침엽수는 편백, 활엽수는 참나무의 기준벌기령을 각각 적용한다.

32 산림 경영의 지도 원칙 중 경제 원칙에 해당하는 것은?

① 합자연성 원칙
② 공공성의 원칙
③ 보속성의 원칙
④ 환경보전의 원칙

해설 산림의 지도 원칙에는 수익성, 경제성, 생산성, 공공성, 보속성, 합자연성, 환경보전의 원칙이 있으며, 이 중에서 수익성, 경제성, 생산성, 공공성은 경제 원칙에 해당한다. 공공성의 원칙은 산림 또는 산림생산의 사회적 의의를 더욱더 발휘하고 인류생활의 복리를 더욱 증진할 수 있도록 산림을 경영하는 원칙이다.

33 산림휴양림의 조성 및 관리에 대한 설명으로 옳지 않은 것은?

① 방풍 및 방음형으로 관리할 수 있다.
② 공간이용지역과 자연유지지역으로 구분한다.
③ 관리목표는 다양한 휴양기능을 발휘할 수 있는 특색 있는 산림조성이다.
④ 법령에 의한 자연휴양림 휴양기능 증진을 위해 관리가 필요한 산림을 대상으로 한다.

해설 산림휴양림은 국민의 정서 함양, 보건 휴양, 산림교육 등을 목적으로 조성한 산림으로 생활환경보전림의 방풍 및 방음형으로 관리하는 것은 목적에 맞지 않는다.

34 임업 투자계획의 경제성을 평가하는 방법이 아닌 것은?

① 순현재가치 ② 편익비용비
③ 내부수익률 ④ 수확표 분석

해설 법정축적을 영계별 재적으로 계산하는 것은 복잡하므로 일반적으로 수확표 벌기수확 또는 벌기평균생장량을 이용하여 법정축적을 구한다.

35 5년 전의 임분재적이 $80m^3$/ha이고, 현재의 임분재적이 $100m^3$/ha인 경우, Pressler 식에 의한 임분재적 생장률은?

① 약 3.3% ② 약 4.4%
③ 약 5.5% ④ 약 6.6%

해설 $\text{프레슬러 성장률} = \dfrac{\text{기말재적} - \text{기초재적}}{\text{기말재적} + \text{기초재적}} \times \dfrac{200}{\text{경과기간}}$

$= \dfrac{100m^3 - 80m^3}{100m^3 + 80m^3} \times \dfrac{200}{5} \fallingdotseq 4.4(\%)$

36 다음 설명에 해당하는 것은?

> 국민의 건강증진을 위하여 산림 안에서 맑은 공기를 호흡하고 접촉하여 산책 및 체력 단련 등을 할 수 있도록 조성한 산림(시설과 그 토지를 포함)이다.

① 숲길 ② 산림욕장
③ 치유의 숲 ④ 자연휴양림

해설
- 자연휴양림 : 국민의 정서 함양, 보건 휴양 및 산림교육 등의 활동
- 산림욕장 : 산림 안에서 맑은 공기를 호흡하고 접촉하며 산책 및 체력단련 등의 활동
- 치유의 숲 : 향기, 경관 등 자연의 다양한 요소를 활용하여 인체의 면역력을 높이고 건강을 증진시키는 활동
- 숲길 : 등산, 트레킹, 레저스포츠, 탐방 또는 휴양, 치유 등의 활동
- 숲속야영장 : 산림 안에서 텐트와 자동차 등을 이용하여 야영 활동
- 산림레포츠 시설 : 산림 안에서 이루어지는 모험형 · 체험형 레저스포츠 등의 활동

정답 32. ② 33. ① 34. ④ 35. ② 36. ②

37 **정적임분생장모델에 해당하는 것은?**

① 수확표 ② 산림조사부
③ 확률밀도함수 ④ 누적밀도함수

해설 임분생장모델의 정적임분생장모델은 관리 방법을 고정된 상태에서 임분의 생장 및 수확을 예측하는 모델로, 가장 간단한 형태로 수확표가 있다.

38 **임업조수익 중에서 임업소득이 차지하는 비율은?**

① 임업의존율
② 임업소득률
③ 임업순수익률
④ 임업소득가계충족률

해설 • 임업 의존도 [%]=임업소득/임가소득×100
• 임업소득 가계 충족률[%]=임업소득/가계비×100
• 임업 소득률[%]=임업소득/임업조수익×100
• 자본수익률[%]=순수익/자본×100

39 **산림휴양림의 공간이용지역 관리에 관한 설명으로 옳지 않은 것은?**

① 기계적 솎아베기 금지
② 덩굴 제거는 필요한 경우 인력으로 제거
③ 작업시기는 방문객이 적은 시기에 실시
④ 가급적 목재생산림의 우량대경재에 준하여 관리

해설 보기 ①, ②, ③은 공간이용지역 관리에 대한 내용이며, 보기 ④는자연유지지역 관리에 대한 내용이다.

40 **손익분기점에 대한 설명으로 옳지 않은 것은?**

① 원가는 노동비와 재료비로 구분한다.
② 고정비는 생산량 증감과 관계없이 항상 일정하다.
③ 제품의 판매가격은 판매량과 관계없이 항상 일정하다.
④ 제품 한 단위당 변동비는 생산량과 관계없이 항상 일정하다.

해설 손익분기점 분석의 전제조건(가정)
• 원가는 고정비와 변동비로 구분된다.
• 제품의 단위당 판매가격은 판매량의 변동에도 변하지 않는다.
• 제품 한 단위당 변동비는 항상 일정하다.
• 고정비는 생산량의 증감과 관계없이 항상 일정하다.
• 생산량과 판매량은 항상 같으며, 생산과 판매에 동시성이 있다.
• 제품의 생산능률은 고려하지 않는다(변함이 없다).

정답 37. ① 38. ② 39. ④ 40. ①

2023년 제3회 기출문제

제1과목 조림학

01 종자의 발아휴면성 원인과 관련 없는 것은?

① 배의 미성숙
② 가스 교환 촉진
③ 종피의 기계적 작용
④ 종자 내의 생장 억제 물질 존재

해설 가스 교환 촉진이 아니라 억제가 휴면의 원인이다. 잣 등의 딱딱한 종피를 가진 종자는 종피 안에 이산화탄소가 가득 차서 가스 교환이 되지 않아 발아되지 않고, 휴면상태에 있게 된다.

02 산림 갱신 방법 중 예비벌, 하종벌, 후벌 단계를 거치는 작업 종은?

① 개벌작업　② 택벌작업
③ 모수작업　④ 산벌작업

해설
- 지문은 산벌에 대한 설명으로, '예비벌 → 하종벌 → 후벌' 과정을 거친다.
- 예비벌은 수광벌, 후벌의 마지막을 종벌이라고 부르기도 한다.

03 순림과 비교하여 혼효림의 장점으로 옳지 않은 것은?

① 생물의 다양성이 높다.
② 환경적 기능이 우수하다.
③ 병해충에 대한 저항력이 크다.
④ 무육작업과 산림경영이 경제적이다.

해설 보기 ④번은 단순림에 대한 설명이다.

04 침엽수 인공림에서 수형목 선발기준이 아닌 것은?

① 심한 병해충 피해를 받지 않은 것
② 수관이 넓고 가지가 굵을 것
③ 생장이 왕성할 것
④ 상당량의 종자가 달릴 것

해설
- 조림에 적합한 나무는 줄기(수간)는 굵고, 가지는 가늘고, 수관의 폭은 좁아야 한다.
- 수형목이 많은 임분은 채종림으로 지정할 수 있다.

05 (가)~(다)와 같은 형태적 특징을 가진 진달래속 수종을 바르게 연결한 것은?

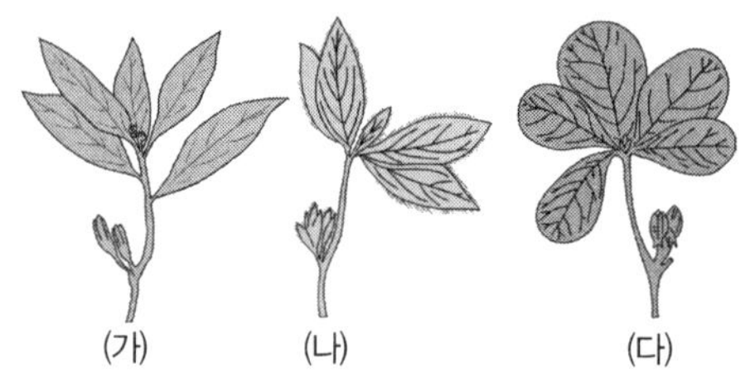

	(가)	(나)	(다)
①	산철쭉	진달래	철쭉
②	산철쭉	철쭉	진달래
③	진달래	철쭉	산철쭉
④	진달래	산철쭉	철쭉

해설
- 진달래(*Rhododendron mucronulatum*) : 길쭉한 달걀모양의 가장자리가 밋밋한 잎. 잎맥이 약간 옆으로 퍼져있고 끝이 선명하지 않다.

정답 01. ② 02. ④ 03. ④ 04. ② 05. ④

• 산철쭉(*Rhododendron yedoense*) : 길쭉한 달걀 모양의 가장자리가 밋밋한 잎. 잎맥이 선명하고 길다.
• 철쭉(*Rhododendron schlippenbachii*) : 넓은 난형의 가장자리가 밋밋한 잎

06 **가지치기 작업에 따른 효과가 아닌 것은?**

① 무절재를 생산한다.
② 부정아 발생을 억제한다.
③ 수간의 완만도를 높인다.
④ 하층목의 생장을 촉진한다.

해설 가지치기를 과도하게 하면 부정아와 도장지 등이 생기기 쉽다.

07 **묘목의 자람이 늦어 묘상에 가장 오랫동안 거치하는 수종은?**

① *Picea jezoensis*
② *Larix kaempferi*
③ *Pinus densiflora*
④ *Quercus acutissima*

해설 ① 가문비나무, ② 일본잎갈나무, ③ 소나무, ④ 상수리나무

상체시기	수종
1년생	소나무, 해송, 삼나무, 편백, 낙엽송, 참나무류
2년생	독일가문비, 잣나무
3년생	전나무, 가문비나무

08 **토양입자의 구분 중에서 자갈의 입경 크기 기준은?**

① 0.001mm 이상
② 0.2mm 이상
③ 2.0mm 이상
④ 10.0mm 이상

해설

명칭	입자의 크기
자갈	2mm 이상
거친 모래	0.2~2mm
가는 모래	0.02~0.2mm
고운 모래	0.002~0.02mm
점토	0.002mm 이하

09 **암꽃과 수꽃이 각각 다른 개체에 달리는 수종은?**

① *Quercus acutissima*
② *Alnus japonica*
③ *Juglans mandshurica*
④ *Salix caprea*

해설 ① Quercus acutissima(상수리나무, 자웅동주)
② Alnus japonica(오리나무, 자웅동주)
③ Juglans mandshurica(가래나무, 자웅동주)
④ Salix caprea(호랑버들, 자웅이주)

10 **가지치기의 목적과 효과에 대한 설명으로 옳지 않은 것은?**

① 무절재를 생산한다.
② 역지 이하의 가지를 제거한다.
③ 산불 발생 시 수간화를 줄여준다.
④ 연륜폭을 조절하여 수간의 완만도를 높인다.

해설 가지치기를 하면 수관 밑의 마른 가지가 제거되어 수관화로 번지는 것을 줄일 수 있다.

11 **삽목 작업에 사용하는 발근촉진제로 가장 부적합한 것은?**

① 인돌초산　　② 인돌부티르산
③ 테트라졸륨산　　④ 나프탈렌초산

해설 테트라졸륨은 종자의 활력검사법 중 환원법에 해당하는 검사 시약이다.

정답 06. ② 07. ① 08. ③ 09. ④ 10. ③ 11. ③

12 **다음 그림과 같이 A부터 E 순으로 천연하종갱신을 하는 작업은?**

A

B

C

D

E

① 택벌작업 ② 개벌작업
③ 산벌작업 ④ 모수작업

해설
- 산벌작업은 예비벌, 하종벌, 후벌의 순으로 작업이 이루어진다.
- A : 작업 전. 입목이 고르게 자란 상태
- B : 예비벌. 수관을 열었다.
- C : 하종벌 후. 하종벌에 의해 씨앗이 떨어져 치수가 자라기 시작한다.
- D : 후벌. 치수의 자람에 따라 점차 베어낸다. 치수의 자람에 따라 성목을 벌채한다.
- E : 종벌 후. 후벌의 마지막인 종벌이 끝나고 일제동령림이 조성되었다.

13 **우리나라에서 넓은 분포면적을 가지고 있으며 지역 품종(생태형)이 다양한 것은?**

① *Pinus rigida*
② *Pinus densiflora*
③ *Pinus koraiensis*
④ *Pinus thunbergii*

해설 ① 리기다소나무, ② 소나무, ③ 잣나무, ④ 곰솔
- 소나무는 Ueki가 분포 지역에 따라 6가지 생태형으로 구분하였다.

14 **묘목의 가식에 대한 설명으로 옳지 않은 것은?**

① 산지 가식은 조림지 근처에 한다.
② 가식지 주변에 배수로를 만들어 준다.
③ 일반적으로 45° 정도 경사지게 가식한다.
④ 비가 오거나 비가 온 후에는 수분이 충분하므로 즉시 가식한다.

해설 비가 오거나 비가 온 직후에 가식하면 수목의 뿌리가 호흡이 어려우므로 이때를 피해서 가식한다.

15 **자연생태계의 물순환 과정에서 산림의 역할에 대한 설명으로 옳지 않은 것은?**

① 산림토양의 특성은 지표의 우수 유출경로를 결정하며 홍수에 큰 영향을 끼친다.
② 물은 광합성에 의해 물질생산에 기여하고, 생산된 물질순환 과정에서 산림토양이 형성된다.
③ 증산작용에 의한 지표면의 열환경 변화는 도시림에서는 거의 무시할 수 있을 정도로 미미하다.
④ 산림의 대규모 소실은 지표의 열환경 변화와 대량의 증산량 감소로 인해 광역의 물순환을 변화시킨다.

해설 도시림은 지표면의 열환경 변화에 큰 영향을 미친다. 잘 자란 나무 한 그루가 에어컨 몇 대의 역할을 한다고 한다.

정답 12. ③ 13. ② 14. ④ 15. ③

16 **수목의 호흡 작용이 일어나는 세포 내 기관은?**

① 핵 ② 액포
③ 엽록체 ④ 미토콘드리아

해설 • 핵은 DNA를 함유하고 있어, 수목 고유의 특징을 결정한다.
• 엽록체는 광합성 작용을 하고, 액포는 독성물질이나 노폐물을 저장 및 분해하는 역할을 한다.

17 **자귀나무와 박태기나무의 열매 유형에 해당하는 것은?**

① 견과 ② 협과
③ 장과 ④ 영과

해설 아까시나무, 자귀나무, 박태기나무 등 콩과식물은 꼬투리에 종자가 들어있는 협과에 해당한다.

18 **버드나무류나 사시나무류의 종자를 채취한 후 바로 파종하는 이유로 옳은 것은?**

① 종자의 수명이 짧기 때문에
② 종자의 크기가 작기 때문에
③ 종자의 발아력이 높기 때문에
④ 종자가 바람에 잘 흩어지기 때문에

해설 버드나무, 사시나무 등은 종자의 수명이 14일 정도로 짧기 때문에 바로 파종하여야 한다.

19 **잎의 끝이 두 갈래로 갈라지는 수종은?**

① 비자나무 ② 구상나무
③ 가문비나무 ④ 일본잎갈나무

해설 구상나무는 잎끝이 2갈래로 살짝 갈라져 있으며, 가지와 줄기, 잎이 돌려난다.

20 **활엽수림의 어린나무 가꾸기 작업에 가장 효과적인 시기는?**

① 3월~5월 ② 6월~8월
③ 9월~11월 ④ 12월~2월

해설 • 어린나무 가꾸기와 풀베기는 6~8월 사이에 실시한다.
• 생가지치기를 수반하는 어린나무 가꾸기와 솎아베기는 11월~2월 사이에 실시한다.

제3과목 임업경영학

21 **산림생장의 구성요소가 다음과 같을 때, 생장주기에 따른 생장량 계산식에 대한 설명으로 옳은 것은?**

• V_1 : 측정 초기의 생존 입목의 재적
• V_2 : 측정 말기의 생존 입목의 재적
• M : 측정 기간의 고사량
• C : 측정 기간의 벌채량
• I : 측정 기간의 진계생장량

① 진계생장량을 포함하는 총생장량 : $V_2+M+I-V_1$
② 초기 재적에 대한 총생장량 : $V_2+M+C-V_1$
③ 진계생장량을 포함하는 순생장량 : V_2+M-V_1
④ 초기 재적에 대한 순생장량 : $V_2+C-I-V_1$

해설 생장주기에 따른 생장량 측정방법(Beers, 1962)
① 진계생장량을 포함하는 총생장량 = V_2+M+C-V_1
② 초기 재적에 대한 총생장량 = V_2+M+C-I-V_1
③ 진계생장량을 포함하는 순생장량 = V_2+C-V_1
④ 초기 재적에 대한 순생장량 = V_2+C-I-V_1
⑤ 입목축적에 대한 순변화량 = V_2-V_1

정답 16. ④ 17. ② 18. ① 19. ② 20. ② 21. ④

22 **어떤 입지는 육림용으로 사용할 수도 있고, 목축용으로 사용할 수도 있다. 이때 임지를 육림용으로 사용할 경우, 목축용으로 사용할 때 얻을 수 있는 수익을 포기하는 것을 의미하는 원가는?**

① 기회원가　② 변동원가
③ 한계원가　④ 증분원가

해설
- 기회원가 : 기회원가는 하나의 대체안이 선택됨으로 인해 포기되는 잠재적인 효익을 말한다.
- 한계원가 : 경영활동의 규모 또는 수준이 한 단위 변할 때 발생하는 총원가의 증감액을 한계원가라고 한다.
- 증분원가, 차액원가 : 생산방법의 변경, 설비의 증감, 조업도의 증감 등 기존 경영활동의 규모나 수준에 변동이 있을 경우, 증가하는 원가를 증분원가, 감소하는 원가를 차액원가라고 한다.
- 매몰원가 : 과거에 이미 발생했으므로 어떤 의사결정이 내려진다고 해도 회피될 수 없는 원가를 매몰원가(sunk cost)라고 한다.

23 **어떤 임목의 흉고단면적이 $0.1m^2$, 수고가 14m, 형수는 0.4일 때, 형수법에 의한 재적(m^3)은?**

① 0.14　② 0.56
③ 1.4　④ 5.6

해설 $V = ghf$
(형수 : f , 단면적 : g , 높이 : h)
$V = 0.1 \times 14 \times 0.4 = 0.56(m^3)$

24 **Huber식에 의한 수간석해 방법으로 옳지 않은 것은?**

① 구분의 길이를 2m로 원판을 채취한다.
② 반경은 일반적으로 5년 간격으로 측정한다.
③ 단면의 반경은 4방향으로 측정하여 평균한다.
④ 벌채점의 위치는 흉고 높이인 지상 1.2m로 한다.

해설 수간석해 방법(벌채점의 위치 선정)
- 벌채점은 일반적으로 흉고를 1.2m이면 지상 0.2m로 선정한다.
- 흉고를 1.3m로 하면 벌채점은 0.3m로 해야 한다.
- 벌채점이 결정되면 벌채점에 표시하고, 벌채점이 손상되지 않도록 유의한다.
- 원판 손상에 유의하면서 벌채한다.

25 **임업투자 사업에서 감응도 분석의 대상으로 고려하여야 할 주요 요인이 아닌 것은?**

① 생산량
② 자본예산
③ 사업기간의 지연
④ 생산물의 가격 및 노임 등의 가격 요인

해설 감응도 분석 : 미래에 불확실한 투자 분석에 포함하여 어느 정도 민감하게 변화되는지를 예측하는 것으로 생산량, 사업기간 지연, 생산물 가격, 노임, 자재비용(원료 및 원자재) 등이 있다.

26 **산림교육의 활성화에 관한 법률에서 제시된 산림교육전문가가 아닌 것은?**

① 숲해설가
② 유아숲지도사
③ 산림치유지도사
④ 숲길체험지도사

해설 숲해설가, 유아숲지도사, 숲길체험지도사는 산림교육법 제2호 2항에 의거하여 지정된 산림교육 전문가이다.

27 **복합적 임업경영의 형태 중에서 농지의 주변이나 둑, 농지와 산지의 경계에 유실수, 특용수, 속성수 등을 식재하여 임업 수입의 조기화를 도모하는 방법은?**

① 혼목임업　② 혼농임업
③ 농지임업　④ 부산물임업

해설 농지임업은 농지의 주변 및 산지에 유실수, 속성수 등을 심어 조기 수입을 얻는 형태를 말한다

정답 22. ① 23. ② 24. ④ 25. ② 26. ③ 27. ③

28 금년에 간벌수입이 100만 원의 순수입이 있어 이를 연이율 10%로 하여 2년 후의 후가를 계산하면 얼마인가?

① 110만 원 ② 121만 원
③ 133만 원 ④ 146만 원

해설 후가 계산 공식인 $N = V(1+P)^n$에 대입하여 도출한다.
$100(1+0.1)^2=121$

29 법정림의 산림면적이 60ha, 윤벌기 60년, 1영급을 편성한 영계가 10개로 구성된 경우, 법정영급면적은? (단, 갱신기는 고려하지 않음)

① 10ha ② 20ha
③ 30ha ④ 50ha

해설 법정영급면적=(면적/윤벌기) × 영계수
= 60/60×10=10

30 임목의 평균생산량이 최대가 될 때를 벌기령으로 정한 것은?

① 재적수확 최대의 벌기령
② 화폐수익의 최대 벌기령
③ 토지 순이익 최대 벌기령
④ 산림순수익 최대 벌기령

해설 재적수확 최대 벌기령은 단위면적당 목재 생산량이 최대가 되는 시점이다.

31 형수를 사용해서 입목의 재적을 구하는 방법을 형수법이라고 하는데, 비교 원주의 직경 위치를 최하단부에 정해서 구한 형수는?

① 정형수 ② 단목형수
③ 절대형수 ④ 흉고형수

해설
- 절대형수 : 임목의 최하부에서 직경을 측정한다.
- 부정형수 : 1.2m 높이에서 직경을 측정한다. 흉고형수라고도 한다.
- 정형수(수고의 1/n 위치를 기준) : 나무높이의 1/10 또는 1/20의 위치에서 직경을 측정한다.

32 임지비용가법을 적용할 수 있는 경우가 아닌 것은?

① 임지의 가격을 평정하는 데 다른 적당한 방법이 없을 때
② 임지 소유자가 매각 시 최소한 그 토지에 투입된 비용을 회수하고자 할 때
③ 임지 소유자가 그 토지에 투입한 자본의 경제적 효과를 분석 검토하고자 할 때
④ 임지에서 일정한 시업을 영구적으로 실시한다고 가정하여 그 토지에서 기대되는 순수익의 현재 합계액을 산출할 때

해설 임지기망가 : 임지에서 일정한 시업을 영구적으로 실시한다고 가정할 때 기대되는 순수익의 전가합계

33 임업투자 결정 과정의 순서로 옳은 것은?

① 투자사업 모색→현금흐름 추정→투자사업의 경제성 평가→투자사업 재평가→투자사업 수행
② 현금흐름 추정→투자사업의 경제성 평가→투자사업 모색→투자사업 수행→투자사업 재평가
③ 투자사업 모색→현금흐름 추정→투자사업의 경제성 평가→투자사업 수행→투자사업 재평가
④ 현금흐름 추정→투자사업 모색→투자사업의 경제성 평가→투자사업 수행→투자사업 재평가

해설 임업투자는 투자사업을 모색하고 현금의 흐름을 추정, 사업의 경제성을 평가하여 투자사업을 수행하고 마지막으로 이것을 재평가하여 결정하는 과정을 거친다.

정답 28. ② 29. ① 30. ① 31. ③ 32. ④ 33. ③

34 5년 전의 임분재적이 80m³/ha이고, 현재의 임분재적이 100m³/ha인 경우, Pressler식에 의한 임분재적 생장률은?

① 약 3.3% ② 약 4.4%
③ 약 5.5% ④ 약 6.6%

해설 프레슬러성장률 =

$$\frac{\text{기말재적} - \text{기초재적}}{\text{기말재적} + \text{기초재적}} \times \frac{200}{\text{경과기간}}$$

$$\frac{100m^3 - 80m^3}{100m^3 + 80m^3} \times \frac{200}{5} \fallingdotseq 4.4(\%)$$

35 수고 측정에 적합하지 않는 기구는?

① 섹타포크(sector fork)
② 덴드로미터(dendrometer)
③ 스피겔리라스코프(spigel relascope)
④ 아브네이핸드레블(abney hand level)

해설 • 수고 측정 기구는 와이제측고기, 아소스측고기, 메리트측고기, 크리스튼측고기, 블루메라이스측고기, 덴드로미터(dendrometer), 스피겔리라스코프(spigel relascope) 및 아브네이핸드레블(abney hand level) 등이 있다.
• 섹타포크는 직경 측정 기기이다.

36 임지기망가의 기본 공식으로 옳은 것은? (단, R=수익에 대한 전가, C=비용에 대한 전가, n=벌기연수, p=이율)

① $\dfrac{R-C}{0.0p}$

② $\dfrac{R-C}{1.0p}$

③ $\dfrac{R-C}{1.0p^n-1}$

④ $\dfrac{R-C}{0.0p(1.0p^n-1)}$

해설 임지기망가는 임지에 일정한 시업을 영구적으로 실시한다는 가정으로 토지에 기대되 순수익의 전가(현재가) 합계액을 계산한 것이다.

37 흉고직경 20cm, 수고 10m인 입목의 재적이 약 0.14m³인 경우, 형수의 수치는?

① 약 0.11 ② 약 0.14
③ 약 0.45 ④ 약 0.55

해설 $V = ghf$
(형수 : f , 단면적 : g , 높이 : h)

$$0.14 = \frac{\pi \times 0.2^2}{4} \times 10 \times f$$

형수 $f \fallingdotseq 0.45$

38 연년생장량에 대한 설명으로 옳은 것은?

① 벌기에 도달했을 때의 생장량
② 총생장량을 임령으로 나눈 양
③ 일정한 기간 내에 평균적으로 생장한 양
④ 임령이 1년 증가함에 따라 추가적으로 증가하는 수확량

해설 연년생장량은 1년간의 생장량을 말하며, n년 때의 재적을 V_n, n+1년 때의 재적을 V_{n+1}라 할 때, 연년생장량은 $V_{n+1} - V_n$이다.

39 다음 그림에서 이익에 해당하는 것은?

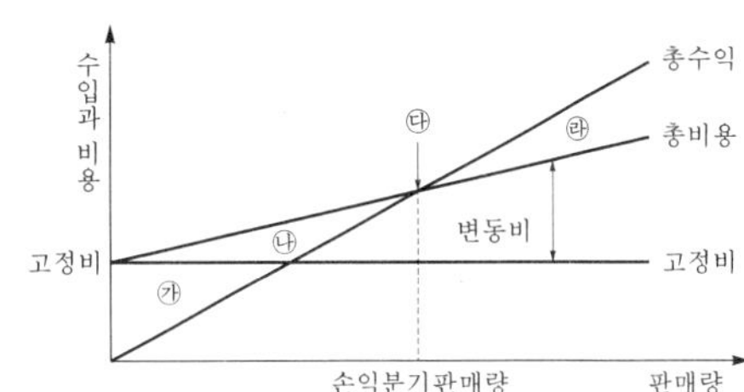

① 삼각형 면적 ㉮ ② 삼각형 면적 ㉯
③ 삼각형 면적 ㉱ ④ 점 ㉰에서의 수입

해설 손익분기점 분석에 사용되는 변수
TC=총비용, TR=총수익, FC=총고정비, VC=총변동비, TQ=총판매량(총생산량)
v=단위당 변동비, p=판매가격, q=손익분기점의 판매량(생산량)
이익은 총수익에서 총비용을 공제한 것이다

정답 34. ② 35. ① 36. ③ 37. ③ 38. ④ 39. ③

40 순토측고기를 사용하여 임목의 수고를 측정할 때 올바른 계산식은?

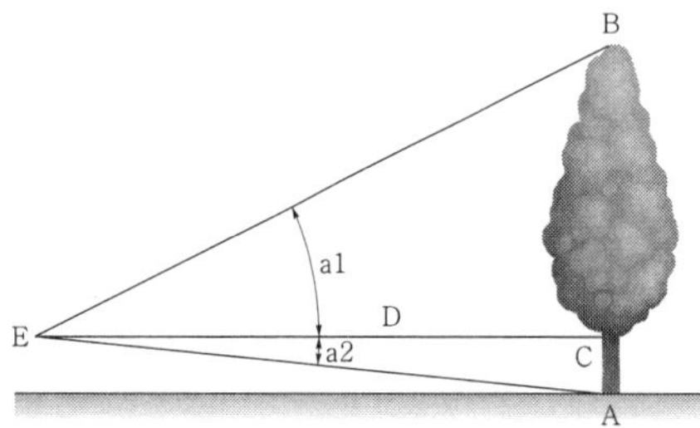

① (tan a1+tan a2)×D
② (tan a1−tan a2)×D
③ (cos a1+cos a2) ×D
④ (cos a1−cos a2)×D

해설 수고는 $AB = AC + BC = (\tan a1 + \tan a2) \times D$

정답 40. ①

산림기사 필기

2024년 제1회 기출문제

제1과목 조림학

01 우리나라 난대림의 특정 수종으로 옳은 것은?

① 곰솔 ② 후박나무
③ 서어나무 ④ 가문비나무

해설 ① 온대 남부, ② 난대림, ③ 온대 남부, ④ 한대림

02 우리나라 온대 중부지방을 대표하는 수종은?

① 신갈나무 ② 분비나무
③ 후박나무 ④ 너도밤나무

해설 후박나무는 난대림, 너도밤나무는 온대림, 분비나무는 아한대림에 서식한다. 너도밤나무는 온대 남부의 일부에 서식하며, 자생 군락은 울릉도에만 존재하므로 대표 수종이라고 할 수 없다.

03 순림과 비교한 혼효림에 대한 설명으로 옳은 것은?

① 병충해나 기상재해에 대한 저항력이 높다.
② 산림작업과 경영을 경제적으로 수행할 수 있다.
③ 원하는 수종으로 임분을 용이하게 조성할 수 있다.
④ 임목의 벌채비용 절감 등 시장성이 유리하다.

해설 보기 ②, ③, ④는 순림의 장점이다.

04 생가지치기를 하는 경우 절단면이 썩을 위험성이 가장 큰 수종은?

① *Acer palmatum*
② *Pinus densiflota*
③ *Cryptomeria japonica*
④ *Chamaecyparis obtusa*

해설 단풍나무, 느릅나무, 벚나무, 물푸레나무 등은 상처의 유합이 잘 안되고 썩기 쉬우므로 죽은 가지만 잘라주고, 밀식으로 자연낙지를 유도하는 것이 바람직하다.

① 단풍나무(*Acer palmatum*)
② 소나무(*Pinus densiflota*)
③ 삼나무(*Cryptomeria japonica*)
④ 편백(*Chamaecyparis obtusa*)

05 소나무를 양묘하려고 채종하였다. 열매를 탈각하여 5kg을 얻었으며, 정선하여 얻은 순정종자는 4.5kg이었다. 이 종자의 발아율을 조사하니 70%였다면, 이 종자의 효율은?

① 45% ② 63%
③ 72% ④ 90%

해설 효율은 실제 종자의 사용가치를 말하는 것으로 '순량률×발아율'로 표시한다. 순량률은 작업 시료량(g)에 대한 순정종자량(g)의 비율이므로 4.5/5=90%이다. 따라서 효율은 90%×70%이므로 63%이다.

정답 01. ② 02. ① 03. ① 04. ① 05. ②

06 묘포 작업 중 밭갈이, 쇄토, 작상 작업의 효과가 아닌 것은?

① 잡초의 발생을 억제한다.
② 유용 토양미생물이 증가한다.
③ 토양의 통기성을 증가시켜 준다.
④ 토양의 풍화작용을 지연시켜 준다.

해설 토양의 이화학적 성질을 작물의 생육에 알맞은 상태로 조성하기 위하여 파종에 앞서 토양에 가하는 각종 기계적 작업을 정지라 하며 경운, 쇄토 및 진압이 포함된다. 경운이랑 토양을 갈아 일으켜 흙덩이를 반전시키고 대강 부스러뜨리는 작업을 말한다. 잦은 경운은 토양침식이나 풍화작용이 촉진되는 단점이 있다.

07 장미과에 속하는 수종은?

① *Taxus cuspidata*
② *Prunus serrulata*
③ *Albizia julibrissin*
④ *Populus davidiana*

해설 ① 주목 - 주목과
② 벚나무 - 장미과
③ 자귀나무 - 콩과
④ 사시나무 - 버드나무과

08 개화 및 결실 과정에서 화기의 구조와 종자 또는 열매의 상호 관계를 올바르게 연결한 것은?

① 자방－종자
② 배주－열매
③ 낙핵－배유
④ 주피－종피

해설 밑씨(배주)→종자, 씨방(자방)→열매(과실), 극핵(2개)+정핵→배젖(배유), 주피→씨껍질(종피)

09 수분을 충분히 흡수한 종자의 발아 단계를 순서대로 바르게 나열한 것은?

ㄱ. 효소 생산
ㄴ. 세포 분열
ㄷ. 기관의 분화
ㄹ. 식물호르몬 생산
ㅁ. 저장물질의 분해와 이동

① ㄱ→ㄹ→ㅁ→ㄴ→ㄷ
② ㄱ→ㅁ→ㄹ→ㄷ→ㄴ
③ ㄹ→ㄱ→ㅁ→ㄴ→ㄷ
④ ㄹ→ㅁ→ㄱ→ㄷ→ㄴ

해설 종자의 발아 과정
1. 물의 흡수
2. 식물호르몬(GA)의 활성(ㄹ)→호분층 이동
3. 효소(α-아밀라아제 합성) 생산(ㄱ)→배유로 이동
4. 저장물질(전분을 당으로)의 분해(ㅁ)→ 배의 생장점에 에너지 공급
5. 세포(배의 생장 개시) 분열 (ㄴ)→껍질 열림
6. 기관(어린싹, 어린뿌리의 출현)의 분화(ㄷ)

10 종자 결실 주기가 가장 긴 수종은?

① *Alnus japonica*
② *Abies holophylla*
③ *Betula platyphylla*
④ *Robinia pseudoacacia*

해설 ① 오리나무, ② 전나무, ③ 자작나무, ④ 아까시나무
전나무는 3~4년 정도의 결실 주기를 가지며, 오리나무는 해마다, 자작나무·아까시나무는 격년의 결실 주기를 갖는다.

정답 06. ④ 07. ② 08. ④ 09. ③ 10. ②

11 **생가지치기를 피해야 하는 수종이 아닌 것은?**

① *Acer palmatum*
② *Zelkova serrata*
③ *Prunus serrulata*
④ *Populus davidiana*

해설 ① 단풍나무, ② 느티나무, ③ 벚나무, ④ 사시나무
느릅나무, 단풍나무, 물푸레나무, 벚나무는 상처의 유합이 안 되어 썩기 쉬운 수종으로 생가지치기를 피해야 한다.

12 **수목의 광보상점에 대한 설명으로 옳은 것은?**

① 호흡에 의한 이산화탄소 방출량이 최대인 경우의 광도이다.
② 광합성에 의한 이산화탄소 흡수량이 최대인 경우의 광도이다.
③ 광합성에 의한 이산화탄소 흡수량이 최소인 경우의 광도이다.
④ 호흡에 의한 이산화탄소 방출량과 광합성에 의한 이산화탄소 흡수량이 동일한 경우의 광도이다.

해설 식물이 광합성 과정에서 호흡에 의한 이산화탄소 방출량과 광합성에 의한 이산화탄소 흡수량이 같아져 광합성량이 0이 되는 것을 말한다.

13 **산림 생태계의 천이에 대한 설명으로 옳은 것은?**

① 우리나라 소나무림은 극성상에 있다.
② 식물의 이동은 천이의 원인이 될 수 없다.
③ 식생이 입지에 주는 영향을 식생의 반작용이라 한다.
④ 아극성상은 어떤 원인에 의해 극성상의 뒤에 올 수 있다.

해설 생태계의 천이는 식생이 새로운 환경 조건에 따라 변화하는 것이다. 반대로 식생이 입지에 주는 영향의 경우 식생의 반작용이라 한다.
① 우리나라 소나무림은 기후적 극상이다.
② 천이의 원인은 식물이동, 식생의 반작용, 원격작용 등이 있다.
④ 아극성상은 극성상이 되기 전의 상태로 극성상 뒤에 올 수 없다.

14 **지존작업에 대한 설명으로 옳은 것은?**

① 묘목을 심기 위하여 구덩이를 파는 작업이다.
② 개간한 곳에 조림용 묘목을 식재하는 작업이다.
③ 조림지에서 덩굴치기 및 제벌작업을 행하는 것을 뜻한다.
④ 조림 예정지에서 잡초, 덩굴식물, 관목 등을 제거하는 작업이다.

해설 지존작업은 인공조림을 위한 준비 단계의 작업으로 잡초, 덩굴식물 등을 제거한다.

15 **자연생태계의 물순환 과정에서 산림의 역할에 대한 설명으로 옳지 않은 것은?**

① 산림토양의 특성은 지표의 우수 유출 경로를 결정하며 홍수에 큰 영향을 끼친다.
② 물은 광합성에 의해 물질생산에 기여하고, 생산된 물질순환 과정에서 산림토양이 형성된다.
③ 증산작용에 의한 지표면의 열환경 변화는 도시림에서는 거의 무시할 수 있을 정도로 미미하다.
④ 산림의 대규모 소실은 지표의 열환경 변화와 대량의 증산량 감소로 인해 광역의 물순환을 변화시킨다.

해설 콘크리트가 대부분인 도시의 경우 도시림의 역할이 매우 중요하며, 증산작용에 의해 지표면의 열환경 변화의 영향을 많이 받는다.

정답 11. ④ 12. ④ 13. ③ 14. ④ 15. ③

16 다음 중 지리산에서 가장 높은 고도까지 분포하는 수종은?

① *Quercus variabilis*
② *Quercus mongolica*
③ *Quercus serrata*
④ *Quercus acutissima*

해설 *Quercus mongolica*(신갈나무)는 아주 추운 몽골(mongolica) 지방에서도 자란다. 위도가 높은 지역에서 자라는 나무는 고도가 높은 지역에서도 자란다.

17 맹아갱신을 적용하는 작업종이 아닌 것은?

① 모수작업 ② 왜림작업
③ 중림작업 ④ 두목작업

해설 맹아갱신을 적용하는 작업 종에는 왜림작업, 중림작업, 두목작업 및 활엽수의 개벌갱신에서 적용된다.

18 우리나라 산림대에서 난대림 지대의 연평균 기온 기준은?

① 4℃ 이상 ② 8℃ 이상
③ 14℃ 이상 ④ 18℃ 이상

해설 난대림 지역의 연평균 기온의 기준은 14℃ 이상이다. 온대림은 5~14℃, 한대림은 5℃ 미만이다.

19 나자식물의 엽육조직에서 책상조직과 해면조직이 분화되지 않은 수종은?

① 주목 ② 전나무
③ 소나무 ④ 은행나무

해설 해면조직과 함께 잎살을 구성하는 울타리 모양의 조직을 책상조직이라 하며, 책상조직 아래 둥근 모양의 세포를 해면조직이라 한다. 이러한 조직이 분화하지 않는 수종에는 소나무가 있다.

20 온량지수 계산 시 기준이 되는 온도는?

① 0℃ ② 5℃
③ 10℃ ④ 15℃

해설 온량지수는 월평균에서 기온 5℃ 이상인 달을 기준으로 월평균기온에서 5℃와의 차이를 1년 동안의 총합을 의미한다.

제3과목 임업경영학

21 산림생장에 대한 설명으로 옳지 않은 것은?

① 총생장량은 초반에는 점증적으로 증가하는 유형을 보이다가 증가세가 변곡점(變曲點)에서 최대에 달하고 점차 점감적으로 증가하는 추세를 보인다.
② 평균생장량은 수학적으로 총생장량을 임령으로 나눈 양에 해당한다.
③ 임령이 1년 증가함에 따라 추가적으로 증가하는 수확량을 연년생장량이라 한다.
④ 연년생장량곡선은 원점을 지나는 직선이 총생장량곡선과 접하는 시점에서 최고점에 달한다.

해설
- 평균생장량곡선은 원점을 지나는 직선이 총생장량곡선과 접하는 시점에서 최고점에 달한다.
- 연년생장량곡선은 총생장량곡선이 변곡점에 이르는 시점에서 최고점에 도달한다.

22 유령림의 임목을 평가하는 방법으로 가장 적합한 것은?

① Glaser법 ② 비용가법
③ 기망가법 ④ 매매가법

해설 유령림은 임목비용가법, 벌기 미만의 장령림에는 임목기망가법, 중령림에는 임목비용가법과 임목기망가법의 중간적인 Glaser법, 벌기 이상의 임목에는 임목매매가가 적용되는 시장가역산법으로 평가한다.

정답 16. ② 17. ① 18. ③ 19. ③ 20. ② 21. ④ 22. ②

23 **연이율이 6%이고 매년 240만 원씩 영구히 순수익을 얻을 수 있는 산림을 3,600만 원에 구입하였을 때의 이익은?**

① 225만 원 ② 400만 원
③ 3,374만 원 ④ 4,000만 원

해설 무한정기이자의 전가계산식 $V=\frac{r}{P}$→r은 연년수입 또는 연년지출

$V=\frac{2,400,000}{0.06}$ = 40,000,000(원)이므로

40,000,000 - 36,000,000 = 4,000,000(원)

24 **벌기가 20년인 활엽수 맹아림의 임목가는 40만 원이다. 마르티나이트(Martineit) 식으로 계산한 15년생의 임목가는?**

① 112,500원 ② 150,000원
③ 225,000원 ④ 350,000원

해설 중령림의 임목평가 방법의 하나인 마르티나이트의 산림이용가법

= 표준벌기의 임목가격 ×
(평가대상 임목의 현재연령^2/표준벌기^2)

= 400,000 × ($15^2/20^2$) = 225,000원

25 **회귀년에 대한 설명으로 옳은 것은?**

① 임목이 실제로 벌채되는 연령이다.
② 택벌을 실시한 일정 구역에 또다시 택벌하기까지의 기간이다.
③ 보속작업에서 작업급에 속하는 모든 임분을 벌채하는 데 소요되는 기간이다.
④ 임분이 처음 성립하여 생장하는 과정에 있어 성숙기에 도달하는 계획상의 연수이다.

해설 작업급을 몇 개의 택벌구로 나누어 매년 한 구역씩 택벌하여 일순하고 다시 최초의 택벌구로 벌채가 회귀하는 방법이다. 이렇게 회귀하는 데 필요한 기간을 회귀년 또는 순환기라고 한다.

일반적으로 회귀년이 길어지면 한 번에 벌채되는 재적은 증가하고, 짧은 경우에는 감소한다. 회귀년은 윤벌기를 벌채구로 나눈 값이다.

26 **윤척을 사용하는 방법으로 옳지 않은 것은?**

① 수간 축에 직각으로 측정한다.
② 흉고부(지상 1.2m)를 측정한다.
③ 경사진 곳에서는 임목보다 낮은 곳에서 측정한다.
④ 흉고부에 가지가 있으면 가지 위나 아래를 측정한다.

해설 윤척은 입목의 직경 측정에 쓰이며, 땅이 기울어진 경사지에서는 뿌리보다 높은 곳에서 측정한다.

27 **수확조정법에 대한 설명으로 옳지 않은 것은?**

① Hufnagl법은 재적배분법의 일종이다.
② 전 산림면적을 윤벌기 연수와 동일하게 벌구로 나누고 매년 한 벌구씩 수확하는 방법을 구획윤벌법이라 한다.
③ 토지의 생산력에 따라 개위면적을 산출하여 벌구면적을 조절, 연수확량을 균등하게 하는 방법을 비례구획윤벌법이라 한다.
④ 전 임분을 윤벌기 연수의 1/2 이상되는 연령의 것과 그 이하의 것으로 나누어 전자는 윤벌기의 전반에, 후자는 윤벌기 후반에 수확하는 방법을 Beckmann법이라 한다.

해설
- Beckmann법 : 성목기와 미성목기의 재적을 달리하여 수확량을 산출한다.
- Hufnagl법 : 윤벌기의 1/2과 2/2시기의 재적을 달리하여 수확량을 산출한다. Beckmann법은 수확조정기법에서 재적을 기준으로 하는 재적배분법에 속한다.

정답 23. ② 24. ③ 25. ② 26. ③ 27. ④

28 산림 평가에 대한 설명으로 옳지 않은 것은?

① 부동산 감정 평가와 동일한 평가 방법 적용이 용이하다.
② 공익적 기능을 포함한 다면적 이용에 대한 평가도 포함한다.
③ 산림을 구성하는 임지 · 임목 · 부산물 등의 경제적 가치를 평가한다.
④ 생산기간이 장기적이고 금리의 변동이 커서 정밀하게 평가하기 쉽지 않다.

해설 산림 평가는 토지뿐 아니라 임목 및 임산물 등 여러 요인들이 많아서 부동산 감정 평가와 동일한 평가 방법 적용이 어렵다.

29 현재 기준연도에서 벌채 예정연도까지의 임목기망가 산출 공식으로 옳은 것은?

① (주벌 및 간벌수확 후가합계)−(지대 및 관리비 후가합계)
② (주벌 및 간벌수확 후가합계)−(지대 및 관리비 전가합계)
③ (주벌 및 간벌수확 전가합계)−(지대 및 관리비 후가합계)
④ (주벌 및 간벌수확 전가합계)−(지대 및 관리비 전가합계)

해설
- 임지기망가 : 당해 임지에 일정한 시업을 영구적으로 실시한다고 가정할 때 기대되는 순수익의 전가합계를 임지기망가라고 한다.
- Faustmann의 지가식

$$\frac{A^u + D_a \cdot 1.0P^{u-a} + \cdots + D_b \cdot 1.0P^{u-b} - C \cdot 1.0P^u}{1.0P^u - 1} - \frac{v}{0.0P}$$

  - 영향인자 : 주벌수익(A^u)과 간벌수익(D), 조림비(C), 관리비(v), 이율(P), 벌기(u)

30 임분이 성장하여 성숙기에 도달하는 산림 경영계획상의 연수는?

① 벌채령 ② 벌기령
③ 윤벌기 ④ 회귀령

해설 벌기령은 임목을 일정 성숙한 상태로 육성하고 수확하는 데 필요한 계획상의 연수 임목생산을 위한 수목별 기준벌기령

31 법정림에서 법정벌채량과 의미가 다른 것은?

① 법정수확률
② 법정연벌량
③ 법정생장량
④ 벌기평균생장량×윤벌기

해설
- 법정벌채량은 법정수확량이라고도 하며, 법정상태를 유지하면서 벌채할 수 있는 재적을 말한다.
- 법정연벌량과 법정생장량은 일치하며 벌기평균생장량에 윤벌기를 곱한 값과 같다.

32 임지비용가법을 적용할 수 있는 경우가 아닌 것은?

① 임지의 가격을 평정하는 데 다른 적당한 방법이 없을 때
② 임지 소유자가 매각 시 최소한 그 토지에 투입된 비용을 회수하고자 할 때
③ 임지 소유자가 그 토지에 투입한 자본의 경제적 효과를 분석 검토하고자 할 때
④ 임지에서 일정한 시업을 영구적으로 실시한다고 가정하여 그 토지에서 기대되는 순수익의 현재 합계액을 산출할 때

해설 임지에 일정한 시업을 영구적으로 실시한다고 가정할 때 기대되는 순수익의 전가합계를 임지기망가라고 한다.

정답 28. ① 29. ④ 30. ② 31. ① 32. ④

33 자본장비도와 자본효율의 개념을 임업에 도입할 때, 자본장비도에 해당하는 것은?

① 노동 ② 소득
③ 생장률 ④ 임목축적

해설 • 자본장비도는 임업자본의 충실도를 나타내는 방법 중의 하나로 자본을 K, 종사자의 수를 N이라고 하면 K/N이 자본장비도가 된다.
• 임업에 도입할 경우 자본장비도는 임목축적, 자본효율은 생장률에 해당한다.

34 산림 수확 조절을 위해 면적–재적검증 방법 이용 시 필요한 사항으로 옳지 않은 것은?

① 미래 임분을 위한 윤벌기
② 임분 수확 우선순위의 결정
③ 소반으로 구분된 모든 산림 면적
④ 수확시기까지 각 연령의 생장량을 계산할 수 있는 능력

해설 산림 수확 조절을 위한 면적-재적검증 시 필요 사항
• 미래 임분을 위한 윤벌기
• 임분 수확 우선순위의 결정
• 연령으로 구분된 모든 산림 면적
• 수확시기까지 각 연령의 생장량을 계산할 수 있는 능력

35 임도를 신설하기 위해 필요한 비용을 전액 대출받고 10년간 상환하는 경우, 임도 시설비용에 대하여 매년 균등한 액수의 상환비용을 의미하는 것은?

① 유한연년이자 전가식
② 유한연년이자 후가식
③ 무한정기이자 전가식
④ 무한정기이자 후가식

해설 유한연년이자의 전가식은 매년 말 일정 금액을 n회에 걸쳐 얻을 수 있는 원리합계로서 임도시설 비용에 대한 매년 균등한 액수의 상환비용을 의미한다.

36 임지기망가의 최대치에 도달하는 속도를 빠르게 하기 위한 조건으로 옳지 않은 것은?

① 이율이 높을수록
② 조림비가 많을수록
③ 간벌수확이 많을수록
④ 주벌수확의 증대속도가 빠를수록

해설 조림비가 클수록 최댓값 도달은 늦어진다.

37 매년 산림경영관리에 투입되는 비용이 20만 원, 연이율이 5%인 경우에 자본가는?

① 4만 원 ② 19만 원
③ 1백만 원 ④ 4백만 원

해설 매년 영구히 발생하는 수익의 자본가는 무한연년전가합과 같다.

$$자본가 = \frac{수익}{이율} = \frac{200,000}{0.05} = 4,000,000(원)$$

38 전체 임목본수 200본 중에서 표준목을 10본 선정하고자 한다. 어떤 직경급의 본수가 35본이면, 이 직경급에 몇 본의 표준목을 실제적으로 배정하는 것이 가장 좋은가?

① 1본 ② 2본
③ 3본 ④ 4본

해설 200본 기준 10본 선정의 비례에 맞추어 35본에서는 약 2본을 선정한다.

$$35 \times \frac{10}{200} = 1.75 \fallingdotseq 2$$

39 산림 평가에서 임업이율을 고율로 평정할 수 없고 오히려 보통 이율보다 약간 저율로 평정해야 하는 이유에 해당하지 않는 것은?

① 산림 소유의 안정성
② 산림 수입의 고소득성
③ 산림관리경영의 간편성
④ 문화 발전에 따른 이율의 저하

정답 33. ④ 34. ③ 35. ① 36. ② 37. ④ 38. ② 39. ②

해설 Endress는 임업이율을 보통 이율보다 낮게 책정해야 한다고 주장하였으며, 이유로는 소유의 안정, 경영의 간편, 발전에 의한 이율 저하, 생산기간의 장기성, 수입과 재산의 유동성이 있다.

40 임업기계의 감가상각비(D)를 구하는 공식으로 옳은 것은? (단, P : 기계 구입 가격, S : 기계 폐기 시의 잔존가치, N : 기계의 수명)

① $D=(P-S)\times N$ ② $D=\frac{N}{S-P}$

③ $D=\frac{P-S}{N}$ ④ $D=\frac{N}{P-S}$

해설 감가상각비의 종류 중 정액법 공식이다.

$$\text{감가상각비}=\frac{\text{취득원가}-\text{잔존가치}}{\text{추정내용연수}}$$

$$D=\frac{\text{기계구입가격}-\text{기계잔존가치}}{\text{기계의 수명}}=\frac{P-S}{N}$$

정답 40. ③

산림기사 필기

2024년 제2회 기출문제

제1과목 조림학

01 월평균기온이 다음과 같은 지역의 한랭지수는?

월	1	2	3	4	5	6	7	8	9	10	11	12
평균기온(℃)	-3	1	8	12	17	21	24	25	20	14	7	2

① −15 ② −9
③ −3 ④ 0

해설 한랭지수는 매달 평균기온이 5℃보다 낮은 달의 온도와 5℃와의 차이 값들을 합친 것이다

- 1월 : -3-5=-8, 2월 : 1-5=-4, 12월 : 2-5=-3
  1월+2월+12월=-8-4-3=-15

02 산림 갱신 방법 중 예비벌, 하종벌, 후벌 단계를 거치는 작업종은?

① 개벌작업
② 택벌작업
③ 모수작업
④ 산벌작업

해설 산벌작업은 크게 예비벌, 하종벌, 후벌의 단계를 거쳐 갱신한다.

03 중림작업을 통한 갱신에 대한 설명으로 옳은 것은?

① 내음성이 약한 수종을 하층목으로 식재한다.
② 하층목은 개벌에 의한 맹아 갱신을 반복한다.
③ 상층목으로 쓰이는 것은 지하고가 낮은 것이 좋다.
④ 상층목이 하층목 생장에 방해되지 않도록 ha당 1,000본 정도로 식재한다.

해설 중림작업에서 하층목은 연료재 생산을 목적으로 왜림작업을 실시한다.

04 다음은 순림과 혼효림에 대한 설명이다. 가장 옳지 않은 것은?

① 토양이 척박하고 건조한 곳에서는 혼효림이 형성될 가능성이 높다.
② 기후 조건이 극단적인 곳에서 순림이 형성된다.
③ 순림이 혼효림에 비해 산림작업과 경영이 간편하다.
④ 혼효림은 순림에 비하여 유기물의 분해 속도가 빠르고 무기양료도 순환이 잘 된다.

해설 토양이 척박한 곳, 환경이 극단적인 곳에서는 순림이 형성될 가능성이 높다.

정답 01. ① 02. ④ 03. ② 04. ①

05 산불에 대한 설명으로 옳은 것은?

① 임목 줄기의 피해는 지표에 가까울수록, 바람이 부는 방향에서, 경사면의 아래쪽에서 심해지는 경향이 있다.
② 임분유지효과는 강한 산불로 대부분 식생이 소실된 후 2차 천이에 의해 산림군집으로 다시 복원되는 현상이다.
③ 산불피해지의 토양침식, 수질오염, 산사태 등 2차 피해를 예방하기 위해서는 자연복원 중심으로 복원해야 한다.
④ 산불이 발생한 초기에는 임분의 토양 pH가 증가한다.

해설 산불이 타고 남은 재는 알칼리성이므로 초기에 pH가 증가한다.

06 다음 중 수관급에 대한 설명으로 가장 옳지 않은 것은?

① 수관급은 질적 솎아베기(간벌)의 대상이 되는 나무를 선정하는 기준으로 이용된다.
② Hawley는 측방광선을 받는 양이 비교적 적고 수관의 크기는 평균에 가까운 것을 중간목으로 정의했다.
③ 데라사끼(寺崎)의 수형급은 우세목을 1, 2급목으로, 열세목은 3, 4, 5급목으로 정의했다.
④ 가와다(河田)와 덴마크 수형급은 활엽수림에 적용한다.

해설
- 수관의 크기가 평균에 가까운 것은 준우세목이다.
- 중간목은 수관이 끼어있어 제대로 자라지 못해 수관의 크기가 평균 이하가 된다.

07 참나무류 임분을 왜림작업으로 갱신하려 할 때 벌채시기로 가장 적절한 것은?

① 늦겨울~초봄
② 늦봄~초여름
③ 늦여름~초가을
④ 늦가을~초겨울

해설 왜림작업의 벌채는 11월에서 초봄인 2월 전까지 실시하는 것이 좋다.

08 점성이 있는 점토가 대부분인 토양은?

① 식토
② 사토
③ 석력토
④ 사양토

해설

토양	진흙 정도(%)
사토	12.5 이하
사양토	12.5~25.0
양토	25.0~37.5
식양토	37.5~50.0
식토	50.0 이상

09 어린나무 가꾸기 작업에 대한 설명으로 옳은 것은?

① 여름철에 실시하는 것이 좋다.
② 제초제 또는 살목제를 사용하지 않는다.
③ 윤벌기 내에 1회로 작업을 끝내는 것이 원칙이다.
④ 일반적으로 벌채목을 이용한 중간 수입을 기대할 수 있다.

해설 어린나무 가꾸기는 주로 6~9월 실시하며, 11월 말에는 완료하도록 한다.

정답 05. ④ 06. ② 07. ① 08. ① 09. ①

10 천연림 보육에 대한 설명으로 옳지 않은 것은?

① 하층임분은 특별한 이유가 없는 한 그대로 둔다.
② 미래목은 실생목보다 맹아목을 우선적으로 고려하여 선정하는 것이 좋다.
③ 세력이 너무 왕성한 보호목은 가지를 제거하여 미래목의 생장에 영향이 없도록 한다.
④ 상층목의 생육공간을 확보해 주기 위하여 수관경쟁을 하고 있는 불량형질목과 가치가 낮은 임목은 제거한다.

해설 미래목은 우세목으로 맹아목보다 실생묘로 고려하는 것이 좋다.

11 수목에 나타나는 미량요소 결핍에 대한 설명으로 옳지 않은 것은?

① 아연이 결핍되면 잎이 작아진다.
② 철 결핍은 주로 알칼리성 토양에서 일어난다.
③ 구리가 결핍되면 잎 끝부분부터 괴사현상이 일어난다.
④ 칼륨 결핍 증상은 잎에 검은 반점이 생기거나 주변에 황화현상이 나타나는 것이다.

해설 구리는 광합성 및 대사과정에 필요한 요소로 결핍 시 새잎이 선단부부터 황백화 현상이 일어난다

12 동일 임분에서 대경목을 지속적으로 생산할 수 있는 작업 종은?

① 택벌작업 ② 개벌작업
③ 산벌작업 ④ 제벌작업

해설 택벌작업은 회귀년을 통해 보속적 수확이 가능한 작업 방법이다.

13 일제동령림을 조성하기 위한 인공조림 후 육림 실행 과정 순서로 옳은 것은?

① 풀베기→어린나무 가꾸기→솎아베기→가지치기→덩굴 제거
② 풀베기→덩굴 제거→어린나무 가꾸기→가지치기→솎아베기
③ 풀베기→솎아베기→가지치기→어린나무 가꾸기→덩굴 제거
④ 가지치기→어린나무 가꾸기→덩굴 제거→솎아베기→풀베기

해설 육림 실행은 숲 조성을 위해 풀베기, 덩굴 제거, 어린나무 가꾸기, 가지치기 등의 순서로 진행되며, 관리 단계에서 솎아베기를 실시한다.

14 우리나라 온대 중부지방을 대표하는 특징 수종은?

① 신갈나무
② 분비나무
③ 후박나무
④ 너도밤나무

해설 국내의 온대 중부지방은 소나무순림이나 신갈나무, 때죽나무 등의 혼효림이 대표적이다.

15 수목의 체내에서 양료의 이동성이 떨어지는 무기원소는?

① 인 ② 질소
③ 칼슘 ④ 마그네슘

해설 무기영양소 이동성
- 이동 용이한 원소 : N, P, K, Mg
- 이동 어려운 원소 : Ca, Fe, B
- 이동 중간 원소 : S, Zn, Mn, Cu

정답 10. ② 11. ③ 12. ① 13. ② 14. ① 15. ③

16 묘간 거리가 가로 1m, 세로 4m의 장방형 식재 시 1ha에 식재되는 묘목 본수는?

① 2,500본　　② 3,000본
③ 3,333본　　④ 5,000본

해설 $\frac{10,000m^2}{1m \times 4m} = 2,500$본

17 산림토양 단면에서 층위에 순서로 옳은 것은?

① 모재층→용탈층→집적층→유기물층
② 모재층→집적층→용탈층→유기물층
③ 모재층→용탈층→유기물층→집적층
④ 모재층→유기물층→용탈층→집적층

해설 토양 단면의 가장 아래층은 모재층이고, 다음으로 집적층, 용탈층, 유기물층 순서로 구분된다.

18 조림용 묘목의 규격을 측정하는 기준이 아닌 것은?

① 간장　　② 근원경
③ 수관폭　　④ H/D율

해설 묘목 규정의 측정 기준으로 간장, H/D율, 근원경, 묘령이 있다.

19 양묘과정 중 해가림 시설을 해야 하는 수종으로만 올바르게 나열한 것은?

① 편백, 삼나무, 아까시나무
② 곰솔, 소나무, 가문비나무
③ 잣나무, 소나무, 사시나무
④ 잣나무, 전나무, 가문비나무

해설
- 해가림은 지면으로부터 증발을 조정하여 묘상의 건조와 지표온도의 상승을 방지하기 위해 햇빛을 가리는 것이다.
- 잣나무, 주목, 가문비나무, 전나무 등의 음수나 낙엽송의 유묘는 해가림이 필요하다.

20 수목 잎의 기공에 대한 설명으로 옳지 않은 것은?

① 잎의 수분 포텐셜이 낮아지면 기공이 닫힌다.
② 온도가 30℃ 이상으로 상승하면 기공이 닫힌다.
③ 기공이 열리는 데 필요한 광도는 순광합성이 가능한 광도이면 된다.
④ 엽육 세포 내부의 이산화탄소 농도가 높아지면 기공이 열린다.

해설 엽육세포 내부의 산소 농도가 높아지면 이산화탄소를 받아들이기 위해 기공이 열린다.

제3과목 임업경영학

21 산림 평가와 관련된 산림의 특수성에 대한 설명으로 옳지 않은 것은?

① 관광 산업으로 산지 전용 등 산림에 대한 가치관이 다양화되고 있다.
② 산림은 자연적으로 장기간에 걸쳐 생산된 것이므로 완전히 동형 · 동질인 것은 없다.
③ 산림 평가에 있어서 과거와 장래에 걸친 여러 문제는 중요한 평가 인자로 고려하지 않는다.
④ 임업의 대상지로서 산림은 수익을 예측하기가 어렵고 적합한 예측 방법도 확립되어 있지 않다.

해설 산림 평가에 있어서 과거와 장래에 걸친 여러 문제는 중요한 평가 인자로 고려 대상이다.

정답 16. ① 17. ② 18. ③ 19. ④ 20. ④ 21. ③

22 다음 중 유동자본으로만 올바르게 나열한 것은?

가. 묘목	나. 임도
다. 벌목기구	라. 제재소 설치비

① 가　② 가, 나
③ 나, 다　④ 가, 다, 라

해설 유동자본의 종류로 종자, 묘목, 약제, 비료가 있다.

23 다음 조건에서 프레슬러(Pressler) 공식을 이용한 임목의 수고생장률은?

– 2010년 임목의 수고는 15m
– 2015년 임목이 수고는 18m

① 약 0.4%　② 약 3.6%
③ 약 36.4%　④ 약 44.4%

해설 프레슬러 성장률= $\frac{\text{기말재적} - \text{기초재적}}{\text{기말재적} + \text{기초재적}} \times \frac{200}{\text{경과기간}}$
수고생장률={(18-15)/(18+15)}×(200/5)=0.09090×40=3.6%

24 회귀년에 대한 설명으로 옳은 것은?

① 임목이 실제로 벌채되는 연령이다.
② 택벌을 실시한 일정 구역에 또다시 택벌하기까지의 기간이다.
③ 보속작업에서 작업급에 속하는 모든 임분을 벌채하는 데 소요되는 기간이다.
④ 임분이 처음 성립하여 생장하는 과정에 있어 성숙기에 도달하는 계획상의 연수이다.

해설 작업급을 몇 개의 택벌구로 나누어 매년 한 구역씩 택벌하여 일순하고, 다시 최초의 택벌구로 벌채가 회귀하는 방법이다. 이렇게 회귀하는 데 필요한 기간을 회귀년 또는 순환기라고 한다. 일반적으로 회귀년이 길어지면 한 번에 벌채되는 재적은 증가하고, 짧은 경우에는 감소한다. 회귀년은 윤벌기를 벌채구로 나눈 값이다.

25 임지기망가가 최댓값에 도달하는 시기에 대한 설명으로 옳지 않은 것은?

① 조림비가 클수록 늦어진다.
② 이율의 값이 클수록 빨라진다.
③ 관리비가 많아질수록 늦어진다.
④ 간벌 수익이 많을수록 빨라진다.

해설
- 관리비는 임지기망가의 최댓값과 무관하고, 일반적으로 채취비가 클수록 임지기망가의 최댓값이 늦게 온다.
- 임지기망가 최댓값 영향인자

주벌수익	증대속도가 낮아질수록 최댓값에 빨리 도달한다.
간벌수익	클수록 그 시기가 이를수록 최댓값에 빨리 도달한다.
이율	클수록 최댓값에 빨리 도달한다.
조림비	작을수록 최댓값에 빨리 도달한다.
채취비	작을수록 최댓값에 빨리 도달한다.

26 임반에 대한 설명으로 옳지 않은 것은?

① 산림구획의 골격을 형성한다.
② 고정적 시설을 따라 확정한다.
③ 보조임반을 편성할 때는 인접한 암반의 보조번호를 부여한다.
④ 임반의 표기는 경영계획구 상류에서 시계방향으로 표기를 시작한다.

해설 임반
- 면적 : 가능한 100ha 내외 구획하고, 현지여건상 불가피한 경우는 조정한다.
- 구획 : 하천, 능선, 도로 등 자연경계나, 도로 등 고정적 시설을 따라 확정한다. 사유림은 100ha 미만 1필지 소유 산주의 경우는 지번별로 구획한다.
- 번호 : 임반 번호는 아라비아 숫자로 유역 하류에서부터 시계방향으로 연속하여 부여한다.

정답 22. ① 23. ② 24. ② 25. ③ 26. ④

27 **손익분기점 분석에 필요한 가정으로 옳지 않은 것은?**

① 원가는 고정비와 유동비로 구분할 수 있다.
② 제품의 생산능률은 판매량과 관계없이 일정하다.
③ 제품 한 단위당 변동비는 판매량에 따라 달라진다.
④ 제품의 판매가격은 판매량이 변동하여도 변화되지 않는다.

해설 손익분기점 분석의 전제 조건(가정)
- 원가는 고정비와 변동비로 구분된다.
- 제품의 단위당 판매가격은 판매량의 변동에도 변하지 않는다.
- 제품 한 단위당 변동비는 항상 일정하다.
- 고정비는 생산량의 증감과 관계없이 항상 일정하다.
- 생산량과 판매량은 항상 같으며, 생산과 판매에 동시성이 있다.
- 제품의 생산능률은 고려하지 않는다(변함이 없다).

28 $\frac{Au+\sum D-(C+uV)}{u}$**의 식이 나타내는 벌기령은? (단, Au: 주벌수확, C: 조림비, u: 벌기령, $\sum D$: 간벌수확합계, V: 관리비)**

① 재적수확 최대의 벌기령
② 화폐수익 최대의 벌기령
③ 토지순수익 최대의 벌기령
④ 산림순수익 최대의 벌기령

해설 산림순수익 최대의 벌기령 공식은 $\frac{Au+\sum D-(C+uV)}{u}$이다.

29 **법정림의 법정상태 요건이 아닌 것은?**

① 법정축적　　② 법정벌채량
③ 법정영급분배　　④ 법정임분배치

해설 법정림이란 재적수확의 엄정보속을 실현할 수 있는 내용 조건을 완전히 갖춘 산림을 말한다. 이러한 상태를 법정상태라고 하며, 일반적으로 법정영급분배, 법정임분배치, 법정생장량, 법정축적이 있다.

30 **임지기망가가 최대치에 도달하는 시기에 대한 설명으로 옳은 것은?**

① 이율이 낮을수록 빨리 나타난다.
② 채취비가 클수록 빨리 나타난다.
③ 조림비가 클수록 늦게 나타난다.
④ 간벌수확이 적을수록 빨리 나타난다.

해설 25번 해설 참고

31 **형수를 사용해서 입목의 재적을 구하는 방법을 형수법이라고 하는데, 비교 원주의 직경 위치를 최하단부에 정해서 구한 형수는?**

① 정형수　　② 단목형수
③ 절대형수　　④ 흉고형수

해설
- 절대형수 : 임목의 최하부에서 직경을 측정한다.
- 부정형수 : 1.2m 높이에서 직경을 측정한다. 흉고형수라고도 한다.
- 정형수(수고의 1/n 위치를 기준) : 나무높이의 1/10 또는 1/20의 위치에서 직경을 측정한다.

32 **임지의 가격 형성에 영향을 미치는 요인을 개별적 요인과 지역적 요인으로 구분할 경우, 개별적 요인이 아닌 것은?**

① 임지의 위치
② 임지의 면적
③ 임지의 지세
④ 임지의 토양상태

정답 27. ③ 28. ④ 29. ② 30. ③ 31. ③ 32. ④

해설 임지의 토양상태는 지역적 요인으로 구분할 수 있다.

33 임목의 흉고직경은 20cm, 수고는 15m, 형수는 0.4를 적용하였을 경우, 임목의 재적은?

① 0.018㎥
② 0.188㎥
③ 1.884㎥
④ 18.840㎥

해설 $V = ghf$(형수 : f , 단면적 : g ,높이 : h)

$$V = \frac{3.14 \times 0.2^2}{4} \times 15 \times 0.4 = 0.1884 ≒ 0.188(m^3)$$

34 임목의 평가 방법을 짝지은 것으로 옳지 않은 것은?

① 원가방식 – 비용가법
② 수익방식 – 기망가법
③ 비교방식 – 수익환원법
④ 원가수익절충방식 – Glaser법

해설 비교 방식의 방법은 시장가역산법과 매매가법이 있다.

35 면적이 120ha, 윤벌기 40년, 1영급이 10영계인 산림의 법정영급면적과 법정영계면적은?

① 3ha, 10ha
② 3ha, 30ha
③ 30ha, 3ha
④ 30ha, 10ha

해설 법정영계면적=산림면적/윤벌기=120/40=3
법정영급면적=(면적/윤벌기)×영계수=120/40×10=30

36 표와 같이 130본의 임목을 2개의 계급으로 나누고, 각 계급에서 같은 수의 표준목을 선정하여 재적을 측정하는 방법은?

급	흉고직경 (cm)	본수 (본)	단면적 합계 (m2)
I	12	10	0.1131
	14	25	0.3847
	16	30	0.6033
	계	65	1.1011
Ⅱ	16	20	0.4022
	18	20	0.5090
	20	15	0.4713
	22	10	0.3801
	계	65	1.7626

① Urich법　　② Draudt법
③ Hartig법　　④ Weise법

해설 Draudt는 직경급별로 표준목을, Urich는 본수 계급별로 표준목을, Hartig는 흉고단면적 계급별로 표준목을 선정하였다.

37 우리나라에서는 전국 산림을 대상으로 10년마다 계획을 수립하는데, 임업경영의 조직별로 산림기본계획, 지역산림계획, 산림경영계획을 수립한다. 다음 중 산림경영계획에서 수립하는 사항이 아닌 것은?

① 소반별 벌채에 관한 사항
② 연차별 식재면적에 관한 사항
③ 풀베기, 간벌 및 기타 육림에 관한 사항
④ 산림의 합리적 이용과 산림자원의 배양에 관한 사항

해설 산림의 합리적 이용과 산림자원의 배양에 관한 사항은 산림기본계획에 대한 내용이다.

정답 33. ② 34. ③ 35. ③ 36. ② 37. ④

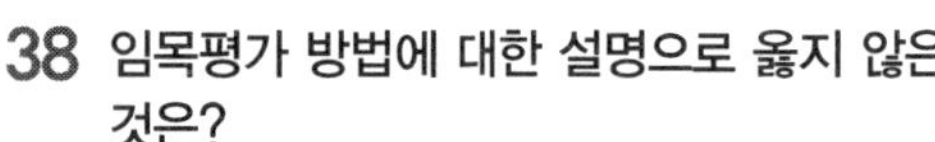

38 **임목평가 방법에 대한 설명으로 옳지 않은 것은?**

① 장령림의 임목평가는 임목기망가법을 적용한다.
② 벌기 이상의 임목평가는 시장가역산법을 적용한다.
③ 중령림의 임목평가에는 원가수익절충 방법인 Glaser법을 적용한다.
④ 유령림의 임목평가는 비용가법을 적용하며, 이자를 포함하지 않는다.

해설 유령림은 임목비용가법, 벌기 미만의 장령림에는 임목기망가법, 중령림에는 임목비용가법과 임목기망가법의 중간적인 Glaser법, 벌기 이상의 임목에는 임목매매가가 적용되는 시장가역산법으로 평가한다. 비용가법은 유령임목의 평가에 적용하며 이자도 포함된다.

39 **임목의 연년생장량과 평균생장량 간의 관계에 대한 설명으로 옳은 것은?**

① 초기에는 연년생장량이 평균생장량보다 작다.
② 연년생장량이 평균생장량보다 최대점에 늦게 도달한다.
③ 평균생장량이 최대가 될 때 연년생장량과 평균생장량은 같게 된다.
④ 평균생장량이 최대점에 이르기까지는 연년생장량이 평균생장량보다 항상 작다.

해설 연년생장량과 평균생장량 간의 관계

- 처음에는 연년생장량이 평균생장량보다 크다.
- 연년생장량은 평균생장량보다 빨리 극대점을 갖는다.
- 평균생장량의 극대점에서 두 생장량의 크기는 같다.
- 평균생장량이 극대점에 이르기까지는 연년생장량이 평균생장량보다 항상 크다.
- 평균생장량이 극대점을 지난 후에는 연년생장량이 평균생장량보다 작다.
- 연년생장량이 극대점에 이르는 기간을 유령기, 유령기부터 평균생장량의 극대점까지를 장령기, 그 이후를 노령기로 구분할 수 있다.
- 임목은 평균생장량이 극대점을 이루는 해에 벌채하면 가장 많은 목재를 생산할 수 있다.

40 **숲해설가의 배치 기준으로 옳지 않은 것은?**

① 수목원 – 2명 이상
② 삼림욕장 – 1명 이상
③ 국립공원 – 2명 이상
④ 자연휴양림 – 2명 이상

해설
- 산림교육전문가의 배치 기준에서 자연공원법에 의거 자연공원은 1명 이상 배치하며, 이때 국립공원은 제외한다.
- 수목정원, 숲길, 자연휴양림은 2명 이상, 그 이외는 1명

정답 38. ④ 39. ③ 40. ③

산림기사 필기

2024년 제3회 기출문제

제1과목 조림학

01 종자 발아 시험에서 일정 기간 내의 발아 종자 수를 시험에 사용한 전체 종자 수에 대한 백분율로 나타낸 것은?

① 효율 ② 순량률
③ 발아율 ④ 발아세

해설 • 효율=순량률×발아율
• 순량률 : 어떤 종자 중에 포함되는 순정종자의 다소를 순도라 하고, 이것을 %로 표시한 것이다.
• 발아세 : 발아시험에 있어서 일정한 기간 내(대다수가 고르게 발아하는 기간)에 발아하는 종자 수의 비율(%)을 말하며, 발아율보다 그 수치가 작다.

02 순림에 대한 설명으로 옳은 것은?

① 입지 자원을 골고루 이용할 수 있다.
② 경제적으로 가치 있는 나무를 대량으로 생산할 수 있다.
③ 숲의 구성이 단조로우며 병충해, 풍해에 대한 저항력이 강하다.
④ 침엽수로만 형성된 순림에서는 임지의 악화가 초래되는 일이 없다.

해설 한 가지 수종으로 구성된 산림을 순림이라 하며, 가장 유리한 수종만으로 임분을 형성할 수 있다.

03 다음 제시된 수종 중 잎에 유관속이 1개인 수종은?

① *Pinus rigida*
② *Pinus densiflora*
③ *Pinus koraiensis*
④ *Pinus thunbergii*

해설 ① 리기다소나무, ② 소나무, ③ 잣나무, ④ 해송(곰솔)
외떡잎식물(단자엽식물)의 유관속은 흩어져 있으며, 잣나무류의 유관속은 1개이고, 소나무류는 2개이다.

04 종자의 검사 방법에 대한 설명으로 옳은 것은?

① 효율은 발아율과 순량율의 곱으로 계산한다.
② 실중은 종자 1L에 대한 무게를 kg 단위로 나타낸 것이다.
③ 순량율은 전체시료 무게를 순정종자 무게에 대한 백분율로 나타낸 것이다.
④ 발아세는 발아시험기간 동안 발아입수를 시료수에 대한 백분율로 나타낸 것이다.

해설 효율은 발아율과 순량율을 곱하여 구한다.

정답 01. ③ 02. ② 03. ③ 04. ①

05 수목에 반드시 필요한 필수원소가 아닌 것은?

① 철　② 질소
③ 망간　④ 알루미늄

해설 • 필수원소에는 탄소, 수소, 산소, 질소, 칼륨, 칼슘, 철, 망간, 구리 등이 있다.
• 알루미늄은 토양 성분 중 규소(Si) 다음으로 많이 존재한다.

06 실생묘의 묘령 표시 방법으로 S2-1에 대하여 옳은 것은?

① 파종상에서 2년을 키우고, 봄에 단근하여 상체상에서 1년을 경과한 3년생 묘목이다.
② 파종상에서 2년, 그 뒤 가을에 단근하여 상체상에서 1년을 경과한 3년생 묘목이다.
③ 접수는 2년생, 대목은 1년생인 접목묘다.
④ 접수는 1년생, 대목은 2년생인 접목묘다.

해설 • 2-1 묘는 3년생 실생묘로 파종상에서 2년, 상체하여 1년을 지낸 것이다.
• S는 단근 시기로 봄에 단근하여 이식한 것을 말한다. F를 가을에 단근한 것이다.
• 접목묘는 2/1 또는 1/2의 형태로 표시한다. 분자가 접수, 분모가 대목의 연령이다.
• 앞에 접목(cutting)을 뜻하는 C를 붙여 C1/2의 형태로 표시하기도 한다.

07 지베렐린에 대한 설명으로 옳지 않은 것은?

① 줄기의 신장 생장을 촉진한다.
② 개화 및 결실을 돕는 역할을 한다.
③ 대부분의 지베렐린은 알칼리성이다.
④ 벼의 키다리병을 일으키는 것과 관련이 있다.

해설 • 지베렐린(Gibberellin)이 가장 안정적으로 작용할 수 있는 pH 범위는 일반적으로 pH3~7이다. pH3 이하나 pH7 이상에서는 화학적 안정성이 떨어져, 효능이 저하되거나 분해될 수 있다.
• 알칼리는 pH7 이상이다.

08 속씨식물에 대한 설명으로 옳지 않은 것은?

① 중복수정을 하지 않는다.
② 배유의 염색체는 3배체(3n)이다.
③ 완전화의 경우 배주가 심피에 싸여 있다.
④ 건조지에서 자라는 수목의 잎은 책상조직이 양쪽에 있어서 앞뒤의 구별이 불분명하다.

해설 속씨식물은 중복수정을 한다.

09 풀베기 작업을 시행하기에 가장 적절한 시기는?

① 3월 상순~5월 하순
② 3월 하순~5월 하순
③ 6월 상순~8월 상순
④ 8월 하순~10월 상순

해설 풀베기 시기는 보통 6월~8월에 실시하며, 9월 이후는 실시하지 않는다.

10 모두베기 작업에 대한 설명으로 옳지 않은 것은?

① 양수성 수종 갱신에 유리하다.
② 숲 생태계 기능 복원에 가장 유리한 갱신방법이다.
③ 성숙한 임분에 가장 간단하게 적용할 수 있는 방법이다.
④ 기존 임분을 다른 수종으로 갱신할 때 가장 빠른 방법이다.

해설 모두베기 작업에 의해 임지의 황폐와 지력 저하, 토양 유실이 발생되기에 숲 생태계의 기능 복원에는 불리한 방법이다.

정답 05. ④ 06. ① 07. ③ 08. ① 09. ③ 10. ②

11 수목에 나타나는 미량요소 결핍에 대한 설명으로 옳지 않은 것은?

① 아연이 결핍되면 잎이 작아진다.
② 철 결핍은 주로 알칼리성 토양에서 일어난다.
③ 구리가 결핍되면 잎 끝부분부터 괴사 현상이 일어난다.
④ 칼륨 결핍 증상은 잎에 검은 반점이 생기거나 주변에 황화현상이 나타나는 것이다.

해설 구리는 광합성 및 대사 과정에 필요한 요소로 결핍 시 새잎이 선단부부터 황백화 현상이 일어난다.

12 간벌의 효과로 거리가 먼 것은?

① 산불위험도 감소
② 직경의 생장 촉진
③ 임목 형질의 향상
④ 개체목 간 생육공간 확보 경쟁 촉진

해설 간벌은 생육공간을 충분히 줄 수 있도록 도와주기에 공간 확보의 경쟁이 촉진되지 않는다

13 활엽수에 대한 설명으로 옳은 것은?

① 활엽수 모두 떡잎식물이다.
② 밑씨가 노출되고 씨방이 없다.
③ 잎맥이 그물모양으로 되어 있다.
④ 목부는 주로 헛물관으로 되어 있다.

해설 활엽수는 쌍떡잎식물에 밑씨는 지방 안에 있는 피자식물이며, 주로 도관에 잎맥은 그물모양이다.

14 정상적인 생육을 위해 무기양분을 가장 많이 요구하는 수목은?

① 향나무
② 소나무
③ 오리나무
④ 느티나무

해설 수목의 양분 요구도

- 많이 요구 : 오동나무, 느티나무, 전나무, 참나무
- 중간 요구 : 낙엽송, 잣나무, 서어나무, 피나무
- 적게 요구 : 소나무, 해송, 향나무, 오리나무

15 가지치기에 대한 설명으로 옳지 않은 것은?

① 줄기의 완만도를 조절한다.
② 활엽수는 지융부를 제거한다.
③ 옹이 없는 무절재를 생산한다.
④ 산불 발생 시 수관화 확산을 감소시킨다.

해설 활엽수의 경우 지융부를 제거하지 않고 지융부에 가깝게 제거하도록 한다.

16 개화 후 다음 해 10월경에 종자가 성숙하는 수종은?

① *Quercus dentata*
② *Quercus serrata*
③ *Quercus mongolica*
④ *Quercus acutissima*

해설 ① 떡갈나무, ② 참나무, ③ 신갈나무, ④ 상수리나무
상수리나무는 개화한 다음 해 가을에 성숙한다.

17 1,000개 종자의 실중이 500g이고 용적중이 600g일 때, 2L의 종자립수는?

① 600립
② 1,000립
③ 1,200립
④ 2,400립

해설
- 1,000개의 실중이 500g은 1L 부피에 1,000개의 종자가 있고, 그 무게가 500g을 의미한다.
- g단위당 2개의 종자가 있으므로 600g당 1,200개의 종자가 있음을 알 수 있다. 결과적으로 2L 안에는 2,400개의 종자가 있다.

정답 11. ③ 12. ④ 13. ③ 14. ④ 15. ② 16. ④ 17. ④

18 열매의 형태가 삭과에 해당하는 수종은?

① *Acer palmatum*
② *Ulmus davidiana*
③ *Camellia japonica*
④ *Quercus acutissima*

해설 ① 단풍나무, ② 느릅나무, ③ 동백나무, ④ 상수리나무

삭과의 종류로 포플러, 오동나무, 버드나무, 동백나무 등이 있다.

19 나자식물의 엽육조직에서 책상조직과 해면조직이 분화되지 않은 수종은?

① 주목 ② 전나무
③ 소나무 ④ 은행나무

해설 해면조직과 함께 잎살을 구성하는 울타리 모양의 조직을 책상조직이라 하며, 책상조직 아래 둥근 모양의 세포를 해면조직이라 한다. 이러한 조직이 분화하지 않는 수종에는 소나무가 있다.

20 제벌 작업에 대한 설명으로 옳은 것은?

① 6~9월에 실시하는 것이 좋다.
② 숲가꾸기 과정에서 한 번만 실시한다.
③ 간벌 이후에 불량목을 제거하기 위해 실시한다.
④ 산림경영 과정에서 중간 수입을 위해서 실시한다.

해설 제벌작업은 밑깍기와 간벌작업의 중간에 실시되는 작업으로 제벌대상목이 왕성하게 성장하는 6~9월 사이 실시하는 것이 좋다.

제3과목 임업경영학

21 임지기망가를 적용하는 데 있어 이론과 현실이 달라 발생하는 문제점으로 옳지 않은 것은?

① 플러스(+) 값만 발생되어 현실과 맞지 않는다.
② 수익과 비용인자는 평가 시점에 따라 수시로 변동한다.
③ 동일한 작업을 영구히 계속하는 것은 비현실적이다.
④ 임업이율을 정하는 객관적인 근거가 없어 평정이 자의적으로 되기 쉽다.

해설 임지기망가

- 당해 임지에 일정한 시업을 영구적으로 실시한다고 가정할 때 기대되는 순수익의 전가합계를 임지기망가라고 한다.
- 임지기망가법은 동일한 작업법을 영구히 계속함을 전제로 한 것으로 비현실적이다.
- 임지기망가는 주벌수익과 간벌수익보다 조림비와 관리비가 크면 마이너스 값이 발생할 수도 있다.

22 항속림 사상과 가장 밀접한 관계가 있는 임업경영의 지도 원칙은?

① 수익성 원칙 ② 공공성 원칙
③ 생산성 원칙 ④ 합자연성 원칙

해설 임지, 임목은 항속될 수 있도록 경영하는 묄러(möller)의 항속림 사상은 자연법칙을 존중하는 합자연성 원칙과 관련이 있다.

23 임업 순수익 계산 방법으로 옳은 것은?

① 임업조수익+임업경영비
② 임업조수익−감가상각액
③ 임업조수익+가족임금추정액
④ 임업조수익−임업경영비−가족임금추정액

정답 18. ③ 19. ③ 20. ① 21. ① 22. ④ 23. ④

해설 임업순수익은 임업경영이 순수익의 최대를 목표로 하는 자본가적 경영이 이루어졌을 때 얻을 수 있는 수익이다.

- 임업순수익=임업조수익-임업경영비-가족임금 추정액
- 임업소득=임업조수익-임업 경영비
- 임가소득=임업소득+농업소득+농업 이외의 소득

24 어떤 입지는 육림용으로 사용할 수도 있고, 목축용으로 사용할 수도 있다. 이때 임지를 육림용으로 사용할 경우, 목축용으로 사용할 때 얻을 수 있는 수익을 포기하는 것을 의미하는 원가는?

① 기회원가 ② 변동원가
③ 한계원가 ④ 증분원가

해설
- 한계원가 : 경영활동의 규모 또는 수준이 한 단위 변할 때 발생되는 총원가의 증감액을 말한다.
- 증분원가, 차액원가 : 생산방법의 변경, 설비의 증감, 조업도의 증감 등 기존 경영활동의 규모나 수준에 변동이 있을 경우 증가하는 원가를 증분원가, 감소하는 원가를 차액원가라고 한다.

25 임업소득이 5백만 원이고 임가소득이 1천만 원일 때, 임업의존도는?

① 0.5% ② 5%
③ 50% ④ 200%

해설 임업 의존도[%]=임업소득/임가소득×100
=(5,000,000/10,000,000)×100=50%

26 다음 조건에서 글라제(Glaser)의 보정식에 따른 15년생 현재의 평가대상 임목가는?

- 현재 15년생인 소나무림 1ha의 조림비와 10년생까지 지출한 경비의 후가합계가 60만 원이다.
- 30년생의 벌기수확이 380만 원으로 예상된다.

① 800,000원 ② 812,500원
③ 850,000원 ④ 887,500원

해설 글라제(Glaser)의 보정식

$$A_m = \frac{(m-10)^2}{(n-10)^2}(A_n - C_{10}) + C_{10}$$

여기서, C_{10}=조림 초기 10년 동안의 비용의 후가합계

$= (3,800,000 - 600,000) \times (15-10)^2/(30-10)^2 + 600,000$
$= 3,200,000 \times 0.0625 + 600,000 = 800,000$원

27 임분의 재적을 측정하기 위해 임분의 임목을 모두 조사하는 방법이 아닌 것은?

① 표본조사법 ② 매목조사법
③ 재적표 이용법 ④ 수확표 이용법

해설 표본조사법
- 표본점을 추출하고, 표본점에 대해 측정하여 전 임분의 재적을 추정한다.
- 표본조사법은 전체 임분 중에서 일부의 구역이나 적은 그루 수를 선발하여 조사한다.
- 표본 조사를 하기 위해 선정되는 구역을 표본점이라 하고, 선정된 입목을 표본목이라 한다.

28 자연휴양림 안에 설치할 수 있는 시설의 규모에 대한 설명으로 옳은 것은?

① 3층 이상의 건축물을 건축하면 안 된다.
② 일반음식점영업소 또는 휴게음식점영업소의 연면적은 900㎡ 이하로 한다.
③ 자연휴양림시설 중 건축물이 차지하는 총 바닥면적은 10,000㎡ 이하가 되도록 한다.
④ 자연휴양림시설의 설치에 따른 산림의 형질변경 면적은 10,000㎡ 이하가 되도록 한다.

해설 자연휴양림 : 국가 또는 지방자치단체가 조성하는 경우에는 30만 제곱미터, 그 밖의 자가 조성하는 경우에는 20만제곱미터. 다만, 「도서개발 촉진법」 제2조에 따른 도서 지역의 경우에는 조성 주체와 관계없이 10만 제곱미터로 한다.

정답 24. ① 25. ③ 26. ① 27. ① 28. ③

29 산림경영의 지도 원칙 중 보속성의 원칙에 해당하지 않는 것은?

① 합자연성　② 목재수확 균등
③ 생산자본 유지　④ 화폐수확 균등

해설 보속성
- 보속성은 계속, 끊임 없음, 반복, 항구성, 지속성, 중단 없음 등의 중립적인 시간 개념을 가진다.
- 정적인 보속에는 산림면적, 산림생물, 임목축적, 임업자산, 임업자본, 노동력 등의 보속성이 해당한다.
- 동적인 보속에는 생장량, 목재수확, 화폐수확, 산림수익, 산림순수확, 창업능력, 산림의 다목적 이용 등이 해당한다.

30 산림구획 시 현지 여건상 불가피한 경우를 제외하고 임반을 구획하는 면적 기준은?

① 1ha　② 10ha
③ 100ha　④ 500ha

해설 임반
- 면적 : 가능한 100ha 내외로 구획하고, 현지 여건상 불가피한 경우는 조정한다.
- 구획 : 하천, 능선, 도로 등 자연 경계나, 도로 등 고정적 시설을 따라 확정한다. 사유림은 100ha 미만 1필지 소유 산주의 경우는 지번별로 구획한다.
- 번호 : 임반 번호는 아라비아 숫자로 유역 하류에서부터 시계방향으로 연속하여 부여한다.

31 자본장비도에 대한 설명으로 옳지 않은 것은?

① 종사자 1인당 자본액이다.
② 종사자 수를 총자본으로 나눈 것이다.
③ 일반적으로 고정자본에서 토지를 제외한다.
④ 경영의 총자본은 고정자본과 유동자본의 합이다.

해설 자본장비도는 임업자본의 충실도를 나타내는 방법 중의 하나로 자본을 K, 종사자의 수를 N이라고 하면, K/N이 자본장비도가 된다.

32 수간석해를 통하여 계산할 수 없는 것은?

① 근주재적　② 지조재적
③ 소단부재적　④ 결정간재적

해설 지조의 재적 측정
- 지조율은 지조재적과 수간재적의 비(%)이며, 수종, 연령, 생육환경에 따라 달라진다.
- 수고가 높아지면 지조율은 낮아진다.
- 수간석해를 통하여 수간재적을 구한다. 나무의 부위에 따라 결정(수)간재적, 초단부재적, 근주재적으로 나누어 계산하고, 이것을 합하여 전체 재적으로 한다.

33 산림휴양림의 조성 및 관리에 대한 설명으로 옳지 않은 것은?

① 방풍 및 방음형으로 관리할 수 있다.
② 공간이용 지역과 자연유지 지역으로 구분한다.
③ 관리 목표는 다양한 휴양 기능을 발휘할 수 있는 특색 있는 산림조성이다.
④ 법령에 의한 자연휴양림 휴양 기능 증진을 위해 관리가 필요한 산림을 대상으로 한다.

해설 산림휴양림은 국민의 정서 함양, 보건 휴양, 산림 교육 등을 목적으로 조성한 산림으로 생활환경보전림의 방풍 및 방음형으로 관리하는 것은 목적에 맞지 않는다.

34 임분의 연령을 측정하는 방법에 해당하지 않은 것은?

① 재적령　② 면적령
③ 생장추법　④ 표본목령

해설 임분의 연령을 측정하는 방법으로 본수령, 재적령, 면적령, 표본목령이 있다.

정답 29. ① 30. ③ 31. ② 32. ② 33. ① 34. ③

35 수간석해에 대한 설명으로 옳지 않은 것은?

① 표준목을 대상으로 실시한다.
② 수간과 직교하도록 원판을 채취한다.
③ 흉고를 1.2m로 했을 경우 지상 1.2m를 벌채점으로 한다.
④ 수목의 성장과정을 정밀히 사정할 목적으로 측정하는 것이다.

해설 수간석해의 방법 중 벌채점의 위치 선정

- 벌채점은 일반적으로 흉고를 1.2m이면 지상 0.2m로 선정하다.
- 흉고를 1.3m로 하면 벌채점은 0.3m로 해야 한다.
- 벌채점이 결정되면 벌채점에 표시하고, 벌채점이 손상되지 않도록 유의한다.
- 원판 손상에 유의하면서 벌채한다.

36 잣나무의 흉고직경이 36cm, 수고가 25m일 때, 덴진(Denzin) 식에 의한 재적(㎥)은?

① 0.025 ② 0.036
③ 1.296 ④ 2.592

해설 $V=\frac{흉고직경^2}{1000}=\frac{36^2}{1000}=1.296$

덴진(Denzin)법

- 가슴높이 지름만으로 재적을 구할 수 있다.
- 흉고직경을 cm 단위로 측정하고 그 제곱 값을 1,000으로 나누면, ㎥ 단위의 재적을 구할 수 있다.
- 덴진법은 나무높이 25m, 형수 0.51을 전제로 재적을 개략적으로 알 수 있는 방법이다.
- 나무높이가 25m가 아닌 경우 수종별로 보정표를 만들어 수정해 주어야 한다.

37 임도 개설을 위하여 투자한 굴삭기의 비용이 3000만 원, 수명은 5년, 폐기 이후의 잔존가치는 없다고 한다. 이 투자에 의하여 5년 동안 해마다 720만 원의 순이익이 있다면 비율이 가장 낮다. 투자이익률은? (단, 감각상각비 계산은 정액법을 적용)

① 36% ② 48%
③ 64% ④ 7%

해설 투자이익률=연평균순수익÷연평균투자액

연평균순수익=720만 원

→ 연평균투자액=(기초투자액+기말투자액)÷2=(3,000+0)/2=1,500

→ 투자이익률=(720만 원÷1,500만 원)×100(%)=48(%)

38 임목의 생장량을 측정하는 데 있어서 현실생장량의 분류에 속하지 않는 것은?

① 연년생장량 ② 정기생장량
③ 벌기생장량 ④ 벌기평균생장량

해설
- 벌기평균생장량은 평균생장량에 속한다.
- 현실생장량 분류 : 연년생장량, 정기생장량, 벌기생장량, 총생장량 등이다.

39 이령림의 연령을 측정하는 방법이 아닌 것은?

① 벌기령 ② 본수령
③ 재적령 ④ 표본목령

해설 이령림의 연령을 측정하는 방법 : 본수령, 재적령, 표본목령

40 자연휴양림을 조성, 신청하려는 자가 제출하여야 하는 자연휴양림 구역도의 축척은?

① 1/5,000 ② 1/10,000
③ 1/15,000 ④ 1/25,000

해설 자연휴양림 구역도의 축척은 1/5,000이다.

정답 35. ③ 36. ③ 37. ② 38. ④ 39. ① 40. ①

산림기사 필기 상

조림학 · 임업경영학

2022. 1. 10. 초 판 1쇄 발행
2023. 1. 11. 개정증보 1판 1쇄 발행
2024. 2. 7. 개정증보 2판 1쇄 발행
2025. 1. 8. 개정증보 3판 1쇄 발행
2025. 1. 15. 개정증보 3판 2쇄 발행

저자와의 협의하에 검인생략

역은이 | 김정호
펴낸이 | 이종춘
펴낸곳 | BM (주)도서출판 성안당
주소 | 04032 서울시 마포구 양화로 127 첨단빌딩 3층(출판기획 R&D 센터)
10881 경기도 파주시 문발로 112 파주 출판 문화도시(제작 및 물류)
전화 | 02) 3142-0036
031) 950-6300
팩스 | 031) 955-0510
등록 | 1973. 2. 1. 제406-2005-000046호
출판사 홈페이지 | **www.cyber.co.kr**
도서 내용 문의 | domagim@gmail.com
ISBN | 978-89-315-8680-0 (13520)
정가 | 32,000원

이 책을 만든 사람들
책임 | 최옥현
진행 | 최창동
본문 디자인 | 인투
표지 디자인 | 박원석
홍보 | 김계향, 임진성, 김주승, 최정민
국제부 | 이선민, 조혜란
마케팅 | 구본철, 차정욱, 오영일, 나진호, 강호묵
마케팅 지원 | 장상범
제작 | 김유석